U0190505

中国科学技术大学
交叉学科基础物理教程

主编 侯建国 副主编 程福臻 叶邦角

力 学 第2版

刘 斌 编著

中国科学技术大学出版社

内 容 简 介

本书作者在中国科学技术大学长期教授一年级"力学"基础课,具有丰富的教学经验。本书是在十余年讲义的基础上,根据交叉学科人才培养的实际需要,参考国内外优秀教材编写而成的。内容主要包括:"时间""空间""测量"中的一些重要问题、牛顿经典力学、振动与波、以"质点"模型为基础构建的不同"体"模型。作为对经典力学的补充,还简单介绍了狭义相对论的时空观。为了使读者理解所谓的物理理论实际上是对真实世界的一种描述,每一章都试图从自然界的实际现象或需要解决的问题出发,引入物理学上对这些现象或问题的描述方式或办法,以及所建立起来的相应的理论体系。这实际上更接近物理学研究处理实际问题的方式。书后附有丰富的习题,供读者有针对性地选择练习,以加深对教学内容的理解与认识,掌握用所学理论、知识解决实际问题的方法。

本书可供综合性大学和理工类院校作为普通物理力学教科书或主要参考书,也可供大专院校物理教师和物理教学研究工作者参考。

图书在版编目(CIP)数据

力学/刘斌编著. —2 版. —合肥:中国科学技术大学出版社,2021.7(2025.3 重印)
(中国科学技术大学交叉学科基础物理教程)
中国科学技术大学一流规划教材
安徽省高等学校"十三五"省级规划教材
ISBN 978-7-312-05030-5

Ⅰ. 力… Ⅱ. 刘… Ⅲ. 力学—高等学校—教材 Ⅳ. O3

中国版本图书馆 CIP 数据核字(2020)第 247307 号

力学
LIXUE

出版	中国科学技术大学出版社
	安徽省合肥市金寨路 96 号,230026
	http://press.ustc.edu.cn
	https://zgkxjsdxcbs.tmall.com
印刷	合肥市宏基印刷有限公司
发行	中国科学技术大学出版社
经销	全国新华书店
开本	880 mm×1230 mm 1/16
印张	29.5
字数	650 千
版次	2013 年 8 月第 1 版 2021 年 7 月第 2 版
印次	2025 年 3 月第 5 次印刷
定价	99.00 元

序 ∎

　　物理学从 17 世纪牛顿创立经典力学开始兴起,最初被称为自然哲学,探索的是物质世界普遍而基本的规律,是自然科学的一门基础学科。19 世纪末 20 世纪初,麦克斯韦创立电磁理论,爱因斯坦创立相对论,普朗克、玻尔、海森伯等人创立量子力学,物理学取得了一系列重大进展,在推动其他自然学科发展的同时,也极大地提升了人类利用自然的能力。今天,物理学作为自然科学的基础学科之一,仍然在众多科学与工程领域的突破中、在交叉学科的前沿研究中发挥着重要的作用。

　　大学的物理课程不仅仅是物理知识的学习与掌握,更是提升学生科学素养的一种基础训练,有助于培养学生的逻辑思维和分析与解决问题的能力,而且这种思维和能力的训练,对学生一生的影响也是潜移默化的。中国科学技术大学始终坚持"基础宽厚实,专业精新活"的教育传统和培养特色,一直以来都把物理和数学作为最重要的通识课程。非物理专业的本科生在一、二年级也要学习基础物理课程,注重在这种数理训练过程中培养学生的逻辑思维、批判意识与科学精神,这也是我校通识教育的主要内容。

　　结合我校的教育教学改革实践,我们组织编写了这套"中国科学技术大学交叉学科基础物理教程"丛书,将其定位为非物理专业的本科生物理教学用书,力求基本理论严谨、语言生动浅显,使老师好教、学生好学。丛书的特点有:从学生见到的问题入手,引导出科学的思维和实验,再获得基本的规律,重在启发学生的兴趣;注意各块知识的纵向贯通和各门课程的横向联系,避免重复和遗漏,同时与前沿研究相结合,显示学科的发展和开放性;注重培养学生提出新问题、建立模型、解决问题、作合理近似的能力;尽量做好数学与物理的配合,物理上必需的数学内容而数学书上难以安排的部分,则在物理书中予以考虑安排等。

这套丛书的编者队伍汇集了中国科学技术大学一批老、中、青骨干教师,其中既有经验丰富的国家教学名师,也有年富力强的教学骨干,还有活跃在教学一线的青年教师,他们把自己对物理教学的热爱、感悟和心得都融入教材的字里行间。这套丛书从 2010 年 9 月立项启动,其间经过编委会多次研讨、广泛征求意见和反复修改完善。在丛书陆续出版之际,我谨向所有参与教材研讨和编写的同志,向所有关心和支持教材编写工作的朋友表示衷心的感谢。

教材是学校实践教育理念、实现教学培养目标的基础,好的教材是保证教学质量的第一环节。我们衷心地希望,这套倾注了编者们的心血和汗水的教材,能得到广大师生的喜爱,并让更多的学生受益。

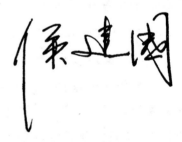

2014 年 1 月于中国科学技术大学

第 2 版前言 ∎

《力学》第 1 版于 2013 年夏天出版,后来又重印了两次。随着时代的发展,作者每年都会对自己的授课内容做一些调整和改变,使用本书的老师和同学也有很好的意见与建议。在学校出版社的大力支持下,作者对原书进行了部分修改,从而形成了第 2 版。

根据同学的建议,第 2 版中将原来放在第 6 章的"振动与波"移到了第 9 章,以减少同学们在理解数学理论、使用数学方法方面遇到的困难。这样处理,再加上附录中对使用到的相关数学工具进行的一些简单介绍,应该可以解决一定的问题;但真正要系统地学习并灵活应用相应的数学理论,肯定是高年级的事了。物理学是研究自然界的,数学是重要的描述与推理、演绎工具,必不可少;但现阶段可以把重点放在物理模型、逻辑体系、理论框架的建立与发展上,了解涉及哪些数学方法,可以使用些什么数学工具,以后在学习相关的数学理论时,考虑我们这里讨论过的物理问题,再看一看数学是怎么分析的,对你理解所学习的数学也应该会有所助益。

大学一年级的同学比较重视和擅长记忆与解题,对于问题的由来以及灵活多样的处理思路和方法尚未能进行很深入的理解,缺少将课堂所学知识与生活中实际应用相结合的意识,对科学理论产生的历史脉络和演化过程了解得也偏少。所以,我们的教材尝试将所讲授的科学理论与学生的实际生活相结合(理实交融);将科学的理论体系与其演化和发展过程相结合,介绍前人的不断探索与艰辛努力、目前发展出的理论和方法以及取得的阶段性成果,特别还要明确仍然存在的大量需要解决的问题(温故知新);强调学科交叉的重要性(触类旁通)。在第 2 版中我们也努力更多地体现以上几点。

感谢使用本书的教师和同学,他们向作者提供了很好、很有帮助性的意见和建议,也向给予我很多帮助的中国科学技术大学出版社的同志们表示感谢。

刘 斌

2021 年 1 月

前　言 ◼

　　普通物理中的"力学"，是大学生接触到的第一门大学物理课程。作为大学普通物理的"力学"与在中学已经非常熟悉的"力学"有什么不同？为什么不论什么专业（几乎所有的理工类专业，甚至部分文科专业）的大学生都要学习普通物理课程？为什么说普通物理是重要的基础课？不少刚进入大学的同学感到非常困惑，觉得不知道该怎样学习这门课程，如何才能学好它。力学课程中的不少概念与理论同学们在中学都学习过，有些还能非常熟练地运用；因此部分同学可能看轻力学，误认为没有什么新的内容，结果忽视了这门课程真正希望告诉同学们的东西，包括涉及的许多基本概念和理论，特别是建立这些概念、获得这些理论的方法。

　　本教材希望能使读者对力学的基本概念有较为透彻的理解。为了达到这一目的，我们努力通过能引起读者阅读兴趣而且条理清楚、容易理解、可读性较强的方式来阐释力学。为什么要学习物理？为什么要学习"力学"？这是很多同学经常问的问题。回答当然是确定的，因为物理学、力学不论是对我们的日常生活还是对其他学科的科学研究、技术开发都非常有用，是我们试图理解我们周围这个世界的基础。所以，我们还希望能通过一些有趣的应用实例使学生了解力学在我们日常生活以及他们将来所从事专业中的实际应用,帮助他们形成用物理学的眼光认识世界的习惯,理解"模型"的重要意义以及物理学"理论"的确切含义,培养在日常生活和工作中灵活运用物理的能力。

为了使读者理解所谓的物理理论实际上是对我们周围真实世界的一种描述,我们每一章都试图从自然界的实际现象或需要解决的问题出发,引入物理学上对这些现象或问题的描述方式或办法,以及所建立起来的相应的理论体系。这样可以使本书尽量有趣易懂,实际上也更接近物理学研究处理实际问题的方式,即从实际现象或问题出发,进行适当的简化与近似,找到合适的数学描述办法,灵活地运用强大的数学工具求解,再将数学解应用于实际问题。希望这一目标能够实现。

"力学"中讲到的方法论不仅对将来准备从事科学研究、工程开发的同学十分重要,对其他同学培育科学素养也是非常有益的。当代自然科学的很多最新成果都是在传统物理理论与方法的基础上产生的。"力学"课程的教学内容应系统地介绍自然科学的产生、发展和沿承。从亚里士多德、阿基米德到达·芬奇、哥白尼、开普勒、伽利略,到牛顿,再到爱因斯坦等,每一次理论的飞跃都反映了人类认识水平的提高以及认识方式的进步。现在的自然科学发展很快,新理论、新技术层出不穷,要求人们必须养成终身学习的习惯,具备自我学习的能力,也就是必须掌握科学的世界观、认识论与方法论,而这些应该都可以通过"力学"课程的学习让学生仔细体会,认真领悟。

本教材除绪论外共分10章。"绪论"简单介绍力学的基本内容、特点与学习中需要注意的问题。第1章主要介绍力学中涉及的最基本也是最重要的两个概念:"时间"和"空间",以及"测量"中的一些重要问题。在此基础上,第2章讨论如何正确地描述物体运动的问题,第3章则讨论运动状态变化与物体之间相互作用的关系,第4章重点讨论一类特殊的相互作用——引力。复杂多变的自然界中还有一些物理量在一定条件下是不变的或守恒的,第5章围绕这些守恒量存在的条件及物理学上的意义进行讨论。作为质点力学的实际应用,第6章讨论常见的振动与波现象。以"质点"模型为基础,可以构建不同的"体"模型:刚体、弹性体、流体(液体和气体),第7章至第9章分别讨论这些"体"模型的构建与基本应用,而气体的"质点组"模型又为"热学"和"热力学"中的分子运动论作了一定的准备。作为对经典力学的补充,第10章简单介绍狭义相对论的时空观。附录则对力学课程中用到的部分数学工具进行简单介绍。

当前,全社会都在强调创新意识与创新能力的培养。其实,创新也是要有基础的,创新离不开知识的积累;创新不能违背自然规律。这两点都可以通过物理课程的学习传递给大家。没有继承就不可能有发展,后人的进步都是站在前辈的肩膀上实现的。物理学本身就是探究、寻找自然界的客观规律,让人们明白违背自然规律就要受到大自然的惩罚。物理基础课的学习也可以培养学生的创新意识与创新能力。"力学"课程中涉及的大量概念与理论在科学发展史上都是创新,有些甚至是革命。爱因斯坦曾经说过:"物理学不应该教成一堆技术,而应教成思想概念的诗剧。应该强调思想概念的演变,强调我们企图了解物理世界的历史,以使学生具备洞察未来的能力。"所以,"力学"课程应该引起大家的重视。

本教材是在使用了十余年的讲义基础上,根据交叉学科人才培养的实际需要编写的。本书的大纲和章节安排曾在中国科学技术大学力学课程组例会上征求过意见,还多次在编委会上汇报与讨论;主编侯建国院士审阅了书稿,提出了非常有价值的指导性意见;副主编程福臻教授与作者进行了多次讨论,逐字逐句对书稿进行了认真的修改;在国外获得博士学位并完成博士后工作刚刚回国的两位年轻副教授王毅和王景赟女士,在承担本课程助教工作的同时,审阅了全部书稿并为本书准备了习题;本书的初稿在2011年秋季学期以电子版的形式给大学一年级的学生试用,修改后在2012年秋季学期,又以纸质讲义的形式在2012级教改实验班和严济慈班中进行了试用,同学们提出了很好的修改建议;向守平教授和蒋一教授审阅了基本定稿后的书稿并提出了很有价值的修改意见;在正式出版前,编委会又邀请了清华大学的李师群教授和复旦大学的蒋最敏教授审阅全书,二位先生利用2013年寒假和春节的宝贵时间认真阅读了书稿,提出了珍贵的、非常有建设性的意见;中国科学技术大学出版社的同志们为本书的成稿与出版也做了大量的工作,特别是精心设计版式,为读者提供了记笔记的空间。我们对大家的大力支持与无私帮助表示感谢。由于多年来在课程讲授过程中通过各种渠道收集、引用的资料很多,有些来自同行、同事,甚至部分来源于网络,现在无法在引用处——注明出处,书后所附的参考书目也不够完整,敬请读者谅解。在此特向所有我们参考过的书籍与论文的作者表示感谢,他们是本书每一字句的提供者和来源。

多年前,中国科学技术大学地球和空间科学学院的胡银玉女士将作者厚厚几大本手写的备课笔记和教案录入计算机,这才有了本书电子版讲义的雏形;后来又在教务处张敏女士的帮助下逐年丰富和完善。这是本教材赖以成书的基础。借此机会特向她们二人致以深深的谢意!

"力学"课程涉及的内容极其丰富,只是作者了解的范围有限,水平也不高,书中难免有不妥之处,内容取舍也是基于个人的主观判断,不一定科学合理。我们热诚希望读者朋友们批评指正,以便改进!

刘 斌

2013 年 7 月

给使用本教材的教师和同学的些许建议 ▪

首先,感谢您选用本教材!

本教材是根据交叉学科人才培养的实际需要编写的。

在一次大学物理教学与教材建设研讨会上,一位前辈说过:"教材不是教学的全部。"教学也应该不是教材的全部。因为学生来自多学科,所以本教材的内容比一般的教学要求略有超出,教师可以根据实际情况选择使用;学生也可以自己阅读有关内容,也许会有意想不到的收获呢。

对于机械等学科的学生,可能"牛顿方程的对称性""万有引力""弹性波"等部分的内容可以略讲;对于信息、电子等学科的学生,可能"刚体""弹性力学""流体力学"等部分的内容可以略讲;而对于生物等学科的学生,可能"万有引力""弹性力学"等部分的内容可以略讲。

除此之外,我们在每一章节中安排的内容,尤其是涉及的数学工具,都有一定的层次差异,建议教师根据实际情况灵活安排详讲或略讲,或者留给学生作为课外拓展阅读的素材;有些内容也可以是学生研讨的主题。对于部分读者,跳过繁杂的数学推导直接从整体上把握脉络,也未尝不是一种可行的方法。未按惯例使用不同字号或字体区分,不是编者偷懒,而是希望把选择权完全交给上课的教师和读者朋友。

根据在教学实践中了解到的学生情况,借鉴国外一流大学的做法,我们还编制、改编了丰富的习题,有些也是对正文内容的补充和扩展,供教师和学生有针对性地选择练习,加深对教学内容的理解与认识,掌握用所学理论、知识解决实际问题的方法。练习题中不少题目都是对实际问题的探讨,有一定的开放性,目的是帮助同学在"解题"的过程中尽快建立"解决问题"的意识与正确的方法。希望这一目标能够达到。因为题目较多,且对有些问题的解答还需要展开讨论,所以我们同时准备了配套的习题分析与解答,供您选用、参考。

再次对您选用本教材表示感谢,并期待您提出修改意见,以便我们日后改进。

目　录

绪 论

达·芬奇设计的飞机

0.1　物理与力学

根据文献记载,我国早在《庄子·天下》中就有"判天地之美,析万物之理"的说法,到晋代出现了"物理"一词,泛指"事物"之"理"。明万历三十七年(1609年)利玛窦(Matteo Ricci,1552-1610)和徐光启(1562-1633)翻译的欧几里得(Euclid,公元前330? - 前275?)《几何原本》前六卷出版,在徐所作序中,也谈到"物理"。明末清初有方以智著《物理小识(音 zhì)》一书,含历法、医药、金石、器用及草木等,涉及内容甚为广泛。

希腊文写作"φνσικα"而英文写作"physics"的学科,系由日本人翻译成"物理学",又传入我国的。在西方发展起来的一些物理学知识 19 世纪中叶作为教学内容出现在我国的课堂,某些私立学校开设了"格致"课。"格致"来自《大学》中"致知在格物",意为"穷究事物的原理以获得知识"。根据个人的理解,"物理"中的"物"指的可以说是自然界的万事万物,"理"指的是道理,或发展、变化必须遵循的规律。自然界的事物在怎么变化,为什么会发生变化,变化应该遵循什么样的规律,这实际上反映的就是人们对自然界的看法,也就是哲学上讲的世界观,在自然科学中也称为"模型"。

自然界万事万物发生变化的原因,是它们之间有相互作用,这种相互作用就是我们所说的"力"。"力学"就是要研究物体之间的相互作用及其与物体运动状态变化之间的关系。几乎所有基本的物理理论都称作某种"力学",如牛顿力学、电动力学、量子力学、量子色动力学等等。因此可以说,力学是整个物理学的基石。

基石在哪里起了基石的作用? 基石如何起了基石的作用? 这些"哪里",这些"如何",只有通过对物理发展历程以及理论体系建立过程的认真分析,才能够真正地了解。

0.2　力学的发展史

物理学是历史发展的产物,物理学中的每一项发现都有其历史背景。物理学的概念、定律和原理是人类努力认识自然的结果，随着知识的积累、科技特别是实验技术的进步而不断发展、深入。物理学的发展如果从古希腊米利都派的自然哲学算起，已经有 2 600 多年的历史了；但它真正成为一门"精密的科学"却是随着牛顿（Isaac Newton，1642－1727）《自然哲学的数学原理》（*Philosophiae Naturalis Principia Mathematica*）（简称《原理》）的出版才开始的，到现在已超过 300 年。根据物理学本身在各个发展阶段所显示出的不同的本质特点和物理学在各个不同历史时期的社会功能与社会地位，可以把物理学的发展大概分为三个时期：古代时期（16 世纪之前）、近代时期（16～19 世纪）和现代时期（20 世纪至今）。这里我们选择在物理学，特别是力学发展过程中起到关键作用的几位代表人物及其贡献作些简单介绍，希望可以帮助大家了解物理学，特别是力学的发展脉络。

在古希腊众多的学者中，最认真系统地对运动、空间和时间问题作过研究的是亚里士多德（Aristotle，公元前 384－前 322）。他这方面的工作比较集中地体现在《物理学》一书中。这部书可以说是世界上最早的物理学著作，现在西方语言中"物理学"这个词（如英语中的 physics）即源自该书。亚里士多德把运动（位置移动）分为两大类：一类是"自然运动"；一类是"非自然运动"。亚里士多德的世界包含四种基本元素——火、气、水和土，每一种元素都企图寻找自己在自然界的天然位置。火焰在空气中跳跃，气泡在水中上升，雨从天空中落下，岩石掉入土中，每个天体都在天空中自己固定的轨道上沿圆周运动：这就是"自然运动"。"非自然运动"则必有外力的作用才能发生，才能进行，外力（推动者）的作用一旦停止，运动也随之停止。关于"时间"，亚里士多德说过，"时间是使运动成为可以计数的东西"，"我们不仅用时间计量运动，也用运动计量时间，因为它们是相互确定的"，"时间是永存的"，"一切变化和一切运动事物皆在时间里"。

阿基米德（Archimedes，公元前 287－前 212）被誉为"力学之父"，他是一位非常有才干的学者，精通数学，还是一位成就卓越的机械工程师。阿基米德有多本物理学方面的著作，在力学研究上超过了亚里士多德，他在重心、杠杆和浮力方面均有建树。阿基米德著的《论比重》奠定了静力学的基础。

从 16 世纪到 19 世纪末，以研究宏观、低速现象和规律为基本内容，建立在严格的科学实验和严密的逻辑之上的经典物理学发展起来，形成了一个系统的、精确的知识体系。一直到现在，经典物理的各个分支在理论上和应用上仍然在继续发展，依然是整个物理学的基础，也是应用物理学理论解决其他学科领域问题的重要手段。在一大批时代英雄之中，意大利的达·芬奇（Leonardo da Vinci，1452－1519）可以说是杰出代表。他认为，"我们的一切知识，都来自我们的感觉能力","经验是一切可靠知识的母亲,那些不是从经验里产生,也不受经验检定的学问,那些无论在开头、中间或末尾都不通过任何感官的学问,是虚妄无实、充满谬误的"。达·芬奇才华横溢,兴趣广泛,涉猎过广阔的领域,是人类历史上最杰出的画家之一,也是一位非常有才华的工程师;生前没有出版过一本书,但写下的东西可谓车载斗量。他留下的散乱无章的1 222页笔记经后人整理为《阿特兰提斯古抄本》,其中涉及滑动摩擦、平衡、力矩、抛体(弹道)、单摆、建筑力学(拱形门洞的受力分析)、潜水艇、直升机、降落伞、坦克、光学(波动模型)、针孔相机、隐形眼镜、流体力学和解剖学等方面的研究。达·芬奇明确指出,"太阳是不动的","没有任何东西可以自己运动起来,运动总是由于别个什么东西造成的。这是唯一的原因","所有的运动都倾向于保持下去,或者不如这样说:所有被弄得运动起来的物体,只要驱动它们进入运动状态的作用的影响依然存在,运动就会继续下去"。在200年后牛顿的《原理》发表之前,惯性原理一直被称为"达·芬奇原理"。

波兰的哥白尼(Nicolaus Copernicus,1473－1543)创立"日心说",引起了宇宙观的大革命。哥白尼是个胆小羞涩的修道士。他在努力简化亚里士多德宇宙模型的过程中,把太阳放在了宇宙的中心。这样,地球就降为一颗普通的行星,像其他五颗已知的行星一样绕着太阳转动。他的书《De Revolutionibus Orbium Coelestium》(或者叫《On the Revolutions of the Celestial Spheres》)出版于他去世的那年。在这本书里,哥白尼把太阳固定在天空中,而让地球绕着它运动。哥白尼的这个学说大大地搅乱了学术界,于是"revolution"(这个词有"转动"和"革命"双重意思)一词就与急剧的变化联系了起来。

当然,哥白尼的工作并非无懈可击。他深信"匀速圆周运动",也和亚里士多德一样,认为所有天体都是附着在一层层的透明球壳上随着球壳一起匀速转动,在说明太阳与地球之间的距离变化时仍然使用了本轮－均轮(见第4章)的方法。德国的天文学家开普勒(Johannes Kepler,1571－1630)认真分析其老师——丹麦天文学家第谷·布拉赫(Tycho Brahe,1546－1601)长达20余年的精确观测数据,毅然丢掉"匀速圆周运动"的老观念,提出了行星运动三定律。开普勒的工作直接导致了后来万有引力定律的发现。德国哲学家黑格尔(Georg Hegel,1770－1831)称开普勒是天体力学的真正奠基者。

意大利的伽利略(Galileo Galilei,1564－1642)与开普勒是同时代人,是哥白尼日心说的坚定捍卫者和积极宣传者,也十分赞赏开普勒的工作。伽利略在力学上的最大贡献是他为近代动力学的发展奠定了基础。伽利略研究了落体和斜面运动的规律,提出自由落体定律、惯性定律及加速度的概念,并第一次正确认识到加速度与外部作用的关系。至此人们才明白,原来力不是运动的原因,而是运动变化的原因。

17 世纪初,望远镜的发明敲下了亚里士多德世界观棺木上的最后一颗钉子。伽利略用最新发明的望远镜探查了天空。在他发现的一些未曾预料到的奇观中,有围绕木星转动的月球。地球不一定必须是所有天体运动的中心,这项观察对此给出了直接证明。通过他丰富的实验和对自然现象特点的敏锐洞察,伽利略以其天才巩固了由哥白尼开始的工作,促进了用力学科学摧毁和取代以亚里士多德为代表的唯象学。同时,伽利略还是一位卓越的散文家,在其科学著作《关于托勒密和哥白尼两大世界体系的对话》和《关于两门新科学的对话和数学证明》等中都表现出了出众的戏剧才华,尤其是讽刺才能。

英国伟大科学家牛顿生于伽利略逝世的那年,即 1642 年,是力学的奠基人。通过关于引力的研究,他把天上的规律与地上的规律汇集在一起组成了宏大的体系,把神秘的天体和地球上日常现象都概括到统一的理论框架中。他所建立的物理学直到 20 世纪初都无人能挑战。在 1687 年出版的《自然哲学的数学原理》(简称《原理》)一书总其大成,提出动力学的三个基本定律、万有引力定律和天体力学等。牛顿的《原理》无疑是物理学史上第一部划时代的著作。它第一次用实验、观察、假设和推理构成的完整的理论体系揭示了相互作用与运动的关系,而不限于对个别现象和过程的描述。它运用微积分这一最为恰当的数学工具刻画力学规律,从而使人们通过相互作用和运动状态的瞬时关系去认识全过程。另一点值得指出的是,欧几里得《几何原本》的公理化体系对后世影响深远,牛顿《原理》一书的写法有《几何原本》的影子。

物理学的兴起是从经典力学开始的。在经典力学之前,人类的文明中虽然已有不少具有物理价值的发现和发明,但是并不存在一门独立的物理学。因此,我们在学习经典力学时,首先应当了解:为什么经典力学成了物理学的起点,经典力学在整个物理学中占据着怎样的地位。

从牛顿力学的创建到现在,已经有 300 多年,物理学已经大大发展了,远远超过了经典力学原有的水平;但是,就物理学最基本的追求和物理学的总目标来说,却一直没有变化。经典力学时代的追求和目标,可以说时至今日仍然是整个物理学的追求和目标。这个最基本的追求和目标,就是自然界的统一。

相信存在统一,努力寻求统一,如果仅仅作为一种自然观,早在古代就已经有了。老子的《道德经》中写有:"道生一,一生二,二生三,三生万物。"这就是中国古代的一种统一观,它完全可以与爱因斯坦所提及的古希腊哲学相媲美。不过,无论在古代中国或古希腊,统一观都只是一种哲学思辨。

牛顿的力学和古代的哲学不同,它不是思辨地坚持统一观,而是发展了寻找统一的有效的物理方法。牛顿在他的最重要的力学著作《原理》中阐明了他采用的方法。他在前言中写道:"我奉献这一作品,作为哲学的数学原理,因为哲学的全部责任似乎在于——从运动的现象去研究自然界中的力,然后从这些力去说明其他的现象。"这就是说,寻求统一的出发点不是思辨而应是运动现象。自然界中的运动现象是多种多样的,物理学的责任就在于寻找支配这些现象的统一的力。

今天的物理学,仍然大体地沿袭着牛顿所开创的研究途径:寻找统一的力,或统一的相互作用。每一种新的力学的确立,都标志着我们在追求统一的征途上达到了一个新的水平。牛顿的力学和万有引力定律,是物理学上第一次大的统一。在牛顿之前,传统的观念认为支配天体运行和支配地面物体运动的规律是不相同的,有所谓"天界"和"世俗"两个世界之分。然而,牛顿发现,天上行星和月亮的运动,实际上和地面落体运动遵从相同的规律,它们都是由引力引起的。这样,牛顿就用他的力学打破了天界和世俗的界限,找到了两个世界的统一。牛顿称"引力"为"万有引力",就是强调这种统一。第二次大的统一,是由 19 世纪的麦克斯韦(James Clerk Maxwell,1831 – 1879)完成的。他建立了电磁理论,使电、磁及光学现象得到了统一,这就是电动力学。但也有人认为,第二次统一应该是"力"与"热"的统一。

0.3 物理学的特点

物理学以观察和实验为基础。就像其他自然科学领域一样,物理学家的任何新思想都来源于对自然过程的观察,其正确与否和在何种范围内正确也都需要经过实验的检验。在物理学发展史中,人类很早就表现出观察和思辨的才能。然而,将实验作为研究的手段并将物理学视为实验科学,更是跨出的重要一步。亚里士多德学识渊博,发表过许多有创见的观点。例如,他认为物质与运动不可分,强调在观察的基础上以数学为模型建立严格的逻辑体系等。然而,他关于重的物体下落得更快的论点并不成立。这一点通过实验就不难发现:取两块不同质量的石头,例如,一块石头比另一块重 10 倍,并让它们落下,不难看到,重的石头不会比轻的快 10 倍地降落。其他古希腊人曾在实验研究方面取得很高的成就,如阿基米德关于浮力的实验和托勒密(C. Ptolemaeus,90? – 168)关于折射的实验等。到伽利略和牛顿时代,实验发挥了更大作用。物理学史上出现过许多作出重要贡献的实验物理学家,而作出重大贡献的理论物理学家也都是非常关心实验的。

物理学研究的基础是建立正确的理想模型。物理学面临的是一个错综复杂、五彩缤纷的世界。物理学研究要根据需要,找出其中最本质的内容,建立

"理想模型"。通过对理想模型行为的描述,揭示自然规律。"理想模型"不能太复杂,更不可能就是真实的自然世界,否则根本没有办法进行研究;"理想模型"也不能太简单,若把必须考虑的重要因素都略去了,也就失去了研究的意义。所以,通过合理的简化与近似,得到合理的"模型",是物理学研究的重要基础。力学中的"质点"就是一种理想模型。研究地球公转,不涉及其自转引起各局部运动的差别,其形状大小无关紧要,可看作一个"点";但如果要研究地球上一年四季的变化,就不能再把地球看成一个"点"了。

物理学是一门定量科学。物理学中涉及的概念必须有明确的定量测量方法,虽然测量可以是直接的也可以是间接的。不能定量测量的概念在物理学中是没有意义的。物理学的定律、定理和理论需要用严格的数学形式将不同物理概念之间的关系表述出来,这样才能形成完整的理论体系。力学中涉及的概念有些很直观,如速度、压强等;有些则比较抽象,如动能 $mv^2/2$——质量乘以速度的平方再除以 2,这是什么? 物理学是通过概念之间的定量关系揭示自然规律的。物体自高度 h 自由下落,则 $mv^2/2 = mgh$。显然,用以描述这一规律非 $mv^2/2$ 莫属。可见,联系有关规律的定量表述才能更好地理解这些概念本身。

1949 年的诺贝尔物理学奖获得者汤川秀树(1907 – 1981)在访问莫斯科大学时,曾写下这样一句话:"从本质上讲,自然界是简单的。"物理学的发展证明了这一点。在反映自然规律方面,物理学具有高度概括性和简明美丽的特点。牛顿的动力学方程 $F = ma$ 非常简明,却可应用于小至石子大至天体的自然现象;麦克斯韦方程可以将千变万化的电磁场现象概括成简单的四个方程。

0.4　物理学与数学的关系

历史告诉我们,数学帮助推进物理,是物理学重要的工具,物理是通过以数学形式建立的理论体系描述自然界及其变化的,正如伽利略曾兴高采烈地表达的那样:"自然这本伟大的书永远在我们眼前打开着,不过它是用数学字符写成的"。达·芬奇也认为,"人类的任何探讨,如果不是通过数学的证明进行的,就不能说是真正的科学",力学是"数学的乐土,通过力学可以收获数学的果实"。罗格·培根(Roger Bacon,1214 – 1292)曾说:"没有数学,科学就无法理解,无法廓清,无法传播和无法学习。"卡尔·马克思(Karl

Marx，1818－1883）也说过："一种科学只有在成功地运用数学时，才算达到了真正完善的地步。"诺贝尔奖获得者费曼（Richard P. Feynman，1918－1988）在谈到数学作为工具的重要性时说："不可能向那些对数学缺乏某种深入理解的人以大家都能够感受到的方式忠实地说明自然定律之美。我很抱歉，但看来只能如此。"

爱因斯坦（Albert Einstein，1879－1955）在成功地创立狭义相对论以后，发现很难得到令人满意的引力理论，就开始寻求解决引力问题的新出路，但他在数学处理方面遇到了困难。他的大学同学也是朋友的格罗斯曼（Marcel Grossmann，1878－1936）是苏黎世工业大学的数学教授，发现爱因斯坦遇到的数学问题已经被黎曼（Bernhard Riemann，1826－1866）、里奇（Ostilio Ricci，1540－1603）和勒维•契维塔（Tulio Levi Civita，1873－1941）解决了，帮助他将黎曼张量运算引入物理学，把平直空间的张量运算推广到弯曲的黎曼空间，成功地建立了广义相对论。

数学和物理的发展又是相互促进的，经常是一个领域里的新发现导致另一个领域的进步。例如，17世纪初期，法国数学家费马（Pierre de Fermat，1601－1665）创造出绘制曲线的切线的一种粗略的方法；牛顿知道后很受启发，就开始研究怎样确定运动质点的速度，这样，就又导致牛顿发明了微积分的牛顿版本。物理学中涉及的很多数学概念，比如微商、积分和矢量等，都是从物理问题中自然地产生出来的；然后，这些数学概念又帮助我们去阅读自然这本伟大的书，并写下新的篇章。

0.5　交叉学科与力学

物理学与其他学科的联系是极其广泛的，物理学的发展大大推动了技术和社会生产力的提升。经典物理学发展的结果，使人类可以使用蒸汽机、发电机和电动机，能够乘火车轮船飞机旅行和使用无线电技术进行通信。现代物理学的发展使人类拥有原子能发电站、激光技术和半导体技术、大规模集成电路和电子计算机，使人类进入信息时代；核磁共振不仅是研究物理、化学和生物化学的工具，而且已成为有效的医学诊断手段。

力学作为物理学的基础和核心内容，无论是在我们的日常生活中还是在其他科学研究领域都起着重要作用。工程上需要进行受力分析，需要研究机械运动的能量使用效率；医学中需要了解人体结构、血液流动等；物质科学研究中需要得到晶体结构;地球科学中需要获得地球的内部构造及演化信息。这些都可以利用力学中建立的有关理论与方法。力学中的"质点""刚体""弹性体""流体"等基本模型以及对实际问题进行简化建立适当模型的方法,更是其他科学领域研究工作所离不开的。因此,不论是学习什么专业,不管是日常生活还是从事交叉学科的科学研究或技术开发,掌握扎实的力学知识都是十分重要的。

0.6　对学习力学的一些建议

与中学所学的物理相比,大学普通物理中的力学更强调定律、理论的建立过程,而不仅仅是如何运用这些定理、公式。大家在学习过程中要留意为什么要引入有关物理概念,相应的定律是如何得到的,数学表达式是怎样建立起来的,物理定律、理论存在的局限及其在近现代的发展,以及物理理论是如何应用于其他学科的。

作为物理学的重要组成部分,也是核心和基础内容,力学的目的是对自然界的现象与过程进行解释,也就是说,力学的研究对象是真实的自然界。真实的自然界是十分复杂的,必须对其进行简化,否则根本无法进行研究。同学们以前接触到的理论、学习的例题、求解过的习题一般都是经过简化而且已经用适当的变量表述了的,因而大家可能缺少对建立模型的认识。所以,希望同学们通过本课程的学习,理解建立模型的重要性,掌握把复杂的真实现象和过程通过恰当的简化形成合理模型的基本方法,正确处理"解题"与"解决问题"的关系,学会把"实际问题"变成"习题"进而求解。就像《美国研究型大学本科教育》所说的:大学学习是基于老师指导下的发现,而不是单纯的信息传递、知识传授;要将学生从接受者转为探究者。这一点,建议大家从课程学习一开始就牢记于心,逐渐形成科学的世界观、认识论和方法论,养成终身学习的习惯。

离开数学这一重要工具物理学将寸步难行。要理解力学中的有关理论,求解相关问题,必须掌握相应的数学方法。同学们在学习力学时,大多刚刚接触微积分,对矢量及其运算、数学物理方程的求解、复变函数等可能一无所知;但我们不可能等所有的数学知识都学过了再学习力学课程,所以要处理好力学课程内容与数学准备的关系。物理学并不是数学,问题必须由物理现象提出,适当的数学模型也必须通过物理分析才能建立起来。历史上就是因为缺少现成的数学方法描述运动，牛顿才建立了微分的概念。我们在涉及所需的新的数学概念时，采取从实际物理问题引入的方法；然后，再用这些数学概念解决相应的物理问题。如果一时对用到的数学理论不了解、不熟悉，姑且先接受它的处理方法和结果。这种方式应该不会在学习中造成太大困难，实际上也更符合力学发展的历史脉络。由于角度与切入点不同，"力学"课程中讲授的数学肯定没有数学老师讲授的严谨、系统，但完全"够用"。这也是其他学科实际工作中常用的做法。同学们反映这反过来对理解所学的数学概念也有一定的助益。这其中的关系希望读者朋友能够真正理解与掌握。

第1章　时间、空间与测量

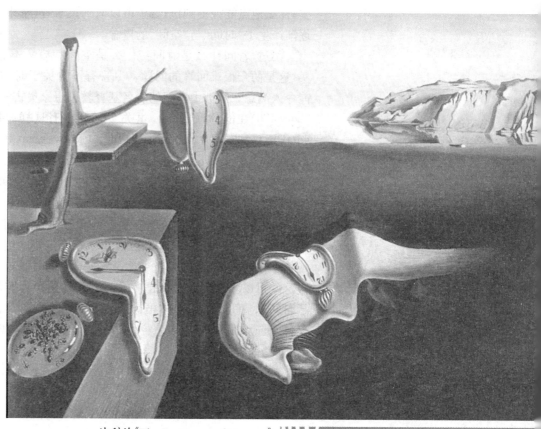

达利的《The Persistence of Memory》

　　时间和空间可以说是最平凡的概念,因为在日常生活中常常用到它们。描述物体的运动,也要用到这两个概念。因此,我们先对时间、空间本身作一些分析。

1.1　时间与空间概念的形成

　　在远古时代,人类为了生存的需要,认识到四季变化与空间方位描述的重要性。什么时候天气变冷,什么时候天气变热;什么时候可以采摘果实,什么时候应该播种;什么时候总是下雨,什么时候干旱;何时可以猎获迁徙的野兽;何时要为即将到来的严寒寻找庇护所;什么地点能打到猎物,什么地点能采到果实,什么地点能捕捉到鱼;哪里可以取到泉水,洪水来了要往哪里躲避……人们逐渐产生了"时间"与"空间"的概念。

　　不过,若问什么是时间? 什么是空间? 却又不容易找到恰当的答案。其实,这是两个很难回答的问题。尽管有不少关于时间和空间的定义,但大都不能令人满意。欧洲中世纪的著名基督教思想家奥古斯丁(Aurelius Augustinus,354－430)在他的《忏悔录》里关于"时间"有这样一段脍炙人口的箴言:"For what is time? ... If no one asks me, I know what it is. If I wish to explain it to him who asks me, I do not know."一种或许可以接受的说法是:时间、空间是物理事件之间的一种次序,时间用以表述事件之间的先后顺序,空间用以表述事物之间的相对位置。

　　没有满意的"严格"的理论定义,但并不妨碍时间和空间两者在物理中的使用;因为,物理学是一门实验科学,它依赖于定量的观察。在考查物理学的概念或物理量的时候,首先应当注意它与实验之间是否有明确的、不含糊的关系,通过这些可以测量的量建立起来的逻辑体系是否为实验或实际观测所证实。对于时间和空间这两个基本概念来说,首要的问题不是去追究它们的"纯粹"定义,而是应当了解它们是怎样度量的。作为物理学概念,关键要有定量测量的方法。

1.2　时间的度量

1.2.1　定量测量方法的形成

度量时间，通常是用钟和表。然而，钟和表并不是测量时间的唯一工具。原则上，任何具有重复性的过程或现象，都可以作为测量时间的一种"钟"。

在混沌初开的远古时代，人们是根据自然界的重复性过程来确定时间的。他们看到太阳会升起，也会降落；月亮有时会变圆，有时会变弯。还有一些人观察到，到了冬天鸟儿就不见了影踪；到了春天，它们又回来了。人们逐渐能够准确预测每年第一场霜降的时间，也能估计出某些动物出现的时间，这使得我们的祖先能成功地进行捕猎和耕种活动。于是，他们很快就学会了计算两次初霜或动物回归之间的时间长度，也就形成了"年"的概念及度量方法。同样，人们用太阳的升没表示"天"，月亮的盈亏表示农历的"月"，这就形成了不同的计时办法。其他的循环过程，如双星的旋转、人体的脉搏、分子的振动、摆的摆动等，也都可以用作测时的工具。

以太阳升没的一"天"作为例子。"天"是周而复始地重复出现的，然而"天"是否真正周期性重复呢？每一"天"是否都同样长？就平均而言，一天的日子确实大致一样长。有什么办法可以检验每一天长短是否相同？一个办法是把它同某个别的周期性现象作比较。我们可以将一个沙漏不停地倒转，这样就人为地制造了一个周期性事件。如果我们计算每天太阳升起到下一天太阳升起倒转沙漏的次数，大概会发现每一"天"的倒转次数并不完全相同。就此，我们会怀疑这两个事件的某一件或两者的周期性。如果我们改一下，计算从一个中午到下一个中午沙漏的倒转次数，这次发现两者是相同的。若把沙漏倒转一次称为经历了一个"小时"，那么现在就较有把握认为"小时"和"天"具有一种有规则的周期性，它可以划分出相继的等时间间隔。或许有人会对这种周期性的"证明"表示异议。确实如此，这里只是发现一种事物的规则性与另一种事物的规则性相吻合而已；但物理学要研究的正是不同现象之间的联系，只要这种联系是清楚和稳定的，在物理上就是有意义的。

总而言之，我们只能说，时间的定义是建立在某种明显是周期性事件的重复性之上的。

更一般地说，只要知道了某个物理现象随时间的变化，尽管它不是重复性的过程，也可以用来测定时间。例如，我们能从一个人的容貌估计出他的年龄，因为容貌这个"量"与时间之间有确定的关系。这个例子虽然很普通,但某些科学研究中所用的测时方法与此是很相似的。在确定星体的年龄时,常常就是根据星体的颜色与光度。

以上讲的这些是不是对于我们理解"时间"就够了呢? 显然不是。

1.2.2 "芝诺佯谬"与度量方法的选择

时间是建立在周期性事件的重复性之上的,因此可以选择不同的周期性事件作为"钟"来度量时间。但如何选择周期性事件,选择什么样的周期性事件? 它们会对时间的测量造成什么样的影响? 下面我们通过"芝诺佯谬"作分析。

古希腊哲学家芝诺(Zeno of Elea,公元前490? −前425?)有一个很著名的论证"阿基里斯追不上乌龟":跑得最快的神话英雄阿基里斯是永远追不上跑得最慢的东西(如乌龟)的。

芝诺的论证如下:因为开始时阿基里斯在乌龟后面,所以,他要追上乌龟,必定先要到达乌龟的出发点,这要用一定的时间,在这段时间里乌龟必定向前跑了一段路程而到达前面的一点;而当阿基里斯再到达这点时,乌龟必定又已到达更前面的一点。如此继续下去,即进行无穷多次,乌龟总也不会落在阿基里斯之后(图1.1)。

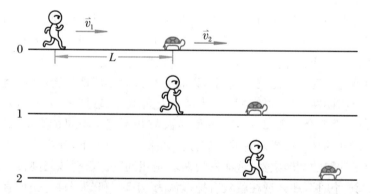

图 1.1　芝诺佯谬:阿基里斯追不上乌龟

这个论证称为芝诺佯谬,如何解开这个佯谬?

关键是芝诺佯谬中用了两种不同的时间度量方法。按前面的讨论,任何一种具有重复性的过程都可以作为"钟",用其重复的次数来度量时间。芝诺问题中,除了"普通钟"所测得的时间 t,还利用了一种很特别的钟,该钟使用的重复性过程是:阿基里斯逐次地到达乌龟在前一次的出发点。我们称这种钟为"芝诺钟",它测得的时间为 t'。

如图 1.1 所示,阿基里斯和乌龟在开始时相距 L,速度大小分别为 v_1 及 v_2,并且 $v_1 > v_2$。如果使用普通钟,则阿基里斯将在

$$t = \frac{L}{v_1 - v_2} \tag{1.2.1}$$

时赶上乌龟;当 $t > L/(v_1 - v_2)$ 时,阿基里斯就超过乌龟了。

图 1.1 中左边的数字表示芝诺钟的时间 t'。当 $t' = 1$ 时,阿基里斯到达乌龟在 0 时的出发点;当 $t' = 2$ 时,阿基里斯到达乌龟在 1 时的出发点。一般地,当 $t' = n$ 时,阿基里斯到达乌龟在 $t' = n - 1$ 时的位置。显然,只有当 $t' \to \infty$ 时,阿基里斯才能逼近乌龟,对于任何有限的 t',阿基里斯总是在乌龟的后面。因此,芝诺断言:"阿基里斯永远也追不上乌龟。"这里"永远"的含义是 $t' \to \infty$,即芝诺时间的无限。

现在我们讨论普通时 t 与芝诺时 t' 之间的变换关系。不难发现两种时间的对应关系:

芝诺时(t')	普通时(t)
0	0
1	$\dfrac{L}{v_1}$
2	$\dfrac{L}{v_1} + \dfrac{L}{v_1} \cdot \dfrac{v_2}{v_1}$
$\vdots$	$\vdots$
n	$\dfrac{L}{v_1} + \dfrac{L}{v_1} \cdot \dfrac{v_2}{v_1} + \cdots + \dfrac{L}{v_1} \cdot \left(\dfrac{v_2}{v_1}\right)^{n-1} = \displaystyle\sum_{m=0}^{n-1} \dfrac{L}{v_1} \cdot \left(\dfrac{v_2}{v_1}\right)^m$

一般有

$$t = \sum_{m=0}^{t'-1} \frac{L}{v_1}\left(\frac{v_2}{v_1}\right)^m = \frac{L}{v_1 - v_2}\left[1 - \left(\frac{v_2}{v_1}\right)^{t'}\right] \tag{1.2.2}$$

或者

$$t' = \frac{1}{\ln\dfrac{v_2}{v_1}}\ln\left(1 - \frac{v_1 - v_2}{L}t\right) \tag{1.2.3}$$

上面两式称为芝诺变换,它给出的 t 与 t' 的关系见图 1.2。由图可以看到,芝诺变换是有奇性的,即当 $t = L/(v_1 - v_2)$ 时,$t' \to \infty$。所以,当芝诺时 t' 从 0 变化到无限时,它只覆盖了普通时 t 上的一个有限范围,即从 0 到 $L/(v_1 - v_2)$。

因此,芝诺佯谬之"佯",是由于芝诺把"永远"理解为 $t' \to \infty$。他认为 $t' \to \infty$ 之后就没有时间了,故 $t' \to \infty$ 相当于"永远"。实际上,从图 1.2 可以看到,在芝诺时 t' 到达无限之后,还是有时间的。但是,在该范围内,即 $t > L/(v_1 - v_2)$ 时,用芝诺钟已经无法度量它们了。简言之,芝诺的佯谬来源于芝诺时的局限

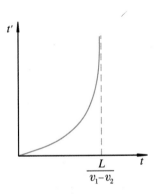

图 1.2　芝诺变换

性,芝诺时不可能度量阿基里斯追上乌龟之后的现象。

芝诺佯谬给我们的启示是,时间与时间的度量不同,一种时间的度量达到无限之后,还是可以有时间的;一种时间的度量达到无限,从其他的度量看,可能是有限的。

芝诺佯谬还启发我们提出一个更深入的问题,即所谓普通钟或日常钟是否也具有芝诺钟那种局限性? 当日常钟 t 的读数达到无限之后,是否还有时间? 是否有 t 无法度量的现象,即在 $t \to \infty$ 之外的现象? 现代物理学的研究,对这些问题的回答都是肯定的。如果飞向黑洞的宇航员的固有时是普通时的话,则留在地球上的观察者所用的就是某种"芝诺时"。宇航员是在地球上的人过了无穷时间以后进入黑洞视界的。你觉得芝诺的诡辩难以接受吗? 在那位进入黑洞的宇航员看来,你已使用了某种"芝诺时",而自己还不知道呢。

1.2.3　时间测量的常用方法

在前面检验昼夜重复性的过程中,我们同时找到了一种较为精确地测量一天的若干分之一的方法,即找到了用较小时间间隔测量时间的方法。只要把这种方法稍加发展,就可以得到更小的时间间隔。

如果沙漏做得合适,倒转 24 次正好与一个昼夜相吻合,我们就把一"天"分成了 24 h(小时)。伽利略指出,只要一个摆的摆幅始终保持很小,那么此摆将以等时间间隔来回摆动。这种装置就是大家熟悉的摆钟。我们约定,如果此摆钟在 1 h 内摆动 3 600 次,那么称每摆动一次的时间为 1 s(秒)。应用同样的原理可以把秒分成更小的间隔;当然,利用机械摆已不能完成使命,只能借助于电学中的谐振电路。电在其中来回流动,反映在电流或电压的振动,其方式与摆锤的摆动方式类似。这种称为电学摆的摆动周期可以很短。

通过调整谐振电路的参数,可以制造出一系列电子振荡器。利用电子技术制造出周期约为 10^{-12} s 的振荡器已不困难。更短的时间也已被测量出来,但用的是另一种测量技术。

以测量 π^0 介子的寿命为例。π^0 介子在感光乳剂中产生并在其中留下微细的踪迹。用显微镜观察,平均而言一个 π^0 介子在蜕变之前大约走过了 10^{-7} m 的距离,且速度接近光速;因此其寿命大约为 10^{-16} s。必须指出:首先,这里使用了一个与前不同但等效的"时间"定义;其次,这里测得的时间是一个统计平均值。最短寿的奇异共振态的寿命只有 10^{-24} s,大致相当于光通过氢原子核所花的时间。目前物理学中涉及的最短的时间是 10^{-43} s,由三个最基本的物理常量:引力常量 G、真空中的光速 c、普朗克常量 h,通过量纲分析由 $\sqrt{Gh/c^5}$ 得到,称为普朗克时间。普朗克时间被认为是最短的时间,在比普朗克时间还要短的范围内,时间的概念可能就不再适用了,也就是说,这时再讨论事件发生的先后已经没有意义了。

下面考虑比一昼夜还长的时间。要测量较长的时间,只要数一数有几天就可以了。如果时间更长,就可以利用自然界中存在的另一个周期性——年,一年约等于 365 天。树木的年轮或河流底部的沉积物提供了以年计算的自然界中所发生某种事件以来的时间。

当我们不能用前面计算年的方法来测量更长的时间时,必须寻找其他的测量方法。方法之一是把放射性材料作为一个"钟"来使用。在这种情况下,并不出现周期性,但存在一种新的"规则性"。如果一块材料在形成时含有数量为 N_0 的放射性物质,此刻(t 时刻)测得的数量为 N,那么只要求解方程

$$N = N_0 \left(\frac{1}{2}\right)^{t/T} \tag{1.2.4}$$

就能计算出这一物体的年龄 t,其中 T 为此放射性物质的半衰期,也可以说是另一种"周期"。

^{238}U 具有半衰期 10^9 年。通过铀中衰变产物铅的含量,可以测定某些岩石的年龄为几十亿年,地球本身的年龄约为 46 亿年,与掉到地球上的陨石的年龄相同。太阳系的年龄为 46 亿年;宇宙的年龄为 100 亿～200 亿年(6×10^{17} s),最新成果认为约是 138.2 亿年。宇宙是有起点的,谈论更早的时间是没有意义的。

物理学中涉及的最长时间是 10^{38} s,是质子寿命的下限。

1.2.4　时间的单位和标准

为统一使用时间,有必要确定时间的单位和标准。我们选择 1 d(天)或 1 s 作为时间的某个标准单位,并把其他所有的时间表示为这个单位的倍数或分数。钟的种类很多,但有好有坏。比较两个人的脉搏,就会发现它们之间经常有明显的快慢波动;所以,人的脉搏不是一种好钟,它不够稳定。如果比较一下两个单摆的周期,就会发现它们稳定多了。地球自转则是更稳定的钟。长期以来,人们把地球的自转周期当作时间的基本单位。后来发现,若用最好的钟进行测量,地球的转动也不是严格周期性的。地球的自转速率夏季大而冬季小,并且逐年不断下降。

其次,选择一个标准的钟,使全世界所有的钟有一个统一的计时,无疑会给人们的生活和工作带来方便。格林尼治时间和时区就是在这种需要下产生的。

原子钟是基于原子振动周期十分稳定、对温度和任何其他外界影响不敏感这一特点制造的。它远比天文时间精确。1967 年 10 月第 13 届国际度量衡大会(国际计量大会)通过决议,将时间单位"s"定义为:位于海平面上的 ^{133}Cs(铯)原子基态

的两个超精细能级在零磁场中跃迁的辐射周期 T 与 1 s 的关系为

$$1 \text{ s} = 9\,192\,631\,770\,T$$

对比铯钟和地球自转周期，人们也许会问，我们怎么能够保证出差错的是地球的自转，而不是铯钟？有两个理由：① 因为原子的运动比地球的运动简单，我们可以认为这两个"钟"之间的任何差异都来源于地球，如潮汐摩擦、风、冰山融化等。② 太阳系包含其他的"钟"，如做轨道运动的行星及其卫星。相对于这些"钟"，地球的自转也显示出变化。

图 1.3 为用铯钟监测到的地球自转周期在 1980～1983 年间的变化（Δ 为一日长度的变化），其中周月变化（潮汐的影响）和季节变化（信风的影响）是比较明显的。

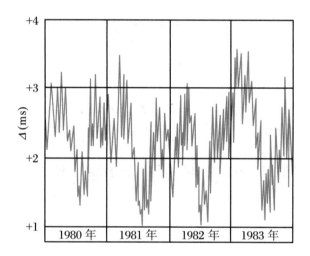

图 1.3　铯钟观测到的日长变化

1.3　空间(长度)的度量

1.3.1　空间(长度)的定量测量方法

长度是空间的一个基本性质。与测量时间相似，测量空间长度的方法是选用一个长度作为基本单位，通过比对得到数值。测量小的长度，可以用此长度单位的几分之一作为一个较小的长度单位去测量。目前自然科学领域采用的标准长度单位是 m(米)。在研究中所涉及的空间尺度为 $10^{-35}\sim10^{26}$ m。

1.3.2　不同尺度长度的测量方法

对长度的测量,在日常的范围内是用各种各样的尺,如米尺、千分尺、螺旋测微计等等。但不是所有的长度都可以用尺去量的,比如一些非常大的尺度,这时就要求助于光。测量月球与地球的距离可以用激光测距的方法;测量一些不太远的恒星,可以利用恒星发出的光用另外的方法——三角法去测量;至于银河系之外的遥远天体的距离,则是用它们所发出光的光谱特征来测定的。现在,长度的单位和标准也用光来规定了。

测定小的长度应采用小的长度标准。把 1 m 分成 1 000 个大小相等的间隔,每一间隔为 1 mm(毫米)。把 1 mm 再分成 1 000 个等份,每一份为 1 μm(微米)。这种分法已感到困难,要继续分成更小的尺度就更困难了。对于不能用尺直接测量的小尺度,也可以求助于光学方法。在精密机床上常有光学测量装置。如果物体小于可见光的波长,肉眼就看不见了。测定胰岛素中原子的位置,是用 X 光衍射方法。利用 X 光衍射可以测得原子的直径约为 10^{-10} m,原子核的大小约为 10^{-15} m。目前物理学中已达到的最小长度为 10^{-20} m,它是弱电统一的特征尺度。由三个最基本的物理常量 G,c,h,通过 $\sqrt{Gh/c^3}$ 得到的普朗克长度约为 10^{-35} m,被认为是最小的长度,意思是说,在比普朗克长度更小的范围内,长度的概念可能就不存在了,也就是说,这时再讨论相对位置已经没有意义了。

1.3.3　长度的单位和标准

历史上,长度的单位在不同的政治管辖范围中很少有相同的,而通常以方便和传统的大小为基础。例如,今天在美国仍在使用的"英里"(来自 milia,千)是罗马军团的 1 000 个标准大步;"码"(yard)是 12 世纪英国国王亨利一世从鼻子到伸直的手指间的距离;"英尺"(foot)更是非常明显,最初定义为 16 个德国成年男子左脚的平均长度;而 1 英寸最初的标准则是 10 世纪英国国王埃德加的一个大拇指——从关节到指尖的长度。

人们希望像时间一样用某些自然长度作为长度的单位。例如,以拉格朗日(Joseph-Louis Lagrange,1735 - 1813)为主的一些法国人建议取地球半径的某个分数。出于这种考虑,"米"曾被定义为地球半径的 $\pi/2 \times 10^{-7}$,或从北极沿着通过巴黎的子午线到赤道的距离的 $1/10^7$。实际测量的是从法国的敦刻尔克到西班牙的巴塞罗那的距离(纬度相差约 $10°$),折算成北极到赤道的距离。但是这种方法定出的长度单位既不方便也不准确,所以在 1960 年以前,国际上参考这一标准制作了铂铱米尺作为 1 m 的定义。但标准米尺制成后所作的一些精确测量表明,它和所要表达的值略有差异(约差 0.023%)。用铂铱米棒作为长度的原始标准,有一定的缺点。首先,它有可能被破坏。例如,1834 年,英国国会大厦失火时,英国的标准码和标准磅被毁。最重要的是,用显微镜对照细刻痕的技术进行的长度之间必要的相互比较所具有的精确度,已不能满足近代科学和技术的需要。1960 年第 11 届国际计量大会上改用光的波长作为长度标准,正式通过了"米"的定义:1 m 等于 ^{86}Kr 原子的 $2p_{10}$ 和 $5d_5$ 能级之间的跃迁所对应的辐射在真空中的波长 λ 的 1 650 763.73 倍,即

$$1\ \text{m} = 1\ 650\ 763.73\lambda$$

1983 年 10 月召开的第 17 届国际计量大会正式通过了新的"米"的定义,即用光速值来定义"米":1 m 是光在真空中在 $1/299\ 792\ 458$ s 的时间间隔内所传播的路程长度。光速 c 是一个固定的常量,即 $c = 299\ 792\ 458\ \text{m} \cdot \text{s}^{-1}$。这一定义并不仅仅是简单的定义,它反映了目前人们对"时间"与"空间"之间关系以及"光速"的新认识。

在天文学上,常用地球与太阳之间的平均距离作为空间测量的单位(AU,天文单位,$1\ \text{AU} = 1.496 \times 10^{11}\ \text{m}$)。比天文单位更大的长度单位是光年,即光一年走过的路程长度($9.46 \times 10^{15}\ \text{m}$)。目前,物理学中涉及的最大长度是 $10^{26}\ \text{m}$,它是宇宙曲率半径的下限。

长度测量是基于所用"尺子"的重复。那么,长度的测量结果与"尺子"长度之间是什么关系呢? 1967 年法国数学家芒德布罗(Mandelbrot,1924 - 2010)提出了"英国的海岸线有多长"的问题。这好像极其简单,但实际上并非如此,因为实际的海岸线不是平直的,而是有各种尺度的弯曲。若用 1 km 的"尺子"测量,则短于 1 km 的迂回曲折都被忽略掉了;若换用 1 m 的"尺子"测量,则只有短于 1 m 的弯曲被忽略掉,长度将变大;若测量用的"尺子"进一步变小,则测得的长度将愈来愈大(图 1.4)。这就是"分形"和"分维"的概念[①]。

---

① Mandelbrot B B. 大自然的分形几何学[M]. 陈守吉,凌复华,译. 上海:上海远东出版社,1998.

英国 示意图				
度量尺度	200	100	50	25	英里
线段数	7	16	40	96	
总长度	1 400	1 600	2 000	2 400	英里

图 1.4　英国海岸线的长度

1.4　时间、空间测量中的局限

1.4.1　时间和空间测量的相对性

近代物理理论指出：长度测量和时间测量的结果有赖于观察者。两个做相互运动的观察者在测量同一事件时将会有不同的长度和时间，也可以说物体的长度和时间间隔将随着参考系的不同而有不同的数值。这一问题将在"狭义相对论"中进行探讨。

1.4.2　时间和空间测量的不确定性

受自然规律的支配，长度测量和时间测量的精度受到限制。测量一个物体的位置，其不确定度至少有 $\Delta x = h/\Delta p$ 那样大，其中 h 为普朗克常量，而 Δp 是我们测量物体位置时对其动量了解的误差，也就是动量的不确定度。类似地，测量时间间隔，其不确定度至少有 $\Delta t = h/\Delta E$ 那样大，其中 ΔE 是测量过程的时间时对它的能量了解的误差，也就是能量的不确定度。两个关系式中的 $h = 6.63 \times 10^{-34}$ J·s。这两个结论均与物质的波动性有关，将在量子理论中作详细讨论。

1.5 有效数字、不确定度、估算、单位制 与量纲

1.5.1 测量

物理学是实验科学,也就是要通过实验测量一些物理量并寻求它们之间定量的联系。因此,必须对测量给予极大的关注。测量的实质是将待测事物的某个物理量与相应的标准作定量的比较,可以分为直接测量和间接测量。直接测量是指把待测物理量直接与作为标准的物理量进行比较,如用直尺测量某物体的长度;间接测量是指按一定的定量关系,由一个或多个直接测量的量计算出另一个物理量,如直接测量一个圆柱体的半径(r)和高(h),再根据 $V = \pi r^2 h$ 计算出其体积。测量的结果应包括数值(即度量的倍数)、单位(即所选定的比较标准)以及结果可信赖的程度(用不确定度表示)。

1.5.2 测量的精度与有效数字

精确的测量是物理的重要基础;但我们不可能绝对精确地测量出一个物理量的值,测量结果总会带有一些偶然因素,存在一定程度的不确定性。例如,用米尺度量长度,米尺的最小刻度是毫米,若进行估计还可以得到1/10 mm,至于百分之几、千分之几毫米的读数则是不可能得到的,因为在最小刻度间再进行区分是十分困难的;改用螺旋测微器,可以测量到1/1 000 mm,万分之几毫米的读数还是不可能知道的;利用光学干涉仪,精度可以大大提高,但毕竟还是有限的。测量结果的精度取决于所用的设备以及测量者的细心程度。

测量所得结果既然只具有一定的精度,我们的测量记录也就应该尊重这个事实。凡是记下来的数字都必须是肯定的,不能肯定的数字就不应写出来,以免造成假象。有效数字,就是指实际能够测量到的数字。所谓能够测量到的包括最后一位估计的、不确定的数字。我们把通过直读获得的准确数字叫作可靠数字,把通过估读得到的那部分数字叫作存疑数字,把测量结果中能够反映被测量大小的带有一位存疑数字的全部数字叫有效数字。对"0"的处理要特别注意。如 0.05 和 0.009 6 中的"0"不能算作有效数字,这两个数分别只有一位和

两位有效数字。但数字最后面的"0",有时是有效数字。例如,15.40 g并不同于15.4 g;15.40 g意味着在测量中能通过估读得到1/100 g的读数,只是该位数字恰恰是0;15.4 g则意味着只能通过估读得到1/10 g的读数。如果给出某个物体的质量是3 600 g,问题就麻烦了,不知道后面两个"0"究竟是有效数字还是仅用来表示数字的位数。因此,力学中大家都使用"科学计数法"(scientific notation)。前面的3 600 g写成3.6×10^3 g表示其有效数字有两位,写成3.600×10^3 g则表示其有效数字有四位。在单纯进行记录时,一般还容易做到这点;但在计算中,往往有不少人喜欢给出很多位数字,以为这样才表示精确,其实这是不尊重客观事实的。例如,求某物体的密度时,已量得体积12.5 cm³(准确到0.1 cm³,大约占所量体积的1%),质量15.40 g(准确到大约0.1%),那么密度 = 15.40 g/12.5 cm³ = 1.23 g·cm⁻³。假如写成密度 = 1.232 g·cm⁻³,就造成了假象,好像密度居然可以准确到大约0.1%。

既然测量是不可能绝对精确的,通过测量所得资料总结出来的物理学原理、理论也就不可能是绝对准确的。物理学的各个原理、理论只有在一定准确度内才是正确的;更精确的测量可能揭示它们也只是近似的。决不可以将原理和理论绝对化;真理越过了它的适用范围就可能转化为它的对立面——谬误。

1.5.3　不确定度

由于测量存在精度问题,实际测量又受到客观条件、人为因素等方方面面的干扰,所以测量所得的结果就存在一定的不确定性;反过来,也表明该结果的可信赖程度。它是测量结果质量的指标。不确定度越小,测量结果与被测量的真值越接近,质量越高;不确定度越大,测量结果的质量越低。在给出物理量的测量结果时,必须给出相应的不确定度,一方面便于使用它的人评定其可靠性,另一方面也增强了测量结果之间的可比性。更重要的是,不确定度为物理理论的可验证性奠定了基础。

测量学家与统计学家一直在寻找恰当的术语以正确表达测量结果的可靠性。例如以前常用的"偶然误差",由于"偶然"二字表达不确切,已被"随机误差"代替。近年来,人们感到"误差"二字的词义较为模糊,如讲"误差是±1%",使人感到含义不清晰;但是若讲"不确定度是±1%"则含义是明确的,因而用随机不确定度和系统不确定度分别取代了随机误差和系统误差。测量不确定度与测量误差是完全不同的概念,它不是误差,也不等于误差。

有效数字的末位是估读数字,存在不确定性。在一般情况下,不确定度的有效数字只取一位,其数位即是测量结果的估读数字的位置;有时不确定度需要取两位数字,其最后一个数位才是测量结果的估读数字的位置。由于有效数字的最后一位是不确定度所在的位置,有效数字在一定程度上反映了测量值的不确定度。相对不确定度则指的是不确定度与测量值之比。测量值的有效数字位数越多,测量的相对不确定度越小;有效数字位数越少,相对不确定度就越大。所以,有效数字可以粗略地反映测量结果的不确定度。

对于间接测量的量,由于每一个直接测量的量有不确定度,这种不确定度必然通过函数关系传递给间接测量的量,使间接测量的量也存在不确定度。因此,间接测量的量也就有了自己的不确定度,可以通过建立在多元函数全微分基础上的不确定度传递理论得到。例如前面提到的圆柱体体积的测量,间接测量量体积 V 与直接测量量半径 r 和高 h 之间的函数关系为 $V=\pi r^2 h$。根据全微分理论,有 $\mathrm{d}V = \dfrac{\partial V}{\partial r}\mathrm{d}r + \dfrac{\partial V}{\partial h}\mathrm{d}h = 2\pi rh\,\mathrm{d}r + \pi r^2\,\mathrm{d}h$。对应的体积 V 的不确定度 ΔV 与半径 r 和高 h 的不确定度 Δr 和 Δh 之间的关系就是 $\Delta V = 2\pi rh\Delta r + \pi r^2\Delta h$,相对不确定度之间的关系为 $\dfrac{\Delta V}{V} = 2\dfrac{\Delta r}{r} + \dfrac{\Delta h}{h}$。

1.5.4　基本力学量的估算与量级分析

有些时候我们无法对某些量进行较为精确的测量,有些时候我们只对某些量的近似值感兴趣,有些时候我们只要知道某些量的大概数值就够用了,而测得其精确值会花费很多时间或较大的代价;这时就需要"估算"。如果估算后只保留一位有效数字,并用 10 的幂表示,就是"量级估算"或"量级分析"。

举个实际的例子,某本书每页纸的厚度大概是多少?如果精确测量,需要用螺旋测微计,比较麻烦。如果不需要十分精确的数字,可以利用常见的尺子进行估算。如这本书共 500 面,也就是 250 页纸,压紧后总的厚度利用最小刻度为毫米的米尺测量得到的值是 20 mm,则每页纸的厚度为 20 mm/250,即 8×10^{-2} mm。作为量级估计可以再四舍五入,为 10^{-1} mm,即 10^{-4} m。

再如,由于管理与规划的需要,政府希望知道杭州西湖的蓄水量是多少。要精确测量是不可能的,比较精确的测量也要花费大量的人力、物力、财力和时间,而估算就可以基本满足政府部门的需要。这样,通过简单测量可以近似地把杭州西湖看成是底半径为 1.4 km、平均深度约为 2 m 的圆柱,我们就能估算出西湖的蓄水量约为 $V = \pi r^2 h \approx 3\times(1.4\times10^3 \text{ m})^2 \times 2 \text{ m} \approx 1.2\times10^7 \text{ m}^3 \approx 10^7 \text{ m}^3$。因为西湖不可能是标准的圆柱,湖底也绝不可能是平坦的,所以我们只能估算;因此,保留一位有效数字较为合理,于是我们就将 π 取为 3,且 10^7 m^3 的写法也要比 $1.2\times10^7 \text{ m}^3$ 更好。

1.5.5　单位制

　　如果对每一个物理量都制定一个原器(测量对比的原始标准),那是不胜其烦的,事实上也完全不必要。只要制定出一些基本物理量的原器(即基本单位),其他物理量的单位就可以通过物理定律用这些基本单位定出。这些新定出的单位称为导出单位。

　　目前,在自然科学领域,包括一些工程领域,一般都使用国际单位制,即 SI(由法文 Le Système International d'Unites 缩写而来)。在 SI 中,有七个基本单位,即:

　　① 时间单位:s(秒)。1 s 是铯-133 原子基态的两个超精细能级之间跃迁所对应的辐射的 9 192 631 770 个周期的持续时间。(1967 年第 13 届国际计量大会)

　　② 长度单位:m(米)。1 m 是光在真空中 1/299 792 458 s 时间间隔内所经路程的长度。(1983 年第 17 届国际计量大会)

　　③ 质量单位:kg(千克)。1 kg 等于国际千克原器的质量。这个铂铱千克原器(图 1.5)按照 1889 年第 1 届国际计量大会规定的条件,保存在国际计量局。(1901 年第 3 届国际计量大会)

图 1.5　质量原器

　　④ 电流单位:A(安培)。在真空中,截面积可以忽略的两根相距 1 m 的无限长平行圆直导线内通以等量恒定电流。若导线间相互作用力在每米长度上为 2×10^{-7} N,则每根导线中的电流为 1 A。(1948 年第 9 届国际计量大会)

　　⑤ 热力学温度单位:K(开尔文)。1 K 是水的三相点热力学温度的 1/273.16。(1967 年第 13 届国际计量大会)

　　⑥ 物质的量单位:mol(摩尔)。1 mol 是一系统的物质的量,该系统中所包含的基本单元数与 0.012 kg 碳-12 的原子数目相等。在使用 mol 时,基本单元应予指明,可以是原子、分子、离子、电子及其他粒子,或是这些粒子的特定组合。(1971 年第 14 届国际计量大会)

　　⑦ 发光强度单位:cd(坎德拉)。1 cd 为一光源在给定方向上的发光强度,该光源发出频率为 540×10^{12} Hz 的单色辐射,并且在此方向上的辐射强度为 1/683 W·sr^{-1}。(1979 年第 16 届国际计量大会)

　　若仅限于力学量,则只用到 s、m、kg 三个基本单位,可称为 m·kg·s 制(MKS 制)。

　　SI 有两个辅助单位,即 rad(弧度)和 sr(球面度)(纯几何单位):

　　① 1 rad(弧度)是一个圆内两条半径之间的平面角,这两条半径在圆周上截取的弧长与半径相等。

　　② 1 sr(球面度)是一个立体角,其顶点位于球心,而它在球面上所截取的面

积等于以球半径为边长的正方形的面积。

SI 还规定了表示基本单位倍数的词头：艾（exa,E）表示 10^{18}，拍（peta,P）表示 10^{15}，太（tera,T）表示 10^{12}，吉（giga,G）表示 10^9，兆（mega,M）表示 10^6，千（kilo,k）表示 10^3，百（hecto,h）表示 10^2，十（deca,da）表示 10^1，分（deci,d）表示 10^{-1}，厘（centi,c）表示 10^{-2}，毫（milli,m）表示 10^{-3}，微（micro,μ）表示 10^{-6}，纳（nano,n）表示 10^{-9}，皮（pico,p）表示 10^{-12}，飞（femto,f）表示 10^{-15}，阿（atto,a）表示 10^{-18}。

有些学科领域仍然使用 cm·g·s 制，即 CGS 制。它与 SI 的关系较为复杂。例如，就力学量与电学量而论，CGS 制只有三个基本量（长度、质量、时间），SI 却有四个基本量（长度、质量、时间、电流），"电磁学"课程中会对此详加论述。

1.5.6　量纲分析及其实用意义

为了表明导出单位如何由基本单位组成，通常运用一种特定的方法——量纲分析。力学中的基本量是长度（量纲用 L 表示）、质量（M）和时间（T）。如果某个力学量 A 的单位由长度单位的 p 次幂、质量单位的 q 次幂、时间单位的 r 次幂组成，我们就说"物理量 A 的量纲是 $L^pM^qT^r$"，记作 $[A]=L^pM^qT^r$，其中 p,q,r 称为量纲指数。例如，速度 v 的量纲 $[v]=LT^{-1}$，加速度 a 的量纲 $[a]=LT^{-2}$，力 F 的量纲 $[F]=LMT^{-2}$。利用量纲也可以说明当某基本单位改变时导出单位如何换算。例如，对前面的物理量 A，当长度单位改为 l 倍时，A 的单位相应地改为 l^p 倍；当质量单位改为 m 倍时，A 的单位相应地改为 m^q 倍；当时间单位改为 t 倍时，A 的单位相应地改为 t^r 倍。当 A 的单位改为 $l^pm^qt^r$ 倍时，表示 A 的度量结果的数字就相应地改为原值的 $1/(l^pm^qt^r)$。

弧度是根据圆的弧长与其半径之比定义的，所以它的量纲是 $L/L=L^0$，即与 L,M 和 T 均无关。这种量称为无量纲量。摩擦系数也是一个无量纲量。

物理定律代表的是一些物理量之间的联系，它的基本形式应当与单位的选取无关。在任何合理的物理方程中，所有各项的量纲必定是相同的。如果我们得到的一个公式与此不符，则可以肯定它有问题。所以量纲的一个重要应用是判断定律、公式、方程的正确性。举例来说，我们不能让量纲为速度量纲的项与量纲为加速度量纲的项相等或进行加减运算。各个量的量纲可以完全像代数量一样处理，可以互相合并或者消除等等，就好像代数方程中的因子一样。用量纲分析的方法，甚至不知道定律和物理机制的细节，就可以进行一些定性的判断，所以在实际工作中经常会用到。

第 2 章　质点运动学

伽利略的斜面实验

牛顿力学研究的对象是物体的机械运动。我们日常见到的车行马跑,以及大到月亮、太阳等星体的运行,小到分子、原子、粒子的飞行,都属于这一类运动。这类运动的共同特点,就是物体在空间的位置时刻在变化着。当然,静止的状态、平衡的状态也是力学的研究内容之一。

牛顿意义下的运动学,就是研究如何描写物体位置随时间的变化。为此,必须建立有效的研究方法,并引入必要的数学工具。

2.1 模型——实际对象的理想化与简化

2.1.1 理想化模型

研究任一物理现象,都会发现某些因素起决定性或根本性作用,另一些因素只起次要作用,还有一些只是偶然性的因素,再有一些因素则完全不起什么实质性的作用。例如在地球绕太阳运行问题中,起决定性作用的是太阳对地球的引力,而月亮或其他行星对地球的引力则是次要因素,至于地球上的火山喷发、海啸等等只是偶然因素,发射火箭时对地球的反冲力、开矿所进行的爆破等对地球的运行则毫无实质性的影响。又例如在汽车行驶问题中,重要的是汽车的功率、路面的坡度、路面的粗糙或光滑程度、汽车及其载货总重等,至于路面上个别微小的不平整、某个飞虫撞到汽车上等则是无关紧要的。

同时考虑所有因素,并不能因此得到最精确的结果,反而可能对最简单的物理现象也无法进行分析和研究。如果研究地球的运行问题还要考虑到某时某地某人跳了几下,或者研究汽车行驶问题还要考虑某时有一小虫撞上来,则研究根本不可能进行,也就不再是什么科学了。在任何分析研究中,都应当分清主要因素与次要因素,区分必然性与偶然性。

对于问题中所涉及的实际对象,也应当只保留在问题中起决定作用、主要作用的某些性质,最多再保留某些起次要作用的性质,必须坚决撇开那些在问题中只起偶然作用或不起什么实质作用的性质。这样一来,本来比较复杂的实际对象就简化成一种或多或少理想化与抽象化了的东西——模型。以适当的抽象模型代替实际对象并不是脱离实际,反而能使人们更深刻地抓住问题的本质。

所选取的模型应当正确地反映出对该现象起主要作用的因素,不可以凭主观想象选取模型。对于同一个实际对象,在某一问题中,某些性质起主要作用;在另一问题中却可能是另一些性质起主要作用。因此,在研究不同物理现象的时候,同一个实际对象很可能要用不同的模型来代替。

学习物理学,应当注意在各种问题中如何区分主要因素、次要因素与偶然因素,如何选取适当的模型代替实际对象。物理学研究的基础就是建立正确的理想模型。其实,不仅对于学习物理学,对于学习一切科学技术,这都是极为重要的。

2.1.2　质点——牛顿力学的基本模型

研究问题总是从最简单的情况入手。我们首先讨论一种被称为质点的对象,即大小为零的"物体"。当然我们知道,自然界不存在所谓大小为零的物体,所以质点只是一个为了描述物体运动而引入的"模型"。

质点是牛顿力学中一个极其重要的模型。如果物体的大小远远小于所研究问题中的有关距离,问题又不涉及物体的转动,即只讨论其在空间中的位置,我们就可以忽略实际物体的体积,用一个没有体积大小,因而也谈不上有什么形状的"点"来代替实际物体;但在物体的机械运动中,质量起着非常重要的作用,因此这个"点"还应该保留有质量。这就是质点。任何实际的物体总有一定大小,没有任何一个物体与质点完全等价。但是,对于某些特定的运动来说,可以足够准确地把物体看作一个质点。例如,在讨论地球绕太阳的公转时,由于地球的半径(约 6 400 km)比地球与太阳的距离(约149 504 000 km)小得多,把地球作为质点是相当好的近似;或者说,在此情况下,将地球这个庞然大物作为质点,是一个足够准确的模型。显然,这种模型是有一定适用限度的。当讨论到地球自转、四季变化等问题时,再把地球看作质点就不合适了。又例如,研究传动机构时涉及转动,这时哪怕是最小的齿轮也不能当作质点。总之,只有当物体运动的尺度远大于物体本身的线度时,或者在不考虑物体的转动和内部运动时,才可以采用质点模型。

除此之外,引入质点模型还为研究质量连续分布物体的运动提供了一种处理方法。在研究刚体、流体、弹性体等连续体的变化或运动时,可以把它们分割成无限多个非常小的"微元",而每一个"微元"都可以当作质点来进行讨论。实际的研究就是这样进行的。

2.2 一维运动的描述

2.2.1 参照系与参考坐标系

质点是一个物理对象。对于一个物理对象,用什么数学语言来描述,并不是一件很自然的事。我们知道,任何一种数学只是一种逻辑体系,一种逻辑体系能不能正确地描述我们的物理对象,是要认真研究的。物理学,就是要寻找那种能正确地描写所研究物理对象的数学工具。在牛顿力学中,"质点"的空间几何性质相当于欧几里得几何中的"点"这一数学概念。在解析几何中,"点"的位置是由它的坐标值来确定的。因此,质点的位置也可以用这种坐标方法来描述。

利用坐标方法,首先要给出坐标系,坐标值总是相对于一定的坐标系而言的。在数学上,坐标系的选取是完全任意的;但在物理上,我们要对描写运动的各种物理量进行实际测量,坐标系必须固定在一定的物体上,所以物理上的坐标系不能脱离参照物。爱因斯坦曾说过:"运动只能理解为物体的相对运动。在力学中,一般讲到运动,总是意味着相对于坐标系的运动。"坐标系是因定量描述物体运动的需要而引入的,有时又称参考坐标系。

例如,如果选取物体 K 上的某点 O 为坐标原点,并选取 x,y,z 三个轴,质点 A 的位置即由 x,y,z 所确定。这时,我们称所选取的物体 K 为参照系,而称坐标系 $Oxyz$ 为参考坐标系(图 2.1)。

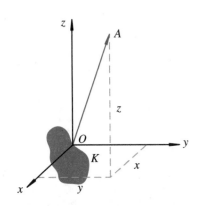

图 2.1 参考坐标系

除了坐标方法,也可以利用数学中的矢量方法描写质点 A 的位置。我们定义质点 A 的位置矢量 $\vec{r}$ 的大小为 OA 的长度,而方向从 O 指向 A。用这个矢量就完全确定了质点 A 的位置。在上面的坐标系中,位置矢量 $\vec{r}$ 的分量就是坐标 A_x,A_y,A_z,或写为 $\vec{r} = A_x\vec{e}_x + A_y\vec{e}_y + A_z\vec{e}_z$,其中 $\vec{e}_x,\vec{e}_y,\vec{e}_z$ 分别为 x,y,z 轴上的单位矢量(图 2.2)。两种描述质点 A 的位置的方法是完全等价的。

参考系的选择是任意的,可以不用参考系 K,而用另外一个参考系 K'。同一个质点的位置,用不同的参考系来描写时,具有不同的位置矢量。就这一点,我们可以说,位置是具有相对性的物理量。

前面我们介绍了时间和空间,又引入了坐标和参考系(坐标系),现在就可以对运动进行描述了。对运动的描述有很多种方式,下面以一维直线运动为例说明。

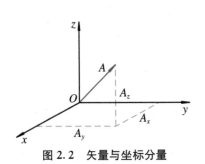

图 2.2 矢量与坐标分量

（1）表格法

描述汽车在笔直公路上的运动。为了确定不同时刻汽车的位置，我们测量它与起点的距离，并记下所有的观测值，记入表2.1。x(m)表示汽车离起点的距离，t(min)表示时间。

表2.1　汽车离起点的距离与时间的关系

t/min	0	1	2	3	4	5	6	7	8	9
x/m	0	400	1 300	3 000	3 160	3 200	4 300	6 000	7 830	8 000

再描述一个下落小球。小球的运动遵循较简单的规律。表2.2列出了落体时间 t(s)和距离 x(m)的关系。

表2.2　小球下落的距离与时间的关系

t/s	0	1	2	3	4	5	6
x/m	0	4.9	19.6	44.1	78.4	122.5	176.4

（2）曲线法

这是描述运动的另一种方法。如果以时间为横轴，以距离为纵轴，就得到如图2.3所示的汽车运动和小球下落曲线。

（3）解析法

小球下落的 x-t 曲线是一条抛物线，可以写出曲线的表达式：$x = 4.9t^2$。这个公式可以提供任意时刻小球下落的距离。

汽车运动的 x-t 图中，x 与 t 之间也有一个确定的函数关系，只是这个关系无法用代数形式写出。有时我们抽象地写为 $x = f(t)$。

物体的运动用函数形式表示的方法称为解析法。

以上三种描述运动的方式各有优点，因此可在不同的场合采用。您可以自己分析一下。

2.2.2 "飞矢不动"佯谬与速度概念的引入

对运动进行恰当、合适的描述，并不是件自然而然的事情，而是经过了长期（数千年）的摸索。机械运动的现象，给了我们关于"快""慢"的经验认识。例如，火车比轮船快，飞机比火车快，而火箭更比飞机快等等。除了"快""慢"以外，如何描述运动？"快""慢"是什么？什么叫"快"？什么叫"慢"？如何定量描述？

我们在这里再看一下芝诺的另外一个佯谬——"飞矢不动"，也称"运动的箭静止"。

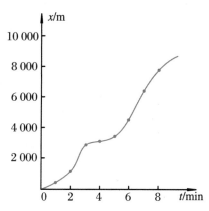

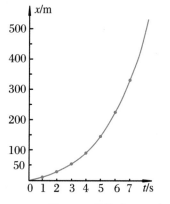

图2.3　曲线法

芝诺说:"如果任何事物,当它是在一个和自己大小相同的空间里(没有越出它)时,它是静止的。如果移动的事物总是在'现在'占有这样一个空间,那么飞着的箭是不动的。"芝诺认为,飞着的箭是静止的。因为,箭在飞行的某一瞬间,一定处在也只能处在整个飞行轨迹中的一个位置,并且是一个确定的位置上,它不能同时占据两个位置而具有两个长度。因此,箭在某一瞬间是静止的。箭此时在这个位置上,彼时在那个位置上,整个过程便由一系列的静止组成,而静止的总和不能构成运动。

现在我们知道,反映质点运动快慢的物理量就是"速度",或者确切地说,是速度数值的大小。"速度"这个概念就是博学多才的古希腊人也认为是十分奥妙和难以捉摸的,原因之一是精通几何学和代数学的古希腊人还没有恰当的数学手段去解决物理学上的这个基本问题。而牛顿正是为了解决运动的描述问题,在前人工作的基础上经过认真思考,发明了微积分这一数学工具。莱布尼茨(G. W. Leibniz,1646-1716)曾说:"了解重要发明的真实起源是极有益的,特别是对那些被认为不是靠偶然而是通过深思熟虑后的发明……我们时代最卓越的发明之一是被称为微分学的一种新的数学分析。"有了微积分这一工具,自然而然地就有了"瞬时速度""瞬时加速度"等物理概念,描述运动所遇到的困难便迎刃而解。

1. 平均速度

当质点从 A 点(位置矢量为 $\vec{r_1}$)运动到 B 点(位置矢量为 $\vec{r_2}$)时,表示质点位置变化的位移矢量为 $\Delta\vec{r} = \vec{r_2} - \vec{r_1}$,所经过的时间为 Δt($\Delta t = t_2 - t_1$),在此时间间隔内,质点的平均速度定义为

$$\bar{v} = \frac{\Delta\vec{r}}{\Delta t} = \frac{位移(矢量)}{时间(标量)} \tag{2.2.1}$$

平均速度只与总的位移和总的时间有关,并不反映物体在 A 与 B 两点之间的实际运动情况。运动的路径可以是弯曲的或笔直的,运动状态可以是均匀的或变速的。

2. 瞬时速度与速度的瞬时性

平均速度往往不足以描述变速运动的细致情况,这是平均速度概念的弱点。求平均速度的时间间隔取得越大,它对快慢的描述就越粗略;反之,时间间隔越小,对快慢的描述也就越精确。这种情况迫使我们把计算平均速度的时间间隔取得尽可能地小。这时,我们可以发现,位移与经过时间的比值平稳地趋近于一个确定的极限值。这就是说,如果用 $\vec{v}$ 代表这一极限值,则

$$\vec{v} = \lim_{\Delta t \to 0} \frac{\Delta\vec{r}}{\Delta t} = \frac{\mathrm{d}\vec{r}}{\mathrm{d}t} \tag{2.2.2}$$

$\vec{v}$ 就是在任何给定时刻(或位置)的速度,叫作瞬时速度,实际上就是 $\vec{r}(t)$ 对于 t 的微分。

为了进一步讨论,我们将前面式中的 t_2 写成 $t_2 = t_1 + \Delta t$,这个 Δt 就是求平均速度所选用的时间间隔。现在求从第 1 s 末到第 $(1 + \Delta t)$ s 末的时间间隔中,自由落体的平均速度。利用 $x = 4.9t^2$,得到

$$\bar{v}_{1 \to 1 + \Delta t} = \frac{x(1 + \Delta t) - x(1)}{1 + \Delta t - 1}$$
$$= \frac{4.9 \times (1 + \Delta t)^2 - 4.9 \times 1^2}{\Delta t}$$
$$= 9.8 + 4.9\Delta t \ (\text{m} \cdot \text{s}^{-1})$$

此式再次表明,从第 1 s 末开始取不同的时间间隔 Δt,所得的平均速度是不相同的。由于 Δt 越小描述得越精确,我们取 Δt 为无限小,或者相当于 $\Delta t \to 0$ 的极限情况,这时平均速度变为

$$\lim_{\Delta t \to 0}(9.8 + 4.9\Delta t) = 9.8 \ (\text{m} \cdot \text{s}^{-1})$$

这个 $9.8 \ \text{m} \cdot \text{s}^{-1}$ 的物理意义是自由落体在第 1 s 末的一个无限小时间间隔内的平均速度,我们称这个值为自由落体在第 1 s 末的瞬时速度。瞬时速度与平均速度这两个概念的重要区别在于:平均速度总是与一段有限的时间间隔相联系,它是描述一段运动过程的物理量;相反,瞬时速度与一个时刻相联系,它是描述运动的瞬时性质的物理量。速度的瞬时性是以瞬时速度这一概念为基础的。有了瞬时速度这个概念,我们对运动的认识大为深化。

　　利用类似的方法不难求出自由落体运动在任何时刻 t 的瞬时速度 $v(t)$,只要将上述的 1 及 $1 + \Delta t$ 分别代之以 t 及 $t + \Delta t$,并取 $\Delta t \to 0$ 的极限值就可以了。因而有

$$v(t) = \lim_{\Delta t \to 0} \frac{x(t + \Delta t) - x(t)}{\Delta t}$$
$$= \lim_{\Delta t \to 0} \frac{4.9 \times (t + \Delta t)^2 - 4.9 \times t^2}{\Delta t}$$
$$= \lim_{\Delta t \to 0}(9.8t + 4.9\Delta t)$$
$$= 9.8t \ (\text{m} \cdot \text{s}^{-1})$$

此式给出了自由落体在每个时刻的瞬时速度。

　　正如"质点"是利用数学中"点"的概念得到的一个物理概念一样,"瞬时速度"是利用数学中的微分概念来描述的。如前所述,在历史上正是由于牛顿在处理这类基本力学问题时需要一种适当的数学工具,他才创建了微积分学。这不仅使物理概念得以准确地描述,而且大大丰富了数学本身。这是牛顿的巨大功绩之一。由此我们可以看到,一个物理对象用什么数学语言描述并不是一件自然而然的事情,而是物理学研究的核心问题。

　　速度不仅描述了运动的快慢,而且描述了运动的方向,属于矢量。速度的

大小叫作速率,仅代表速度的绝对值,总是非负的,属于标量。

2.2.3　匀速运动与变速运动

1. 匀速运动

当物体运动时,其速度的大小或方向发生改变,或者大小和方向两者都改变,称为变速运动。速度的大小和方向都保持不变的运动叫作匀速运动。

物理学中不乏这样的事例:利用颇为常见而简单的公式也能讨论大问题。大家知道,宇宙处于动态,运用匀速运动公式就能够根据美国天文学家哈勃(E. P. Hubble,1889－1943)提出的定律解决估计宇宙的年龄和大小这样的大问题,可算是数量级估计的典型例子。

【例 2.1】哈勃于 1929 年根据河外星云的资料指出:河外星云正远离我们而去,而且离我们越远,速率越大。用 r 和 v 分别表示距离和速率,那么有哈勃定律:$v = H_0 r$,其中 H_0 为哈勃常量。该式是宇宙早期大爆炸的依据之一。观测所得哈勃常量相差较多,根据资料,运用哈勃望远镜测得 $H_0 = (80 \pm 17)\,\text{km} \cdot \text{s}^{-1} \cdot \text{Mpc}^{-1}$[①]。试根据哈勃定律估计宇宙的年龄和大小。

【解】宇宙始于大爆炸,正在膨胀。为对宇宙年龄和宇宙大小作数量级估计,将宇宙近似看作是匀速膨胀的。由哈勃定律,得 $t_0 = r/v = H_0^{-1}$。

由于 1 Mpc = 10^6 pc$\approx 3.09 \times 10^{19}$ km,取 $H_0 = 71\,\text{km} \cdot \text{s}^{-1} \cdot \text{Mpc}^{-1}$,得 $t_0 \approx 4.4 \times 10^{17}$ s $= 1.4 \times 10^{10}$ a(年),即 140 亿年。此外,按相对论,一切速度不超过光在真空中的速度。作数量级估计,我们就假设宇宙以光速膨胀,得宇宙半径不会超过

$$R = ct_0 \approx 3 \times 10^5 \times 4.4 \times 10^{17}\,\text{km} = 1.3 \times 10^{23}\,\text{km} \approx 4.3 \times 10^3\,\text{Mpc}$$

天文观测曾认为宇宙的膨胀是减速的,之所以如此,是由于万有引力的牵制;但现在有研究认为,近 60 亿年来该膨胀可能是加速的。

2. 变速运动与加速度

当物体运动时,其速度的大小和方向只要有一个发生变化就叫变速运动。质点速度随时间的变化率叫质点的加速度。

质点在从 A 到 B 的运动过程中的平均加速度 $\bar{a}$ 定义为速度的变化除以时间间隔,即

---

① pc 为秒差距,英文 parsec 的缩写,是天文学上的一种长度单位。以地球公转轨道的平均半径(1 AU)为底边所对的三角形内角称为视差。当这个角的大小为 1 角秒时,这个三角形的一条边的长度(地球到这个恒星的距离)就称为 1 pc。1 pc≈ 3.26 光年$\approx 3.09 \times 10^{13}$ km。

$$\vec{a} = \frac{\vec{v}_2 - \vec{v}_1}{t_2 - t_1} = \frac{\Delta \vec{v}}{\Delta t} \qquad (2.2.3)$$

可以计算出自由落体在 t 到 $t + \Delta t$ 间隔内的平均加速度的大小:

$$\bar{a}_{t \to t + \Delta t} = \frac{9.8(t + \Delta t) - 9.8t}{\Delta t} = 9.8\,(\text{m} \cdot \text{s}^{-2})$$

这个结果中不含 t 和 Δt,也就是说,对任何一段时间间隔,自由落体平均加速度的大小都是一样的。

瞬时加速度定义为

$$\vec{a} = \lim_{\Delta t \to 0} \frac{\Delta \vec{v}}{\Delta t} = \frac{\mathrm{d}\vec{v}}{\mathrm{d}t} = \frac{\mathrm{d}}{\mathrm{d}t}\left(\frac{\mathrm{d}\vec{r}}{\mathrm{d}t}\right) = \frac{\mathrm{d}^2 \vec{r}}{\mathrm{d}t^2} \qquad (2.2.4)$$

加速度的大小和方向都保持不变的运动叫匀加速运动。

加速度的大小和方向只要有一个发生变化的运动就叫变加速运动。

我们希望用数目尽可能少的物理量来描写运动。什么叫尽可能少? 意思是这些物理量之间应是相互独立的。所谓相互独立,是说其中任一个量不能由其他的量确定。用 $\vec{r}$,$\vec{v}$ 及 $\vec{a}$ 三个量来描写运动是必要的,因为它们是相互独立的。例如,在某一时刻,知道了质点的位置 $\vec{r}$,并不能知道它的速度 $\vec{v}$;知道了 $\vec{v}$,也并不能知道 $\vec{a}$;反之亦然。人们认识到这一点也并不容易。在伽利略之前,并没有加速度概念。当时,没有人认识到加速度与速度是相互独立的,所以没有认识到需要用加速度来描述运动。

我们已经讨论了位置矢量 $\vec{r}$、速度 $\vec{v}$ 和加速度 $\vec{a}$。从运动学本身考虑,没有足够的理由说明为什么我们应当到此为止,而不去讨论加加速度、加加加速度⋯⋯当然,我们可以定义并计算加加速度,即加速度的变化率,但一般来说这并不代表任何具有基本物理价值的东西。其中的原因在于动力学。在动力学中我们可以看到,对力学的讨论几乎全部基于位置矢量、速度和加速度这三个量。近年来,实际的工程应用研究发现,人们对一定的加速度是可以适应的,但对加速度的变化在生理和心理上的反应却很强烈;金属材料的寿命也与所承受的加速度的变化(实际上是受力的变化)有关。所以人们也开始了对加速度变化的关注,并给加速度的变化率起了个名字叫"jerk",有人翻译为"急动度"。由此我们又一次看出,物理概念都是形成于人们的实际需要。不过应当注意,在物理上"加速度"与"力"相联系,但没有什么与"急动度"相联系,而且"力对时间的变化率"不能像"力"一样作为独立的物理量。

3. 自由落体运动

对于从地面上某一高度落下的质点,当空气的阻力以及加速度随高度的变化都忽略不计时(称为自由落体),它的运动叫作自由落体运动。这是一个典型的匀加速直线运动的例子。

自由落体的加速度叫作重力加速度,用 $\vec{g}$ 表示。

精确测量表明,在地球各处,重力加速度的大小 g 并不都一样。一般说来,在低纬处 g 值较小(9.781 6 m·s⁻²);在高纬处 g 值较大(9.832 45 m·s⁻²)。

地质、地震、勘探、气象和地球物理等领域都需要精确的重力加速度 g 值,弹道导弹飞行轨道的设计也需要知道航线上每一处重力加速度的精确值。近年来,一种测量 g 的方案叫作对称自由下落,它的原理涉及匀变速直线运动的规律。取竖直向上的坐标系 Oy,如图 2.4 所示,有

$$y = y_0 + v_{0y}t - \frac{1}{2}gt^2 \tag{2.2.5}$$

其中负号表示重力加速度与 y 轴反向。

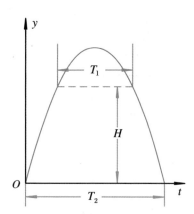

图 2.4 用对称自由下落方法测量重力加速度的原理示意图

【例 2.2】将真空长直管沿铅直方向放置。自其中 O 点向上抛小球又落至原处所用的时间为 T_2。在小球运动过程中经过比 O 点高的 H 处。小球离开 H 处至回到 H 处所用时间为 T_1。现测得 T_1,T_2 和 H,试确定重力加速度 g。

【解】将小球视为质点。建立以 O 为原点、铅直向上的坐标系 Oy,如图 2.4 所示。测 T_2 时,质点初始坐标为 $y_0 = 0$,设其初速度为 $v_{0y} = v_2$。因小球回到 O 时终坐标亦为 $y = 0$,按式(2.2.5),有

$$0 = 0 + v_2 T_2 - \frac{1}{2}gT_2^2, \quad v_2 = \frac{1}{2}gT_2$$

同理,设测 T_1 时小球经 H 处向上的速度为 $v_{0y} = v_1$,又有

$$H = H + v_1 T_1 - \frac{1}{2}gT_1^2, \quad v_1 = \frac{1}{2}gT_1$$

由上面的关系及 $v_2^2 - v_1^2 = 2gH$,可得

$$v_2^2 - v_1^2 = \frac{1}{4}g^2(T_2^2 - T_1^2) = 2gH$$

最终得

$$g = \frac{8H}{T_2^2 - T_1^2}$$

这样就把测 g 归于测长度和时间,回避了速度的测量。以稳定的氦氖激光为长度标准用光学干涉方法测距离,又以铷原子钟或其他手段测时间,并力求排除静电弱磁场的干扰,能将 g 值测得很准确。将上抛的小球换成经过特殊技术处理的冷原子或原子团,通过激光量子干涉测量运动变化,最后得到重力加速度,这就是现在所说的量子重力仪。我国是能够准确测量重力加速度的几个国家之一。1989 年 10 个国家(包括我国)在国际计量局用不同方法进行了 43 694 次观测,测

得 g 的平均值为 $9.809\,259\,748\ \text{m·s}^{-2}$，不确定度为 $\pm 7.4 \times 10^{-8}\ \text{m·s}^{-2}$。

4．伽利略的理想实验

很早以前，落体运动的性质是自然哲学中的一个有趣问题。亚里士多德曾经断言：“物体下落时……其快慢与其重量成正比。”一直到十几个世纪以后，当伽利略通过实验发现了落体运动的真正性质，并且公开宣布了实验结果时，亚里士多德在这个问题上的论点才受到认真的批判。

在伽利略时代还没有有效的方法获得低真空，也没有足够精密的计时装置来获得自由落体的可靠数据。伽利略通过证明球在空中自由降落的特征和球沿斜面滚下相同，考察运动的速率和加速度。

为了说明物体下落的快慢与重量无关，伽利略还设计了一个理想实验：有两个物体，质量分别为 M_1 和 M_2，假设 $M_1 > M_2$。按亚里士多德的观点，应有：速度 $v_1 > v_2$ 和加速度 $a_1 > a_2$。如果用绳将两者捆在一起，即 $M_3 = M_1 + M_2$，则 $v_3 > v_1 > v_2$，$a_3 > a_1 > a_2$。但考虑物体 1 有使物体 2 速度增大的作用，物体 2 有使物体 1 速度减小的作用，则应有 $v_1 > v_3 > v_2$ 和 $a_1 > a_3 > a_2$。两者矛盾，所以亚里士多德的理论不能成立，结论只能是所有的物体有相同的加速度。

【**例 2.3**】跳水运动员沿竖直方向入水，接触水面时的速率为 v_0，入水后重力和水的浮力相抵消，仅受水的阻力而减速，自水面向下取 Oy 轴，其加速度为 $a_y = -kv_y^2$，v_y 为速度，k 为常量。求入水后运动员速度随时间的变化。

【**解**】将运动员近似为质点。根据已知条件，有

$$\frac{\mathrm{d}v_y}{\mathrm{d}t} = -kv_y^2$$

整理后可得

$$-v_y^{-2}\mathrm{d}v_y = k\mathrm{d}t$$

设入水时，$t = 0$，$v_y = v_0$。运动过程中 t 时刻速度为 v_y。将上式的两侧分别以 v_y 和 t 为积分变量，以 $-v_y^{-2}$ 和 k 为被积函数作定积分，得

$$\frac{1}{v} - \frac{1}{v_0} = kt \quad \text{或} \quad v = \frac{v_0}{kv_0t + 1}$$

可见运动员的速度随时间的增加而减小。当 $t \to \infty$ 时，速度变成零。

下面就同样过程用不定积分法求运动员速度随入水深度变化的情况。

【**例 2.4**】跳水运动员自 10 m 跳台自由下落，入水后因受水的阻碍而减速，自水面向下取坐标轴 Oy，其加速度为 $-kv_y^2$，其中 $k = 0.4\ \text{m}^{-1}$。求运动员速度减为入水速度 $1/10$ 时的入水深度。

【解】 设运动员以初速度 0 起跳,至水面时其速度为

$$v_0 = \sqrt{2gh} = \sqrt{2 \times 9.8 \times 10}\,(\text{m} \cdot \text{s}^{-1}) = 14\,(\text{m} \cdot \text{s}^{-1})$$

在水中的加速度为

$$\frac{\mathrm{d}v_y}{\mathrm{d}t} = -kv_y^2$$

因落至不同位置对应不同速度,故可视 v_y 为 y 的函数,即 $v_y = v_y(y)$。于是可写出 $\dfrac{\mathrm{d}v_y}{\mathrm{d}t} = \dfrac{\mathrm{d}v_y}{\mathrm{d}y}\dfrac{\mathrm{d}y}{\mathrm{d}t} = \dfrac{\mathrm{d}v_y}{\mathrm{d}y}v_y$,代入上式,得

$$\frac{\mathrm{d}v_y}{\mathrm{d}y} = -kv_y \quad \text{即} \quad \frac{\mathrm{d}v_y}{v_y} = -k\mathrm{d}y$$

作不定积分并化简,得

$$v_y = C\mathrm{e}^{-ky}$$

式中 C 为积分常数。当初始条件 $y = 0$ 时,$v_y = v_0$,代入上式求出 C,得 $v_y = v_0\mathrm{e}^{-ky}$。

设 $v_y = v_0/10$,将 $k = 0.4\,\text{m}^{-1}$ 代入,得

$$y = 5.76\,\text{m}$$

即运动员入水 5.76 m 时,其速度变为入水时速度的 1/10。

2.3　平面运动

2.3.1　位置矢量与位移

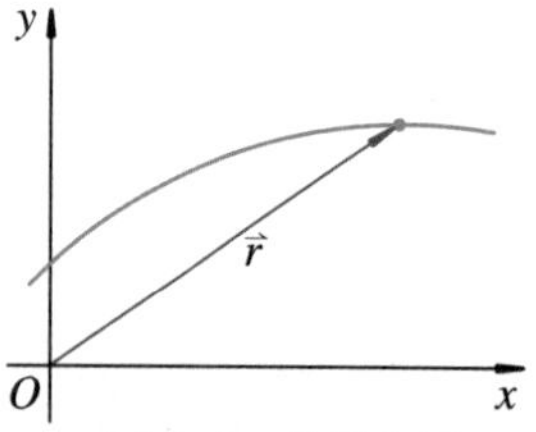

图 2.5　位置矢量

为方便起见,取运动所在平面为 Oxy 平面。图 2.5 表示一质点正沿着该平面内的弯曲路径运动。在时刻 t,质点的位置,即它对原点的位移,用矢量 $\vec{r}$ 表示,就称为位置矢量。随着时间的不同,位置矢量的变化即为位移。

2.3.2　速度与加速度

单位时间内质点位置矢量的变化(位移)为质点的速度 $\vec{v}$。矢量 $\vec{v}$ 必定与质点的路径相切,这是由微分的性质决定的。

单位时间内质点速度矢量的变化为质点运动的加速度 $\vec{a}$。矢量 $\vec{a}$ 的方向与质点路径并无任何固定关系,而只决定于质点沿其路径运动的速度 $\vec{v}$ 随时间的变化率。

矢量 $\vec{r}$,$\vec{v}$ 及 $\vec{a}$ 是相互联系的,并可用它们的分量表示成

$$\vec{r} = x\vec{e}_x + y\vec{e}_y, \quad \vec{v} = \frac{\mathrm{d}\vec{r}}{\mathrm{d}t} = v_x\vec{e}_x + v_y\vec{e}_y, \quad \vec{a} = \frac{\mathrm{d}\vec{v}}{\mathrm{d}t} = a_x\vec{e}_x + a_y\vec{e}_y$$

$$(2.3.1)$$

对匀速运动,有

$$\vec{r} = \vec{r}_0 + \vec{v}\,t$$

对匀加速运动,有

$$\vec{v} = \vec{v}_0 + \vec{a}\,t$$

描写一个复杂的曲线运动时,x 方向的坐标、速度、加速度与其他方向的坐标、速度、加速度无关。y 方向和 z 方向也有这种性质,即三个方向相互无关,这种性质称为运动的独立性。因此,一个复杂的曲线运动,可看成在 x,y,z 三个方向上的直线运动,这三个运动同时进行,我们可以对每一个运动进行单独分析,分别考虑各个方向上分量的变化规律,好像另外两个方向上的运动根本不存在一样。对平面运动和三维空间运动也是如此,这就使问题变得简单。

2.3.3　时间曲线与空间轨迹

质点位置矢量在 x 轴和 y 轴上的分量随时间不断变化,可以绘出它们之间的关系曲线 $x(t) - t$ 和 $y(t) - t$,称为时间曲线。质点的位置矢量为 $\vec{r} = \vec{r}(t) = x(t)\vec{e}_x + y(t)\vec{e}_y$。随着时间的变化,质点在运动中所经过的各点在空间连成一条曲线,这条曲线称为轨迹。

可以利用曲线方程来描写轨迹。例如,曲线方程 $x^2 + y^2 = r^2$, $z = 0$ 就描写了在 $z = 0$ 平面内半径为 r 的圆周运动的轨迹。在数学上,时间曲线就是以时间为参数的参数方程。由时间曲线可以完全确定质点运动的空间轨迹;反之则不行。

2.3.4 恒定加速度平面运动与抛体运动

当质点运动时,如果加速度 $\vec{a}$ 的大小与方向都不改变,则 $\vec{a}$ 的各个分量也不改变,可以用两个分运动的矢量和描写整个运动。这两个分运动都具有恒定的加速度,并且同时发生在互相垂直的两个方向上,相互独立。将质点运动表示成矢量关系,即为

$$\vec{v} = v_x \vec{e}_x + v_y \vec{e}_y = (v_{x0} + a_x t)\vec{e}_x + (v_{y0} + a_y t)\vec{e}_y$$
$$= (v_{x0}\vec{e}_x + v_{y0}\vec{e}_y) + (a_x \vec{e}_x + a_y \vec{e}_y)t = \vec{v}_0 + \vec{a}t \qquad (2.3.2)$$

同样,可以得出

$$\vec{r} = \vec{r}_0 + \vec{v}_0 t + \frac{1}{2}\vec{a}t^2 \qquad (2.3.3)$$

将质点向空中斜抛的二维运动(抛体运动)是加速度恒定的曲线运动。加速度方向向下,大小为 g。因为加速度没有水平分量,所以速度的水平分量恒定不变。速度的垂直分量和时间的关系,与竖直向下的匀加速直线运动相同。在任何时刻,合速度的大小为 $v = \sqrt{v_x^2 + v_y^2}$,方向与水平线所成的角 θ 由 $\tan\theta = v_y/v_x$ 给定。

对任何力学问题,总可以根据方便与否用不同的研究方法,对抛体运动也是如此,可以直接通过矢量来进行分析。

图 2.6 中,设抛体在 $t = 0$ 时自 O 点抛出,则在时刻 t 时,矢量 $\vec{r}$ 既是位置矢量又是从计时起点开始计算的位移。现将位移 $\vec{r}$ 分解为沿初速度 $\vec{v}_0$ 方向和铅直向下方向的两个分位移 $\vec{r}_1$ 和 $\vec{r}_2$,相当于采用沿 $\vec{r}_1$ 为一坐标轴、沿 $\vec{r}_2$ 为另一坐标轴的所谓斜坐标系。物理上这两个运动是相互独立的,从数学的角度看,也就是它所对应的坐标系的基向量是线性无关的。质点沿 $\vec{r}_1$ 以 $\vec{v}_0$ 做匀速直线运动,故 $\vec{r}_1 = \vec{v}_0 t$。

质点沿 $\vec{r}_2$ 以加速度 $\vec{g}$ 做自由落体运动,故 $\vec{r}_2 = (1/2)\vec{g}t^2$。

质点的合位移为 $\vec{r} = \vec{v}_0 t + (1/2)\vec{g}t^2$。

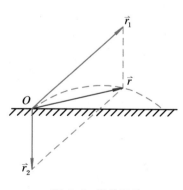

图 2.6 抛体运动

【例 2.5】 右图为一演示实验,抛体发射前,瞄准高处 A 的靶子,采取措施使靶子在抛体发射的同时开始自由下落。那么,不管抛体的初速率怎样,抛体都能够击中靶子,为什么?

【解】 没有重力加速度,靶子不会落下来,抛体也必沿着瞄准的方向以初速度 $\vec{v}_0$ 匀速前进,并打中靶子。这时,抛体经过的位移 $\vec{r}_1$ 的大小等于 $v_0 t$,其中 t 为抛体从发射点到命中目标 A 点经过的时间。

但是,在 t 时间内,抛体除了有位移 $\vec{r}_1$ 外,还发生因重力加速度而引起的附加位移 $\vec{r}_2 = (1/2)\vec{g}t^2$,抛体的总位移 $\vec{r} = \vec{r}_1 + \vec{r}_2$,如图所示,最终达到 P 点。

与此同时,靶子自 A 点自由下落,产生了位移 $\vec{r}_2'$,且大小等于 $(1/2)gt^2$,到达 P' 点。因 $\vec{r}_2 = \vec{r}_2'$,所以 $\overline{AP} = \overline{AP'}$,$P'$ 点与 P 点重合,抛体击中了靶子,如图所示。讨论中没有对抛体的发射速率提出任何限制。如不考虑对靶子和子弹下落高度的限制,不管发射速率如何,都是可以命中的。这一过程也可以用广义相对论中的等效原理进行分析。

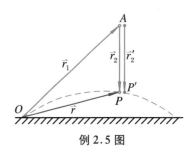

例 2.5 图

2.3.5　匀速圆周运动

我们知道,加速度就是速度的变化率。在自由落体运动中,速度只是大小不断改变而方向不变。对于质点以恒定速率绕圆周的运动,即所谓匀速圆周运动来说,速度矢量的方向不断改变而大小不变。

现在要定义一个矢量,它的大小为单位时间内质点角位置的变化 $\omega = \lim\limits_{\Delta t \to 0} \dfrac{|\Delta \varphi|}{\Delta t}$,方向由右手法则确定,如图 2.7(a) 所示,右手除拇指外其他四指沿质点运动的方向,拇指所指就是 $\vec{\omega}$ 的方向。这样定义的量 $\vec{\omega}$ 称为角速度矢量。利用这个矢量,可以把质点的速度矢量 $\vec{v}$ 表示成 $\vec{v} = \vec{\omega} \times \vec{r}$,而其大小

$$v = \lim\limits_{\Delta t \to 0} \frac{r |\Delta \varphi|}{\Delta t} = r \lim\limits_{\Delta t \to 0} \frac{|\Delta \varphi|}{\Delta t} = r\omega$$

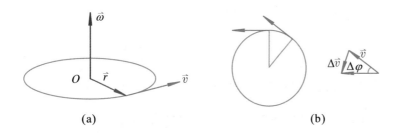

(a)   (b)

图 2.7　向心加速度

通过图 2.7(b)所示的微元分析可以证明,匀速圆周运动的加速度的大小

$$a = \lim_{\Delta t \to 0} \frac{\Delta v}{\Delta t} = \lim_{\Delta t \to 0} \frac{v \Delta \varphi}{\Delta t} = v \lim_{\Delta t \to 0} \frac{\Delta \varphi}{\Delta t} = v\omega = \frac{v^2}{r}$$

方向是瞬时地沿着半径指向圆心。因此,$\vec{a}$ 叫作径向加速度或向心加速度。速度、角速度和加速度都是矢量,它们之间有矢量关系式

$$\vec{a} = \vec{\omega} \times \vec{v} \tag{2.3.4}$$

2.3.6　平面极坐标系中的速度、加速度表示

1. 平面极坐标系

在分析某些平面运动问题时,采用图 2.8 所示的平面极坐标系更为方便。

在所研究的平面内,取固定于参照物的一点 O 为原点,称为极点;过此极点取一条射线,称为极轴,方向始于极点。这就组成了平面极坐标系。

质点在此坐标系下的位置由极径 r 和极角 φ 决定。r 是质点所在位置与极点间的距离,φ 是极点与质点的连线沿逆时针方向与极轴的夹角,表示质点相对于极轴的方位。r 和 φ 统称为质点的极坐标。

2. 位置矢量、速度、加速度的极坐标系表示

以极点为坐标原点,质点的位矢只有径向,记为 $\vec{r} = r\vec{e}_r$。应该注意的是,此处的单位矢量 $\vec{e}_r$ 不再是常矢量,而是随极角 φ 的改变不断改变其方向。

下面我们先推导极坐标系中质点运动速度的表达形式:

如图 2.9 所示,设 t,$t + \Delta t$ 时刻质点分别位于空间轨道的 A,B 两点。在 OB 上取一点 C,使得 $\overline{OC} = \overline{OA}$。把位移 $\Delta \vec{r}$ 分解成 $\Delta \vec{r}_1$ 和 $\Delta \vec{r}_2$,则依速度的定义,有

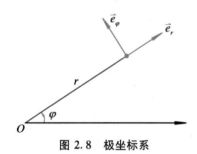

图 2.8　极坐标系

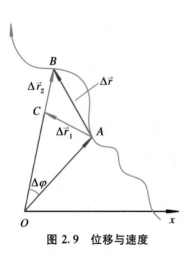

图 2.9　位移与速度

$$\vec{v} = \lim_{\Delta t \to 0} \frac{\Delta \vec{r}}{\Delta t} = \lim_{\Delta t \to 0} \frac{\Delta \vec{r}_2}{\Delta t} + \lim_{\Delta t \to 0} \frac{\Delta \vec{r}_1}{\Delta t}$$

当 $\Delta t \to 0$ 时,沿径向,也就是 $\vec{e}_r$ 的方向,有 $\Delta \vec{r}_2 \to \vec{e}_r \mathrm{d}r$;沿横向,也就是 $\vec{e}_\varphi$ 的方向,有 $\Delta \vec{r}_1 \to r\vec{e}_\varphi \mathrm{d}\varphi$。从而有速度表达式

$$\vec{v} = \frac{\mathrm{d}r}{\mathrm{d}t} \vec{e}_r + r \frac{\mathrm{d}\varphi}{\mathrm{d}t} \vec{e}_\varphi = \dot{r}\vec{e}_r + r\dot{\varphi}\vec{e}_\varphi \tag{2.3.5}$$

令 v_r,v_φ 分别为速度的径向分量和横向分量,则 $v_r = \dot{r}$,$v_\varphi = r\dot{\varphi}$。

再推导极坐标系中质点运动加速度 $\vec{a} = \lim_{\Delta t \to 0} \frac{\Delta \vec{v}}{\Delta t}$ 的表达形式。

为了便于用极坐标系中的分量表示,把速度增量分解成径向速度增量和横向速度增量分别加以讨论,即 $\Delta \vec{v} = \Delta \vec{v}_r + \Delta \vec{v}_\varphi$。

由图 2.10,可以看出

$$\Delta \vec{v} = \Delta \vec{v}_r + \Delta \vec{v}_\varphi = (\Delta_1 \vec{v}_r + \Delta_2 \vec{v}_r) + (\Delta_1 \vec{v}_\varphi + \Delta_2 \vec{v}_\varphi)$$

所以有

$$\mathrm{d}\vec{v} = (v_r \vec{e}_\varphi \mathrm{d}\varphi + \vec{e}_r \mathrm{d}v_r) + (-v_\varphi \vec{e}_r \mathrm{d}\varphi + \vec{e}_\varphi \mathrm{d}v_\varphi)$$
$$= (\mathrm{d}v_r - v_\varphi \mathrm{d}\varphi)\vec{e}_r + (v_r \mathrm{d}\varphi + \mathrm{d}v_\varphi)\vec{e}_\varphi$$

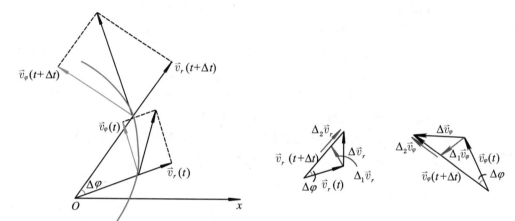

图 2.10 速度与加速度

利用前面 v_r, v_φ 的表达形式,进一步可以写出加速度

$$\vec{a} = \left(\frac{\mathrm{d}v_r}{\mathrm{d}t} - v_\varphi \dot{\varphi}\right)\vec{e}_r + \left(v_r \dot{\varphi} + \frac{\mathrm{d}v_\varphi}{\mathrm{d}t}\right)\vec{e}_\varphi$$
$$= (\ddot{r} - r\dot{\varphi}^2)\vec{e}_r + (2\dot{r}\dot{\varphi} + r\ddot{\varphi})\vec{e}_\varphi \tag{2.3.6}$$

分别写出径向和横向分量,即 $a_r = \ddot{r} - r\dot{\varphi}^2$,$a_\varphi = r\ddot{\varphi} + 2\dot{r}\dot{\varphi}$。

如果直接利用矢量求导,上述推导会变得十分简洁:

$$\vec{a} = \frac{\mathrm{d}\vec{v}}{\mathrm{d}t} = \frac{\mathrm{d}}{\mathrm{d}t}(\dot{r}\vec{e}_r + r\dot{\varphi}\vec{e}_\varphi)$$
$$= \ddot{r}\vec{e}_r + \dot{r}\frac{\mathrm{d}\vec{e}_r}{\mathrm{d}t} + \dot{r}\dot{\varphi}\vec{e}_\varphi + r\ddot{\varphi}\vec{e}_\varphi + r\dot{\varphi}\frac{\mathrm{d}\vec{e}_\varphi}{\mathrm{d}t}$$

利用矢量图很容易得出 $\dfrac{\mathrm{d}\vec{e}_r}{\mathrm{d}t} = \dot{\varphi}\vec{e}_\varphi$,$\dfrac{\mathrm{d}\vec{e}_\varphi}{\mathrm{d}t} = -\dot{\varphi}\vec{e}_r$,所以有 $\vec{a} = (\ddot{r} - r\dot{\varphi}^2)\vec{e}_r +$ $(r\ddot{\varphi} + 2\dot{r}\dot{\varphi})\vec{e}_\varphi$,与前式相同。在推导中只要注意 $\vec{e}_r$,$\vec{e}_\varphi$ 不为常量就可以了。

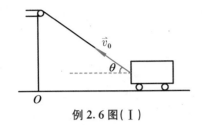

例 2.6 图（Ⅰ）

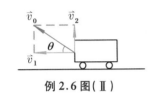

例 2.6 图（Ⅱ）

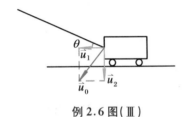

例 2.6 图（Ⅲ）

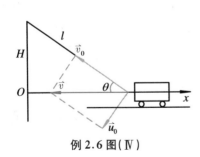

例 2.6 图（Ⅳ）

【例 2.6】 水平地面上有一小车,地面上 O 点的正上方有一滑轮,通过滑轮以匀速 v_0 收绳,小车被绳拉着在地面上运动[图(Ⅰ)]。问当绳与水平方向夹角为 θ 时,小车的速度为多少?

【解法 1】 此题乍看起来很简单,收绳速度 $\vec{v}_0$ 在水平方向上的投影 $\vec{v}_1$ 就是小车前进的速度 $v_1 = v_0\cos\theta$ [图(Ⅱ)]。

仅从投影关系来看, $v_1 = v_0\cos\theta$ 是正确的。但是,把 $\vec{v}_0$ 在水平方向上的投影当作小车的速度是有问题的。因为在将收绳速度分解为水平速度和竖直速度时,除了水平分量 $v_1 = v_0\cos\theta$,还有竖直分量 $v_2 = v_0\sin\theta$ 。而竖直分量 v_2 是大于0的,意味着小车离地而起,显然与实际情况不符。

【解法 2】 再来认真分析一下收绳时小车的运动。这时不仅绳变短,而且其方向(角 θ)也不停地改变。所以,车还具有绕滑轮顺时针转动的速度 $\vec{u}_0$ 。此速度也可以投影到水平方向和竖直方向。可以利用竖直投影来求 $\vec{u}_0$ 的大小。因为要保证小车既不飞腾上天也不下钻入地,竖直向下的投影 $u_2 = u_0\cos\theta$ [图(Ⅲ)]必定与图(Ⅱ)中竖直向上的投影 $v_2 = v_0\sin\theta$ 抵消,即 $u_0\cos\theta = v_0\sin\theta$,从而有 $u_0 = v_0\sin\theta/\cos\theta$ 。

对于 $\vec{u}_0$,当然也不能光讲竖直投影而忘了水平投影, $\vec{u}_0$ 的水平投影 $u_1 = u_0\sin\theta = v_0\sin^2\theta/\cos\theta$ 。小车的移动速度 $\vec{v}$ 应是 $\vec{v}_1$ 与 $\vec{u}_1$ 两个水平投影之和:

$$v = v_1 + u_1 = v_0\cos\theta + \frac{v_0\sin^2\theta}{\cos\theta} = \frac{v_0}{\cos\theta}$$

这才是正确的答案。这样,解法1的错误是可以避免的,只要牢记一条原则:把矢量向某个方向投影时必须对另一个投影也作出交代。

虽然此解法比较啰嗦,但答案 $v = v_0/\cos\theta$ 却很简单,说明解法2还有改进的空间。

【解法 3】 小车沿水平方向运动,速度为 $\vec{v}$;小车在绳子方向的速度等于收绳速度 $\vec{v}_0$ [图(Ⅳ)]。所以与解法1中所说的恰恰相反, $\vec{v}$ 并不是 $\vec{v}_0$ 在水平方向上的投影, $\vec{v}_0$ 倒是 $\vec{v}$ 在绳子方向上的投影 $v_0 = v\cos\theta$,由此得 $v = v_0/\cos\theta$ 。

这才是正确的思路,而且过程很简洁,只不过可能不易想到。在学过微积分后,我们可以利用微分的方法再来求解这一问题。

【解法 4】 取 x 轴如图(Ⅳ)所示,原点取在 O 点。小车的坐标 $x = \sqrt{l^2 - H^2}$,其中高度差 H 为常量,从滑轮到小车的绳长 l 是变量,而且 $\mathrm{d}l/\mathrm{d}t = -v_0$ 。将 x 对时间 t 求导,即得小车速度

$$v = \frac{\mathrm{d}x}{\mathrm{d}t} = \frac{1}{2}\frac{1}{\sqrt{l^2-H^2}}2l\frac{\mathrm{d}l}{\mathrm{d}t} = \frac{l}{\sqrt{l^2-H^2}}\frac{\mathrm{d}l}{\mathrm{d}t} = -\frac{v_0}{\cos\theta}$$

其中负号表示小车运动方向与 x 轴正方向相反。

这个解法不需要矢量投影,当然也就不会犯解法 1 中所说的错误,也比解法 2 和解法 3 容易掌握。这说明微分这一数学工具确实可以帮助我们简化求解过程。虽然问题是要求小车的速度,但由于直接求速度比较困难,也就不必从速度入手,可通过确定小车的位置坐标 $x(t)$,再将 $x(t)$ 对时间 t 求导,很方便地就得到了速度。

这样,我们得到两条重要的经验:① 要解决任何一个具体的力学问题,首先应当建立坐标系;② 质点在各个瞬时的坐标 $x(t)$,或各个瞬时的速度 $v(t)$ 附以适当的初始条件,或各个瞬时的加速度 $a(t)$ 附以适当的初始条件,都可以详尽地描述质点在直线上的运动。因此,如果问题要求 $v(t)$,并不一定要从 $v(t)$ 着手,完全可以从 $x(t)$ 或 $a(t)$ 着手。如果要求 $x(t)$ 或 $a(t)$,同样不一定要从 $x(t)$ 或 $a(t)$ 着手。

【解法 5】用极坐标系求解。在图(Ⅴ)中取 A 点为极点,极轴竖直向下。收绳速度 $\vec{v}_0$ 总是指向 A 点,所以用极坐标求解也比较方便。

因为小车不能腾空或入地,所以速度 $\vec{v}$ 的方向一定是水平的,但 $\vec{v}$ 的大小未知,是待求的。在极坐标系中,小车的横向速度 v_φ 为未知的,而径向速度 v_ρ 的大小就是收绳的速率,$v_\rho = -v_0$。

由图(Ⅴ)可见,$\vec{v}$ 的方向与 φ 增加方向之间的夹角为 $\pi - \varphi$,所以

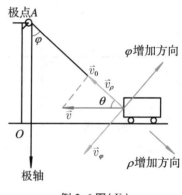

例 2.6 图(Ⅴ)

$$\begin{cases} v_\rho = -v\sin\varphi = -v_0 \\ v_\varphi = -v\cos\varphi \end{cases}$$

消去 v,得 $\dfrac{v_\varphi}{v_0} = -\dfrac{\cos\varphi}{\sin\varphi}$,即 $v_\varphi = -v_0\cot\varphi$,从而 $v^2 = v_\rho^2 + v_\varphi^2 = v_0^2 + \dfrac{v_0^2\cos^2\varphi}{\sin^2\varphi}$

$= \dfrac{v_0^2}{\sin^2\varphi}$,即

$$v = \frac{v_0}{\sin\varphi} = \frac{v_0}{\cos\theta}$$

【例 2.7】有一圆盘绕通过中心且与盘面垂直的固定轴以匀角速 ω 转动,如图(Ⅰ)所示,一质点自中心沿着某一半径方向以匀速 v_0 向边缘运动。试给出该质点的运动情况。

【解】因为质点沿半径方向运动,而圆盘又在转动,故选用固定于地面的极坐标系较为适宜。取圆盘中心 O 为极点,把该半径在 $t=0$ 时的位置取为极轴。

根据所给条件,从速度着手分析较为方便。在任一时刻 t,由式(2.3.5),可知质点的速度为

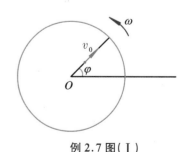

例 2.7 图(Ⅰ)

$$\begin{cases} v_\rho = \dot{\rho} = v_0 \\ v_\varphi = \rho\dot{\varphi} = \rho\omega \end{cases}$$

即

$$\begin{cases} \dfrac{\mathrm{d}\rho}{\mathrm{d}t} = v_0 \\[2mm] \dfrac{\mathrm{d}\varphi}{\mathrm{d}t} = \omega \end{cases}$$

两边分别积分并代入初始条件,得

$$\begin{cases} \rho = v_0 t \\ \varphi = \omega t \end{cases}$$

消去 t 即得到轨道方程

$$\rho = \frac{v_0}{\omega}\varphi$$

这就是有名的阿基米德螺线[图(Ⅱ)]。

进而由式(2.3.6),还可以求得质点运动的加速度:

$$\begin{cases} a_\rho = 0 - \rho\omega^2 = -\rho\omega^2 \\ a_\varphi = 0 + 2v_0\omega = 2v_0\omega \end{cases}$$

该题如果采用直角坐标系求解将麻烦很多,读者可以试一下看看。这又一次说明,灵活选用恰当的数学工具对分析和解决物理问题非常重要。

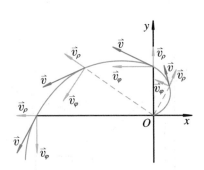

例 2.7 图(Ⅱ)

2.4   三维空间运动

2.4.1   三维空间运动的描述

现在把我们的讨论推广到三维空间。与前面的讨论类似,要定量描述质点在三维空间的运动,需要引入数学中的三维直角坐标系。在三维直角坐标系中,质点的位置可以用位置矢量 $\vec{r} = x\vec{e}_x + y\vec{e}_y + z\vec{e}_z$ 表示。运动的描述和处理可以直接从二维平面的结果推广得到。

随着时间 t 的变化,质点位置矢量的端点在空间经过的曲线称为质点运动的轨迹。也可以用三个坐标分量描述运动(运动方程):

$$\begin{cases} x = x(t) \\ y = y(t) \\ z = z(t) \end{cases} \quad (\vec{r}(t) = x(t)\vec{e}_x + y(t)\vec{e}_y + z(t)\vec{e}_z) \quad (2.4.1)$$

该方程组是一个三维曲线参数方程,所描述的曲线就是轨迹。但给定一个轨迹却不能告诉你质点某时刻在何处。因此,我们说运动方程比轨迹包含更多的运动信息。

设在时刻 t_1 和 t_2 质点的位置矢量分别为 $\vec{r}(t_1)$ 和 $\vec{r}(t_2)$,称 $\Delta\vec{r} = \vec{r}(t_2) - \vec{r}(t_1)$ 为在 t_1 到 t_2 时间内质点的位移。位移是矢量,除了具有方向性之外,还有几点性质:① 位移不同于位矢。位移与坐标原点的选取无关。② 位移不同于路程。t_1 到 t_2 时间内质点所经历的路程是两点之间曲线的实际长度,是一个标量。在一般情况下,当 $\Delta t = t_2 - t_1 \rightarrow 0$ 时,两者大小相等。③ 位移不反映初位置到终位置中间的细节,也不反映初位置或终位置本身,仅反映两者相对的变化。

与一维和二维运动类似,定义三维空间运动的瞬时速度 $\vec{v}(t) = \lim\limits_{\Delta t \rightarrow 0} \dfrac{\Delta\vec{r}}{\Delta t} = \dfrac{\mathrm{d}\vec{r}}{\mathrm{d}t}$,在直角坐标系中的分量形式为

$$\vec{v}(t) = \frac{\mathrm{d}x(t)}{\mathrm{d}t}\vec{e}_x + \frac{\mathrm{d}y(t)}{\mathrm{d}t}\vec{e}_y + \frac{\mathrm{d}z(t)}{\mathrm{d}t}\vec{e}_z = \dot{x}\vec{e}_x + \dot{y}\vec{e}_y + \dot{z}\vec{e}_z$$

$$(2.4.2)$$

对于三维空间运动,瞬时加速度定义为

$$\vec{a}(t) = \lim\limits_{\Delta t \rightarrow 0} \frac{\Delta\vec{v}}{\Delta t} = \frac{\mathrm{d}\vec{v}(t)}{\mathrm{d}t} = \frac{\mathrm{d}^2\vec{r}(t)}{\mathrm{d}t^2} \quad (2.4.3)$$

在直角坐标系中,加速度表示为

$$\vec{a}(t) = \frac{\mathrm{d}^2x(t)}{\mathrm{d}t^2}\vec{e}_x + \frac{\mathrm{d}^2y(t)}{\mathrm{d}t^2}\vec{e}_y + \frac{\mathrm{d}^2z(t)}{\mathrm{d}t^2}\vec{e}_z \quad (2.4.4)$$

其三个分量分别为

$$\begin{cases} a_x(t) = \dfrac{\mathrm{d}^2x(t)}{\mathrm{d}t^2} = \ddot{x}(t) \\[2mm] a_y(t) = \dfrac{\mathrm{d}^2y(t)}{\mathrm{d}t^2} = \ddot{y}(t) \\[2mm] a_z(t) = \dfrac{\mathrm{d}^2z(t)}{\mathrm{d}t^2} = \ddot{z}(t) \end{cases} \quad (2.4.5)$$

根据运动的独立性原理,在讨论三维曲线运动时,可以分别在三个方向上对三个一维运动进行处理,以使问题简化。

2.4.2 运动(作用)的独立性原理和运动的分解与合成

前面我们把质点在三维空间的运动分解为三个相互垂直方向的运动。为什么可以这么做? 前提是满足运动(作用)的独立性原理,也就是质点在 x 方向的运动状态与其在 y 和 z 方向所处位置无关,在 y 方向的运动状态与其在 x 和 z 方向所处位置无关,z 方向也一样。实际情况并不总是这样。例如我们前面讨论过的质点平抛或斜抛运动,之所以可以分解为沿初始速度方向的运动与沿重力方向的运动,是因为我们认为不论质点沿初始速度方向运动到什么位置,其所受重力都是恒定的。在地表附近这么近似处理是可以的;但当质点运行轨道很高,必须把地球的引力看成是指向地球中心满足和距离平方成反比的有心力时,再这么处理就不合适了,因为这时质点受到地球的引力作用与其运动到什么位置有关,沿初始速度方向的运动与沿引力方向的运动不再是相互独立的,也就不能像我们前面那样进行运动的分解与合成了。

所以,分解与合成、线性叠加的前提是运动(作用)具有独立性。后面我们会讨论到引力具有线性叠加的性质,也是因为物体 A 受到物体 B 的引力作用,和是不是存在物体 C 以及物体 C 对物体 A 的引力多大无关;否则,引力就不能进行线性叠加。

2.4.3 三维轨道退化为平面轨道

在一些特殊条件下,三维空间运动的轨道会局限在一个平面内,这实际上退化成了一个平面运动,例如常加速度的质点运动(如斜抛)。由前面的讨论,可知 $\vec{r}(t) = \vec{r}_0 + \vec{v}_0 t + \dfrac{1}{2}\vec{a}t^2$,其中 $\vec{r}_0$,$\vec{v}_0$ 分别为位置矢量和速度矢量的初值,$\vec{a}$ 为恒定的加速度。如果 $\vec{a}$ 与 $\vec{v}_0$ 平行,则运动轨道为直线。如果 $\vec{a}$ 和 $\vec{v}_0$ 不平行,则由 $\vec{a}$ 和 $\vec{v}_0$ 可确定一个平面,它的法线 $\vec{n}$ 与 $\vec{a}$ 和 $\vec{v}_0$ 都正交,即 $\vec{n} \cdot \vec{a} = 0$,$\vec{n} \cdot \vec{v}_0 = 0$,所以 $\vec{n} \cdot [\vec{r}(t) - \vec{r}_0] = \vec{n} \cdot \left(\vec{v}_0 t + \dfrac{1}{2}\vec{a}t^2\right) = 0$,即 $\vec{n}$ 与 $\Delta\vec{r} = \vec{r}(t) - \vec{r}_0$ 垂直,所有的 $\Delta\vec{r}$ 处在同一平面内。为了定量描述 $\vec{a}$,$\vec{v}_0$ 及 $\vec{n}$ 之间的关系,我们定义 $\vec{n} = \vec{v}_0 \times \vec{a}$。

2.4.4　行星运动的向心加速度

根据开普勒定律,行星沿椭圆轨道运动,太阳位于椭圆的一个焦点,而且行星绕太阳运动时与太阳的连线在相同的时间内扫过的面积相同。

如图 2.11 所示,质点位矢与 x 轴的夹角为 θ,椭圆方程为 $r = \dfrac{p}{1+\varepsilon\cos\theta}$,其中 $p>0$ 且为常量(长度量纲);ε 为偏心率,介于 0 与 1 之间,是一个常数;$x = r\cos\theta$,$y = r\sin\theta$。

在时间区间 $[t_1, t_2]$ 内,质点位矢扫过的面积用 OA_1A_2 描述,定义平均面积速度为 $\overline{\Pi} = \dfrac{OA_1A_2 \text{ 的面积}}{t_2 - t_1}$,瞬时面积速度 $\Pi = \lim\limits_{t_2 - t_1 \to 0} \overline{\Pi}$ 为常量。可以证明:在轨道的任何一点,行星的加速度 $\dfrac{\mathrm{d}^2 \vec{r}}{\mathrm{d}t^2}$ 的方向始终指向太阳,即椭圆轨道的焦点。

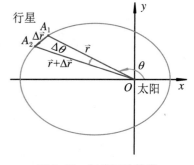

图 2.11　行星运动轨道

证明　易知 $\overrightarrow{OA_1} = \vec{r} = r\vec{e}_r$,$\overrightarrow{OA_2} = \vec{r} + \Delta\vec{r}$,其中 $\vec{e}_r = \dfrac{\vec{r}}{r} = \vec{e}_x\cos\theta + \vec{e}_y\sin\theta$,所以

$$OA_1A_2 \text{ 的面积} = \frac{1}{2}\overrightarrow{OA_2}\cdot\overrightarrow{OA_1}\sin\Delta\theta = \frac{1}{2}\left|\overrightarrow{OA_1} \times \overrightarrow{A_1A_2}\right|$$

$$\text{面积速度 } \Pi = \lim_{t_2 - t_1 \to 0}\frac{1}{2}\left|\overrightarrow{OA_1} \times \frac{\overrightarrow{A_1A_2}}{t_2 - t_1}\right| = \frac{1}{2}\left|\vec{r} \times \frac{\mathrm{d}\vec{r}}{\mathrm{d}\theta}\cdot\frac{\mathrm{d}\theta}{\mathrm{d}t}\right|$$

又因为

$$\frac{\mathrm{d}\vec{r}}{\mathrm{d}\theta} = \frac{\mathrm{d}(r\vec{e}_r)}{\mathrm{d}\theta} = \frac{\mathrm{d}r}{\mathrm{d}\theta}\vec{e}_r + r\frac{\mathrm{d}\vec{e}_r}{\mathrm{d}\theta}, \quad \vec{r} \times \vec{e}_r = r\vec{e}_r \times \vec{e}_r = \vec{0}$$

所以

$$\Pi = \frac{1}{2}\frac{\mathrm{d}\theta}{\mathrm{d}t}\left|\vec{r} \times \frac{\mathrm{d}\vec{r}}{\mathrm{d}\theta}\right| = \frac{1}{2}\frac{\mathrm{d}\theta}{\mathrm{d}t}\left|\vec{r} \times r\frac{\mathrm{d}\vec{e}_r}{\mathrm{d}\theta}\right| = \frac{1}{2}r^2\frac{\mathrm{d}\theta}{\mathrm{d}t}\left|\vec{e}_r \times \frac{\mathrm{d}\vec{e}_r}{\mathrm{d}\theta}\right|$$

$$= \frac{1}{2}r^2\frac{\mathrm{d}\theta}{\mathrm{d}t}$$

推导中要用到

$$\left|\vec{e}_r \times \frac{\mathrm{d}\vec{e}_r}{\mathrm{d}\theta}\right| = |(\vec{e}_x\cos\theta + \vec{e}_y\sin\theta) \times (-\vec{e}_x\sin\theta + \vec{e}_y\cos\theta)| = 1$$

由位矢 $\vec{r} = r\vec{e}_r = \dfrac{p}{1+\varepsilon\cos\theta}(\vec{e}_x\cos\theta + \vec{e}_y\sin\theta)$,可以得到速度

$$\vec{v} = \frac{\mathrm{d}\vec{r}}{\mathrm{d}t} = \frac{\mathrm{d}\vec{r}}{\mathrm{d}\theta} \cdot \frac{\mathrm{d}\theta}{\mathrm{d}t} = \left(\frac{\mathrm{d}r}{\mathrm{d}\theta} \vec{e}_r + r \frac{\mathrm{d}\vec{e}_r}{\mathrm{d}\theta} \right) \cdot \frac{\mathrm{d}\theta}{\mathrm{d}t}$$

$$= \left[\frac{p\varepsilon\sin\theta}{(1+\varepsilon\cos\theta)^2} \vec{e}_r + \frac{p}{1+\varepsilon\cos\theta}(-\vec{e}_x\sin\theta + \vec{e}_y\cos\theta) \right] \cdot \frac{\mathrm{d}\theta}{\mathrm{d}t}$$

$$= \frac{p}{(1+\varepsilon\cos\theta)^2}(\vec{e}_x\varepsilon\sin\theta\cos\theta + \vec{e}_y\varepsilon\sin^2\theta - \vec{e}_x\sin\theta - \vec{e}_x\varepsilon\sin\theta\cos\theta$$

$$+ \vec{e}_y\cos\theta + \vec{e}_y\varepsilon\cos^2\theta) \cdot \frac{\mathrm{d}\theta}{\mathrm{d}t}$$

$$= \frac{r^2}{p} \frac{\mathrm{d}\theta}{\mathrm{d}t}[-\vec{e}_x\sin\theta + (\varepsilon + \cos\theta)\vec{e}_y]$$

$$= \frac{1}{p}2\varPi[-\vec{e}_x\sin\theta + (\varepsilon + \cos\theta)\vec{e}_y]$$

进而得到加速度

$$\vec{a} = \frac{\mathrm{d}^2\vec{r}}{\mathrm{d}t^2} = \frac{\mathrm{d}\vec{v}}{\mathrm{d}t} = \frac{\mathrm{d}\vec{v}}{\mathrm{d}\theta} \cdot \frac{\mathrm{d}\theta}{\mathrm{d}t} = \frac{1}{p}2\varPi(-\vec{e}_x\cos\theta - \vec{e}_y\sin\theta) \cdot \frac{\mathrm{d}\theta}{\mathrm{d}t}$$

$$= \frac{4\varPi^2}{pr^2}(-\vec{e}_r) = \frac{4\varPi^2}{pr^3}(-\vec{r}) \tag{2.4.6}$$

$\vec{a}$ 指向力心即太阳(椭圆的焦点),与 $\vec{r}$ 的方向相反。

2.4.5　运动轨道分类

1. 自然坐标系

自然坐标系又称局部坐标系,是随质点运动并将原点建在质点上的坐标系。轨迹已知时用自然坐标系要方便一些。穿在钢丝上的环、在轨道上行驶的火车的运动都是典型的利用自然坐标系进行分析的例子。其实,所有的运动都可以用自然坐标系分析。

在自然坐标系中,两个单位矢量是这样定义的:沿轨道的切线方向并与质点运动方向一致的坐标轴称为切向单位矢量 $\vec{\tau}$,与 $\vec{\tau}$ 垂直并且指向轨道弯曲方向的坐标轴称为法向单位矢量 $\vec{n}$(图 2.12)。可见这两个单位矢量的方向都是随质点位置的变化而变化的,不再像直角坐标系中的单位矢量一样是固定不变的。

在自然坐标系中,质点速度 $\vec{v}$ 的表示形式非常简单,即 $\vec{v} = v\vec{\tau}$,因为无论质点处在什么位置,速度都只有切向分量而没有法向分量。加速度 $\vec{a}$ 为

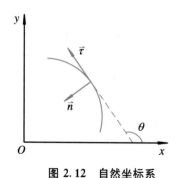

图 2.12　自然坐标系

$$\vec{a} = \frac{\mathrm{d}\vec{v}}{\mathrm{d}t} = \frac{\mathrm{d}v}{\mathrm{d}t}\vec{\tau} + v\frac{\mathrm{d}\vec{\tau}}{\mathrm{d}t} = \frac{\mathrm{d}v}{\mathrm{d}t}\vec{\tau} + v\frac{\mathrm{d}\vec{\tau}}{\mathrm{d}\theta}\frac{\mathrm{d}\theta}{\mathrm{d}t}$$

因为

$$v = \frac{\mathrm{d}s}{\mathrm{d}t} = \frac{\mathrm{d}s}{\mathrm{d}\theta}\frac{\mathrm{d}\theta}{\mathrm{d}t}, \quad \mathrm{d}s = \sqrt{(\mathrm{d}x)^2 + (\mathrm{d}y)^2}$$

所以

$$\vec{a} = \frac{\mathrm{d}v}{\mathrm{d}t}\vec{\tau} + \frac{\mathrm{d}s}{\mathrm{d}\theta}\frac{\mathrm{d}\theta}{\mathrm{d}t} \cdot \frac{\mathrm{d}\vec{\tau}}{\mathrm{d}\theta}\frac{\mathrm{d}\theta}{\mathrm{d}t}$$

$$= \frac{\mathrm{d}v}{\mathrm{d}t}\vec{\tau} + \left(\frac{\mathrm{d}\theta}{\mathrm{d}t}\right)^2 \cdot \frac{\mathrm{d}s}{|\mathrm{d}\theta|}\frac{\mathrm{d}\vec{\tau}}{|\mathrm{d}\theta|}$$

$$= \frac{\mathrm{d}v}{\mathrm{d}t}\vec{\tau} + \left(\frac{\mathrm{d}\theta}{\mathrm{d}t}\right)^2 \cdot \rho\vec{n} \qquad (2.4.7)$$

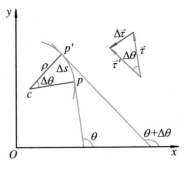

图 2.13　曲率半径

上式右边两项分别表示速度大小和方向变化的快慢,$\rho = \mathrm{d}s/|\mathrm{d}\theta|$称为曲线在该点的曲率半径(图2.13),反映了在一点由$\vec{\tau}$和$\vec{n}$确定的平面内空间轨迹方向改变的剧烈程度。ρ越小,轨道弯曲得越厉害;ρ趋向于无穷大,轨道为直线。

　　2. 空间运动及挠度 ξ

　　用曲率半径可以描述在空间某点 P 附近的、由$\vec{\tau}$和$\vec{n}$确定的平面内轨迹弯曲的程度。要描述轨迹在三维空间的形态则要用另一个概念——挠度(又称挠率或绕率)。在引入挠度前,先要引入密切平面的概念:在指定时刻,质点在点 P 处的速度$\vec{v}(t)$及加速度$\vec{a}(t)$所确定的平面称为点 P 的轨道密切平面,简称"密切平面"(图2.14),其法线(称"次法线")单位矢量$\vec{b} = \dfrac{\vec{v} \times \vec{a}}{|\vec{v} \times \vec{a}|}$。在密切平面内,与$\vec{v}$(即$\vec{\tau}$)垂直的矢量$\vec{n}$称为"主法线"。由$\vec{b}$和$\vec{n}$确定的平面叫"法平面"。由$\vec{b}$和$\vec{\tau}$确定的平面叫"从切平面"。挠度 ξ 则定义为$\xi = |\mathrm{d}\vec{b}/\mathrm{d}s|$。这样我们就可以通过曲率半径 ρ 和挠度 ξ 对运动轨道进行分类。对于一维运动,$\xi = 0, \rho^{-1} = 0$;对于平面运动,$\xi = 0, \rho^{-1} \neq 0$;对于三维空间运动,$\xi \neq 0, \rho^{-1} \neq 0$。

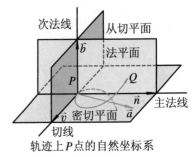

轨迹上P点的自然坐标系

图 2.14　空间轨迹的挠度

2.5　运动的相对性与伽利略变换

2.5.1　绝对与相对

　　人对自然界认识的深化,常常是和弄清什么是相对的、什么是绝对的这类问题联系在一起的。

在远古时期,无论在东方文明或西方文明中,都认为大地是平的,天在大地的上面。"天圆地方"就是这种观念的通俗表述。用现代语言来说,在这种观念中,"上""下"这两个方向是绝对的。

到古希腊时期,毕达哥拉斯以及亚里士多德等先后开始主张大地是一个球体,即地球。中国的"浑天说"也有大体相似的观念。这是认识上的一次进步,因为它抛弃了当时的一种"习惯"而不正确的观念——"上""下"是绝对的。按照当时"习惯"的看法,如果大地是球形的,那些居住在我们的对跖点上的人不是早就"掉下去"了吗?可见,树立球形大地观需要克服一些不正确的成见所带来的阻力。因此,从相对与绝对角度来评价,可以说地球观是把"上"和"下"这两个方向相对化了。我们看对跖点的人在"下",对跖点的人看我们也是在"下",即空间中各个方向是等价的,没有一个方向具有特别的绝对优越的性质。

亚里士多德的体系认为地球的球心是宇宙的中心,这个位置具有非常特殊的、绝对的意义。亚里士多德还认为,物体运动的规律是力图达到自己的天然位置,地面附近物体的天然位置就是地球的中心;远处的物体(如星体)则应环绕着地球的中心。这样,在支配物体运动的规律中,空间位置具有特别的作用。这种性质可以叫作空间位置的绝对性。

以牛顿力学为起点的物理学,否定了亚里士多德体系中空间位置的绝对性,认为空间的任何点都是平权的,地心在宇宙中并不占有特殊的地位。牛顿理论中的相对和绝对,又不同于亚里士多德了。

正因为绝对和相对这一问题的重要性,我们将系统地分析一下牛顿运动学中的相对性,并且还将指出,牛顿系统中相对观和绝对观也是有局限的,在某些条件下,就完全不适用了。

2.5.2 位置和轨迹的相对性

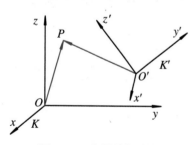

图 2.15 位置的相对性

在运动学中,最基本的概念是位置。由图 2.15 可以看到,对于质点 P,相对于参考系 K 而言,它的位置矢量是 $\overrightarrow{OP} = x\vec{e}_x + y\vec{e}_y + z\vec{e}_z$;而相对于参考系 K' 来说,它的位置矢量是 $\overrightarrow{O'P} = x'\vec{e}'_x + y'\vec{e}'_y + z'\vec{e}'_z$。可见同一质点的位置,对于不同的参考系,可用不同的位置矢量来描写。这就是位置描写中的相对性。

从描写质点的位置来说,参考系 K 和 K' 是等价的。因为参考系 K 及 K' 一旦选定,它们之间的关系就完全确定了,不会造成混乱。我们知道了质点在参考系 K 中的位置坐标(x, y, z),就可求得它在参考系 K' 中的位置坐标(x', y', z');反之亦然。用数学语言来说,即 x, y, z 与 x', y', z' 之间有确定的变换关系:

$$\begin{cases} x' = x'(x,y,z) \\ y' = y'(x,y,z) \\ z' = z'(x,y,z) \end{cases} \quad (2.5.1)$$

$$\begin{cases} x = x(x',y',z') \\ y = y(x',y',z') \\ z = z(x',y',z') \end{cases} \quad (2.5.2)$$

以上两式称为坐标变换。

下面我们介绍几种物理学中常用的坐标变换。

（1）坐标平移（图 2.16）

参考系 K 及 K' 的 x 轴与 x' 轴重合，y 轴与 y' 轴平行，z 轴与 z' 轴平行，O' 在 O 的右侧距离 d 处。若质点 P 的坐标在参考系 K 及 K' 中分别是 (x,y,z) 和 (x',y',z')，显然此时的坐标变换是

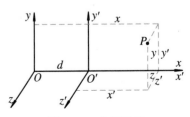

图 2.16　坐标平移

$$\begin{cases} x = x' + d \\ y = y' \\ z = z' \end{cases} \quad (2.5.3)$$

（2）坐标转动（图 2.17）

讨论平面问题时，取如图 2.17 所示的参考系 K 及 K'，它们的原点 O 和 O' 重合，参考系 K' 的轴相对于参考系 K 按逆时针转动一个 θ 角。质点 P 的位置坐标在参考系 K 及 K' 中分别是 (x,y) 和 (x',y')。此时的坐标变换为

$$\begin{cases} x = x'\cos\theta - y'\sin\theta \\ y = x'\sin\theta + y'\cos\theta \end{cases} \quad (2.5.4)$$

或

$$\begin{cases} x' = x\cos\theta + y\sin\theta \\ y' = -x\sin\theta + y\cos\theta \end{cases} \quad (2.5.5)$$

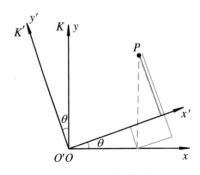

图 2.17　坐标转动

（3）空间反演（图 2.18）

参考系 K 及 K' 的原点 O 与 O' 重合，y 轴与 y' 轴重合，而 x 轴与 x' 轴反向。这时的坐标系变换是

$$\begin{cases} x = -x' \\ y = y' \end{cases} \quad (2.5.6)$$

弄清楚了位置的相对性，轨迹的相对性也就不难理解了。

质点运动的轨迹，一般来说是一条空间曲线。对于一个质点的轨迹，相对于参考系 K，我们可用曲线方程

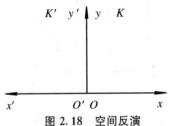

图 2.18　空间反演

$$\begin{cases} f_1(x,y,z) = 0 \\ f_2(x,y,z) = 0 \end{cases} \tag{2.5.7}$$

来描写；也可相对于参考系 K'，用曲线方程

$$\begin{cases} f_1'(x',y',z') = 0 \\ f_2'(x',y',z') = 0 \end{cases} \tag{2.5.8}$$

来描写。一般来说，函数形式 f_1'，f_2' 和 f_1，f_2 是不同的。这就是轨迹的相对性。将式(2.5.2)代入式(2.5.7)，就可以由 f 求得 f'。将式(2.5.1)代入式(2.5.8)，就可以由 f' 求得 f。

如果一种运动轨迹相对于两参考系的形状相同，而且它与两参考系的关系也一样，我们称这种特殊轨迹对于这一特定的坐标变换具有不变性。用数学语言来说，当参考系 K 变到 K' 时，若轨迹方程由 $f(x,y,z) = 0$ 变换成 $f(x',y',z') = 0$，它就具有不变的轨迹。例如由 $x^2 + y^2 = r^2$ 描写的圆周运动，当参考系 K 转了一个 θ 角后，质点的轨迹方程变为 $x'^2 + y'^2 = r^2$，也是中心在原点、半径为 r 的圆。

对时间也可以作相应的变换。最常用到的一种时间变换是时间平移，即 $t = t' + t_0$，也就是 K 及 K' 的时间坐标原点相差一常数 t_0。如果在参考系 K 中，轨迹函数是 $x = x(t)$，$y = y(t)$，$z = z(t)$，则在参考系 K' 中，轨迹函数（时间方程）是 $x = x(t' + t_0)$，$y = y(t' + t_0)$，$z = z(t' + t_0)$。

2.5.3　速度的相对性

在 K 及 K' 中，质点 P 的位置分别用 $\vec{r}$，$\vec{r}'$ 表示。它们之间的关系是

$$\vec{r}' = \vec{r} - \vec{d} \tag{2.5.9}$$

如果 K' 系相对于 K 系以均匀速度 $\vec{u}$ 运动（图 2.19），则有

$$\vec{d} = \vec{u}t + \vec{d}_0 \tag{2.5.10}$$

其中 $\vec{d}_0$ 是时刻 $t = 0$ 时，从 O 到 O' 的矢量。故有

$$\vec{r}' = \vec{r} - \vec{u}t - \vec{d}_0 \tag{2.5.11}$$

若在 K 系中，质点的轨迹函数是

$$\vec{r} = \vec{r}(t) \tag{2.5.12}$$

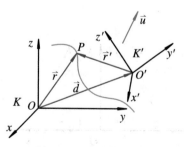

图 2.19　速度的相对性

则根据定义,质点相对于 K 的速度是

$$\vec{v}(t) = \frac{\mathrm{d}\vec{r}}{\mathrm{d}t} \tag{2.5.13}$$

另一方面,由式(2.5.11)可以求出质点在 K' 系中的轨迹函数,即

$$\vec{r}' = \vec{r}'(t) = \vec{r}(t) - \vec{u}t - \vec{d}_0 \tag{2.5.14}$$

因此,质点相对于 K' 的速度是

$$\vec{v}'(t) = \frac{\mathrm{d}\vec{r}'}{\mathrm{d}t} = \frac{\mathrm{d}\vec{r}}{\mathrm{d}t} - \vec{u} \tag{2.5.15}$$

即

$$\vec{v}' = \vec{v} - \vec{u} \tag{2.5.16}$$

该式即为速度变换公式,又称速度合成公式。

可见,在不同参考系中,同一运动可能具有不同速度,即速度是具有相对性的概念。

【例2.8】(光行差现象) 处于不同运动状态的观察者所见的星体的方位是不同的,这种差别叫作光行差。

因地球公转运动而产生的光行差称为周年光行差;因地球自转而产生的光行差称为周日光行差。试计算这两个光行差。

【解】 如图所示,若观测者相对于某星是静止的,他观测到某星在天球上的位置是 σ,则星光到达望远镜物镜中心 O 时,其目镜位置在 E' 点。若观测者随着地球运动,EE' 为此时地球的运动方向,因星光由 O 点到达目镜的时间为 τ,故在此时间内,地球运行的距离为 $\overline{EE'} = \tau v$(v 为地球运动的速度);因光速为 c,当星光到达目镜时,目镜已移到 E' 点,所以 $\overline{OE'} = \tau c$ 是星光在 τ 内传播的距离。若地球静止不动,则望远镜对准星的方向为 $E'O$。当地球运动时,望远镜指着 $E'O'$ 方向才能接收到星光,这是星的视方位。相应地,星由真位置 σ 移至视位置 σ_1。

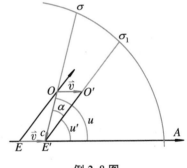

例2.8图

设星的真方位与观测者的速度 $\vec{v}$ 间的夹角为 u,星的视方位与 $\vec{v}$ 的夹角为 u',则光行差为 α,且有

$$\alpha = u - u'$$

由 $\triangle OO'E'$,得

$$\frac{\sin\alpha}{\sin u'} = \frac{\overline{OO'}}{\overline{OE'}} = \frac{\tau v}{\tau c} = \frac{v}{c} \quad \Rightarrow \quad \sin\alpha = \frac{v}{c}\sin u'$$

因为 α 很小，所以

$$\alpha \approx \frac{v}{c}\sin u'\,\mathrm{rad} = \frac{v}{c}\sin u' \times \frac{180}{\pi} \times 60 \times 60''$$

$$= \frac{v}{c}\sin u' \times 206\,265''$$

$$= k\sin u'\,('')$$

其中 k 称为光行差常量。

已知地球公转的速率 $v = 29.770\ \mathrm{km \cdot s^{-1}}$，光速 $c = 299\,792\ \mathrm{km \cdot s^{-1}}$，所以周年光行差常量

$$k_{\text{年}} = \frac{29.770}{299\,774} \times 206\,265 = 20.48''$$

已知地球半径 $R = 6\,378\ \mathrm{km}$，地球自转一周的时间 $T = 86\,164\ \mathrm{s}$，所以在纬度 φ 处地面速率为 $v_\varphi = 2\pi R\cos\varphi/T = 0.464\cos\varphi\ (\mathrm{km \cdot s^{-1}})$。因此，周日光行差常量为

$$k_{\dot{\varphi}} = \frac{0.464}{299\,774} \times 206\,265 \times \cos\varphi\,('') = 0.32\cos\varphi\,('')$$

2.5.4 加速度的绝对性与相对性

根据速度合成公式(2.5.16)，如果在时刻 t，质点对于 K，K' 的速度分别为 $\vec{v}(t)$，$\vec{v}'(t)$，而 K' 相对于 K 以速度 $\vec{u}$ 做匀速运动，则有 $\vec{v}'(t) = \vec{v}(t) - \vec{u}$。

根据加速度的定义，质点相对于 K 的加速度是

$$\vec{a} = \frac{\mathrm{d}\vec{v}}{\mathrm{d}t} \tag{2.5.17}$$

而相对于 K' 的加速度是

$$\vec{a}' = \frac{\mathrm{d}\vec{v}'}{\mathrm{d}t} \tag{2.5.18}$$

将式(2.5.16)对时间求导，有 $\dfrac{\mathrm{d}\vec{v}'}{\mathrm{d}t} = \dfrac{\mathrm{d}\vec{v}}{\mathrm{d}t} - \dfrac{\mathrm{d}\vec{u}}{\mathrm{d}t}$。因为 $\vec{u}$ 是不随时间变化的，$\dfrac{\mathrm{d}\vec{u}}{\mathrm{d}t} = \vec{0}$，所以得

$$\vec{a}' = \vec{a} \tag{2.5.19}$$

这个结果告诉我们,同一质点对于两个相互匀速运动的参考系的加速度是一样的。换言之,质点的加速度对于相对匀速运动的所有参考系,具有不变性或绝对性。

对于相对以非匀速运动的两个参考系,式(2.5.19)不再成立。例如,若 K' 相对于 K 做匀加速运动,加速度为 $\vec{a}_0$,则 K' 相对于 K 的速度为 $\vec{u} = \vec{a}_0 t + \vec{u}_0$,从而有 $\vec{v}'(t) = \vec{v}(t) - \vec{a}_0 t - \vec{u}_0$。由此可以推得

$$\vec{a}' = \vec{a} - \vec{a}_0 \tag{2.5.20}$$

这表示对于相对以匀加速度 $\vec{a}_0$ 运动的两个参考系,质点分别相对于 K 及 K' 的加速度 $\vec{a}$ 及 $\vec{a}'$ 之间满足矢量加法关系[式(2.5.20)]。在这种情况下,加速度是相对的,不具有不变性或绝对性。

2.5.5　伽利略变换

对于任何一组相对做匀速运动的参考系,速度是相对的,即同一质点相对于不同参考系有不同的速度;加速度是绝对的,即同一质点相对于不同参考系的加速度是一样的。以上两小节的目的,正是要找出速度相对性和加速度绝对性的根基。它们的根基就是参考系 K 与 K' 的时空度量之间的变换关系。现在,我们较仔细地分析一下这个变换关系。

仍假定 K 与 K' 相对做匀速运动,K 的时空坐标为 $(t, \vec{r})$,K' 的为 $(t', \vec{r}')$。K 与 K' 的时空坐标之间的关系之一为

$$\vec{r}' = \vec{r} - \vec{u}t - \vec{d}_0 \tag{2.5.21}$$

其中 $\vec{u}$ 是 K' 相对于 K 的运动速度。

在前面推导式(2.5.16)和式(2.5.20)时,我们还隐含地应用过另外一个关系,即 $\vec{v}' = \mathrm{d}\vec{r}'/\mathrm{d}t$ 作为质点相对于 K' 的速度。然而,严格地说,$\vec{v}'$ 应该定义为

$$\vec{v}' = \frac{\mathrm{d}\vec{r}'}{\mathrm{d}t'} \tag{2.5.22}$$

即必须用 K' 系的时间 t'。这样,通过对比可以看出,在前面我们实际上假定了

$$\mathrm{d}t' = \mathrm{d}t \tag{2.5.23}$$

或者

$$t' = t + t_0 \tag{2.5.24}$$

其中 t_0 为一常数。

式(2.5.21)和式(2.5.24)给出了 K 与 K' 的时空坐标之间完整的变换关系,称为伽利略变换。式(2.5.16)和式(2.5.20)都只是伽利略变换的推论。

伽利略变换表明,时间和空间具有以下基本性质:

(1) 时间间隔的绝对性

对于一个运动过程,相对于 K,它的开始与终了的时刻若分别为 t_1,t_2,则相对于 K',它的开始与终了的时刻分别为 $t_1' = t_1 + t_0$,$t_2' = t_2 + t_0$,因此有 $\Delta t = t_2 - t_1 = t_2' - t_1' = \Delta t'$。该式的物理意义是,一个过程的时间间隔与参考系的选取无关,是绝对的。

(2) 长度的绝对性

有一直尺,相对于 K,它的两个端点的坐标分别为 $\vec{r}_1$,$\vec{r}_2$,那么相对于 K',两端点的坐标应分别是 $\vec{r}_1' = \vec{r}_1 - \vec{u}t - \vec{d}_0$,$\vec{r}_2' = \vec{r}_2 - \vec{u}t - \vec{d}_0$,因此有 $|\vec{r}_1 - \vec{r}_2| = |\vec{r}_1' - \vec{r}_2'|$。其物理意义是,直尺的长度是与参考系的选取无关的,是绝对的。但要注意,测量长度时两端点的位置必须是同时测定的。例如要测量一条移动的鱼的长度,首尾的位置如果不是同时测定就会得到不同的长度,甚至"负长度"这样荒诞的结果。

速度的相对性就是以时间间隔和长度的绝对性为基础的。

2.5.6　速度合成律的失效

在炮车上装有两门相同的大炮,一门向右,一门向左。如果炮车相对于地面静止,这时,不论从地面参考系 K,还是从炮车参考系 K' 看,同时向左、向右发射出的炮弹速率都是 v。如果炮车相对于地面以 u 的速率向右匀速运动,从 K 看,按速度合成律,向右的炮弹速率是 $v + u$,向左的炮弹速率是 $v - u$(图2.20)。实验也相当精确地证明了这一点,它表明,速度的合成公式是符合实际的。

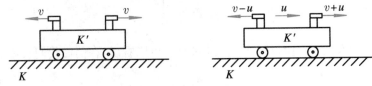

图 2.20　低速运动的速度合成

我们现在要问:速度合成律对任何情况都成立吗?

再考虑一个类似的实验,仅把大炮改为灯泡(图2.21)。灯泡发出的光与炮弹相当,相对于灯泡的速率是 c。根据速度合成律,当灯泡相对于地面以速率 u 向右匀速运动时,向右发出的光相对于地面参考系 K 的速率应是 $c + u$,而向左

发出的光相对于 K 的速率应是 $c-u$。这个结果对吗？

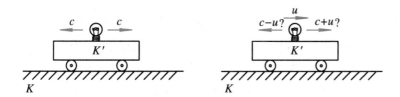

图 2.21　光的速度合成

根据光学知识我们知道，一个物体之所以能被看到，是由于从该物体发出的光（或从它反射的光）传到了我们的眼睛。例如，在图 2.22 中，甲投球，乙接球。乙看到球，是由于球发出的光到达乙。如果光速为 c，甲和乙之间的距离为 L，并且甲即将投球的时间为 $t=0$，则乙看到甲即将投球的时刻为 $t_{2投}=L/c$。

当甲刚刚将球投出时，球的速率为 u。如果光也满足速度合成律，那么，这时球发出的光相对于地面的速度应为 $c+u$。如果甲刚刚将球投出的时刻是 $t=t_{1出}$（即甲投球这一动作所用的时间间隔），则乙看到甲刚刚将球投出的时刻应为 $t_{2出}=t_{1出}+L/(c+u)$。

从原则上讲，我们总有办法（例如增大 L）使 $L/c>t_{1出}+L/(c+u)$ 成立，即 $t_{2投}>t_{2出}$。

上式表明，乙看到甲开始投球的时刻比他看到甲已经投出球的时刻还要晚。更形象地说，乙先看到球飞出，然后才看到甲的投球动作。就是说，如果光的传播也满足速度合成公式 (2.5.16)，必然导致先看到后发生的事，后看到先发生的事这种奇怪的"因果颠倒"现象。然而，谁也没有见过这种现象。这说明光并不满足速度合成公式。

当然，有人会说，上述例子是假想实验，由于光速是很大的，L/c 或 $L/(c+u)$ 实际上都接近于零，所以不可能观测到这种现象。的确，在日常生活中涉及的速度与光速相比都是很小的。把光速看成无限大，上述矛盾就没有了。但是，光速不能总被看成无限大，特别是在宇宙学尺度上，光速不能被认为是无限大的，光传播中的矛盾是逃避不掉的。下面我们分析一个天文学上的真实例子。

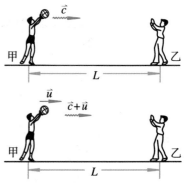

图 2.22　光的速度合成引起的混乱

我国史书《宋史》中有记载："至和元年五月己丑出天关东南可数寸岁余稍没。"《宋会要辑稿》也记载："至和元年五月晨出东方守天关昼见如太白芒角四出色赤白凡见二十三日。"这个重要的天文观测记录说的是一次非常著名的超新星爆发事件，现称为 1054 年的超新星事件。

所谓超新星指的是恒星在特定的演化阶段出现的一次大爆发。原来发光很弱的星体，在爆发时，向外抛出速率很高的大量物质，并发出很强的光，过不长的一段时间，又暗下去。现在已确定，1054 年超新星的遗迹就是金牛座中的蟹状星云，它到地球的距离为 $L\approx 5\,000$ 光年，爆发时，喷射物的速率至少为 $u=1\,500$ km·s^{-1}。

由图 2.23 可以看出，如果爆发时刻为 $t=0$，且爆发时间极短，则根据速度合成律，1 处发出的传向观察者的光相对于地球的速率是 $c+u$，从而由泰勒展开,可得观察者看到 1 处发光的时刻是 $t_1 = \dfrac{L}{c+u} \approx \dfrac{L}{c}\left(1-\dfrac{u}{c}\right)$。同样,2 处(弧 $\overset{\frown}{12}$ 所对的圆心角为 90°)发出的传向观察者的光相对于地球的速率约为 c,故观察者看到 2 处发光的时刻是 $t_2 = L/c$。显然,观察者看到弧 $\overset{\frown}{12}$ 中发光的时刻介于 t_1 到 t_2 之间,因此观察者看到星体持续发出强光的时间至少应该有 $\Delta t = t_2 - t_1 \approx \dfrac{L}{c}\cdot\dfrac{u}{c} = \dfrac{Lu}{c^2}$。代入有关数据,计算得出 $\Delta t \approx 25$ a。如果爆发不作瞬时过程处理,则看到超新星的时间应比 25 年还要长。

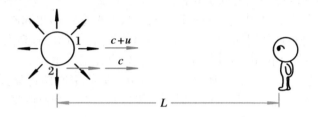

图 2.23　超新星爆发过程中光的传播

但是,这个下限与实际观测是不符合的。记录上说,"凡见二十三日"(白天看到)或"岁余稍没"(夜里看到),即一年多就看不到了。

这个真实的例子说明,对于光传播的现象,速度合成律失效了。它说明,从超新星不同地方发出的光,即不同光源发出的光,相对于地球的速度之间的差别,不应有式(2.5.16)所给出的那样大。现代更精确的实验表明,光速是与光源运动的速度无关的,无论光源运动的速度有多么大,由它发出的光的速度仍与静止光源发出的光的速度相同。这就是光速不变性,这个特点最初是由爱因斯坦注意到的。

显然,光速不变性与速度合成律[式(2.5.16)]之间存在着严重的矛盾,而问题的根源就在于伽利略变换并不总是适用的。

光速不变性使我们所看到的物理现象总是因果相继的,避免了因果倒置的混乱。但是,光速不变性却动摇了另一个传统观念——时间间隔的不变性和空间间隔的不变性。下面我们先简单地看一下,根据光速不变性我们能够推出什么结论。

(1) 运动的钟变慢

我们可以利用光速不变性设计一种雷达钟(图 2.24)。在距离雷达天线 d 处放一反射镜,那么,从天线发出光信号到天线又接收到这个光信号一个来回的时间间隔应为 $\Delta t' = 2d/c$。由于光速不变,我们可以用光信号的一个来回作为度量时间的单位。这个装置就是一种钟。

现在,我们让这个钟固定在 K' 系中,以匀速 u 相对于 K 系沿垂直于 d 的方向(x 正向)运动。在 K' 中看,光信号一个来回仍走 $2d$,它的时间间隔仍为 $\Delta t' = 2d/c$。但是在 K 系中看,光信号这时走的是"之"字形路径[图 2.24(b)]。光信号发出时,钟位于 1,镜反射光信号时,位于 2,接收光信号时,位于 3。因而,光信号的一个来回,在 K 系看来是走两条斜线。如果这个来回在 K 系中

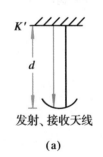

(a)

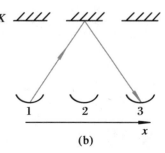

(b)

图 2.24　雷达钟与时间测量

看,所需时间间隔为 Δt,则按光速不变性,斜边长为 $c\Delta t/2$,底边 1 到 2 的长为 $u\Delta t/2$,故由直角三角形中边长的关系,有

$$\left(\frac{1}{2}c\Delta t\right)^2 = \left(\frac{1}{2}u\Delta t\right)^2 + d^2 = \left(\frac{1}{2}u\Delta t\right)^2 + \left(\frac{1}{2}c\Delta t'\right)^2$$

解得

$$\Delta t = \frac{\Delta t'}{\sqrt{1 - u^2/c^2}}$$

此式表明,在 K' 中需用时间 $\Delta t'$ 的过程,在 K 中观测就不是 $\Delta t'$,而需 $\Delta t >$ $\Delta t'$。当 K' 中的钟走了一个单位时间间隔,即 $\Delta t' = 1$ 时,K 中的钟已走了 $1/\sqrt{1 - u^2/c^2} > 1$。也就是说,在 K 看来,K' 中的钟变慢了。因为由 K 看来,K' 的钟在运动,故运动的钟变慢。

反过来,由 K' 来看 K 中的钟时,我们可以用完全相同的推理方法(此时 K 沿 K' 中 x' 的负向以速率 u 做匀速运动),得到 $\Delta t' = \Delta t/\sqrt{1 - u^2/c^2}$。可见,由 K' 看来,K 中的钟也变慢。K' 看 K 的钟在运动,同样有运动的钟变慢。

有人会说,这岂不矛盾! 其实并不矛盾。因为这是在不同的"立场"上说的,两种说法实际上是一致的,可以统一地表达为:相对于观测者运动的钟变慢。

运动的钟变慢与我们从日常生活中得来的感觉完全不同。因此,不免有人会问:"到底钟是否真的变慢了?"物理学,特别是力学,有很多内容是描写我们日常看到和感觉到的东西的。但是,物理学与我们日常的直观有很多不同。物理学要求每个概念有明确的含义,特别是要指出每一个物理量是如何测量的,然后再在这个基础上研究规律的建立。一般地诉诸感觉如何如何,这并不是物理学,只不过是粗浅的认识。

前面的"到底"一问似乎很有道理,但却是没有物理价值的。为什么? 因为所说的"到底"是不能测量的。如果能指出"到底"是在什么情况下进行什么测量的,我们才可作出明确的回答。如果不能指出这一点,那说明这个问题本身就是非物理的,物理学不研究这类问题。物理学的基础是测量,如果在原则上含有不能测量的东西,这种东西本身就是缺乏物理意义的;因为不能测量的东西,既无法用实验证实它,也无法否证它。用现代物理学的语言说,一种理论要具有物理价值,就要具有可证伪性,即所有有关的量以及断言都能直接或间接地由实验加以验证。这是我们判断一种理论有没有物理价值的基本原则之一。一旦研究测量方法,而测量又要基于一定的参考系,则必然会得到我们前面的结果。

即使在经典力学中,运动影响测量也不是一个奇怪的概念。例如,测量到的声或光的频率和它们的源相对于观察者的运动有关。这一现象称为多普勒效应。它是大家都熟悉的现象。又例如,在力学中,地面上的观察者和行驶的火车上的观察者所测得的运动质点的速率、动量和能量值是不同的。但是在经典物理中,空间间隔和时间间隔的测量是绝对的;而在狭义相对论中,这种测量则是相对于观察者的。不仅实验事实和经典物理相矛盾,而且只有考虑时间和

空间的相对性,才能使一切物理定律对所有观察者来说是不变的(物理定律的绝对性)。如果像时间和长度的经典概念所要求的那样,放弃物理定律的绝对性(这样它们还能称为定律吗?),那么留给我们的将是一个任意而又复杂的世界。比较起来,相对论的时间－空间体系才是绝对的和简单的。

(2) 运动的尺变短

在上小节中,我们看到光速不变动摇了伽利略变换的根基之一——时间间隔的绝对性。现在我们再看一下,在光速不变的前提下,伽利略变换的另一个根基——长度的绝对性也不再成立。

我们仍使用一个雷达钟,如图 2.25(a)所示。当雷达钟与地面相对静止时,从地面参考系,即 K 系来观察,它的天线与反射面之间的距离为 d;当雷达钟以速度 u 运动时[图 2.25(b)],由 K 系测得的距离表示为 d'。

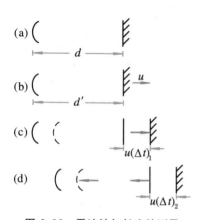

图 2.25 雷达钟与长度的测量

我们考察光信号来回一次的运动。由于在光的传播过程中雷达钟在不断地运动,所以,由 K 看来,光传播的距离并不是 d'。例如,当光向右传播,从天线到达反射面时,若所用的时间为 $(\Delta t)_1$,则所走过的距离应为 $d' + u(\Delta t)_1$,其中 $u(\Delta t)_1$ 一项表示在 $(\Delta t)_1$ 时间内钟向右运动的距离[图 2.25(c)]。这样,我们有

$$(\Delta t)_1 = \frac{d' + u(\Delta t)_1}{c} \quad \text{或} \quad (\Delta t)_1 = \frac{d'}{c - u}$$

类似地,光从反射面到天线的传播过程所用的时间 $(\Delta t)_2 = d'/(c + u)$。由前两式可以得到光信号一个来回耗费的时间

$$\Delta t = (\Delta t)_1 + (\Delta t)_2 = 2cd'/(c^2 - u^2)$$

这是 K 系看到的结果。

在 K' 系,即雷达钟参考系来看,这个过程仍由式 $(\Delta t)' = 2d/c$ 描写。因为在 K' 系观察,钟的长度是 d。这样 $\Delta t = 2cd'/(c^2 - u^2)$ 可以改写为

$$\Delta t = \frac{1}{1 - u^2/c^2}\left(\frac{d'}{d}\right)(\Delta t)'$$

再由上一小节推知的时间关系式 $\Delta t = \Delta t'/\sqrt{1 - u^2/c^2}$,可以得到 $d' = d\sqrt{1 - u^2/c^2}$,即尺子静止时长度为 d,以速度 u 运动时,在静止参考系测量得到的长度 $d' = d\sqrt{1 - u^2/c^2} < d$。因此,运动的尺变短。

长度收缩在直线粒子加速器的设计中已得到证实。若在加速器的出口处电子速率 $v = 0.999\,975c$,对跟着电子一起运动的观察者来说,1 m 长的加速管似乎只有 7.1 mm。如果在设计中不考虑这种长度收缩,机器就不能正常工作。

至于建立在光速不变基础上的狭义相对论,我们将在第 10 章中进行比较详细的讨论。

第 3 章　牛顿动力学

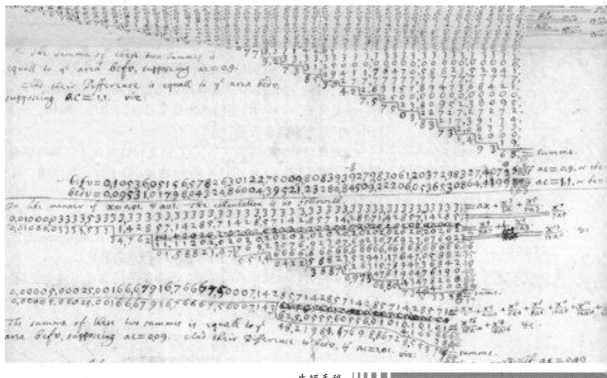

前面讨论了如何描述物体的运动,但没有涉及为什么会产生运动,运动的状态为什么会发生变化;没有研究不同形式的运动之间的内在联系。例如,自由落体为什么垂直向下做匀加速运动? 行星为什么绕太阳旋转不停? 自由落体与行星旋转之间有什么关系? 怎样巧妙设计火箭的推力才能将飞船送上理想的轨道?

对物体运动变化及其原因的研究,通常称为动力学。牛顿动力学就是有关物体的机械运动的动力学。当然还有别的动力学,如电动力学、流体动力学。可以说,整个物理学的基本规律就是各种运动形态的动力学的总和。

牛顿动力学中的核心概念是"力",也就是物体之间的相互作用。运动和物体相互作用的关系是人类几千年来不断探索的课题。即使在今天,已知运动求力的问题仍然不断地被提到人们面前。自牛顿发表他的《原理》以来,牛顿三定律已成为动力学的基础。

3.1　牛顿第一定律(惯性定律)

物体为什么会运动? 这个问题困惑了人类很多年。通过日常生活中的观察,人们得到一些经验,认为物体的运动是由物体之间的相互作用引起的:马车的行进是由于马的牵引,箭的射出是靠弓弦的作用。物体之间的相互作用,可以用"力"这个概念来表达。

力的概念虽然出现得很早,但直到伽利略时代才逐渐得到对力和运动之间关系的正确认识。在亚里士多德的《物理学》中有一条原理:"凡是运动着的物体必然都有推动者在推着它运动。"这个论断在几乎 2 000 年的时间里,被认为是无可怀疑的经典。的确,我们日常看到的各种运动似乎都遵从这个论断,即必定有推动者(即力)在维持着它的运动。就像人要用一定的推力保持手推车一定的运动状态;而一旦人的推力消失,车就会静止。

伽利略开始明确地认识到亚里士多德的经典是不完全正确的,尽管许多运动的确都要靠外力维持,但并非所有运动皆如此。伽利略用一个理想实验来证明亚里士多德的错误(图 3.1)。

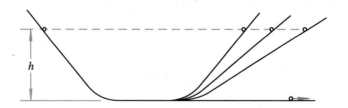

图 3.1　伽利略斜面实验

一小球从光滑斜面上高 h 处滚下，当它滚到对面一个光滑的斜面上时，不论其坡度如何，它总会滚动到相同的高度 h。如果对面斜面的坡度越来越小，则小球将越滚越远。伽利略由此推论，当这一斜面放至水平位置并无限延伸时，小球将永远不能达到 h 这一高度，它将以到达斜面底部的速度一直沿平面无止境地运动下去，并将其称为惯性运动。伽利略当时认为，因为物体一直沿地表运动，所以惯性运动会是圆周运动；因此月球、星体的圆周运动都是惯性运动。那时还没有“加速度”的概念，更没有“向心加速度”的概念，是牛顿给出了惯性运动的正确解释。

伽利略的分析弄清了，存在一类运动，它们并不是由外力所维持的。它们的特征是速度保持不变，即做匀速率的直线运动，或者静止。我们称物体不受外力作用的运动状态为自由运动。处在自由运动状态的物体，必定做匀速直线运动，或者静止。这就是惯性定律。

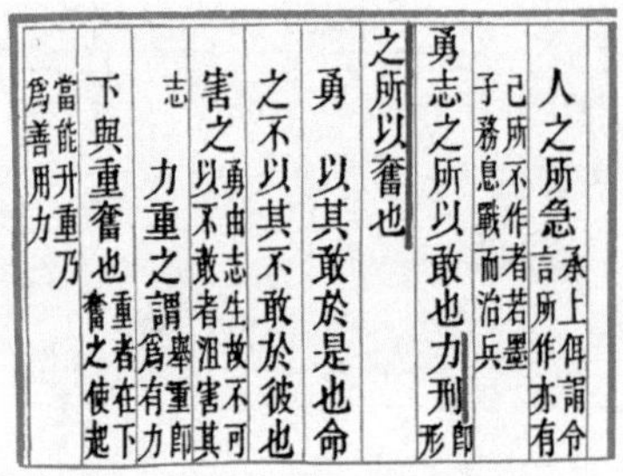
人之所急 承上俱謂令言所作亦有
己所不作者若墨子務息戰而治兵
勇志之所以敢也力刑 節形
之所以奮也
勇 以其敢於是也命
之不以其不敢於彼也
害之 勇由志生故不可以不敢者沮害其
志 力重之謂 舉重節爲有力
下與重奮也 重者在下奮之使起
當能升重乃爲善用力

图 3.2 《墨经》中对“力”的描述

远在约 2 400 年前，我国思想家墨翟曾对“力”作出那个时代可能有的杰出的表述。他在《墨经》中写到：“力，刑之所以奋也”（图 3.2）。“力”指相互作用，“刑”指物体，“奋”指由静而动或由慢而快。全句含义明确，即相互作用改变物体运动状态。这比亚里士多德早约 100 年，比伽利略早 2 000 年。可惜加速度概念未在我国产生，科学的运动定律也未能在我国出现。

惯性定律的建立，为经典动力学奠定了坚实的基础。至此人们才明白，一种非自然运动竟然在不需外力作用下也能永远不停地运动下去。原来力并不是运动的原因，而是运动变化的原因。物体具有保持其原有匀速运动或静止状态的固有属性，这种属性称为惯性。

有人可能会说，速度或加速度都是具有相对性的，对参考系 K 为匀速运动的物体，在参考系 K' 中可能成为非匀速的。那么，一个自由运动的物体，在有些参考系看来不也是做着非匀速运动吗？的确，在某些参考系看来，一个不受力的物体也会做非匀速运动。然而，惯性定律的意义是在于断言：对于一个物体的自由运动，一定可以选择一个参考系 K，相对于 K 该物体做匀速运动或静止；而且，其他所有自由运动的物体，对于 K 来说，也都是做匀速运动或静止。换言之，一定存在着这样的参考系，相对于它，所有不受外力作用的物体都保持自己的速度。这类特殊的参考系，称为惯性参考系，或惯性系。

简而言之，惯性定律断言了惯性系一定存在，以及如何用实验判断惯性系。

惯性定律的确立，成为旧物理学（即亚里士多德物理学）的终点，同时也成为新力学的起点。常称惯性定律为牛顿第一定律。我们以后的讨论，不作特别说明时，都采用惯性系。

3.2　牛顿第二定律

牛顿第一定律确立了在不受力情况下物体的运动性质,下一步就要给出物体在受到某种影响时,它的运动状态是如何变化的,也就是外力作用对物体的运动会产生什么样的影响。这个规则就是牛顿第二定律。

3.2.1　牛顿第二定律的建立

牛顿第二定律所涉及的核心内容是由伽利略最早建立的,是他首先引入了"加速度"的概念。而利用"微分"这一数学工具,牛顿可以描述每一时刻质点运动状态(主要是动量 mv)的变化。经过欧拉(Leonhard Euler,1707 – 1783)和马赫(Ernst Mach,1838 – 1916)等的改进,现在一般把牛顿第二定律表述为:如果一质点受到外界物体的作用,则它的运动遵循以下关系:

$$\vec{F} = m\vec{a} \tag{3.2.1}$$

其中 $\vec{a}$ 是质点的加速度,m 是它的质量,$\vec{F}$ 是外界对它的作用力。

在此定律中,我们一下子涉及了两个新的物理量:质量 m 及作用力 $\vec{F}$。一方面,虽然我们在前面讨论过力,但只限于受力或不受力,并没有说明如何从动力学的角度来定义力,特别是没有给出力的定量的度量方法。另一方面,关于质量的粗浅概念也早就有了,问题同样是:什么是质量? 这并未解决。也曾有过各式各样的有关质量的定义。例如,有的定义是:质量是物体所含"物质的量"。然而,这个定义并没有物理价值,因为"物质的量"的物理含义仍然是不确定的。我们前面说过,在物理学中,一个物理量的定义,必须提供度量方法或根据其他能够度量的量来计算它的一套规则,也就是直接或间接测量的方法。根据这个原则,在牛顿第二定律的范围中,可以对质量及力作如下的定义:

质量就是质点所受外力与所产生的加速度之比。它反映的是改变物体运动状态的难易程度,也就是惯性的大小;是物体惯性的定量表述,所以又称"惯性质量"。

作用在一个质点上的力就是质点的质量乘以由于该力所产生的加速度。它反映的是物体之间相互作用的强弱,是相互作用的定量表述。

看到这两条"定义"你一定会纳闷,这两种说法岂不就是式(3.2.1)的改头换面吗?这样一来,作为定律的式(3.2.1)岂不降为关于质量或力的定义?似乎出现了逻辑上的"混乱"。

如果离开前面关于物理定义的原则,确实逃不脱这个"混乱"。但是,从物理上来说,它是不混乱的。物理定律的作用在于把许多已知的可以定量测量的实验结果统一起来、联系起来,给出许多实验现象的统一解释,并且根据这种解释去预测一些新的现象或实验结果。也就是说,物理定律的意义,是使我们能够从一些实验结果出发预言另一些新的实验结果,确立从一些实验数据计算出(或预言出)另一些实验数据的规则。只要定义、定律确立的联系这些测量数据的规则是明确的、不含糊的,那就没有任何"混乱"。牛顿第二定律[式(3.2.1)]及质量和力的定义在这种意义上是没有任何"混乱"的。

举例说明,在一足够光滑的固定桌面上,我们做三个实验(图3.3):

① 物体A与一弹簧相连,把弹簧拉长到 L,然后释放物体A,在弹簧的牵动下,A做加速运动,测量出开始时刻的加速度 a_A;

② 用同一弹簧与物体B相连,仍拉长到 L,测出释放时刻的加速度 a_B;

③ 仍用同一弹簧与捆在一起的A和B相连,拉长到 L,测出释放时刻的加速度 a_{AB}。

这三个实验只用了运动学的概念而测得了一组数据,如果没有其他知识,我们就不能得到更多的东西。现在,我们看如何用动力学来得到可以定量测量的量 a_A,a_B 和 a_{AB} 之间的联系。

我们可以取物体A的质量作为质量单位的标准,故可任意定其数值为 m_A,把式(3.2.1)作为力的定义,再由实验①测得的 a_A 即可算出弹簧对A的拉力

$$F = m_A a_A \qquad (3.2.2)$$

在实验②中,设弹簧对B的拉力与拉动A时一样,仍为 F,则把式(3.2.1)作为质量的定义,可算出B的质量

$$m_B = \frac{F}{a_B} \qquad (3.2.3)$$

在实验③中,如果假设A与B在一起的质量 m_{AB} 是各自质量之和(即质量是可加的)

$$m_{AB} = m_A + m_B \qquad (3.2.4)$$

再假定拉力依然是 F,就可以把式(3.2.1)作为定律来预言此时的加速度

$$a_{AB} = \frac{F}{m_{AB}} = \frac{F}{m_A + m_B} = \frac{a_A a_B}{a_B + a_A} \qquad (3.2.5)$$

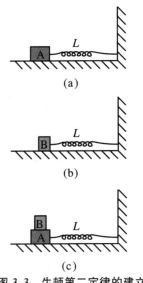

(a)

(b)

(c)

图3.3 牛顿第二定律的建立

式(3.2.5)中只含有可以通过实验直接测量的量(与我们任意取定的 m_A 无关),即牛顿第二定律给出了由一组实验(①和②)的数据计算另一实验(③)结果的规则。如果这样计算出来的结果与观测值符合,就为牛顿第二定律的正确性提供了一个实验验证。

这样一个理论与实验之间的全面关系告诉了我们什么呢?

① 在整个分析过程中,我们的确有时将式(3.2.1)作为定义使用,有时又作为定律,但在每个具体环节上它的作用都是明确的,并没有既作为定义,又作为定律的情况,因而是不"混乱"的。理论与实验之间由一些测量操作联系着,由此就不难理解式(3.2.1)既是定义又是定律的实质。

② 式(3.2.5)中都是实验可以直接测量的量,也就是说,由式(3.2.1)所给出的预言是明确的,具有可验证性或可证否性。

③ 物理学的规律,例如牛顿第二定律,都有一定的适用限度。在限度之外,牛顿第二定律不再成立。在牛顿第二定律不适用的范围,用它来预言实验就不再正确,因而这时用它作为定义也就没有意义了。或者说,当式(3.2.1)作为定律不再适用时,用它作为力及质量的定义也就不适用了。上述力及质量的定义也有其适用范围。这种"定义"显然与数学中所用定义的含义有很大的差别。

④ 只依靠牛顿第二定律来分析运动性质是不够的,必须扩充其他假定才有可能预测运动。在前例中,我们不仅用了式(3.2.1),而且还用了两个假定:弹簧被拉长到同样的长度时产生同样的拉力 F;质量具有可加性。这个特点也与数学不同。数学上由已知到求证之间,只能使用定理和定义进行逻辑推理,不能外加其他东西。但物理上没有一个是如此的,必定要补充一些外加的假设,才能从已知测量中作出预言。外加的假设,反映了我们对客观世界的看法(世界观),或者说是客观世界的一种模型。在什么地方应当补充些什么,或者说用什么模型来看客观世界,这是物理的难点,而这也正是物理学工作的精髓。

这样,我们就说明了牛顿第二定律既是动力学基本规律,同时又可作为质量及力的定义的全部意义。当然,这并不排斥我们去寻求不依赖于牛顿第二定律的关于质量及力的定义。但是,即使我们找到了更深入的定义,在牛顿第二定律适用的范围内,新的定义也必定等价于前面的定义。因此,在牛顿第二定律适用的范围内,采用前面的定义不仅是正确的,而且是"够用"的。由于牛顿第二定律在动力学中的重要地位,又称之为"动力学基本方程"。

因为加速度是一个矢量,按式(3.2.1),力也是一个矢量,它的合成和分解遵守矢量运算法则。而质量是一个标量。

式(3.2.1)是一个矢量方程,由运动的独立性,它等价于三个分量方程

$$F_x = ma_x, \quad F_y = ma_y, \quad F_z = ma_z$$

3.2.2 质量与力的单位

质量的单位是 kg(千克),千克的标准是保存在国际计量局中的一个铂铱圆柱体。该圆柱体的质量本来是按 4 ℃时 1 dm³ 纯水的质量确定的,但后来更精确的测量发现,质量等同于该质量原器 4 ℃时的纯水体积为 1.000 028 dm³。在原子尺度上,可以定义原子质量单位,即 ^{12}C 的原子质量精确地等于 12 个原子质量单位。原子质量单位与千克的关系是

$$1 \text{ 原子质量单位} = 1.660\,565\,5 \times 10^{-27} \text{ kg}$$

2018 年 11 月 16 日,第 26 届国际计量大会全票通过了关于“修订国际单位制(SI)”的 1 号决议,于 2019 年 5 月 20 日起正式生效。根据决议,kg 的定义改为由常数定义,1 kg 定义为“对应普朗克常量为 $6.626\,070\,15 \times 10^{-34}$ J·s 时的质量单位”,也就是 1 kg 等于普朗克常量除以 $6.626\,070\,15 \times 10^{-34}$ $\text{m}^2 \cdot \text{s}^{-1}$。其原理是将移动质量 1 kg 物体所需机械力换算成可用普朗克常量表达的电磁力,再通过质能转换公式算出质量。力的单位是 N(牛顿),1 N 力使质量 1 kg 的物体产生 $1 \text{ m} \cdot \text{s}^{-2}$ 的加速度。

3.3 牛顿第三定律

我们讨论了牛顿力学的前两个定律,即惯性定律和动力学的基本方程。从动力学的角度来说,有了这些定律就已完整了。牛顿第三定律是牛顿独立建立的,实际上是关于力的性质的定律,并不是动力学本身的定律。

牛顿给出了物体间各种作用力所共有的一种性质,即作用力和反作用力的大小相等。详细些说,物体间作用力总是成对出现的,如果质点 A 对质点 B 的作用力为 $\vec{F}_{AB}$,那么,质点 B 对质点 A 也有作用力 $\vec{F}_{BA}$,同时出现,同时消失;而且两个力的大小相等,方向相反,并位于两质点的连线上,即

$$\vec{F}_{AB} = -\vec{F}_{BA}$$

这条定律称为牛顿第三定律。

这条定律的成立,与力的形式无关,它既适用于两质点之间的引力,也适用于两带电粒子间的库仑(Charles-Augustin Coulomb,1736 – 1806)力,或者其他的力。应该指出,牛顿定律是相当准确的定律,但并非严格正确,也有一定的适用范围。动力学基本方程(3.2.1)是在惯性系的基础上建立起来的。同样,第

三定律也是建立在惯性系的基础上的。另外,要强调指出,即使在惯性系中,第三定律也是有时对,有时不对。若物体之间彼此接触才有相互作用力,我们称之为接触力。对于接触力,第三定律总是成立的。但是,对于两物体间有一定距离时的相互作用力,第三定律有时成立,有时不成立,例如在电磁学和电动力学中将要讨论的电磁相互作用。这时必须引入"场"的概念。在考虑场的作用后,第三定律仍然成立。

3.4 力与相互作用

现在集中讨论"力"这个新引入的概念。力是什么? 前面给出力的定义为:力等于物体的质量乘以加速度。但细加思考,这里的定义有一些使人产生困惑的地方。牛顿第二定律看起来好像是力的一种最精确的定义,而且很合数学家的意;然而,单靠它完全是无用的,因为它虽然给出了相互作用的定量度量方法,但从这个定义作不出任何预见,人们无法从这个定义去讨论钟摆的摆动、行星的运行等运动物体所表现出的行为。牛顿定律的真正含义是:如果我们知道了外界对物体的作用,也就是力,利用牛顿第二定律我们就可以得到物体运动状态的改变。力的第一个特性是起源于物质。除非有某个物理实体存在,否则力一定等于零。如果发现一个力不等于零,我们总能在周围找到某个物体是力的来源。即只要有力存在,总能找到施力者。

建立了动力学基本方程之后,研究运动的要点是研究力,即根据给定物体和它周围环境的性质计算作用在该物体上的力。如果弄清楚了自然界中最基本的力,我们在原则上就能解释自然界中各种各样的运动现象了。我们先简单分析一些常见的力。

3.4.1 几种常见的力及其机制

1. 弹性力

当形变为拉伸或压缩时,弹性力 f 与物体(如固体、弹簧)伸长(或压缩)量 x 成正比:

$$f = -kx \tag{3.4.1}$$

其中 k 称为弹性系数,负号表示弹性力与形变方向相反。

当形变为扭转时,回复力表现为力矩,此力矩与扭转角 φ 成正比:

$$\tau = -c\varphi \qquad (3.4.2)$$

2. 摩擦力

摩擦力是最常遇到的一种力,但是关于它的规律却是异常复杂的。我们这里仅讨论一些简单的规律,可分为干摩擦和湿摩擦两种形式。

干摩擦是两固体接触面有相对滑动或有相对滑动趋势时,所产生的阻碍相对滑动或相对滑动趋势的力,前者称为滑动摩擦力,后者称为静摩擦力。

根据经验,摩擦力可以用一个简单的定律描述:克服摩擦使一个物体在另一个物体上运动所需的力取决于这两个相互接触表面间的法向力(即正压力)。实际中作为相当好的近似,摩擦力与这个法向力成正比,比例系数近似为一常数,即

$$f = \mu N \qquad (3.4.3)$$

由于使物体启动所需克服的摩擦力(最大静摩擦力)往往大于保持物体滑动所需克服的摩擦力(动摩擦力),所以我们把式(3.4.3)写成两个式子:

$$f_k = \mu_k N, \quad f_{s\,max} = \mu_s N \qquad (3.4.4)$$

式中 μ_k 和 μ_s 分别为滑动摩擦系数和静摩擦系数。一般 μ_s 比 μ_k 大。实际问题中,静摩擦力的大小介于 0 到 $f_{s\,max}$ 之间,由具体情况决定。

虽然式(3.4.4)中的比例系数不是严格的常数,但是在某些实际工作中或工程学上,式(3.4.4)仍是一个很好的经验定律。

现在绝大部分轿车已将 ABS(防抱死制动系统)作为标准配置。ABS 的作用就是防止车轮在制动过程中抱死,可一直将车轮控制在滚动与滑动的临界状态。实践表明,设计良好的 ABS 可获得最大的纵向制动力,制动距离有效缩短。这是因为抱死后车轮与地面之间的摩擦力属于滑动摩擦力,在滚动与滑动的临界状态下车轮与地面之间的摩擦力为最大静摩擦力,而最大静摩擦力比滑动摩擦力大。另外,车轮一旦抱死,车子极易失去控制,从而出现危险的情况。如果前轮发生抱死,最直接的结果便是失去转向能力,此时转动方向盘根本不起作用,只能祷告车子赶快停下来! 如果后轮发生抱死,转向能力倒是存在,但极有可能出现后轮侧滑,严重时会出现甩尾。车子一旦发生侧滑或甩尾,尤其是在高速行驶时,车身便完全失去了控制,只能听天由命了! 不过,ABS 只是辅助安全系统,其作用仍是非常有限的,因此千万不可百分之百地依赖这些系统,只有安全驾车才是最重要的。

应该指出,摩擦定律是一个经验定律,至今还没有被人们完全理解。因此,要想从理论上估计一下两个物体之间的摩擦系数也是不可能的,只能靠实验测定。另外,经验定律都有它的适用范围。例如,法向力过大或运动速度过快时,会产生大量的热,使定律失效。目前对此定律的粗略理解是:从原子层次看,由

于相互接触表面不平整,存在许多接触点,在接触点上原子靠得很近,好像黏结在一起,当拉动正在滑动的物体时,原子突然分开,随即发生振动,产生波而加剧原子运动,即产生热。早先有人认为摩擦起因于接触面的凹凸不平,由物体滑动中不断抬高滑动体越过凸起部位所致。但是,这种解释不能成立,因为这种过程中不会有机械能损失,缺乏动力耗损的机制。通常摩擦系数表中所列出的所谓铜与铜、钢与钢等的 μ 值,实际上不是"铜与铜"等等所产生的,而是由黏附在铜上的杂质(污物、氧化物或别的外来物质)造成的。如果把两块绝对纯的铜片表面很好地接触,那么接触面上的原子分不清自己应属于哪一块铜片,以致相互粘住,因而得不到所说的摩擦系数。

下面讨论湿摩擦力(又称黏滞力),也就是由于流体(包括液体和气体)相对运动而产生的相互作用。在空中飞行的飞机所受到空气阻力的构成十分复杂,它由冲过机翼的空气、机尾的漩涡以及其他复杂因素综合所致,但是阻力所遵循的定律却出乎意料地简单,它近似地与速度 v 的平方成正比,可写为

$$F = -cv^2 \tag{3.4.5}$$

其中 c 近似地是一个正的常数,负号表示黏滞力与运动方向相反。

应该指出的是,此定律是一条粗糙的经验定律,它是事件的错综复杂性的产物。如果我们研究得越深入,测量得越精确,就会发现这条定律变得越复杂,上式越不准确。如果速度非常低,低到一般飞机不能起飞,只是在跑道上滑行时,定律就发生变化,这时阻力与速度 v 大致成正比,即

$$F = -\eta v \tag{3.4.6}$$

另外,球、气泡或任意其他物体在机油、蜂蜜等黏稠液体中缓慢运动时,作用其上的摩擦阻力也满足式(3.4.6)给出的关系,其中系数 η 表示黏滞性。当运动速度变快,以至引起液体打漩时(如空气和水中出现的情形),摩擦阻力更接近于式(3.4.5)给出的关系。如果速度继续增大,式(3.4.5)也会失效。

3. 重力

我们对重力也很熟悉。在地球表面附近,一个质量为 m 的物体受到的重力方向垂直于水平面向下,大小为

$$F = mg \tag{3.4.7}$$

其中 g 是重力加速度。达·芬奇与伽利略进行了很多关于落体的研究,为运动学甚至动力学打下了很好的基础。

4. 万有引力

万有引力是一类非常普遍而特殊的相互作用,在物理学的发展上具有特别重要的地位,我们将在第4章中专题讨论。

5. 库仑力

带电体之间的相互作用规律是由法国物理学家库仑发现的,因而它们之间

的作用力称为库仑力。一个静止的点电荷会吸引或排斥另一静止的点电荷,力的大小与电荷量的乘积成正比,与它们之间距离的平方成反比,方向沿着两点电荷的连线。电荷异号时作用力为吸引力,电荷同号时则为排斥力。库仑力的大小为

$$F = k\frac{q_1 q_2}{r^2} \tag{3.4.8}$$

其中 k 是比例系数,q_1,q_2 是两点电荷的电荷量。

6. 分子力

分子间相互作用的规律较复杂,很难用简单的数学公式表示。一般在实验的基础上,采用简化模型处理问题,可近似地用下面的半经验公式表示:

$$F = \frac{\lambda}{r^s} - \frac{\mu}{r^t} \quad (s > t) \tag{3.4.9}$$

式中 r 为两个分子中心之间的距离;λ,μ,s,t 都是正数,须根据实验数据确定。上式右边第一项是正的,代表斥力;第二项是负的,代表引力。由于 s 和 t 都比较大,t 一般为 6~7,$s > t$,所以分子力随分子间距离 r 的增大而急剧地减小。这种力可以认为具有一定的有效作用距离,超出有效作用距离,作用力实际上完全可以忽略。由于 $s > t$,所以斥力的有效作用距离比引力的小。力随 r 的变化情况大致如图 3.4 所示。

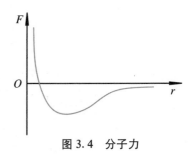

图 3.4　分子力

7. 核力

核力是把原子核中的核子(质子和中子)束缚在一起的力。这种力的有效作用距离极短,对于大于约 10^{-15} m 的距离,核力就变得很小,可以忽略不计了。但在小尺度内,它却超过核子之间的一切其他形式的相互作用而占支配地位。直到大约 0.4×10^{-15} m,它还是吸引力;但距离若再小,就成为强排斥力了。

注意,由于核力赖以存在的原子核的尺度范围如此之小,牛顿定律已经失效,只有量子理论才是正确的。而且在对原子核的分析中,我们已不用力来进行思考,代之以核子间的相互作用能量。

关于核力,能够写出的任何公式都是忽略了复杂情况的相当粗糙的近似,其中之一表述为

$$F = \frac{C}{r^n} \mathrm{e}^{-r/r_0} \tag{3.4.10}$$

式中 C,n 为常数,r 为核子间的距离,$r_0 \approx 10^{-15}$ m。

8. 洛伦兹力

一个带电量 q 的点电荷以速度 $\vec{v}$ 在磁感应强度为 $\vec{B}$ 的磁场中运动,受到磁场的作用力,此种力称为洛伦兹力,其表达式为

$$\vec{F} = q\vec{v} \times \vec{B} \tag{3.4.11}$$

3.4.2　四种基本相互作用及其统一

以上我们列举了八种力；当然，还可以举出很多种。从本质上讲，自然界并不存在如此多种类型的力，我们希望寻求各种现象的统一。在目前的宇宙中，存在四类基本的相互作用，所有的运动现象都跳不出这四类基本的力，各式各样的力只不过是这四类基本力在不同情况下的不同表现而已。例如，重力就是万有引力；弹性力、摩擦力等，实际上就是分子之间的作用力，最终与库仑力一样体现在带电粒子的相互作用，即电磁作用上。

四类基本作用是引力作用、电磁作用、强相互作用和弱相互作用（表3.1）。核子参与强相互作用，带电粒子参与电磁相互作用，W 及 Z 玻色子和电子、中微子参与弱相互作用，任何粒子都参与引力相互作用。强相互作用和弱相互作用的作用范围很小。电磁作用与引力作用的作用范围可以到无限远；但电荷存在正负，在一定条件下物质间电磁作用的效果可以抵消；质量却都是正的，因此引力作用总是存在的，且充满整个宇宙。

表 3.1　四种基本作用的特点

力	相对强度	作用范围	说　　明
强相互作用	1	10^{-15} m	使原子核保持在一起
电磁作用	10^{-2}	无限远	摩擦力、张力等
弱相互作用	10^{-5}	10^{-18} m	原子核衰变
引力作用	10^{-39}	无限远	组织宇宙

1967 年，温伯格（Steven Weinberg，1933 - ）和萨拉姆（Abdus Salam，1926 - 1996）先后提出了电磁作用和弱相互作用的统一理论。随后的一系列实验证明他们的统一理论是正确的。这一成功，促使许多人去寻找把电磁作用、弱相互作用及强相互作用都包含在内的统一理论，通常称为"大统一理论"。下一步的统一就是要把引力也统一在内，这称为"超统一"。实现超统一的一个可能是用超引力理论，这种理论中的统一有一个很有趣的特点，即它把物理学中传统的"物质"与"相互作用"之间的界限打破了，就是可以用各式各样的"作用子"描述相互作用，即"力"。

3.5 非惯性系中的牛顿动力学

牛顿运动定律只适用于惯性系;然而,在有些场合需要在非惯性系中讨论问题。本节讨论非惯性系中的动力学,为此,需要引进惯性力的概念。

3.5.1 非惯性系

所谓非惯性系,是指相对于惯性系做变速运动的参考系。在非惯性系中,惯性定律及牛顿第二定律不再成立。

在非惯性系中会出现不与物体间作用力相联系的加速度,说明非惯性系对于讨论动力学问题是复杂的、不恰当的,我们希望永远不要选择这种参考系讨论力学问题。遗憾的是,在许多情况下,我们不得不选择这种"不恰当"的参考系;而且在实际工作中,这种"不恰当"的参考系,却有可能是最方便的参考系。地球往往是在实际工作中不得不采用的参考系,而严格地讲它是一个非惯性系。因而,讨论有关非惯性系的特定问题是非常必要的。

3.5.2 平动加速参考系

设参考系 A 相对于惯性系 B 以不变加速度 $\vec{a}_0$(牵连加速度)运动。质量为 m 的物体相对于 A 和 B 的加速度分别为 $\vec{a}\,'$ 和 $\vec{a}$,它们满足关系

$$\vec{a}\,' = \vec{a} - \vec{a}_0 \tag{3.5.1}$$

在惯性系 B 中,牛顿第二定律成立:

$$\vec{F} = m\vec{a} = m\vec{a}\,' + m\vec{a}_0 \tag{3.5.2}$$

在加速系 A 中,有动力学方程

$$m\vec{a}\,' = m\vec{a} - m\vec{a}_0 = \vec{F} + \vec{F}_惯 \tag{3.5.3}$$

其中$\vec{F}_惯 = -m\vec{a}_0$,称为惯性力或虚拟力。"虚拟"是指没有涉及实在的相互作用。在加速平动参考系中所感受到的虚拟力是均匀的,且和重力一样与质量成正比,它起源于参考系的加速运动,或者更本质地说物体的惯性(这就是它为什么叫惯性力的原因),而不是物体间的相互作用。但马赫认为惯性力仍然是一种实在的物质之间的相互作用,在第10章最后我们会提及。

根据前面的论述,在加速平动参考系中,我们只要对每一个质点引入一个惯性力$\vec{F}_惯 = -m\vec{a}_0$,那么这个加速参考系中的物理定律就和在惯性系中相同。这个惯性力的一个重要特征是:它永远与质量成正比。重力也是如此。因此,爱因斯坦(Albert Einstein,1879 - 1955)提出,重力本身有可能就是一种惯性力,万有引力或许就是由于我们没有选取正确参考系而引起的。

以一个完全封闭的电梯为例(图3.5)。如果此电梯静止于地球表面,电梯内部一个观察者看到一物以加速度$\vec{g}$自上而下运动,他认为此物在地球重力作用下自由下落。电梯内另一观察者认为根本没有地球,是电梯以加速度$-\vec{g}$在运动。与在伽利略大船里无法判断绝对速度一样,电梯里的观察者也无法分辨究竟是电梯在做加速运动,还是地球重力场在起作用。如果电梯在重力场中自由下落,电梯内自由飘浮于空中的物体,好像处于无重力场的太空中一样。爱因斯坦指出,电梯向下的落体加速度恰好抵消了该处的重力场,电梯内的观察者无法断定电梯是静止于太空中还是在重力场中自由下落。

上述概念就是"等效原理",是由爱因斯坦提出的。它告诉我们,参考系的加速运动与引力作用之间可以相互等效;究竟是均匀重力加速度$\vec{g}$,还是参照系的加速度$\vec{a}_0 = -\vec{g}$;是引力还是惯性力,在局部范围内是无法加以区分的。

引力的本性就在于它在特定的参考系中能被消除。等效原理是关于引力最基本的原理,为广义相对论的建立奠定了基础。

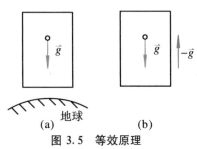

(a)   (b)
图3.5   等效原理

3.5.3　转动参考系

如果参考系S'相对于惯性系S转动,不管是匀速转动还是非匀速转动,S'都是非惯性系。这里只讨论匀速转动参考系,它也是一种经常遇到的非惯性系。例如,地球参考系就是一个典型的匀速转动参考系。

为了得到转动参考系中的质点动力学方程,必须先找出质点在惯性系与转动系之间的运动学关系。

设质量为m的质点相对于惯性系以加速度$\vec{a}$运动,相对于转动系以加速度$\vec{a}_转$运动。在惯性系中牛顿第二定律成立:$\vec{F} = m\vec{a}$。我们希望在转动系中动力学方程可以写成 $\vec{F}_转 = m\vec{a}_转$ 的形式。

如果质点 m 在两个参考系中的加速度满足关系 $\vec{a} = \vec{a}_转 + \vec{A}$，则有

$$\vec{F}_转 = m\vec{a}_转 = m(\vec{a} - \vec{A}) = \vec{F} + \vec{F}_惯 \tag{3.5.4}$$

这里 $\vec{F}_惯 = -m\vec{A}$。至此，与平动系中的讨论完全相同。我们现在就要寻找转动系中的牵连加速度 $\vec{A}$。

1. 惯性离心力

一个相对于转动系 S' 静止的物体，在惯性系 S 看来，必定受到向心力的作用绕转轴做圆周运动，向心力可表示为

$$\vec{F} = -m\omega^2 r\vec{e}_r$$

其中 ω 为转动参考系的角速度，r 为物体离转轴的距离，$\vec{e}_r$ 为离轴径向单位矢量。

但在转动系中此物体静止不动：

$$\vec{a}_转 = \vec{0}$$

所以由式(3.5.4)，知牵连加速度

$$\vec{A} = \vec{a} = -\omega^2 r\vec{e}_r$$

惯性力

$$\vec{F}_惯 = -m\vec{A} = m\omega^2 r\vec{e}_r \tag{3.5.5}$$

此惯性力称为惯性离心力，简称离心力。应注意与向心力的反作用力离心力的区别，后者是一种有施力物体的真实的力，而惯性离心力完全由所取参考系为非惯性系所致。

当物体所在处的位矢 $\vec{r}$ 与转轴不垂直(图 3.6)时，离心力可表示为

$$\vec{F}_惯 = -m\vec{\omega} \times (\vec{\omega} \times \vec{r}) \tag{3.5.6}$$

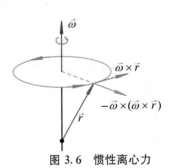

图 3.6　惯性离心力

其中 $\vec{\omega}$ 为转动系的角速度矢量，$\vec{r}$ 的原点取在转轴上，$\vec{F}_惯$ 的方向仍离轴向外。

惯性离心力有两个主要特点：① 与转动参考系的转动角速度有关，与角速度是否随时间变化无关；② 与物体所在位置有关，与物体在转动系中运动与否无关。

2. 科里奥利力

如果物体在转动参考系中有运动，则会出现新的惯性力，即科里奥利(Gaspard-Gustave de Coriolis,1792－1843)力

$$\vec{F}_{C} = -2m\vec{\omega} \times \vec{v}' \tag{3.5.7}$$

其中 $\vec{\omega}$ 为转动参考系的角速度矢量，$\vec{v}'$ 为质点相对于转动参考系的速度，它可以不垂直于转动系的转轴。

科里奥利力只有在相对速度不为零时，或更确切地说，相对速度垂直于转轴的分量不为零时才存在。科里奥利力总是与相对速度 $\vec{v}'$、转动参考系的角速度 $\vec{\omega}$ 垂直，它不会改变相对速度的大小。科里奥利力的存在与转动系的转动是否均匀无关，它在量值上与转动角速度的一次方成正比；而惯性离心力与转动角速度的二次方成正比。

科里奥利力的影响很常见。例如，在北半球，顺着水流方向看，河流对右侧河岸的冲刷更严重；沿着火车行驶方向，铁路的两根铁轨右边的磨损更厉害；大气中低气压中心的气旋是逆时针的，而高气压中心的反气旋是顺时针的（图 3.7）；在赤道附近，信风的方向自东向西；这些都是科里奥利力造成的。

综上，当转动参考系做匀速转动时，其惯性力为

$$\vec{F}_{惯} = -m\vec{\omega} \times (\vec{\omega} \times \vec{r}) - 2m\vec{\omega} \times \vec{v}' \tag{3.5.8}$$

基于第 2 章讨论过的平面极坐标系中的速度、加速度，以及相对转动的两个平面极坐标系之间的关系，可以同时导出转动参考系中两种惯性力的数学形式。

设参考系 S' 以角速度 ω 绕惯性系 S 的 z 轴匀速旋转，两坐标系的原点 O'，O 重合，z' 轴和 z 轴重合，且两系的时间度量相同，即 $t = t'$。考虑 S 系的 Oxy 平面与 S' 系的 $O'x'y'$ 平面，有 $r = r'$，$\theta = \theta' + \omega t$，进而有

$$\frac{\mathrm{d}r}{\mathrm{d}t} = \frac{\mathrm{d}r'}{\mathrm{d}t}, \quad \frac{\mathrm{d}^2 r}{\mathrm{d}t^2} = \frac{\mathrm{d}^2 r'}{\mathrm{d}t^2}, \quad \frac{\mathrm{d}\theta}{\mathrm{d}t} = \frac{\mathrm{d}\theta'}{\mathrm{d}t} + \omega, \quad \frac{\mathrm{d}^2 \theta}{\mathrm{d}t^2} = \frac{\mathrm{d}^2 \theta'}{\mathrm{d}t^2}$$

在某时刻，径向、横向单位矢量之间的关系为 $\vec{e}_r = \vec{e}'_r$，$\vec{e}_\theta = \vec{e}'_\theta$；质点在 S' 系的速度、加速度分量分别为

$$v_r' = \frac{\mathrm{d}r'}{\mathrm{d}t}, \quad v_\theta' = r'\frac{\mathrm{d}\theta'}{\mathrm{d}t}$$

$$a_r' = \frac{\mathrm{d}^2 r'}{\mathrm{d}t^2} - r'\left(\frac{\mathrm{d}\theta'}{\mathrm{d}t}\right)^2, \quad a_\theta' = r'\frac{\mathrm{d}^2 \theta'}{\mathrm{d}t^2} + 2\frac{\mathrm{d}r'}{\mathrm{d}t} \cdot \frac{\mathrm{d}\theta'}{\mathrm{d}t}$$

质点在 S 系的径向加速度可以写成

$$\vec{a}_r = \left[\frac{\mathrm{d}^2 r}{\mathrm{d}t^2} - r\left(\frac{\mathrm{d}\theta}{\mathrm{d}t}\right)^2\right]\vec{e}_r = \left[\frac{\mathrm{d}^2 r'}{\mathrm{d}t^2} - r'\left(\frac{\mathrm{d}\theta'}{\mathrm{d}t} + \omega\right)^2\right]\vec{e}'_r$$

$$= \vec{a}_r' - 2\vec{v}_\theta' \times \vec{\omega} - \omega^2 \vec{r}'$$

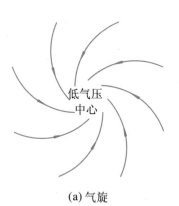

(a) 气旋

(b) 反气旋

图 3.7　气旋与反气旋

假设质点质量为 m,有

$$m\vec{a}_r{'} = m\vec{a}_r + m\omega^2\vec{r}{'} + 2m\vec{v}_\theta{'} \times \vec{\omega}$$

质点在 S 系的横向加速度可以写成

$$\begin{aligned}
\vec{a}_\theta &= \left(r\frac{\mathrm{d}^2\theta}{\mathrm{d}t^2} + 2\frac{\mathrm{d}r}{\mathrm{d}t}\cdot\frac{\mathrm{d}\theta}{\mathrm{d}t} \right)\vec{e}_\theta \\
&= \left[r{'}\cdot\frac{\mathrm{d}^2\theta{'}}{\mathrm{d}t^2} + 2\frac{\mathrm{d}r{'}}{\mathrm{d}t}\left(\frac{\mathrm{d}\theta{'}}{\mathrm{d}t} + \omega \right) \right]\vec{e}_\theta{'} \\
&= \vec{a}_\theta{'} - 2\vec{v}_r{'} \times \vec{\omega}
\end{aligned}$$

所以,有 $m\vec{a}_\theta{'} = m\vec{a}_\theta + 2m\vec{v}_r{'} \times \vec{\omega}$。

综合考虑后,有

$$\begin{aligned}
m\vec{a}{'} &= m(\vec{a}_r{'} + \vec{a}_\theta{'}) \\
&= m(\vec{a}_r + \vec{a}_\theta) + m\omega^2\vec{r}{'} + 2m(\vec{v}_r{'} + \vec{v}_\theta{'}) \times \vec{\omega}
\end{aligned}$$

质点在 S 系中所受的真实的力 $\vec{F} = m(\vec{a}_r + \vec{a}_\theta) = m\vec{a}$。在 $S{'}$ 系中需要引入两个力使牛顿第二定律形式上不变,即 $\vec{F}{'} = \vec{F} + \vec{F}_离 + \vec{F}_C = m(\vec{a}_r{'} + \vec{a}_\theta{'}) = m\vec{a}{'}$。对比相关项,有

$$\vec{F}_离 = m\omega^2\vec{r}{'},$$

$$\vec{F}_C = 2m(\vec{v}_r{'} + \vec{v}_\theta{'}) \times \vec{\omega} = 2m\vec{v}{'} \times \vec{\omega} = -2m\vec{\omega} \times \vec{v}{'}$$

这两个力分别为惯性离心力和科里奥利力。

【例 3.1】 设物体从离地 h 高处自由落下,考察地球自转对其运动的影响。

【解】 以地球为参考系研究落体的运动。因为是转动参考系,所以要考虑惯性力。

因为地球的非惯性效应很小,可以认为落体基本上仍沿竖直方向做匀加速运动,加速度的大小为 g。但毕竟还有惯性力的作用,所以实际运动应该与自由落体稍有偏离。

先对落体进行受力分析:落体所受重力为 mg,竖直向下;由于落体基本上仍沿竖直方向运动,"相对"速度 $\vec{v}{'}$ 基本上是竖直向下的,所以科里奥利力 $\vec{F}_C = -2m\vec{\omega} \times \vec{v}{'}$ 的方向向东,大小

$$F_C = 2m\omega v{'}\sin(\pi/2 - \varphi) = 2m\omega v{'}\cos\varphi$$

其中 φ 为落体所在处的纬度。

取固定于地球的坐标系,如图所示。原点在落体初始位置的正下方,x'轴指向南方,y'轴指向东方,z'轴竖直朝上。落体基本上沿竖直方向落下,所以 $\dot{x}'\approx0,\dot{y}'\approx0,\dot{z}'<0$。重力的 x'分量和 y'分量为 0,z'分量为 $-mg$。科里奥利力的 x'分量和 z'分量为 0,y'分量为 $-2m\omega\dot{z}'\cos\varphi$(因为 $\dot{z}'<0$,所以 y'分量实际上是正的。)

取落体开始下落时刻为 $t=0$。初始条件为:$t_0=0$;$x_0'=0$,$y_0'=0$,$z_0'=h$;$\dot{x}_0'=0$,$\dot{y}_0'=0$,$\dot{z}_0'=0$。

列出方程:

$$m\ddot{x}' = 0 \tag{1}$$

$$m\ddot{y}' = -2m\omega\dot{z}'\cos\varphi \tag{2}$$

$$m\ddot{z}' = -mg \tag{3}$$

考虑到初始条件 $\dot{x}_0'=0$,$x_0'=0$,式(1)的积分结果为

$$x'=0 \tag{4}$$

式(2)包含 $\dot{z}'$,为对(2)积分,必须先将式(3)积分。考虑到初始条件 $\dot{z}_0'=0$,$z_0'=h$,式(3)的积分结果为

$$\dot{z}'=-gt, \quad z'=h-\frac{1}{2}gt^2 \tag{5}$$

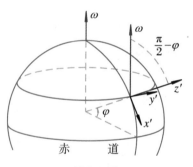

例 3.1 图

把式(5)代入式(2),有

$$\ddot{y}'=2\omega gt\cos\varphi \tag{6}$$

考虑到初始条件 $\dot{y}_0'=0$,$y_0'=0$,上式的积分结果为

$$\dot{y}'=\omega gt^2\cos\varphi, \quad y'=\frac{1}{3}\omega gt^3\cos\varphi \tag{7}$$

不计地球自转时,落体沿竖直方向匀加速运动,正如式(5)所描述的那样。式(4)表明,即使计及地球自转,落体也不向南北方向偏离。式(7)表明,若计及地球自转,落体方向偏东。

现在计算物体落地处偏东多少。式(7)中的偏离是以时间 t 表示的,因而要先算出落地的时间。为此,把 $z'=0$ 代入式(5),得

$$0=h-\frac{1}{2}gt^2$$

从而求得落地时间 $t=\sqrt{2h/g}$。把时间 t 代入式(7),得到落地处偏东距离

$$y' = \frac{1}{3}g\omega\left(\frac{2h}{g}\right)^{3/2}\cos\varphi = \frac{2h}{3}\sqrt{\frac{2h}{g}}\omega\cos\varphi \tag{8}$$

让物体从 $h = 60$ m(大约相当于 20 层楼的高度)处自由落下。在北京(纬度约 $40°$),物体的落地处偏东 0.78 cm;在合肥(纬度约 $32°$),则偏东 0.86 cm。由于存在其他因素(例如风)的干扰,这个偏东现象通常是难以察觉的。

在求解一开始我们曾假定落体基本上不受地球自转的影响,其"相对"速度基本上是竖直向下的,从而推论 $\vec{F}_C$ 向东,得出落体偏东的结论。但正因为落体偏东,其"相对"速度就并非严格竖直向下,所以 $\vec{F}_C$ 并非严格向东,还有向南的分量。相应地落体也要偏南,但偏南的效应既然是由偏东的效应引起的,因而更为微小,属高阶小量。

如果要较严格地研究落体问题就应当严格地处理科里奥利力。角速度 $\vec{\omega}$ 的 x' 分量为 $-\omega\sin(\pi/2-\varphi)$,即 $-\omega\cos\varphi$,y' 分量为 0,z' 分量为 $\omega\cos(\pi/2-\varphi)$,即 $\omega\sin\varphi$。把以上各分量代入式(3.5.7),即得

$$\begin{cases} F_{Cx'} = 2m(\dot{y}'\omega_{z'} - \dot{z}'\omega_{y'}) = 2m\omega\dot{y}'\sin\varphi \\ F_{Cy'} = 2m(\dot{z}'\omega_{x'} - \dot{x}'\omega_{z'}) = -2m\omega\dot{z}'\cos\varphi - 2m\omega\dot{x}'\sin\varphi \\ F_{Cz'} = 2m(\dot{x}'\omega_{y'} - \dot{y}'\omega_{x'}) = 2m\omega\dot{y}'\cos\varphi \end{cases}$$

将科里奥利力的这个表达式代入运动方程,就能较为严格地研究落体问题。

【例 3.2】 改用静止参考系重新研究落体偏东问题。因为是静止参考系,所以无需引入科里奥利力,也许更有助于我们看清落体偏东现象的物理实质——惯性。

【解】 由于地球自转角速度 ω 很小,我们采用一级近似。

从太空的静止坐标系(以下称为太空坐标系)看,地面上纬度为 λ 的 A 点上方高 h 处的物体[图(Ⅰ)],在未下落之前,被地球带动而绕地球转动轴作半径为 $(R + h)\cos\lambda$ 的圆周运动,线速度指向东方,大小为 $(R + h)\omega\cos\lambda$。释放后,物体不再被地球带动,其下落过程可以通过动力学方程求解。

把物体开始下落时过 A 点的东西向竖直平面 P[图(Ⅱ)]作为太空坐标系的 yz 平面(不跟随地球自转),以 A 为原点,z 轴指向天顶,y 轴指向东[图(Ⅲ)],x 轴则指向南。

落体的初始位置 B 在 z 轴上,初始速度大小为 $(R + h)\omega\cos\lambda$,平行于 y 轴。如果不计空气阻力,落体唯一所受的力是重力,指向地心。因此,落体将在 yz 平面内运动。

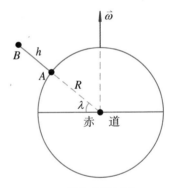

例 3.2 图(Ⅰ)

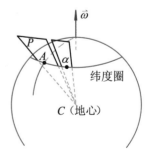

例 3.2 图(Ⅱ)

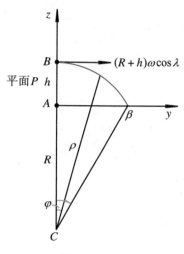

例 3.2 图(Ⅲ)

对这种情况,改用平面极坐标系比较方便。以地心为极点,极轴指向 A 处的天顶。重力总是沿着径向,落体不受横向力作用,$a_\varphi = 0$。由极坐标系下的加速度分量表达式,可知 $\rho^2 \dot{\varphi}$ 保持为常量(即动量矩守恒,以后会详细讨论)。$\rho^2 \dot{\varphi}$ 的初始值为 $(R+h)^2 \omega\cos\lambda$。因此

$$\rho^2 \dot{\varphi} = (R+h)^2 \omega\cos\lambda \tag{1}$$

在一阶近似下,径向运动可用自由落体描述,

$$\rho = R + z = R + \left(h - \frac{1}{2}gt^2\right) \tag{2}$$

代入式(1),即得

$$\dot{\varphi} = \frac{(R+h)^2 \omega\cos\lambda}{\left(R+h-\frac{1}{2}gt^2\right)^2} = \frac{\omega\cos\lambda}{\left[1 - \frac{gt^2}{2(R+h)}\right]^2}$$

$$= \omega\cos\lambda\left(1 + \frac{gt^2}{R+h} + \cdots\right)$$

积分一次,有

$$\varphi = \omega\cos\lambda\left[t + \frac{gt^3}{3(R+h)} + \cdots\right] \tag{3}$$

现在求落体着地时的位置 β [图(Ⅲ)]。把 $\rho = R$ 代入式(2),可求得触地的时刻

$$t = \sqrt{\frac{2h}{g}}$$

因此着地位置

$$\varphi = \omega\cos\lambda\left(\sqrt{\frac{2h}{g}} + \frac{1}{R+h}\frac{2h}{3}\sqrt{\frac{2h}{g}} + \cdots\right) \tag{4}$$

回到直角坐标系,

$$\begin{cases} x_\beta = 0 \\ z_\beta = 0 \\ y_\beta = R\varphi = \omega\cos\lambda\left(R\sqrt{\frac{2h}{g}} + \frac{2h}{3}\sqrt{\frac{2h}{g}}\right) \end{cases} \tag{5}$$

这里 x_β 一式是严格的,y_β 与 z_β 两式则是考虑到 $h \ll R$ 后的一阶近似式。

在此期间,地面上的 A 点已随地球的自转移到了 α [图(Ⅱ)],$\widehat{A\alpha}$ 的长度等于该点绕地轴转动的线速度 $R\omega\cos\lambda$ 与时间 t 的乘积。在一阶近似中,$\widehat{A\alpha}$ 可以看作直线,所以

$$\begin{cases} x_\alpha = 0 \\ z_\alpha = 0 \\ y_\alpha = R\omega t\cos\lambda = R\sqrt{\dfrac{2h}{g}}\,\omega\cos\lambda \end{cases} \qquad (6)$$

这样,落体着地点 β 位于地面上 α 点的东方,

$$\begin{cases} x_\beta - x_\alpha = 0 \\ z_\beta - z_\alpha = 0 \\ y_\beta - y_\alpha = \dfrac{2h}{3}\sqrt{\dfrac{2h}{g}}\,\omega\cos\lambda \end{cases}$$

偏东的距离与例 3.1 的答案相符。

【例 3.3】 试分析地球自转对单摆运动的影响。

【解】 假如没有惯性力,单摆将在直线 AB 上来回摆动(如图所示)。事实上,单摆从 A 向 B 摆动时,由于科里奥利力的作用而逐渐向右偏,并没有达到 B 点而是达到 C 点。从 C 向回摆动时仍然逐渐向右偏,结果达到 D 点。依此推论,摆动平面将顺着时针方向不断偏转,如图中的虚线箭头所示。应当指出,例 3.3 图(Ⅰ)是过分夸大的。科里奥利力是很微小的,所以每一次来回,摆动平面所偏转的角度是很小的,必须经过很多次来回的累积,才能显出可察觉的偏转。

现在进一步分析摆动平面偏转的速率。

参考例 3.3 图(Ⅱ)。设摆原在 A 点,沿南北方向来回摆动,即沿 AC 的方向来回摆动。过了短短的 Δt 时间,由于地球自转,A 点到了 B 点,摆也随同到了 B 点。由于惯性,单摆保持平行于 AC 方向摆动,即沿 BG 方向摆动。在 B 点,此方向已非南北方向;在 B 点的南北方向是 BC 方向。在地球上的人看来,摆动平面已由南北方向顺时针"偏转"到 BG 方向。现在我们来求偏转角 $\angle CBG$。显然 $\angle CBG = \angle ACB$,所以我们改求 $\angle ACB$。由于 Δt 很小,这些角都是小角,因此 $\angle ACB \approx \overline{DE}/\overline{CE}$。而

$$\overline{DE} \approx \overline{OE} \cdot \angle DOE = \overline{OE} \cdot \omega\Delta t$$

$$\overline{CE} \approx \frac{\overline{OE}}{\sin\angle ECO} = \frac{\overline{OE}}{\sin\varphi}$$

其中 φ 为摆所在处的纬度。这样,有

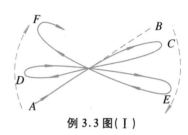

例 3.3 图(Ⅰ)

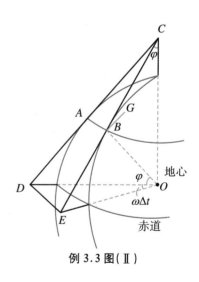

例 3.3 图(Ⅱ)

$$\angle CBG = \angle ACB = \frac{\overline{DE}}{\overline{CE}} = \frac{\overline{OE} \cdot \omega \Delta t}{\overline{OE}/\sin\varphi} = (\omega\sin\varphi)\Delta t$$

所以摆动平面"偏转"的速率为

$$\frac{\angle CBG}{\Delta t} = \omega\sin\varphi$$

这个偏转速率是很小的。它在两极最大,但也不过每天(恒星日)偏转一周。纬度越低,偏转得越慢。任何可察觉的偏转角都要求比较长的时间。普通的单摆完全不能显示这种现象,因为在其偏转达到可察觉之前,它早已停止摆动了。应当用能够长时间摆动的摆。适应此种要求的,摆长较大而摆球较重的摆称为傅科(Jean Foucault, 1819 - 1868)摆。傅科 1851 年在巴黎的先哲祠(Panthéon)中所用的摆长达 67 m,质量达 28 kg。在历史上,傅科以此第一次直接显示了地球的自转。今天,在普及天文知识的机构中一般都有傅科摆。甚至联合国大厦前也有傅科摆。

傅科摆的摆动平面偏转现象当然也可以从计及科里奥利力的动力学方程解出来。具体的求解过程你可以自己尝试一下。

3.6　牛顿方程的对称性

3.6.1　对称性

我们要讨论的牛顿动力学方程的"对称性"(也称"不变性")主要包括平移对称性和转动对称性。物理定律的对称性是物理研究中的一个重要课题。生活中的对称性随处可见,但是"对称性"一词在物理学中是有其特定含义的。其定义是:如果能对一个事物施加某种操作,并且操作以后的情况与原来的完全相同,则这个事物是对称的。

3.6.2 牛顿方程的平移对称性与宇宙的均匀性

对一个质点,在直角坐标系下牛顿动力学方程可以写成三个方程

$$m\,\frac{\mathrm{d}^2 x}{\mathrm{d}t^2} = F_x, \quad m\,\frac{\mathrm{d}^2 y}{\mathrm{d}t^2} = F_y, \quad m\,\frac{\mathrm{d}^2 z}{\mathrm{d}t^2} = F_z \qquad (3.6.1)$$

那么坐标系的原点放在何处?牛顿最初告诉我们,原点是存在的,它可能就是宇宙的中心,以确保定律的正确性。但是可以证明,根本不用去找这个中心,因为如果选用其他原点,得到的结果不会有任何差别。

设有两个坐标系 xyz 和 $x'y'z'$,坐标轴分别相互平行(图3.8)。测量空间中某质点的位置,有关系

$$x' = x - a, \quad y' = y, \quad z' = z \qquad (3.6.2)$$

质点沿某一方向受力在各坐标轴上的投影值有关系

$$F_{x'} = F_x, \quad F_{y'} = F_y, \quad F_{z'} = F_z \qquad (3.6.3)$$

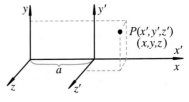

图 3.8 坐标平移

现在的问题是:如果在 xyz 坐标系中牛顿方程成立,那么在 $x'y'z'$ 坐标系中也成立吗?即假设方程组(3.6.1)是正确的,并且式(3.6.2)和式(3.6.3)给出了各量之间的关系,下面的方程

$$m\,\frac{\mathrm{d}^2 x'}{\mathrm{d}t^2} = F_{x'}, \quad m\,\frac{\mathrm{d}^2 y'}{\mathrm{d}t^2} = F_{y'}, \quad m\,\frac{\mathrm{d}^2 z'}{\mathrm{d}t^2} = F_{z'} \qquad (3.6.4)$$

是否也正确呢?这里我们只要证明第一个方程就够了。

对 x' 两次求导,这里坐标系 $x'y'z'$ 相对于坐标系 xyz 是不动的,因此 a 是常数,

$$\frac{\mathrm{d}x'}{\mathrm{d}t} = \frac{\mathrm{d}}{\mathrm{d}t}(x - a) = \frac{\mathrm{d}x}{\mathrm{d}t} - \frac{\mathrm{d}a}{\mathrm{d}t} = \frac{\mathrm{d}x}{\mathrm{d}t}$$

$$\frac{\mathrm{d}^2 x'}{\mathrm{d}t^2} = \frac{\mathrm{d}^2 x}{\mathrm{d}t^2}$$

又因为 $F_{x'} = F_x$,所以第一个方程成立。其余两个方程可同样证明。

牛顿定律对于平移是对称的(不变的)。这个结论意味着不存在宇宙中心,也就是说宇宙是均匀的;因为不管在哪个位置观察,牛顿定律都是一样的。

3.6.3 牛顿方程的转动对称性与宇宙的各向同性

不要认为一个正在转动的系统和一个不在转动的系统遵循同样的规律。我们要讨论的是在转过的新位置上的物理定律是否与未曾转动时位置上的完全一样。

假定两个坐标系的原点相同,$x'y'z'$坐标系的各轴相对于xyz坐标系的轴转过一个θ角(图3.9)。质点P在两坐标系中的坐标分别为(x,y,z)和(x',y',z'),有关系

$$\begin{cases} x' = x\cos\theta + y\sin\theta \\ y' = y\cos\theta - x\sin\theta \\ z' = z \end{cases} \tag{3.6.5}$$

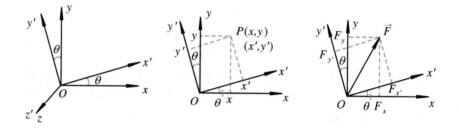

图 3.9 坐标转动

再假设质点P受到力$\vec{F}$的作用,此力在两个坐标系中的分量分别为(F_x, F_y, F_z)和$(F_{x'}, F_{y'}, F_{z'})$,同样有关系

$$\begin{cases} F_{x'} = F_x\cos\theta + F_y\sin\theta \\ F_{y'} = F_y\cos\theta - F_x\sin\theta \\ F_{z'} = F_z \end{cases} \tag{3.6.6}$$

在两个坐标系中,P点坐标关系式和力$\vec{F}$的分量关系式具有相同的形式。

和平动的情况一样,我们的问题是:牛顿定律在xyz坐标系中成立,对于转动了一个方位后的$x'y'z'$坐标系,它仍然成立吗?即考虑了式(3.6.5)和式(3.6.6)各量之间的关系后,

$$m\frac{\mathrm{d}^2 x'}{\mathrm{d}t^2} = F_{x'}, \quad m\frac{\mathrm{d}^2 y'}{\mathrm{d}t^2} = F_{y'}, \quad m\frac{\mathrm{d}^2 z'}{\mathrm{d}t^2} = F_{z'} \tag{3.6.7}$$

是否也成立呢?

为了证明这个结论,对式(3.6.5)求两次导数,再乘以质量 m(注意 θ 是常量),得

$$
\begin{cases}
m\dfrac{\mathrm{d}^2 x'}{\mathrm{d}t^2} = m\dfrac{\mathrm{d}^2 x}{\mathrm{d}t^2}\cos\theta + m\dfrac{\mathrm{d}^2 y}{\mathrm{d}t^2}\sin\theta \\[2mm]
m\dfrac{\mathrm{d}^2 y'}{\mathrm{d}t^2} = m\dfrac{\mathrm{d}^2 y}{\mathrm{d}t^2}\cos\theta - m\dfrac{\mathrm{d}^2 x}{\mathrm{d}t^2}\sin\theta \\[2mm]
m\dfrac{\mathrm{d}^2 z'}{\mathrm{d}t^2} = m\dfrac{\mathrm{d}^2 z}{\mathrm{d}t^2}
\end{cases}
\tag{3.6.8}
$$

然后计算式(3.6.7)的右边部分。把式(3.6.1)代入式(3.6.6)的右边,得

$$
\begin{cases}
F_{x'} = m\dfrac{\mathrm{d}^2 x}{\mathrm{d}t^2}\cos\theta + m\dfrac{\mathrm{d}^2 y}{\mathrm{d}t^2}\sin\theta \\[2mm]
F_{y'} = m\dfrac{\mathrm{d}^2 y}{\mathrm{d}t^2}\cos\theta - m\dfrac{\mathrm{d}^2 x}{\mathrm{d}t^2}\sin\theta \\[2mm]
F_{z'} = m\dfrac{\mathrm{d}^2 z}{\mathrm{d}t^2}
\end{cases}
\tag{3.6.9}
$$

由于式(3.6.8)和式(3.6.9)的右边相同,所以式(3.6.7)成立。牛顿定律对于转动是对称的(不变的)。这个结论意味着宇宙是各向同性的;因为不管向哪个方向进行观察,牛顿定律都是一样的。

因此,我们可以断定,如果牛顿定律对一个坐标系是正确的,那么根据平移对称性和转动对称性,它们对任何经过平移和转动的其他坐标系也是正确的。

3.6.4 矢量及其坐标变换特性

一般来说,任何一个矢量,在三维坐标系中都有三个数字与之对应,在坐标系转动前后,新的三个数与旧的三个数依一定的数学法则相联系。这个数学法则应该与把 (x, y, z) 变成 (x', y', z') 的法则一样。

假定有 $\vec{a}$、$\vec{b}$ 和 $\vec{r}$ 三个矢量,在某一坐标系 xyz 中,分别具有分量 (a_x, a_y, a_z),(b_x, b_y, b_z) 和 (r_x, r_y, r_z)。再假定这三个矢量有关系:$r_x = a_x + b_x$,$r_y = a_y + b_y$,$r_z = a_z + b_z$。现在设想有另一个坐标系 $x'y'z'$,它的原点与第一个坐标系的原点不重合,它的三个轴与第一个坐标系的三个对应的轴不平行。换句话说,第二个坐标系相对于第一个坐标系既平移过又转动过。可以证明,在新坐标系中,矢量 $\vec{a}$、$\vec{b}$、$\vec{r}$ 的分量一般都改变了,分别用 $(a_{x'}, a_{y'}, a_{z'})$,

$(b_{x'}, b_{y'}, b_{z'})$ 和 $(r_{x'}, r_{y'}, r_{z'})$ 来表示它们。但我们会发现这些新的分量仍有关系：

$$r_{x'} = a_{x'} + b_{x'}, \quad r_{y'} = a_{y'} + b_{y'}, \quad r_{z'} = a_{z'} + b_{z'}$$

这就是说，在新坐标系中，我们又得到关系式：$\vec{r} = \vec{a} + \vec{b}$。

上述事实可用文字叙述如下：经过坐标系的平移和转动后，矢量间的关系保持不变。现在，这已是一个经验事实，即当我们平移和转动坐标系时，物理定律所赖以建立的各种实验，包括物理定律本身，在形式上都保持不变。因此，矢量语言是表述物理定律的一种理想语言。如果我们能用矢量形式表述一个定律，那么矢量的这一纯几何性质就可以让人确信，这个定律具有坐标平移和转动的对称性。这就是矢量在物理学中是如此有用的原因之一。

显然，速度、加速度、力等等都是矢量。牛顿定律能够写成矢量表示式，就说明牛顿定律对坐标平移和转动具有不变性。

3.7　牛顿动力学方程的意义与应用

3.7.1　牛顿动力学方程的含义

牛顿三定律的发现在人类科学史上树起了一块光灿夺目的里程碑。动力学方程的巨大成就无论怎么估计都不为过。有了动力学方程，摆的运动、弹簧振子的振动等就得到了圆满的解释。

以弹簧振子为例（图 3.10）。质点受到的弹性力为 $-kx$，其中 k 为弹簧的弹性系数，x 为位移；并且 v 为速度。振子振动时的动力学方程即为

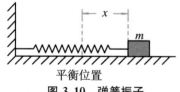

平衡位置

图 3.10　弹簧振子

$$-kx = m\frac{\mathrm{d}v}{\mathrm{d}t} \tag{3.7.1}$$

为了讨论方便，且不失一般性，可以把式(3.7.1)改写为

$$\frac{\mathrm{d}v}{\mathrm{d}t} = -x \tag{3.7.2}$$

这样依牛顿定律写出的方程能不能正确地描述振子运动？即这个方程能不能精确地预测出这个周期运动的情况？

先看看方程(3.7.2)究竟意味着什么。假定在时刻 t 物体有一定的速度 v，位置为 x，那么在稍晚一点的时刻 $t+\Delta t$，速度与位置各为多少呢？如果能够回答这一点，我们说问题就解决了。

　　如果 Δt 很小，作为一个近似，可以用 t 时刻的位置和速度将 $t+\Delta t$ 时刻的位置表示为

$$x(t+\Delta t) = x(t) + v(t)\Delta t \qquad (3.7.3)$$

Δt 越小，精度越高，即使 Δt 不是小到趋于零，此式仍能达到可用的精确度。为了写出 $t+\Delta t$ 时刻的速度，需知加速度。如何求得加速度？动力学方程给出了回答。由方程(3.7.2)知加速度为 $-x$，所以

$$v(t+\Delta t) = v(t) + a(t)\Delta t = v(t) - x(t)\Delta t \qquad (3.7.4)$$

因此，如果知道在一个给定时刻的 x 与 v，我们就能知道加速度，而据此又能知道新的速度和新的位置。如此进行下去，任意时刻质点的速度和位置就都知道了。这就是牛顿动力学方程内在的含义。

　　牛顿是一位伟大的物理学家，他为物理学创造了一个可用的且逻辑上令人满意的基础。牛顿的理论对于他以前一个半世纪的物理学是一次大综合，对于它以后三个多世纪的物理学则提供了一个不可或缺的解决问题的范式。在他以前和以后，都没有人能像他那样决定着自然科学的思想、研究和实践的方向。牛顿用数学方程巧妙地反映了机械运动的因果性，但又认为一切自然现象都可归结为机械运动，甚至用机械论的观点解释所有的问题，因此也有很大的局限性和片面性。

3.7.2　动力学方程的数值解

　　下面我们用数值分析方法解上述弹簧振子问题，由此得到的解称为方程的数值解。

　　假定取 $\Delta t=0.100$ s(更确切些，应把"s"改为"时间间隔单位")。如果发现求解过于粗糙，就应该重新取更小的 Δt（如 $\Delta t=0.010$ s）重做。初值 $x(0)=1.00, v(0)=0$，利用式(3.7.3)和式(3.7.4)写出 $x(0.1)$ 和 $v(0.1)$：

$$x(0.1) = x(0) + v(0)\Delta t = 1.00$$
$$v(0.1) = v(0) - x(0)\Delta t = -0.10$$

在 0.2 s 时，

$$x(0.2) = x(0.1) + v(0.1)\Delta t = 1.00 - 0.10 \times 0.10 = 0.99$$
$$v(0.2) = v(0.1) - x(0.1)\Delta t = -0.10 - 1.00 \times 0.10 = -0.20$$

依此类推，一直做下去就可以算出以后的运动。但做下去发现，由 $\Delta t = 0.100$ s 算得的运动过于粗糙，我们应取一个更小的时间间隔，这样做自然要进行更大量的计算。

将得到的每个时刻的 x, v, a 列为表格或绘成图，可以发现 $x - t$ 图与 $x = \cos t$ 曲线符合得很好。了解微积分的读者当然知道，$x = \cos t$ 正是运动方程 $\dfrac{\mathrm{d}v}{\mathrm{d}t} = \dfrac{\mathrm{d}^2 x}{\mathrm{d}t^2} = -x$ 的精确解。

我们可以用同样的方法处理行星绕太阳的运动，从而得到一定近似下的椭圆轨道。

首先，考虑到行星质量远小于太阳的质量，并且为了计算方便，假设太阳质量无限大；这意味着我们将不把太阳包括在运动之中。其次，为了确定起见，假设行星从某个初始位置开始以某个初始速度运动。然后用牛顿定律和引力定律来讨论行星的运动。

先写出行星运动的动力学方程

$$m \frac{\mathrm{d}\vec{v}}{\mathrm{d}t} = - GMm \frac{\vec{r}}{r^3}$$

这里把太阳作为参考系（它是一个很好的惯性系），并把坐标原点置于太阳中心。$\vec{r}$ 为行星所在处的位矢。在直角坐标系中分别写出方程的分量表达式：

$$\begin{cases} m \dfrac{\mathrm{d}v_x}{\mathrm{d}t} = - GMm \dfrac{x}{r^3} \\ m \dfrac{\mathrm{d}v_y}{\mathrm{d}t} = - GMm \dfrac{y}{r^3} \\ r = \sqrt{x^2 + y^2} \end{cases}$$

为了简化数值计算，我们令 $GM \equiv 1$（这不是必需的），这可以由改变时间单位，或调整质量单位办到。上述方程可改写为

$$\begin{cases} \dfrac{\mathrm{d}v_x}{\mathrm{d}t} = - \dfrac{x}{r^3} \\ \dfrac{\mathrm{d}v_y}{\mathrm{d}t} = - \dfrac{y}{r^3} \\ r = \sqrt{x^2 + y^2} \end{cases}$$

初值条件取为：$x(0) = 0.500, y(0) = 0.000, v_x(0) = 0, v_y(0) = 1.630$。取 Δt

=0.100,利用式(3.7.3)和式(3.7.4)分别对两个分量进行数值计算。特别要注意的是,现在的加速度$a(t)$是由动力学方程给出的。计算可以进行到y出现第一个负值时暂告结束,因为至此已能看清运动情况。把结果画于图 3.11。从图 3.11 看出,我们只计算了 20 步($t=20,\Delta t=2.0$)就追踪了行星绕太阳运动的一半轨道。还可看到开始时行星的运动较快,到末尾时运动则较慢。我们利用数值分析方法确实把行星绕日运行给算出来了。

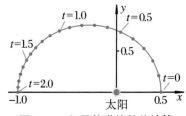

图 3.11　行星轨道的数值计算

那么,我们能不能把许许多多行星,包括水星、金星、地球……直至天王星、海王星,甚至还有太阳的运动也计算出来呢？能！在计算机如此普及的今天,即便是许多行星相互作用下的极其复杂的运动,我们也可以以任意高的精度计算出来。牛顿定律在经典问题中的巨大威力可略见一斑。

3.7.3　数值分析方法的地位

一些简单的运动不仅可以用数值方法求解,也可以直接进行数学分析。例如前面对谐振子问题采用数值方法计算振子的位置,我们也能用分析方法轻易地解出其一般解为$\cos t$。

当存在一种简单而又更为精确的方法可以得出结果时,再去用一系列麻烦的算术运算就毫无必要了。遗憾的是,只有很少量的问题能够用分析方法精确求解。对于"三体问题"或"多体问题",分析方法就无法得出一个简单的运动公式,只能作数值解。"三体问题"曾经长时间地向人们的分析能力提出挑战,最后终于使人们领悟到数学分析能力是有限的,使用数值解法是必不可少的。

一般而言,质点间的相互作用往往随着质点的运动情况而改变,其变动规律常常不是那么简单。例如,每两质点间万有引力的指向随着质点的相对方位而变,大小随两质点间的距离而变。从原则上讲,对这些问题也可以运用隔离体法,分别列出各质点的动力学方程,并进行求解,从而使问题得到解决。但实际上,这些动力学方程是微分方程组,其求解在数学上会遇到很大的困难。例如,由 10 个质点构成的"多体问题"有 10 个矢量动力学方程,包含 30 个分量的二阶微分方程组。按数学中常用的消去法,将得到 60 阶微分方程,其手工求解是不可想象的,除非运用电子计算机求数值解。

然而,也有一些两种方法都失效的情况。对简单问题可以用分析方法,对适当复杂的问题可以用数值解法,但是对非常复杂的问题这两种方法都不能用。气体分子的运动即为一例,因为我们不可能用那么多的变量作数值计算。这类问题只能借助于其他方法,也就是统计分析的方法进行处理了。这些将在热力学与统计物理学中讨论。现在物理学研究中遇到的更为麻烦的是"少体问题",它涉及的质点个数已经超出了可以利用计算机进行数值求解的范围,但又没有达到可以进行统计分析的足够数目。

3.7.4　牛顿动力学方程的应用

牛顿质点动力学所讨论的问题主要是质点受力与运动的相互关系,可以通过牛顿第二定律 $\vec{F} = m\vec{a}$ 进行分析与研究,由力求运动,由运动求力,或者由运动和力的一部分求它的另一部分。

为了正确应用牛顿第二定律于具体系统,必须准确理解方程中的三个物理量:m,$\vec{a}$ 和 $\vec{F}$。

① m 为所讨论的并被当作质点的物体的质量,即通常所说的研究对象的质量。如果所讨论的系统不是一个质点,则可以把此系统按每一个质点分别加以讨论。这就是通常说的"隔离体"法。

② $\vec{F}$ 为所讨论质点受到的全部外力的合力。为便于讨论,常采用图示法,把质点受到的力示于图中,不得遗漏。这项工作称为受力分析。

③ $\vec{a}$ 为所讨论质点的加速度。为正确写出牛顿第二定律中的加速度,对质点进行运动分析是十分必要的。必要的运动分析加上正确的受力分析,是给出动力学方程的前提条件。

④ 动力学方程是一个矢量方程,为了算出结果,一般应写出分量方程。在什么坐标下写分量方程,往往应根据运动或受力进行选取,选取得当可以使求解简洁,不易出错。

⑤ 对分量方程的数学求解,必须注意结果的合理性,并给出必要的讨论。

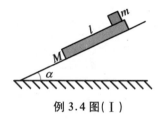

例 3.4 图(Ⅰ)

【例 3.4】 在倾角 $\alpha = 45°$ 的斜面上放一质量 $M = 1\,\text{kg}$、长 $l = 1.4\,\text{m}$ 的板,板的上端放一质量 $m = 0.5\,\text{kg}$ 的小方块。设板与斜面间的摩擦系数 μ 等于 (1) 0.7,(2) 0.5,方块和板间的摩擦忽略不计,起始时刻方块与板都静止不动,求方块从板上滑下的时间[图(Ⅰ)]。

【解】 (1) $\mu = 0.7$。

分别对 M 和 m 作受力分析[图(Ⅱ)]。

由方块受力,得

$$N_1 = mg\cos\alpha$$

由板受力,得

$$N_2 = N_1 + Mg\cos\alpha = (M + m)g\cos\alpha$$

$$f_{\max} = \mu N_2 = (M + m)\mu g\cos\alpha$$

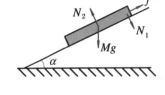

代入数据,有关系 $Mg\sin\alpha < f_{\max}$,所以板不下滑。可得方块从板上滑下的时间为

$$t = \sqrt{\frac{2l}{g\sin\alpha}} \approx 0.6\,(\text{s})$$

(2) $\mu = 0.5$。

因为 $Mg\sin\alpha > (M + m)\mu g\cos\alpha$,所以板将下滑,分别写出 m 和 M 的绝对加速度:

$$a_m = g\sin\alpha$$

$$Ma_M = Mg\sin\alpha - \mu N_2$$

$$= Mg\sin\alpha - (M + m)\mu g\cos\alpha$$

例 3.4 图(Ⅱ)

即

$$a_M = g\sin\alpha - \left(1 + \frac{m}{M}\right)\mu g\cos\alpha$$

m 的相对加速度

$$a'_m = a_m - a_M = (1 + m/M)\mu g\cos\alpha$$

所以方块从板上滑下的时间为

$$t' = \sqrt{\frac{2l}{a'_m}} = \frac{2}{3}\sqrt{3}\,t = 1.154\,7t$$

即下滑时间与(1)相比稍长一些。

【例 3.5】两质量同为 1 kg 的物体用轻质弹簧连接在一起,竖直地放在水平桌面上(如图所示)。

(1) 开始时两物体都静止,将桌面突然移掉,在这一瞬间两物体的加速度为多少?

(2) 在 A(质量为 m_A)上加多大压力,并保持其静止,才能使当压力突然撤去时,由于弹簧的反跳导致 B(质量为 m_B)刚刚离开桌面?

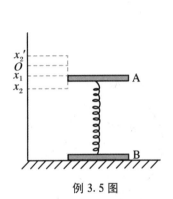

例 3.5 图

【解】(1) 平衡时对于 A,重力 $\vec{W}_A = m_A \vec{g}$,向下;弹簧的弹力 $\vec{N}_A$ 是向上的,故静力平衡方程为

$$\vec{W}_A + \vec{N}_A = \vec{0} \quad \text{或} \quad |\vec{W}_A| = |\vec{N}_A| = m_A g$$

对于 B,重力 $\vec{W}_B = m_B \vec{g}$,向下;弹簧的伸张力为 $\vec{N}_B$ 也向下;桌面的支持力 $\vec{R}$ 是向上的。故静力平衡方程为 $W_B + N_B = R$。

由于弹簧向上和向下的弹力相同,故有 $N_A = N_B$。

突然撤去桌面,$R = 0$,这时物体 A 受到的总力为

$$F_A = \sum_i F_{Ai} = W_A - N_A = 0$$

即加速度 $\vec{a} = \vec{0}$。

物体 B 受的总力为
$$F_B = \sum_i F_{Bi} = W_B + N_B = m_B g + m_A g$$

故加速度为

$$\vec{a} = \frac{m_A + m_B}{m_B} \vec{g} = 2\vec{g}$$

(2) 如图所示,弹簧原长在 O 点,加物体 A 后压缩至 x_1 点,再加压力 P 后压缩至 x_2 点。因为弹簧反跳的距离等于被压缩的距离,所以撤去压力 P 后弹簧到达的最高点为 x_2',并且 $\overline{x_1 x_2} = \overline{x_1 x_2'}$。

若要求物体 B 能离开桌面,则应有 $k \overline{Ox_2'} \geqslant m_B g$,其中 k 为弹簧的弹性系数。因而,压力至少应为

$$P = k\overline{x_1 x_2} = k\overline{x_1 x_2'} = k(\overline{x_1 O} + \overline{Ox_2'}) = k\overline{x_1 O} + k\overline{Ox_2'}$$
$$\geqslant m_A g + m_B g$$

所以,当 $P \geqslant (m_A + m_B)g = 19.6\,\text{N}$ 时,可使 B 离开桌面。

【例 3.6】一条绳以 $\Delta\theta \ll 1$ 弧度的偏转角擦过一固定圆柱表面,绳垂直于柱的母线,横断面如图所示。设绳与圆柱间的静摩擦系数为 μ;绳的一端 A 的张力为 T,另一端 B 的张力为 $T + \Delta T$。当绳子刚刚要向 B 端滑动时,ΔT 等于多少?

【解】考察绳线微元 Δs 的受力情况,分解为切向和法向。

在切向上所受的力为指向 B 的 $T + \Delta T$ 及指向 A 的 T,柱对绳的摩擦力 μP 指向 A,其中 P 是 Δs 给柱的正压力。所以,由受力平衡,有

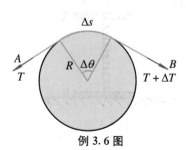

例 3.6 图

$$T + \Delta T - T - \mu P = 0, \quad \text{或} \quad \Delta T = \mu P$$

在法向上,所受的力有向心的是

$$(T + \Delta T)_r = (T + \Delta T)\sin\frac{\Delta\theta}{2} \approx T\frac{\Delta\theta}{2}$$

$$T_r = T\sin\frac{\Delta\theta}{2} \approx T\frac{\Delta\theta}{2}$$

离心的是柱给绳 Δs 的力 P。有

$$F_r = \sum_i F_{ri} = (T + \Delta T)_r + T_r - P = 0$$

即

$$T\Delta\theta - \Delta T/\mu = 0, \quad \text{或} \quad \Delta T = \mu T\Delta\theta$$

在 $\Delta\theta \rightarrow 0$ 的极限下,可得到 $\mathrm{d}T = \mu T\mathrm{d}\theta$。

【例 3.7】如图所示,ABC 是质量为 M 的劈形物体 1,高为 h,静止放在光滑的水平面上,斜面 AC 的倾角为 θ,顶端 A 放一质量为 m 的小物体 2,自静止向下滑动,略去各面之间的摩擦。试求:

(1) 物体 2 从斜面顶端滑到底时,物体 1 的位移;

(2) 物体 2 下滑时,物体 1 对地面的加速度 a_1;

(3) 物体 2 对物体 1 的加速度 a_2';

(4) 物体 2 对地面的加速度 a_2;

(5) 物体 2 与物体 1 之间的作用力 N;

(6) 物体 1 与桌面之间的正压力 R。

【解】此题可有许多解法,下面我们只用惯性系中的牛顿第二定律基本方程求解。还可以用非惯性系方法求解。

(1) 物体 2 的实际轨道是虚线 AD,ED 为物体 2 的水平位移,CD 是物体 1 的水平位移。物体 2 所受的力是 mg 及 N,物体 1 所受的力是 Mg,$-N$ 及 R。因此,在水平方向,物体 2 与物体 1 的牛顿方程为

$$\begin{cases} N\sin\theta = ma_{2水平} \\ -N\sin\theta = -Ma_1 \end{cases}$$

由 $s = at^2/2$,再从以上两式,可得

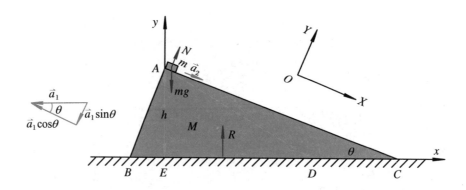

例 3.7 图

$$\frac{\overline{CD}}{\overline{ED}} = \frac{a_1}{a_{2水平}} = \frac{m}{M}$$

考虑到几何关系

$$h = \overline{AC} \cdot \sin\theta = \overline{EC} \cdot \tan\theta$$

有

$$h = (\overline{ED} + \overline{DC})\tan\theta = \left(\frac{M}{m} + 1\right)\overline{DC} \cdot \tan\theta$$

因此当物体 2 落到底时,物体 1 走过的距离为

$$\overline{DC} = \frac{hm}{M + m}\cot\theta$$

(2) 由本例图,我们采用惯性系 Exy,利用加速度合成公式 $\vec{a}_2 = \vec{a}_1 + \vec{a}_2'$,可以得到关于物体 2 的动力学方程

$$\begin{cases} N\sin\theta = ma_{2水平} = m(a_2'\cos\theta - a_1) \\ mg - N\cos\theta = ma_2'\sin\theta \end{cases}$$

以及关于物体 1 的动力学方程

$$N\sin\theta = Ma_1$$

求解上述三个方程就得到 a_1, a_2', N 及 $\vec{a}_2$。首先,

$$a_1 = -\frac{mg\sin\theta\cos\theta}{M + m\sin^2\theta}\vec{e}_x$$

式中 $\vec{e}_x$ 为 x 轴的单位矢量，"–"是考虑到方向之间的关系后加的。

也可以用图中的 XOY 惯性系，此时物体 1 及物体 2 的方程分别为

$$\begin{cases} N\sin\theta = Ma_1 \\ mg\cos\theta - N = ma_1\sin\theta \end{cases}$$

求解后同样得到上述 a_1 的表达式。

(3) 利用上述 a_1 的表达式，即可求出

$$a_2' = \frac{(M+m)\sin\theta}{M + m\sin^2\theta}g$$

它就是物体 2 相对于物体 1 的加速度。

(4) 物体 2 对地面的加速度是

$$\vec{a}_2 = (a_2'\cos\theta - a_1)\vec{e}_x - a_2'\sin\theta\,\vec{e}_y$$
$$= \frac{M\sin\theta\cos\theta}{M + m\sin^2\theta}g\vec{e}_x - \frac{(M+m)\sin^2\theta}{M + m\sin^2\theta}g\vec{e}_y$$

(5) 物体 2 与物体 1 之间的作用力为

$$N = \frac{Mm\cos\theta}{M + m\sin^2\theta}g$$

(6) 考虑物体 1 在 y 方向上力的平衡，即得物体 1 与桌面之间的正压力为

$$R = Mg + N\cos\theta = \frac{M(M+m)}{M + m\sin^2\theta}g$$

应当注意，当整个系统在 y 方向有加速度时，桌面给体系的压力不再是 $(M+m)g$，而是 R 与 $(M+m)g$ 之差提供了体系在 y 方向的加速度。

3.8　经典力学、相对论力学与量子力学

物理学不是不变的教条体系，而是不断发展着的科学。历史上，曾经由于长时期地深入关心某种问题，而往往以新的和更加全面的理论形式突然和意外

地达到"突破"。这种情况分别发生在 1690 年(牛顿力学)、1870 年(麦克斯韦的电磁理论)、1905 年(爱因斯坦的相对论)和 1925 年(量子力学)。

经典力学解决宏观低速问题是非常成功的,但对于速度可与光速相比的问题和原子尺度的问题,经典力学给出的回答就与实验不相符了。解决高速问题须用相对论力学,而对于微观问题则必须用量子力学,处理质量小且速率高的粒子时,必须用相对论量子力学。

第 4 章　万有引力

牛顿在思考

万有引力定律的发现是人类探求自然界奥秘历史进程中最为光辉灿烂的成就之一,对物理学乃至整个自然科学的发展产生了极其深远的影响。与此同时,人们不免对大自然能够如此完整而普遍地遵循出乎意料地简单的引力定律感到惊讶!

4.1 开普勒行星运动三定律与万有引力定律的建立

4.1.1 行星运动的描述

从古希腊时代(或更早)开始,下面两个问题就已成为人们探索周围世界的主题:① 任一物体(如石块)被放开后都有落向地面的趋势;② 行星的运动,包括太阳与月球的运动都是圆形。早期人们认为这两个问题是完全不相关的。牛顿在惠更斯、胡克和哈雷等前人工作的基础上所获得的成就之一就是,他明确地看出了这两个问题是同一个问题的两个不同方面,并且都遵从相同的定律。

人类探求星体运行规律的强烈欲望,促使人们长期以来对天体进行了详尽的观测。在牛顿之前,人类研究得最多的也最清楚的运动现象就是行星的运行。肉眼可以看到五颗行星:水星、金星、火星、木星、土星。人们对这五颗行星的运动有过长期的观察,记录了大量数据,提出了各种各样的学说。直至 15 世纪后期,最终确立了哥白尼的日心学说。在此之前,在行星到底是不是围绕太阳运行这一问题上有过激烈的争论。例如,怎么解释观测到的行星退行(图4.1)? 地心说必须采用复杂的"均轮-本轮"体系才能说明,对某些行星运动甚

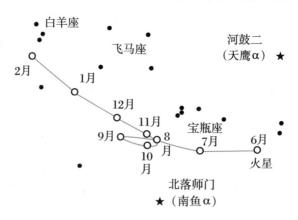

图 4.1 行星退行

至需要几十个层层叠加的圆形轨道,而日心说则要简单很多(图4.2)。

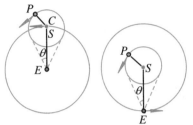

(a) 从地心系和日心系看内行星

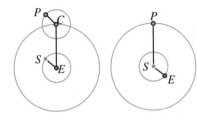

(b) 从地心系和日心系看外行星

图 4.2　地心系与日心系

　　当时丹麦的天文学家第谷提出一个大胆的想法,他认为:如果能足够精确地测得行星在天空中的实际位置,那么有关行星运动的争论或许就会得到解决。他主张,如果要想发现什么东西,那么仔细地去做一些实验比进行无休止的哲学争辩要好得多。据此,第谷在哥本哈根附近希恩岛上的天文台里,连续进行了 20 多年的仔细观测,观测精度为 $2'$,比前人提高了 5 倍,达到人类肉眼观测的生理极限,编制了篇幅庞大、高度精确的星表(图4.3)。第谷死后,他的学生兼助手开普勒花费了大约 20 年的时间对星表进行了整理研究,分析这些数据。从这些数据中,开普勒发现了涉及行星运动的极其优美又十分简单的开普勒三定律。

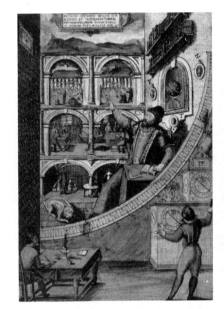

图 4.3　第谷在观测

4.1.2　开普勒行星运动三定律

　　开普勒前后总结出行星运动的三条规律:

　　① 所有行星都沿着椭圆轨道运行,太阳则位于这些椭圆的一个焦点上。这称为轨道定律。开普勒花了四年时间。

　　② 任何行星到太阳的连线在相同的时间内扫过的面积相等。这称为面积定律。开普勒花了六年时间。

　　③ 任何行星绕太阳运动的周期的平方与该行星的椭圆轨道的半长轴的立方成正比,即 $T \propto r^{3/2}$,式中 T 是行星运动的周期,r 是椭圆轨道的半长轴。这称为周期定律。开普勒花了十年时间。

　　开普勒一开始也希望把行星放在圆形轨道上绕太阳运行,可怎么计算都与实际观测至少有 $8'$ 的偏差;但他坚信第谷的观测精度,就不断修改自己的模型,终于发现,每个行星都沿椭圆轨道绕太阳运行,而太阳处在椭圆的一个焦点上。其次,开普勒发现行星并不以均匀速率绕太阳运动,接近太阳时运动得快,远离太阳时运动得慢。确切地说,若以太阳作为坐标原点,行星所在位置的矢径在相同的时间内扫过的面积相等。开普勒第三定律与前两条不同,它不是只涉及单独一颗行星,而是涉及太阳周围不同行星、不同轨道之间的关系。它指出,如果把任何两个行星轨道周期和轨道大小进行比较,则周期的平方与轨道半长轴(表征轨道大小)的三次方成正比。如果行星做圆周运动(实际上,近于圆轨道),那么绕圆轨道周期的平方将与半径的立方成正比。

开普勒为把第谷 20 多年的观测数据归纳成如此简洁的三条定律,感到十分兴奋。但是他当时还不知道,这三条定律隐含着更加普遍、更加简洁的万有引力规律。最终是牛顿根据行星运动的这三条定律,把它揭示了出来。

开普勒在得到上面行星运动的规律之后,也曾试图寻找其原因来解释行星运动现象。但他并不着眼于力,而是着眼于对称性。开普勒认为周期定律给出的关系是宇宙对称与和谐的表现。他设计了一个由正多面体构成的宇宙,如图4.4 所示。土星的轨道在最外的一个大圆球面上;在该球内作一个内接的正六面体,木星轨道在该六面体的内切球面上;在这个球内再作一正四面体,火星轨道则在该四面体的内切球面上;相继地,再在这个球面内作一内接正十二面体,地球轨道在这个十二面体的内切球面上;再继续作一内接的正二十面体,金星轨道就在该二十面体的内切球面上;最后,作内接的正八面体,其内切球面就是水星的轨道所在之处。

我们知道,正多面体的种类是不多的,用上述的一系列正多面体组成的"俄罗斯套娃",开普勒能给出与观测相等的行星轨道半径之间的比值,不能说是一个很有意义的尝试。虽然现在已经证明,开普勒的解释并不正确,但这个事例告诉我们,从对称性出发研究运动现象,也是一种有价值的方法。的确,在一些现代物理的研究中往往是首先着眼于对称性的。

图 4.4　开普勒的行星轨道模型

4.1.3　万有引力定律及其建立

开普勒发现这些定律的时候,正是动力学发展的年代。是什么东西使行星绕日运动,且遵循开普勒三定律?伽利略对物体运动进行了大量的实验研究,发现了著名的惯性定律。它告诉我们不受任何作用的物体将会保持其原有的速度沿一直线永远运动下去。至于为什么保持其直线运动,我们不知道,但是此结论却是理解开普勒三定律必不可少的。牛顿进一步发展了这个概念。他告诉我们,改变一个物体运动(包括运动速率和运动方向)的唯一方法是对它用力。

根据以上考虑,行星在不受干扰的情况下,将沿直线运动,实际的运动偏离了直线运动,而这种偏离差不多与运动相垂直。因此,可以预测,控制行星绕太阳运动所需的力不会是一个绕太阳而应该是指向太阳的力。牛顿证明了行星运动的面积定律是行星绕日运动中所受到的力都精确地指向太阳这一观点的一个直接结果(参见 2.4.4 小节)。

具有质量 m_1 和 m_2 且相距 r 的任意两个质点之间的力是沿着连接该两质点的直线而作用的吸引力,其大小为

$$F = G \frac{m_1 m_2}{r^2} \tag{4.1.1}$$

其中 G 是对所有的质点对都具有相同数值的普适常量。

这就是牛顿的万有引力定律。为了更好地理解并运用这条定律,必须在这里着重指出它的许多特征:

① 首先,两个质点之间的引力是一对作用力和反作用力。

② 牛顿万有引力定律不是其中所包含任何物理量(力、质量或长度)的定义式。

③ 仅表示质点之间的引力。如果我们要确定有一定大小的物体之间的引力,就得将每个物体分为许多质点,算出所有质点之间的引力,再利用积分方法最后求得。

④ 在万有引力定律中,还包含有这样一种思想,即两个质点之间的引力与其他物体的存在与否或所在空间的性质无关。

在牛顿之前,已有物体之间存在引力的观念,也有太阳的引力决定行星运动的认识。但是怎样定量地描写引力,太阳引力如何决定行星的运动等等,都是不清楚的。

牛顿首先把他的动力学基本方程作为力的定义,研究导致开普勒三定律的力应是怎样的。为了简便,可把行星轨道看作圆形。这样,根据面积定律,行星应做匀速圆周运动,只有向心加速度

$$a = \frac{v^2}{r} \tag{4.1.2}$$

其中 v 是行星的速率,r 是圆轨道的半径。

根据开普勒第三定律 $T \propto r^{3/2}$,又注意到 $v = 2\pi r / T$,则有

$$v \propto \frac{r}{r^{3/2}} = \frac{1}{r^{1/2}} \tag{4.1.3}$$

代入式(4.1.2),得

$$a \propto \frac{1}{r^2} \quad \text{或} \quad F = ma \propto \frac{m}{r^2} \tag{4.1.4}$$

其中 m 是行星的质量。取比例系数为 α,则得

$$F = m \frac{\alpha}{r^2} \qquad (4.1.5)$$

显然,α 应取决于太阳的性质。由此,牛顿得到第一个重要结果:如果太阳引力是行星运动的原因,则这种力应和 r 的平方成反比。

进一步,牛顿认为这种引力是万有的、普适的、统一的,即所有物体之间都存在这种引力作用,故称之为万有引力。这一步是关键性的。

牛顿凭其对物体运动的深刻理解以及对事物普遍性的非凡直觉,作出非同凡响的重要假设:这个关系可以更加普遍地加以应用。这类力是普遍存在的,它不只限于太阳"拉"住行星这个事实,而是每个物体对于任何其他一切物体都有吸引力。

首先证实这个结论的是:地球"拉"住人的力与地球"拉"住月球的力属同一种力,它们都与距离的平方成反比。苹果从树上自由下落,在第 1 s 内落下 4.9 m,那么在同样的时间内月球落下多远? 由于月球没有靠近地球,月球落向地球了吗? 也许这会使人迷惑不解。如果没有力作用在月球上,按惯性定律,月球将沿直线离去;可是,月球沿一圆周运动,它偏离了直线落向地球了。现在回答 1 s 内月球落向地球多远的问题。

从月球的轨道半径 $r \approx 3.84 \times 10^5$ km 以及它绕地球一圈所需的时间 $T \approx 27.3$ d(天),可以算出月球在其轨道上每秒约走了

$$x = 2\pi r / T = 1.02 \times 10^3 \text{ m}$$

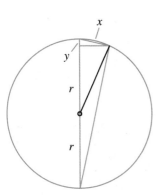

图 4.5 月球轨道

利用图 4.5,可以算出它在 1 s 内落下了 $y = 1.36 \times 10^{-3}$ m (1/20 英寸)。因地球半径为 6 400 km,约为月球轨道半径的 1/60,1 s 内月球落向地球的距离正好是地球表面牛顿苹果落下距离的 1/3 600。它们满足与地心距离的平方成反比的同一种力的规律。牛顿在比较地面物体受力与月球受地球引力时,虽然知道月球轨道半径为地球半径的 60 倍,但是地球半径采用了一个不正确的数值,以至于计算结果与事实不符,因而他没有发表自己的重要成果。6 年之后,当牛顿得知地球半径新的正确的数据后,重新进行了计算,证实了引力定律与事实完全一致。

玻恩(Max Born,1882 - 1970)曾这么评价:"这使牛顿想到:两种力可能有着相同的起源。这一事实,距今已有几百年了,这在今天已经成为老生常谈了,以至于我们很难想象出当时牛顿的魄力与胆识。为了把行星绕太阳或月亮绕地球的运动想象为一个'降落'过程,就像石头从手中扔出去后的降落一样,遵从着相同的规律并受着相同的力的作用,这需要多么惊心的想象力啊!"

既然引力是普适的,那么地球和月球之间也存在这种力。地球对月球的引

力可以写为

$$F_{\text{地月}} = m_{\text{月}}\frac{\alpha'}{r^2} \tag{4.1.6}$$

反过来,月球对地球的引力为

$$F_{\text{月地}} = m_{\text{地}}\frac{\alpha''}{r^2} \tag{4.1.7}$$

其中 α' 和 α'' 是分别和地球及月球有关的常数。

根据牛顿第三定律,$F_{\text{地月}}$ 与 $F_{\text{月地}}$ 大小相等,即

$$\frac{\alpha'}{\alpha''} = \frac{m_{\text{地}}}{m_{\text{月}}} \tag{4.1.8}$$

因此,其解为

$$\alpha' = Gm_{\text{地}}, \quad \alpha'' = Gm_{\text{月}} \tag{4.1.9}$$

这样,式(4.1.6)和式(4.1.7)可以统一为

$$F = G\frac{m_{\text{地}}m_{\text{月}}}{r^2} \tag{4.1.10}$$

即牛顿的万有引力定律。

一条定律的重大价值主要不在于总结了前人根据大量观察得到的种种事实,而是由此定律预言并证实了前所未知或未被人们认识的事实。牛顿用开普勒第二、第三定律推得的引力定律,既解释了许多以前未被理解的事实,也提出了后来被证实的预言。

牛顿利用引力定律对月球运动的分析是一个预测,但与事实相符,统一了天上、地下两类不同运动的同一性概念。在高山顶上用大炮发射炮弹,原则上,只要炮弹速度足够大,就可以绕地球运动,不再落回地面,成为地球的卫星。

利用牛顿引力定律可以精确计算得出行星按椭圆轨道运行。由此,开普勒第一定律便得到证实。

引力定律还解释了许多以前不能理解的现象。例如月球对地球的吸引造成的潮汐,因为到那时它还是一个谜。现在我们知道,月球对地球和水整体的吸引中心在月球引力场中自由落向月球,但由于地球太大,不能被看成局部惯性系,以至靠近月球的水被拉向月球的程度要比地球中心大,而背离月球的水被拉的程度要小,且水可以自由流动,在地球上产生两个凸起部分,地球每自转一圈,在某地将产生两次潮汐。再例如,众所周知,地球是圆的,也是由引力作用所致,因为地球将尽其所能地把自身各部分相互吸引在一起。但进一步观测

发现,地球实际上呈椭球形,因为它在旋转,应考虑到离心效应,在赤道部分抵消引力的作用略微大一些。此外,还有小行星在接近大天体时的撕裂,也是万有引力作用的结果。

4.1.4 万有引力定律的天文学验证

特别应该提起的是,万有引力定律在以下两个问题上经受了严峻的考验。

第一个问题是对木星卫星周期的观测。木星的最邻近的卫星环绕木星的运行轨道和木星本身环绕太阳的轨道几乎处于同一平面之内。每当卫星进入木星阴影时将发生一次星蚀。丹麦科学家罗默(Ole Christensen Römer,1644－1710)仔细地作了研究,他发现当木星趋近地球时,卫星相继两次星蚀之间的时间较短,当木星远离地球时,时间较长。这个现象向引力定律提出了挑战。确实,如果找不到解释的理由,这将成为引力定律的终结。罗默给出了十分简单而又美妙的理由:光的传播需要时间,为了看到木星的卫星,要花一点时间,即光从木星传到地球的时间。罗默认为如果在木星的卫星公转一周的时间里,地球和木星之间的距离增加 d,那么测得的周期 T 将比实际周期 T_0(可从长时间的观测值取平均得到)大 d/c(c 为光速),即

$$T - T_0 = \frac{d}{c}$$

1676 年罗默就是根据这个方法第一次给光的速度提供了一个估计值 $c \approx 214\,000\ \mathrm{km \cdot s^{-1}}$。也有人说,光速的估计值是 1678 年惠更斯(Christiaan Huygens,1629－1695)给出的。

第二个问题是天王星对椭圆轨道的"偏离"。这导致了海王星的发现。除了太阳对行星的引力之外,行星间也有相互引力作用,虽然相比太阳的引力为小,但是行星轨道也会偏离精确的椭圆轨道。在用引力定律对木星、土星、天王星的运动分析中发现,考虑了行星间的引力作用,能够很好地解释在太阳引力作用下木星和土星轨道的偏离。但是天王星的轨道仍然不可理解,它具有不能归因于已知来源的摄动效应的不规则性,这又一次对引力定律提出了挑战。当时英国的亚当斯(John Couch Adams,1819－1892)和法国的勒维叶(Urbain Le Verrier,1811－1877)各自独立提出了大胆的设想:或许存在着另一个从未见过的行星,它使天王星产生了这种不规则性;并对这颗未知行星作了计算,确定了它的位置,把计算结果通知有关的天文台。天文台根据勒维叶提供的信息,看到了那颗新行星,与预计的位置只差 1°,就这样,海王星被发现了。海王星的发现提供了牛顿定律和引力定律最成功的例证。

根据天文观测,我们相信对于更大的距离引力定律也是正确的。在双星的

情况下,已经得到证实,它们各自绕质心做椭圆运动。晴朗夜晚天空中所见到的银河系的整体,其漩涡形的特征表现了明显的团聚趋势。甚至从天文望远镜中看到的包含银河系在内的本星系群,即使这些星系间相距极远,彼此间的引力作用也是显然的。一个银河系的直径约为 100 000 光年,而地球到太阳的距离是 25/3 光分。不同星系间的距离或许为几百万光年,甚至超过几千万光年。根据这些事实,我们能够相信牛顿引力定律适用于整个宇宙!

既然万有引力普遍存在,天上的星系或星团为什么不会聚成一个球? 有些人提出了"万有斥力"的概念。其实,物理学不需要"万有斥力"。星系或星团不会聚集成球与它们在宇宙中的分布和它们时刻在旋转有关,是动量矩守恒阻止它们聚集成一个球。我们将在后面讨论。

4.2　引力的几何性

4.2.1　惯性质量与引力质量

前面我们在分析行星的运动时,只考虑太阳对行星的引力;在分析月球的运动时,只考虑地球对它的引力。实际上,这样的分析是不严谨的,因为月球不仅受地球的引力作用,而且受太阳的引力作用。计算一下就会发现,太阳对月球的引力与地球对月球的引力相比,大小是差不多的,并不能作为小量而被忽略。

为什么只考虑地球对月球的作用,就能得到非常正确的结果呢? 原因在于太阳对月球的作用效果与太阳对地球的作用效果是完全一样的。这就是说,倘若地球和月球之间没有作用,那么,在太阳引力作用下,地球和月球的轨道完全一样;在地球上看,月球和地球的相对位置始终保持不变,好像根本不存在太阳的作用一样。月球绕地球的运动是叠加在其二者绕太阳的运动之上的。这本质上就是前面讨论过的作用的独立性。因此,当我们研究地球和月球的相互关系时,可以不考虑太阳的作用,而只考虑地球和月球之间的相互作用。

"作用效果完全一样",用数学语言来说,就是在下列方程

$$\begin{cases} m_{月} \dfrac{v_{月}^2}{r} = G \dfrac{m_{月} M_{日}}{r^2} \\[2mm] m_{地} \dfrac{v_{地}^2}{r} = G \dfrac{m_{地} M_{日}}{r^2} \end{cases} \qquad (4.2.1)$$

中,$v_{月}$ 和 $v_{地}$ 相等,其中 $m_{月}$,$m_{地}$,$v_{月}$,$v_{地}$ 分别是月球和地球的质量与绕日速

度，$M_日$ 是太阳的质量，r 是地月系统到太阳的距离。

应当注意，式(4.2.1)两方程的两边质量的物理含义并不相同。方程左边的质量是牛顿第二定律 $\vec{F} = m\vec{a}$ 中的质量，它是物体惯性大小的度量，质量越大的物体，速度越难改变，所以称为惯性质量。而方程右边的质量是牛顿引力定律

$$F = \alpha \frac{m}{r^2}$$

中的质量，它是质点受到外物引力大小的度量，质量越大，受到外物的引力越大，称为引力质量。为了清楚起见，把式(4.2.1)改写为

$$\begin{cases} (m_月)_惯 \dfrac{v_月^2}{r} = G\,\dfrac{(m_月)_引 M_日}{r^2} \\[2mm] (m_地)_惯 \dfrac{v_地^2}{r} = G\,\dfrac{(m_地)_引 M_日}{r^2} \end{cases} \tag{4.2.2}$$

其中下标"惯"表示惯性质量，"引"表示引力质量。

由式(4.2.2)可知，要求 $v_月 = v_地$，这等价于

$$\frac{(m_月)_惯}{(m_月)_引} = \frac{(m_地)_惯}{(m_地)_引} \tag{4.2.3}$$

式(4.2.3)就是我们处理地月相互关系时可以忽略太阳作用的根据。我们可以把上述的论证推广：对任何物体 A，都有

$$\frac{(m_A)_惯}{(m_A)_引} = \frac{(m_地)_惯}{(m_地)_引} \tag{4.2.4}$$

因此，任一物体的惯性质量与引力质量之比都应等于某一普适常数，即

$$\frac{m_惯}{m_引} = 普适常数 \tag{4.2.5}$$

显然，只要单位选择适当，总可以使这个普适常数为1。

经典物理学将引力质量与惯性质量的等效只看作是一种令人惊奇的巧合，并不具有什么深刻的含义。但现代物理学则将这种等效看成是导致对引力更深刻理解的一条思路的起点。事实上，正是这条重要的思路导致了广义相对论的建立。

4.2.2　万有引力常量 G 值及其测量

为了确定万有引力常量 G 的数值，有必要测量两个质量已知物体之间的

引力。1798 年卡文迪许(Henry Cavendish,1731 – 1810)作了第一个精确的测量,用的是扭秤法。后人又用多种方法(包括天平法、扭秤周期法、扭秤共振法等)进行过测量。200 多年来,测量的结果在 6.658×10^{-11} N·m²·kg⁻² 到 6.754×10^{-11} N·m²·kg⁻² 之间,最新的结果是 6.674×10^{-11} N·m²·kg⁻²。

从卡文迪许第一个实验以来,已有 200 多年了,但关于 G 值的实验精度提高不大。这是目前测得最不精确的一个物理常量。原因是实验很难做,一方面引力是四种基本相互作用中最弱的一种;另一方面,引力是万有的,不能被屏蔽,这就意味着干扰很多,不容易排除。

4.2.3 引力的几何性

式(4.2.5)存在普适常数是引力所具有的一个基本性质,即引力的几何性。下面我们来讨论引力几何性的含义。

开普勒第三定律说,任何行星的运动周期的平方与其椭圆轨道半长轴的立方成正比。这是描写行星运动规律的定律,它只涉及度量行星运动周期的时间量和度量轨道的空间量,即仅仅涉及几何量,而没有涉及行星本身的任何物性。运动学只涉及几何量,动力学则应当涉及物性;因为动力学是研究物体之间的相互作用力如何使物体产生运动,而相互作用力一般是和物性有关的。但开普勒第三定律中却不含物性,也就是作用效果与物性无关,这就是引力几何性的一个反映。

从动力学方程很容易看到这个特点。在万有引力情况下,有

$$F = ma = G\frac{mM}{r^2}$$

由此可得

$$a = G\frac{M}{r^2}$$

因为引力质量和惯性质量相同,故两者从方程中消去了。这样,在上述方程中就不含有运动物体本身的物性,因而方程只是一种几何关系式。其他的力(如电磁力)就没有这种性质。这意味着万有引力的作用效果可以和加速参考系等效,也就是前面曾经提到过的"等效原理"。正是通过对引力几何性的分析,爱因斯坦建立了广义相对论。

4.3 引力的计算

4.3.1 多质点体系的万有引力

牛顿的万有引力定律式

$$F = G\frac{m_1 m_2}{r^2} \tag{4.3.1}$$

是对两个质点而言的。牛顿在发展引力理论的过程中,重要的一步是把月球运动和落体运动统一起来。在这个分析中,一个关键的问题是牛顿认为地球表面落体运动的加速度可以写为

$$g = G\frac{M_{\text{地}}}{R^2} \tag{4.3.2}$$

其中 R 是地球半径。其实,式(4.3.2)是直接从式(4.3.1)得来的。这里有一个很大的疑问,为什么能把地球和落体间的距离看成 R?如果说在讨论月球运动时,把地球和月球看作质点是一个足够好的近似,那么讨论落体运动时,把地球看作质点显然是不合理的。牛顿一开始就意识到这一点,他感到不加证明地取地球和落体之间的距离为 R,从理论上来说是有欠缺的。后来,他给出了严格的证明。为了研究这个问题,我们必须讨论一下多质点体系的引力问题。

现在我们先讨论一种简单情况。在原点有一质量为 m 的质点,空间分布着质量分别为 $m_1, m_2, \cdots, m_i$ 的若干个质点,它们的位置矢量分别为 $\vec{r}_1, \vec{r}_2, \vec{r}_3, \cdots, \vec{r}_i$(图 4.6)。为了求质点 m 所受到的引力,必须把式(4.3.1)作些推广。根据式(4.3.1),可知:

第一个质点对 m 的引力为

$$\vec{F}_1 = G\frac{mm_1}{r_1^2} \cdot \frac{\vec{r}_1}{r_1}$$

第二个质点对 m 的引力为

$$\vec{F}_2 = G\frac{mm_2}{r_2^2} \cdot \frac{\vec{r}_2}{r_2}$$

···········

第 i 个质点对 m 的引力为

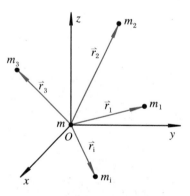

图 4.6 多质点体系的引力

$$\vec{F}_i = G\,\frac{mm_i}{r_i^2}\cdot\frac{\vec{r}_i}{r_i} \qquad (4.3.3)$$

式中 $\vec{r}_i/r_i$ 表示第 i 个质点对 m 的引力的方向。因此,可以自然地认为,m 所受到的总力为

$$\vec{F} = \vec{F}_1+\vec{F}_2+\cdots+\vec{F}_i = \sum_i G\,\frac{mm_i}{r_i^2}\cdot\frac{\vec{r}_i}{r_i} \qquad (4.3.4)$$

应当指出,这个推广中暗含了一个新观点。式(4.3.4)并不等同于式(4.3.1)所包含的物理内容,因为式(4.3.1)只说了两个质点间的引力作用,而式(4.3.4)的写法,在本质上认为两质点之间的引力作用只与这两质点有关,而与第三者、第四者等等是否存在毫无关系(引力作用的独立性),可以不加考虑。这是引力的一个重要性质,我们称之为引力的线性叠加性。作了这种推广之后,就可以讨论牛顿所遇到的问题了。

4.3.2　连续体的万有引力

以上谈到的是质点之间的万有引力。那么,大小不能忽略的连续体之间的万有引力又应如何计算呢? 在这种情况下,我们显然应将物体划分为许多小部分,把每个小部分看作质点来计算其万有引力然后求和。这种求和实际上就是积分。

这里以均质细杆对质点的引力为例。细杆的质量为 M,长为 l,距细杆的一端 a 处有一质量为 m 的质点,计算细杆对质点 m 的引力(图4.7)。

取 x 轴沿着细杆,原点 O 在杆的另一端。把细杆分成许多小段(微元),每一小段可看作质点。例如,细杆上 x 至 $x+\mathrm{d}x$ 的一小段可看作质量为 $M\mathrm{d}x/l$ 的质点,它对质点 m 的引力为

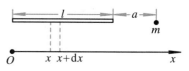

图 4.7　均质细杆对质点的引力

$$\mathrm{d}F = -\frac{GMm\,\mathrm{d}x}{l(l-x+a)^2}$$

其中负号表示沿 x 轴负方向。因为每小段对 m 的引力都是同方向的,所以求合力只需计算代数和,也就是积分

$$F = \int\mathrm{d}F = -\int_0^l \frac{GMm\,\mathrm{d}x}{l\,(l-x+a)^2}$$

$$= -\frac{GMm}{l}\,\frac{1}{l-x+a}\Big|_0^l = -\frac{GMm}{l}\left(\frac{1}{a}-\frac{1}{l+a}\right)$$

结果是

$$F = -\frac{GMm}{a(l+a)}$$

值得注意的是,不能用细杆的中心代表细杆计算对质点的引力,那会给出不正确的结果

$$F = -\frac{GMm}{(a+l/2)^2}$$

对于均匀薄球壳与质点之间的引力,也要用积分方法计算。这个积分计算稍许麻烦一些。

考虑一密度均匀的球壳,其质量为 M,它的厚度 t 比它的半径 r 小得多。我们要求出它对球壳外一质量为 m 的质点 P 的引力(图 4.8)。

我们把球壳看成许多小块(微元)的集合,每个小块在 P 点上都有作用力,力的大小应当与该小块的质量成正比,而与它和 P 点之间距离的平方成反比,方向沿着它们的连线。然后,我们再求球壳上所有部分对 P 点的合力。

设在球壳 A 点处的一小块对 P 的引力为 $\vec{F}_1$。由球壳的对称性,可以找到与 A 相对的 B 点,该处的一小块对 P 的引力为 $\vec{F}_2$。由于对称,$\vec{F}_1$ 和 $\vec{F}_2$ 两力的竖直分量彼此抵消,而水平分量 $F_1\cos\alpha$ 与 $F_2\cos\alpha$ 相等。通过把球壳分成这样一对一对的小块,我们可以看到,所有作用在 P 上的力的竖直分量都成对地相互抵消了。为了求出球壳对 P 的合引力,我们只需考虑水平分量。

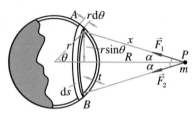

图 4.8　均匀球壳对质点的引力

考虑球壳上一环带 $\mathrm{d}s$,其长为 $2\pi r\sin\theta$,宽为 $r\mathrm{d}\theta$,厚为 t。因此,它的体积为

$$\mathrm{d}V = 2\pi tr^2\sin\theta\mathrm{d}\theta$$

设球壳的密度为 ρ,则环带的质量为

$$\mathrm{d}M = \rho\mathrm{d}V = 2\pi t\rho r^2\sin\theta\mathrm{d}\theta$$

$\mathrm{d}M$ 对质点 P 所施的力是水平的,其值为

$$\mathrm{d}F = G\frac{m\mathrm{d}M}{x^2}\cos\alpha = 2\pi tG\rho mr^2\frac{\sin\theta\mathrm{d}\theta}{x^2}\cos\alpha \qquad (4.3.5)$$

其中 x,α 和 θ 之间满足关系

$$\cos\alpha = \frac{R - r\cos\theta}{x} \qquad (4.3.6)$$

再根据余弦定理,有

$$x^2 = R^2 + r^2 - 2Rr\cos\theta \qquad (4.3.7)$$

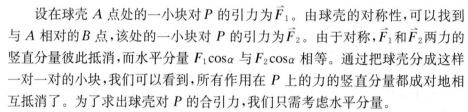

即

$$r\cos\theta = \frac{R^2 + r^2 - x^2}{2R} \tag{4.3.8}$$

对式(4.3.7)进行微分,得

$$2x\mathrm{d}x = 2Rr\sin\theta\mathrm{d}\theta$$

即

$$\sin\theta\mathrm{d}\theta = \frac{x}{Rr}\mathrm{d}x \tag{4.3.9}$$

将式(4.3.8)代入式(4.3.6),再将式(4.3.6)和式(4.3.9)代入式(4.3.5),从而消去 θ 与 α,得

$$\mathrm{d}F = \frac{\pi Gt\rho m r}{R^2}\left(\frac{R^2 - r^2}{x^2} + 1\right)\mathrm{d}x \tag{4.3.10}$$

这就是环带 $\mathrm{d}s$ 的物质作用在质点 P 上的引力。

整个球壳的作用即为上式对所有环带求和,即对变量 x 求遍及整个球壳的积分。因为 x 的范围是从最小值 $R - r$ 到最大值 $R + r$,所以有

$$\int_{R-r}^{R+r}\left(\frac{R^2 - r^2}{x^2} + 1\right)\mathrm{d}x = 4r \tag{4.3.11}$$

故合力为

$$F = \int_{R-r}^{R+r}\mathrm{d}F = G\frac{(4\pi r^2\rho t)m}{R^2} = G\frac{Mm}{R^2} \tag{4.3.12}$$

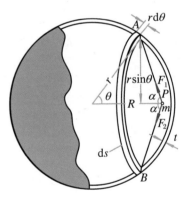

图 4.9   球壳对内部的引力

式中 $M = 4\pi r^2 t\rho$ 为球壳的总质量。这个结果表明,一个密度均匀的球壳对球壳外一质点的引力,等效于它的所有质量都集中于其中心时的引力。

另一个很有意义的结果是,球壳对内部任一质点的引力为零。可以参照图 4.9 来证明。

现在,P 位于球壳内部,即 R 小于 r,式(4.3.10)及式(4.3.11)仍然适用,但积分上、下限应换成 $r - R$ 和 $r + R$,此时有

$$\int_{r-R}^{r+R}\left(\frac{R^2 - r^2}{x^2} + 1\right)\mathrm{d}x = 0$$

所以 $F = 0$。

这个结果很重要也很有意义,究其本质是引力的大小与距离满足平方反比关系。由图 4.10 可以发现,在某个方向上一定立体角内的球壳上物质的多少由对应的面积决定,该面积与距离的平方成正比;而引力大小与距离的平方成反比,两者的影响相互抵消,所以总体效果为零。我们所在的星系在宇宙中可

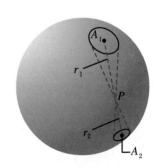

图 4.10   平方反比的意义

以看成处于引力平衡的状态,并不需要它位于宇宙的中心,其原因也正是这样。库仑力也是如此。

有了前面的基础,我们就可以计算球体的万有引力了。一个实心球体可以当作是由大量同心球壳所构成的。如果各层球壳具有不同密度,但每一球壳都具有均匀密度,则前面的方法也适用于这种实心球体。因此,对于像地球、月球或太阳这类近似于球体的天体来说,在讨论它们的引力时,就可以把它们当作质量集中在球心的质点来处理。

对于半径为 R、密度为 ρ 的均匀球体,可以得到万有引力公式(图 4.11):

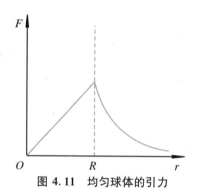

图 4.11 均匀球体的引力

$$F = G\frac{\frac{4}{3}\pi R^3 \rho m}{r^2} = G\frac{m\frac{4}{3}\pi R^3 \rho}{r^2} \quad (r > R) \tag{4.3.13}$$

$$F = G\frac{\frac{4}{3}\pi r^3 \rho m}{r^2} = Gm\frac{4}{3}\pi r\rho \quad (r < R) \tag{4.3.14}$$

应当强调,之所以有上述结果,是因为我们用了引力的叠加性和引力的距离平方反比律。因此上述结果对其他类型的力就不一定成立。

将方程

$$F = G\frac{m_1 m_2}{r^2} \tag{4.3.15}$$

的两边微分,得

$$\mathrm{d}F = -2G\frac{m_1 m_2}{r^3}\mathrm{d}r \tag{4.3.16}$$

两式相除,得

$$\frac{\mathrm{d}F}{F} = -2\frac{\mathrm{d}r}{r} \tag{4.3.17}$$

此式表示,F 的相对变化为 r 的相对变化的 2 倍;负号表示引力随距离增大而减小。

根据万有引力定律,显然地表附近的重力加速度 g 应随高度而改变,即随离地球中心的距离而改变。若式(4.3.15)中的 m_1 为地球质量,m_2 为物体的质量,则地球对物体的引力大小可以表示为

$$F = m_2 g \tag{4.3.18}$$

方向指向地球,$g = Gm_1/r^2$。同样求微商,得到

$$\frac{\mathrm{d}F}{F} = \frac{\mathrm{d}g}{g} = -2\frac{\mathrm{d}r}{r} \tag{4.3.19}$$

例如,在地面以上 16 km 处,r 由约 6 400 km 增大到 6 416 km,距离相对增大了 1/400。在这一距离内,g 值必定改变约 $-1/200$,即从 9.80 m·s^{-2} 减小到约 9.75 m·s^{-2}。可见在地面附近一定高度内,g 实际上几乎恒定不变。但在较大高度上,例如在典型的人造卫星轨道上(100~1 000 km),g 值为 9.60~7.41 m·s^{-2}。

由式(4.3.14)可知,在地球内部 g 值也变小,深度越大 g 值越小,在地心处重力加速度为 0。

引力是由质量分布决定的,而真实地球的质量分布并不是均匀的,甚至也不是分层均匀的。在地表有些地方有高山,有些地方有海沟;在内部有些地方的物质密度大,有些地方的物质密度小,因此相应的引力大小及对应的重力加速度 g 也会不同。重力勘探就是利用观测到的 g 值变化研究地球内部的矿物分布的。例如,地下有金矿等高密度矿床时,地表的 g 值就会大一些;地下有天然气贮藏时,地表的 g 值就会小一些。现在对重力加速度 g 值测量的精度可以达到 10^{-8} m·s^{-2} 以上。

其实,地球不是标准的球体,也不是旋转椭球,而是有点像梨的形状,"梨"的较小一端在北半球。因此,用式(4.3.15)和式(4.3.18)描述地表附近的引力或重力是不严格的。若考虑地球的真实形状,引力表达式将非常复杂。例如,在地球附近运行的人造地球卫星和弹道导弹,明显地偏离了开普勒定律所描述的轨道。实际上,现代的一些研究正是利用了这一点,反过来由人造地球卫星的实际轨道相对于开普勒定律的偏离,研究地球的形状和密度的分布。

4.4　引力场

4.4.1　场

引力是两个质点彼此间的作用力。如果愿意的话,可把这种作用看作两个质点之间的直接相互作用。这种观点称为超距作用。也就是说,即使在彼此不相接触的情况下,质点之间的相互作用也存在,而且这种作用的传递是瞬时就完成的。

另一种观点是"场"的概念,即认为质点以某种方式改变它周围的空间,从而建立起一个"场"。这个场作用于场内其他任何质点,即对它们施加作用。因此,在我们考虑质点间的作用力时,场起到居间的作用,而且场的传播需要时间。

4.4.2　引力与引力场

　　按照这种观点,我们可以用"引力场"描述引力作用。具体过程可以分为两个部分:第一,确定由给定的质点分布所建立起来的"引力场";第二,计算出场对放在场中的其他质点所施加的作用,也就是引力。举例来说,将地球看作一个孤立物体。现在若将另一物体移至地球附近,就有一个力作用在这物体上。在空间每一点,此力都有确定的方向和大小,其方向指向地心,大小为 mg。所以,可将地面附近每一点联系一个矢量 $\vec{g}$,它就是物体如果在该点释放所具有的加速度。$\vec{g}$ 称为该点的引力场强。因为 $\vec{g} = \vec{F}/m$,故可将任何一点的引力场强定义为单位质量在该点所受到的引力。只要将 $\vec{g}$ 乘以放在任何一点处的质点的质量 m 就可由引力场强算出该质点在该处所受的引力。

　　引力场是矢量场的一个例子。在矢量场中,每一点都联系着一个矢量。引力场由物质的固定分布所产生,因此它又是稳定场的一个例子,因为在任何给定地点场值不随时间改变。

4.4.3　引力场的梯度与潮汐现象、小行星撕裂

　　前面我们曾谈到,地球上的潮汐现象是引力作用引起的。那么,月球和太阳哪个对地球上潮汐现象的贡献大? 为什么?

　　在前面的分析中我们说,月球对朝向它的那部分水面的引力大,对背向它的那部分水面的引力小,是这一引力的"差"造成了一天两次的潮汐。小行星在接近大天体时,距离大天体近的部位受到的引力大,距离大天体较远的部位受到的引力小,也正是这一引力的"不同"将其撕裂。对于"场"描述来说,物理量随着空间位置的改变而发生的变化可以用梯度描写。引力

$$F = G\frac{m_1 m_2}{r^2}$$

的梯度为

$$\nabla F = -2G\frac{m_1 m_2}{r^3}$$

其大小与 r 的立方成反比。距离越小,梯度越大,引力作用的空间变化越剧烈,差异也就越大。因此,显然月球对地球上潮汐现象的贡献比太阳大。

4.4.4　场与物理学

　　比起超距作用观点,"场"在概念和实际两方面都有许多显著的优点。在牛顿时代,没有用过场的概念。很久以后,法拉第(Michael Faraday,1791 – 1867)在研究电磁学时提出了这一概念,这以后人们才将它应用于引力。后来,广义相对论就采用这种观点研究引力。

　　应该强调的是,不要认为场的概念及其分成两部分的表示方法是一种无足轻重的"游戏"。如果在静电学(或静止物体间的引力)的范畴内,还看不出这有多大优越之处,那么研究运动电荷的问题时便显得非常重要了。例如,电荷运动产生的场,由于传播速度的有限性,必然记录着所有过去的信息。如果一个电荷所受的力取决于另一个电荷昨天某时刻所在的位置,那么利用记录着昨天信息的场来处理就显得十分必要了。

　　用场来分析力,归纳起来有两个方面:其一是对场的响应,由此可以给出动力学方程;其二是产生场强度的规律用公式表示出来,这些规律称为场方程。细节在此还不能展开讨论,后续课程中会陆续介绍。

4.5　牛顿万有引力定律的适用范围
　　　与爱因斯坦的引力观

　　经典的万有引力定律反映了一定历史阶段人类对引力的认识。尽管牛顿万有引力定律创造了极其辉煌的成就,爱因斯坦还是指出了牛顿理论的不足,并对其作了修正。在 19 世纪末发现,水星轨道有旋进(也称进动)现象(图 4.12),水星近日点移动的速度比根据牛顿引力理论得到的快 42.9″/世纪。当时有人分析,在水星轨道的内侧应该还有一颗行星,是它引起了水星轨道的变化,并将其命名为"水王星"或"火神星",但一直没有找到这颗行星。这种现象用万有引力定律无法解释,而根据广义相对论计算得到的轨道旋进值是43.0″/世纪,在观测不确定度允许范围内。经典动力学的适用范围可以通过普朗克常量和真空中的光速来界定。粗略地说,经典的万有引力定律适用于弱宏观低速。

　　按照牛顿的观点,引力效应是瞬时发生的,即:如果移动一个物体,我们应该立即感觉到一个新的引力,因为物体到达了新的位置。这意味着物体以无限

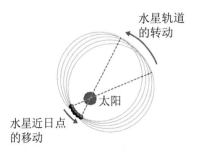

图 4.12　水星轨道的旋进

大的速度发出信号。爱因斯坦把相对论引入引力理论,并认真论证,指出任何信号速度均不能超过真空中的光速,牛顿引力定律有错误。根据前面关于非惯性系中等效原理的讨论,爱因斯坦认为一个均匀的引力场可以用一个"加速度场"来等效。相对论还告诉我们,凡有能量的东西必有质量,它将以引力形式被其他质量吸引。光,有能量,故必有质量。当光束经过太阳附近时,因受太阳吸引,光线将被弯曲。例如,在日食时人们观察到光线在太阳附近发生偏折。1919 年在巴西首次测得的结果是偏折 $1.5''\sim2.0''$。

　　法拉第和麦克斯韦之后的人们看到物理的实体除了粒子还有场。电磁场具有动量和能量,且能传播电磁波。这使人们联想到万有引力场也是物理的实体,应能传播引力波。广义相对论预言存在引力波,也有许多人努力探测它,目前已有初步结果。电磁波的传播可用光子解释,类似地,由光子也引出了引力子的概念。万有引力也不再是超距作用,而是以引力子为媒介。现代物理学家认为基本粒子皆为场。这些都是物理学家正在探索的领域。

第 5 章　守恒定律

神舟十号飞船发射

　　自然界的现象丰富多彩,千变万化,所有的物体都处在不停的运动变化之中。在这些变化中能否找到一些相对不变的东西? 在什么条件下它暂时不变? 这种不变意味着什么? 例如,围绕太阳运行的行星,它的位置和速度每时每刻都在变化着,但总的来看,它的运动是周而复始的,运动轨道和周期等是相对不变的;一个钟摆的位置和速度也在时刻变化着,但总的来看,它的运动也是周而复始的,这一运动模式是相对不变的。这类的实例还可举出不少,它们的共同特征是,在时刻变化着的运动过程中,有某些不变的因素。虽然这些运动可以用我们前面讨论过的概念和方法加以分析和描述,但我们也希望能找出直接描写这些不变性质的物理量,并讨论它们的变化与什么有关。如果能对这些问题有更深入的了解,则会进一步加深我们对自然界的认识与理解。

5.1　功与能

5.1.1　元功与动能定理

　　首先,定义 $\Delta W = \vec{F} \cdot \Delta \vec{r}$ 为外力 $\vec{F}$ 作用在物体上并有位移 $\Delta \vec{r}$ 时所做的"元功"。如果 $\vec{F}$ 由若干个外力组成, $\vec{F} = \sum_i \vec{F}_i$,则 ΔW 可以写成

$$\Delta W = \sum_i \Delta W_i = \sum_i \vec{F}_i \cdot \Delta \vec{r}$$

这里 $\Delta W_i = \vec{F}_i \cdot \Delta \vec{r}$ 是各个力对物体所做的元功。

　　力 $\vec{F}_i$ 和位移 $\Delta \vec{r}$ 都是矢量,但元功是这两个矢量的点积,是标量。在国际单位制中,功的单位是 J(焦耳,简称焦)。1 J 定义为在 1 N 力的作用下使物体沿力的方向移动 1 m 所做的功,1 J = 1 N·m。

　　同时,考虑牛顿第二定律 $\vec{F} = m\vec{a}$,则有

$$\Delta W = \vec{F} \cdot \Delta \vec{r} = m\vec{a} \cdot \Delta \vec{r} = m \frac{\mathrm{d}\vec{v}}{\mathrm{d}t} \cdot \Delta \vec{r}$$

$$\approx m \frac{\Delta \vec{v}}{\Delta t} \cdot \Delta \vec{r} = m \frac{\Delta \vec{r}}{\Delta t} \cdot \Delta \vec{v} \approx m\vec{v} \cdot \Delta \vec{v}$$

$$= \frac{1}{2} m \Delta (\vec{v} \cdot \vec{v}) = \frac{1}{2} m \Delta v^2 = mv \Delta v \tag{5.1.1}$$

写成微分关系,即

$$dW = mv\mathrm{d}v = \mathrm{d}\left(\frac{1}{2}mv^2\right)$$

写成积分关系,即

$$W - W_0 = \frac{1}{2}mv^2 - \frac{1}{2}mv_0^2$$

定义物体的质量与其速率平方的乘积的一半为该物体的动能,用 T 表示,即 $T = mv^2/2$,为一标量,则有

$$\Delta W = \Delta\left(\frac{1}{2}mv^2\right) = \Delta T \tag{5.1.2}$$

即作用在一质点上的合力所做之功等于该质点动能的变化。

这就是动能定理,表明外界对物体所做的功等于物体动能的增量,它将外界的作用过程与系统状态量的变化联系了起来。因为做功与动能之间有这一关系,所以在国际单位制中,动能的单位也是焦耳。

提到汽车安全驾驶,都会说不要超速。速度太快有什么后果呢?就是制动距离变大。汽车制动最终靠的是路面与轮胎之间的摩擦力,简单些说,是这一摩擦力做功将汽车原有的动能转换成了热能。根据式(5.1.1)和式(5.1.2),假定路面与轮胎之间的摩擦力为 f,汽车刹车前的速度为 v,制动距离为 s,则有

$$f \cdot s = \frac{1}{2}mv^2, \quad 即 \quad s = \frac{1}{2}mv^2/f$$

可见,制动距离与车速平方成正比。

【例 5.1】 某汽车以 $50\ \mathrm{km \cdot h^{-1}}$ 的速率行驶,制动距离为 15 m。当该车在相同条件下以 $100\ \mathrm{km \cdot h^{-1}}$ 的速率行驶时,制动距离为多少? 假定路面与轮胎之间的摩擦力不随速率变化。

【解】 设汽车的行驶速率为 v,制动距离为 s,路面与轮胎之间的摩擦力为 f,汽车的质量为 m。根据动能定理,有

$$-f \cdot s = 0 - \frac{1}{2}mv^2 \quad \Rightarrow \quad s = \frac{1}{2}\frac{m}{f}v^2$$

式中的负号表示摩擦力的方向与运动方向相反。因为 f 不随速度大小变化,汽车的质量 m 恒定,所以 $s \propto v^2$。汽车速率增加 1 倍,制动距离则变为 4 倍。所以这时的制动距离为 60 m。

【例 5. 2】 假设汽车以 $100\ \text{km}\cdot\text{h}^{-1}$ 的速率行驶,制动距离为 50 m。试估算路面与轮胎之间的摩擦系数。如果汽车重 1 000 kg,路面与轮胎之间的摩擦力(制动力)约为多大?

【解】 同例 5.1,根据动能定理,有

$$-f\cdot s = -\mu\cdot mg\cdot s = 0 - \frac{1}{2}mv^2$$

所以

$$\mu = \frac{1}{2}\frac{mv^2}{mg\cdot s} = \frac{v^2}{2g\cdot s} = \frac{(100\ 000/3\ 600)^2}{2\times 9.8\times 50} = 0.79$$

如果汽车重 1 000 kg,则路面与轮胎之间的摩擦力

$$f = \mu\cdot mg = 0.79\times 1\ 000\times 9.8 = 7.7\times 10^3(\text{N})$$

当然,实际刹车时还要考虑驾驶者的反应时间,也就是从发现紧急情况直至踩下制动踏板产生制动作用的这段时间。反应时间内车辆行驶的距离称为反应距离。此距离的长短,取决于行驶速度和反应时间,行驶速度越高或反应时间越长,反应距离就越长。反应时间与驾驶员的灵敏程度和技术熟练状况有直接关系,通常为 0.75~1 s。假如车速为 $100\ \text{km}\cdot\text{h}^{-1}$,反应时间为 1 s,反应距离则为 27.8 m。加上制动距离约 50 m,整个距离可达到近 80 m。因此,为了保证驾驶安全,一定要与前车保持足够的距离,切忌超速!

现在我们考虑做功所涉及的时间。将一给定的物体举到一定的高度,不论所用时间为 1 秒或 1 年,所做的功都相同。然而,我们通常比较关心的是做功的快慢,而不仅是所做的总功。定义功率为单位时间内所做的功,即 $P = \text{d}W/\text{d}t$。平均功率等于所做的总功除以做这些功所需的时间。因为功 W 是标量,所以功率 P 也为标量。在国际单位制中,功率的单位为 W(瓦特,简称瓦),

$$1\ \text{W} = 1\ \text{J}\cdot\text{s}^{-1}$$

结合元功的定义 $\Delta W = \vec{F}\cdot\Delta\vec{r}$,有

$$P = \frac{\text{d}W}{\text{d}t} \approx \frac{\Delta W}{\Delta t} = \frac{\vec{F}\cdot\Delta\vec{r}}{\Delta t} = \vec{F}\cdot\vec{v} \tag{5.1.3}$$

由定义式可以得出 $\text{d}W = P\text{d}t$,对时间积分即得出在一段时间内所做的功 $\Delta W = P\Delta t$。

由式(5.1.3)知,在功率恒定的情况下,力与速率成反比。满载的汽车因为需要有更大的牵引力,所以速度不会很快。但请注意一点,汽车的功率实际上不是恒定的,是随着油门的变化而变化的,最大功率才是衡量汽车做功效率的

真正指标。

当前,能源短缺是困扰全球的普遍问题。核裂变发电存在种种危险,例如,2011 年 3 月 11 日日本东北部海域地震引起的海啸造成福岛核电站放射性物质泄漏。国际上正在试验的"托卡马克"装置,是试图制造可控核聚变的一种尝试。"托卡马克"需要通过超大功率的励磁线圈产生磁漩涡流,造成接近上亿摄氏度的高温,才能达到引起核聚变的条件。通常的电源是无法提供所需要的超大功率电流的,一般都是采用有超大贮存能力的电容,先花较长的时间将电能储存起来,然后再在很短的时间内释放,产生超大功率的电流。大功率激光和电磁炮、电磁弹射也采用类似的原理。

5.1.2 变力做功

1. 有限长轨道上外力所做的功

在质点沿空间轨道从起点移动到终点的过程中,受到一大小和方向都可能改变的外力的作用。在整个过程中,外力所做的功为各段元功的总和,用积分表示为

$$W = \int_{\vec{r}_0}^{\vec{r}_e} \vec{F} \cdot \mathrm{d}\vec{r} \tag{5.1.4}$$

积分的上、下限分别为有限长轨道的终点和起点。

【例 5.3】设一单摆如图所示。在摆球上施加一水平向右的力 $\vec{F}$ 将球沿半径为 l 的圆弧路径从 $\varphi = 0$ 缓慢地移动到 $\varphi = \varphi_0$,对应的垂直位移为 h,在此过程中,力 $\vec{F}$ 做的功为多少?

【解】因为摆球是缓慢地从 $\varphi = 0$ 移动到 $\varphi = \varphi_0$ 的,故可以简单地认为摆球每时每刻都是近似静止的,也就是说不必考虑动能。在整个过程中,力 $\vec{F}$ 做的功为

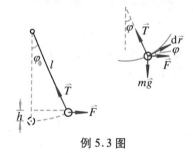

例 5.3 图

$$W = \int_{\varphi = 0}^{\varphi = \varphi_0} \vec{F} \cdot \mathrm{d}\vec{r} = \int_0^{\varphi_0} F\cos\varphi\,\mathrm{d}s$$

或者根据运动的独立性原理写成分量的形式:

$$W = \int_{x = 0, y = 0}^{x = (l - h)\tan\varphi_0, y = h} (F_x \mathrm{d}x + F_y \mathrm{d}y)$$

其中 $F_x = T\sin\varphi$,$|m\vec{g}| = T\cos\varphi$。消去 T,得 $F_x = mg\tan\varphi$,$F_y = 0$。从而有

$$W = \int_{x=0, y=0}^{x=(l-h)\tan\varphi_0, y=h} mg\tan\varphi \mathrm{d}x$$

又 $\tan\varphi = \mathrm{d}y/\mathrm{d}x$，所以 $\mathrm{d}y = \tan\varphi \mathrm{d}x$，最终得到

$$W = \int_{y=0}^{y=h} mg\mathrm{d}y = mg\int_0^h \mathrm{d}y = mgh$$

同样，我们也可以计算出在此过程中重力做的功

$$\begin{aligned} W_g &= -\int_0^{\varphi_0} mg\sin\varphi \cdot l\mathrm{d}\varphi \\ &= mgl(\cos\varphi_0 - 1) \\ &= -mg(l - l\cos\varphi_0) \\ &= -mgh \end{aligned}$$

可见，在此过程中重力做功为力 $\vec{F}$ 做功的负值，$W_g = -W$。

如果作用在物体上的外力可以分解成若干个组成部分，$\vec{F} = \sum_i \vec{F}_i$，则可以定义各个组成部分 $\vec{F}_i$ 单独做的功 $W_i = \int_{\vec{r}_0}^{\vec{r}_e} \vec{F}_i \cdot \mathrm{d}\vec{r}$，而总功为各个组成部分单独做功 W_i 之和，$W = \sum_i W_i$，即功具有可加性。

当质点系受多个外力作用时，外力的总功等于各外力的功的代数和，但并不等于"外力的合力"的功。一对作用力与反作用力做功的代数和不一定为零。如图5.1所示，一子弹射入沙箱，并使沙箱前进了位移 S，同时子弹的位移是 S'，子弹和沙箱之间的作用力与反作用力大小相等，但位移不同，所以做功之和不为零。

两质点间作用力与反作用力元功之和为

$$\mathrm{d}W = \vec{F} \cdot \mathrm{d}\vec{r}_2 + (-\vec{F}) \cdot \mathrm{d}\vec{r}_1 = \vec{F} \cdot (\mathrm{d}\vec{r}_2 - \mathrm{d}\vec{r}_1) = \vec{F} \cdot \mathrm{d}\vec{r}$$

即一对内力所做的功仅决定于力和质点间相对位移的标积，与参考系的选择无关。

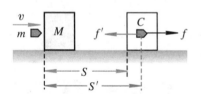

图 5.1　作用力与反作用力做功之和不为零

【例5.4】质量为 M 的卡车载一质量为 m 的木箱，以速率 v 沿平直路面行驶，因故突然紧急刹车，车轮立即停止转动，卡车滑行一定距离后静止，木箱在卡车上相对于卡车滑行了距离 l，卡车滑行了距离 L。求 L 和 l。已知木箱与卡车间的滑动摩擦系数为 μ_1，卡车轮与地面的滑动摩擦系数为 μ_2。

【解】分析卡车与车厢里木箱的运动及受力。只有两者间摩擦力 f, f' 和地面对车的摩擦力 F 做功，三力的受力质点位移分别为 $L, L+l, L$。

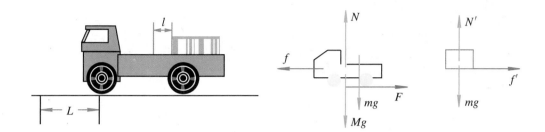

例 5.4 图

由质点动能定理得

$$[\mu_1 mg - \mu_2(m + M)g]L = 0 - \frac{1}{2}Mv^2$$

$$-\mu_1 mg(L + l) = 0 - \frac{1}{2}mv^2$$

解得

$$L = \frac{Mv^2}{2[\mu_2(M + m) - \mu_1 m]g}$$

$$l = \frac{v^2}{2\mu_1 g} - L$$

2. 周期运动中外力所做的功

以谐振子为例，O 为平衡位置，质量为 m 的物体在 O 点附近做简谐振动（图 5.2）。每过一个周期，物体都回到原位，位移为零，由 $W = \vec{F} \cdot \Delta \vec{r}$，可知弹簧弹力所做的功为零。在整个过程中，$\vec{F}$ 与 $\Delta \vec{r}$ 有时同向，有时反向，因而所做的功有时为正，有时为负，最后的代数和为零。

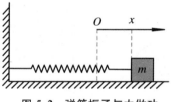

图 5.2 弹簧振子与力做功

3. 做功与路径的关系

在前面关于单摆的例子中，摆球升高 h，重力就做功 $-mgh$，而不管摆球沿什么路径升高；但还有一类做功是与物体的路径有关系的，例如摩擦力。因为在物体运动过程中，摩擦力的方向始终与物体速度的方向相反，总是做负功，其代数和不可能为零。求这类力做功时必须对整条路径积分，而不能仅仅由起始和结束位置决定。

5.2 机械能守恒

5.2.1 保守力场与势能

如果一个力对沿着任何闭合路径运动一周的质点所做的功为零,则此力为保守力。如果一个力对沿着任何闭合路径运动一周的质点所做的功不为零,则此力为非保守力或耗散力。

也可以等价地表述为:如果在两点之间移动一个质点,力对质点所做之功仅决定于这两点的位置而与所取路径无关,则此力为保守力;如果在两点之间移动一个质点,力对质点所做之功决定于在这两点之间所取的路径,则此力为非保守力。

物体所受的保守力只与物体在力场中的位置有关,与速度等其他量无关。在保守力作用的情况下,就可以引进与相对位置有关的能量——"势能" U 的概念。

在某一确定的保守力场中,任取一个标准点"P",则从 P 点到空间一个特定点此保守力所做的功必定是该特定点空间位置的函数。当然,这个功也取决于 P,但在分析时可先约定 P 点一直固定不动。设这个函数为 $-U(x,y,z)$,并设 $U(x_1,y_1,z_1)=U(A)$,$U(x_2,y_2,z_2)=U(B)$,且有

$$\int_P^A \vec{F} \cdot d\vec{r} = -U(A) = -\int_A^P \vec{F} \cdot d\vec{r} \tag{5.2.1}$$

则从位置 A 到位置 B,此保守力做的功可以写为

$$\int_A^B \vec{F} \cdot d\vec{r} = \int_A^P \vec{F} \cdot d\vec{r} + \int_P^B \vec{F} \cdot d\vec{r}$$
$$= -\int_P^A \vec{F} \cdot d\vec{r} - \left(-\int_P^B \vec{F} \cdot d\vec{r}\right)$$
$$= U(A) - U(B) \tag{5.2.2}$$

我们把 $U(A)-U(B)$ 称为势能的减少,并把 $U(A)$ 和 $U(B)$ 分别称为位置 A 和位置 B 处的"势能"(图 5.3)。前面之所以把位置函数取为 $-U(x,y,z)$,是因为其中的负号"$-$"就是为了保证保守力做功对应着相应势能的减小。如果物体处于位置 P,则它的势能为零,即标准点 P 为势能的零点。

假如我们用保守力场中的 Q 点代替 P 点作为标准点,在此新的标准点下,

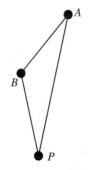

图 5.3 保守力做功与势能

空间各点的势能记为 U'，则 U' 与 U 的关系为

$$U'(x) = U(x) - U(Q)$$

其中 x 为空间任意一点。这是因为

$$U'(x) = -\int_Q^x \vec{F} \cdot \mathrm{d}\vec{r} = -\left(\int_Q^P \vec{F} \cdot \mathrm{d}\vec{r} + \int_P^x \vec{F} \cdot \mathrm{d}\vec{r} \right)$$
$$= -U(Q) + U(x)$$

在标准点 P 下，$U(Q)$ 为一定值，用 Q 代替 P 作为标准点，势能将改变一个常量。因此，势能的标准点（即势能零点）是可以任意选取的；因为能量概念的意义主要体现在其改变上，势能数值上加一常量没有任何影响（图 5.4）。

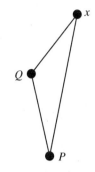

图 5.4　势能的相对性

5.2.2　万有引力做功与引力势能

在一个均匀重力场中，当我们不涉及可以与地球半径相比的高度（$z \ll R$）时，重力是一个沿竖直方向向下的恒力，所做的功就是力乘以竖直距离，于是 $U(z) = mgz$。这表示在 $z = 0$ 平面上的任意点为势能零点。若选取 $z = b$ 平面上的任意点为势能零点，则势能可写为 $mg(z - b)$。由于重要的是势能之差，因此这不会给问题带来任何影响。

现在更一般地讨论万有引力势能（图 5.5）。物体 M 对质点 m 的万有引力在两者连线方向，大小为 $F = GmM/r^2$。如果将 m 沿着径向连线方向从 1 移至 2，即从 $\vec{r}_1$ 到 $\vec{r}_2$（$\vec{r}_2 = \vec{r}_1 + \Delta\vec{r}$），当移动距离 $\Delta\vec{r}$ 很小时，引力 $\vec{F}$ 做的功近似为

$$W = \vec{F} \cdot \Delta\vec{r} = -G\frac{mM}{r_1^2}\Delta r$$

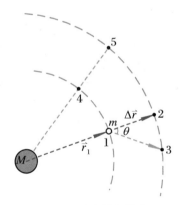

图 5.5　万有引力做功

其中负号是由于力的方向与位移方向相反。再考虑 m 从 3 移动到 3，在这条路径上力与位移的夹角为 $\pi - \theta$，而位移大小为 $\Delta r/\cos\theta$，所以引力做的功近似为

$$W = \vec{F} \cdot \Delta\vec{r} = \frac{GmM}{r_1^2}\frac{\Delta r}{\cos\theta}(-\cos\theta) = -\frac{GmM}{r_1^2}\Delta r$$

而在从 3 移到 2 的路径上，引力总是与位移垂直，所以不做功。因此我们证明了路径 1→3→2 上引力做的功与相应的径向路径 1→2 上引力做的功相同，这是万有引力做功的第一个性质。

另外，如果 4 及 5 与 M 的距离也分别为 r_1, r_2，并且 4→5 在径向方向，那么引力在路径 4→5 上所做的功与在 1→2 上所做的功相同；因为引力的大小只与

m 和 M 之间的距离有关,而与方向无关。这是引力做功的第二个性质。

因此,万有引力是一个保守力。由 a 到 b,引力做的功可写为

$$W = \int_{r_a}^{r_b} \vec{F} \cdot \mathrm{d}\vec{r} = -\int_{r_a}^{r_b} G \frac{mM}{r^2}\mathrm{d}r = G\frac{mM}{r_b} - G\frac{mM}{r_a}$$

根据动能定理

$$W = T_b - T_a = G\frac{mM}{r_b} - G\frac{mM}{r_a}$$

有

$$T_a + \left(-G\frac{mM}{r_a}\right) = T_b + \left(-G\frac{mM}{r_b}\right) = 常量$$

这样我们找到了质点在引力作用下的一个不变量。因为 a,b 是任意的,所以可以一般地写成

$$T + \left(-G\frac{mM}{r}\right) = 不变量 = E \tag{5.2.3}$$

定义

$$V = -G\frac{mM}{r} \tag{5.2.4}$$

为引力势能,则 E 就是总机械能。质点在引力作用下机械能守恒。

当 $r \to \infty$ 时,引力势能趋于零。由此可以得到第二、第三宇宙速度,我们将在后面讨论。

应当指出,引力势能实际上属于 m 与 M 两者组成的体系;因势能决定于两者之间的相对距离。其他的势能也有同样特点,也应是属于一个体系(如弹簧振子)的。物体在不同高度上的重力势能,确切地说应属于物体与地球组成的体系,但由于在该势能转化过程中地球运动状态的改变完全可以忽略不计,所以我们可以采用"物体的重力势能"这种虽不确切但完全适用的说法。

根据前面的讨论我们可以发现,如果对地表附近的重力势能 $U(z) = mgz$ 求梯度,则有 $|\nabla U(z)| = mg$,即重力的大小。考虑到方向的关系,可以得到重力 $\vec{F} = m\vec{g} = -\nabla U(z)$。如果对引力势能 $V = -GmM/r$ 求梯度,同样有引力

$$\vec{F} = -\frac{GmM}{r^2}\vec{e}_r = -\nabla V(r)$$

更一般地,对于这类保守力 $\vec{F}$,我们总可以找到一个标量函数 φ,其梯度的负值

就是该力,即

$$\vec{F} = -\nabla\varphi \qquad (5.2.5)$$

一般称标量函数 φ 为位函数,有时简称位,也就是对应的势能或位能。前面与重力和引力分别对应的位函数就相应地称为重力位和引力位。

引入位的描述方式给关于相互作用的研究带来很多便利。力是矢量,虽然矢量表述有很多优点,但在具体计算其大小时也有很多不便,涉及分解和投影等具体操作;而前面引入的位是标量,可以直接进行代数运算,当然在具体计算时方便了很多。既然"力"这一矢量能够找到相应的"位函数"描述,其他矢量,如位移,是否也可以找到相应的"位函数"呢? 当然可以,只不过像这里的"有势力"一样也要满足一定的条件,即其旋度必须为零;对应的位函数就称为"位移位",这在后续课程中会有讨论。

下面我们讨论宇宙飞船从地球飞往月球的问题。图 5.6 给出了地－月系统的势能图。如果飞船的发射速度过低,即发射能量 E 小,则飞船只能在地球附近运动,不可能到达月球;如果发射速度过高,即 E 大,飞船也不会落入月球引力束缚范围,而可能远离地－月体系,成为太阳的行星。因此,发射能量只有控制在如图所示的非常小的可调范围内,飞船才能离开地球到达月球引力束缚的范围,然后再设法进一步减速,落到月球上。再有,不仅要把发射能量控制在一个非常窄的范围内,还必须把飞船飞行轨道控制在一个非常小的空间区域里,才能到达月球。

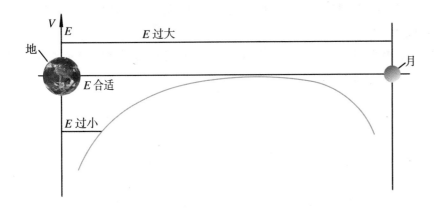

图 5.6　地－月系统势能图

宇宙间的物质都参与万有引力的作用,引力势能是最常见的一种能量形式。就宇宙范围来说,自然界的大部分能量,都是以引力势能形式存在的。

上面引入势能曲线进行讨论的原因还在于力的概念对微观理论来说不太合适,而能量是对微观系统的恰当描述。当考察原子核中各核子之间、分子中各原子之间的相互作用时,力和速度等概念就不能用了,而能量概念则继续存在。因此在有关量子理论的书中我们可以看到势能曲线,而很少看到微观粒子间的作用力曲线,因为那里人们采用能量,而不是力来分析问题。

5.2.3 弹性力做功与弹性势能

把弹簧从平衡点压缩(或拉伸)距离 x 的过程中,弹性力做的功

$$W = \int_0^x \vec{F} \cdot \mathrm{d}\vec{r} = \int_0^x - kx\mathrm{d}x = -\frac{1}{2}kx^2 \qquad (5.2.6)$$

又因为 $W = \Delta T = T_x - T_0$,故有

$$T_x + \frac{1}{2}kx^2 = T_0 = 常量 = E \qquad (5.2.7)$$

定义

$$U(x) = \frac{1}{2}kx^2 \qquad (5.2.8)$$

为弹性势能,则 E 就是总机械能。在整个过程中机械能守恒。

由式(5.2.3)和式(5.2.7)可以总结得到:在保守力作用下,质点运动过程中机械能守恒。

上面是假设在弹簧平衡位置 $x = 0$ 处势能为零。若取 $x = b$ 处的势能为零,则弹簧的弹性力做的功

$$W = \int_b^x - kr\mathrm{d}r = -\frac{1}{2}kx^2 + \frac{1}{2}kb^2 = T_x - T_b$$

所以有

$$T_x + \frac{1}{2}kx^2 = T_b + \frac{1}{2}kb^2 = 常量 = E$$

弹性势能

$$U'(x) = \frac{1}{2}kx^2 - \frac{1}{2}kb^2$$

5.2.4   非保守力做功与功能原理

在考虑非保守力后,质点系从一个状态变化到另一个状态的过程中,其机械能的增量等于外力所做功(包括非保守力所做的功)的总和。这称为"功能原理"。在存在摩擦的情况下,滑动物体动能越来越小,就可以用摩擦力这一非保守力做负功,使得物体的机械能(这里为动能)不断减小来解释。功能原理是力学中的基本原理之一,也可以看成是在质点系的动能定理中引入势能而得出的,所以它和质点系动能定理一样,也是在惯性参考系中才成立的。

在经典物理中,非保守力的概念对处理问题起到简化的作用,不必动辄揭示其基本力再给出分析处理。

【例 5.5】 汽车启动过程中是什么在做功? 地面与汽车驱动轮之间的摩擦力做功吗?

【解】 汽车启动过程中,归根结底是发动机在做功,也有人为了分析的方便而采用"汽车驱动轮向后推动地面做功"或"地面与汽车驱动轮之间的摩擦力推动汽车前进"的说法。这些说法是否正确? 这一过程的物理图像应该是什么样子的? 我们下面简单作一分析。

为了更好地理解这一问题,我们先分析一下另一个过程:人坐在雪橇上,双手用力拉动一条另一端固定在树上的绳子,雪橇就朝树的方向移动。这一过程中是谁在做功? 树,还是人? 树可能做功吗? 树没有移动,人又是怎么做功的呢?

再换一个问题:人站在地上,双手用力拉动一条另一端固定在雪橇上的绳子,雪橇就朝人的方向移动。这一过程中是谁在做功? 答案是显然的:人!人通过绳子用力拉雪橇,雪橇在力的方向上运动,所以人对雪橇做功。

那么人坐在雪橇上拉固定在树上的绳子呢? 树没有任何运动,是不可能做功的,做功的只能是人。人是如何做功的呢? 问题的核心是,不能再把人和雪橇看成一个质点! 否则,绳的一端是固定的树,另一端是一个质点,质点怎么能动起来? 这时必须把某一时刻相对绳静止的"手"看成一个质点 A,而人的身体及雪橇看成是另外的质点 B。质点 A 是通过手臂收缩把质点 B 向前拉动,在力的方向上产生位移,从而做功。也就是说,在这个问题中,把人和雪橇看成一个质点的"模型"不再适用了,必须修正。运动员向后猛蹬起跑器起跑的过程也类似,不是起跑器对运动员做功,而是运动员踩在起跑器上的脚通过腿部对身体产生的推力在做功。当然,在不影响对问题本质理解的情况下,用"地面与汽车驱动轮之间的摩擦力推动汽车前进""起跑器推动人的身体向前运动"这种简化的模型,一般也可以计算出正确的做功结果。

现在再分析汽车启动过程中是谁在做功的问题。首先,地面与汽车驱动轮之间的摩擦力是不可能做功的,这点我们在刚体运动中会作详细分析。至少,车轮着地点相对于地面是静止的(假设没有打滑),相对运动的速度 $\vec{v}$ 为零,所以摩擦力 $\vec{f}$ 做功的功率 $P = \vec{f} \cdot \vec{v} = 0$,当然相应地做功也为零。"车轮向后推动地面做功"的说法很容易带来混乱:是谁在运动,"动能定理"如何体现? 根据前面的分析我们知道,原来把汽车看成一个质点的模型不再适用了,现在不能把汽车,甚至驱动轮,再看成一个质点了。汽车发动机最终把力作用在驱动轮上,而车轮与地面之间的摩擦使两者的接触点处保持相对静止,但车轮发生了变形,因而产生了张力,是相对静止的接触点与车轮其他部分之间的这一张力拉动车轮进而使整个汽车向前运动,与前面人坐在雪橇上拉另一端固定的绳子时手臂的作用相似。

5.2.5 能量的各种形式与转化

前面已介绍了能量的两种形式——势能和动能,在一定条件下两者的和守恒。按照牛顿的观点,力可以是非保守的。但按照现在更加深入的看法,不存在非保守力,因为事实上自然界所有已知的基本力都是保守力。

摩擦力是非保守力,非保守力做功是与路径有关的,因而没有相应的"势能"概念。摩擦力所做的功既没转化为势能,又没转化为动能,那么,摩擦力所做的功到哪里去了? 对于偏爱守恒观点的物理学家来说,总不愿意承认有一部分能量消失了。仔细的观察告诉我们,物体相互摩擦之后温度会升高一些。可否把"热"也看成是一种形式的能量? 在历史上热质说和热动说长期对立,直至19世纪中叶焦耳(James Prescott Joule,1818 – 1889)测得热功当量之后,才确立了热确是一种能量的概念。现在我们知道,"热能"从本质上讲就是微观无规运动的动能,即原子或分子热运动的动能。所以我们不能说非保守力做功导致能量减少,此时它转化为宏观力学讨论范围之外的一种形式的能量——热能。通常把这样的过程称为耗散过程。如果不考虑这部分热能,能量守恒定律显然不再成立。现在一般认为物理学的第一次统一是电与磁的统一,但也有人认为第一次统一实际上应该是力与热的统一。

当电流通过电阻时产生热量,坚持守恒观点的物理学家又要问:能量是从哪里来的? 在焦耳测定电热当量之后,"电能"的概念便确立了起来。静止的爆竹爆炸后,碎片朝四面八方飞出,其动能从何而来? 于是产生了化学能的概念。猎豹潜伏着,见一只兔子掠过,猛然跃起扑将过去,其能量从何而来? 于是产生了生物能的概念。爱因斯坦导出的质能之间的定量关系 $E = mc^2$ 举世闻名,后来物理学家发现原子核裂变释放出的大量能量与质量亏损的确符合爱因斯坦的关系式,于是建立了核能(即原子能)的概念。如此这般,在物理学中建立起多种形式能量的概念。

总之,"能量"是物理学中一个极为普遍、极为重要的物理量,它具有机械能、热能、电磁能、辐射能、化学能、生物能和核能等多种形式,各种形式的能量可以相互转换。"做功"实际上正是能量转化的具体方式及量化。能量这一概念的重大价值,在于它转换时的守恒性。物理学史上不止一次地发生过这样的情况:在某类新现象里似乎有一部分能量消失了或凭空产生出来,后来物理学家们总能够确认出一种新的能量形式,使能量的守恒定律得以保持。虽然我们不能给能量下个普遍的定义,但这决不意味着它是一个可以随意延拓的含糊概念。关键的问题是科学家们确定了能量转换时的各种当量,从而使得能量守恒定律可以用实验的方法加以定量地验证或否定。此外,每确认出一种新形式的能量之后,在其基础上建立起来的理论,又能定量地预言一大批新效应,而后者经受住了新实验的检验。

5.3 动量守恒

5.3.1 牛顿定律与动量守恒

动量守恒定律是关于系统总体性质的又一条规律,在系统比较复杂,又无法了解其细节的情况下,显得特别重要。

首先讨论一个最简单的质点系(图 5.7),它只包括两个质点:1 和 2。如果它是孤立体系,那么作用在质点 1 上的力,只有质点 2 对它的作用力 $\vec{F}_{21}$;而作用在质点 2 上的力,只有 1 对它的作用力 $\vec{F}_{12}$。根据牛顿第二定律,有

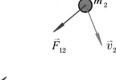

$$m_1 \frac{\mathrm{d}\vec{v}_1}{\mathrm{d}t} = \vec{F}_{21}, \quad m_2 \frac{\mathrm{d}\vec{v}_2}{\mathrm{d}t} = \vec{F}_{12} \qquad (5.3.1)$$

式(5.3.1)为体系的动力学基本方程。再根据牛顿第三定律

图 5.7 孤立体系的动量守恒

$$\vec{F}_{12} = -\vec{F}_{21}$$

即可推得

$$m_1 \frac{\mathrm{d}\vec{v}_1}{\mathrm{d}t} + m_2 \frac{\mathrm{d}\vec{v}_2}{\mathrm{d}t} = \vec{0}$$

上式可改写为

$$\frac{\mathrm{d}}{\mathrm{d}t}(m_1 \vec{v}_1 + m_2 \vec{v}_2) = \vec{0} \tag{5.3.2}$$

定义

$$\vec{P} = m_1 \vec{v}_1 + m_2 \vec{v}_2 \tag{5.3.3}$$

则有

$$\frac{\mathrm{d}\vec{P}}{\mathrm{d}t} = \vec{0} \tag{5.3.4}$$

最终得到

$$\vec{P} = 不变量 \tag{5.3.5}$$

此式表明,对于由两个质点构成的孤立体系,我们找到了一个新的不变量$\vec{P}$,称为动量。

前面我们大都讨论单个质点的运动。在这一章里,我们要讨论由许多质点构成的体系的运动规律。这种问题常称为质点系问题,或多体问题。例如,由所有行星和太阳构成的太阳系就是一个典型的质点系。一般在质点系中,每个质点都要受到其他质点的作用,同时,也受到体系之外的物体的作用。地球不但要受到太阳的万有引力作用,而且还受到其他所有行星的万有引力作用。显然在质点系中,每个质点的运动一般是相当复杂的。

在质点系中有一类是特别的,即所有质点都没有受到体系之外的物体的作用力。也可以简单地说,整个体系不与外物相互作用,这种质点体系称为孤立体系。在现实世界中,当然没有严格的孤立体系,但是近似的孤立体系很多。所谓近似的,是指体系内部的相互作用远大于外物对体系的作用,即每个质点所受的内力远大于它所受的外力。例如太阳系,除了太阳与行星、行星与行星之间的引力之外,当然也受到其他恒星的作用,但是这种力比较小,所以太阳系就是一个近似的孤立体系。又如一个大分子,它是由许多原子组成的,原子之间的相互作用远大于其他分子的作用,这样,我们也可以把这个大分子看作近似的孤立体系。如果作用满足独立性原理,在将外部的作用整体分离后,剩下的只有系统内部质点之间的相互作用,也可以作为孤立体系处理,如前面讨论过的太阳作用下的地-月系统。

在前面的分析中,我们并没有用到作用力的具体形式,只用了牛顿第二、第三定律,所以,这个守恒定律是非常普遍的,即与作用力的具体形式无关,无论是保守力或非保守力都适用。

对于多个质点构成的孤立体系(图 5.8),可以用完全类似的方法证明体系的总动量不随时间变化,即

$$\vec{P} = m_1\vec{v}_1 + m_2\vec{v}_2 + \cdots + m_n\vec{v}_n = \text{不变量} \tag{5.3.6}$$

或者

$$\frac{\mathrm{d}\vec{P}}{\mathrm{d}t} = \vec{0} \tag{5.3.7}$$

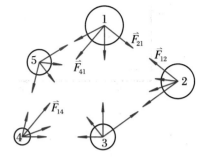

图 5.8　多质点孤立体系

这就是动量守恒定律。

对于单个质点,我们可以定义它的动量为

$$\vec{p} = m\vec{v} \tag{5.3.8}$$

那么,动量守恒可以表述为

$$\vec{P} = \sum_i \vec{p}_i = \text{不变量} \tag{5.3.9}$$

其中 $\vec{p}_i$ 是第 i 个质点的动量。式(5.3.9)表示,在孤立体系中,每个质点的动量时刻在变化着,但它们的总和不变。

动量守恒定律是通过对孤立体系的分析建立起来的。当体系与外界有相互作用,即非孤立状态时,动量守恒一般不成立,但当外力总和为零时,动量守恒仍然成立。

我们已经研究过两条守恒定律了,即机械能守恒定律和动量守恒定律。下面比较一下这两条守恒定律的特点。

① 动量是矢量,动量守恒式(5.3.9)是一个矢量关系式,即实际上它包括三个不变量:

$$P_x = \text{不变量}, \quad P_y = \text{不变量}, \quad P_z = \text{不变量}$$

而能量是标量,能量守恒只给出了一个不变量。

② 动量守恒定律与机械能守恒定律是相互独立的。对一个具体的物理过程而言,机械能守恒,并不决定动量守恒;反过来,动量守恒,并不决定机械能守恒。

③ 在牛顿力学中,动量守恒定律和牛顿第三定律是等价的。前面已经指出,在牛顿力学中牛顿第三定律并非总是适用的。只有在牛顿第三定律适用的地方,才可以应用动量守恒定律。反之,我们也能从动量守恒定律的成立证明牛顿第三定律的正确,它们互为因果。

总之,在牛顿力学中,机械能守恒适用于保守力的情况,而动量守恒适用于牛顿第三定律成立的情况。

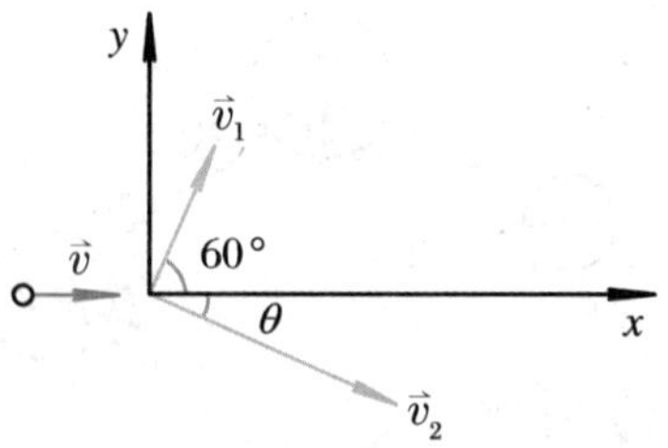

【例 5.6】 一炮弹以速度 $\vec{v}$ 飞行,突然分裂为两个质量相等的碎片向两旁飞去。已知其中一块碎片的速度大小仍为 v,但方向与原飞行方向成 $60°$ 角。试求另一块碎片的速度 $\vec{v}_2$。分裂前后的机械能守恒吗?

【解】 炮弹炸裂时,由于炸药的化学能转变为炸弹的机械能,在这一瞬间内力的作用远大于外力(如重力)作用,而且重力对两碎片的作用效果是完全相同的,满足独立性,可以整体分离,故可以近似看成孤立系统,即炮弹分裂的前后系统的动量保持不变。在图所示的坐标系中,在 x 方向上,

例 5.6 图

$$mv = \frac{m}{2}(v_1\cos 60° + v_2\cos\theta)$$

$$= \frac{m}{2}(v\cos 60° + v_2\cos\theta)$$

在 y 方向上,

$$0 = \frac{m}{2}(v_1\sin 60° - v_2\sin\theta)$$

$$= \frac{m}{2}(v\sin 60° - v_2\sin\theta)$$

由以上两式可得

$$\begin{cases} v(2 - \cos 60°) = v_2\cos\theta \\ v\sin 60° = v_2\sin\theta \end{cases}$$

由此可以求得

$$\tan\theta = \frac{\sin 60°}{2 - \cos 60°} = \frac{1}{\sqrt{3}} \quad \Rightarrow \quad \theta = 30°$$

又

$$v_2 = \frac{\sin 60°}{\sin 30°}v = \sqrt{3}v = 1.73v$$

故分裂前后动能之差为

$$\Delta T = \left(\frac{1}{2}m_1 v_1^2 + \frac{1}{2}m_2 v_2^2\right) - \frac{1}{2}mv^2$$

$$= \frac{m}{4}(v^2 + 3v^2) - \frac{1}{2}mv^2 = \frac{1}{2}mv^2$$

增加的机械能是炸药的化学能通过爆炸转化而来的。

5.3.2　冲量与动量定理

体系能量的变化可以用外力做的功来描写,那么体系动量的变化用什么来描写? 这就是本小节要讨论的问题。

根据牛顿第二定律,对于单个质点,有

$$m\frac{\mathrm{d}\vec{v}}{\mathrm{d}t} = \vec{F}$$

因单个质点的动量为 $\vec{p} = m\vec{v}$,故上述方程可写为

$$\frac{\mathrm{d}\vec{p}}{\mathrm{d}t} = \vec{F} \qquad (5.3.10)$$

即质点动量的变化率等于外力。这也是欧拉发展的牛顿第二定律的形式。

若质点在 t_1 时具有动量 $\vec{p}_1$,在 t_2 时变到 $\vec{p}_2$,则可以得到积分关系:

$$\vec{p}_2 - \vec{p}_1 = \int_{t_1}^{t_2} \vec{F}\mathrm{d}t \qquad (5.3.11)$$

即质点动量的变化等于力对时间的积分。

定义

$$\vec{I} = \int_{t_1}^{t_2} \vec{F}\mathrm{d}t \qquad (5.3.12)$$

为冲量(图 5.9)。可以发现,冲量就是度量动量变化的物理量。由此得到动量定理:作用在系统上的外力的冲量等于系统总动量的增量。动量属于状态量,而冲量则反映了作用过程。

对比

$$\vec{p}_2 - \vec{p}_1 = \int_{t_1}^{t_2} \vec{F}\mathrm{d}t \quad 与 \quad T_2 - T_1 = \int_{r_1}^{r_2} \vec{F} \cdot \mathrm{d}\vec{r}$$

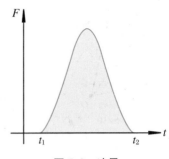

图 5.9　冲量

可以发现,两者在形式上是非常相似的,前者是力对时间的积分,后者是力对空间的积分;前者反映出力与时间的联系,后者反映出力与空间的联系。由此也可看到动量守恒与能量守恒两者的异同。

经典物理认为,物质存在两种形式:一为粒子,一为场。带电质点的周围存在着电磁场。经典电磁学告诉我们,运动的带电质点有动量,电磁场也有动量。因此在不受外界作用的带电体系中运用动量守恒定律时,不仅需要考虑带电质点的动量,还要考虑电磁场的动量。

20 世纪量子物理的发展表明,实体粒子和光都既有波动性又有粒子性。1905 年爱因斯坦为解释光电效应提出光子概念,认为光并不是连续的,每一份光叫作一个光子。光子也有动量,其动量等于 $h\nu/c$,其中 ν 为光的频率,h 为普朗克常量,c 为真空中的光速。涉及光子的过程也可以应用动量守恒定律。当光子和自由电子相碰后,散射光子的频率会比原来的低些,叫作康普顿(Arthur Holly Compton,1892 – 1962)效应。讨论这一效应,就需要对光 – 电子应用动量守恒定律。经典物理认为光是纯粹的波或粒子的观念都不能解释康普顿效应中散射光的频率为什么变低,只有认为光既具波动性又有粒子性才能解释,因而康普顿效应可作为光子假设的实验验证。朱棣文(Steven Chu,1948 –)等利用激光冷却原子可以达到零点几微开(μK),也是利用了光子具有动量、可以与原子发生作用的原理。

动量守恒定律是关于自然界的基本定律。当研究一种现象按原来观点看似与动量守恒定律相悖时,并非意味动量守恒定律失效,可能意味有新发现。典型的例子有:1930 年泡利(Wolfgang Pauli,1900 – 1958)为维护能量和动量守恒定律而提出中微子的假说,后来莱因斯(Frederick Reines,1918 – 1998)于 1953 年设计实验证实中微子的存在;1932 年查德威克(James Chadwick,1891 – 1974)运用碰撞中的能量和动量守恒研究实验结果而发现中子。

5.3.3 质心运动定理

质心运动定理又称质心定理,是动量守恒的另一种描述方式。

首先讨论由质量分别为 m_1 和 m_2、位矢分别为 $\vec{r}_1$ 和 $\vec{r}_2$ 的两个质点所构成的孤立体系(图 5.10)。这个体系的动量守恒,即 $\mathrm{d}\vec{P}/\mathrm{d}t = \vec{0}$,或

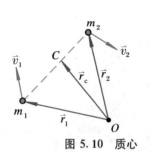

图 5.10 质心

$$
\begin{aligned}
P &= m_1\vec{v}_1 + m_2\vec{v}_2 = m_1\frac{\mathrm{d}\vec{r}_1}{\mathrm{d}t} + m_2\frac{\mathrm{d}\vec{r}_2}{\mathrm{d}t} \\
&= \frac{\mathrm{d}}{\mathrm{d}t}(m_1\vec{r}_1 + m_2\vec{r}_2) = (m_1 + m_2)\frac{\mathrm{d}}{\mathrm{d}t}\left(\frac{m_1\vec{r}_1 + m_2\vec{r}_2}{m_1 + m_2}\right) \\
&= (m_1 + m_2)\frac{\mathrm{d}\vec{r}_c}{\mathrm{d}t} = \text{不变量}
\end{aligned}
$$

式中用了一个新的物理量 $\vec{r}_c$,定义为

$$
\vec{r}_c = \frac{m_1\vec{r}_1 + m_2\vec{r}_2}{m_1 + m_2} \tag{5.3.13}
$$

它表示一位置,即图 5.10 中的 C 点,称为体系的"质心"。

对上面的守恒式求导,得

$$(m_1 + m_2) \frac{\mathrm{d}^2 \vec{r}_c}{\mathrm{d}t^2} = \vec{0}, \quad 即 \quad \frac{\mathrm{d}^2 \vec{r}_c}{\mathrm{d}t^2} = \vec{0}$$

上式表明,对孤立体系,其质心的加速度为零,即 C 点的加速度为零。因此,动量守恒定律又可表述为:孤立体系的质心做匀速直线运动或静止,这就是质心定理。

应当注意,质心可能并不在体系中的任何一个质点上,它是由定义式

$$\vec{r}_c = \frac{m_1 \vec{r}_1 + m_2 \vec{r}_2}{m_1 + m_2}$$

定义的一个物理量。这里我们看到,一个有用的物理量,可能并不对应着一个实际的东西。这种具有抽象性质的物理量,在以后的物理学中将会越来越多地碰到,如电子的"自旋"。

很容易把质心定理推广到多质点构成的孤立体系。由动量守恒定律,用与上述类似的推导可知,对于一个由质量分别为 $m_1, m_2, \cdots, m_n$ 的质点所构成的体系,其质心位置为

$$\vec{r}_c = \frac{m_1 \vec{r}_1 + m_2 \vec{r}_2 + \cdots + m_n \vec{r}_n}{m_1 + m_2 + \cdots + m_n} = \frac{\sum\limits_{i=1}^{n} m_i \vec{r}_i}{\sum\limits_{i=1}^{n} m_i} \tag{5.3.14}$$

其中 $\vec{r}_1, \vec{r}_2, \cdots, \vec{r}_n$ 分别为各质点的位置。这时,动量守恒定律可写为

$$\frac{\mathrm{d}^2 \vec{r}_c}{\mathrm{d}t^2} = \vec{0} \tag{5.3.15}$$

现在我们进一步讨论不仅有内力作用,而且也有外力作用的非孤立体系的情况。仍采取上述质心的定义,则质心速度为

$$\begin{aligned}
\vec{v}_c &= \frac{\mathrm{d}\vec{r}_c}{\mathrm{d}t} \\
&= \frac{1}{\sum\limits_i m_i} \left(m_1 \frac{\mathrm{d}\vec{r}_1}{\mathrm{d}t} + m_2 \frac{\mathrm{d}\vec{r}_2}{\mathrm{d}t} + \cdots + m_n \frac{\mathrm{d}\vec{r}_n}{\mathrm{d}t} \right) \\
&= \frac{1}{\sum\limits_i m_i} (m_1 \vec{v}_1 + m_2 \vec{v}_2 + \cdots + m_n \vec{v}_n)
\end{aligned} \tag{5.3.16}$$

质心的加速度为

$$\frac{\mathrm{d}\vec{v}_c}{\mathrm{d}t} = \frac{1}{\sum\limits_i m_i} \left(m_1 \frac{\mathrm{d}\vec{v}_1}{\mathrm{d}t} + m_2 \frac{\mathrm{d}\vec{v}_2}{\mathrm{d}t} + \cdots + m_n \frac{\mathrm{d}\vec{v}_n}{\mathrm{d}t} \right)$$

$$= \frac{1}{\sum_i m_i}(\vec{F}_1 + \vec{F}_2 + \cdots + \vec{F}_n) \tag{5.3.17}$$

其中 $\vec{F}_i$ 是第 i 个质点所受到的总力,包括内力与外力。

根据牛顿第三定律,体系的内力成对出现,且大小相等,方向相反,所以在式中内力全部相互抵消了。因此式(5.3.17)可写为

$$\frac{\mathrm{d}\vec{v}_c}{\mathrm{d}t} = \frac{1}{\sum_i m_i}(\vec{F}_{1外} + \vec{F}_{2外} + \cdots + \vec{F}_{n外})$$

或

$$M_总 \frac{\mathrm{d}\vec{v}_c}{\mathrm{d}t} = \vec{F}_外 \tag{5.3.18}$$

其中 $M_总 = \sum_{i=1}^n m_i$,称为体系的总质量;$\vec{F}_外 = \vec{F}_{1外} + \vec{F}_{2外} + \cdots + \vec{F}_{n外}$ 是体系所受到的总外力;$\vec{F}_{i外}$ 是第 i 个质点所受的外力。

式(5.3.18)就是质心定理的一般形式,是非常有用的。一个体系的运动一般是相当复杂的,因为 n 个质点都在相互运动,不仅有内力,而且还有外力。但式(5.3.18)告诉我们,如果不考虑每个质点运动的细节,而只考虑体系的质心运动,则其动力学方程与单个质点的动力学方程完全相同。这就是说,一个体系在某些方面可用一个质点来标志,这个质点的质量等于体系的总质量,位置在质心,所受的力等于体系的外力的总和,它的运动满足牛顿第二定律。不管内力如何复杂,这个结论是普遍适用的。据此,我们就可以研究气体、大分子等多质点体系的受力与运动。

质心定理在生活的很多方面都有实际应用。例如,跳高运动员越过横杆时质心可以比横杆低吗? 早期的跳高运动员采用跨越式过杆,上身几乎直立,质心明显高于横杆。后来运动员采用剪式、滚式或俯卧式技术,整个身体几乎水平地从横杆上方过去,质心也比横杆高。现在的跳高运动员基本都采用背越式(图5.11),面朝上、头部、胸部、腹部、臀部、腿部成弧形依次上升、过杆、下降,技术好的话可以使每个时刻整个身体的质心都在横杆下方。显然,在起跳速度等参数相同的情况下,采用这种越杆技术可以有效地提升越过的高度。

现将质心概念和质心运动定理用于地－月系统。设地球和月球均为质量分布对称的球体,质心位于各自的球心。地球和月球共同的质心 C 在两球心的连线上。若月球绕地球而转,则地心需向另一方向运动,才能保证 C 在地心、月心的连线上。这表明地心和月心必绕它们两者的质心而转(图5.12)。太阳引力作用于地球和月球,将两者视为质点系,可知正是地球和月球的质心沿椭圆轨道绕太阳公转。月地质量比约为1/80,地月相距约 3.8×10^5 km,月地质心

图 5.11　背越式跳高

图 5.12　地－月系统的质心

距地心约 4.6×10^3 km,地球半径为 6.4×10^3 km,故地月质心和地心的距离约为地球半径的 2/3。地日质量之比约为 3.3×10^{-5},两者质量相差悬殊,日地月三者质心可近似认为就在日心,并且地月都绕太阳公转。

银河系中 1/3 的恒星是双星,每对双星有两个相互以引力作用的星体。与地月相似,两者围绕共同质心运动。

现在换一种方式研究两个质点的相互环绕运动。虽然两质点都在运动,但可以将平动参考系建立在质点 2(例如太阳)上,这样质点 2 就是"静止"的,要研究的是质点 1(例如行星)相对于质点 2 的运动。因为我们所选取的参考系为非惯性系,其牵连加速度为 $\ddot{\vec{r}}_2$。这样,研究质点 1 的运动,不仅应考虑其受到的牛顿力 $\vec{F}_{21}$,还应记入 $-m_1\ddot{\vec{r}}_2$ 这一惯性力。质点 1 的动力学方程就成为

$$m_1\ddot{\vec{r}}_1' = \vec{F}_{21} - m_1\ddot{\vec{r}}_2 \qquad (5.3.19)$$

这里 $\vec{r}_1'$ 是质点 1 相对于质点 2 的位矢,即

$$\vec{r}_1' = \vec{r}_1 - \vec{r}_2 \qquad (5.3.20)$$

利用式(5.3.1)中的第二式,我们还可以将相对运动的动力学方程(5.3.19)简化:

$$m_1\ddot{\vec{r}}_1' = \vec{F}_{21} - \frac{m_1}{m_2}\vec{F}_{12} = \vec{F}_{21} + \frac{m_1}{m_2}\vec{F}_{21} = \frac{m_1 + m_2}{m_2}\vec{F}_{21} \quad (5.3.21)$$

这就是说,由于质点 2 也在运动,相对于质点 2 来研究质点 1 的运动,就好像质点 1 所受到的力不是 $\vec{F}_{21}$,而是 $\vec{F}_{21}(m_1 + m_2)/m_2$。

相对运动方程(5.3.21)又可以改写为

$$\frac{m_1 m_2}{m_1 + m_2}\ddot{\vec{r}}_1' = \vec{F}_{21} \qquad (5.3.22)$$

这就是说,相对于质点 2 来研究质点 1 的运动,就好像质点 1 所受的力仍为 $\vec{F}_{21}$,只是质量好像从 m_1 减为 $m_1 m_2/(m_1 + m_2)$。通常将这一质量称为约化质量,用 m' 表示:

$$m' = \frac{m_1 m_2}{m_1 + m_2} \quad \text{或} \quad \frac{1}{m'} = \frac{1}{m_1} + \frac{1}{m_2} \qquad (5.3.23)$$

换一种方法也可以得到式(5.3.22):分别以 m_1 和 m_2 除式(5.3.1)中的第一式和第二式并相减,得

$$\frac{\mathrm{d}^2}{\mathrm{d}t^2}(\vec{r}_1 - \vec{r}_2) = \frac{1}{m_1}\vec{F}_{21} - \frac{1}{m_2}\vec{F}_{12} = \left(\frac{1}{m_1} + \frac{1}{m_2}\right) \cdot \vec{F}_{21}$$

即

$$\frac{m_1 m_2}{m_1 + m_2} \frac{\mathrm{d}^2}{\mathrm{d}t^2}(\vec{r}_1 - \vec{r}_2) = \vec{F}_{21}$$

下面我们以某行星绕太阳运行为例分析一下这时的开普勒定律。一方面，事实上，太阳也在运动，而太阳与行星的质心（确实很接近太阳中心）才是"静止"的，或者一般地说，做匀速直线运动。至于行星相对于质心的运动，仍然是有心力作用下的运动，因而开普勒第二定律仍然成立；并且很容易证明该有心力仍是与相对质心的距离平方反比的引力，因而开普勒第一定律也成立，行星相对于质心的轨道仍然是以质心为焦点的椭圆。另一方面，我们知道，太阳与行星分居于质心的两边，它们与质心的距离反比于各自的质量。因此，太阳与行星都绕质心做椭圆运动，并且都以质心为焦点，而椭圆的大小则反比于各自的质量。最后，考察开普勒行星运动第三定律。考虑到太阳的运动，从式(5.3.21)知，行星所受的引力 $F = Gm_2 m_1/r^2$ 应由 $F = Gm_2 m_1^2/(m'r^2)$ 所代替，可以证明

$$\frac{T^2}{a^3} = \frac{4\pi^2 m'}{Gm_1 m_2} = \frac{4\pi^2}{G(m_1 + m_2)} \tag{5.3.24}$$

即行星公转周期的平方与轨道半长轴的立方之比并非常量，而是与该行星的质量有关的，所以开普勒第三定律不成立。但因为太阳的质量 m_2 远远大于行星的质量 m_1，所以式(5.3.24)可以近似地简化为

$$\frac{T^2}{a^3} = \frac{4\pi^2}{Gm_2}$$

即开普勒第三定律近似成立，并非严格成立。

两体问题实际上归结为质点动力学问题式(5.3.15)与式(5.3.21)，即质心运动方程式与相对运动方程式。甚至动能也可以分解为质心平动动能与相对转动动能，如车轮纯滚动问题，我们将在刚体运动中详细分析。

其他的"质点系"动力学问题则不能简化为"质点"动力学问题。例如，对三体问题至今还未能解出其一般解（某些特例已解出）。

应当再强调一点，总质量 $M_总$ 是各质点质量的和，即

$$M_总 = m_1 + m_2 + \cdots + m_n \tag{5.3.25}$$

这个等式似乎很平凡，谁都知道，复杂物体的质量等于各部分的质量之和。但若仔细考虑这个关系，也并不那么显然。宏观物体都是由分子、原子构成的，而原子、分子在不停地运动着，为什么物体的总质量与分子及原子的复杂运动状态无关，而一定等于各分子、原子的质量之和呢？这并不是显而易见的。因此，我们应当记住式(5.3.25)只是牛顿力学的一个结果，并不是不证自明的。到了

原子核内部,核子(中子和质子)的质量会远大于组成它的夸克质量的总和。这
已经超出了牛顿力学的适用范围,必须用相对论的质能关系来解释了。

5.3.4 变质量物体的运动

这里讨论的变质量物体并非指相对论中描述的质量随运动物体速度而变
化的相对论情况,而是指在运动过程中不断与外界交换质量的物体的运动,或
者说物体运动中存在着质量的流动(流入或流出)。例如,喷射高速气流的火
箭、沿斜坡滚下时质量渐增的雪球等等均属此类问题。

对于变质量物体的运动,可以把质量不断变化的物体(称为主体)和由它放
出来的物体(或附着其上的物体)看成一个质点系,从而可以和不变质量的质点
系一样处理。显然,处理这类问题时,必须严格明确系统的范围,即在所考察的
一段时间内,被处理的对象是同一个质点系。

先推导变质量物体(主体)的动力学方程。以质量增加的情形为例(图
5.13),设在 t 时刻主体质量为 m,速度为 $\vec{v}$,即将进入主体的那部分物体的质
量为 Δm,速度为 $\vec{u}$,体系动量为 $m\vec{v} + \Delta m\vec{u}$。在 $t + \Delta t$ 时刻,主体质量变为
$m + \Delta m$,速度变为 $\vec{v} + \Delta\vec{v}$,体系动量变为 $(m + \Delta m)(\vec{v} + \Delta\vec{v})$。又设系统受
到的合外力为 $\vec{F}$,外力的冲量为 $\vec{F}\Delta t$。由动量定理,得

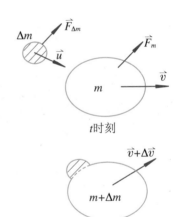

t 时刻

$t+\Delta t$ 时刻

图 5.13 变质量物体运动

$$(m + \Delta m)(\vec{v} + \Delta\vec{v}) - (m\vec{v} + \Delta m\vec{u}) = \vec{F}\Delta t$$

$$m\vec{v} + m\Delta\vec{v} + \Delta m\vec{v} + \Delta m\Delta\vec{v} - m\vec{v} - \Delta m\vec{u} = \vec{F}\Delta t$$

忽略二阶小量 $\Delta m\Delta\vec{v}$,有 $m\Delta\vec{v} = \Delta m(\vec{u} - \vec{v}) + \vec{F}\Delta t$。整理后两边除以 Δt,并
取极限 $\Delta t \to 0$,得

$$m\frac{\mathrm{d}\vec{v}}{\mathrm{d}t} = (\vec{u} - \vec{v})\frac{\mathrm{d}m}{\mathrm{d}t} + \vec{F} \tag{5.3.26}$$

此方程为质量增加时物体的动力学方程。在减质量时,依照相同的方法,可得
到相同形式的方程。因此,方程(5.3.26)称为变质量物体的动力学方程[密舍
尔斯基(I. V. Meshchersky,1859 - 1935)方程]。其中 m 为主体质量。在增质
量时,$(\vec{u} - \vec{v})\mathrm{d}m$ 为质量 $\mathrm{d}m$ 附着主体前相对于主体的动量,$(\vec{u} - \vec{v})\dfrac{\mathrm{d}m}{\mathrm{d}t}$ 为
附着过程中主体的动量增加率,即主体受到的冲击力。在减质量时,$\mathrm{d}m$ 为负
值,$(\vec{u} - \vec{v})|\mathrm{d}m|$ 为主体给 $|\mathrm{d}m|$ 的冲量,$(\vec{u} - \vec{v})\left|\dfrac{\mathrm{d}m}{\mathrm{d}t}\right|$ 为主体给的推力,因

此 $(\vec{u} - \vec{v})\dfrac{\mathrm{d}m}{\mathrm{d}t}$ 为对主体的反冲力。方程中最后一项 $\vec{F}$ 为系统受到的合外力。在增质量时,它是在 $\mathrm{d}m$ 附着于主体瞬间系统受到的合外力;而在减质量时,是在 $|\mathrm{d}m|$ 分离于主体瞬间系统受到的合外力。在两种情况下,由于 $|\mathrm{d}m|$ 很小,常常近似认为 $\vec{F}$ 是主体受到的合外力。

当 $\vec{u} = \vec{0}$ 时,方程(5.3.26)可改写为

$$\frac{\mathrm{d}(m\vec{v})}{\mathrm{d}t} = \vec{F} \qquad (5.3.27)$$

当 $\vec{u} = \vec{v}$ 时,方程(5.3.26)又可改写为

$$m\frac{\mathrm{d}\vec{v}}{\mathrm{d}t} = \vec{F} \qquad (5.3.28)$$

此式与牛顿第二定律具有相同的形式,但要注意这里的 m 是变量。

【例 5.7】 雨滴开始自由下落时质量为 m_0,在下落过程中,单位时间凝聚的水汽质量为 λ。试求雨滴经时间 t 下落的距离(忽略空气阻力)。

【解】 设水汽附着于水滴前的速度 $\vec{u} = \vec{0}$,利用

$$\frac{\mathrm{d}(m\vec{v})}{\mathrm{d}t} = \vec{F}$$

有

$$\frac{\mathrm{d}}{\mathrm{d}t}[(m_0 + \lambda t)v] = (m_0 + \lambda t)g$$

对此积分,并利用初始条件"当 $t = 0$ 时,$v = 0$",得

$$v = \frac{m_0 t + \dfrac{1}{2}\lambda t^2}{m_0 + \lambda t}g$$

当 $\lambda = 0$ 时,$v = gt$,结果合理。为进一步求出位移,改写

$$\frac{\mathrm{d}x}{\mathrm{d}t} = \frac{1}{2}gt + \frac{m_0 g}{2\lambda} - \frac{m_0^2 g/(2\lambda)}{m_0 + \lambda t}$$

再积分,并利用初始条件"当 $t = 0$ 时,$x = 0$",得

$$x = \frac{1}{2}g\left[\frac{1}{2}t^2 + \frac{m_0}{\lambda}t - \left(\frac{m_0}{\lambda}\right)^2\ln\left(1 + \frac{\lambda}{m_0}t\right)\right]$$

利用 $\lambda \to 0$ 时的泰勒展开,同样可以判断结果是合理的。

这是忽略空气阻力得到的结果。如果确是如此,雨点最后的速度会非常快,落在人的身上造成的伤害将与子弹一样!多亏有空气的黏滞阻力,使雨点

的"终极速度"不是特别大,这点我们将在流体力学中讨论。

【例 5.8】火箭利用把燃烧后的废气向外喷出的方法增加自身的运动速度。设喷出废气的相对速度$(\vec{u} - \vec{v})$沿运动物体轨道的切向,且为一常量v_r;火箭在运行中不受任何外力作用;火箭起始质量为m_0,其中燃料质量为m',空火箭质量为m_s(即$m_0 - m'$)。求火箭能够达到的速度。

【解】这是一个变质量物体的运动问题。利用方程

$$m\frac{\mathrm{d}\vec{v}}{\mathrm{d}t} = (\vec{u} - \vec{v})\frac{\mathrm{d}m}{\mathrm{d}t} + \vec{F}$$

有

$$m\frac{\mathrm{d}v}{\mathrm{d}t} = -v_r\frac{\mathrm{d}m}{\mathrm{d}t}$$

即

$$\frac{\mathrm{d}v}{v_r} = -\frac{\mathrm{d}m}{m}$$

利用初始条件"当$t = 0$时,$v = 0$,$m = m_0$",积分得

$$v = v_r\ln\frac{m_0}{m}$$

当燃料烧完时,火箭所具有的速度为

$$v = v_r\ln\frac{m_0}{m_s} = v_r\ln\left(1 + \frac{m'}{m_s}\right)$$

由此可见,为获得大的速度v,应增大喷射速度和燃料与空火箭质量之比。但增大喷射速度对增加火箭最后的速度更为有效。实际发射火箭还要克服地球引力和空气阻力的影响,情况会复杂很多。

【例 5.9】一长为l、质量为m的软绳,自由下垂,下端刚好与桌面相接触。使其自静止下落,求下落过程中桌面对绳的反作用力。

【解】以地面为参考系。坐标原点建在桌面上,取z轴竖直向上。

整根绳子可以看作一个质点系,其线密度为$\rho = m/l$。在下落过程中,部分绳子已落在桌面上,部分仍在空中。把后者的长度记作z,则落在桌面上的绳长为$l - z$[图(Ⅰ)]。

分析此质点系所受的外力[图(Ⅱ)]。重力mg指向z负的方向,桌面的反作用N指向z正的方向。由质心运动定理,有

$$N - mg = ma_0 \tag{1}$$

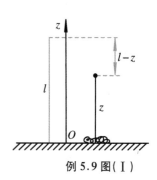

例 5.9 图(Ⅰ)

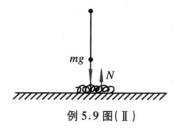

例 5.9 图(Ⅱ)

式中 a_0 是整根绳子的质心加速度。只要求出 a_0，由式(1)就可以得出桌面的反作用力 N。

为求 a_0，可先求整根绳子的质心坐标 z_0，然后对时间求两次导数。已经落在桌面上那部分绳子的坐标是零，质量是 $(l-z)\rho$；仍在空中那部分绳子的质心坐标是 $z/2$，质量是 $z\rho$。按质心坐标公式，整根绳子的质心坐标为

$$z_0 = \frac{(l-z)\rho \cdot 0 + z\rho \cdot z/2}{m} = \frac{z^2\rho}{2m} = \frac{z^2}{2l} \tag{2}$$

将上式对时间求两次导数，分别有

$$v_0 = \frac{z\dot{z}}{l} \tag{3}$$

$$a_0 = \frac{\dot{z}^2 + z\ddot{z}}{l} \tag{4}$$

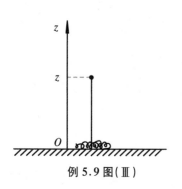

例 5.9 图(Ⅲ)

式中除 z 以外还出现 $\dot{z}$ 和 $\ddot{z}$。仍在空中的绳长 z 也就是绳的上端点的坐标 [图(Ⅲ)]，所以 $\dot{z}$ 和 $\ddot{z}$ 即分别为绳上端点的速度和加速度。下落时，绳尚在空中的部分的运动属于自由落体，即 $\ddot{z} = -g$。又，上端点的坐标为 z 时，它已落下距离 $l-z$，按自由落体公式，知 $\dot{z} = -\sqrt{2g(l-z)}$。将上述 $\dot{z}$ 和 $\ddot{z}$ 代入式(4)，求得

$$a_0 = \frac{(2l-3z)g}{l} \tag{5}$$

将式(5)代入式(1)，得

$$N - mg = \frac{m(2l-3z)g}{l}$$

由此解出桌面对绳的反作用力

$$N = 3mg\left(1 - \frac{z}{l}\right) \tag{6}$$

式(6)是一般的结论。现在把它用到一个特例，即绳子刚好全部落到桌面的一瞬间，这时 $z=0$，因此

$$N = 3mg$$

绳子与桌面的相互作用力竟是绳重的 3 倍！

最后，关于整根绳子的质心加速度 a_0 有一个值得注意的问题。已落在桌面上那部分绳子的加速度是零，尚在空中那部分绳子的加速度是 $-g$。模仿式(2)似乎可以写出

$$a_0 = \frac{(l-z)\rho \cdot 0 + z \cdot \rho(-g)}{m} = -\frac{z\rho g}{m} = -\frac{zg}{l}$$

与式(5)不符,是错误的。它错在哪儿呢?

【例 5.10】 重新求解上题,设法回避 a_0 的计算。(我们已看到 a_0 的计算颇有微妙之处,如不注意就容易出错。)

【解】 桌面的反作用力 N 是作用于已落在桌面的那部分绳子的,与尚在空中的那部分绳子没有直接的关系。我们考察已落在桌面的绳子,这就回避了 a_0 的计算。不过,这样一来,又出现了一个新的问题。"已落在桌面上的绳子"时时有"新到者"加入进来,其质量随之增大,形成变质量质点系。同理,"尚在空中的部分"也是变质量质点系,因为时时有质量离去。

处理变质量问题的基本方法是找到构成体系的主体与增量。按照这个思路,我们应考察已落在桌面上的绳子与即将落下的一小段绳(图中的 $\mathrm{d}m$)所组成的系统,该系统的质量是不变的。

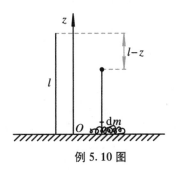

例 5.10 图

软绳已落下的距离是 $l - z$,所以,包括 $\mathrm{d}m$ 在内的"尚在空中的部分"的速度为

$$v = -\sqrt{2g(l-z)}$$

这样,$\mathrm{d}m$ 段的动量为 $v\,\mathrm{d}m$,已落在桌面上的绳的动量为零,两者的动量和就等于 $v\,\mathrm{d}m$。

$\mathrm{d}m$ 段的长度 $\mathrm{d}l = \mathrm{d}m/\rho = (l\mathrm{d}m)/m$,在经过时间 $\mathrm{d}t = \mathrm{d}l/v = l\mathrm{d}m/(mv)$ 后软绳将全部落在桌面上,动量变为零。于是,按照积分形式的动量定理,可得

$$v\,\mathrm{d}m - 0 = \left(N - \frac{l-z}{l}mg - g\,\mathrm{d}m\right)\mathrm{d}t$$
$$= \left(N - \frac{l-z}{l}mg - g\,\mathrm{d}m\right)\frac{l\mathrm{d}m}{mv}$$

略去二阶小量 $(\mathrm{d}m)^2$ 项,有

由此解得
$$v\,\mathrm{d}m = \left(N - \frac{l-z}{l}mg\right)\frac{l\mathrm{d}m}{mv}$$

$$N = \frac{mv^2}{l} + \frac{l-z}{l}mg = \frac{m2g(l-z)}{l} + \frac{l-z}{l}mg$$
$$= \frac{3mg}{l}(l-z) = 3mg\left(1 - \frac{z}{l}\right)$$

与前面解得的答案一致。

5.3.5　碰撞

所谓碰撞,包括相当广泛的一类物体间的相互作用过程。处理碰撞问题,是动量守恒定律最重要的应用之一。

碰撞过程的基本特点如下:在碰撞之前,相碰的物体相距很远,以至它们之间没有相互作用,每个物体都处在自由运动的状态,并且保持这种状态不变。当物体相互接近后,它们之间发生作用。相互作用能够产生各种各样的结果,例如,可能使物体结合在一起,也可能产生新的物体。在这种作用之后,物体又分离,回到各自的自由运动状态。因此,碰撞所要讨论的是从碰撞前的自由状态变到碰撞后自由状态的过程。显然,对于碰撞的中间过程,是很难研究的。一方面,碰撞时物体之间的作用很强,力的具体形式往往十分复杂;另一方面,我们很难直接测量和记录碰撞时的现象。尤其是在原子实验中,对于电子和质子的碰撞,记录它们碰撞的过程,几乎是不可能的。但对碰撞前和碰撞后的状态量进行测量是比较容易的。所以,在碰撞问题中,我们往往是根据碰撞前和碰撞后的状态量研究相碰物体之间的相互作用过程,即通过碰撞的始末状况,我们能推测相互作用的某些性质。

按照碰撞后物体的性质,可以将碰撞分成两大类:弹性碰撞和非弹性碰撞。所谓弹性碰撞,是指碰撞后的物体仍然是原来的物体,而且这些物体的内部状态没有变化。而非弹性碰撞是指碰撞后的物体不同于碰撞前的,或者物体虽相同但其内部状态不同。

日常遇到的碰撞,几乎都是不同程度的非弹性的。因为碰撞往往伴随着物体变热,即物体的动能部分地转化成热能。这就改变了物体内部的运动状态。尽管如此,弹性碰撞概念在物理中是非常重要的,因为在原子、核子的碰撞现象中,有许多是理想的弹性碰撞。

由上述弹性与非弹性的分类原则,可以断言:机械能守恒的碰撞是弹性碰撞;机械能不守恒的碰撞是非弹性碰撞,因为后一情况必定伴随着其他形式能量的作用,也就是伴随着物体内部状态的改变。

1. 弹性碰撞

现在研究质量为 m_1 及 m_2 的两个质点弹性碰撞的一般性质。

假设在碰撞前两质点的速度分别为 $\vec{v}_1$ 及 $\vec{v}_2$,碰撞后分别是 $\vec{v}_1'$ 及 $\vec{v}_2'$(图5.14)。根据动量守恒,有

$$m_1\vec{v}_1 + m_2\vec{v}_2 = m_1\vec{v}_1' + m_2\vec{v}_2' \tag{5.3.29}$$

因为是弹性碰撞,故机械能守恒。由于碰撞前后两质点都处在没有相互作用的

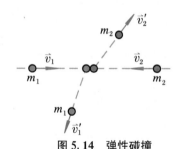

图 5.14　弹性碰撞

自由运动状态,所以碰撞前后只有动能。根据机械能守恒,总动能不变,即

$$\frac{1}{2}m_1 v_1^2 + \frac{1}{2}m_2 v_2^2 = \frac{1}{2}m_1 v_1'^2 + \frac{1}{2}m_2 v_2'^2 \tag{5.3.30}$$

这就是弹性碰撞所应遵循的两个一般的关系。它们没有涉及碰撞物体间相互作用的具体性质。这表明即使我们对它们之间相互作用的细节不清楚,也可以得到一些碰撞所必须遵循的一般关系。这再次说明了守恒定律在讨论力学问题时的重要性。当然,如果我们想知道碰撞的细节,则必须要弄清楚作用的具体过程。

2. 实验室系与质心系

在研究两质点碰撞时,通常选定其中一个质点静止的坐标系,这种坐标系称为实验室系(L 系)。例如,研究 α 粒子和金原子相碰撞时,通常选取金原子是静止的实验室系(图 5.15)。其中静止的物体称为靶,运动的物体称为弹。

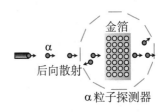

图 5.15　实验室系

另外一种常用的惯性系,称为质心系(C 系),坐标系固定在体系的质心上,即在坐标系中体系的质心处于静止。碰撞问题在质心系中求解,往往较为简单。

3. 对心碰撞与斜碰撞

碰撞前两球的速度处在两球中心的连线上的碰撞为正碰撞,也称为对心碰撞。设在实验室系中,碰撞前后两球的速度分别为 $\vec{u}_1$,$\vec{u}_2$ 和 $\vec{v}_1$,$\vec{v}_2$,则质心速度为

$$\vec{v}_c = \frac{m_1 \vec{u}_1 + m_2 \vec{u}_2}{m_1 + m_2}$$

在质心系中,碰撞前后两质点的速度分别为 $\vec{u}_1'$,$\vec{u}_2'$ 和 $\vec{v}_1'$,$\vec{v}_2'$,有

$$m_1 \vec{u}_1' + m_2 \vec{u}_2' = m_1 \vec{v}_1' + m_2 \vec{v}_2' = \vec{0}$$

结合能量守恒定律,可以得到 $\vec{v}_2' - \vec{v}_1' = \vec{u}_1' - \vec{u}_2'$,解得

$$\vec{v}_1' = -\vec{u}_1', \quad \vec{v}_2' = -\vec{u}_2'$$

这个结果表示,在质心系中每个质点碰撞后的速度为其碰撞前速度的负值。

一般情况下,碰后两物体沿着不同方向分开,这种碰撞称为斜碰撞,这是因为碰前两球的速度不在两球中心的连线上。通常,碰前速度 $\vec{u}_1$,$\vec{u}_2$ 和碰后速度 $\vec{v}_1$,$\vec{v}_2$ 处于两个不同的平面,所以它是一个三维问题。这里只讨论 $\vec{u}_2 = \vec{0}$ 的情况,它是一个二维问题,所有运动均在($\vec{v}_1$,$\vec{v}_2$)平面内。

弹性碰撞满足动量守恒和动能守恒,故有方程

$$\begin{cases} m_1\vec{u}_1 = m_1\vec{v}_1 + m_2\vec{v}_2 \\ \dfrac{1}{2}m_1u_1^2 = \dfrac{1}{2}m_1v_1^2 + \dfrac{1}{2}m_2v_2^2 \end{cases}$$

在 $(\vec{v}_1,\vec{v}_2)$ 平面内取 $x-y$ 坐标，x 轴沿 $\vec{u}_1$ 方向，y 轴与之垂直[图 5.16(a)]。动量守恒矢量方程在此坐标下可以用两个分量式写出：

$$\begin{cases} m_1u_1 = m_1v_1\cos\theta_1 + m_2v_2\cos\theta_2 \\ 0 = m_1v_1\sin\theta_1 + m_2v_2\sin\theta_2 \end{cases}$$

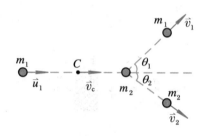

(a) 在 L 系中

其中 θ_1,θ_2 称为散射角。由此得到求解弹性斜碰撞的三个方程，如果知道足够的物理量，就可以求得碰后的速度 $\vec{v}_1,\vec{v}_2$。

以上是在实验室系中的分析，也可以在质心系中讨论[图 5.16(b)]。由于 $\vec{u}_2 = \vec{0}$，质心速度为

$$\vec{v}_c = \frac{m_1}{m_1+m_2}\vec{u}_1 \tag{5.3.31}$$

在质心系中碰前两球的速度分别为

$$\vec{u}_1' = \vec{u}_1 - \vec{v}_c = \frac{m_2}{m_1+m_2}\vec{u}_1 \tag{5.3.32}$$

$$\vec{u}_2' = \vec{u}_2 - \vec{v}_c = -\vec{v}_c = -\frac{m_1}{m_1+m_2}\vec{u}_1 \tag{5.3.33}$$

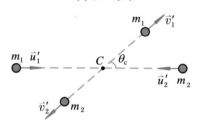

(b) 在 C 系中

图 5.16 实验室系与质心系

显然，有关系 $m_1\vec{u}_1' + m_2\vec{u}_2' = \vec{0}$，即碰前质心系中动量为零。碰后，系统的动量仍为零：$m_1\vec{v}_1' + m_2\vec{v}_2' = \vec{0}$。可见，$\vec{v}_1',\vec{v}_2'$ 仍在一条直线上。再考虑到动能守恒关系

$$\frac{1}{2}m_1u_1'^2 + \frac{1}{2}m_2u_2'^2 = \frac{1}{2}m_1v_1'^2 + \frac{1}{2}m_2v_2'^2$$

则必有结论：$v_1' = u_1'$，$v_2' = u_2'$。

由此可知，在质心系中，两小球弹性碰撞后，每个小球只改变方向，不改变大小，且碰后小球的速度仍在一直线上，只是直线改变了方位。质心系中质量为 m_1 小球的偏离用 θ_c 表示。

【例 5.11】已知两粒子的质量分别为 m_1 和 m_2，质量为 m_2 的靶粒子静止。试导出弹性斜碰撞时实验室系和质心系中入射粒子的散射角 θ_1 和 θ_c 的关系式。

【解】根据质量为 m_1 的入射粒子碰后的速度关系式 $\vec{v}_1 = \vec{v}_1' + \vec{v}_c$，画出矢量图（见图）。写出两分量方程：

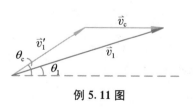

例 5.11 图

$$v_1 \cos\theta_1 = v_1' \cos\theta_c + v_c$$

$$v_1 \sin\theta_1 = v_1' \sin\theta_c$$

联立两方程,并利用式(5.3.31)和式(5.3.32),可以得到

$$\tan\theta_1 = \frac{\sin\theta_c}{\cos\theta_c + m_1/m_2}$$

当 $m_1 = m_2$ 时,有

$$\tan\theta_1 = \frac{\sin\theta_c}{\cos\theta_c + 1} = \tan\frac{\theta_c}{2}, \quad 即 \quad \theta_1 = \frac{\theta_c}{2}$$

4. 非弹性碰撞

对于一般的非弹性碰撞,动量守恒仍然成立,但动能守恒不再满足,或者说两粒子碰后相对分离速度不再等于碰前相对接近速度。两者之所以不再相等,是因为存在非弹性;因此可以用来描述非弹性。

实验指出,一般非弹性碰撞粒子的相对分离速度与相对接近速度存在关系:

$$v_2 - v_1 = e(u_1 - u_2) \tag{5.3.34}$$

其中 e 称为弹性恢复系数,它仅与物质的材质(相应的弹性)有关。对于理想弹性体,$e = 1$,例如象牙就接近于此值;对于完全非弹性体,$e = 0$,例如黏泥;对于一般非弹性体,$0 < e < 1$。

由动量守恒方程和速度关系式,可以解得

$$v_1 = \frac{m_1 - em_2}{m_1 + m_2} u_1 + \frac{(1+e)m_2}{m_1 + m_2} u_2 \tag{5.3.35}$$

$$v_2 = \frac{m_2 - em_1}{m_1 + m_2} u_2 + \frac{(1+e)m_1}{m_1 + m_2} u_1 \tag{5.3.36}$$

碰撞过程中损失的动能为

$$\Delta E = \frac{1}{2}(1 - e^2) \frac{m_1 m_2}{m_1 + m_2}(u_1 - u_2)^2 \tag{5.3.37}$$

对于弹性碰撞,$e = 1$,动能守恒;对于完全非弹性碰撞,$e = 0$,动能损失最大。

现在考察 $m_2 \gg m_1$ 且球 2 碰撞前的速度 $u_2 = 0$ 的特例。这时有

$$\begin{cases} v_1 = \dfrac{m_1 u_1}{m_1 + m_2} - e\dfrac{m_2 u_1}{m_1 + m_2} \approx \dfrac{m_1 u_1}{m_2} - e\dfrac{m_2 u_1}{m_2} \approx 0 - eu_1 = -eu_1 \\[2mm] v_2 = \dfrac{m_1 u_1}{m_1 + m_2} + e\dfrac{m_1 u_1}{m_1 + m_2} \approx \dfrac{m_1 u_1}{m_2} + e\dfrac{m_1 u_1}{m_2} \approx 0 + 0 = 0 \end{cases}$$

$$\tag{5.3.38}$$

这就是说球 2 保持不动。由于 $m_2 \gg m_1$，故这是完全可以理解的。$v_1 = -eu_1$ 中的负号表明球 1 向相反方向弹回去。弹回速度小于接近速度，前者为后者的 e 倍。这样，我们获得一个测定物体与地面相碰的恢复系数的简便方法：令物体从高 H 处自由落下，其落到地面的速度为 $u_1 = \sqrt{2gH}$，即以此速度与地面相碰撞。碰撞后的反跳速度 v_1 难以直接量度，但可以观察其上升的最大高度 h，而 $h = v_1^2/(2g)$。于是恢复系数

$$e = \frac{|v_1|}{|u_1|} = \frac{\sqrt{2gh}}{\sqrt{2gH}} = \sqrt{\frac{h}{H}}$$

可由高度 H 与 h 很简便地求得。

如果 $m_2 \approx m_1$，同样球 2 碰撞前的速度 $u_2 = 0$。若发生的是弹性碰撞，$e = 1$，则有

$$\begin{cases} v_1 = \dfrac{m_1 u_1}{m_1 + m_2} - e\,\dfrac{m_2 u_1}{m_1 + m_2} \approx \dfrac{m_1 u_1}{2m_1} - e\,\dfrac{m_1 u_1}{2m_1} = 0 \\[3mm] v_2 = \dfrac{m_1 u_1}{m_1 + m_2} + e\,\dfrac{m_1 u_1}{m_1 + m_2} \approx \dfrac{m_1 u_1}{2m_1} + e\,\dfrac{m_1 u_1}{2m_1} = u_1 \end{cases} \tag{5.3.39}$$

即质量为 m_1 粒子的速度全部转移到质量为 m_2 的粒子，质量为 m_1 的粒子几乎静止下来。在核反应堆里，由于原子裂变产生的中子速度很快，如果用这些中子去激发其他原子核以产生更多的裂变，就必须减小它们的速度。假设高速运动的中子与静止的原子核做弹性碰撞，那么应该选用何种物质才能有效地抑制反应堆内中子的运动速度？由式(5.3.38)和式(5.3.39)可以看出，如果静止的靶核的质量很大，例如铅，中子就会以其原有速度反弹回来；如果静止的靶比中子的质量轻很多，例如电子，中子就会以其原有速度继续向前运动；如果静止的靶核与中子的质量接近，中子就有可能在碰撞中几乎停下来，将速度传递给靶核。所以，氢是最有效的中子减速剂，因为它的核（质子）与中子具有相近的质量。

【例 5.12】 一质量为 m 的电子与一质量为 M、最初静止的原子进行正碰撞。碰撞的结果是，一定量的能量 E 被贮存到原子的内部。问电子必须具有多大的最小初速度 v_0？

【解】 设碰撞后电子的速度为 v，原子的速度为 V，由动量守恒，可以得到

$$mv_0 = mv + MV \quad \Rightarrow \quad v = \frac{mv_0 - MV}{m}$$

因为有一定量的能量 E 被贮存到原子的内部，所以由能量守恒并考虑到这一能量的转化，有

$$\frac{1}{2}mv_0^2 = \frac{1}{2}mv^2 + \frac{1}{2}MV^2 + E$$

$$\frac{1}{2}mv_0^2 = \frac{1}{2}\frac{(mv_0 - MV)^2}{m} + \frac{1}{2}MV^2 + E$$

即

$$m^2 v_0^2 = m^2 v_0^2 - 2MmVv_0 + M^2 V^2 + MmV^2 + 2mE$$

经过代数运算，可以得到

$$M(M + m)V^2 - 2Mmv_0 V + 2mE = 0$$

其中 V 是未知的，v_0 是要求的，可只有一个方程，如何处理呢？可以把它看成关于 V 的一元二次方程，而 V 肯定是实数。根据数学理论，要使方程对于 V 有实根，二次方程的判别式必须大于或等于 0，所以有

$$4M^2 m^2 v_0^2 - 8Mm(M + m)E \geqslant 0$$
$$Mmv_0^2 \geqslant 2E(M + m)$$

最终得到 $v_0 \geqslant \sqrt{2E(M + m)/(Mm)}$。

　　碰撞是非常广泛的一类物理过程，既包括微观尺度上分子、原子、质子、中子、电子、原子核之间的相互作用，也包括日常生活和工作中遇到的一些现象和过程，甚至宇宙中一些非常大尺度的星系和星体的相对运动也可以看成碰撞过程，例如后面我们要讨论的弹弓效应。

5.3.6　质心系分析

　　对孤立质点体系，在质心系里，体系的动量恒为零。质心系是惯性系，功能原理和机械能守恒定律适用。但相对于质心系和其他惯性系（如实验室参照系），功和能未必相同。具体地说，外力的功和体系的动能相对两个参照系的值不一定相同。

　　相对于某个惯性参照系，质点系的动能为所有质点的动能之和

$$E_k = \sum_i \frac{1}{2}m_i v_i^2 = \sum_i \frac{1}{2}m_i(\vec{v}_i \cdot \vec{v}_i)$$

设 $\vec{v}_c$ 为质点系的质心速度，$\vec{v}_i^c$ 为第 i 个质点相对质心系的速度，则有 $\vec{v}_i = \vec{v}_c + \vec{v}_i^c$，所以

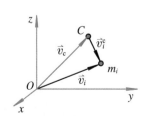

图 5.17　质心速度、质点相对质心速度与质点速度

$$E_k = \sum_i \frac{1}{2} m_i (\vec{v}_i \cdot \vec{v}_i) = \sum_i \frac{1}{2} m_i (\vec{v}_c + \vec{v}_i^c) \cdot (\vec{v}_c + \vec{v}_i^c)$$

$$= \sum_i \frac{1}{2} m_i (\vec{v}_c \cdot \vec{v}_c + 2 \vec{v}_c \cdot \vec{v}_i^c + \vec{v}_i^c \cdot \vec{v}_i^c)$$

$$= \sum_i \frac{1}{2} m_i [v_c^2 + 2 \vec{v}_c \cdot \vec{v}_i^c + (v_i^c)^2]$$

$$= v_c^2 \cdot \frac{1}{2} \sum_i m_i + \sum_i \frac{1}{2} m_i \cdot (v_i^c)^2 + \vec{v}_c \cdot \sum_i m_i \vec{v}_i^c$$

$$= \frac{1}{2} M v_c^2 + \sum_i \frac{1}{2} m_i \cdot (v_i^c)^2 + \vec{v}_c \cdot \vec{P}^c$$

因为系统相对于质心的动量为零,所以

$$E_k = \frac{1}{2} M v_c^2 + \sum_i \frac{1}{2} m_i \cdot (v_i^c)^2$$

等号右边第一项为系统的平动动能,也就是把整个系统看成质量集中在质心处的质点具有的动能;第二项为系统内各个质点相对于质心的动能。即:体系动能等于质心动能与体系相对于质心系的动能之和。这称为柯尼希(Johann S. König, 1712－1757)定理。无论质心系是惯性系还是非惯性系,柯尼希定理都成立。

现在作一分析。对地面而言,质心的加速度 $\vec{a}_c = \vec{0}$,则质心系是惯性系;如果质心加速度 $\vec{a}_c \neq \vec{0}$,则质心系是具有加速度 $\vec{a}_c$ 的非惯性系,在其中惯性力做功

$$W_{\text{惯}} = \sum_i \int (-m_i \vec{a}_c) \cdot \mathrm{d}\vec{r}_i^c = -\int \vec{a}_c \cdot \sum_i m_i \mathrm{d}\vec{r}_i^c$$

$$= -\int \vec{a}_c \cdot \mathrm{d} \left(\sum_i m_i \vec{r}_i^c \right)$$

$$= -\int \vec{a}_c \cdot \mathrm{d} (m_c \vec{r}_c^c) = 0$$

虽然现在质心系是非惯性系,但是惯性力做的功为零,功能原理和机械能守恒仍然适用。在"刚体"一章中我们还会再讨论。

在某些问题中,选用质心系比选用惯性系更方便。

【例 5.13】 在地面上将质量 $m = 1\,\mathrm{kg}$ 的物体以 $v' = 4\,\mathrm{m/s}$ 的速率掷出,物体的速率从 0 变为 $4\,\mathrm{m/s}$,动能增加了 $8\,\mathrm{J}$。由动能定理,须对它做功 $8\,\mathrm{J}$。现在改在速率 $v_0 = 2\,\mathrm{m/s}$ 的轮船上将同一物体以同一速率 v' 向前掷出。如选用"静止"参考系,物体的速率为 $6\,\mathrm{m/s}$,动能增加 $18 - 2 = 16(\mathrm{J})$。由动能定理,须对它做功 $16\,\mathrm{J}$。现在又在那只轮船上将同一物体以同一速率向后掷出,即 $v'' = -4\,\mathrm{m/s}$,选用"静止"参考系,物体的速率从 $2\,\mathrm{m/s}$ 变为 $-2\,\mathrm{m/s}$,动能

不增加。由动能定理,不需对它做功。由此可以得出结论:在轮船上抛掷物体所需的功与在岸上抛掷物体所需的功完全不同,向前掷与向后掷又大不相同。对吗? 如何解释?

【解】显然不对,大家从没有这样的感受。

问题在于:由于牛顿第三定律,物体被抛掷出去,轮船相对于"静止"参考系的速率也要改变,数值可利用"轮船-抛掷体"系统的动量守恒原理算出。

既然轮船的质量远远大于抛掷体的质量,不算也知道轮船速度的改变非常小。但也正因为轮船的质量很大,尽管速率的改变很小,其动能的改变却是颇为可观的。相对于"静止"参考系,物体动能的增加当然是 16 J(向前掷)或 0 J(向后掷),但这并不等于人所需做的功,人所需做的功应等于"轮船-抛掷体"系统的动能的增加量;必须计及轮船的动能的改变才可以得出正确的结果。为了计算抛掷物体所需的功,竟需要计及轮船运动情况的改变!

选取"轮船-抛掷体"系统的质心系则比较方便。因为轮船质量远远超过物体的质量,系统的质心实际上也就是轮船的质心,轮船相对于它自己的质心,当然是始终静止的。在质心坐标系中,轮船的动量始终是零,无需特别计及轮船的动能。在质心系中,物体的速率也就是它相对于轮船的速率,不论向前掷或向后掷,物体的速率都是从 0 变为 4 m/s,动能的增长都是 8 J。据动能定理,应对它做功 8 J,与在岸上抛掷物体的情况相同。可见,质心系确有优越之处!

轮船的动能究竟改变了多少呢? 我们现在分析一下。假设有质量相差悬殊的两个质点(质量为 m_0 的地球和质量为 m 的一个质点)构成一个保守体系(图 5.18)。因为质量悬殊,可以认为系统的质心就在地球的中心。取相对于地球(系统质心)以速度 u 向上运动的参考系分析。质点下落时地球的速率由 u 变为 V,质点的速率由 u 变为 v。在质心系中地球和质点的速度分别取为 V_c 和 v_c,有 $m_0 V_c = -m v_c$,所以

$$V_c = -\frac{m}{m_0} v_c$$

$$V = u + V_c = u - \frac{m}{m_0} v_c = u - \frac{m}{m_0}(v - u)$$

质点的动能增量为

$$\frac{1}{2}mv^2 - \frac{1}{2}mu^2 = \frac{1}{2}m(v + u)(v - u)$$

尽管地球的速度变化甚微,但其动能增量为

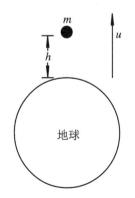

图 5.18　质量悬殊的两个质点构成的保守体系

$$\frac{1}{2}m_0 V^2 - \frac{1}{2}m_0 u^2 = \frac{1}{2}m_0 u^2 \left[1 - \frac{m(v-u)}{m_0 u}\right]^2 - \frac{1}{2}m_0 u^2$$

$$\approx \frac{1}{2}m_0 u^2 \left[1 - 2 \cdot \frac{m(v-u)}{m_0 u}\right] - \frac{1}{2}m_0 u^2$$

$$= -mu(v-u)$$

和质点的动能增量可以相比拟,所以不能置之不顾。

5.4 动量矩守恒

5.4.1 牛顿定律与动量矩守恒

我们再讨论一种守恒定律——动量矩(角动量)守恒。

仍然从由两个质点构成的孤立体系开始讨论(图5.19)。图5.19所示的两质点体系的动力学方程是

$$m_1 \frac{d\vec{v}_1}{dt} = \vec{F}_{21}, \quad m_2 \frac{d\vec{v}_2}{dt} = \vec{F}_{12} \tag{5.4.1}$$

其中$\vec{F}_{21}$是质点2对质点1的作用力,$\vec{F}_{12}$是质点1对质点2的作用力,没有外力的作用。根据牛顿第三定律,

$$\vec{F}_{12} = -\vec{F}_{21} \tag{5.4.2}$$

用矢量$\vec{r}_1$对式(5.4.1)中第一式的两边进行叉乘,得到

$$\vec{r}_1 \times m_1 \frac{d\vec{v}_1}{dt} = \vec{r}_1 \times \vec{F}_{21} \tag{5.4.3}$$

根据矢量的微分法则,得

$$m_1 \vec{r}_1 \times \frac{d\vec{v}_1}{dt} = m_1 \frac{d}{dt}(\vec{r}_1 \times \vec{v}_1) - m_1 \frac{d\vec{r}_1}{dt} \times \vec{v}_1$$

$$= m_1 \frac{d}{dt}(\vec{r}_1 \times \vec{v}_1) - m_1 \vec{v}_1 \times \vec{v}_1$$

$$= m_1 \frac{d}{dt}(\vec{r}_1 \times \vec{v}_1)$$

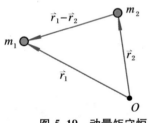

图 5.19　动量矩守恒

所以

$$m_1 \frac{\mathrm{d}}{\mathrm{d}t}(\vec{r}_1 \times \vec{v}_1) = \vec{r}_1 \times \vec{F}_{21} \qquad (5.4.4)$$

同理，可得

$$m_2 \frac{\mathrm{d}}{\mathrm{d}t}(\vec{r}_2 \times \vec{v}_2) = \vec{r}_2 \times \vec{F}_{12} \qquad (5.4.5)$$

把式(5.4.4)与式(5.4.5)相加，得

$$\begin{aligned}
\frac{\mathrm{d}}{\mathrm{d}t}(\vec{r}_1 \times m_1\vec{v}_1 + \vec{r}_2 \times m_2\vec{v}_2) &= \vec{r}_1 \times \vec{F}_{21} + \vec{r}_2 \times \vec{F}_{12} \\
&= \vec{r}_1 \times \vec{F}_{21} - \vec{r}_2 \times \vec{F}_{21} \\
&= (\vec{r}_1 - \vec{r}_2) \times \vec{F}_{21} \qquad (5.4.6)
\end{aligned}$$

由图 5.19 可知 $\vec{r}_1 - \vec{r}_2$ 在两质点的连线上，根据牛顿第三定律，$\vec{F}_{21}$ 的方向也沿着两质点的连线方向，所以 $(\vec{r}_1 - \vec{r}_2) \times \vec{F}_{21} = \vec{0}$，故式(5.4.6)变成

$$\frac{\mathrm{d}}{\mathrm{d}t}(\vec{r}_1 \times m_1\vec{v}_1 + \vec{r}_2 \times m_2\vec{v}_2) = \vec{0} \qquad (5.4.7)$$

定义

$$\vec{L} = \vec{r}_1 \times m_1\vec{v}_1 + \vec{r}_2 \times m_2\vec{v}_2 \qquad (5.4.8)$$

称之为体系的动量矩（也称角动量），从而式(5.4.7)可写成

$$\frac{\mathrm{d}\vec{L}}{\mathrm{d}t} = \vec{0} \quad \text{或} \quad \vec{L} = \text{不变量} \qquad (5.4.9)$$

式(5.4.7)和式(5.4.9)表明，对于这个体系，我们找到了一个新的守恒律，即动量矩守恒。同样，我们可以定义

$$\vec{l} = \vec{r} \times m\vec{v} \qquad (5.4.10)$$

为单个质点的动量矩。对于孤立体系，每个质点的动量矩时刻都在变化，但它们的和却不随时间变化，这就是动量矩守恒定律。

很容易将上述动量矩守恒推广到多质点构成的体系。只要一个孤立体系的内力满足牛顿第三定律，用类似的方法可以证明

$$\frac{\mathrm{d}\vec{L}}{\mathrm{d}t} = \vec{0}, \quad \text{或} \quad \vec{L} = \text{不变量}$$

其中 $\vec{L} = \sum\limits_{i=1}^{n} \vec{l}_i$ 是体系中各质点动量矩的和。

　　动量矩守恒也是一个独立的规律,即它并不包含在能量守恒或动量守恒规律中。机械能守恒或动量守恒的体系动量矩并不一定守恒;反之亦然。另外,与动量守恒定律类似,动量矩守恒也是一个矢量关系,它包括三个不变的量,即

$$L_x = 不变量, \quad L_y = 不变量, \quad L_z = 不变量 \tag{5.4.11}$$

再则,与动量守恒定律一样,在证明动量矩守恒时,我们也使用了牛顿第三定律;因此,在牛顿力学范围内,动量矩守恒的适用性是与牛顿第三定律的适用性联系在一起的。同样,我们是通过对孤立体系的分析得到动量矩守恒定律的;但当虽有外力作用,可是总的力矩为零时,系统的动量矩仍然守恒。

5.4.2　力矩与动量矩定理

　　现在讨论动量矩的变化率。根据定义,一个质点的动量矩为

$$\vec{l} = \vec{r} \times m\vec{v} = \vec{r} \times \vec{p}$$

它随时间的变化率为

$$\frac{\mathrm{d}\vec{l}}{\mathrm{d}t} = \frac{\mathrm{d}}{\mathrm{d}t}(\vec{r} \times \vec{p}) = \frac{\mathrm{d}\vec{r}}{\mathrm{d}t} \times \vec{p} + \vec{r} \times \frac{\mathrm{d}\vec{p}}{\mathrm{d}t}$$

因为 $\mathrm{d}\vec{r}/\mathrm{d}t = \vec{v}$,而 $\vec{v}$ 与 $\vec{p}$ 平行,故上式右边的第一项为零。将 $\mathrm{d}\vec{p}/\mathrm{d}t = \vec{F}$ 代入上式右边的第二项,最终得到

$$\frac{\mathrm{d}\vec{l}}{\mathrm{d}t} = \vec{r} \times \vec{F} \tag{5.4.12}$$

定义

$$\vec{M} = \vec{r} \times \vec{F} \tag{5.4.13}$$

称之为力 $\vec{F}$ 对坐标原点 O 的力矩,则式(5.4.12)成为

$$\frac{\mathrm{d}\vec{l}}{\mathrm{d}t} = \vec{M} \tag{5.4.14}$$

此式表明,动量矩的变化率等于力矩。这个公式与动量形式的牛顿第二定律

$\mathrm{d}\vec{p}/\mathrm{d}t = \vec{F}$ 很相似。动量矩与动量相对应,力矩与力相对应。

相应地,也可以定义力矩对时间的积分 $\int_{t_1}^{t_2}\vec{M}\mathrm{d}t$ 为冲量矩。所以,冲量矩是度量动量矩变化的物理量。

按力矩的定义式(5.4.13),显然同一力 $\vec{F}$ 对不同点的力矩是不同的,式(5.4.14)中的 $\vec{l}$ 和 $\vec{M}$ 应相对于同一点来计算。

5.4.3　质心系的动量矩定理

1. 质心系的动量矩定理

由于在动量矩定理的推导过程中应用了牛顿定律,所以动量矩定理在惯性系中才成立。当在质心系中考虑体系相对于质心的动量矩随时间的变化时,质心是固定点。如果质心系是惯性系,那么动量矩定理当然适用。如果质心系是非惯性系,那么只要加上惯性力,牛顿定律就仍然成立。因此即使加上惯性力的力矩,动量矩守恒定理也仍然成立。

设 L_c 为质心系中体系对质心的动量矩,M_c 为外力对质心的力矩,$M_{c惯}$ 为惯性力对质心的力矩。则有

$$\vec{M}_c + \vec{M}_{c惯} = \frac{\mathrm{d}\vec{L}_c}{\mathrm{d}t}$$

由于质心系是平动系,作用在各质点上的惯性力与质量成正比,方向与质心加速度的方向相反,对质心的力矩为

$$\vec{M}_{c惯} = \sum \vec{r}_{ci} \times (-m_i\vec{a}) = -\left(\sum m_i\vec{r}_{ci}\right) \times \vec{a} = \vec{0}$$

所以,最后有 $\vec{M}_c = \dfrac{\mathrm{d}\vec{L}_c}{\mathrm{d}t}$。

不论质心系是惯性系还是非惯性系,在质心系中,动量矩定理都仍然适用。

2. 体系的动量矩与质心的动量矩

虽然在质心系中动量矩定理仍然适用,但体系在质心系中相对于质心的动量矩与在惯性系中相对于原点的动量矩并不相同。这一点应该是肯定的,因为即使在惯性系中相对于不同点的动量矩也都不相同,何况质心往往还是一个运动的点。

设在惯性系 K 中,体系相对于原点的动量矩为 L。在质心系 K_c 中,体系相对于质心的动量矩为 L_c,则有

$$L = \sum (\vec{r}_i \times m_i \vec{v}_i) = \sum [(\vec{r}_c + \vec{r}_{ci}) \times m_i (\vec{v}_c + \vec{v}_{ci})]$$

$$= \sum (\vec{r}_c \times m_i \vec{v}_c + \vec{r}_c \times m_i \vec{v}_{ci} + \vec{r}_{ci} \times m_i \vec{v}_c + \vec{r}_{ci} \times m_i \vec{v}_{ci})$$

$$= \vec{r}_c \times M \vec{v}_c + \vec{r}_c \times (\sum m_i \vec{v}_{ci})$$

$$+ (\sum m_i \vec{r}_{ci}) \times \vec{v}_c + \sum (\vec{r}_{ci} \times m_i \vec{v}_{ci})$$

$$= \vec{r}_c \times M \vec{v}_c + \sum (\vec{r}_{ci} \times m_i \vec{v}_{ci})$$

$$= \vec{r}_c \times M \vec{v}_c + L_c$$

其中 $\vec{r}_c \times m_c \vec{v}_c$ 为质心动量矩。这样,我们就得到:体系的动量矩等于质心的动量矩与体系相对于质心的动量矩之和。我们在"刚体"一章中将通过实例分析。

5.5 有心力场中的质点运动

5.5.1 有心力场与动量矩守恒

如果力场对物体的作用力始终通过某个定点,这个力就称为有心力,相应的定点称为力心。万有引力是有心力,其力心是"点"物质(力源)所在处。选择力心作为原点,则有心力的力矩 $\vec{M} = \vec{r} \times \vec{F} = \vec{0}$。如果物体只在有心力作用下运动,则力矩为零,由式(5.4.14),知

$$\frac{\mathrm{d}\vec{l}}{\mathrm{d}t} = \vec{0}, \quad \vec{l} = \text{不变量} \tag{5.5.1}$$

由 $\vec{l} = \vec{r} \times m\vec{v}$,有

$$\vec{r} \cdot \vec{l} = 0 \tag{5.5.2}$$

即位矢 $\vec{r}$ 与常矢量 $\vec{l}$ 垂直,因此这些 $\vec{r}$ 处于同一平面内,$\vec{l}$ 是这个平面的法线;而力心、运动轨道、作用在质点上的有心力也都在这个平面内。所以,在讨论有心力场中的运动问题时,可以认为其是二维问题。选择轨道平面为 Oxy 平面,O 为力心,有心力在极坐标系中可写成

$$\vec{f} = |\vec{f}|\vec{e}_r = f\vec{e}_r \tag{5.5.3}$$

在极坐标(r,θ)下,位矢 $\vec{r} = r(\cos\theta\vec{e}_x + \sin\theta\vec{e}_y) = r\vec{e}_r$,$\vec{e}_r = \vec{r}/r$ 为径向单位矢量;$\vec{e}_x,\vec{e}_y$ 分别是平面直角坐标 Oxy 系中 x 轴和 y 轴上的单位矢量。

根据加速度 $\vec{a}$ 在极坐标系中的表达式(2.3.6),知

$$\vec{a} = \left[\frac{\mathrm{d}^2 r}{\mathrm{d}t^2} - r\left(\frac{\mathrm{d}\theta}{\mathrm{d}t}\right)^2\right]\vec{e}_r + \frac{1}{r}\frac{\mathrm{d}}{\mathrm{d}t}\left(r^2\frac{\mathrm{d}\theta}{\mathrm{d}t}\right)\vec{e}_\theta$$

由 $\vec{f} = m\vec{a}$,并与式(5.5.3)对比,可得

$$m\left[\frac{\mathrm{d}^2 r}{\mathrm{d}t^2} - r\left(\frac{\mathrm{d}\theta}{\mathrm{d}t}\right)^2\right] = f, \quad \frac{\mathrm{d}}{\mathrm{d}t}\left(r^2\frac{\mathrm{d}\theta}{\mathrm{d}t}\right) = 0$$

由第二式,得到

$$r^2\frac{\mathrm{d}\theta}{\mathrm{d}t} = 常量$$

即

$$\vec{l} = \vec{r} \times m\vec{v} = mr^2\frac{\mathrm{d}\theta}{\mathrm{d}t}\vec{e}_z = 常矢量 \tag{5.5.4}$$

这是因为 $\vec{r} \times m\vec{v} = m\vec{r} \times \left(\frac{\mathrm{d}r}{\mathrm{d}t}\vec{e}_r + r\frac{\mathrm{d}\theta}{\mathrm{d}t}\vec{e}_\theta\right) = mr^2\frac{\mathrm{d}\theta}{\mathrm{d}t}\vec{e}_z$,$\vec{e}_z$ 是直角坐标 z 轴上的单位矢量。

记

$$\mathrm{d}A = \frac{1}{2}r \cdot r\mathrm{d}\theta = \frac{1}{2}r^2\mathrm{d}\theta$$

为质点位矢所扫过的面积(图 5.20),则有

$$\vec{l} = 2m\frac{\mathrm{d}A}{\mathrm{d}t}\vec{e}_z = 常矢量 \tag{5.5.5}$$

从而可得到

$$\frac{\mathrm{d}A}{\mathrm{d}t} = 常量 \tag{5.5.6}$$

即质点位矢在单位时间内扫过的面积相等。

图 5.20 面积速度

5.5.2 行星运行规律

行星绕太阳运动,取太阳为原点。行星受太阳的引力作用,由于引力总是

指向太阳,即万有引力是有心的,故相对于原点(太阳)的力矩

$$\vec{M} = \vec{r} \times \vec{F} = \vec{0}, \quad \frac{\mathrm{d}\vec{l}}{\mathrm{d}t} = \vec{0}$$

所以

$$\vec{l} = 不变量$$

即行星的动量矩是守恒的。行星的动量是不守恒的,因为动量守恒要求没有外力,而动量矩守恒要求没有外力矩。

由动量矩守恒,可以得到行星运动必须遵循的规律:

(1) 行星轨道处在一确定的平面内,是一条平面曲线。

这点我们前面已经讨论过。

(2) 开普勒第一定律。

取太阳为坐标原点,行星的位矢为 $\vec{r}$,则太阳对该行星的引力为

$$\vec{F} = -\frac{GMm}{r^2} \vec{e}_r \tag{5.5.7}$$

其中 M 及 m 分别表示太阳和行星的质量,$-\vec{e}_r$ 表示力 $\vec{F}$ 总是指向太阳。由牛顿第二定律,行星的动力学方程应为

$$\frac{\mathrm{d}^2\vec{r}}{\mathrm{d}t^2} = -\frac{GM}{r^2} \vec{e}_r \tag{5.5.8}$$

行星的动能 T 及势能 V 分别为

$$T = \frac{1}{2} m \left(\frac{\mathrm{d}\vec{r}}{\mathrm{d}t}\right)^2, \quad V = -\frac{GMm}{r} \tag{5.5.9}$$

行星的机械能守恒:

$$T + V = E = 不变量$$

行星的动量矩也是守恒的:

$$\vec{r} \times \vec{p} = \vec{r} \times m\frac{\mathrm{d}\vec{r}}{\mathrm{d}t} = \vec{l} = 不变量 \tag{5.5.10}$$

现在定义一个新的物理量

$$\vec{B} = \frac{\mathrm{d}\vec{r}}{\mathrm{d}t} \times \vec{l} - GMm\vec{e}_r$$

称为龙格 - 楞次矢量。它是一个守恒量,不过不是普遍适用的,仅适用于有心力作用下的运动。证明如下:

由

$$\frac{\mathrm{d}}{\mathrm{d}t}\left(\frac{\mathrm{d}\vec{r}}{\mathrm{d}t}\times\vec{l}\right)=\frac{\mathrm{d}^2\vec{r}}{\mathrm{d}t^2}\times\vec{l}+\frac{\mathrm{d}\vec{r}}{\mathrm{d}t}\times\frac{\mathrm{d}\vec{l}}{\mathrm{d}t}$$

再考虑式(5.5.8)和式(5.5.10),有

$$\frac{\mathrm{d}}{\mathrm{d}t}\left(\frac{\mathrm{d}\vec{r}}{\mathrm{d}t}\times\vec{l}\right)=-\frac{GM}{r^2}\vec{e}_r\times\vec{l}=-\frac{GMm}{r^2}\vec{e}_r\times\left(\vec{r}\times\frac{\mathrm{d}\vec{r}}{\mathrm{d}t}\right)$$

利用矢量乘积公式

$$\vec{a}\times(\vec{b}\times\vec{c})=(\vec{a}\cdot\vec{c})\vec{b}-(\vec{a}\cdot\vec{b})\vec{c} \qquad (5.5.11)$$

上式可改写成

$$\begin{aligned}
\frac{\mathrm{d}}{\mathrm{d}t}\left(\frac{\mathrm{d}\vec{r}}{\mathrm{d}t}\times\vec{l}\right) &= -\frac{GMm}{r^2}\left(\vec{r}\cdot\frac{\mathrm{d}\vec{r}}{\mathrm{d}t}\right)\vec{e}_r+\frac{GMm}{r^3}(\vec{r}\cdot\vec{r})\frac{\mathrm{d}\vec{r}}{\mathrm{d}t} \\
&= -\frac{GMm}{r^2}\left(r\frac{\mathrm{d}r}{\mathrm{d}t}\right)\vec{e}_r+\frac{GMm}{r}\cdot\frac{\mathrm{d}\vec{r}}{\mathrm{d}t} \\
&= -\frac{GMm}{r^2}\cdot\frac{\mathrm{d}r}{\mathrm{d}t}\vec{r}+\frac{GMm}{r}\cdot\frac{\mathrm{d}\vec{r}}{\mathrm{d}t} \\
&= \frac{\mathrm{d}}{\mathrm{d}t}\left(GMm\frac{\vec{r}}{r}\right)
\end{aligned} \qquad (5.5.12)$$

推导中用到了

$$\vec{r}\cdot\frac{\mathrm{d}\vec{r}}{\mathrm{d}t}=\frac{1}{2}\cdot\frac{\mathrm{d}}{\mathrm{d}t}(\vec{r}\cdot\vec{r})=\frac{1}{2}\cdot\frac{\mathrm{d}}{\mathrm{d}t}r^2=r\frac{\mathrm{d}r}{\mathrm{d}t}$$

由式(5.5.12),立即得到

$$\frac{\mathrm{d}}{\mathrm{d}t}\left(\frac{\mathrm{d}\vec{r}}{\mathrm{d}t}\times\vec{l}-GMm\frac{\vec{r}}{r}\right)=\vec{0}$$

即

$$\frac{\mathrm{d}\vec{B}}{\mathrm{d}t}=\vec{0} \qquad (5.5.13)$$

这就证明了 $\vec{B}$ 的确是一个守恒量。

利用这个守恒量很容易证明开普勒第一定律,即行星的轨迹是一椭圆,太阳在其焦点上。

利用矢量乘法规则

$$\vec{a} \cdot (\vec{b} \times \vec{c}) = \vec{b} \cdot (\vec{c} \times \vec{a}) = \vec{c} \cdot (\vec{a} \times \vec{b}) \tag{5.5.14}$$

可把 $\dfrac{1}{m}\vec{l}^2 = \dfrac{1}{m}\vec{l} \cdot \vec{l} = \left(\vec{r} \times \dfrac{\mathrm{d}\vec{r}}{\mathrm{d}t}\right) \cdot \vec{l}$ 改写成

$$\frac{1}{m}\vec{l}^2 = \vec{r} \cdot \left(\frac{\mathrm{d}\vec{r}}{\mathrm{d}t} \times \vec{l}\right) = \vec{r} \cdot \left(\vec{B} + \frac{GMm}{r}\vec{r}\right) \tag{5.5.15}$$

由于 $\vec{B}$ 是不变的矢量,故可选为极轴的方向,这样就有

$$\vec{r} \cdot \vec{B} = rB\cos\varphi$$

其中 φ 为 $\vec{r}$ 与 $\vec{B}$ 之间的夹角。利用这个表达式,式(5.5.15)可写成

$$\frac{1}{m}\vec{l}^2 = rB\cos\varphi + GMmr$$

或者

$$r = \frac{\vec{l}^2/(GMm^2)}{1 + \dfrac{B}{GMm}\cos\varphi} \tag{5.5.16}$$

这就是行星运动的轨迹。

式(5.5.16)是典型的极坐标系中的圆锥曲线方程。$\vec{B}$ 为极轴方向,φ 角为从极轴逆时针计起的方位角。这样,就证明了在太阳引力作用下,行星运动的轨迹必定是圆锥曲线,而且太阳在其焦点上。

极坐标系中,以 O 为焦点的圆锥曲线的标准形式是

$$r = \frac{p}{1 + \varepsilon\cos\varphi} \tag{5.5.17}$$

其中 p 为 $\varphi = \pi/2$ 时的 r 值,称为截距,ε 称为偏心率。根据偏心率的不同,曲线(5.5.17)可分成几种形式:当 $\varepsilon < 1$ 时,为椭圆;当 $\varepsilon > 1$ 时,为双曲线;当 $\varepsilon = 1$ 时,为抛物线;当 $\varepsilon = 0$ 时,为圆。

进一步比较式(5.5.16)和式(5.5.17),可以求得轨迹的偏心率

$$\varepsilon = \frac{B}{GMm} \tag{5.5.18}$$

根据龙格-楞次矢量 $\vec{B}$ 的定义式,B 的大小可按下面的方法求出:

$$B^2 = \vec{B} \cdot \vec{B} = \left(\frac{\mathrm{d}\vec{r}}{\mathrm{d}t} \times \vec{l} - GMm\frac{\vec{r}}{r}\right) \cdot \left(\frac{\mathrm{d}\vec{r}}{\mathrm{d}t} \times \vec{l} - GMm\frac{\vec{r}}{r}\right)$$

$$= \left(\frac{\mathrm{d}\vec{r}}{\mathrm{d}t} \times \vec{l}\right) \cdot \left(\frac{\mathrm{d}\vec{r}}{\mathrm{d}t} \times \vec{l}\right) - 2GMm\,\frac{\vec{r}}{r} \cdot \left(\frac{\mathrm{d}\vec{r}}{\mathrm{d}t} \times \vec{l}\right) + (GMm)^2$$

利用式(5.5.11)及式(5.5.14),上式可化简为

$$B^2 = \left[\left(\frac{\mathrm{d}\vec{r}}{\mathrm{d}t} \times \vec{l}\right) \times \frac{\mathrm{d}\vec{r}}{\mathrm{d}t}\right] \cdot \vec{l} - 2GMm\,\frac{\vec{r}}{r} \cdot \left(\frac{\mathrm{d}\vec{r}}{\mathrm{d}t} \times \vec{l}\right) + (GMm)^2$$

$$= \frac{2}{m}\left[\frac{1}{2}m\left(\frac{\mathrm{d}\vec{r}}{\mathrm{d}t}\right)^2 - \frac{GMm}{r}\right]l^2 + (GMm)^2$$

再由能量守恒公式 $T + V = E = $ 常量及式(5.5.9),上式可表示为

$$B^2 = \frac{2}{m}El^2 + G^2M^2m^2 \tag{5.5.19}$$

代入式(5.5.18),即得

$$\varepsilon = \frac{B}{GMm} = \left(1 + \frac{2El^2}{G^2M^2m^3}\right)^{1/2} \tag{5.5.20}$$

龙格－楞次矢量 $\vec{B}$ 的物理意义是:其方向指向行星轨道最靠近太阳的点,常简称近日点;其大小决定轨道的偏心率。

　　由式(5.5.20)可以看出,只有当 $E < 0$ 时,轨迹才是椭圆($\varepsilon < 1$),因此,行星的机械能必定小于零;当 $E > 0$ 时,$\varepsilon > 1$,运动轨迹是双曲线,它不是周期性的运动,而是从无限远来再到无限远去的运动。

　　圆轨道的条件是 $\varepsilon = 0$,即应有

$$1 + \frac{2El^2}{G^2M^2m^3} = 0 \tag{5.5.21}$$

说明行星的机械能 E 与其动量矩 l 之间有确定的关系,相互不是独立的。实际上,式(5.5.21)可由能量守恒式和动量矩守恒式直接得到。因为在圆周运动情况下,$l = mrv$ 且 $v^2 = GM/r$,将两式代入能量守恒公式

$$\frac{1}{2}mv^2 - \frac{GMm}{r} = E$$

即可得到式(5.5.21)。

　　(3) 开普勒第二定律。

　　由式(5.5.6)可知,行星单位时间内扫过的面积(面积速度)为常量:

$$\Pi = \frac{\mathrm{d}A}{\mathrm{d}t} = 不变量 = \frac{1}{2}r^2\frac{\mathrm{d}\theta}{\mathrm{d}t} = \frac{1}{2}r \cdot v = \frac{1}{2}\frac{rvm}{m} = \frac{l}{2m}$$

$$\tag{5.5.22}$$

（4）开普勒第三定律。

由式（5.5.17）知，行星轨道的近日点距离 $r_m = p/(1+\varepsilon)$，远日点距离 $r_M = p/(1-\varepsilon)$，椭圆轨道的半长轴

$$r_a = \frac{1}{2}(r_m + r_M) = \frac{p}{1-\varepsilon^2}$$

因此，轨道的半短轴

$$r_b = \sqrt{1-\varepsilon^2}\, r_a = \frac{p}{\sqrt{1-\varepsilon^2}} \tag{5.5.23}$$

椭圆的面积为 $\pi r_a r_b = \pi \sqrt{1-\varepsilon^2}\, r_a^2$。将椭圆面积除以行星的面积速度 Π，就得到行星运行的周期

$$T = \frac{\pi \sqrt{1-\varepsilon^2}\, r_a^2}{\Pi} \tag{5.5.24}$$

由式（5.5.16）、式（5.5.24）和式（5.5.22），有 $p = l^2/(GMm^2)$，

$$\frac{T}{r_a^{3/2}} = \frac{2\pi m}{l}\left[(1-\varepsilon^2)r_a\right]^{1/2} = \frac{2\pi \sqrt{p}\, m}{l} = \frac{2\pi}{\sqrt{GM}} \tag{5.5.25}$$

这就是开普勒第三定律，即行星椭圆轨道半长轴 r_a 的三次方与周期 T 的二次方之比为常量。

（5）行星的能量与轨道

在极坐标系中写出有心力场的动力学方程径向分量式 $m(\ddot{r} - r\dot{\theta}^2) = f(r)$ 和动量矩大小的关系式 $mr^2\dot{\theta} = l$。为方便下一步的分析，引入变量代换 $h = r^2\dot{\theta}$。

动力学方程径向分量式两端同乘 $\mathrm{d}r$，并注意

$$\ddot{r}\cdot\mathrm{d}r = \frac{\mathrm{d}\dot{r}}{\mathrm{d}t}\cdot\mathrm{d}r \approx \frac{\Delta\dot{r}}{\Delta t}\cdot\Delta r = \Delta\dot{r}\cdot\frac{\Delta r}{\Delta t} \approx \mathrm{d}\dot{r}\cdot\dot{r} = \dot{r}\mathrm{d}\dot{r}$$

所以有

$$m\left(\dot{r}\mathrm{d}\dot{r} - \frac{h^2}{r^3}\mathrm{d}r\right) = f(r)\mathrm{d}r$$

考虑到

$$\int_{r_0}^{r} f(r)\mathrm{d}r = -\left[U(r) - U(r_0)\right]$$

最后得

$$\frac{1}{2}m\dot{r}^2 + \frac{mh^2}{2r^2} + U(r) = \frac{1}{2}m\dot{r}_0^2 + \frac{mh^2}{2r_0^2} + U(r_0) = E$$

为不变量。上式也可以写成 $\frac{1}{2}m\dot{r}^2 + \frac{1}{2}mr^2\dot{\theta}^2 + U(r) = E$ 的形式。

令 $U_{\text{eff}}(r) = U(r) + \frac{1}{2}mr^2\dot{\theta}^2 = U(r) + \frac{mh^2}{2r^2}$，称为有效势能。

有效势能取决于质点的总能量 E。代表总能量为 E 的水平线与有效势能曲线相交的点叫作拱点。在拱点处 r 取极值，径向速度 $\dot{r}=0$，只有切向速度。

由

$$\frac{mh^2}{2r^2} + U(r) = \frac{mh^2}{2r^2} - \frac{GMm}{r} = E$$

可以得到

$$r^2 + \frac{GMm}{E}r - \frac{mh^2}{2E} = 0$$

解方程即可求得拱点处的 r 值。

若 $E = E_1 > 0$，由有效势能曲线图（图 5.21），可知 r 有最小值 r_1，但最大值无限制，即 $r_1 \leqslant r < \infty$。由方程可求得 r 只有一个正根

$$r_1 = -G\frac{Mm}{2E} + \sqrt{\left(G\frac{Mm}{2E}\right)^2 + \frac{mh^2}{2E}}$$

这时轨道为一条双曲线。

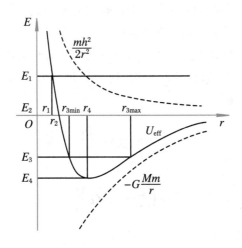

图 5.21　有效势能曲线

若 $E = E_2 = 0$，由有效势能曲线图（图 5.21），可知 r 有最小值 r_2，但最大值无限制，即 $r_2 \leqslant r < \infty$。r_2 比 r_1 略大。由方程可求得 r 也只有一个正根

$$r_2 = \frac{h^2}{2GM}$$

这时轨道为一条抛物线。

若 $E = E_3 < 0$，由有效势能曲线图（图 5.21），可知 r 是有界的，即 $r_{3\min} \leqslant r \leqslant r_{3\max}$，可求得

$$r_{3\max} = -G\frac{Mm}{2E} + \sqrt{\left(G\frac{Mm}{2E}\right)^2 + \frac{mh^2}{2E}}$$

$$r_{3\min} = -G\frac{Mm}{2E} - \sqrt{\left(G\frac{Mm}{2E}\right)^2 + \frac{mh^2}{2E}}$$

这时轨道为一椭圆，力心为椭圆的一个焦点。

若 $E = E_4$ 为有效势能曲线的最小值点，则 $r = r_4$，该值为方程的重根。利用判据

$$\left(G\frac{Mm}{2E}\right)^2 + \frac{mh^2}{2E} = 0, \quad 即 \quad E = -\frac{G^2M^2m}{2h^2}$$

得

$$r_4 = \frac{h^2}{GM}$$

这时质点 m 到力心 M 的距离恒定不变，对应的轨道为圆。

【例 5.14】行星绕日运动的机械能与轨道半长轴是什么关系？行星在远日点、近日点、轨道半短轴端点的速度有什么关系？

【解】考虑 A, B 两点。由于对应着行星椭圆轨道的近日点与远日点，行星的径向速度为零，只有切向速度，速度矢量与矢径相垂直，动量矩大小为 $L = mrv$。机械能为

$$\frac{1}{2}mv^2 - G\frac{Mm}{r} = E$$

消去 v，有

$$\frac{1}{2}m\left(\frac{L}{mr}\right)^2 - G\frac{Mm}{r} = E$$

即

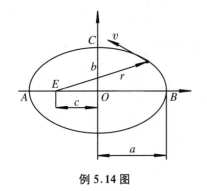

例 5.14 图

$$r^2 + \frac{GMm}{E} \cdot r - \frac{L^2}{2mE} = 0$$

根据韦达定理,两个根满足

$$r_A + r_B = 2a = -\frac{GMm}{E}$$

所以有

$$E = -\frac{GMm}{2a}$$

即行星运动的机械能仅与椭圆轨道的长轴 $2a$(或半长轴 a)有关,而与椭圆的具体形状无关;长轴越大能量越大,长轴越小能量越小(注意这时机械能 E 为负值)。该关系对宇航器轨道的设计具有重要意义。

根据韦达定理,另外还有

$$r_A \cdot r_B = a^2 - c^2 = b^2 = -\frac{L^2}{2mE}, \quad b = \frac{L}{\sqrt{-2mE}}$$

其中 $r_A = a - c$,$r_B = a + c$。由机械能关系式

$$\frac{1}{2}mv^2 - G\frac{Mm}{r} = E = -\frac{GMm}{2a}$$

可得

$$v = \sqrt{2GM\left(\frac{1}{r} - \frac{1}{2a}\right)}$$

所以有

$$v_A = \sqrt{\frac{GM}{a} \cdot \frac{a+c}{a-c}}, \quad v_B = \sqrt{\frac{GM}{a} \cdot \frac{a-c}{a+c}}, \quad v_C = \sqrt{\frac{GM}{a}}$$

从而有关系 $v_C^2 = v_A \cdot v_B$。

在牛顿提出万有引力理论时,有人就提出一个问题:既然宇宙间只有引力,为什么宇宙中的物体竟不会塌缩到一块,而还能处在相当分散的状态?历史上有许多人从不同角度回答过这个问题。例如,有的人从哲学观点断言:有引力,必定有斥力,所以不会塌缩。康德就持这种观点。其实这种说法是没有根据的。有引力,必定有斥力,这不是一条物理上的原理,哲学也不能代替物理的研

究。有引力而不一定会塌缩,原因之一即动量矩守恒。以太阳而言,它对行星有引力,为什么行星不会掉到太阳上去呢? 因为,当物体掉到太阳上时,不管速度如何,其动量矩相对于太阳来说都是零。所以,只要在太阳系形成时,具有一定的动量矩,则整个太阳系就不可能塌缩到一块去。在距太阳极远的许许多多运动着的物体中,只有运动方向正对着太阳的那些物体的动量矩才为零,而其他物体的动量矩都不是零,这些物体在太阳的万有引力作用下永远不会掉到太阳上去。可见,正是因为太阳与物体之间的作用是万有引力,它是有心力,绝大多数物体才不可能掉到太阳上去,而不需什么其他的斥力。明确指出这一点的是法国的数学家、天文学家拉普拉斯(Pierre-Simon Laplace,1749 – 1827)。

对于我们居住的地球,也有类似的情况。我们知道,地球有时要通过流星带,但绝不会有很多物体撞击到地球上来,因为地球对它们的作用是引力,动量矩守恒成立,只有极少数开始相对于地球的动量矩就为零的那些流星才会掉到地球上来。

人造地球卫星运行一段时间后,会掉回地球上来。这不仅是由于地球引力作用,而主要是由于大气的摩擦。大气摩擦力总是与卫星运动的方向相反,对地心的力矩不为零,在此力矩作用下,卫星的动量矩逐渐减小,最后掉回地球。我们经常看到陨石掉到地球上来,原因也是摩擦。由于它在宇宙空间中运行时受到微弱摩擦作用,动量矩从原来不为零变到零,从而能落到地球上来。

【例 5.15】 人造地球卫星虽然在高空运行,但仍然难免受到微弱的空气阻力。试在计及空气阻力 f 的情况下研究人造卫星的运动。

【解】 设某一瞬时,卫星在半径为 r 的圆轨道上绕地球运行,速率为 v。由于空气阻力的作用,其运行速率 v 必将减小。这样一来,卫星就不可能保持在原来的轨道上。如果地球对卫星的引力超过了维持在原轨道上运行所需的向心力 mv^2/r,那么卫星的高度下降。因此,卫星的轨道应是缓慢趋向地球的螺旋线[图(a)]。

下面用较为严格的数学语言进行分析。由于存在微弱的阻力 f,已不再是单纯的有心力问题。不过,我们仍然可取地心作为极坐标的原点。此时,根据式(2.3.6),横向运动方程应变成

$$mr\ddot{\varphi} + 2m\dot{r}\dot{\varphi} = -f$$

这里,我们认为阻力基本上是横向的。不难验证,上式即

$$\frac{\mathrm{d}}{\mathrm{d}t}(mr^2\dot{\varphi}) = -rf \tag{1}$$

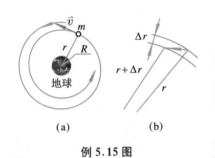

(a)　　　(b)

例 5.15 图

假若 r 不变,则由上式给出 $\mathrm{d}\dot{\varphi}/\mathrm{d}t = -f/(mr)<0$,即环绕地球运行的速度 $v = r\dot{\varphi}$ 减小。再看径向运动方程

$$mr\ddot{{}} - mr\dot{\varphi}^2 = -G\frac{Mm}{r^2} = -mg\frac{R^2}{r^2} \quad \left(g = \frac{GM}{R^2}\right) \qquad (2)$$

即

$$m\ddot{r} - m\frac{v^2}{r} = -mg\frac{R^2}{r^2}$$

假若 r 不变,而 v 减小,由上式给出 $\ddot{r}<0$。如果卫星原来沿着圆轨道运动, $\dot{r}=0$,那么由 $\ddot{r} = \mathrm{d}\dot{r}/\mathrm{d}t<0$ 和 $\dot{r}$ 将变为负的,卫星不能保持在原来的圆轨道上。在环绕地球运行的过程中,卫星将缓缓下降。

那么,卫星的轨道方程究竟是怎样的? 答案需从式(1)和式(2)解出,这在数学上相当麻烦。考虑到阻力十分微弱,我们作如下近似处理。既然阻力微弱,卫星高度的下降应是十分缓慢的。这样,我们可以认为在任何一段足够短的时间里,卫星近似地沿着圆轨道运动,只是圆的半径 r 随着时间的流逝而缓慢减小。在动能的计算中,可以只考虑环绕地球运行的速度,而忽略高度下降的速度。

我们先计算卫星环绕地球一周所降低的高度[图(b)]。在该过程中,阻力做的功是 $-f2\pi r$。因为

$$\Delta E = \Delta(T + U) = \Delta\left(\frac{1}{2}mv^2 - \frac{mgR^2}{r}\right)$$

$$= \Delta\left(\frac{1}{2}\frac{GMm}{r} - \frac{mgR^2}{r}\right) = \Delta\left(\frac{1}{2}\frac{mgR^2}{r} - \frac{mgR^2}{r}\right)$$

所以有

$$\Delta E = \Delta\left(-\frac{mgR^2}{2r}\right) = -f2\pi r \qquad (3)$$

增量可用微分操作代替,因此有

$$\frac{mgR^2}{2r^2}\Delta r = -f2\pi r$$

从而

$$\Delta r = -f\frac{4\pi r^3}{mgR^2} \qquad (4)$$

这样,卫星每环绕地球一周,高度下降

$$|\Delta r| = f 4\pi r^3 / (mgR^2)$$

有趣的是，随着高度的下降（r 减少），运行速度 $v = \sqrt{gR^2/r}$ 与动能 $T = mgR^2/(2r)$ 却增大。阻力作用的结果竟然是使卫星速度加快！这是怎么回事？

下面仔细分析这个过程中的功能关系。卫星环绕地球一周，阻力做负功，导致卫星的机械能减少，如式（3）所指出的。同时，卫星高度下降了 $|\Delta r|$，因而地球对卫星的引力做正功

$$W_{引} = \left(m \frac{gR^2}{r^2} \right) |\Delta r| = -\left(m \frac{gR^2}{r^2} \right) \Delta r > 0$$

通常也可表述为势能的减少，即

$$\Delta V = \Delta\left(-m \frac{gR^2}{r} \right) = \left(m \frac{gR^2}{r^2} \right) \Delta r = -W_{引} < 0$$

于是，动能的改变量

$$
\begin{aligned}
\Delta T &= \Delta E - \Delta V = -f 2\pi r - \left(m \frac{gR^2}{r^2} \right) \Delta r \\
&= -f 2\pi r + \left(m \frac{gR^2}{r^2} \right) f 4\pi \frac{r^3}{mgR^2} \\
&= -f 2\pi r + f 4\pi r = f 2\pi r > 0
\end{aligned}
$$

以上是就卫星环绕地球一周进行的讨论，其实轨道上的任何一小段都可以按同样的方法进行分析。

这样，人造地球卫星在空气阻力作用下反而加速的物理图像就清楚了：虽然阻力做负功，但这导致卫星高度下降；而在高度下降的过程中，地球的引力做正功，其大小为阻力所做负功大小的 2 倍，从而总功是正的，所以卫星加速。

现在我们再讨论一下潮汐现象。在某一海滨，海水的高度每天都有规律地升降，这就是潮汐现象。潮汐主要是由月球的引力引起的。在月球引力作用下，地球表面的海水形成如图 5.22 所示的形状，在靠近月球的一侧和远离月球的一侧凸出来。地球每天自转一周。因此，地球上确定位置的观察者每天看到两次涨潮、两次退潮。月球一月绕地球一周，因此，海面凸出部位一月绕地心一周；而地球每天自转一周，所以地球与海面凸出部分之间有相对运动，两部分之间存在摩擦，其力矩使地球自转变慢，即引力对自转起制动作用。实际上，不但地球表面的海水会形成潮汐，就是固体地球，由于有一定的弹性，也会在月球引力的作用下产生类似的变形，称为"固体潮汐"。固体潮汐椭圆的长轴相对

图 5.22　潮汐

于地 - 月连线落后 5° 左右。现代地学已证明了地球自转的变慢,9 亿年前每天有 18 小时左右;3 亿年前,地球的 1 年是 398 天,现在的 1 年是 365.25 天,可见变慢不少。到最后,地球自转速度将与月球绕地球转的角速度相同,也就是说,一个月转一周,一天将等于一个月。现在的月球永远一面朝向地球,原因正在于此。

　　如果我们把研究对象扩大些,把地球和月球一起近似看作一个孤立体系,则它的总动量矩应当是守恒的。地 - 月体系的总动量矩等于地球动量矩与月球动量矩的和。由于总动量矩守恒,地球因自转变慢而造成的动量矩减少,必定意味着月球动量矩的增加。根据开普勒定律,月球绕地运行的速度与月地之间的距离有确定的关系,要想增加动量矩,只能增大月地之间的距离。也就是说,随着地球自转变慢,月亮将离我们越来越远。

　　【例 5.16】 月球引力在地球上引起的潮汐,会使地球的自转变慢。试分析在这一过程中动量矩由地球自转向月球公转的转移及其效果。

　　【解】 由于月球引力的作用,地球及其表面的海水会偏离球形,变成近似的椭球形。相对于球面凸起的部分与月球之间的引力,一方面会引起该变形相对于地球的运动,造成地球自转变慢;另一方面也会向前牵引月球。地球动量矩的减少,意味着月球公转动量矩的增加。设月球公转的动量矩为 J,增加量为 ΔJ,月球公转的角速度为 ω,线速度为 v,地球的质量为 M,月球的质量为 m,月地之间的距离为 r,则有

$$J = mrv = mr^2\omega, \quad \Delta J = 2mr\omega\Delta r + mr^2\Delta\omega$$

因为

$$\frac{GMm}{r^2} = m\frac{v^2}{r} = mr\omega^2$$

所以 $r^3\omega^2 = GM$ 为常量,从而有

$$\Delta(r^3\omega^2) = 3r^2\omega^2\Delta r + 2r^3\omega\Delta\omega = \Delta(GM) = 0$$

即 $3\omega\Delta r = -2r\Delta\omega$。可以得出

$$\Delta r = -\frac{2r}{3\omega}\Delta\omega \quad 或 \quad \Delta\omega = -\frac{3\omega}{2r}\Delta r$$

因此

$$\Delta J = 2mr\omega\Delta r + mr^2\Delta\omega = -2mr\omega\frac{2r}{3\omega}\Delta\omega + mr^2\Delta\omega$$

$$= -\frac{4m}{3}r^2\Delta\omega + mr^2\Delta\omega = -\frac{1}{3}mr^2\Delta\omega$$

或

$$\Delta J = 2mr\omega\Delta r + mr^2\Delta\omega = 2mr\omega\Delta r - mr^2\frac{3\omega}{2r}\Delta r$$

$$= 2mr\omega\Delta r - \frac{3}{2}mr\omega\Delta r = \frac{1}{2}mr\omega\Delta r$$

所以有

$$\Delta r = \frac{2\Delta J}{mr\omega} \quad 或 \quad \Delta\omega = -\frac{3\Delta J}{mr^2}$$

进一步可以得出

$$\Delta v = \Delta(r\omega) = r\Delta\omega + \omega\Delta r = -r\frac{3\Delta J}{mr^2} + \omega\frac{2\Delta J}{mr\omega} = -\frac{\Delta J}{mr}$$

即随着月球公转动量矩的增加,月地之间的距离增大,绕地公转的角速度和线速度都减小。现代的观测表明,月地距离每年大约增加 2~4 cm。

5.5.3　第一宇宙速度

当抛物速度达到一定值时,它就会绕地球做匀速圆周运动而不再落回地面,成为地球的卫星。这个速度称为第一宇宙速度。

按第一宇宙速度 v 的定义,当物体达到速度 v 时,它将绕地球做匀速圆周运动。这时,地球和物体之间的距离可用地球半径 R 代替。根据牛顿第二定律和万有引力定律,得

$$G\frac{Mm}{R^2} = m\frac{v^2}{R} = mg \tag{5.5.26}$$

其中 M 是地球的质量,m 是物体的质量,所以

$$v = \sqrt{G\frac{M}{R}} \quad 或 \quad v = \sqrt{Rg} \tag{5.5.27}$$

把 $R \approx 6\,400$ km,$g = 9.8$ m·s^{-2} 代入上式,得到 $v \approx 7.9 \times 10^3$ m·s^{-1},即第一宇宙速度的值。

5.5.4 第二宇宙速度

要使物体能够逃离地球而不再返回,它的速度应更高,即至少要具有第二宇宙速度的值才行。物体脱离地球,即达到无限远处。因为无限远处的势能为零,故根据引力场中的机械能守恒,其离开地球时的机械能至少应该为

$$E = \frac{1}{2}mv^2 - \frac{GMm}{R} = 0 \tag{5.5.28}$$

其中 R 为地球半径。故第二宇宙速度

$$v = \sqrt{2G\frac{M}{R}} \tag{5.5.29}$$

将有关数值代入,得第二宇宙速度 $v \approx 11.2 \times 10^3 \ \text{m·s}^{-1}$。

对于一个质量为 M、半径为 r 的体系,同样可以定义它的第二宇宙速度

$$v_2 = \sqrt{\frac{2GM}{r}} \tag{5.5.30}$$

假设有一个引力体系的第二宇宙速度等于光速,即 $\sqrt{2GM/r} = c$,则有

$$r = \frac{2GM}{c^2} \tag{5.5.31}$$

这样,若体系的半径 $r < 2GM/c^2$,则它的第二宇宙速度 v_2 就要大于光速。这就是说,在这种体系中发射的光都不能克服引力的作用,最终一定要落回到该体系。简言之,这种体系根本不可能有光发射出去,所以,我们不能看到它,故称之为"黑洞"。因此,$r_g = 2GM/c^2$ 也是一个关键的物理量,称为引力半径或施瓦西(Karl Schwarzschild,1873 – 1916)半径,对应的球面称为视界。

对于地球,质量 $M = 6 \times 10^{24}$ kg,代入上式,可求得地球的引力半径 $r_g \approx 0.9$ cm。也就是说,如果地球的全部质量能缩小到半径约为 1 cm 的小球内,那么生活在这样小球上的人将无法和外界进行光或无线电的联系,它将是一个孤立的体系。这当然只是一个假设。下面我们看一个较实际的例子。

考虑一个球形体系,其半径为 r,其中物质均匀分布,密度为 ρ,则体系的质量为

$$M = \frac{4\pi}{3} r^3 \rho$$

如果这个体系的半径恰好达到自己的引力半径,有

$$r_g = \frac{2GM}{c^2} = \frac{8\pi G r_g^3 \rho}{3c^2}$$

即引力半径为

$$r_g = \left(\frac{3c^2}{8\pi G \rho} \right)^{1/2}$$

这说明对于生活在密度为 ρ 的环境中的人,他不可能把光发射到超出 r_g 的范围。

我们生活的宇宙环境的密度平均为 $\rho \approx 10^{-29}$ g·cm^{-3},因此,可求得引力半径为 $r_g \approx 10^{26}$ m $\approx 10^{10}$ 光年;也就是说,我们不可能把光发射到 10^{26} m 之外,这个尺度也就是我们的宇宙的大小,或称宇宙半径。

5.5.5　第三宇宙速度

从地面发射的火箭如具有第三宇宙速度,那就不仅能够脱离地球,而且可以逃出太阳系。

火箭如果能够逃出太阳系,机械能 E,即动能 $mv^2/2$ 以及太阳-火箭的势能 $-GMm/r_太$ 的和,至少应等于零。由于机械能守恒,在地球与太阳这样的距离上,E 也应至少等于零,即

$$\frac{1}{2} mv^2 - \frac{GMm}{R_1} = 0 \tag{5.5.32}$$

其中 R_1 为地球与太阳之间的距离。将相关数据代入,可以得到

$$v = \sqrt{2 \frac{GM}{R_1}} \approx 42.2 \text{ km} \cdot \text{s}^{-1} \tag{5.5.33}$$

就是说,在地球、太阳这样的距离上,一个物体必须具有 42.2 km·s^{-1} 的速度才可以逃出太阳系。但这里还没有计及地球的引力,上面所说的 42.2 km·s^{-1} 是已脱离了地球引力范围后的速度。那么火箭从地面出发时相对于地球的速率 v' 应当多大呢?

先选用相对于太阳静止的参考系。火箭已经脱离地球引力范围时的动能应为 $\frac{1}{2}m(42.2\ \text{km}\cdot\text{s}^{-1})^2$，而火箭－地球体系的势能为零。为了用最小的速度达到目的，应当沿地球公转方向发射火箭，以最大限度地利用地球的公转。考虑到地球公转的速率为 29.8 km·s⁻¹，火箭以相对速率 v' 从地面出发时的动能为 $\frac{1}{2}m(v'+29.8)^2$，火箭－地球体系的势能为 $(-mgR^2/r)\mid_{r=R}$，R 为地球的半径。万有引力是保守力，所以机械能守恒，有

$$\frac{1}{2}m(v'+29.8\ \text{km}\cdot\text{s}^{-1})^2 - \frac{mgR^2}{r}\bigg|_{r=R} = \frac{1}{2}m(42.2\ \text{km}\cdot\text{s}^{-1})^2$$

$$(5.5.34)$$

由此求得

$$\begin{aligned} v' &= (\sqrt{42.2^2 + 11.2^2} - 29.8)\ \text{km}\cdot\text{s}^{-1}\\ &= (42.5 - 29.8)\ \text{km}\cdot\text{s}^{-1}\\ &= 12.7\ \text{km}\cdot\text{s}^{-1} \end{aligned}$$

$$(5.5.35)$$

可是，这一结果是"有问题"的。

在火箭飞出地球引力范围的过程中，由动量守恒，地球相对于建立在太阳上的参考系其速度也在改变。由于地球的质量很大，这个速度变化很小；但是，正因为地球质量很大，尽管速度变化很小，动能的改变也颇为可观。必须计及地球动能的改变，才可以得出正确的结果。为了计算火箭的速度，竟需要计及地球运动情况的改变，这太不方便了。

换种处理方式，选取建立在地球－火箭体系质心上的坐标系则比较方便，因为地球的质量远远超过火箭的质量，地球－火箭体系的质心实际上也就是地球的质心。地球相对于它自己的质心，当然是始终静止的。在质心坐标系中，地球的动能始终为零，无需特别计及地球的动能。在质心坐标系中，火箭已脱离了地球引力范围时的动能应为 $m(42.2\ \text{km}\cdot\text{s}^{-1} - 29.8\ \text{km}\cdot\text{s}^{-1})^2/2$，这时地球－火箭体系的势能为零。火箭以相对速率 v' 从地面出发时的动能为 $mv'^2/2$，这时地球－火箭系统的势能为 $(-mgR^2/r)\mid_{r=R}$。根据机械能守恒，有

$$\frac{1}{2}mv'^2 - \frac{mgR^2}{r}\bigg|_{r=R} = \frac{1}{2}m(42.2\ \text{km}\cdot\text{s}^{-1} - 29.8\ \text{km}\cdot\text{s}^{-1})^2$$

$$(5.5.36)$$

由此解得第三宇宙速度

$$v' = \sqrt{(42.2 - 29.8)^2 + 11.2^2} \text{ km} \cdot \text{s}^{-1}$$
$$= \sqrt{12.4^2 + 11.2^2} \text{ km} \cdot \text{s}^{-1}$$
$$= 16.7 \text{ km} \cdot \text{s}^{-1} \tag{5.5.37}$$

这样，无需计算地球运动情况的改变，就能得到正确的第三宇宙速度。这又一次说明质心系的优越。

选择质心系计算方便了很多，但会不会有问题？仍可以选用"静止"参考系，但要考虑地球速度及动能的变化。取火箭脱离地球引力范围后的速度为 v_S，地球的速度由 v_{E0} 变为 v_E，火箭-地球系统的势能为零。火箭以相对速率 v' 从地面出发时的动能为 $\frac{1}{2}m(v' + v_{E0})^2$，火箭-地球系统的势能为 $(-mgR^2/r)|_{r=R}$，其中 R 为地球半径。由动量守恒，即 $m_E v_{E0} + m(v' + v_{E0}) = m_E v_E + m v_S$，可得

$$v_E = v_{E0} + \frac{m}{m_E}(v' + v_{E0} - v_S)$$

考虑到火箭质量 m 和地球质量 m_E 的相对大小，在计算速度 v_E 的平方时可以将后一项的平方略去，只保留到交叉项，即

$$v_E^2 \approx v_{E0}^2 + 2\frac{m}{m_E}(v' v_{E0} + v_{E0}^2 - v_S v_{E0})$$

将其代入机械能守恒关系，

$$\frac{1}{2}m(v' + v_{E0})^2 + \frac{1}{2}m_E v_{E0}^2 - \frac{mgR^2}{r}\bigg|_{r=R} = \frac{1}{2}m v_S^2 + \frac{1}{2}m_E v_E^2$$

消去相关项后即可得到

$$v'^2 = \frac{2gR^2}{r}\bigg|_{r=R} + v_S^2 + v_{E0}^2 - 2v_S v_{E0} = \frac{2gR^2}{r}\bigg|_{r=R} + (v_S - v_{E0})^2$$

最后有

$$v' = \sqrt{\frac{2gR^2}{r}\bigg|_{r=R} + (v_S - v_{E0})^2} = \sqrt{11.2^2 + (42.2 - 29.8)^2} \text{ km/s}$$
$$= 16.7 \text{ km/s}$$

在"静止"参考系中考虑地球动能的改变后，也可以得出正确的结果，但计算过程比质心系要复杂很多。

需要提醒大家注意的是，我们这里讨论的第二宇宙速度和第三宇宙速度指的都是火箭从地面出发时相对于地球的速度。实际上，火箭是靠不断向后方喷

出气体而逐渐加速的,与这里讨论的过程并不相同,不存在离开地表时就具有很大速度的情况。

5.5.6　飞船轨道的设计

1. 转移轨道

如何设计飞船的轨道才能使其顺利航行到别的行星上去？最简单的解决方案是用蛮力,可以建造一支巨大的火箭把宇宙飞船直接送到目标行星附近,然后再点燃一支反向的火箭让它减速。然而,还有更巧妙和更经济实用的方法:利用太阳的万有引力和行星运动的基本规律。

首先,把宇宙飞船发射进一个绕地球的临时轨道,从那里再把宇宙飞船引导到"转移轨道",如图 5.23 所示。它是奥地利科学家霍曼(W. Hohmann, 1880-1945)在 1925 年首先提出来的,因而又叫霍曼轨道。霍曼轨道是一个以太阳为一个焦点并满足开普勒行星运动定律的半椭圆轨道,远日点(或近日点)和近日点(或远日点)分别位于地球轨道和目标行星轨道上。轨道的长轴则等于地球轨道半径与目标行星轨道半径的和。宇宙飞船一旦进入转移轨道,它的火箭就不需要再工作了,直到到达目标行星的轨道为止。在这段路上,它的能量和动量矩都保持不变,由太阳的引力发挥作用。当它到达了目标行星的轨道后,必须点燃火箭,把它再从转移轨道引导到目标行星轨道里。这种模式的航行需要的燃料最少,所以在实际的飞船轨道设计中非常重要。由于地球公转轨道与目标行星轨道不在一个平面内,或者设计飞行轨道时有特殊的考虑,在飞船飞行途中需要偏离原来的霍曼轨道,这时就要进行"深空机动",通过发动机喷气改变飞行方向,以保证飞行器顺利与目标行星准确会合。为了保证飞船沿着预定的轨道飞行,还要根据具体情况适时进行轨道修正,同时也会产生加速的效果。

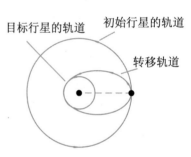

图 5.23　转移轨道

转移轨道为宇宙航行提供了经济的方案,但也施加了限制。我们不能在任意时候把飞船送到任何行星上去,必须当地球和目标星球处在合适的相对位置时才能发射,这种状态叫作发射机会。发射时,地球必须在转移轨道长轴的一端,而目标行星必须与宇宙飞船一起同时到达长轴的另一端。用这种方法,每隔 19 个月,可以送宇宙飞船去金星,每隔 780 天去火星,每隔 13 个月去木星。因为不同行星有不同的轨道周期,所以发射机会也不同。

当出现发射机会时,宇宙飞船开始发往一个绕地球的临时轨道上,这个轨道叫作停放轨道。宇宙飞船要进入转移轨道,必须离开它的停放轨道并逃脱地

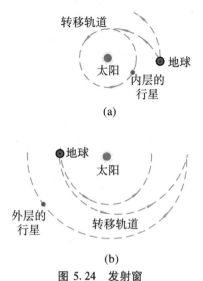

转移轨道

太阳　　地球

内层的
行星

(a)

地球

太阳

外层的
行星

转移轨道

(b)

图 5.24　发射窗

球的引力。火箭的推力提供宇宙飞船逃逸的能量,但是何时以及如何提供推力要取决于目的地。

即使在发射机会期间,飞船也必须在停放轨道上的正确地点发射。这个地点叫作发射窗。如果宇宙飞船要到内层的一个行星(水星或金星)那里去,那么当飞船处于地球朝向太阳的一面时出现发射窗,如图 5.24(a)所示。要向外层的行星发射,那么必须当飞船接近地球背向太阳的一面时才能离开停放轨道,如图 5.24(b)所示。原因是:飞船的初始速度包括地球的公转速度和飞船绕地球的轨道速度。飞船绕地球总是与地球的转动在同一个方向。当飞船在地球朝向太阳的一面时,这两部分贡献的方向相反。在飞船绕地球的轨道运动方向上附加一个火箭的推力就可以让飞船从它的停放轨道上逃逸出去。但是,由于飞船相对于太阳的速度比地球相对太阳的速度小,所以飞船会落入一个更靠近太阳的轨道——转移轨道[图 5.24(a)]。虽然飞船在离开时相对于地球来说走的是一条双曲线(逃逸)轨道,但相对于太阳来说它的轨道还是椭圆。

要进入到外层行星的转移轨道,要在宇宙飞船接近地球背向太阳的一面时从它的停放轨道发射。这时,飞船绕地球的轨道速度与地球绕太阳的轨道速度方向一致,两者的贡献相加,火箭点火使飞船从它的地球轨道上逃逸出去而进入绕太阳的更大的轨道[图 5.24(b)]。

现在从数学上说明计算转移轨道的步骤。为了简化计算,同时也为了突出物理思想,假设两个行星的轨道都是圆的。我们还忽略了地球和目标行星引力的作用,以及飞船在停放轨道上的速度。如前面讨论过的,转移轨道是半个椭圆,两个行星分别处于近日点和远日点。要画出这样一条轨道,第一步就是要算出椭圆长轴的长度。如图 5.25 所示,如果 r_1 和 r_2 是两个行星轨道的半径,则转移轨道长轴的长度为

$$2a = r_1 + r_2 \tag{5.5.38}$$

下一步计算飞船进入转移轨道必须具有的速度。任何绕太阳运行的物体都具有能量

$$E = T + V = -G\frac{mM_0}{2a} \tag{5.5.39}$$

其中 M_0 是太阳的质量,m 是物体的质量。一旦知道了 $2a$,总的能量就确定了。由于飞船在离开地球公转轨道时的能量为

$$E = \frac{1}{2}mv_1^2 - G\frac{mM_0}{r_1} \tag{5.5.40}$$

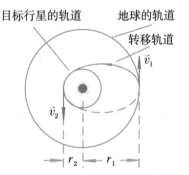

目标行星的轨道　　地球的轨道

转移轨道

$\vec{v}_1$

$\vec{v}_2$

r_2　r_1

图 5.25　转移轨道的长轴

不难解出其进入转移轨道所需的速度 v_1。从地球的轨道速度可以精确地得出把飞船送进转移轨道所必需的速度的增加或减小。

如果飞船飞向内层行星，会因为更加靠近太阳而速度增加；如果飞向外层行星，则速度会降低。不管是哪种情况，飞船的速度都必须改变以适应目标行星的公转速度。所以需要知道飞船到达目标行星轨道时的速度 v_2。因为在转移轨道上角动量守恒，故有

$$mv_1r_1 = mv_2r_2 \tag{5.5.41}$$

从这个方程可以解出 v_2。

从开普勒第三定律可以求出宇宙飞船沿着转移轨道行进的时间，它是周期 T 的一半。利用开普勒第三定律，有

$$\frac{T^2}{T_{\text{地}}^2} = \frac{a^3}{a_{\text{地}}^3} \tag{5.5.42}$$

其中 $T_{\text{地}}$ 是地球轨道的周期；$a_{\text{地}}$ 是其半长轴的长度，$a_{\text{地}} = 1\ \text{AU} = 1.5 \times 10^{11}\ \text{m}$，是地球到太阳的平均距离；$T$ 和 a 则是转移轨道的对应值。

最后，发射时，还要确定目标行星相对地球在什么位置上，使得宇宙飞船在到达目标行星的轨道时行星也正好在那个点上，这样就可以找出适当的发射机会。

【例 5.17】假设地球和金星的公转轨道都是圆的，金星轨道的半径为 0.72 AU，公转周期和速率分别为 225 d 和 35.0 km·s^{-1}。试确定：

(1) 地球和金星之间转移轨道长轴的长度；

(2) 飞船进入转移轨道所必需的速度变化；

(3) 当宇宙飞船到达金星时所需的速度变化；

(4) 旅行的时间；

(5) 飞船发射时金星与地球的相对位置。

【解】(1) 如图（Ⅰ）所示，转移轨道长轴的长度是

$$2a = 0.72\ \text{AU} + 1.00\ \text{AU} = 1.72\ \text{AU} = 1.72r_{\text{地}}$$

(2) 假设开始时飞船的速度与地球的公转速度相同。飞船随地球运动的速度为 $v_0 = (GM_0/r_{\text{地}})^{1/2} = 29.8\ \text{km·s}^{-1}$，能量为

$$E_0 = -G\frac{mM_0}{2r_{\text{地}}} = \frac{1}{2}mv_0^2 - G\frac{mM_0}{r_{\text{地}}}$$

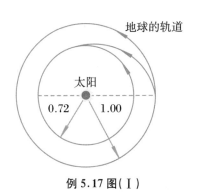

例 5.17 图（Ⅰ）

其中 M_0 是太阳的质量，m 是飞船的质量，$r_{\text{地}}$ 是地球的轨道半径。转移轨道的能量

$$E = -G\frac{mM_0}{1.72r_{地}} = \frac{1}{2}mv_1^2 - G\frac{mM_0}{r_{地}}$$

其中 v_1 是宇宙飞船从地球轨道进入转移轨道所必需的速度。可以解出

$$v_1 = \left(0.84\frac{GM_0}{r_{地}}\right)^{1/2} = 0.91v_0 = 27.2\ \text{km}\cdot\text{s}^{-1}$$

所以需要用火箭反向的冲力使飞船的速度减小 $2.6\ \text{km}\cdot\text{s}^{-1}$。

(3) 利用动量矩守恒可以计算当宇宙飞船到达金星轨道时的速度 v_2。由

$$mv_1r_{地} = mv_2r_{金}$$

其中 $r_{金}$ 是金星轨道的半径,我们可求出 $v_2 = 37.8\ \text{km}\cdot\text{s}^{-1}$。金星的公转速度是 $35.0\ \text{km}\cdot\text{s}^{-1}$,所以飞船需将速度减小 $2.8\ \text{km}\cdot\text{s}^{-1}$。

(4) 根据开普勒第三定律 $\dfrac{T^2}{T_{地}^2} = \dfrac{a^3}{a_{地}^3}$,可以求出转移轨道的周期 T。因此,旅行时间(周期 T 的一半)

$$t = 0.5 \times \left(\frac{0.86^3}{1^3}\right)^{1/2a} \approx 0.4\ \text{a} \approx 146\ \text{d}$$

(5) 由于金星的公转周期为 225 d,当飞船花 146 d 向金星行进时,金星移动了 $(146/225) \times 360° = 234°$。因此,如图(Ⅱ)所示,当飞船离开地球轨道进入转移轨道时,金星应该在点 V_1 上,该点与到达点 V_2 之间相隔 234°,相比地球落后 $234° - 180° = 54°$。在整个过程中,地球转了 $(146/365) \times 360° = 144°$,到了图上的 E_2 点。

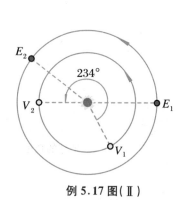

例 5.17 图(Ⅱ)

【例 5.18】 假设火星的公转轨道是个圆,半径为 $1.52r_{地}$,公转速度是 $24.1\ \text{km}\cdot\text{s}^{-1}$,试设计一条自地球到火星的转移轨道。

【解】 分析与处理方法与前例类似,只是飞船要去的是一条更远的轨道,意味着在发射和到达时速度要更大一些。

如图所示,转移轨道长轴的长度为 $2.52\ \text{AU} = 2.52r_{地}$。利用它确定转移轨道的能量并让能量等于

$$E = \frac{1}{2}mv_1^2 - G\frac{M_0m}{r_{地}}$$

即可求出飞船进入转移轨道所必需的速度

$$v_1 = 1.10v_0 = 32.8\ \text{km}\cdot\text{s}^{-1}$$

地球的公转速度为 $29.8\ \mathrm{km \cdot s^{-1}}$，所以飞船需要把速度提高 $3.0\ \mathrm{km \cdot s^{-1}}$。

由转移轨道的动量矩守恒 $mv_1 r_{地} = mv_2 r_{火}$，可以得到飞船到达火星轨道时的速度 $v_2 = 0.72 v_0 = 21.6\ \mathrm{km \cdot s^{-1}}$。因火星的公转速度是 $24.1\ \mathrm{km \cdot s^{-1}}$，所以当飞船到达这一点时需要把速度提高 $2.5\ \mathrm{km \cdot s^{-1}}$。

由开普勒第三定律可以计算出转移轨道的周期 T，而旅行时间就是 T 的一半，所以

$$t = \frac{1}{2} \times 1.26^{3/2}\ \mathrm{a} \approx 0.71\ \mathrm{a} \approx 259\ \mathrm{d}$$

火星的公转周期是 $687\ \mathrm{d}$，在飞船花 $259\ \mathrm{d}$ 奔向火星的同时，火星转过了 $(259/687) \times 360° = 136°$。因此，如图所示，当火星处在其轨道上点 M_1 处，也就是地球前方 $180° - 136° = 44°$ 时就有了发射机会。可以证明，当宇宙飞船到达点 M_2 时，地球处在点 E_2 处，与它发射时的位置成 $255°$ 角。

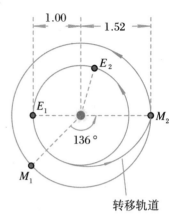

例 5.18 图

前面的分析都是基于只考虑太阳引力情况的。在实际任务执行中，只要前期的中途修正做得好，飞船到达金星或火星公转轨道时金星或火星应该就在附近，其引力场会对飞船运动产生很大影响。相对于金星或火星，这时飞船处于高轨，速度太快，是需要减速才能被金星或火星捕捉进入环金或环火轨道的（去火星的飞船不需要把速度提高 $2.5\ \mathrm{km \cdot s^{-1}}$）。这就是"近金制动"及"近火制动"。我们探月工程发射的"嫦娥"系列探测器在接近月球时也要采取类似的"近月制动"措施。

2. 弹弓效应与引力援助

以现有的燃料技术，既要考虑飞船的起飞质量，又要考虑发动机的效率，飞船靠自身发动机能够达到的速度有限，要去太阳系外围的星球或冲出太阳系几乎不可能。但人们发现，当飞船飞行时迎向某星体运动，在星体万有引力的作用下从星体一侧绕行半周后从另一侧以更高的速率返回。这种现象称为"弹弓效应"（图 5.25）。所以在设计飞船轨道时要考虑利用一些行星的引力场为飞船提供额外的推动力，这种技术叫作引力援助。在现代航天技术中，引力援助是用来增大飞船速度的一种经济而有效的方法。

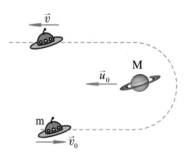

图 5.25　弹弓效应

1977 年，美国发射旅行者 2 号飞行器一次性旅行到外层的四个行星——木星、土星、天王星和海王星（图 5.26）。每隔 175 年，这些行星就会排成一行，所以飞船可以在一次"伟大的旅程"中全部访问它们。科学家们在设计轨道时就采用了引力援助技术，利用这些行星自己的引力为旅行者 2 号提供额外的推动力。通过来自木星的引力援助，旅行者 2 号可以在 12 年内访问土星、天王星和海王星。如果直接向着土星发射飞船，那么旅行就要花 6 年多。在没有引力援助的情况下去天王星需要 16 年，可能永远到不了海王星。

弹弓效应其实也属于广义的碰撞，可以采用处理碰撞问题的方法进行分析。相互靠近前飞船与行星各自独立运行，在离开后又进入各自独立运行的状

态,其间保持能量和动量的守恒。引力援助就像用球棒去击棒球一样。挥动的球棒不仅使棒球的速度反向,还增加了球的速度;球棒甩得越有力,棒球飞得也就越远。类似地,大速率的行星能够给飞船更大的引力援助。

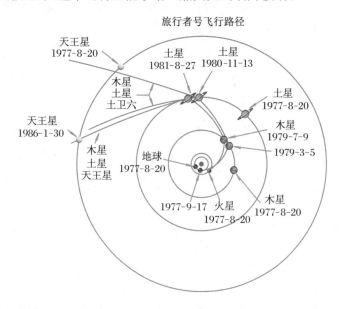

图 5.26　引力援助

【例 5.19】 如图 5.25 所示,土星 M 以相对于太阳的轨道速率 $u_0 = 9.6 \text{ km} \cdot \text{s}^{-1}$ 运行;一飞船 m 以相对太阳 $v_0 = 10.4 \text{ km} \cdot \text{s}^{-1}$ 的速度迎着土星飞行。由于土星的吸引力,飞船绕过土星,沿与原来相反的方向离去,求它离开土星后的速度 v。

【解】 根据前面的分析,飞船接近又离开土星的这一过程可以当作碰撞来处理。速度的变化可通过公式(5.3.35)求得,其中 $e = 1$。由于土星的质量 m_2 远大于飞船的质量 m_1,所以可忽略 m_1,得到飞船离开土星后的速度为

$$v_1 = -u_1 + 2u_2 = -10.4 - 2 \times 9.6$$
$$= -29.6 (\text{km} \cdot \text{s}^{-1})$$

这说明,飞船从土星旁绕过后由于弹弓效应而速度增大了。

我们也可以在质心系中分析这一过程。因为土星的质量比飞船大很多,所以可以把质心看作就在土星上。由于是和一质量非常大的物体发生弹性碰撞,飞船离开质心(即土星)的速度就等于接近时的速度

$$10.4 + 9.6 = 20.0 (\text{km} \cdot \text{s}^{-1})$$

而质心(土星)相对于太阳运行的速度为 $9.6 \text{ km} \cdot \text{s}^{-1}$,所以最终飞船相对于太阳的速度为 $20.0 + 9.6 = 29.6 (\text{km} \cdot \text{s}^{-1})$,与前面解出的结果相同。

太阳系的总能量必须守恒,飞船从行星那里得到的能量来自这个行星绕太阳转动的能量。因此,作为这种慷慨的引力援助的结果,行星绕太阳转动要比以前近那么一点点的距离。

5.6　势函数的对称性与物理量守恒

5.6.1　势函数

我们现在再考虑式(5.2.5)给出的关系。一个有势力场既可以用标量 $\varphi(x,y,z)$ 描述,也可以用矢量 $\vec{F}$ 描述,我们可以建立两种描述之间的关系。

设法使物体移动一个小的距离 Δx,则作用在物体上的有势力所做的功等于物体势能增量的负值,即

$$\int_{\vec{r_1}}^{\vec{r_2}} \vec{F} \cdot \mathrm{d}\vec{r} = U(1) - U(2)$$

从而有

$$F_x \Delta x = U(x,y,z) - U(x + \Delta x, y, z) = -\Delta U$$

由此得

$$F_x = -\frac{\Delta U}{\Delta x} \qquad (5.6.1)$$

在极限的情况下,上式应写为

$$F_x = -\frac{\partial U}{\partial x} \qquad (5.6.2)$$

这里我们使用偏导表示 y,z 保持不变,只改变 x。同理,有

$$F_y = -\frac{\partial U}{\partial y} \qquad (5.6.3)$$

$$F_z = -\frac{\partial U}{\partial z} \qquad (5.6.4)$$

上述三式就是从势能求力的公式。引入梯度运算的直角坐标表示

$$\nabla = \vec{e}_x \frac{\partial}{\partial x} + \vec{e}_y \frac{\partial}{\partial y} + \vec{e}_z \frac{\partial}{\partial z} \tag{5.6.5}$$

则有

$$\vec{F} = -\nabla U \tag{5.6.6}$$

力 $\vec{F}$ 称为有势力,也就是我们前面讨论过的保守力;标量 U 也就是势能 $U(x,y,z,t)$,称为相应于力 $\vec{F}$ 的势函数,它只是地点和时间的函数。物体在有势力场中受到的力只与地点和时间有关,而与运动状态(如速度等)无关;如果势函数进一步还与时间无关,即 $U = U(x,y,z)$,则力场称为定常有势力场。

以上讨论对静电场等也同样适用。

5.6.2　势函数的时间-空间平移对称性 与能量-动量守恒

设势函数 $U = U(x,y,z,t)$ 具有时间平移对称性,也就是势函数与时间无关,即为定常有势力场 $U = U(x,y,z)$,则力场中的机械能守恒,不随时间改变。

实际上,由于质点的动力学方程可以表示为

$$m \frac{\mathrm{d}^2 \vec{r}}{\mathrm{d}t^2} = \vec{F} = -\left(\vec{e}_x \frac{\partial}{\partial x} + \vec{e}_y \frac{\partial}{\partial y} + \vec{e}_z \frac{\partial}{\partial z} \right) U = -\nabla U \tag{5.6.7}$$

而势能函数 U 中不显含时间 t,故有

$$\begin{aligned}
\frac{\mathrm{d}E}{\mathrm{d}t} &= \frac{\mathrm{d}}{\mathrm{d}t}\left(\frac{1}{2} m v^2 + U \right) \\
&= m \sum_{i=1}^{3} v_i \frac{\mathrm{d}v_i}{\mathrm{d}t} + \sum_{i=1}^{3} \frac{\partial U}{\partial x_i} \frac{\mathrm{d}x_i}{\mathrm{d}t} \\
&= \sum_{i=1}^{3} \frac{\mathrm{d}x_i}{\mathrm{d}t}\left(m \frac{\mathrm{d}v_i}{\mathrm{d}t} - F_i \right) = 0
\end{aligned} \tag{5.6.8}$$

为表示方便,此处用 (x_1, x_2, x_3) 代替了 (x,y,z)。由此可以得到结论:若势函数具有时间平移对称性,则质点的机械能守恒,即

$$\frac{\partial U}{\partial t} = 0 \;\Rightarrow\; \frac{\mathrm{d}E}{\mathrm{d}t} = 0 \;\Rightarrow\; E = \text{不变量} \tag{5.6.9}$$

这就建立了势函数时间平移对称性和质点能量守恒之间的重要关系。

此外,如果势函数具有沿某个方向(如 x 方向)的平移对称性,即势函数 U 与 x 坐标无关,则质点动量的 x 方向分量守恒。这是因为,如果

$$\frac{\mathrm{d}p_x}{\mathrm{d}t} = m\frac{\mathrm{d}^2 x}{\mathrm{d}t^2} = F_x = -\frac{\partial U}{\partial x} = 0$$

则显然 p_x 守恒,即

$$\frac{\partial U}{\partial x} = 0 \ \Rightarrow\ \frac{\mathrm{d}p_x}{\mathrm{d}t} = 0 \ \Rightarrow\ p_x = \text{不变量} \qquad (5.6.10)$$

例如,重力场的势函数 $U = mgz$ 与 t, x, y 无关;因此,在重力场中运动的质点的机械能以及 x 方向和 y 方向的动量分量均守恒。

上面得到的势函数的空间－时间对称性与质点运动的动量－能量守恒之间的关系可以统一写成

$$\frac{\partial U}{\partial x_i} = 0 \ \Rightarrow\ p_i = \text{不变量}\quad (i = 1,2,3,4) \qquad (5.6.11)$$

其中 $(x_1, x_2, x_3, x_4) = (x, y, z, ct)$ 称为广义坐标,$(p_1, p_2, p_3, p_4) = (p_x, p_y, p_z, E/c)$ 称为广义动量,c 为真空中的光速。也可以用文字表述为:物理规律的时间无关性对应着运动过程中能量守恒,物理规律的地点无关性对应着运动过程中动量守恒;能量守恒是物理规律不随时间改变的结果,动量守恒是物理规律不随空间改变的结果。广义坐标和广义动量在相对论中是十分重要的概念。

5.6.3　势函数的空间旋转对称性与动量矩守恒

在柱坐标系中,势函数 $U = U(\rho, \varphi, z, t)$。如果 U 与角度 φ 无关,则动量矩(角动量)$\vec{l}$ 的 z 分量,即动量 $\vec{p}$ 对 z 轴的矩守恒。

记 $l_3 = \vec{e}_z \cdot \vec{l}$ 为 $\vec{l}$ 的 z 分量,则

$$\frac{\mathrm{d}l_3}{\mathrm{d}t} = \frac{\mathrm{d}}{\mathrm{d}t}(\vec{e}_z \cdot \vec{l}) = \vec{e}_z \cdot \frac{\mathrm{d}\vec{l}}{\mathrm{d}t} = \vec{e}_z \cdot (\vec{r} \times \vec{F}) = \vec{F} \cdot (\vec{e}_z \times \vec{r})$$

$$(5.6.12)$$

而

$$\vec{F} = -\nabla U = -\frac{\partial U}{\partial x}\vec{e}_x - \frac{\partial U}{\partial y}\vec{e}_y - \frac{\partial U}{\partial z}\vec{e}_z$$

是由势函数 U 确定的力,代入上式并注意

$$\vec{e}_z \times \vec{r} = x\vec{e}_y - y\vec{e}_x$$

$$\rho = \sqrt{x^2 + y^2}, \quad \frac{\partial \rho}{\partial x} = \frac{1}{2}\frac{2x}{\sqrt{x^2 + y^2}} = \frac{x}{\rho}, \quad \frac{\partial \rho}{\partial y} = \frac{y}{\rho}$$

则有

$$\begin{aligned}
\frac{\mathrm{d}l_3}{\mathrm{d}t} &= -\nabla U \cdot (x\vec{e}_y - y\vec{e}_x)\\
&= -\left(\frac{\partial U}{\partial x}\vec{e}_x + \frac{\partial U}{\partial y}\vec{e}_y + \frac{\partial U}{\partial z}\vec{e}_z\right) \cdot (x\vec{e}_y - y\vec{e}_x)\\
&= -\left(\frac{\partial U}{\partial \rho}\frac{\partial \rho}{\partial x}\vec{e}_x + \frac{\partial U}{\partial \rho}\frac{\partial \rho}{\partial y}\vec{e}_y + \frac{\partial U}{\partial z}\vec{e}_z\right) \cdot (x\vec{e}_y - y\vec{e}_x)\\
&= -\frac{\partial U}{\partial \rho}\left(\frac{\partial \rho}{\partial x}\vec{e}_x + \frac{\partial \rho}{\partial y}\vec{e}_y\right) \cdot (x\vec{e}_y - y\vec{e}_x)\\
&= -\frac{\partial U}{\partial \rho}\cdot\frac{1}{\rho}(x\vec{e}_x + y\vec{e}_y) \cdot (x\vec{e}_y - y\vec{e}_x)\\
&= -\frac{\partial U}{\partial \rho}\cdot\frac{1}{\rho}(xy - xy) = 0
\end{aligned}$$

所以 l_3 为不变量。

这就是我们要证明的结论。注意在上面的证明中用到了 U 与 φ 无关的性质,因此才会有

$$\frac{\partial U}{\partial x} = \frac{\partial U}{\partial \rho}\frac{\partial \rho}{\partial x} + \frac{\partial U}{\partial \varphi}\frac{\partial \varphi}{\partial x} = \frac{\partial U}{\partial \rho}\frac{\partial \rho}{\partial x}$$

$$\frac{\partial U}{\partial y} = \frac{\partial U}{\partial \rho}\frac{\partial \rho}{\partial y}$$

在万有引力场中,作用力是有心力并且满足平方反比律,其势函数 $U = U(r)$ 只是距离 $r = \sqrt{x^2 + y^2 + z^2}$ 的函数。在选择柱坐标 (ρ, φ, z) 时,z 轴的方向是可以任意选择的,而有心力场的势函数(以中心为原点)$U = U(\sqrt{\rho^2 + z^2}) = U(\rho, z)$ 与 φ 无关,所以在有心力场中质点运动动量矩的 z 分量 l_3 是守恒的。又由于 z 轴的选择没有任何特殊要求,任何过力心的轴都可以充当 z 轴,也就是说,动量矩在任意轴上的分量都是守恒的,所以动量矩 $\vec{l}$ 肯定是守恒的。

第6章　刚体

陀螺

我们前面的讨论针对的都是质点以及由质点构成的质点组；但实际上自然界的物体都是有一定大小的"体"，不是点。如何研究质量连续分布物体的运动呢？可以把它们分割成无限多个非常小的微元，而每一个微元都可以当作质点进行讨论。下面我们就用这种方法研究最简单的体——刚体。

6.1　自由度与刚体

6.1.1　自由度

自由度就是描写体系几何位形所需的独立坐标的数目。对于一个质点的直线运动，只需要一个坐标 x 就完全确定了质点的位置；对于一个质点的圆周运动，只需一个坐标 φ 确定质点的位置。因此，这类运动的自由度是1。

对于一质点在三维空间中的运动，需要三个独立坐标描写它的位置。可以用笛卡儿坐标 x, y, z，也可以用球坐标 r, θ, φ。因此，质点是自由度为3的物理对象。

6.1.2　多质点体系的自由度与刚体模型

推广到由 n 个质点构成的多质点体系，一般来说，如果要确定体系的几何位形，就要 $3 \times n$ 个坐标，即自由度为 $3n$。然而，在某些情况下，由于质点之间存在确定的关系，故这 $3n$ 个坐标并不全是独立的。换言之，在质点体系中常存在一些限制各质点自由运动的条件。

例如，由两个质点 m_1, m_2 构成的体系(图 6.1)，一般要用六个坐标分量

$$(x_1, y_1, z_1), \quad (x_2, y_2, z_2)$$

表示。如果两质点之间的距离是固定的，其长度为 r，则上述六个坐标分量之间有一个代数关系：

$$(x_1 - x_2)^2 + (y_1 - y_2)^2 + (z_1 - z_2)^2 = r^2 \tag{6.1.1}$$

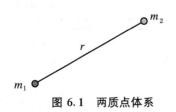

图 6.1　两质点体系

即只要知道了任何五个坐标值,由上式就完全确定了第六个坐标的值。因此,独立坐标的数目是 6-1=5,此体系的自由度为 5。这种体系在自然界是有的,如氢分子,它是由两个氢原子构成的,两个原子间的距离基本上可以认为是不变的。

再如两个氢原子和一个氧原子组成的体系(图 6.2)。若三个原子是完全自由的,则有九个自由度;如果化合成水分子,两两之间的距离固定,形成三角形,则描写三个原子位置的九个坐标应满足三个类似于式(6.1.1)的代数关系,即有三个约束方程。所以此时该体系的独立坐标个数为 9-3=6,即体系的自由度为 6。

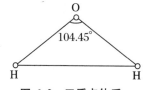

图 6.2　三质点体系

由四个原子组成的分子,如 NH_3,在化合之前,有 3×4=12 个自由度;化合成氨分子之后,形成四面体,两两原子之间的距离固定,共有六个代数关系,也就是六个约束方程,所以该体系的自由度为 12-6=6。

如果再增加一个原子,且它与原来四个原子的距离也都固定,则增加一个原子,就要增加三个坐标,但同时却增加了四个代数关系式(约束方程)。要注意,新增加的四个约束方程并不是完全独立的;因为在这四个关系式中,任何三个确定之后,第四个也就确定了;故仅有三个新的独立代数关系式。因此,整个体系的自由度不变,仍然是 6。

同理,我们可以推广到由更多原子组成的分子,并得出一个结论:含有三个原子以上的分子,若原子不全处在一条直线上,则其自由度为 6。

把上述结论再作推广,还可以得到:对于由任意多个质点构成的体系,如果体系中所有质点之间的距离都是固定的,且不在一条直线上,则体系的自由度必定是 6。这种多质点体系称为刚体。这样,我们就把研究对象从点推广到了体,当然是最简单的体——刚体。

历史上,刚体的概念最早并不是从分子来的,而是来自于"不变形的体系"。所谓不变形,是指组成体系的各质点之间相对位置在运动过程中不发生变化。这种体系称为刚体。实际上,自然界中没有绝对的刚体,刚体这一概念是一种理想化。只要可以忽略物体形变的影响,就可以认为该物体是刚体。

刚体的自由度为 6,即描写刚体的几何位形需要六个独立坐标。一般三个用来确定刚体上某个参考点在空间的位置,两个用来描述一条通过该参考点的直线的空间取向,一个用来反映刚体绕该直线转过的角度。在某些条件下,确定刚体的位形可能不需要六个独立坐标。因此,刚体自由度小于或等于 6。刚体自由度的具体个数随条件而定。

6.2　基本的刚体运动

6.2.1　刚体的平动

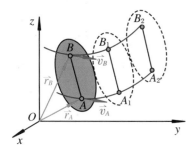

图 6.3　刚体的平动

刚体的一种最简单的运动形式是平动(图 6.3)。在平动中,刚体中任何两点之间连线的方向总是保持不变;刚体中各点都具有同样的速度,并且运动轨迹的形状也都相同。刚体平动的自由度为 3,与质点运动相似。

6.2.2　刚体的定轴转动

刚体的另一种最简单的运动形式是绕固定轴的转动。转动时,刚体中各质点的轨迹都是在垂直于转动轴的平面内的圆。刚体定轴转动的自由度为 1。

6.2.3　刚体的平面平行运动

刚体还有一种常见的运动方式,即平面平行运动。做这种运动时,刚体内所有的点都在与某一轴垂直的平面内运动,而该轴可以在空间移动但方向保持不变。研究这种运动,只需在刚体中取垂直于该转轴的任一剖面就可以了,可以将其看成二维平面内的平动与绕垂直于该平面的轴定轴转动的叠加。做平面平行运动的刚体有三个自由度:转轴与所取剖面的交点在平面中运动,可以用平面内的两个坐标描述,即有两个平动自由度;刚体绕与运动平面垂直的轴转动,可以用一个角度描述,即有一个转动自由度。因此平面平行运动的自由度为 3。

6.2.4 车轮的纯滚动

刚体的任何运动都可以归结为平动和转动的叠加。下面通过对车轮在地面上沿直线纯滚动的分析作一说明,如图 6.4 所示。

现在平动是一维的,转动轴的方向也是确定的,故转动也是一维的。因此仅需要两个独立坐标就可以描写车轮的滚动问题。

所谓纯滚动,就是车轮前进的距离 Δx 等于车轮滚过的弧长 $\widehat{\Delta S}$,即 $\Delta x = \widehat{\Delta S}$,又因为 $\widehat{\Delta S} = r_0 \Delta \varphi$。所以

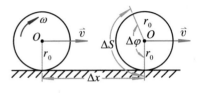

图 6.4 车轮的纯滚动

$$\Delta x = r_0 \Delta \varphi \qquad (6.2.1)$$

不难断定,在滚动中只有车轮中心 O 的运动轨迹是直线,其他各点的轨迹都是曲线,即所谓旋转轮线。如果车轮在 Δt 时间内位移为 Δx,则 O 点的速度为

$$v_0 = \lim_{\Delta t \to 0} \frac{\Delta x}{\Delta t} = r_0 \lim_{\Delta t \to 0} \frac{\Delta \varphi}{\Delta t} = r_0 \omega \qquad (6.2.2)$$

这就是车轮的平动速度。现在,将车轮的运动分解为以 O 点为基点的平动(其速度为 v_0)和绕 O 点的转动(其角速度为 ω)。车轮上任何一点的速度都是这两种运动速度的合成。

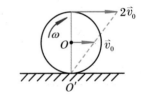

图 6.5 轮上各点的线速度

再来求车轮垂直于地面的直径上各点的速度(图 6.5)。对高于 O 点的各点,其平动速度方向与转动速度方向一致。所以合速度为 $v = v_0 + r\omega$,其中 r 为该点与 O 点的距离。对低于 O 的各点,其转动速度方向与平动速度方向相反,所以合速度为 $v = v_0 - r\omega$。车轮最高点的速度最大,比车轮中心速度大 1 倍。车轮与地面接触处速度为零。也就是说,在纯滚动的运动中,车轮与地面接触处,总是相对静止的。

一物体在另一物体表面滑动时总有摩擦力,克服摩擦力做功导致损耗能量。对于纯滚动,接触处相对静止,是静摩擦力。一个力做功的功率为 $\vec{F} \cdot \vec{v}$,现在接触处速度为零,所以此时摩擦力不做功。这就是绝大多数交通工具都采用滚动而不采用滑动的原因。要说明的是,并不是所有交通工具选择的轮子都是圆的,某些坦克或推土机用的就是如图 6.6 所示的"方轮"。虽然轮子是方的,但每时每刻其与链轨交点处的相对运动速度仍然为零,总是相对静止的。

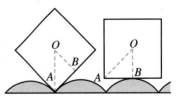

图 6.6 方轮在链轨上的滚动

6.2.5 角速度的绝对性

图 6.5 还告诉我们,也可以将车轮在该瞬时的运动看成绕 O' 点(车轮与地面的接触点)的转动。过 O' 点作垂直于车轮平面的转动轴,绕这个轴的角速度同样为 ω;对过 O 点或 O' 点的轴来说,刚体的角速度都相同。这个性质称为角速度的绝对性。

这个结果具有普遍性。一般来说,刚体的运动都可以分解为平动和转动。选定刚体上某个点 O 作为分解的基点,刚体的平动就是基点 O 的运动,刚体的转动就是绕通过 O 点转轴的运动。这时,刚体的平动速度依赖于基点 O 的选择。选择不同的基点,平动速度就不同;而转动角速度则与基点的选择无关,不管在刚体上选择哪一点作为 O,角速度矢量的方向及大小都不变。在这个意义上,我们说刚体的角速度具有绝对性。

现在证明上述论断。一个刚体相对于坐标系 K 的位形如图 6.7 所示,O 及 P 是刚体上的两点。它们的位置矢量分别是 $\vec{R}_0$ 及 $\vec{R}$。一方面,O 及 P 相对于 K 的速度分别为

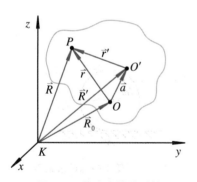

图 6.7 角速度的绝对性

$$\vec{V} = \frac{\mathrm{d}\vec{R}_0}{\mathrm{d}t} \quad \text{及} \quad \vec{v} = \frac{\mathrm{d}\vec{R}}{\mathrm{d}t} \tag{6.2.3}$$

另一方面,P 相对于 O 点的位置矢量为 $\vec{r}$,P 相对于 O 的速度为

$$\vec{v}' = \frac{\mathrm{d}\vec{r}}{\mathrm{d}t} \tag{6.2.4}$$

若选择 O 为基点,则 P 相对于 O 的速度可以表示成

$$\vec{v}' = \vec{\omega} \times \vec{r} \tag{6.2.5}$$

其中 $\vec{\omega}$ 是刚体绕过 O 点的轴的角速度。由运动学的速度合成,可知

$$\vec{v} = \vec{V} + \vec{v}' = \vec{V} + \vec{\omega} \times \vec{r} \tag{6.2.6}$$

如果不选 O 作为基点,而选 O' 点,O' 点的坐标为 $\vec{R}'$,P 相对于 O' 点的位置矢量为 $\vec{r}'$,则类似于式(6.2.6),可以推得

$$\vec{v} = \vec{V}' + \vec{\omega}' \times \vec{r}' \tag{6.2.7}$$

其中 $\vec{V}' = \mathrm{d}\vec{R}'/\mathrm{d}t$ 是 O' 相对于坐标系 K 的速度,$\vec{\omega}'$ 是刚体绕过 O' 点转轴的角速度。

如果 O' 相对于 O 的位矢为 $\vec{a}$，则有

$$\vec{r} = \vec{a} + \vec{r}\,' \tag{6.2.8}$$

代入式(6.2.6)，得到

$$\vec{v} = \vec{V} + \vec{\omega} \times \vec{a} + \vec{\omega} \times \vec{r}\,' \tag{6.2.9}$$

而 $\vec{V} + \vec{\omega} \times \vec{a}$ 正是 O' 点相对于坐标系 K 的速度，即

$$\vec{V}' = \vec{V} + \vec{\omega} \times \vec{a} \tag{6.2.10}$$

由此，式(6.2.9)可化为

$$\vec{v} = \vec{V}' + \vec{\omega} \times \vec{r}\,' \tag{6.2.11}$$

比较式(6.2.7)与式(6.2.11)，立即得到

$$\vec{\omega} = \vec{\omega}\,' \tag{6.2.12}$$

这样，我们就证明了刚体转动角速度的绝对性。

6.2.6　刚体质心的运动

由5.3.3小节中的质心运动定理，设系统内有 N 个存在相互作用的质点，第 i 个质点的位置为 $\vec{r}_i$，质量为 m_i，我们常常用一个特定的位置——称为质心——表示此系统的位置。质心位矢定义为

$$\vec{R} = \sum_{i=1}^{N} m_i \vec{r}_i \Big/ \sum_{i=1}^{N} m_i \tag{6.2.13}$$

这是一个以每个质点的质量为权重的平均位矢。对于整个质点系，有

$$\vec{F}_{外} = M\ddot{\vec{R}} \tag{6.2.14}$$

其中 M 为系统的总质量，即 $M = \sum_{i} m_i$。

式(6.2.14)告诉我们，系统质心的运动行为好像一个质点的运动行为，此质点的质量等于系统的总质量，作用在此质点的力等于系统所受到的总外力。

对质量连续分布的物体，其质心位矢可用积分表示：

$$\vec{R}_{CM} = \frac{\int \vec{r} \, dm}{\int dm} = \frac{\int \rho \vec{r} \, dV}{\int \rho dV} \tag{6.2.15}$$

其中 ρ 为物体的密度。这个质心位矢表达式是一个矢量式,实际上包含三个式子,即在 x, y, z 三个方向上,有

$$X_{CM} = \frac{\sum m_i x_i}{\sum m_i} = \frac{\int x \, dm}{\int dm}, \quad Y_{CM} = \frac{\int y \, dm}{\int dm}, \quad Z_{CM} = \frac{\int z \, dm}{\int dm} \tag{6.2.16}$$

假设一个物体由 A, B 两部分组成,质心在 x 方向上的表达式(y, z 方向也同样)可写为

$$
\begin{aligned}
X_{CM} &= \frac{\int x \, dm}{\int dm} = \frac{\int_A x \, dm + \int_B x \, dm}{\int_A dm + \int_B dm} = \frac{\int_A x \, dm + \int_B x \, dm}{m_A + m_B} \\
&= \frac{\left(\frac{1}{m_A}\int_A x \, dm\right)m_A + \left(\frac{1}{m_B}\int_B x \, dm\right)m_B}{m_A + m_B} \\
&= \frac{(X_{CM})_A m_A + (X_{CM})_B m_B}{m_A + m_B}
\end{aligned}
\tag{6.2.17}
$$

其中

$$m_A = \int_A dm, \quad m_B = \int_B dm$$

此式表示物体质心可以这样求:先分别求出 A, B 两部分的质心 $(X_{CM})_A$ 和 $(X_{CM})_B$ 以及每部分的总质量 m_A 和 m_B;然后把这两部分作为位置在各自质心处、质量分别为 m_A 和 m_B 的两质点,再求其质心,此质心即为整个物体的质心。假设物体由三部分或更多部分组成,也可以仿照上面的过程求出整个物体的质心。对于物体中挖去一部分的形状,可以用密度取负值的方法求解。

这里介绍一种求物体质心的技巧,其实就是数学中巴普斯(Pappus of Alexandria,290? - 350?)定理的结论。假设在一个平面上任取一闭合区域,令其上各点垂直于平面的方向运动而形成一个立体,则此立体的总体积等于闭合区域面积乘以区域质心在运动中所经过的路程。显然,当闭合区域沿着一条与它本身垂直的直线运动而形成柱体时,此定理成立。假若质心沿一个圆或其他曲线运动(仍保持每一个质点运动路径与区域平面垂直),将形成一个特殊的体积,其体积大小等于区域面积与质心经历路程之积。据此就可以求出某些密度均匀分布的薄板的质心。

【**例 6.1**】设圆盘半径为 R。求均匀半圆盘的质心位置。

【**解**】根据对称性,质心必在对称轴线上。设此轴线上离半圆盘直边距离 x 的点为质心位置。再以直边为轴,使半圆盘旋转,得一球体。球体体积为 $(4/3)\pi R^3$,质心走过的路程为 $2\pi x$,半圆盘面积为 $(1/2)\pi R^2$,依巴普斯定理,有 $(4/3)\pi R^3 = 2\pi x \cdot (1/2)\pi R^2$,解得 $x = 4R/(3\pi)$。

另一个结论同样有用:一条平面曲线上各点沿垂直于曲线平面方向运动而形成一个曲面,则此曲面面积等于曲线质心运动的距离乘以曲线的长度。

【**例 6.2**】设圆半径为 R。求质量均匀分布的半圆周形金属线的质心位置。

【**解**】质心必在对称轴上。设此对称轴线上离连接半圆周形金属线端点的直径距离 x 的点为质心位置。再以此直径为轴旋转一周,得一球面。球面面积为 $4\pi R^2$,质心经过距离 $2\pi x$,半圆形金属线长度为 πR,则有 $4\pi R^2 = 2\pi x \cdot \pi R$,解得 $x = 2R/\pi$。

6.3　刚体的动能

6.3.1　转动惯量

已经知道,质点的动量矩为 $\vec{l} = \vec{r} \times \vec{p}$,遵循方程

$$\frac{\mathrm{d}\vec{l}}{\mathrm{d}t} = \vec{M} \tag{6.3.1}$$

在平面运动情况下,可以写成标量形式:

$$\frac{\mathrm{d}l}{\mathrm{d}t} = M \tag{6.3.2}$$

再进一步假定质点绕中心 O 做半径为 r 的圆周运动,则有 $l = mrv$,或者 $l = mr^2\omega$,这样可以得出 $\frac{\mathrm{d}}{\mathrm{d}t}(mr^2\omega) = M$。由于 m,r 都是常数,所以

$$mr^2\frac{\mathrm{d}\omega}{\mathrm{d}t} = M \tag{6.3.3}$$

此式是圆周运动的基本方程,与一维运动中的质点的动力学基本方程 $m\mathrm{d}v/\mathrm{d}t = F$ 很相似:M 与 F 的地位相当,mr^2 与 m 的地位相当。质量 m 是惯性的度量,在同样力 F 的作用下,质量 m 越大,越不易加速。mr^2 也有类似的性质,在同样力矩 M 作用下,mr^2 越大,角加速度越小。mr^2 是关于转动的惯性的度量,我们称它为质点的转动惯量。

6.3.2　刚体转动惯量的计算

下面把质点转动惯量的概念作些推广。首先讨论由质量为 m_1, m_2 的两个质点构成的体系,它们在同一平面内绕同一中心 O 做半径分别为 r_1, r_2 的圆周运动(图 6.8),其动力学方程分别是

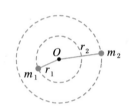

$$m_1 r_1^2 \frac{\mathrm{d}\omega_1}{\mathrm{d}t} = M_1 \tag{6.3.4}$$

$$m_2 r_2^2 \frac{\mathrm{d}\omega_2}{\mathrm{d}t} = M_2 \tag{6.3.5}$$

图 6.8　转动惯量

式中 M_1, M_2 分别是质量为 m_1, m_2 的质点所受到的总力矩,既包括外界物体作用的力矩,也包括体系内质点间相互作用的力矩。前者称为外力矩,后者称为内力矩。将式(6.3.4)和式(6.3.5)相加,得

$$m_1 r_1^2 \frac{\mathrm{d}\omega_1}{\mathrm{d}t} + m_2 r_2^2 \frac{\mathrm{d}\omega_2}{\mathrm{d}t} = M_1 + M_2$$

在牛顿第三定律成立的条件下,体系的内力矩相互抵消,总和应为零,所以上式可写为

$$m_1 r_1^2 \frac{\mathrm{d}\omega_1}{\mathrm{d}t} + m_2 r_2^2 \frac{\mathrm{d}\omega_2}{\mathrm{d}t} = M_{外} \tag{6.3.6}$$

式中 $M_{外}$ 是体系受到的总外力矩。

用类似的方法,可以把上述结果推广到由多质点构成的体系,即有 n 个质点都绕 O 做圆周运动,则有

$$\sum_{i=1}^{n} m_i r_i^2 \frac{\mathrm{d}\omega_i}{\mathrm{d}t} = M_{外} \tag{6.3.7}$$

其中下标 $i = 1, 2, \cdots, n$ 指第 i 个质点。

对于刚体转动,所有质点的角速度都相同:

$$\omega_1 = \omega_2 = \cdots = \omega_n = \omega \tag{6.3.8}$$

则式(6.3.7)可简化为

$$\Big(\sum_{i=1}^{n} m_i r_i^2\Big)\frac{\mathrm{d}\omega}{\mathrm{d}t} = M_{外} \tag{6.3.9}$$

与式(6.3.3)对比,定义

$$I = \sum_{i=1}^{n} m_i r_i^2 \tag{6.3.10}$$

为刚体对某一选定转轴的转动惯量。这样式(6.3.9)就改写为

$$I\frac{\mathrm{d}\omega}{\mathrm{d}t} = M_{外} \tag{6.3.11}$$

上式是刚体转动的动力学基本方程。在不致引起误解的情况下,可将 $M_{外}$ 的下标去掉。

要强调指出:转动惯量与质量虽然都反映物体的惯性性质,但两者有许多不同点。在牛顿力学中,质量是不变的,对任何运动都取该值;而转动惯量则取决于转动轴的位置。脱离确定的转动轴,一般地谈论转动惯量是无意义的。

对于立体问题,可以把立体分成许多垂直于转轴的薄层,每一层仍是平面问题。求出每一层的转动惯量,然后再叠加在一起,就得到整个刚体对转动轴的转动惯量。

【例6.3】 求均匀地球对自转轴的转动惯量。

【解】 假定地球的密度是均匀的,其值为 ρ。采用球坐标系,则位于 (r,θ,φ) 的体积元为 $\mathrm{d}V = r^2\sin\theta\mathrm{d}r\mathrm{d}\theta\mathrm{d}\varphi$,这个体积元中的质量为 $\mathrm{d}m = \rho\mathrm{d}V = \rho r^2\sin\theta\mathrm{d}r\mathrm{d}\theta\mathrm{d}\varphi$,这个体积元到转轴的距离为 $r\sin\theta$。根据定义,它对自转轴的转动惯量为 $\mathrm{d}I = r^2\sin^2\theta\mathrm{d}m$,所以整个地球对自转轴的转动惯量可由积分求出:

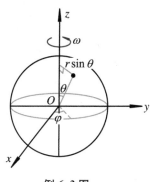

例 6.3 图

$$I = \int r^2\sin^2\theta\mathrm{d}m = \int_0^R\int_0^\pi\int_0^{2\pi}\rho r^4\sin^3\theta\mathrm{d}\varphi\mathrm{d}\theta\mathrm{d}r$$

$$= \frac{8\pi}{15}\rho R^5 = \frac{2}{5}\Big(\frac{4\pi}{3}R^3\rho\Big)R^2 = \frac{2}{5}MR^2$$

其中 M 是地球的质量,R 是地球的半径。将 $M\approx 6.0\times 10^{24}$ kg,$R\approx 6.4\times 10^3$ km 代入,即求得

$$I \approx 9.8\times 10^{37} \text{ kg}\cdot\text{m}^2$$

建议你也试试前面讲的薄层叠加的方法。

实际的地球半径 $R = (6.356\,76 \sim 6.378\,14) \times 10^6$ m, $M = 5.974 \times 10^{24}$ kg, 通过天文观测得到的相对于自转轴的转动惯量 $I = 8.037\,8 \times 10^{37}$ kg·m^2。要提醒的是,实际地球的密度不是均匀的,越往深处密度越大。

6.3.3 刚体的动能

刚体是由许多质点组成的,因此刚体的动能就等于各质点的动能之和,即

$$T = \sum_{i=1}^{n} \frac{1}{2} m_i v_i^2 \tag{6.3.12}$$

前面已讨论过,刚体的运动总可以分解为随着某基点 O 的平动和绕该点的转动,而且基点是可以任意选取的。那么动能表达式(6.3.12)是否也可以分解成平动动能和转动动能呢? 这是可以做到的;但对分解基点的选取有特殊的要求,即只有当选取刚体的质心 C 作为基点时,才可以进行这种分解。下面证明这一点。

刚体中每个质点的速度 $\vec{v}_i$ 可分解成平动部分和转动部分。如果取质心 C 作为基点,那么,平动部分的速度就是质心速度 $\vec{v}_c$,转动部分的速度就是质点相对于质心系的运动速度 $\vec{v}_i'$。根据速度合成,有 $\vec{v}_i = \vec{v}_c + \vec{v}_i'$,从而式(6.3.12)可以写为

$$T = \sum_{i=1}^{n} \frac{1}{2} m_i (\vec{v}_c + \vec{v}_i')^2 = \sum_{i=1}^{n} \frac{1}{2} m_i (\vec{v}_c^2 + \vec{v}_i'^2 + 2\vec{v}_c \cdot \vec{v}_i')$$

$$= \sum_{i=1}^{n} \frac{1}{2} m_i v_c^2 + \sum_{i=1}^{n} \frac{1}{2} m_i v_i'^2 + \sum_{i=1}^{n} m_i \vec{v}_c \cdot \vec{v}_i' \tag{6.3.13}$$

因为 $\vec{v}_i' = \mathrm{d}\vec{r}_i'/\mathrm{d}t$ ($\vec{r}_i'$ 是第 i 个质点相对于质心的位矢),所以

$$\sum_{i=1}^{n} m_i \vec{v}_i' = \frac{\mathrm{d}}{\mathrm{d}t} \sum_{i=1}^{n} m_i \vec{r}_i'$$

按质心的定义,应有 $\sum_{i=1}^{n} m_i \vec{r}_i' = \vec{0}$。因而,式(6.3.13)中的最后一项总为零,故有

$$T = \frac{1}{2} \left(\sum_{i=1}^{n} m_i \right) v_c^2 + \frac{1}{2} \sum_{i=1}^{n} m_i v_i'^2 = \frac{1}{2} m v_c^2 + \frac{1}{2} \sum_{i=1}^{n} m_i v_i'^2 \tag{6.3.14}$$

其中 $m = \sum_{i=1}^{n} m_i$ 是刚体的总质量。此式表示刚体的动能的确可以看成两部分

的和,即以质心为基点的平动动能 $mv_{c}^2/2$ 及相对于质心的转动动能

$$T_{转} = \frac{1}{2}\sum_{i=1}^{n} m_i v_i'^{\,2} \tag{6.3.15}$$

如果转动角速度为 ω,则

$$v_i' = r_i\omega \tag{6.3.16}$$

其中 r_i 是第 i 个质点与转动轴的距离。我们只考虑平面平行运动,代入式(6.3.15),得到

$$T_{转} = \frac{1}{2}\left(\sum_{i=1}^{n} m_i r_i^2\right)\omega^2 = \frac{1}{2}I_c\omega^2 \tag{6.3.17}$$

其中

$$I_c = \sum_{i=1}^{n} m_i r_i^2 \tag{6.3.18}$$

按式(6.3.10),它就是该刚体相对于通过质心的转轴的转动惯量。由式(6.3.14)和式(6.3.17),可知刚体的动能可以写为

$$T = \frac{1}{2}mv_c^2 + \frac{1}{2}I_c\omega^2 \tag{6.3.19}$$

这就是刚体动能的最终表达式。应当再强调一遍,只有选择质心作为分解平动及转动的基点时,上式才是适用的。

　　现在分析一下式(6.3.19)右边的第二部分 $I\omega^2/2$(此处略去下标 c)。在定轴平面转动中,当质点与轴的距离为 r 时,因为 $\omega = v/r$,所以有 $l = mrv = mr^2\omega = I\omega$。由 $\mathrm{d}\vec{l}/\mathrm{d}t = \vec{M}$,可知动量矩的变化率等于外力矩,则 $\dfrac{\mathrm{d}l}{\mathrm{d}t} = \dfrac{\mathrm{d}}{\mathrm{d}t}(I\omega) = M$。两边同乘以 ω,有 $\omega\dfrac{\mathrm{d}}{\mathrm{d}t}(I\omega) = M\omega$。如果 I 不随时间变化,那么有

$$\frac{\mathrm{d}}{\mathrm{d}t}\left(\frac{1}{2}I\omega^2\right) = M\frac{\mathrm{d}\varphi}{\mathrm{d}t}$$

其中 φ 是质点绕轴转过的角度。前式再对 t 积分,得

$$\left(\frac{1}{2}I\omega^2\right)_2 - \left(\frac{1}{2}I\omega^2\right)_1 = \int_1^2 M\mathrm{d}\varphi$$

这非常类似于动能和功的关系式

$$\left(\frac{1}{2}mv^2\right)_2 - \left(\frac{1}{2}mv^2\right)_1 = \int_1^2 F\mathrm{d}x$$

对比两者可见,力矩与力相对应,角位移与位移相对应,转动惯量与质量相对应,角速率与速率相对应。由此知 $I\omega^2/2$ 与动能 $mv^2/2$ 相对应,我们称 $I\omega^2/2$ 为转动动能。从量纲分析看,$I\omega^2/2$ 确实是能量的量纲。

表面上看,定轴转动要比一维直线运动复杂得多,但我们看到两者所满足的方程,以及一些有关的结论都存在着一一对应。这种现象在物理学中常常遇到,也就是说,在不同的物理现象之间存在着内在的一致性。

6.3.4　平行轴定理与垂直轴定理

现在,从动能角度再讨论一下前面讨论过的车轮纯滚动的例子。我们已经强调了取质心作为分解的基点对于描写刚体的动能有很大的优越性。这时刚体动能由式(6.3.19)表示。但原则上来说,为描写刚体动能,分解的基点总是可以任意选取的。如果我们取车轮与地面的接触点 A 为分解的基点,则各质点相对地面的速度 $\vec{v}_i$ 可写为 $\vec{v}_i = \vec{v}_A + \vec{v}'_i$,式中 $\vec{v}'_i$ 是质点 m_i 相对于基点 A 的速度,$\vec{v}_A$ 是基点 A 相对于地面的速度。前面已经证明 $\vec{v}_A = \vec{0}$,所以

$$T = \sum_{i=1}^{n} \frac{1}{2} m_i v_i^2 = \sum_{i=1}^{n} \frac{1}{2} m_i v_i'^2 = \sum_{i=1}^{n} \frac{1}{2} m_i r_i'^2 \omega'^2$$

$$= \frac{1}{2} \left(\sum_{i=1}^{n} m_i r_i'^2 \right) \omega'^2 = \frac{1}{2} I' \omega'^2 \tag{6.3.20}$$

其中 r'_i 是质点 m_i 到通过 A 的转轴的距离,I' 是车轮对通过 A 且垂直于轮面的轴的转动惯量,ω' 是以 A 为基点的角速度。因刚体的角速度与基点的选取无关,故 $\omega' = \omega$,从而有

$$T = \frac{1}{2} I' \omega^2 \tag{6.3.21}$$

对比式(6.3.19)与式(6.3.21),得

$$\frac{1}{2} I' \omega^2 = \frac{1}{2} m v_c^2 + \frac{1}{2} I_c \omega^2$$

又因为 $v_c = r_0 \omega$,故

$$I' = m r_0^2 + I_c \tag{6.3.22}$$

表明车轮绕过 A 点的轴的转动惯量 I' 与绕过质心并与之平行的轴的转动惯量 I_c 之间有一个简单关系式。可以证明,上述关系是普遍成立的,即平行轴定理:

绕某一轴的转动惯量必等于绕通过质心并与之平行的转轴的转动惯量加上总质量与两轴距离平方的乘积。

　　很容易证明平行轴定理。设任一质量元 m_i 的位置为 (x_i, y_i)，则绕 p 轴转动的惯量 I_p 与绕通过质心 O 并与之平行的转轴的转动惯量 I_0 之间的关系为（图6.9）

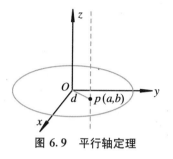

$$I_p = \sum_i m_i \left[(x_i - a)^2 + (y_i - b)^2 \right]$$
$$= \sum_i m_i (x_i^2 + y_i^2) - 2a \sum_i m_i x_i - 2b \sum_i m_i y_i + (a^2 + b^2) \sum_i m_i$$
$$= I_0 + md^2$$

图 6.9 平行轴定理

　　另外还有垂直轴定理：对平面分布的质点组，取 z 轴垂直于此平面，x 轴、y 轴取在平面内，那么此质点组对三根轴的转动惯量有关系：

$$I_z = I_x + I_y \tag{6.3.23}$$

证明也很容易：

$$I_z = \sum m_i (x_i^2 + y_i^2) = \sum m_i x_i^2 + \sum m_i y_i^2 = I_y + I_x$$

6.4　刚体的动力学方程

6.4.1　刚体的动力学方程

　　前已证明，对于任一质点系，其质心动力学方程为

$$m \frac{\mathrm{d}^2 \vec{r}_c}{\mathrm{d}t^2} = \vec{F} \tag{6.4.1}$$

当然，刚体也不例外。这时，式中 m 是刚体质量，$\vec{r}_c$ 是刚体质心的位置，$\vec{F}$ 是刚体所受到的总外力。

　　另外，我们还已证明，对于一个质点，它的动量矩 $\vec{l} = m \vec{r} \times \vec{v} = mr^2 \vec{\omega} = I\vec{\omega}$ 满足方程

$$\frac{\mathrm{d}\vec{l}}{\mathrm{d}t} = \vec{M} \tag{6.4.2}$$

其中 $\vec{M}$ 是质点受到的力矩。对于刚体,定义它的动量矩 $\vec{L} = I\vec{\omega}$ 等于各质点的动量矩之和,即

$$\vec{L} = \sum_{i=1}^{n} \vec{l}_i \tag{6.4.3}$$

从而由式(6.4.2),可得

$$\frac{\mathrm{d}\vec{L}}{\mathrm{d}t} = \vec{M} \tag{6.4.4}$$

其中 $\vec{M} = \displaystyle\sum_{i=1}^{n} \vec{M}_i$ 是刚体所受到的总外力矩。

方程(6.4.1)及方程(6.4.4)合在一起共有六个独立的方程。因为刚体只有 6 个自由度,所以可以推测出,方程(6.4.1)及方程(6.4.4)已经能够描写刚体的全部动力学。因此,它们称为刚体的动力学方程。

6.4.2　刚体运动中的外力做功

下面讨论刚体运动中的外力做功问题。为了表述简便,我们讨论转动轴线不固定,但其方向不变(例如平行于 z 轴)的情况。

根据动能定理,有 $W = T_2 - T_1$。如果取质心为基点,则动能可写为平动动能与转动动能之和,从而 W 可写为

$$
\begin{aligned}
W &= \left(\frac{1}{2}mv_c^2 + \frac{1}{2}I_c\omega^2\right)_2 - \left(\frac{1}{2}mv_c^2 + \frac{1}{2}I_c\omega^2\right)_1 \\
&= \left(\frac{1}{2}mv_{c2}^2 - \frac{1}{2}mv_{c1}^2\right) + \left(\frac{1}{2}I_c\omega_2^2 - \frac{1}{2}I_c\omega_1^2\right)
\end{aligned}
$$

由式(6.4.1),易得

$$\frac{1}{2}mv_{c2}^2 - \frac{1}{2}mv_{c1}^2 = \int_1^2 \vec{F} \cdot \mathrm{d}\vec{r}_c$$

其中积分沿着质心轨迹。又由式(6.4.4),可得

$$\frac{\mathrm{d}L_z}{\mathrm{d}t} = M_z \quad 或 \quad \frac{\mathrm{d}}{\mathrm{d}t}(I_c\omega) = M_z \qquad (6.4.5)$$

注意 $\omega = \mathrm{d}\varphi/\mathrm{d}t$，则可证明

$$\frac{1}{2}I_c\omega_2^2 - \frac{1}{2}I_c\omega_1^2 = \int_{\varphi_1}^{\varphi_2} M\mathrm{d}\varphi$$

所以

$$W = \int_1^2 \vec{F}\cdot\mathrm{d}\vec{r_c} + \int_{\varphi_1}^{\varphi_2} M\mathrm{d}\varphi \qquad (6.4.6)$$

上式右边的第一项是外力引起平动动能增加而做的功，第二项是外力矩引起转动动能增加而做的功。如果不取质心为基点，就不能分解为平动和转动两项。我们再次看到质心作为分解基点的优越性。

由于式(6.4.6)对于 $\vec{F}$ 及 $\vec{M}$ 是线性的，所以对刚体受到多个外力的情况，第 i 个外力 $\vec{F_i}$ 及其力矩所做的功也可以类似地写为

$$W_i = \int_1^2 \vec{F_i}\cdot\mathrm{d}\vec{r_c} + \int_{\varphi_1}^{\varphi_2} M_i\mathrm{d}\varphi \qquad (6.4.7)$$

现在我们再次讨论车轮纯滚动的问题，证明纯滚动过程中摩擦力并不做功（图 6.10）。在图 6.10 中已画出摩擦力 $\vec{F}$。

由式(6.4.7)，可得摩擦力对刚体所做的功为

$$W = \int \vec{F}\cdot\mathrm{d}\vec{r} + \int M\mathrm{d}\varphi = \int F\mathrm{d}x + \int(-Fr_0)\mathrm{d}\varphi$$
$$= F\Delta x + (-Fr_0\Delta\varphi) = F(\Delta x - r_0\Delta\varphi)$$

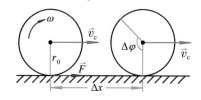

图 6.10　车轮纯滚动与摩擦力做功

式中力矩 $M = Fr_0$ 取负号，是因为它使车轮绕质心的转动方向与 φ 增加的方向相反。又因是纯滚动，所以有 $\Delta x - r_0\Delta\varphi = 0$。最后得到 $W = 0$。

当然，在实际情况中车轮是要克服阻力做功的，因为这时不论是车轮还是地面都有一定的变形，车轮好像在不停地爬坡一样。"刚体模型"只是真实情况的近似与简化。

在处理理想刚体的纯滚动问题时，滚动物与其他物体的接触点处相对速度为零，在此点若有摩擦力存在，则为静摩擦力，判断该静摩擦力的方向需要十分小心。这里有一个一般可用的原则：设想此物与接触点脱离，使摩擦不复存在，此时接触点切向速度的反方向，即为静摩擦力的方向。

【例 6.4】半径为 R、质量为 m 的匀质圆柱,沿倾角为 α 的静止斜面滚下。斜面与柱之间的摩擦系数为 μ。试求圆柱滚下时质心的加速度。

【解】圆柱可能无滑动滚下,也可能既滚又滑。我们应分别进行分析,进而得出这两种情况发生的条件。

第一种可能:无滑动滚下。

用质心坐标系描述圆柱相对于质心的转动,转动方向取逆时针方向为正。圆柱的角加速度 $\ddot{\varphi}$ 虽然未知,但根据无滑动滚下的假定,它与质心的加速度应满足不打滑的运动学判据。

将圆柱隔离出来。圆柱受重力 $m\vec{g}$,施于质心,竖直向下。圆柱只与斜面接触,受到斜面的正压力 $\vec{N}$,垂直于斜面向左上;又受到斜面的静摩擦力 $\vec{f}$,沿斜面向右上,如图所示。

以斜面为参考系描述圆柱质心的运动。取固定于斜面的坐标系,x 轴垂直于斜面向上,y 轴沿斜面向下。质心的加速度平行于斜面向下,$\ddot{x}_0 \equiv 0$,而 $\ddot{y}_0$ 就是所要求的圆柱滚下时质心的加速度。$\ddot{y}_0$ 与 $\ddot{\varphi}$ 通过纯滚动的运动学判据联系起来。

根据质心运动定理,有

$$\begin{cases} mg\sin\alpha - f = m\ddot{y}_0 & (1) \\ N - mg\cos\alpha = 0 & (2) \end{cases}$$

根据动量矩定理,相对于质心坐标系,有

$$fR = I'\ddot{\varphi} \qquad (3)$$

这里 $I' = mR^2/2$ 为圆柱对通过质心的水平轴的转动惯量。又,按不打滑的运动学判据,

$$\ddot{y}_0 = R\ddot{\varphi} \qquad (4)$$

由式(1)~式(4),解得

$$\begin{cases} \ddot{\varphi} = \dfrac{mR}{I' + mR^2}g\sin\alpha \\ \ddot{y}_0 = \dfrac{mR^2}{I' + mR^2}g\sin\alpha \end{cases}, \qquad \begin{cases} f = \dfrac{I'}{I' + mR^2}mg\sin\alpha \\ N = mg\cos\alpha \end{cases} \qquad (5)$$

可以看到,$\ddot{y}_0 < g\sin\alpha$,即滚下物体的加速度 $\ddot{y}_0$ 小于光滑物体滑下的加速度 $g\sin\alpha$。这是可以理解的,既然是滚动,必定既有平动,又有转动;平动加速度自然变小。还可以看出,I' 越大 $\ddot{y}_0$ 越小,这也反映了其"惯量"的内涵。

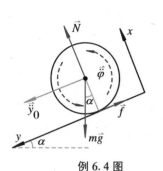

例 6.4 图

将 $I' = mR^2/2$ 代入式(5)，得出具体结果

$$\begin{cases} \ddot{\varphi} = \dfrac{2}{3}\dfrac{1}{R}g\sin\alpha \\ \ddot{y}_0 = \dfrac{2}{3}g\sin\alpha \end{cases}, \quad \begin{cases} f = \dfrac{1}{3}mg\sin\alpha \\ N = mg\cos\alpha \end{cases} \tag{6}$$

解(6)是否适用，"无滑动滚下"的假定是否成立，是需要加以检查的。解(6)适用的条件，即"无滑动滚下"这个假定成立的条件是 $f \leqslant \mu N$，即

$$\frac{1}{3}mg\sin\alpha \leqslant \mu mg\cos\alpha$$

所以

$$\mu \geqslant \frac{1}{3}\tan\alpha \tag{7}$$

作为比较，我们给出圆柱体相对于静止的 z 轴（垂直于纸面并与 x 轴、y 轴正交）的动量矩定理，以代替圆柱体相对于质心坐标系的动量矩定理式(3)。一般来说，质点系相对于某固定轴的动量矩 L 并不等于质点系质心相对于该轴的动量矩 L_0，而是等于后者加上质点系相对于通过质心的平行轴的动量矩 L'（第5章讨论过）。因此

$$L = L_0 + L' = m\dot{y}_0 R + I'\dot{\varphi}$$

由动量矩定理，可得

$$m\ddot{y}_0 R + I'\ddot{\varphi} = -Ny_0 + mg(y_0\cos\alpha + R\sin\alpha)$$

利用式(2)，可将上式改写为

$$m\ddot{y}_0 R + I'\ddot{\varphi} = mgR\sin\alpha \tag{8}$$

不难看出，式(1)乘上 R 再与式(3)相加，正是式(8)。这就是说，式(1)、式(2)、式(4)、式(8)完全等价于式(1)~式(4)。

借助于式(4)，可将式(8)表示为

$$(mR^2 + I')\ddot{\varphi} = mgR\sin\alpha$$

形式上，这正是相对于瞬时转轴的动量矩定理。可以证明，对于刚体的平面平行运动，如刚体的质心与瞬时转轴的距离保持不变，相对于瞬时转轴的动量矩定理成立。但一般情况下，未必能够成立。

第二种可能:既滚又滑。

整体与前面的分析类似,但根据既滚又滑的假定,这时质心的加速度与圆柱的角加速度是各自独立的,不再满足纯滚动的运动学判据。

将圆柱隔离出来,这时它受到斜面的摩擦力为动摩擦力,$f = \mu N$;因为圆柱在接触斜面处沿斜面向下滑,所以动摩擦力 f 沿斜面向上。根据质心运动定理,有

$$\begin{cases} mg\sin\alpha - \mu N = m\ddot{y}_0 & (1) \\ N - mg\cos\alpha = 0 & (2) \end{cases}$$

根据动量矩定理,在质心坐标系中,有

$$\mu NR = I'\ddot{\varphi} \qquad (3)$$

从式(1)~式(3),解得

$$\begin{cases} \ddot{\varphi} = \dfrac{mR}{I'}\mu g\cos\alpha \\ \ddot{y}_0 = g(\sin\alpha - \mu\cos\alpha) \end{cases} \qquad (4)$$

$\ddot{y}_0$ 仍然小于 $g\sin\alpha$,即小于光滑物体滑下的加速度。这自然还是由于摩擦力的作用。还可以看出,这时 $\ddot{y}_0$ 与 I' 无关。为什么呢? 自己思考一下。

将 $I' = mR^2/2$ 代入式(4),得出具体结果

$$\begin{cases} \ddot{\varphi} = \dfrac{2}{R}\mu g\cos\alpha \\ \ddot{y}_0 = g(\sin\alpha - \mu\cos\alpha) \end{cases} \qquad (5)$$

解(5)是否适用,"既滚又滑"的假定是否成立,是需要加以检查的。解(5)适用的条件,即"既滚又滑"假定成立的条件是,圆柱在接触斜面处相对向下滑,即该处速度向下,也就是 $\ddot{y}_0 > R\ddot{\varphi}$,即

$$g(\sin\alpha - \mu\cos\alpha) > 2\mu g\cos\alpha$$

所以

$$\mu < \frac{1}{3}\tan\alpha \qquad (6)$$

也就是说,当 $\mu < (\tan\alpha)/3$ 时,圆柱将有滑动地滚下,质心运动的加速度由式(5)给出。

【**例 6.5**】　例 6.4 中的圆柱开始静止于高度 h 处,沿着斜面无滑动地滚下,试求其滚到斜面底端时的速度。

【**解**】　可以按前例的方法求出加速度 $\ddot{y}_0$,然后再通过运动学方法求圆柱到达斜面底端的速度。但考虑到本题的具体条件,用机械能守恒定律更方便。

作用在圆柱上的力有重力 $m\vec{g}$、正压力 $\vec{N}$ 和静摩擦力 $\vec{f}$。重力是保守力;$\vec{N}$ 与 $\vec{f}$ 的作用点的速度为零,因而总是不做功。所以尽管有摩擦力,机械能守恒定律仍然适用。

假定圆柱在斜面底端处的势能为零,则开始时圆柱的势能为 mgh,动能为零,所以开始时机械能等于 mgh。圆柱到达斜面底端,势能为零。圆柱以角速度 ω 绕质心转动,质心又以速率 v_0 运动,圆柱的动能应为 $mv_0^2/2 + I'\omega^2/2$,也就是圆柱到达斜面底端的机械能。

根据机械能守恒

$$mgh = \frac{1}{2}mv_0^2 + \frac{1}{2}I'\omega^2 \tag{1}$$

这里 v_0 与 ω 不是独立的,它们满足不打滑的运动学判据 $v_0 = R\omega$,所以式(1)可改写为

$$mgh = \frac{1}{2}mv_0^2 + \frac{1}{2}I'\left(\frac{v_0}{R}\right)^2 = \frac{1}{2}(mR^2 + I')\frac{v_0^2}{R^2} \tag{2}$$

由此解得

$$v_0 = \sqrt{2\frac{mR^2}{mR^2 + I'}gh} \tag{3}$$

将 $I' = mR^2/2$ 代入式(3),得到

$$v_0 = \sqrt{\frac{4}{3}gh} \tag{4}$$

为了计算圆柱到达斜面底端的动能,也可改以瞬时转动中心为基点。圆柱绕瞬时转动中心做单纯的转动,其角速度为 ω,所以圆柱的动能为 $I\omega^2/2$。于是机械能守恒定律应为

$$mgh = \frac{1}{2}I\omega^2 \tag{5}$$

根据平行轴定理,有 $I = I' + mR^2$。又按不打滑的运动学判据,$v_0 = R\omega$,因此式(5)可改写为

$$mgh = \frac{1}{2}(I' + mR^2)\frac{v_0^2}{R^2}$$

与式(2)完全一样,其解答自然还是式(3)或式(4)。但这种通过机械能守恒求解的方法在圆柱打滑时就不适用了。为什么呢? 因为摩擦力做功了。

【例 6.6】 如图(Ⅰ)所示,镜框立在有摩擦的钉子上,稍受扰动即向下倾倒,当到达一定角度 θ 时,此镜框将跳离钉子,求 θ。(提示:跳离钉子时,镜框对钉子的作用力为零。)

【解】 此题的具体求解其实并不难,关键是分析题目而建立恰当的模型。关于此题的求解,可以有多种思路,我们这里仅讲述三种,但每一种思路得到的结果却不同,可以给我们提供很大的讨论空间。

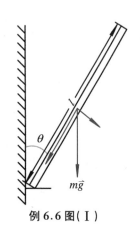

例 6.6 图(Ⅰ)

不论采取哪一种思路,都要先讨论在整个过程中能量的变化。由能量守恒知势能转换为刚体转动的动能,有

$$\frac{1}{2}mgl(1 - \cos\theta) = \frac{1}{2} \times \frac{1}{3}ml^2\omega^2$$

其中 l 为镜框长度,m 为镜框质量,ω 为转动角速度。两边约分,得

$$3g(1 - \cos\theta) = l\omega^2 = l\dot{\theta}^2$$

两边对时间求导,有

$$2l\dot{\theta}\ddot{\theta} = 3g\dot{\theta}\sin\theta$$

最后得到

$$\ddot{\theta} = \frac{3g}{2l}\sin\theta$$

我们需要找到镜框跳离钉子这一现象的临界条件以作为判据。原题给出了提示:跳离钉子时,镜框对钉子的作用力为零。

思路 1 把"镜框对钉子的作用力为零"理解为在镜框的方向上没有力的作用,因此重力加速度在径向的分量与向心加速度相等,从而有

$$mg\cos\theta = \frac{l}{2}m\dot{\theta}^2 = \frac{3m}{2}g(1 - \cos\theta)$$

由上式解得

$$2\cos\theta = 3 - 3\cos\theta$$

因而

$$\cos\theta = \frac{3}{5} \quad \Rightarrow \quad \theta = \arccos\frac{3}{5}$$

思路 2 把"镜框对钉子的作用力为零"理解为镜框在水平方向上没有受到力的作用,因此水平向加速度为零。

镜框转动时,质心的向心加速度为 $a_n = (l/2)\dot{\theta}^2 = (3/2)g(1 - \cos\theta)$,切向加速度为 $a_\tau = (l/2)\ddot{\theta} = (3/4)g\sin\theta$。水平向加速度为零,即 $a_n\sin\theta = a_\tau\cos\theta$,有

$$\frac{3}{2}g(1 - \cos\theta)\sin\theta = \frac{3}{4}g\sin\theta\cos\theta$$

两边约分,得

$$2 - 2\cos\theta = \cos\theta$$

最后得到

$$\cos\theta = \frac{2}{3} \quad \Rightarrow \quad \theta = \arccos\frac{2}{3}$$

思路 3 把"镜框对钉子的作用力为零"理解为镜框在垂直方向的加速度就是重力加速度,所以有

$$a_n\cos\theta + a_\tau\sin\theta = g$$

即

$$\frac{3}{2}g(1 - \cos\theta)\cos\theta + \frac{3}{4}g\sin^2\theta = g$$

最后得

$$\cos\theta = \frac{1}{3} \quad \Rightarrow \quad \theta = \arccos\frac{1}{3}$$

三种思路得到了三个不同的结果,究竟哪个对呢?之所以会出现三种不同的思路,是因为对"镜框对钉子的作用力为零"有不同的理解,从而有了不同的模型。为了检验、判断结果的正确性,我们可以作一下分析:

第一种思路的判断依据是重力加速度在径向的分量与向心加速度相等，但这只能说明镜框没有在径向上改变速度的趋势，在与镜框垂直的方向仍可能有加速度，此加速度不是由重力的切向分力引起的，所以并不意味着镜框和钉子没有相互作用力，钉子对镜框的摩擦力和支撑力可能合成出来这一作用力[图(Ⅱ)]。因此由重力加速度的径向分力与向心加速度相同并不能得到镜框与钉子之间没有相互作用。这一模型显然有误。

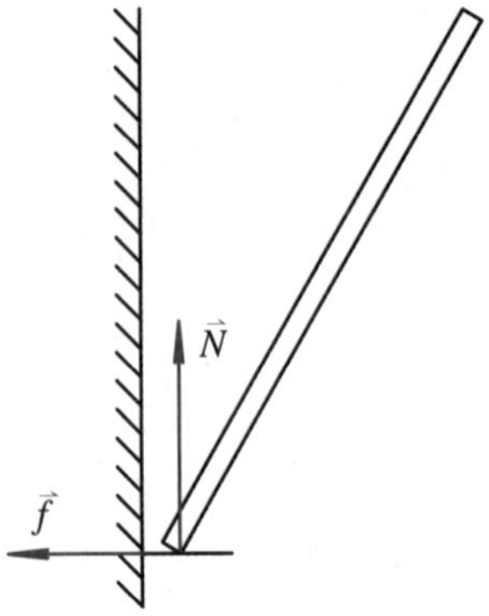

第二种思路的依据是镜框跳离钉子时摩擦力为零，这时

$$\cos\theta = \frac{2}{3}, \quad \sin\theta = \frac{\sqrt{5}}{3}$$

经过计算，镜框质心垂直向的加速度为

$$a_n\cos\theta + a_\tau\sin\theta = \frac{1}{2}g\cos\theta + \frac{5}{12}g = \frac{1}{3}g + \frac{5}{12}g = \frac{3}{4}g$$

显然，这时钉子对镜框仍有支撑力，只是镜框相对于钉子没有横向运动的趋势，所以横向加速度为零，并不能得出镜框跳离钉子的结论。

对于第三种思路，我们也可以进行类似的分析。这时

$$\cos\theta = \frac{1}{3}, \quad \sin\theta = \frac{2\sqrt{2}}{3}$$

所以

$$a_\tau\cos\theta = \frac{\sqrt{2}}{2}g\frac{1}{3} = \frac{\sqrt{2}}{6}g, \quad a_n\sin\theta = g\sin\theta = \frac{2\sqrt{2}}{3}g$$

镜框质心在水平方向的加速度为

$$a_n\sin\theta - a_\tau\cos\theta = \frac{3}{6}\sqrt{2}g = \frac{\sqrt{2}}{2}g$$

并不为零！这个加速度是由谁提供的？镜框跳离钉子没有？如何解释？

在推导不同角度时的支撑力和摩擦力时，用到一个关系，即支撑力、重力和摩擦力平衡或提供了质心做圆周运动的向心力。该关系只在镜框跳起前有效！

思路 3 中，在镜框跳起这个"临界点"之前有一向左的摩擦力与重力一起提供了向心力。过了此点摩擦力就"突然"消失了，质心开始垂直向下运动。此时，沿着镜框方向的向心加速度为

$$a_n = \frac{3}{2}g(1 - \cos\theta) = \frac{3}{2}g\left(1 - \frac{1}{3}\right) = g$$

例 6.6 图(Ⅱ)

而重力和水平方向的摩擦力沿着镜框方向的合力为[图(Ⅲ)]

$$\frac{\sqrt{2}}{2}g\sin\theta + g\cos\theta = \frac{\sqrt{2}}{2}g\frac{2\sqrt{2}}{3} + g\frac{1}{3} = g$$

与 a_n 相同,说明确实是向左的摩擦力与重力一起提供了向心力。

同样,在与镜框垂直的方向上,切向加速度

$$a_\tau = \frac{3}{4}g\sin\theta = \frac{3}{4}g\frac{2\sqrt{2}}{3} = \frac{\sqrt{2}}{2}g$$

此时,重力和水平方向的摩擦力在切向的合力为

$$-\frac{\sqrt{2}}{2}g\cos\theta + g\sin\theta = \frac{2\sqrt{2}}{3}g - \frac{\sqrt{2}}{2}g\frac{1}{3} = \frac{4\sqrt{2}g}{6} - \frac{\sqrt{2}g}{6} = \frac{\sqrt{2}g}{2}$$

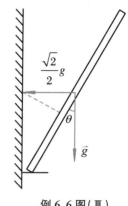

例 6.6 图(Ⅲ)

与 a_τ 也相同。所以,第三种思路得到的结果应该是正确的。但为什么在这时出现了水平向加速度不为零的情况? 关键是题目在建立模型时将摩擦力的作用简化过度了!

题目中说,镜框立在有摩擦的钉子上,但并没有给出摩擦系数,所以只能认为在镜框跳离钉子之前,始终存在着摩擦力。考虑到实际情况中镜框对钉子的压力越来越小,摩擦系数只有越来越大,才能保证镜框在最终跳离钉子前一直做定轴转动,镜框的下沿在钉子上没有水平方向的滑动,直到达到"临界点"时摩擦力"突然"消失[图(Ⅱ)]。这一模型与实际情况严重不符,因为静摩擦系数与相互接触的物体界面性质有关,一般可以认为是小于 1 的定值,不会明显增大,所以最大静摩擦力不可能很大;实际上在达到临界点之前镜框已经有水平向的滑动了。

对整个过程中镜框的受力进行分析[图(Ⅳ)]:

$$N = \left(mg\cos\theta - m\frac{l}{2}\dot{\theta}^2\right)\cos\theta - \left(m\frac{l}{2}\ddot{\theta} - mg\sin\theta\right)\sin\theta$$

$$= mg\left(\cos^2\theta - \frac{3}{2}\cos\theta + \frac{3}{2}\cos^2\theta - \frac{3}{4}\sin^2\theta + \sin^2\theta\right)$$

$$= mg\left(\frac{9}{4}\cos^2\theta - \frac{3}{2}\cos\theta + \frac{1}{4}\right)$$

$$f = \left(mg\cos\theta - m\frac{l}{2}\dot{\theta}^2\right)\sin\theta + \left(m\frac{l}{2}\ddot{\theta} - mg\sin\theta\right)\cos\theta$$

$$= mg\sin\theta\cos\theta - \frac{m}{2}3g(1-\cos\theta)\sin\theta + \frac{m}{2}\frac{3g}{2}\sin\theta\cos\theta$$

$$- mg\sin\theta\cos\theta$$

$$= \frac{3}{2}mg\sin\theta\left(\frac{3}{2}\cos\theta - 1\right)$$

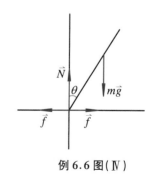

例 6.6 图(Ⅳ)

$$\frac{f}{N} = \frac{\frac{3}{2}\sin\theta\left(\frac{3}{2}\cos\theta - 1\right)}{\frac{9}{4}\cos^2\theta - \frac{3}{2}\cos\theta + \frac{1}{4}}$$

绘出随角度 θ 变化的示意图[图(Ⅴ)]。

可见,随着角度 θ 的增加,N 是持续减小的;但 f 先增加再减小,在 $\theta =$ arccos (2/3)时反号,也就是说,在此之前,镜框底端相对于钉子有向左滑动的趋势,在此之后又有向右滑动的趋势。至于怎么滑动,什么时候滑动,则由比值 f/N 及实际静摩擦系数的大小 μ 决定。μ 约小于 0.35,镜框在比较小的角度就会向左滑动、失稳;μ 约大于 0.4 时,镜框将在比较大的角度向右滑动、倒下。您可以通过立在光滑程度不同的桌面上直尺的倾倒这一简单实验实际观察一下这个过程。

例 6.6 图(Ⅴ)

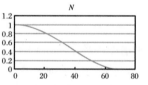 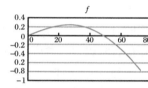 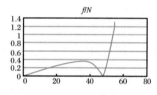

为了使本题的模型更贴近实际情况,可以明确静摩擦系数的大小,再求解什么时候镜框会相对于钉子滑动,以此作为镜框从钉子上掉下的判据,使模型更加合理,问题更加明确。请您不妨一试。

6.4.3　刚体的平衡

尽管刚体问题仍属于牛顿力学的问题,但与质点问题有很大的不同,它的基本方程是式(6.4.1)和式(6.4.4)。所谓刚体处于平衡状态,是指其质心加速度为零,同时动量矩不变的状态,因此刚体的平衡条件为

$$\begin{cases} \vec{F} = \vec{0} \\ \vec{M} = \vec{0} \end{cases} \tag{6.4.8}$$

如果作用在刚体上的外力矩在 z 轴上的分量为零,则有

$$L_z = (I\omega)_z = 不变量 \tag{6.4.9}$$

即转动运动保持不变,刚体依靠"惯性"而永远转动。如果物体中物质的相对位置变化了,导致转动惯量从 I_1 变到 I_2,则角速率将从 ω_1 变到 ω_2,且满足

$$I_1\omega_1 = I_2\omega_2 \tag{6.4.10}$$

这方面的例子有很多。例如,花样滑冰运动员先伸展四肢旋转起来,然后突然收拢,由于整体的转动惯量减小,旋转的速度就会明显增大。

【例 6.7】太阳绕自转轴的旋转周期为 26 d,若坍缩成中子星,试估计它的转速将如何?

【解】中子星可以简单地看成是由密排的中子构成的,可以估算其密度为

$$\rho_n = \frac{m_p}{\frac{4\pi}{3}r_0^3} = \frac{1.67 \times 10^{-27}\ \text{kg}}{\frac{4\pi}{3}(1.5 \times 10^{-15}\text{m})^3} = 1.18 \times 10^{17}\ \text{kg} \cdot \text{m}^{-3}$$

太阳的质量 $M = 1.989 \times 10^{30}$ kg,半径 $R = 6.9599 \times 10^8$ m。若太阳坍缩成中子星,则半径将变为 R',它满足关系

$$R'^3 = \frac{M}{(4\pi/3)\rho_n} = 4.024 \times 10^{12}\ \text{m}^3$$

所以 $R' = 1.59 \times 10^4$ m。

根据式(6.4.10),得

$$\omega_2 = \frac{I_1}{I_2}\omega_1 = \frac{\frac{2}{5}MR^2}{\frac{2}{5}MR'^2}\omega_1 = \left(\frac{R'}{R}\right)^2\omega_1$$

$$= \left(\frac{6.9599 \times 10^8}{1.59 \times 10^4}\right)^2 \times \frac{2\pi}{26 \times 24 \times 60 \times 60}$$

$$= 5.36 \times 10^3\,(\text{rad} \cdot \text{s}^{-1})$$

或者

$$T_2 = \left(\frac{R'}{R}\right)^2 T_1 = \left(\frac{1.59 \times 10^4\ \text{m}}{6.9599 \times 10^8\ \text{m}}\right)^2 \times 26\ \text{d}$$

$$= 1.36 \times 10^{-8}\ \text{d} \approx 1.17\ \text{ms}$$

即若太阳坍缩成中子星,则其自转周期是 1.17 ms。

6.5　静力学中的结构受力分析

　　如果作用在物体上的力和力矩都为零,物体或者处于静止状态,或者其质心做匀速运动。我们这里主要考虑第一种情况,即物体处在静止状态。你可能认为研究静止的物体没有什么意思,因为这时物体既无速度又无加速度,并且合力和合力矩都为零。但这并不意味着没有力作用在物体上。事实上,不可能真正找出一个不受任何力作用的物体。有时候,力会很大,以至物体产生严重形变,甚至断裂。要避免这种情况的发生,静力学这一学科就显得格外重要。

　　静力学主要涉及平衡结构及作用力的计算。一般先对结构受力进行分析,然后讨论各种结构在不出现显著形变或断裂的情况下所能承受的力。这些技术可广泛应用于许多领域。例如,建筑师和工程师必须能够计算作用在建筑、桥梁、机械、车辆和其他结构上的力,因为任何材料在足够大的力作用下,都会弯曲或断裂;研究人体肌肉和关节的受力情况,对于药物和物理治疗以及体育运动都有很大的价值。

6.5.1　平衡及其条件

　　对于静止的物体,作用在其上的力加起来必须为零。因为力是矢量,合力的分量也必须为零,所以对平衡状态,有

$$\sum F_x = 0, \quad \sum F_y = 0, \quad \sum F_z = 0 \tag{6.5.1}$$

方程(6.5.1)称为平衡的第一条件。如果物体静止,自然它也不能发生转动,所以要求作用在其上的合力矩也必须为零,

$$\sum \vec{M} = \vec{0} \tag{6.5.2}$$

这称为平衡的第二条件。式(6.5.1)和式(6.5.2)为物体处于平衡状态的充要条件。

6.5.2　受力分析及其在工程中的应用

【例6.8】一均匀横梁质量为1500 kg,长为20.0 m。一质量为15000 kg的机器放在离右支撑柱5.0 m处,如图所示。试求作用在每根垂直支柱上的力。

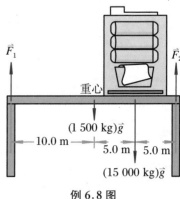

【解】我们先分析作用在横梁上的力。横梁作用在支柱上的力的大小等于支柱对横梁的作用力的大小,但方向相反。我们将两根支柱对横梁的作用力分别标为$\vec{F}_1$和$\vec{F}_2$。横梁本身的重力作用在它的质心上,离每一端10.0 m。因为选择哪一点作为原点建立力矩方程无关紧要,所以我们可以选取方便的一点。如果我们选$\vec{F}_1$的作用点为计算力矩的原点,那么$\vec{F}_1$将不出现在方程中,这样在方程中只有一个未知量$\vec{F}_2$。取逆时针方向为正,由$\sum M = 0$,得

$$\sum M = -10.0\,\text{m} \times 1500\,\text{kg} \times g$$
$$-15.0\,\text{m} \times 15000\,\text{kg} \times g + 20.0\,\text{m} \times F_2$$
$$= 0$$

解出$F_2 = 12000\,\text{kg} \times g = 118000\,\text{N}$。再利用$\sum F_y = 0$求$F_1$:

$$\sum F_y = F_1 - 1500\,\text{kg} \times g - 15000\,\text{kg} \times g + F_2$$
$$= 0$$

得到$F_1 = 4500\,\text{kg} \times g = 44100\,\text{N}$。

【例6.9】一质量$m = 25.0$ kg、长度为2.20 m的均匀横梁用铰链安装在墙上,如图所示。横梁由一根与其夹角为$\theta = 30.0°$的吊索拉到水平位置。横梁末端悬吊着质量$M = 280$ kg的物体。试求铰链作用在横梁上力$\vec{F}_H$的分量以及吊索上张力$\vec{F}_T$的分量。

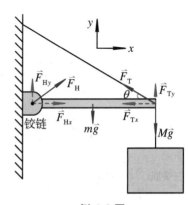

例6.9图

【解】绳索只能沿它的长度方向施加力。图中给出了所有作用在横梁上的力,同时也给出了力$\vec{F}_H$和$\vec{F}_T$的分量。我们有三个未知量;即F_{Hx},F_{Hy}和F_T,所以需要三个方程:

$$\sum F_x = 0, \quad \sum F_y = 0, \quad \sum M = 0$$

在垂直(y)方向,合力为

例6.8图

$$\sum F_y = F_{Hy} + F_{Ty} - mg - Mg = 0 \qquad (1)$$

在水平(x)方向,合力为

$$\sum F_x = F_{Hx} - F_{Tx} = 0 \qquad (2)$$

为了建立力矩方程,我们选$\vec{F}_T$和$M\vec{g}$的作用点作为原点,这样方程就只有一个未知量F_{Hy}。选使横梁逆时针转动的力矩为正。横梁的重力$m\vec{g}$作用在它的中心,因而有

$$\sum M = - F_{Hy} \times 2.20 \text{ m} + mg \times 1.10 \text{ m} = 0$$

或

$$F_{Hy} = \frac{1}{2} mg = \frac{1}{2} \times 25.0 \text{ kg} \times 9.8 \text{ m} \cdot \text{s}^{-2} = 123 \text{ N}$$

其次,因为张力$\vec{F}_T$沿着吊索方向($\theta = 30°$),所以

$$F_{Ty} = F_{Tx} \tan\theta = 0.577 F_{Tx} \qquad (3)$$

由式(1)~式(3),有

$$F_{Ty} = (m + M)g - F_{Hy}$$
$$= 305 \text{ kg} \times 9.8 \text{ m} \cdot \text{s}^{-2} - 123 \text{ N} = 2\,870 \text{ N}$$
$$F_{Tx} = \frac{F_{Ty}}{0.577} = 4\,970 \text{ N}$$
$$F_{Hx} = F_{Tx} = 4\,970 \text{ N}$$

F_H的分量为

$$F_{Hy} = 123 \text{ N}, \quad F_{Hx} = 4\,970 \text{ N}$$

吊索上的张力为

$$F_T = \sqrt{F_{Tx}^2 + F_{Ty}^2} = 5\,740 \text{ N}$$

我们讨论的计算平衡物体受力情况的方法可以很轻易地应用于人类(或动物)身体。这些方法在研究运动或静止生物体的肌肉、骨骼和关节受力情况时极为有用。通常肌肉通过肌腱附着在两块不同的骨骼上,两块骨骼在关节处柔性连接,如肘、膝和髋关节等。当受到神经刺激时,肌肉纤维收缩从而产生拉力,但它不能产生推力。肌肉趋向于将两个肢体拉近,如大臂上(图6.11)的二头肌,叫作屈肌;那些起伸开肢体作用的,如三头肌,叫作伸肌。大臂上的屈肌

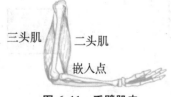

三头肌　二头肌

嵌入点

图6.11　手臂肌肉

在提起物体时起作用,伸肌在甩出物体时起作用。

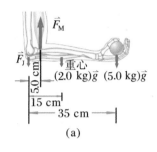

【例 6.10】 当手里托着 $5.0\,\text{kg}$ 的物体时,二头肌的作用力是多少?

(1) 小臂平举,如图(a)所示。

(2) 小臂与水平成 $30°$ 角时,如图(b)所示。设小臂和手的质量为 $2.0\,\text{kg}$,重心位置如图中所示。

【解】(1) 如图(a)所示,作用在小臂上的力包括肌肉施加的向上的力 $\vec{F}_\text{M}$ 和关节处大臂骨的作用力 $\vec{F}_\text{J}$(设两者都沿竖直方向)。根据力矩平衡,很容易求出 $\vec{F}_\text{M}$。选作用轴通过关节,因此 $\vec{F}_\text{J}$ 不参与计算。由于

$$\sum M = 0.050\,\text{m} \times F_\text{M} - 0.15\,\text{m} \times 2.0\,\text{kg} \times g$$
$$- 0.35\,\text{m} \times 5.0\,\text{kg} \times g$$
$$= 0$$

得 $F_\text{M} = 41\,\text{kg} \times g = 400\,\text{N}$。

(2) 三个力相对于关节的力臂都要乘上因子 $\cos 30°$。除此之外,与前面建立的方程没有差别。方程两边相同的因子可以消去,所以结果一样,$F_\text{M} = 400\,\text{N}$。

例 6.10 图

在这个例子中,所需的肌肉施加的力(400 N)比托起的重量(49 N)大许多。确实,身体的肌肉和关节通常承受的力就是相当大的。

不同的人肌肉嵌入点的位置会有不同。二头肌嵌入点轻微的变化(如从 $5.0\,\text{cm}$ 到 $5.5\,\text{cm}$),可给拉力或其他用力情况带来相当大的变化。实际上,优秀运动员的肌肉嵌入点比普通人离关节的距离要远,而且不仅对一块肌肉如此,一般对所有的肌肉都是如此。大猩猩给人的感觉是力大无穷,其实它的肌肉与人类相比没有多少差别,关键是其肌肉嵌入点的位置比人类的离关节更远。

由古罗马人引入的半圆拱(图 6.12)是一项巨大的技术发明。半圆拱的优点在于,如果设计得好,楔形石料将主要承受压应力,甚至在承受如大教堂的墙壁和屋顶这样大的负载时,也是如此。一个由许多特定形状石块构成的圆拱可以跨越很大的空间,然而,需要侧面的支撑墙承受力的水平分量。大约在 1100 年,尖拱开始使用,并成为哥特式大教堂的标志。它也是一项重要的技术革新,开始是用来支撑教堂塔顶和中心拱的。建造者显然认识到,由于尖拱很陡,上部的重力更接近于垂直,所以只需要很少的水平支撑。尖拱减少了墙壁的负重,所以建筑物可建造得更宽敞明亮。

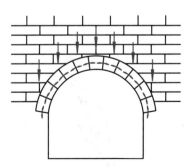

图 6.12　半圆拱主要承受压力

6.5.3 断裂

如果作用在物体上的力太大,超出其强度,物体就会断裂(图6.13)。

混凝土与石头和砖块一样在压力作用下强度相当高,但在张力作用下则非常弱。因此,混凝土可用作承压的垂直支柱,而用作横梁则价值不大,因为它不能承受下部产生的张力,很容易发生断裂(图6.14)。这个问题可用包含钢筋和丝网的预应力混凝土解决。在浇注时,预制梁下部的钢筋和丝网上保持着张应力,张应力的大小预先仔细计算确定。当设计负载加在横梁上时,它只是减少了下边缘的压力,但不会使混凝土承受张力,这样也就不会出现裂缝了。

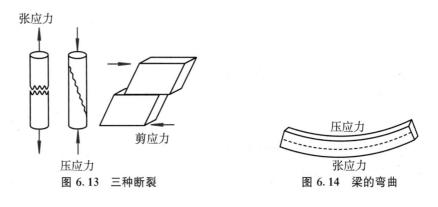

图 6.13 三种断裂

图 6.14 梁的弯曲

6.6 刚体的进动与章动

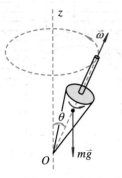

图 6.15 陀螺运动

大家都知道,陀螺不转动时,由于受到重力矩的作用会倾倒。但当陀螺急速旋转时,尽管同样也受到重力矩的作用,却居然不会倒下。这时,我们看到,陀螺在绕自身对称轴转动的同时,其对称轴还将绕竖直轴 Oz 回转(图6.15)。这种回转现象称为进动。

初看起来,进动效应有些不可思议。为什么陀螺在重力矩的作用下,急速旋转时却不会倾倒呢? 其实,这不过是机械运动矢量特性的一种表现。在平动情况下,如果质点所受外力的方向与原有的运动方向不一致,质点最后运动的方向既不是外力的方向,也不是原来的运动方向,而是由上述两个方向共同决定。在刚体转动中,也有类似的情况。原来急速旋转的刚体,在与其转动方向不同的外力矩的作用下,也不是沿外力矩的方向转动,而会出现进动现象。当急速旋转的刚体在倾斜状态时,因其自转角速度远大于进动角速度,我们可把刚体对本身对称轴的动量矩 $\vec{L}$ 看作是通过 O 点的一个矢量(图 6.16)。重力对 O 点产生一力矩,其方向垂直于转轴和重力所组成的平面。根据动量矩定理,在极短时间 $\mathrm{d}t$ 内,刚体的动量矩将增加 $\mathrm{d}\vec{L}$,其方向与外力矩的方向相同。因为外力矩的方向垂直于 $\vec{L}$,所以 $\mathrm{d}\vec{L}$ 的方向也与 $\vec{L}$ 垂直,结果使 $\vec{L}$ 的大小不变而方向发生变化。因此,刚体的自转轴将从 $\vec{L}$ 的位置转到 $\vec{L}+\mathrm{d}\vec{L}$ 的位置,从刚体的顶部向下看,其自转轴的回转方向是逆时针的。这样,刚体就不会倒下,而是沿一锥面转动,即绕竖直轴 Oz 进动。

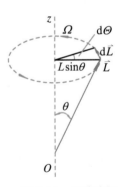

图 6.16　进动分析

下面我们计算进动的角速度,即刚体自转轴绕竖直轴 Oz 转动的角速度。在 $\mathrm{d}t$ 时间内,动量矩 $\vec{L}$ 的增量为 $\mathrm{d}\vec{L}$。从图 6.16 可知

$$\mathrm{d}L = L\sin\theta\mathrm{d}\Theta = I\omega\sin\theta\mathrm{d}\Theta$$

式中 ω 为陀螺自转的角速度,$\mathrm{d}\Theta$ 为自转轴在 $\mathrm{d}t$ 时间内绕 Oz 轴转动的角度,θ 为自转轴与 Oz 轴的夹角。由动量矩定理,知

$$\mathrm{d}L = M\mathrm{d}t$$

代入上式,得

$$M\mathrm{d}t = I\omega\sin\theta\mathrm{d}\Theta$$

按定义,进动的角速度 $\Omega = \mathrm{d}\Theta/\mathrm{d}t$,所以

$$\Omega = \frac{\mathrm{d}\Theta}{\mathrm{d}t} = \frac{M}{I\omega\sin\theta}$$

由此可知,进动的角速度 Ω 与外力矩成正比,与刚体自转的动量矩成反比。因此,当刚体的自转角速度较大时,进动角速度较小;而在刚体的自转角速度较小时,进动角速度却较大。

上面只是分析了进动产生的原因,但并没有说明陀螺为什么在重力力矩作用下不会倾覆。由于陀螺做进动的同时还在自转,其上沿和下沿的速度方向不同,因而在随着陀螺进动的参考系中,相应的科里奥利力也就存在差异,上沿的向左,下沿的向右,形成了一个将陀螺自转轴向上抬升的力矩,称为回转力矩(图 6.17),其实质还是惯性的作用。但是,开始的时候,因为进动还不够快,由进动引起的这种回转力矩不够大,还小于重力的力矩,所以陀螺的转轴并不能抬升,而是因重力力矩的作用进一步下倾。进一步的下倾引起较快的进动,由进动所引起的回转力矩也就随之增长。终于在某个时刻,由进动所引起的回转力矩与重力的力矩相等,陀螺就不再继续下倾,进动则由于惯性保持下去。

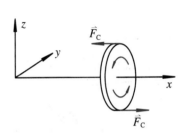

图 6.17　回转力矩

在力学中,将绕对称轴高速旋转的刚体统称为回转仪,而把回转仪在外力矩作用下产生进动的效应称为回转效应。回转效应在实践中有广泛的应用。例如,飞行中的子弹或炮弹,将受到空气阻力的作用,阻力的方向是逆着弹道

的,而且一般又不作用在子弹或炮弹的质心上,这样,阻力对质心的力矩就可能使弹头翻转。为了保证弹头不翻转,常利用枪膛和炮筒中来复线的作用,使子弹或炮弹绕自己的对称轴高速旋转。由于回转效应,空气阻力的力矩使子弹或炮弹的自转轴绕弹道方向进动,这样,子弹或炮弹的自转轴就将与弹道方向始终保持不太大的偏离,不会再有翻转的可能。

但是,任何事物都是一分为二的,回转效应有时也引起有害的作用。例如,在轮船转弯时,由于回转效应,涡轮机的轴承将受到附加的力,这是在设计和使用中必须考虑的。

进动的概念在微观领域中也常用到。例如,原子中的电子同时参与绕核运动与电子本身的自旋,都具有动量矩。在外磁场中,电子将以外磁场方向为轴线做进动。这一模型是从物质的电结构来说明物质磁性的理论依据的。

上面关于刚体运动的讨论其实过于简单化了。在进动的同时,自转轴还会交替地向下倾与向上抬。这种运动称为章动。现在分析一下章动产生的原因。前面曾经说过,在某个时刻,由进动所引起的回转力矩增大到与重力力矩相等,自转轴就不再向下倾。其实,由于惯性,就连在这个时刻,自转轴还是继续下倾。不过,这样一来,回转力矩就超过了重力的力矩,所以下倾逐渐减慢,最后停止下倾。但由于回转力矩超过重力力矩,自转轴于是开始上抬。随着自转轴的上抬,回转力矩减小。在某个时刻,回转力矩减小到与重力力矩相等;但由于惯性,自转轴还要继续上升。但这样的话,回转力矩就小于重力的力矩,所以上升逐渐减慢,最后停止上升。而由于回转力矩小于重力力矩,自转轴又开始下倾。按此推论,回转轴交替地下倾与上升,这就形成章动。图 6.18 给出了三种不同的自转轴进动与章动。

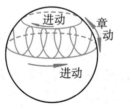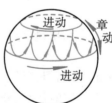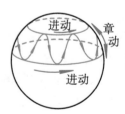

图 6.18　三种不同的章动

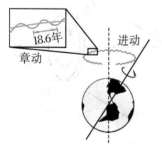

图 6.19　地球的进动和章动

地球绕地轴不停地旋转着,我们可以把它看成个巨大的陀螺。由于地球的自转轴相对于公转轨道平面(黄道平面)是倾斜的,与黄道平面法线方向(黄极)的夹角为 23°26′,而地球又不是完美的球体,在月球及太阳引力的作用下,也会产生进动,地球的自转轴绕黄极转动,周期大约为 26 000 年。这种运动又称为岁差。同样,在地球进动上也会叠加章动,周期约为 18.6 年(图 6.19)。章动(nutation)在拉丁语中是"点头"的意思;因为地球章动的周期为 18.6 年,近似就是 19 年,而在我国古代历法中将 19 年称为一"章",所以中文就将其译为了"章动"。

第7章 弹性力学初步

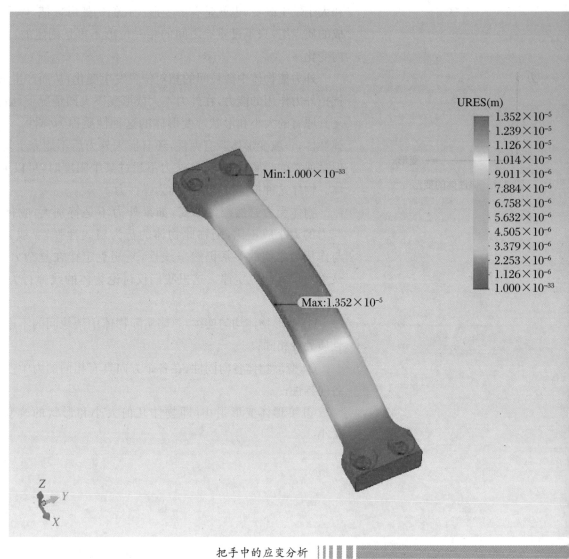

URES(m)

1.352×10⁻⁵
1.239×10⁻⁵
1.126×10⁻⁵
1.014×10⁻⁵
9.011×10⁻⁶
7.884×10⁻⁶
6.758×10⁻⁶
5.632×10⁻⁶
4.505×10⁻⁶
3.379×10⁻⁶
2.253×10⁻⁶
1.126×10⁻⁶
1.000×10⁻³³

Min:1.000×10⁻³³

Max:1.352×10⁻⁵

把手中的应变分析

在前面的讨论中,为简化问题,我们采用了刚体模型,即假设在外力作用下,构成研究对象的质点组内各个质点之间的位形不变,宏观上就是物体的几何形状和大小不变。但大量事实告诉我们,一切物体都是可变形体,受外力作用后形状都要或多或少地发生改变。这时刚体模型显然就不再适用了,必须引入新的关于"体"的模型。

7.1　弹性体模型

这一章我们将前面的刚体模型作一些扩展,即受到外力作用后物体的形状和大小发生改变,也就是有了变形。我们仍然可以把"体"看成由很多"微元"构成的质点组,只不过质点之间的相对位形不再是固定的,而是可以在一定范围内变化。

外力使物体中微粒间的相对位置发生变化,从而产生形变。由于物体均有抗拒外力作用的能力,在外力不大或形变不大的情况下,撤去外力后,物体将恢复其原有的大小和形状。变形体的这种性质称为弹性。自然界中并没有完全弹性体;一般变形体既有弹性,还有撤去外力后不能完全复原的塑性(图 7.1)。但是通常的金属材料等,在外力不超过某个限度时,可以近似地看成完全弹性体。物体这种抵抗形变的力称为弹性力。

物体受力必然产生形变,如果外力不是特别大,物体中各点的相对位移与力的大小成正比,则称此物体的行为属线性弹性(线弹)行为。这时,变形与作用力之间的关系仍然呈线性,是胡克定律在复杂力作用下的推广,因此又称作广义胡克定律。这里我们仅讨论物体的线弹行为。为了简化讨论,我们假设:

① 变形物体均匀连续,忽略实际物体中微粒间的不连续情况,认为物体的性质处处相同;

② 变形物体各向同性,在各个方向具有相同的力学性质,暂不考虑物体的各向异性;

③ 变形体变形很小,即物体几何大小和形状的改变与其总尺寸相比非常小。

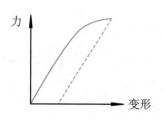

图 7.1　弹性体的变形

7.2 形变与弹性参数

7.2.1 线应变

取一根长、宽、高分别为 l, w, h 的等截面杆。如果两端在拉力 $\vec{F}$ 作用下,其长度伸长 Δl,并满足小变形假设(图 7.2)。由实验可知,在伸长足够小时,力与伸长成正比,即 $F \propto \Delta l$。这一实验规律称为胡克定律。应该指出:

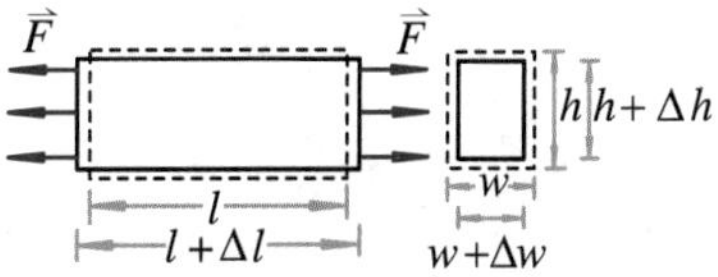

① 杆的伸长 Δl 不仅取决于外力 $\vec{F}$,也取决于杆的长度。可以用一根物质相同、截面大小形状相同、长度 2 倍于 l 的杆,在相同拉力 $\vec{F}$ 作用下做实验。这根杆相当于长均为 l 的两根杆头尾黏接,每根杆均受拉力 $\vec{F}$ 作用,都产生 Δl 的伸长。因此长为 $2l$ 的新杆将有 $2\Delta l$ 的伸长。为了描述物体本身的特性,避免特定形状因素的影响,采用相对伸长的概念,即 $\Delta l / l$。胡克定律可以表示为 $F \propto \Delta l / l$。相对伸长 $\Delta l / l$ 就是单位长度的伸长,一般称为应变。

② 为得到杆形物体的伸长 Δl,力 $\vec{F}$ 将取决于该物体的横截面积。我们可以将两个相同的杆形物体并列放置作为一根新杆,对于给定的伸长 Δl,势必在每根杆上各加拉力 $\vec{F}$,即新杆两端所加拉力为 $2\vec{F}$。同样,为了避免物体特定形状因素的影响,采用单位面积拉力的概念,即 F / S,它与相对伸长成正比。胡克定律可以写为 $F / S \propto \Delta l / l$。单位面积上的受力一般称为应力。

综上所述,胡克定律可以表示为

$$\frac{F}{S} = Y \frac{\Delta l}{l}$$

一般用 σ 表示应力,用 ε 表示应变,所以有应力－应变关系:

$$\sigma = Y\varepsilon \qquad (7.2.1)$$

其中常数 Y 仅与物质的性质有关,与形状无关,称为杨氏模量。它等于应力与应变的比值,其量纲与应力的量纲相同,单位为 $Pa(N \cdot m^{-2})$。

由实验还可得到,当物体在一个方向上拉伸时,将在与这一伸长垂直的方向上收缩。宽度的相对收缩正比于长度的相对伸长。根据物质的各向同性假设,这种侧向收缩,对于宽度和高度两方面均有相同比例,记为

$$\frac{\Delta w}{w} = \frac{\Delta h}{h} = -\nu \frac{\Delta l}{l} \qquad (7.2.2)$$

图 7.2 被拉伸的弹性杆

其中常数 ν 称为泊松比,它是表征物质性质的另一个参数。泊松比通常是一个无量纲的正数,一定小于 $1/2$。为什么它要小于 $1/2$,后面再讨论。

7.2.2　叠加原理

在讨论物体的弹性时,由于式(7.2.1)和式(7.2.2)对力和位移都是线性的,而且要求满足小位移假设,所以叠加原理成立,也就是不同外力作用下产生的相应变形可以线性累加。

叠加原理、式(7.2.1)和式(7.2.2)是研究物体弹性的基本原理,其他有关结论均可由此推得。

7.2.3　体应变与剪切应变

我们这里仅讨论材料内部应力和应变均匀的情况。

1. 体应变

利用前面讨论的基本原理,讨论一个长方体物体在三个轴向都存在作用力时的应变。

如图 7.3 所示,$\vec{p}_1$,$\vec{p}_2$,$\vec{p}_3$ 为物体各个面上的应力,与其平行的长、宽、高分别为 a,b,c。应用叠加原理,分别写出每一对应力单独作用所引起的长、宽、高三个线度的应变,然后叠加,得到三对应力同时作用下长、宽、高的应变。

若只有 $\vec{p}_1$ 单独作用,棱 a 为纵向边,棱 b 和 c 为横向边,三个应变分别为

$$\frac{\Delta a_1}{a} = \frac{p_1}{Y}$$

$$\frac{\Delta b_1}{b} = -\nu\,\frac{\Delta a_1}{a} = -\nu\,\frac{p_1}{Y}$$

$$\frac{\Delta c_1}{c} = -\nu\,\frac{\Delta a_1}{a} = -\nu\,\frac{p_1}{Y}$$

同样,在 $\vec{p}_2$ 单独作用下,以及 $\vec{p}_3$ 单独作用下,棱 a,b,c 的应变分别为

$$\frac{\Delta a_2}{a} = -\nu\,\frac{p_2}{Y},\qquad \frac{\Delta b_2}{b} = \frac{p_2}{Y},\qquad \frac{\Delta c_2}{c} = -\nu\,\frac{p_2}{Y}$$

$$\frac{\Delta a_3}{a} = -\nu\,\frac{p_3}{Y},\qquad \frac{\Delta b_2}{b} = -\nu\,\frac{p_3}{Y},\qquad \frac{\Delta c_3}{c} = \frac{p_3}{Y}$$

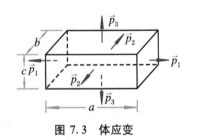

图 7.3　体应变

因此,在应力 $\vec{p}_1,\vec{p}_2,\vec{p}_3$ 共同作用时,由叠加原理知,棱 a 的应变为

$$\frac{\Delta a}{a} = \frac{\Delta a_1}{a} + \frac{\Delta a_2}{a} + \frac{\Delta a_3}{a} = \frac{p_1}{Y} - \nu\left(\frac{p_2}{Y} + \frac{p_3}{Y}\right)$$

同样可得

$$\frac{\Delta b}{b} = \frac{p_2}{Y} - \nu\left(\frac{p_3}{Y} + \frac{p_1}{Y}\right)$$

$$\frac{\Delta c}{c} = \frac{p_3}{Y} - \nu\left(\frac{p_1}{Y} + \frac{p_2}{Y}\right)$$

以上各式中,$p_i (i = 1, 2, 3)$ 和 $\Delta a, \Delta b, \Delta c$ 均为代数值,拉伸时为正,压缩时为负。

进一步考虑这个长方体物体的体积变化。长方体的初始体积为 $V = abc$。对于小形变 $\Delta a, \Delta b, \Delta c$,变形后体积为

$$V + \Delta V = (a + \Delta a)(b + \Delta b)(c + \Delta c)$$

$$= abc\left(1 + \frac{\Delta a}{a}\right)\left(1 + \frac{\Delta b}{b}\right)\left(1 + \frac{\Delta c}{c}\right)$$

$$\approx V\left(1 + \frac{\Delta a}{a} + \frac{\Delta b}{b} + \frac{\Delta c}{c}\right)$$

$$\frac{\Delta V}{V} = \frac{\Delta a}{a} + \frac{\Delta b}{b} + \frac{\Delta c}{c} = \frac{1 - 2\nu}{Y}(p_1 + p_2 + p_3)$$

由此可知,体积的改变只取决于三个应力之和。当 $p_1 = p_2 = p_3 = p$ 时,

$$\frac{\Delta V}{V} = 3\frac{p}{Y}(1 - 2\nu) \tag{7.2.3}$$

称 $\Delta V / V = \Theta$ 为体应变,改写为

$$p = K\Theta \tag{7.2.4}$$

系数 K 称为体积模量,满足

$$K = \frac{Y}{3(1 - 2\nu)} \tag{7.2.5}$$

许多手册中常给出物质的杨氏模量 Y 和体积模量 K,而不给出泊松比 ν。由上式知 ν 要小于 0.5;否则,体积模量便为负值,材料便会在受到压力时发生膨胀,处于不稳定状态,导致人们可以从中获取机械能,与事实不符。

应该指出,方程

$$p = K\frac{\Delta V}{V}$$

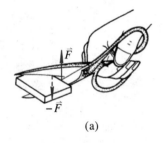

(a)

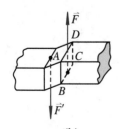

(b)

图 7.4 剪切变形的例子

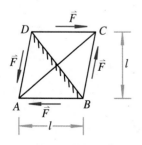

图 7.5 物体两个方向受力

是体应变时的胡克定律,它是空间受力情况下的结论。由 K 的表达式可知,它不仅与 Y 有关,还与 ν 有关。因此,拉伸时伸长和横向收缩的实验规律均属胡克定律范围。

2. 剪切应变

现在讨论剪切应变,简称切变(图 7.4)。作为准备,先讨论图 7.5 中的情况,图中立方体每一面的面积为 S,并受有大小均为 F 的竖向压力和水平拉力,则水平方向的应变为

$$\frac{\Delta l}{l} = \frac{1}{Y} \cdot \frac{F}{S} + \nu \frac{1}{Y} \cdot \frac{F}{S} = \frac{1+\nu}{Y} \cdot \frac{F}{S} \tag{7.2.6}$$

竖向的应变为此值的负值。

设同一立方体受剪切力作用,如图 7.6 所示。图中所有剪切力必须相等,以避免物体产生平动或转动。这是一种纯剪切状态。若考察 BD 截面的受力,可由半个立方体 ABD 所受合力为零求得面 BD 受到与其垂直的拉力,大小为 $\sqrt{2}F$,截面面积为 $\sqrt{2}S$,因此拉(张)应力为 F/S。同理,通过对半个立方体 ABC 的类似讨论,求得面 AC 受到与其垂直的压力,大小也为 $\sqrt{2}F$,截面面积为 $\sqrt{2}S$,压应力为 $-F/S$。由此可知,在立方体处于纯剪切状态下,其剪切应力 F/S 相当于彼此大小相等、互相垂直,并与原立方体表面成 45°截面上的拉(张)应力与压应力的组合。应力 - 应变关系可由图 7.7 所示的力作用下的结论得到。AC 方向的应变由式(7.2.6)给出:

$$\frac{\Delta(\sqrt{2}l)}{\sqrt{2}l} = \frac{\Delta l}{l} = \frac{1+\nu}{Y} \frac{F}{S} \tag{7.2.7}$$

对角线 AC 伸长,另一条则缩短。

在讨论剪切应变时,切应变常采用角变形 θ(切变角)表示。由图 7.8,可知

$$\theta \approx \frac{\delta}{l} = \frac{\sqrt{2}\Delta(\sqrt{2}l)}{l} = 2\frac{\Delta l}{l}$$

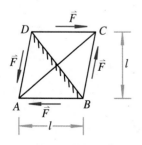

图 7.6 剪切作用

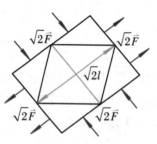

图 7.7 剪切作用下的受力分析

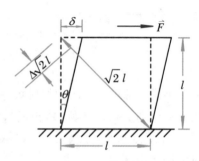

图 7.8 角变形

代入式(7.2.7),并利用切应力

$$\tau = \frac{F}{S}$$

得

$$\theta = 2\frac{1+\nu}{Y}\tau \qquad (7.2.8)$$

改写为

$$\tau = G\theta \qquad (7.2.9)$$

其中系数 G 称为剪切模量,满足

$$G = \frac{Y}{2(1+\nu)} \qquad (7.2.10)$$

由式(7.2.10)可知,泊松比 ν 必须大于 -1;否则,就可以从其本身正在做剪切变形的物体中获得能量。前面我们已经知道,ν 必须小于 $1/2$。因此,ν 将在 -1 和 $1/2$ 之间。一般来说,泊松比 ν 总是大于 0,小于 $1/2$;但有些特殊物体,如碳纳米管薄膜,其泊松比可能小于 0[①]。碳纳米管还有很多独特的性质引起大家的关注。例如,其杨氏模量与金刚石几乎相同,达 1.0 TPa 左右,约为钢的 5 倍;弹性应变最高可达 12%,约为钢的 60 倍;而其密度只有钢的 1/6。也就是说,碳纳米管具有超强的强度、刚度和韧性,所以具有广阔的应用前景。

7.3 圆棒的扭转

考虑机械传动装置中作为驱动轴的一根被扭转的圆棒;或者作为悬丝的一根被扭转的金属丝,如卡文迪许引力实验中通过测量扭转得到引力大小的悬丝。由实验知,在小变形的条件下,一根被扭转的棒所受的力矩与扭转角 φ 成正比,其比例系数取决于棒的材料和棒的几何尺寸。下面我们将导出这个比例系数。

---

① Hall L J, Coluci V R, Galvao D S, et al. Sign change of Poisson's ratio for carbon nanotube sheets [J]. Science, 2008, 320: 504 - 507.

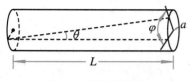

图 7.9　圆棒的扭转

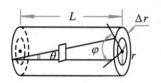

图 7.10　扭转的柱壳

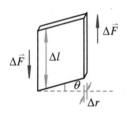

图 7.11　扭转柱壳的一部分

有一根长度为 L、半径为 a 的圆柱形棒,其一端相对于另一端的扭转角为 φ(图 7.9)。

扭转的本质是剪切应变。这是一个材料内部不同部分有不同应力的问题。为了能够利用前面对剪切应变讨论得到的结论,可以把圆柱棒分成许多很薄的同轴柱形壳分别进行考察。我们讨论其中一个半径为 $r(r<a)$、厚度为 Δr 的薄柱壳(图 7.10)。柱壳面上一个小正方形,受扭转后变成一个平行四边形。在剪切力作用下,此柱壳元的切变角为 $\theta = r\varphi/L$。

利用胡克定律,剪切应力为

$$\tau = G\theta = Gr\varphi/L$$

同时切应力还可表示为一端的剪切力除以端面积(图 7.11)

$$\tau = \Delta F/(\Delta l \Delta r)$$

又,ΔF 提供了环绕柱轴的力矩

$$\Delta M = r\Delta F = r\tau\Delta l \Delta r$$

总力矩 M 应等于该柱壳整个圆周的每个 ΔM 之和:

$$M = \sum \Delta M = r\tau\Delta r \sum \Delta l$$
$$= 2\pi r^2 \tau \Delta r = 2\pi G \frac{r^3 \Delta r\varphi}{L} \tag{7.3.1}$$

即一个空心薄柱壳的转动刚度(即转动弹性模量)M/φ 与柱壳半径 r 的立方以及厚度 Δr 成正比,与其长度 L 成反比。

一根实心棒可以看成是由大量同心薄柱壳构成的,而且每一柱壳有相同的扭转角 φ(由 $\tau = G\theta = Gr\varphi/L$ 知,柱壳内剪应力 τ 随 r 而变),总转动力矩等于每一柱壳上的力矩之和。因此,由式(7.3.1),得

$$M = 2\pi G \frac{\varphi}{L} \int_0^a r^3 \mathrm{d}r = G \frac{\pi a^4}{2L}\varphi \tag{7.3.2}$$

即对于一根受扭转的圆棒,转矩(即力矩)与扭转角 φ 和半径的四次方均成正比。因此,对于相同扭转角,2 倍粗的圆棒将有 16 倍的转矩。

为了在实验中测得悬丝微小的扭转,卡文迪许采用了一个非常巧妙的方法:在悬丝上固定一面小镜子,沿水平方向用一束很细的光线照射在上面,当小镜子随悬丝的扭转而转动时,由镜子反射的光线会有很大的偏转,而且反射光线的光路越长,偏转越明显,也就越易被读出。这种方法称作光杠杆方法,现在在很多精密测量领域中都有应用。

7.4 弹性波

7.4.1 剪切波(横波)

前面讨论的是一根扭转棒的静平衡状态。现在,如果在棒的一端突然加上一个扭矩,即突然扭转一下,则棒内将有一个扭转波沿棒传播过去。

对于一根静态扭棒,扭矩沿棒处处相等,并正比于 φ/L。如果扭转是均匀的,则有

$$\frac{\varphi}{L} = \frac{\partial \varphi}{\partial x}$$

从而前面的关系式(7.3.2)可以改写为

$$M = G \frac{\pi a^4}{2} \frac{\partial \varphi}{\partial x} \qquad (7.4.1)$$

此式可用于沿棒扭转不均匀的情况,这时 M 为 x 的函数,即 $M = M(x)$。

在棒中任取长度为 Δx 的一小段,两端面 1 和 2 的位置坐标分别为 x 和 $x + \Delta x$,所受力矩分别为 $M(x)$ 和 $M(x + \Delta x)$(图 7.12)。当 Δx 足够小时,有近似关系:

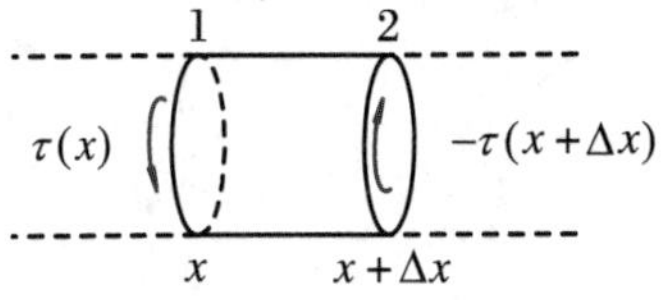

$$M(x + \Delta x) \approx M(x) + \frac{\partial M}{\partial x} \Delta x$$

作用于此小段棒的净扭矩为

$$\Delta M = \frac{\partial M}{\partial x} \Delta x = G \frac{\pi a^4}{2} \frac{\partial^2 \varphi}{\partial x^2} \Delta x$$

小段棒的质量为

$$\Delta m = (\pi a^2 \Delta x) \rho$$

其中 ρ 为材料的密度。它相对于圆棒轴的转动惯量为

$$\Delta I = \frac{1}{2} \Delta m \cdot a^2 = \frac{\pi}{2} \rho a^4 \Delta x$$

图 7.12 扭转波的传播

由转动定律,扭矩等于转动惯量与角加速度之积:

$$\Delta M = \Delta I \frac{\partial^2 \varphi}{\partial t^2}$$

即

$$G \frac{\pi a^4}{2} \frac{\partial^2 \varphi}{\partial x^2} \Delta x = \left(\frac{\pi}{2} \rho a^4 \Delta x \right) \frac{\partial^2 \varphi}{\partial t^2}$$

化简得

$$\frac{\partial^2 \varphi}{\partial t^2} - \frac{G}{\rho} \frac{\partial^2 \varphi}{\partial x^2} = 0 \tag{7.4.2}$$

这是一个一维波动方程,波速 $v = \sqrt{G/\rho}$。它给出了扭转波速度与刚度系数和密度的关系,这个速度与棒的直径无关。更多的讨论见第9章。

扭转波是一个剪切波(切变波)。剪切波是应变不改变材料内任一部分体积的波,所以在这种波传播过程中材料的密度不会变化。在扭转波中剪切应力分布于一个圆周上,且大小与 r 成正比。可以证明,对于任何一种形式的剪切应力,剪切波将以同一速率传播。介质中传播的横波就是剪切波的实例,它的波速就由 $v = \sqrt{G/\rho}$ 给出。

7.4.2　胀缩波(纵波)

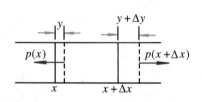

图 7.13　纵波的传播

在固体材料内部还可以传播纵波,纵波是一种胀缩波。以弹性细棒中传播的声波为例,用与前面类似的方法可得到波动方程和波速的表达式。

取弹性棒中的任意一小段,此小段棒两端的平衡位置为 x 和 $x + \Delta x$,运动中两端面的位移分别为 y 和 $y + \Delta y$,应力分别为 $p(x)$ 和 $p(x + \Delta x)$。设棒的横截面积为 S,材料的杨氏模量为 Y,则此小段棒受到的合力为(图7.13)

$$F(x + \Delta x) - F(x) = S[p(x + \Delta x) - p(x)]$$
$$= S \left(Y \frac{\partial y}{\partial x} \bigg|_{x+\Delta x} - Y \frac{\partial y}{\partial x} \bigg|_{x} \right)$$
$$= SY \frac{\partial^2 y}{\partial x^2} \Delta x$$

其中已利用了胡克定律。此小段棒的质量为

$$\Delta m = \rho S \Delta x$$

由牛顿第二定律,有

$$SY \frac{\partial^2 y}{\partial x^2} \Delta x = (\rho S \Delta x) \frac{\partial^2 y}{\partial t^2}$$

化简得

$$\frac{\partial^2 y}{\partial t^2} = \frac{Y}{\rho} \frac{\partial^2 y}{\partial x^2} \tag{7.4.3}$$

这是一维波动方程,波传播速度为 $v = \sqrt{Y/\rho}$,其中 ρ 为棒的密度。

对于在粗而厚的物体中传播的声波,其波速将比一根细棒中传播的声速大一些。这是由于大物体的横向尺寸比声波波长大得多,推压该物体不会向旁伸展,受到横向约束。这种情况下的弹性模量 Y' 大于材料的 Y,有

$$Y' = \frac{1-\nu}{(1+\nu)(1-2\nu)} Y$$

这时的声速为

$$v_{\text{纵}} = \sqrt{\frac{Y'}{\rho}} = \sqrt{\frac{1-\nu}{(1+\nu)(1-2\nu)} \frac{Y}{\rho}}$$

由于 $G < Y < Y'$,纵波比剪切波传播得更快。

在地球内部,纵波和剪切波都存在。地震或地下核试验时两种波同时向四周传播。由于纵波比剪切波速度快,我们可以利用两种波到达某一台站的时间差,估算出地震震源或爆炸源有多远。有了三个或三个以上台站测得的这一数据,就可以确定地震或核试爆发生的位置了。前面的结论还提供了测定物质弹性模量的精确方法,即由测定该材料的质量密度和两种波的速度得到弹性模量。

7.4.3　固体介质中纵波和横波的转换

固体材料既可以传播纵波也可以传播横波。当固体材料中的弹性波遇到界面时,与光遇到不同介质类似,也会发生反射与折射。与光不同的是,即使入射的只有纵波,反射和折射出的也会既有纵波也有横波(图 7.14)。

当固体中的一列纵波入射到自由界面时,会产生一列反射纵波和一列

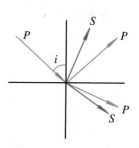

图 7.14　固体中波的
反射与折射

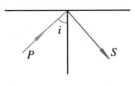

图 7.15　偏振交换

反射横波;同样,如果一列横波向自由界面入射,会产生一列反射横波和一列反射纵波。但是在某些特殊条件下,会出现不同的情况。这时纵波入射只反射横波,横波入射只反射纵波。这种现象称为偏振交换或波型转换(图 7.15)。

7.4.4　实例:超声波探测与成像、CT、地震波反演

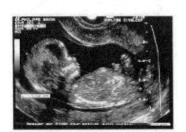

图 7.16　超声波成像

在固体中传播的弹性波遇到界面时会发生反射,可以用来检查金属零件内部的缺陷。一般是用超声波束透入金属材料的深处,超声波束遇到缺陷与零件底面时就分别发生反射,在荧光屏上形成脉冲波形,根据这些脉冲波形人们就可以判断缺陷的位置和大小。这种方法称为超声波无损检测。用纵波可探测金属铸锭、坯料、中厚板、大型锻件和形状比较简单的制件中所存在的夹杂物、裂缝、缩管、白点、分层等缺陷;用横波可探测管材中的周向和轴向裂缝、划伤、焊缝中的气孔、夹渣、裂缝等缺陷。

利用在人体内部传播的弹性波(超声波),还可以对体内组织和器官进行成像,在疾病预防、诊断、治疗中有广泛的应用。大家经常听到的"B 超",就是"B型超声诊断",即通过显示屏上亮度随着回声信号大小的变化,反映人体组织的二维切面断层图像,真实性强,直观性好(图 7.16)。因为使用的是弹性波,没有电磁辐射,所以对幼儿,甚至女性体内的胎儿都可以使用。

现在医学上应用非常广泛的另外一种诊断方式 CT(Computed Tomography,计算机层析成像),则是利用电磁波在介质中传播的特征,对人体进行测量。根据人体不同组织对 X 射线的吸收与透过率的不同,利用计算机对数据进行处理,就可给出人体被检查部位的断面或立体的图像。

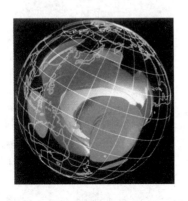

图 7.17　地震波反演地球内部结构

利用类似的理论与方法,我们还可以给地球做透视。地震会激发出弹性波(地震波),地震波在地球内部传播,遇到不同的物质、不同的界面,也会有不同的反应。根据在全球各地记录到的地震波数据,就可以推断地球内部的结构,这通常称为地震波反演(图 7.17)。

第8章　流体力学初步

飞机引起的湍流

前面我们讨论了固体,它们具有一定的大小和形状。对于不能完全看成是刚体的物体,受力的作用后大小和形状会发生一定的变化但不会太大,其变化与力作用之间的关系可以用弹性力学理论描述。但自然界还有大量的物质不能用刚体或弹性体描写,它们中有些具有一定的体积但没有确定的形状,如水;有些既没有确定的形状也没有确定的体积,如空气。为了解决这些物质运动的描述问题,必须发展新的方法。这些方法仍是以牛顿的质点力学为基础的;但就像研究刚体和弹性体时一样,现在也可以将涉及的基本定律表述为特殊的形式,这样应用起来会更加方便。

8.1　流体的一般概念

8.1.1　流体模型

流体是能流动的物质。因此,流体包括液体和气体。流体与固体的一个主要区别是流体不能在任何时间内维持剪切应力。如果对流体施加一个切向力,那么它必将在此切向力之下运动。不管是黏稠的蜜糖,还是空气和水,都有此性质,只是流动的难易有所差别。这种使其屈服的难易程度称为黏滞性。这样的分类并不总是界限分明的。有些物质,如沥青,受力作用后流动得非常慢,在短时间看,其表现和固体相似。地球科学中经常提到"地幔对流"的概念,那么地幔是流体吗? 实际上,通常情况下人们是采用固体模型描述地幔的;只有在涉及地质演化的非常大的时间尺度(一般都在百万年以上)时才用流体模型描述地幔。地球的外核是液态的;因为剪切波无法在其中传播,说明构成外核的物质不能承受剪切应力。

与前面关于刚体和弹性体的讨论类似,为了利用牛顿的质点力学解决对于"体"的描述问题,我们仍然可以把"流体"看成由很多"微元"构成的质点组,只不过质点之间的相对位形,甚至质点之间的距离,都是可以变化的。对于液体,体积一般变化很小,所以伴随着"流动"只有"微元"相对位形的改变,其质心间距的变化可以忽略;而对于气体,其体积很容易发生改变,所以"微元"质心之间的距离也会变化,"热学""热力学"中的气体动力学理论(也称分子运动论),就又把气体分子作为一个一个的质点来研究了。

8.1.2　理想流体——"干水"模型

我们首先讨论流体中黏滞效应可以忽略的情况。1900 年以前,流体动力学的大部分研究,主要是在黏滞性被忽略的情况下求解问题。人们把这种理想流体称为"干水",它与实际流体毫无关系,因为它忽略了流体的一个基本性质——黏滞性。它是一种"理想的水"而不是真实的水。事实上,考虑与不考虑黏滞效应将会产生巨大的差别。

8.2　流体静力学

8.2.1　流体静压

流体静力学是研究流体在静止不动时相关力学状态的理论。当流体静止时,就不可能存在任何切向力,否则它就会流动,即使是黏滞流体也是这样,无非流动得慢一些。因此,流体静力学的第一个结论是:应力总是垂直于流体内任何一个面(称为正应力)。

在流体中任意取一个假想的面,对于静止流体,此面受有来自两边的法向力,而且根据牛顿第三定律,它们的大小相等。每单位面积受到的法向力称为压强。利用切向力为零的事实,可以证明第二个结论:静止流体中某点处的压强对于一切方向都相同。证明如下:

在所考察点处取一小面积元,并以此面积元作为三棱柱的一个侧面 $ABCD$(面上压强为 p)。按图 8.1 建立坐标系。上、下底面为直角三角形,各边长分别为 Δx,Δy,Δn。侧面 $ABFE$ 和 $CDEF$ 上的压强为 p_y 和 p_x,高 EF 为 Δz。由平衡条件,得

$$p_y \cdot \Delta x \Delta z - p\Delta n \Delta z \sin\alpha = 0, \quad p_x \cdot \Delta y \Delta z - p\Delta n \Delta z \cos\alpha = 0$$

又由于 $\Delta x = \Delta n \sin\alpha$,$\Delta y = \Delta n \cos\alpha$,故 $p_x = p_y = p$。同样可以证明 $p_z = p$。

如果重力沿三个轴中的任一个,在写平衡方程时,还需考虑重力;但重力 $\Delta mg = (1/2)\rho \Delta x \Delta y \Delta z \cdot g$ 是一个三阶小量,取极限后趋于 0。因此,静止流体中任一点处的压强可以统一由 p 代表,用下式表示:

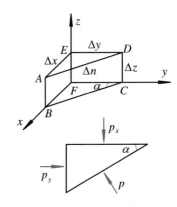

图 8.1　流体静压

$$p = \lim_{\Delta S \to 0} \frac{\Delta F}{\Delta S} \tag{8.2.1}$$

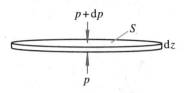

图 8.2　压强变化与浮力

再在静止流体中取一个薄圆盘形状(硬币状)的体积微元(图 8.2),底面和顶面水平,面积为 S;高 $\mathrm{d}z$ 沿垂直方向。因为它处于平衡状态,作用在其上的合力应该为 0。假设底面处的压强为 p,则作用在圆盘底面、方向向上的力为 pS。因为是薄圆盘,高度可以看成沿垂直方向一个很小的增量 $\mathrm{d}z$,相应地顶面处的压强为 $p+\mathrm{d}p$,则作用在顶面、方向向下的力为 $(p+\mathrm{d}p)S$。该微元还受到重力的作用,大小为 $\rho gS\mathrm{d}z$,方向向下。因此,有

$$pS = (p + \mathrm{d}p)S + \rho gS\mathrm{d}z \tag{8.2.2}$$
$$\mathrm{d}p = -\rho g\mathrm{d}z \tag{8.2.3}$$

ρg 通常称为流体的重量密度,它是单位体积流体的重量。当高度变化不大时,可以认为 g 不变;对于液体来说,因为其几乎是不可压缩的,ρ 也认为是常量。如果 p_1 为某一参照水平面以上高度 z_1 处的压强,p_2 为高度 z_2 处的压强,对式(8.2.3)积分,有

$$\int_{p_1}^{p_2} \mathrm{d}p = -\int_{z_1}^{z_2} \rho g\mathrm{d}z$$
$$p_2 - p_1 = -\int_{z_1}^{z_2} \rho g\mathrm{d}z = -\rho g(z_2 - z_1) \tag{8.2.4}$$

如果以液体的自然水准面作为高度的起点,该处的压强一般就是大气压 p_0。再取液体中某一水平面的高度为 z,并用 p 表示该处的压强。由式(8.2.4),有

$$p_0 - p = \rho gz \quad 或 \quad p + \rho gz = p_0 = 常量 \tag{8.2.5}$$

这就是流体静力学的第三个结论。如果取自然水准面下的深度为 h,则 $h = -z$。由式(8.2.5),有

$$p = p_0 + \rho gh \tag{8.2.6}$$

这个方程清楚地说明,在液体中同一深度上所有各点压强都相同。

由式(8.2.2)可知,液体对处于其中的物体有作用力,也就是浮力,大小是由物体底面和顶面处的压强差决定的(图 8.2),而这一压强差又取决于两个面的高度差和液体的密度,根据式(8.2.2)和式(8.2.3),有

$$F_浮 = pS - (p + \mathrm{d}p)S = -\mathrm{d}pS = \rho g\mathrm{d}z \times S = \rho g\mathrm{d}V \tag{8.2.7}$$

其中 $\mathrm{d}V = S \times \mathrm{d}z$ 为微元的体积,也就是它所排开液体的体积。因此,当一物体全部或部分地浸没于流体中时,它所受到的浮力等于它所排开的流体的重量。这就是阿基米德原理。

如果底面没有流体的压力，或压强比顶面的小，物体就会被往下压。我们日常生活中常见的真空吸盘，就利用了这一原理。将柔软的吸盘用力压在光滑的物体表面，中间的空气被挤出，不会再产生足够的压强，但外界的大气压强仍然很大，于是就将其紧紧地压在了物体表面。根据前面的分析，我们不难估计出吸盘所能承受的最大拉力。

8.2.2 流体静力学方程

现在我们来分析，式(8.2.5)其实只是更为普遍情况的一个特例。

在压强逐点变化的静止流体中，考察一个小立方体。为保持静止，此小立方体所受的合力必为零。把力分成两部分：所有方向对小立方体的压力之和以及除此之外的其他力(如重力等)。

先计算第一部分力。如图 8.3 所示，y 方向上的合力为

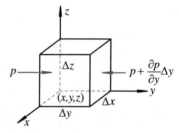

$$p\Delta x\Delta z - \left(p + \frac{\partial p}{\partial y}\Delta y\right)\Delta x\Delta z = -\frac{\partial p}{\partial y}\Delta x\Delta y\Delta z$$

图 8.3 流体静力学方程

x 和 z 方向上有类似的表达式。因此合力为

$$-\Delta x\Delta y\Delta z\left(\vec{e}_x\frac{\partial p}{\partial x} + \vec{e}_y\frac{\partial p}{\partial y} + \vec{e}_z\frac{\partial p}{\partial z}\right) = -\nabla p(\Delta x\Delta y\Delta z) \qquad (8.2.8)$$

式中已引入梯度算符 $\nabla = \vec{e}_x\dfrac{\partial}{\partial x} + \vec{e}_y\dfrac{\partial}{\partial y} + \vec{e}_z\dfrac{\partial}{\partial z}$。由式(8.2.8)可知，单位体积静止流体所受的压力之和为 $-\nabla p$。

假设除此之外的其他力是保守力，如重力，则可以用势能加以描述。令 φ 代表每单位质量的势能(对于重力，$\varphi = gz$)，则每单位质量的受力为 $-\nabla\varphi$，每单位体积的受力为 $-\rho\nabla\varphi$。为使此体积微元平衡，须有方程

$$-\nabla p - \rho\nabla\varphi = 0 \qquad (8.2.9)$$

称为流体静力学方程。讨论如下：

① 若密度 ρ 是一个常量，则 $-\rho\nabla\varphi = -\nabla(\rho\varphi)$。此时有解 $p + \rho\varphi = $ 常量，在附加力为重力的情况下，就是式(8.2.5)。

② 若密度 ρ 随空间位置任意变化，无法使方程 $-\nabla p - \rho\nabla\varphi = 0$ 得到满足；因为可变的 ρ 一般不能使 $\rho\nabla\varphi$ 变为某一函数的梯度，此时流体将会流动。

③ 若密度 ρ 仅为 p 的函数，流体保持静止平衡也是可能的；因为在此条件下，$(1/\rho)\nabla p$ 原则上可以写成压强函数的梯度。地球表面的大气层基本上是稳定的，原因就是大气的密度为压强的函数：大气层底部压强大，大气的密度也大；高空压强小，大气密度也小。

8.3　流体动力学

　　流体的流动比流体静力学有着丰富得多的内容。为了描述流体的运动,需要对流体运动状态进行描述。描述流体状态的参量主要有速度 $\vec{v}$、压强 p、密度 ρ、温度 T;如果流体是导体,还要有电流密度 $\vec{j}$;如果需要反映磁流体介质特征,还需要有磁场等等。

　　模型的建立体现在具体参数上,模型是否合理要通过实践来验证。因为这里我们研究的是流体的机械运动,所以不考虑电流和磁场的影响,也不考虑温度,因为我们假定流体满足状态方程,温度可由密度和压强唯一确定。其次,我们还假定密度保持不变,以减小问题的复杂性。这个假定考虑的是,压强变化如此之小,以至由此产生的密度变化可以忽略;如果不是这样,将会出现我们后面将要讨论的声波的传播。当流体中的流动速度远比声速小时,密度 ρ 不变是一个很好的近似。对流体流动的研究,忽略黏滞性会与实际流体严重不符;但是,密度保持不变的近似通常不会严重偏离流体的真实行为。

　　我们这一节的任务是研究流体动力学方程,并试图给出速度 $\vec{v}$ 所满足的方程式,再由此方程去解得流体在不同地点、不同时刻的速度,从而给出流体的整体行为。

8.3.1　连续性方程

　　根据前面的假设 $\rho =$ 常量,我们可以写出物质守恒关系。在任一封闭面内单位时间物质的减少量必等于同一时间内流出此封闭面的物质量。下面设法用数学表达式写出。

　　设流体内有一面积元 ΔS,此面元一侧选为法向正向 $\vec{n}$,并令此面元是一个以 $\vec{n}$ 为正向的矢量,即 $\Delta \vec{S} = (\Delta S)\vec{n}$。流体内单位时间流过垂直于流动方向的单位面积的质量为 $\rho \vec{v}$,因此单位时间内流过面元 $\Delta \vec{S}$ 的质量为 $\rho \vec{v} \cdot \Delta \vec{S}$(图 8.4),称为通量。这里认为面元 $\Delta \vec{S}$ 很小,流过此面元的流速 $\vec{v}$ 相同。

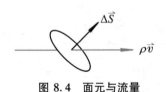

图 8.4　面元与流量

　　现在假设流体内有一不动的封闭面,此面的外法向规定为正向,则流出为正,流进为负。所以,单位时间内流出此封闭面的质量为

$$\lim_{\Delta S \to 0} \sum \rho \vec{v} \cdot \Delta \vec{S} = \oiint_S \rho \vec{v} \cdot d\vec{S} \tag{8.3.1}$$

符号"$\oiint$"表示对封闭曲面的面积分。由于物质守恒,它应等于单位时间封闭面内质量的减少量,即

$$- \frac{\mathrm{d}m}{\mathrm{d}t} = - \frac{\mathrm{d}}{\mathrm{d}t} \iiint_V \rho \mathrm{d}V$$

其中 V 为封闭面 S 包围的体积。从而有物质守恒关系式

$$\oiint_S \rho \vec{v} \cdot \mathrm{d}\vec{S} = - \frac{\mathrm{d}}{\mathrm{d}t} \iiint_V \rho \mathrm{d}V \tag{8.3.2}$$

因为 S 固定不动,可以把式(8.3.2)右边对时间的微分移到积分号内。又因为对任意 S 均成立,利用高斯定理

$$\oiint_S \rho \vec{v} \cdot \mathrm{d}\vec{S} = \iiint_V \nabla \cdot (\rho \vec{v}) \mathrm{d}V$$

得

$$\nabla \cdot (\rho \vec{v}) = - \frac{\partial \rho}{\partial t} \tag{8.3.3}$$

这个质量守恒关系式称为连续性方程。利用密度为常量的近似,式(8.3.3)可以写为

$$\nabla \cdot \vec{v} = 0 \tag{8.3.4}$$

这就是所给近似条件下的质量守恒关系式。

$\nabla \cdot \vec{A} = \frac{\partial A_x}{\partial x} + \frac{\partial A_y}{\partial y} + \frac{\partial A_z}{\partial z}$ 为数学中对矢量 $\vec{A}$ 的散度操作,也可以写成 $\mathrm{div}\vec{A}$ 的形式。其物理意义是:矢量通过包围单位体积闭合面的通量。散度为正,即通量为正的,表示净流出的效果,闭合面所围体积内有"源";散度为负,即通量为负的,表示净流入的效果,闭合面所围体积内有"汇";散度为零,即通量为零,表示流入、流出的量相同,闭合面所围体积内既没有"源",也没有"汇"。

8.3.2 牛顿定律的动力学方程

在流体中取一单位体积微元,其质量与加速度的乘积等于施于其上的合力。单位体积的质量为 ρ。受力可分为三部分:① 由压强差引起的力 $-\nabla p$;② 附加外力,包括有势力 $-\rho \nabla \varphi$(其中 φ 为单位质量力势)和非保守外力 $f_{\text{外}}$;③ 内力的切向分量(即剪切应力),称为黏滞力。黏滞力只有在流动的流体中才

存在,每单位体积所受黏滞力可记为 $f_{黏}$。因为现在考察的是"干水"流动,我们略去黏滞力和非保守外力 $f_{外}$。

为了写出动力学方程,还需要写出加速度。设 $\vec{v} = \vec{v}(x, y, z, t)$ 是流体中某瞬时在某处的流体速度。如果位置不变,仍为 (x, y, z),$\vec{v}$ 对时间 t 求导,即偏导数 $\partial \vec{v}/\partial t$,并不是作为质点的体积微元运动速度的变化率。原因很简单,因为随着时间的变化,所考察的质点的位置也必有变化,速度将由 $\vec{v}(x, y, z, t)$ 变为 $\vec{v}(x + \Delta x, y + \Delta y, z + \Delta z, t + \Delta t)$,因此加速度应为

$$\vec{a} = \lim_{\Delta t \to 0} \frac{\vec{v}(x + \Delta x, y + \Delta y, z + \Delta z, t + \Delta t) - \vec{v}(x, y, z, t)}{\Delta t}$$

且有关系式 $\Delta x = v_x \Delta t, \Delta y = v_y \Delta t, \Delta z = v_z \Delta t$。展开分子中第一个速度项至一阶项:

$$\vec{v}(x + v_x \Delta t, y + v_y \Delta t, z + v_z \Delta t, t + \Delta t)$$
$$= \vec{v}(x, y, z, t) + \frac{\partial \vec{v}}{\partial x} v_x \Delta t + \frac{\partial \vec{v}}{\partial y} v_y \Delta t + \frac{\partial \vec{v}}{\partial z} v_z \Delta t + \frac{\partial \vec{v}}{\partial t} \Delta t$$

整理后取极限,得加速度

$$\vec{a} = (\vec{v} \cdot \nabla) \vec{v} + \frac{\partial \vec{v}}{\partial t} \tag{8.3.5}$$

其中算符 $\nabla = \vec{e}_x \frac{\partial}{\partial x} + \vec{e}_y \frac{\partial}{\partial y} + \vec{e}_z \frac{\partial}{\partial z}$。所以,参考式(8.2.9),流体动力学方程可以写为

$$\frac{\partial \vec{v}}{\partial t} + (\vec{v} \cdot \nabla) \vec{v} = -\frac{1}{\rho} \nabla p - \nabla \varphi \tag{8.3.6}$$

式中等号的左端对应于质量微元的加速度,右端为单位质量所受到的力。如果空间每一点流体的流速不随时间变化,则称之为定常流动,此时有 $\partial \vec{v}/\partial t = \vec{0}$,这并不表示确定的质量元一定无加速度,因为此质量元空间位置已变化,速度也可能有变化。

利用矢量分析公式,得

$$(\vec{v} \cdot \nabla) \vec{v} = (\nabla \times \vec{v}) \times \vec{v} + \frac{1}{2} \nabla(\vec{v} \cdot \vec{v})$$
$$= (\nabla \times \vec{v}) \times \vec{v} + \frac{1}{2} \nabla(v^2) \tag{8.3.7}$$

再令 $\vec{\Omega} = \nabla \times \vec{v}$(称为速度的旋度),则方程(8.3.6)可以写为

$$\frac{\partial \vec{v}}{\partial t} + \vec{\Omega} \times \vec{v} = -\frac{1}{\rho} \nabla p - \nabla \varphi - \frac{1}{2} \nabla(v^2) \tag{8.3.8}$$

速度场是一个矢量场,速度的旋度 $\vec{\Omega}$ 也是一个矢量场。流体的流动可以是有旋的或无旋的。如果在每一点处流体元没有绕该点的净角速度,这种流动就是无旋的,否则就是有旋的。可以用放进流体中的一个小翼轮形象地描述,旋度矢量的方向就是小翼轮转动角速度矢量的方向(图 8.5)。

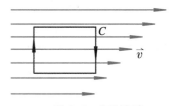

图 8.5　有旋流动

【例 8.1】当一桶水绕中心轴以角速率 ω 转动时,在动平衡状态下速度场的旋度 $\vec{\Omega}$ 为多少?

【解】取转动轴的正向为 z 轴,在动平衡状态下,水流将绕转轴以相同的角速度 ω 转动。取水中的任一质点,其坐标为 $x = r\cos\theta, y = r\sin\theta$,则速度为

$$\dot{x} = -r\sin\theta \cdot \omega = -y\omega, \quad \dot{y} = r\cos\theta \cdot \omega = x\omega$$

$$\vec{\Omega} = \nabla \times \vec{v} = \left[\frac{\partial}{\partial x}(x\omega) - \frac{\partial}{\partial y}(-y\omega)\right]\vec{e}_z = 2\omega\vec{e}_z$$

例 8.2　有一条宽为 $2L$ 的河流,设河水流速沿 x 方向,如图所示,速度大小满足 $v = \begin{cases} Ay, & 0 \leqslant y \leqslant L \\ A(2L - y), & L \leqslant y \leqslant 2L \end{cases}$,其中 A 为常数。求河中水流的旋度 $\vec{\Omega}$。

【解】根据题中的条件,可得

$$\vec{\Omega} = \nabla \times \vec{v} = \begin{vmatrix} \vec{e}_x & \vec{e}_y & \vec{e}_z \\ \frac{\partial}{\partial x} & \frac{\partial}{\partial y} & \frac{\partial}{\partial z} \\ v_x & 0 & 0 \end{vmatrix} = -\frac{\partial}{\partial y}v_x\vec{e}_z = \begin{cases} -A\vec{e}_z, & 0 \leqslant y \leqslant L \\ A\vec{e}_z, & L \leqslant y \leqslant 2L \end{cases}$$

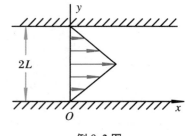

例 8.2 图

8.4　定常流动

8.4.1　稳恒场

流体的定常流动是指流体中任一处的速度不随时间发生变化的流动,反映在流体动力学方程中,就是 $\partial\vec{v}/\partial t = \vec{0}$。应再次指出的是,流体中的质点由于空间位置的改变,一般仍具有加速度,只是任一点处的流体,总是由新的流体以完全相同的方式进行填补。速度在空间分布的图形看起来不随时间变动,即 $\vec{v} = \vec{v}(x, y, z)$,是一个静态矢量场,一般称为稳恒场。

8.4.2 流线与流管

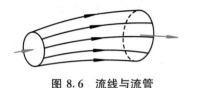

图 8.6 流线与流管

常常把始终切于流体速度的线画出并连成一条条的曲线,这些线称为流线。流线不会相交,因为空间中一点只能有一个速度。在定常流动中,流线分布不随时间改变,它就是流体质点的实际路线。在非定常流动中,流线图将随时间改变,因而任一时刻的流线并不代表一个流体质点的路线。

流管是假想的由一束相邻流线形成的一个管道。因流管壁由流线构成,速度与之平行,所以不会有流体穿越管壁流进流出的现象(图 8.6)。

8.4.3 伯努利方程

1738 年瑞士数学家、物理学家、医学家伯努利(Daniel Bernoulli,1700 − 1782)在《水动力学——关于流体中力和运动的说明》中提出,对于重力场中的不可压缩均质流体,有方程

$$p + \rho g h + \frac{1}{2}\rho v^2 = 常量 \tag{8.4.1}$$

式中 p,ρ,v 分别为流体的压强、密度和速度;h 为铅垂高度;g 为重力加速度。式(8.4.1)称为伯努利方程(伯努利定理)。

伯努利定理是能量守恒的一种描述,可以不通过流体动力学方程,而直接由能量守恒推导出来。

设想由一束相邻流线形成的一个流管(图 8.7)。流管一端截面面积为 A_1,流速为 $\vec{v}_1$,密度为 ρ_1,单位质量势能为 φ_1;另一端对应量分别为 A_2,$\vec{v}_2$,ρ_2,φ_2。当经历一个短时间 Δt 时,由质量守恒可以断定,在定常流动下由 A_1 进入的质量必等于由 A_2 流出的质量,即

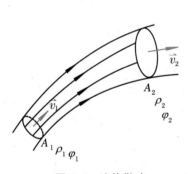

图 8.7 流体做功

$$\Delta m = \rho_1 A_1 v_1 \Delta t = \rho_2 A_2 v_2 \Delta t \tag{8.4.2}$$

因为是不可压缩流体,$\rho_1 = \rho_2$,所以

$$A_1 v_1 = A_2 v_2 \tag{8.4.3}$$

即流速与流管截面面积成反比。

再计算这段时间 Δt 内流体压强做的功。在左端,外面流体对进入 A_1 的流体做的功为 $p_1 A_1 v_1 \Delta t$;而在 A_2 处,流管内的流体对外做的功为

$p_2 A_2 v_2 \Delta t$；流管侧面所受压力处处与流速垂直，做的功为零。因此，作用在 A_1 和 A_2 间流体上的净功为 $p_1 A_1 v_1 \Delta t - p_2 A_2 v_2 \Delta t$，它应等于流体质量微元 Δm 从 A_1 至 A_2 处所增加的能量，即

$$p_1 A_1 v_1 \Delta t - p_2 A_2 v_2 \Delta t = \Delta m (E_2 - E_1) \tag{8.4.4}$$

其中 E_1, E_2 分别为在 A_1, A_2 处单位质量流体的能量。可以写为

$$E = \frac{1}{2} v^2 + \varphi + U \tag{8.4.5}$$

式中右边的三项分别为单位质量的动能、势能和内能。代入方程(8.4.4)，有

$$\frac{p_1 A_1 v_1 \Delta t}{\Delta m} - \frac{p_2 A_2 v_2 \Delta t}{\Delta m} = \frac{1}{2} v_2^2 + \varphi_2 + U_2 - \frac{1}{2} v_1^2 - \varphi_1 - U_1$$

利用 $\Delta m = \rho A v \Delta t$，可得到

$$\frac{p_1}{\rho_1} + \frac{1}{2} v_1^2 + \varphi_1 + U_1 = \frac{p_2}{\rho_2} + \frac{1}{2} v_2^2 + \varphi_2 + U_2 \tag{8.4.6}$$

这是带有内能项的伯努利方程。流管截面积趋于零即为流线。如果内能项不变，就得到对于任一流线均适用的方程(8.4.1)。

8.4.4　定常流动与定常无旋流动

下面我们通过流体动力学方程导出定常流体应满足的方程。仍采用前面忽略黏滞力的方程(8.3.8)。因为是定常流动，故 $\partial \vec{v} / \partial t = \vec{0}$。再对方程两边同时点乘 $\vec{v}$，因为 $\vec{v} \cdot (\vec{\Omega} \times \vec{v}) = 0$，所以当流体不可压缩（$\rho$ 为恒量）时，可以得到

$$\vec{v} \cdot \nabla \left(\frac{p}{\rho} + \varphi + \frac{1}{2} v^2 \right) = 0 \tag{8.4.7}$$

由于 $v \neq 0$，上式告诉我们，括号内的量在速度方向上的变化率为零；或者说，对于在流体速度方向上的一个小位移，括号内的量不会变化。因为我们讨论的是定常流动，该结论可改述为：对于沿着流线的一切点，均有

$$\frac{p}{\rho} + \varphi + \frac{1}{2} v^2 = 常量 \tag{8.4.8}$$

这就是前面介绍的伯努利方程。但要说明的是，等式右边的常量随流线的不同一般是不同的。

在定常无旋运动这种特殊情况下，考虑到密度 ρ 为常量，式(8.3.8)可写为

$$\nabla\left(\frac{p}{\rho} + \varphi + \frac{1}{2}v^2\right) = 0$$

由此得到

$$\frac{p}{\rho} + \varphi + \frac{1}{2}v^2 = 常量 \tag{8.4.9}$$

这时等式右边的常量对于整个流体具有同一数值。

8.4.5　流体的动量

如果流管是真实的管道,则其中的流体单位时间内所吸收的动量为

$$\rho\vec{v}_1 A_1 v_1 - \rho\vec{v}_2 A_2 v_2 = Q\rho(\vec{v}_1 - \vec{v}_2) \tag{8.4.10}$$

其中 $Q = A_1 v_1 = A_2 v_2$ 为单位时间内流进或流出管道的流体体积。

对于定常流动,管道内流体的动量不会改变,它在单位时间内所吸收的动量必然转交给管壁,所以管壁受到的力为 $\vec{F} = Q\rho(\vec{v}_1 - \vec{v}_2)$。因此,当流体通过某段弯曲的管道时,必须在管道上再加一外力 $-\vec{F} = Q\rho(\vec{v}_2 - \vec{v}_1)$,以保持管道上受力的平衡,否则管道很可能会破裂。

流体模型可以看成由体积或质量微元组成的质点组。在牛顿质点力学中推导动量守恒原理和动量矩守恒原理时,我们明确地应用了牛顿第三定律。根据牛顿第三定律,系统的内力和内力矩都相互抵消了,对动量和动量矩起作用的仅仅是外力和外力矩。就流体来说,流体内部的压强就是内力。实际上,压强这个概念本身就隐含着牛顿第三定律。因此,在关于流体动量对时间的变化率或动量矩对时间的变化率的方程中,内力相互抵消。于是可以得出结论:在运动流体的体积 V 中,总动量对时间的变化率等于作用在其上的总外力。同样,在运动流体的体积 V 中,总动量矩对时间的变化率等于作用在其上的总外力矩。可见,对于流体的运动来说,动量守恒原理和动量矩守恒原理都适用。

8.4.6　伯努利方程的应用

1. 截面变化的水平管中的流体流动·文丘里管

流体沿水平管从左端流入,从右端流出(图8.8)。根据不可压缩的假设,流

体在狭窄区的流速较高。由伯努利定理,有 $p + \rho v^2/2 = $ 常量,所以:① 在速度较高处压强较低;② 若狭窄区两边的管道截面相等,则其压强是相等的。

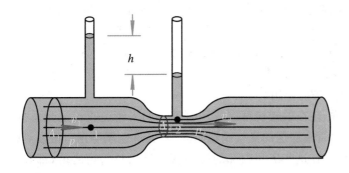

图 8.8　文丘里管

　　意大利物理学家文丘里(G. B. Venturi,1746－1822)于 1791 年发表了利用截面积变化的管道测量流量的研究结果,后来由美国的赫谢尔(Herschel)于 1886 年制成实用的测量装置,这种装置称文丘里管(图 8.8)。流体流经文丘里管时在管道入口和狭窄处产生压差,流量与压差的平方根成正比;压差大时,流量大,压差小时,流量小。根据安装于管道中的传感器检测到的压差,结合流体条件和管道的几何尺寸就可以计算出流量。文丘里管用途很广泛,可用于石油、化工、电力等行业大管径流体流量的计量与控制;在化学方面的应用就是用于对液体去杂(去除气体)的所谓文丘里喷嘴。

　　日常生活中使用的喷雾器也是利用这一原理。喷雾器喷管的喉部截面积很小,所以流体的流速大,因而压强小,而装在容器里的药液液面上作用的是大气压,于是药液就沿喉部下边的细管上升,从细管的上口也就是喷管的喉部流出后,被空气流携带冲出喷口,形成药雾。

　　2. 飞机机翼的升力

　　飞机之所以能够飞上天是因为机翼受到向上的升力。飞机飞行时,经过特殊设计的机翼上方的空气流速大,机翼下方的空气流速小。由伯努利方程可知,机翼上方的空气压强小,而下方的空气压强大,这样就产生了作用在机翼上由下向上的升力。需要提醒的是,这是针对低速飞行飞机的分析。当飞机飞行速度较快时,空气受到压缩,密度为常量的条件不再成立,伯努利方程也就不适用了。

　　经常在海洋上航行的船员都知道,让两艘快速前进的船只靠近是非常危险的。因为这时两艘船之间的水流速快,压强小,而船只另外一侧的水流速小,压强大;所以产生了横向的作用力将两艘船向一起推,操作稍有不慎就会造成碰撞事故。现在,在高速公路上行驶的汽车速度也很快,所以当两辆汽车,特别是大客车或重型货车,并排行驶时也会受到试图将其推到一起的横向力的作用,因此驾驶员在超车时操控一定要非常小心,以避免碰撞的发生。

　　3. 球的旋转与弧线球

　　球类比赛中的弧线球具有很大的威力,其原因是球在飞行过程中有不同的

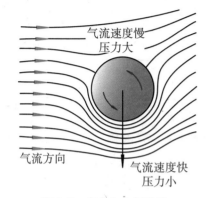

图 8.9　自右向左运动的
上旋球及周围的流线

旋转状态。旋转球和不转球的飞行轨迹不同,是因为在运动中球周围空气的流动情况不同。不转球沿水平方向自右向左运动时,周围空气的流速相同,不存在压强差。现在假设球绕通过球心且垂直于纸面的轴逆时针旋转,球旋转时由于黏滞作用会带动周围的空气跟着它一起旋转,致使球的下方空气的流速增大,上方的流速减小。球下方空气流速大,压强小;上方空气流速小,压强大。因此旋转球受到向下的力,飞行轨迹就向下弯曲(图 8.9)。

4. 水封弯头的作用

一般来说,现在的楼房都有排污管道。如果管道直接通到总排污管,很容易造成总排污管道底层的臭气循管而上,并通过地漏等出口散发到楼上各个房间内部。所以,在这些房间内部的排污管道进入总管道之前,都有一个形状类似字母 S 或 U 的弯头,这就是所谓的"水封弯头",有时也把它叫作蓄水防臭弯头、存水弯或聚水器。其工作原理很简单:在排污管道安装了水封弯头后,一部分水就会在弯头处停留,这些水会有一定的水压,可以封闭臭气防止向室内扩散。但水封弯头必须与主排污管道顶部的开口配合使用。我们很容易在楼顶看到主排污管道的通气管,它一方面可以排走排污管道中的臭气,还有一个重要作用,就是确保每个房间排水管道中水封弯头气压的平衡。如果没有主管道顶部的开口,当楼下某房间放水时,水在进入主管道处由于重力作用流速加快,对管道上部形成抽气作用,会将楼上房间水封弯头中存留的水抽出。弯头中的水没了,自然也就没有封闭效果了。在主管道顶部开口以后,管道上部保持大气压强,与水封弯头的另一端相同,弯头中的水就不会被抽出了。当然,如果没有每个房间的水封弯头,主排污管道顶部的通气口事实上也就没有太大的作用了,因为臭气在到达楼顶之前,已经在楼下的各个房间中散开了。

【例 8.3】一顶部开口水箱中水面的高度为 h,底部有一小孔,试求自小孔中流出水的速度。

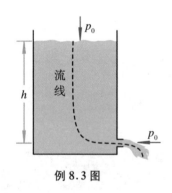

例 8.3 图

【解】假设水箱的直径足够大,以至水从小孔中流出时水位几乎没有降落。忽略顶部和小孔出口处大气压的差别,均取为 p_0。在顶部,$v = 0$,重力势 $\varphi = gh$,对图中的流线写出伯努利方程:

$$p_0 + \rho gh = p_0 + \frac{1}{2}\rho v_{出}^2$$

由此得 $v_{出} = \sqrt{2gh}$。

这个结果叫托里拆利定理。虽然它是伯努利方程的特殊情况,但早在伯努利之前一个世纪,伽利略的学生托里拆利(Evangelista Torricelli, 1608 - 1647)就发现了它,因此以他的名字命名。它告诉我们,在小孔出口处的水以在水箱顶的势能作为代价而获得动能,它与下降 h 的自由落体获得的动能相当。

应该指出的是:在计算水的流量时,它不等于速度 $v_{出} = \sqrt{2gh}$ 乘以该小孔的面积。这是因为水流离开小孔时,流体的速度并非完全平行,而是带有指向流管中心线的速度分量,使喷流逐渐收缩。在经过一小段路程后,喷流停止收缩,各质量元的速度变成相互平行。因此,单位时间内流体流出的总质量(流量)应等于速度乘以各质量元速度平行处的截面面积。对于边缘锐利的小孔,水流在缩小至小孔面积的约62%处质量元流速平行。对于不同的排水口,缩小了的有效排水面积也会不同,只能通过实验确定。

托里拆利定理给出的结果可以用实验加以检验。在小孔处接上一个向上喷射的排水管,若水流速度确由$\sqrt{2gh}$给出,那么这向上喷射的水应达到与桶顶水面相平的高度。但实验告诉我们,它达不到这个高度。出口速度的理论值只是大体正确;因为伯努利方程中未包含实际存在的黏滞力项,是一个没有考虑能量损失的结论。文丘里管也有类似问题。经实践验证,结果是:对于截面变化的水平管中流动的流体,① 狭窄区压强明显降低,与预言相符;② 上游的压强高于同截面的下游的压强,与预言不符。原因也是伯努利定理中未考虑黏滞力,而实际流体总是存在内摩擦黏滞力的;在黏性流动中,黏滞力消耗机械能而产生热,机械能不守恒。

8.5 黏滞流体的流动

前面我们讨论的是"干水"的运动,也就是忽略了流体内部的摩擦作用。这一模型在不少情况下可以描述流体的运动,但很多时候与实际流体运动情况相差甚远。流体的实际行为是极其复杂又十分有趣的,会出现很多很有意思的现象。现在我们简单讨论一下考虑了黏滞效应的流体流动。

8.5.1 流体的黏滞性

黏滞性反映的是流体内部不同部分之间的摩擦作用。在液体中,黏滞性主要来源于分子间的相互作用;在气体中,它来源于分子之间的碰撞。通过划桨能使小船前进,就是因为水具有黏滞性。水虽然具有黏滞性,但显然不如有些流体,如蜂蜜、机油等给人的印象强烈。沥青的黏滞性更强,而且受温度的影响更明显,在温度足够低时甚至可以作为固体对待。

8.5.2 黏滞性的定量描述与测量

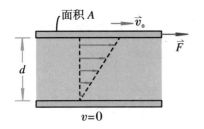

图 8.10　流体的黏滞性

我们首先研究如何定量描述流体的黏滞性,这里重点讨论有关黏滞性的定义,又称黏滞定律。

考虑下述实验(图 8.10):假设有两块中间夹有流体的固体板片,保持下板固定,拉上板使其以低速 $\vec{v}_0$ 向右做直线运动。上板除受拉力 $\vec{F}$ 作用外还受到流体的阻力,当上板速度 $\vec{v}_0$ 为常量时,$\vec{F}$ 与阻力平衡。由实验知,拉力 $\vec{F}$ 的大小与板的面积 A 和 v_0/d 都成正比,因此有

$$\frac{F}{A} = \eta \frac{v_0}{d} \tag{8.5.1}$$

其中比例系数 η 称为黏滞系数,是流体黏滞性大小的量度。黏滞力与速度成正比的流体称为牛顿流体。方程(8.5.1)称为牛顿黏滞定律,实际上也是对黏滞性量度的定义。

在国际单位制中,η 的单位是 Pa•s＝ kg•m^{-1}•s^{-1}。在 CGS 制中,η 的单位是 P(泊),1 P＝1 g•cm^{-1}•s^{-1}＝10^{-1} Pa•s。

设流体流动方向为 x 方向,垂直于流动方向为 y 方向。当流体中的流动沿 y 方向非均匀变化时,取平行于流动方向的上下两面,在两面(ΔA)很小、两面距离也很小(可近似认为速度变化均匀)时,利用位移对时间的偏导与对空间的偏导可以交换顺序的性质,方程(8.5.1)可写为

$$\frac{\Delta F}{\Delta A} = \eta \frac{\partial v_x}{\partial y} = \eta \frac{\mathrm{d}}{\mathrm{d}t} \frac{\partial x}{\partial y} \tag{8.5.2}$$

此式右边 η 后的项是剪切应变的时间变化率。随着时间缓慢发生的不能恢复的变形称流变。因此,可以将关于黏滞流体的描述推广到一般的流变过程,这时剪切应力与剪切应变的时间变化率成正比。常温下的沥青在外力持续作用下会发生缓慢的变形,表现为有黏滞的流体;但对突然的外力作用,反应就像是固体。前面提到过的"地幔对流"只有在非常大的时间尺度时才存在,原因也是如此。

测定黏滞系数有很多种方法。一种测量黏滞系数用的标准仪器构造是在两个同心筒间装上待测流体,其中一个圆筒(设为内筒)用可以测量施于圆筒上转矩的一根悬挂着的扭丝保持其静止不动,而外筒则以恒角速度 ω 旋转着(图 8.11)。设内、外筒半径分别为 a 和 b。由于流体黏滞性的存在,可以断定在外筒转动时,流体运动角速度将随 r 的不同而变化。这是因为流体在静止的内筒外表面流速为零,而在外筒内表面流速为 $b\omega$。流速应呈轴对称分布,有 $\omega = \omega(r)$。

为导出定常流动时转矩 $M(r)$ 与黏滞系数的关系,在液体中取同轴薄圆柱

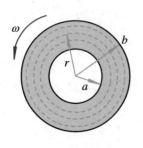

图 8.11　黏滞系数的测定

层,内、外半径分别为 r 和 $r+\Delta r$,角速度分别为 $\omega(r)$ 和 $\omega(r+\Delta r)$。由于定常流动无切向加速度,对流体中任一厚度为 Δr 的圆筒状微元,由切向力引起的转矩代数和为零,即 $M(r)=M(r+\Delta r)$,也就是转矩与 r 无关,为一常量。

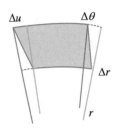

图 8.12 同轴薄圆柱的扇形微元

参考7.2节和7.3节中剪切应变的表述,在同心薄层中取类似的微元,区别是现在的微元为一近似矩形的扇形。下边是半径为 r 的圆周的一小段,上边是半径为 $r+\Delta r$ 的圆周的一小段,对应的圆心角都是 θ。上、下边之间发生剪切变形时,上边相对于下边横向移动了 $\Delta u=(r+\Delta r)\Delta\theta$。剪切应变为

$$\frac{\Delta u}{\Delta r}=\frac{(r+\Delta r)\Delta\theta}{\Delta r}=\frac{r\Delta\theta+\Delta r\Delta\theta}{\Delta r}\approx r\frac{\Delta\theta}{\Delta r}$$

采用与式(8.5.2)类似的处理,将上式对时间 t 求微分并交换次序,可得黏滞力与应变速率之间的关系

$$\frac{\Delta F}{\Delta A}=\eta\frac{\mathrm{d}}{\mathrm{d}t}\left(\frac{\Delta u}{\Delta r}\right)=\eta\frac{\mathrm{d}}{\mathrm{d}t}\left(r\frac{\Delta\theta}{\Delta r}\right)=\eta r\frac{\Delta\left(\frac{\Delta\theta}{\Delta t}\right)}{\Delta r}=\eta r\frac{\Delta\omega}{\Delta r}=\eta r\frac{\mathrm{d}\omega}{\mathrm{d}r}$$

所以

$$M=M(r)=2\pi rl\cdot\eta r\frac{\mathrm{d}\omega}{\mathrm{d}r}\cdot r=2\pi l\eta r^3\frac{\mathrm{d}\omega}{\mathrm{d}r}$$

其中 l 为圆筒高度。

利用 $M(r)$ 为常量,得到 $r^3\mathrm{d}\omega/\mathrm{d}r=A$(恒量),积分得 $\omega=-A/(2r^2)+B$,其中 A 和 B 为常数。

由边条件"$r=a$ 处,$\omega_a=0$;$r=b$ 处,$\omega_b=\omega$",得

$$A=\frac{2a^2b^2\omega}{b^2-a^2},\quad B=\frac{b^2\omega}{b^2-a^2}$$

所以

$$M=2\pi\eta lr^3\frac{\mathrm{d}\omega}{\mathrm{d}r}=2\pi\eta lA=\frac{4\pi\eta la^2b^2\omega}{b^2-a^2},$$
$$\eta=\frac{(b^2-a^2)M}{4\pi\eta la^2b^2\omega}$$

(8.5.3)

由扭丝的转角可以算出转矩 M 的大小,从而得到待测流体的黏滞系数 η。它与转矩成正比,与外筒的角速度成反比。

由实验测得 20 ℃时水的黏滞系数为 $\eta=1.0\times10^{-3}$ kg·m^{-1}·s^{-1}。有时称 η 为动力学黏滞系数,称 η/ρ 为运动学黏滞系数,因为在流体动力学方程中,η 与 ρ 常以比值形式出现,直接使用比较方便。同样,20 ℃时,水的运动学黏滞系数 $\eta/\rho=1.0\times10^{-6}$ m^2·s^{-1};0 ℃时,水(常压)的运动学黏滞系数 $\eta/\rho=1.8\times10^{-6}$ m^2·s^{-1}。

8.5.3 雷诺数与流体运动的相似法则

在前面流体动力学方程(8.3.6)的右边,若加上单位质量黏滞力 $\vec{f}_{黏}/\rho$ ($\vec{f}_{黏}$ 为单位体积受到的黏滞力),流体运动的规律将得到完整的描述:

$$\frac{\partial \vec{v}}{\partial t} + (\vec{v} \cdot \nabla) \vec{v} = -\frac{1}{\rho} \nabla p - \nabla \varphi + \frac{1}{\rho} \vec{f}_{黏} \qquad (8.5.4)$$

如果流体是不可压缩的,则有 $\nabla \cdot \vec{v} = 0$。

这个方程在流速远小于声速时是一个很好的近似。在存在黏滞力的情况下,仍假设流体不可压缩,通过一系列数学变换(比较复杂,这里就不讨论了),流体动力学方程可以写成

$$\frac{\partial \vec{\Omega}}{\partial t} + \nabla \times (\vec{\Omega} \times \vec{v}) = \frac{\eta}{\rho} \nabla^2 \vec{\Omega} \qquad (8.5.5)$$

其中 $\vec{\Omega} = \nabla \times \vec{v}$。

下面看一个具体的例子(图 8.13)。

一种不可压缩的黏滞性流体流经一根直径为 D 的长柱体,在远处的速度为恒速 $\vec{V}$,垂直于柱体对称轴,平行于 x 轴。这种流动应由流体方程(8.5.5)和相应的边条件决定。

这时的边条件为:远处的速度为恒速 $\vec{V}$;柱面处速度为零,即对于表面 $x^2 + y^2 = D^2/4$(D 为柱体直径),有 $v_x = v_y = v_z = 0$。

这个问题涉及四个参量:η, ρ, D 和 V。对于不同的 D 和 V,将有不同的解答。有趣的是,这些不同的可能解答将只取决于一个参数的不同数值,也就是雷诺数。这是一个十分重要的结论,我们现在来说明它。

首先,η 和 ρ 以比值 η/ρ 的形式出现在方程中,因此,这个问题只涉及三个参量。

现在,把长度的单位和时间的单位改一下:

(1) 出现于本问题中的唯一长度为柱体直径 D,以它为尺子去量度一切长度。新坐标变量为 (x', y', z'),可以用它代替旧坐标 (x, y, z),有

$$x = x'D, \quad y = y'D, \quad z = z'D$$

(2) 用 V 度量所有的速度,即以新的速度 v' 表示旧的速度 v:

$$v = v'V \quad (在远处, v' = 1)$$

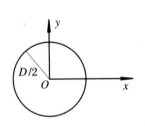

图 8.13 相似法则

(3) 由以上长度、速度单位,决定时间的单位必须是 D/V,因此

$$t = t' \frac{D}{V}$$

在这套单位下,有

$$\frac{\partial}{\partial x} = \frac{1}{D} \frac{\partial}{\partial x'}, \quad \nabla = \frac{1}{D} \nabla', \quad \vec{\Omega} = \nabla \times \vec{v} = \frac{V}{D} \nabla' \times \vec{v}' = \frac{V}{D} \vec{\Omega}'$$

所以,流体方程(8.5.5)可以写为

$$\frac{V^2}{D^2} \frac{\partial \vec{\Omega}'}{\partial t'} + \frac{V^2}{D^2} \nabla' \times (\vec{\Omega}' \times \vec{v}') = \frac{\eta}{\rho} \frac{1}{D^2} \cdot \frac{V}{D} \nabla'^2 \vec{\Omega}'$$

即

$$\frac{\partial \vec{\Omega}}{\partial t} + \nabla \times (\vec{\Omega} \times \vec{v}) = \frac{\eta}{\rho D V} \nabla^2 \vec{\Omega} \tag{8.5.6}$$

此处已把所有撇号都去掉了,但应记住方程是利用新单位写出的。此方程将所有的系数浓缩成一个因子:$Re = \rho D V / \eta$。Re 称作雷诺数,它是一个无量纲的数。于是方程(8.5.6)改写为

$$\frac{\partial \vec{\Omega}}{\partial t} + \nabla \times (\vec{\Omega} \times \vec{v}) = \frac{1}{Re} \nabla^2 \vec{\Omega} \tag{8.5.7}$$

其中$\vec{\Omega} = \nabla \times \vec{v}$。这时的边条件可以写成:

① 对于柱体表面:$x^2 + y^2 = 1/4$,有 $v_x = v_y = v_z = 0$;

② 对于远处:$x^2 + y^2 + z^2 \gg 1$,有 $v_x = 1, v_y = v_z = 0$。

新方程(8.5.7)的物理结论十分重要。它告诉我们,对雷诺数相同的任何两种情况,$\frac{\rho_1}{\eta_1} V_1 D_1 = \frac{\rho_2}{\eta_2} V_2 D_2$,流体的流动除了空间和时间的尺度不同外,其余一切都是相同的,这就是流体力学中特有的"相似法则"。依据这个结论,对实际飞机、导弹、潜艇甚至汽车进行的流体动力学特性试验,可以用缩小了的模型放到风洞中进行,只要使两种情况下的雷诺数相同。

以上结论只适用于流体的压缩性可以忽略的情况。如果不是这样,一个新的物理量——声速会对流体的流动产生不可忽视的影响。当 V 接近或超过声速时,只有雷诺数与马赫数(见第 9 章最后)分别都相等,两种流动才会相同。

8.5.4 层流、环流与湍流

对于前面黏滞流体流经一柱体的流动问题,具体求解十分复杂,这里只给出定性描述。

（1）当雷诺数很小时,流动稳定,这种流动称为层流;因为任何一处的速度不随时间变化,流体分层流动,各层互不混杂(图8.14)。

图 8.14　层流

（2）雷诺数增大至稍大于1,在柱体后面将存在涡漩环流。过去人们认为环流是随 Re 的增大逐渐成长的,现在认为环流是当 Re 达到一定值后突然出现的。无论如何,有一点可以肯定,环流将随 Re 的增大而进一步增强(图8.15)。

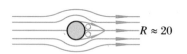

图 8.15　环流

（3）当雷诺数继续增大时,流场变得不稳定,流动会随时间变化。流速大到一定程度后会出现湍流。湍流中流体的流动完全无规律,而且会出现偏离平面的运动,是三维空间中的无规律运动(图8.16、图8.17)。

图 8.16　湍流

在实际应用中,物体往往被设计成一种特殊的流线型,使流体流经此物体时产生的阻力尽可能小。一方面减小迎着流体的截面积,另一方面尽量减少涡漩。现在的一些鱼雷设计采用所谓的气泡包裹技术,也就是所谓的"空泡鱼雷",将鱼雷包裹在一个几乎不存在摩擦的气泡中高速潜行,使得鱼雷在水中的阻力大为降低,甚至可以达到300节(1节≈1.852 km·h^{-1})以上的高速[①]。

斯托克斯(George Gabriel Stokes,1819 – 1903)研究了在黏滞性比较大的流体中的球体下落问题,并进一步求出小球受到流体的总阻力为

$$f = 6\pi \eta a V \qquad (8.5.8)$$

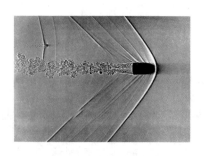

图 8.17　高速飞行的
子弹与激波、湍流

其中 a 为球体的半径,V 为小球的速度(小球静止时,V 为远处的流体流速)。表达式(8.5.8)称为斯托克斯公式。可以利用它及小球在黏滞流体中自由下落的终极速度求黏滞系数 η。当然,这个关系只能适用于层流情况。一旦雷诺数增大,出现环流或湍流,该关系就不再适用了。

利用斯托克斯公式,密立根(Robert Andrews Millikan,1868 – 1953)于1913年进行了证明电子所带电量为电荷最小单位的实验[图8.18(a)]。自窗口 W 输入电子束,使自 O 滴入的油滴带电。带电油滴在由极板 P 和 P' 形成的均匀电场中匀速运动。速度通过窗口 W' 测出。现测得油滴不带电时匀速下降的速度为 $\bar{v}$,带电时为 $\bar{v}'$。又知电场强度为 E,空气黏滞系数为 η。油滴与空气的密度分别为 $\rho_\text{油}$ 与 ρ。由此即可得出油滴带电量。

----

① 高永琪.超空泡鱼雷有关流体动力分析[J].海军工程大学学报,2005,17(3):57–60.

图 8.18(b)和(c)分别是无电场和有电场时油滴的受力图。当油滴不带电时,受力如图 8.18(b)所示,$\vec{f}$,$\vec{f}_浮$ 和 $\vec{W}$ 分别表示黏性阻力、浮力和重力。在三力平衡时油滴做匀速运动。设速度为 $\vec{v}$,并取 Oy 轴向上,有

$$6\pi\eta r v - \frac{4}{3}\pi r^3 \rho_油 g + \frac{4}{3}\pi r^3 \rho g = 0 \qquad (8.5.9)$$

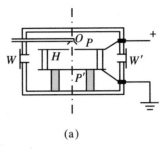

(a)

油滴视作球体,半径为 r。油滴带电时,设其电量为 q。油滴受力如图 8.18(c)所示。$\vec{f}_场$ 表示静电场力,使油滴向上运动,$\vec{f}'$ 为黏性阻力。在四力平衡时,油滴做匀速运动,设速度为 $\vec{v}'$,有

$$-6\pi\eta r v' + \frac{4}{3}\pi r^3 \rho g - \frac{4}{3}\pi r^3 \rho_油 g + Eq = 0 \qquad (8.5.10)$$

由式(8.5.9),得

$$r = 3\sqrt{\frac{\eta v}{2(\rho_油 - \rho)g}}$$

再由式(8.5.10),得

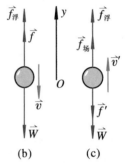

(b)   (c)

图 8.18 密立根油滴实验

$$q = \frac{18\pi}{E}\left[\frac{\eta^3 v}{2(\rho_油 - \rho)g}\right]^{1/2}(v + v')$$

测出上式右边的量即可得 q。密立根发现油滴的电荷总是某基本值的整数倍,于是他认为该值即电子的电荷。经过对空气黏滞性的精确测定,又考虑上述实验中油滴的大小,需对黏滞阻力作如下修正:

$$f = \frac{6\pi\eta v r}{1 + b/(pr)}$$

式中 p 为空气压强,b 为由经验确定的常数。经过这些改进,密立根得到电子电荷为

$$e = (1.601 \pm 0.002) \times 10^{-19}\ \text{C}$$

流体如果是"干水",则无需压力差就可以在水平管道中流动。但对于实际流体,包括在管道中流动的水、油,以及在人体血管中流动的血液,由于黏滞性,都需要在两端维持一定的压力差才能使其在管道中稳定地流动,甚至在水平管道中也是这样。在圆管中流动的流体流速与流体的黏滞性、压力差、管道的尺寸有关。法国科学家泊肃叶(Marie Poiseuille,1799-1869)对血液循环的物理过程非常感兴趣,就研究了圆管中不可压缩流体在层流状态的流量,得到了以其名字命名的泊肃叶方程:

$$Q = \frac{\pi r^4(p_1 - p_2)}{8\eta l} \qquad (8.5.11)$$

其中 Q 为体积流量，r 为管道的半径，l 为管道的长度，$p_1 - p_2$ 为管道两端的压强差，η 是黏滞系数。如果出现湍流，则没有这样简单的关系。

泊肃叶方程说明，流量 Q 正比于压强梯度 $(p_1 - p_2)/l$，反比于流体的黏滞系数 η，同我们想象的一样。但让人多少有些奇怪的是，流量 Q 正比于半径 r 的四次方。这意味着，对于同样的压强梯度，如果半径变成原来的一半，流量将减少为原来的 1/16。换句话说，管道半径只要有很小的改变，要保持原有的流量，就要求压强差有很大的变化。人体内部的动脉硬化和胆固醇积累会引起动脉半径减小。这时，必须增大压强梯度才能使血管中的血液保持原有的流量。如果血管半径减小一半，心脏就不得不提供 16 倍的压强才能保持原来的血液流量。实际上，在这种情况下尽管心脏工作负担增加很多，但仍很难达到足够的压强，一般并不能使血液保持原来的流量。因此，高血压意味着心脏工作负担加重和血液流量减少。

那么血压又是如何测量得到的呢？不管是水银血压计还是电子血压计，都需要将与压强传感器相连的气囊缠绕在大臂上与心脏同一高度处（也有将压强传感器连到其他部位的，但对测量效果会有不少影响）。血压计给出两个值：心脏泵出血液时的最大压强，称为收缩压；心脏处于收缩间隙时的血液压强，称为舒张压。测量前先将气囊充气直到超出收缩压，这样就压缩了手臂上的动脉，暂时阻断了血液的流动。然后缓慢降低气囊中的压强，到一定值时，在收缩压的作用下动脉会稍微张开一些，血液重新流向手臂。由于血液流过被压缩的动脉时速度很快，类似喷射，形成湍流，就会伴随着脉搏产生特殊的声音，可以用听诊器听到或被专用的传感器检测到，这时血压计测得的压强就是收缩压。随着气囊中压强的继续降低，原来被压缩的动脉完全张开，血管中的血液恢复正常流动，由湍流引起的声音消失，这时血压计测得的压强就是舒张压。医学上血压通常用 mmHg（毫米汞柱）作单位，人类正常的收缩压在 120 mmHg 左右，舒张压在 80 mmHg 左右。

流体动力学方程(8.5.5)十分简单，但直到今天我们还没有能力精确求出它的一般解；不仅如此，在一般情况下作出定性分析也是不可能的。这么一个简洁、明了的方程会隐藏如此美妙、神奇，有时又使人们感到惊讶的内容，实在令人赞叹！

第9章 振动和波

水滴下落激发的波

第5章中我们讨论了在保守力作用下弹簧振子的周期性运动。在自然界中类似的运动十分常见。如我们拨一下吉他的琴弦,它就会周期性地振动起来,同时发出声波。可见波与振动是联系在一起的。如何利用前面关于质点模型的基本理论描述振动和波这两种自然现象,可以得到哪些基本认识,是我们这一章要完成的主要任务。

9.1 简谐振动

9.1.1 弹性力与准弹性力

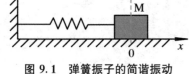

图 9.1　弹簧振子的简谐振动

提到弹性力,自然会想到弹簧。如图 9.1 所示,当弹簧处在自然伸长状态时,物体 M 并不受力,这个位置称为平衡位置;当把 M 移离平衡位置时,M 就受到弹簧的作用力。这个作用力的特点是,当把 M 移动到平衡位置 0 的右边,即 $x>0$ 的位置时,弹簧力指向 x 的负向;而当把 M 移到 0 的左边,即 $x<0$ 的位置时,弹簧力指向 x 的正向;而且力的大小与位移大小成正比。这样,我们可以把弹簧的作用力写成

$$\vec{F} = -k\vec{x} \tag{9.1.1}$$

式中 $\vec{x}$ 是 M 相对平衡位置的位移,k 称作弹性系数(或劲度系数)。k 越大表明弹簧越硬。式(9.1.1)表示的性质叫胡克定律,具有这种性质的力叫弹性力。弹性力有两个特点:

① 因为弹性力 $\vec{F}$ 的指向总与位移 $\vec{x}$ 的方向相反,故弹性力 $\vec{F}$ 总是指向平衡位置,总是力图把质点拉回到平衡位置;

② 因为 $\vec{F}$ 的大小正比于位移 $\vec{x}$ 的大小,所以 M 偏离平衡点越远,它受到的拉回平衡点的力也越大。

因此,可以看到,在弹性力 $\vec{F}$ 作用下的质点,其基本的运动形式是在平衡点附近来回振荡,它是一种被“束缚”在平衡点附近的运动。

除弹簧外,其他的力也可能具有式(9.1.1)的形式。单摆的结构虽然与弹簧振子完全不同,但它们的运动性质是十分相似的(图 9.2)。我们以角位移 θ 作为描写摆球位置的变量,并规定摆球在平衡位置的右方时,$\theta>0$;在左方时,$\theta<0$。当偏角 θ 很小时,摆球受到的重力与绳张力的合力为

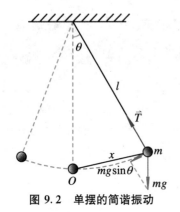

图 9.2　单摆的简谐振动

$$F = - mg\sin\theta \approx - mg\theta \approx - \frac{mg}{l}x \qquad (9.1.2)$$

式中负号表示 $\vec{F}$ 与角位移的方向相反。当摆球偏向右方,即 $\theta>0$ 时,$\vec{F}$ 指向左方($F<0$);当摆球偏向左方,即 $\theta<0$ 时,$\vec{F}$ 指向右方($F>0$)。即 $\vec{F}$ 永远指向平衡位置,且 $\vec{F}$ 的大小与角位移 θ 的大小成正比。

可见,单摆所受的虽不是弹性力,但式(9.1.2)在形式上与式(9.1.1)完全相似。我们把这种与弹性力具有相似表达式的力叫作准弹性力,它也有等效的弹性系数。

9.1.2 振动方程的建立及求解

现在通过动力学基本方程求解弹性力作用下的运动。对于前面的弹簧振子,其动力学方程为

$$m \frac{\mathrm{d}^2 x}{\mathrm{d}t^2} = - kx \qquad (9.1.3)$$

由于 m,k 都是正数,可以定义一个实数 ω_0,使

$$\omega_0^2 = \frac{k}{m} \qquad (9.1.4)$$

于是,式(9.1.3)可写成

$$\frac{\mathrm{d}^2 x}{\mathrm{d}t^2} + \omega_0^2 x = 0 \qquad (9.1.5)$$

上式就是振子运动的微分方程。它的解是

$$x = A\cos(\omega_0 t + \varphi_0) \qquad (9.1.6)$$

其中 A,φ_0 是两个常数,只能由初始条件确定,不能由微分方程本身确定。

如果在解(9.1.6)中的时间 t 上加一个数值 $2\pi/\omega_0$,x 就变成

$$\begin{aligned} x &= A\cos\left[\omega_0\left(t + \frac{2\pi}{\omega_0}\right) + \varphi_0\right] \\ &= A\cos(\omega_0 t + 2\pi + \varphi_0) \\ &= A\cos(\omega_0 t + \varphi_0) \end{aligned}$$

即相隔 $2\pi/\omega_0$ 的两个时刻,运动状态是相同的,也就是说,运动是以 $2\pi/\omega_0$ 为时间间隔重复的。所以 $2\pi/\omega_0$ 就是振动的周期,即 $T = 2\pi/\omega_0$。

又因为 $\omega_0^2 = k/m$，所以有

$$T = \frac{2\pi}{\omega_0} = 2\pi\sqrt{\frac{m}{k}} \qquad (9.1.7)$$

可见，周期 T 仅由振子的质量 m 和弹簧的弹性系数 k 确定（m 反映了系统惯性的大小，k 则是作用强弱的体现），而与振子的振幅 A 无关，这是简谐振动的重要特征。

振子在单位时间内的振动次数，称为频率 ν_0，由下式给定：

$$\nu_0 = \frac{1}{T} = \frac{\omega_0}{2\pi} = \frac{1}{2\pi}\sqrt{\frac{k}{m}}$$

所以有 $\omega_0 = 2\pi\nu_0 = 2\pi/T$，$\omega_0$ 称为圆频率（角频率），它与频率 ν_0 相差一个因子 2π。我们称 $\omega_0 t + \varphi_0$ 为相位，φ_0 为初相位。周期 T、角频率 ω_0、频率 ν_0 三者有关系：

$$T = \frac{1}{\nu_0}, \quad T = \frac{2\pi}{\omega_0}, \quad \omega_0 = 2\pi\nu_0$$

只要弹簧是严格线性的，弹性力就可以写成 $-kx + C$，其中 C 是常数。例如，竖直悬挂的弹簧下端挂一质量为 m 的物体，将绕重力和弹力的平衡点做简谐振动。这是因为物体受力是弹力和常力（重力）的合力。

【例 9.1】 质量为 m 的均质棒如图悬挂在两根弹性系数分别为 k 和 $3k$ 的轻质弹簧下，两弹簧又用细线通过一轻质定滑轮相连。忽略摩擦，棒始终保持水平。请给出棒受微扰后上下振动的周期。

【解】 该系统与弹簧振子是什么关系？能否等效成弹簧振子？两弹簧是串联还是并联？为了判断棒的运动是否为简谐振动，还是从分析力与位移的关系入手。

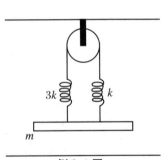

例 9.1 图

考虑棒在平衡位置附近上下振动，两端细线给棒的合力为 F（各为其 $1/2$），棒的位移为 x（通过细线连接的两根弹簧的总长度为其 2 倍），所以有

$$\frac{1}{2}F = k' \cdot (2x)$$

其中 $k' = \dfrac{3k \cdot k}{3k + k} = \dfrac{3}{4}k$ 为两弹簧串联的弹性系数。由此得 $F = 2k' \cdot (2x) = 3k \cdot x$。

力与位移满足线性关系，等效的弹性系数为 $3k$，因此，$T = 2\pi \cdot \sqrt{\dfrac{m}{3k}}$。

对式 (9.1.6) 作 t 的微分，就得到振子速度的表达式：

$$v = \frac{\mathrm{d}x}{\mathrm{d}t} = -\omega_0 A\sin(\omega_0 t + \varphi_0) \tag{9.1.8}$$

继续对式(9.1.8)作 t 的微分,就得到振子加速度的表达式:

$$a = \frac{\mathrm{d}v}{\mathrm{d}t} = -\omega_0^2 A\cos(\omega_0 t + \varphi_0) \tag{9.1.9}$$

可见,振子速度和加速度的周期变化也由三角函数描写。

对比式(9.1.6)与式(9.1.8),可以看到,当位移到达极大值或极小值,即 $x = \pm A$ 时,速度为零,即 $v = 0$;而当位移为零,即 $x = 0$ 时,速度达到极大值或极小值,即 $v = \pm\omega_0 A$。

9.1.3　简谐振动的描述方法

1. 几何描述

对于做简谐振动的物体,其位移用式(9.1.6)表示,速度和加速度分别用式(9.1.8)和式(9.1.9)表示。这三个方程告诉我们,质点做非匀速、非匀加速运动。如果能利用某种均匀运动描述这种非均匀运动,显然会带来很大的方便。简谐振动余弦形式的解,使人们很自然地想到圆周运动。一个质点以恒定的速率 V 做圆周运动,从圆心指向粒子的矢径 $\vec{A}$ 所转过的角度大小与经历时间成正比,即 $\Delta\varphi = V\Delta t/A$,所以角速度 $\omega_0 = \mathrm{d}\varphi/\mathrm{d}t = V/A$。

如果以圆心为原点建立直角坐标系,则质点圆周(半径为 A)运动的位置可以用直角坐标写出:$x = A\cos\varphi$,$y = A\sin\varphi$。利用任一时刻质点的角位置表达式 $\theta = \omega_0 t + \varphi_0$(图9.3),得到

$$x = A\cos(\omega_0 t + \varphi_0), \quad y = A\sin(\omega_0 t + \varphi_0) \tag{9.1.10}$$

显然,这两个分量表示做圆周运动的质点在 x 轴和 y 轴上的投影做简谐运动(图9.4)。速率不变的圆周运动是一种均匀运动,用它在 x 轴上的投影就可以描述非匀速、非匀加速的简谐振动。

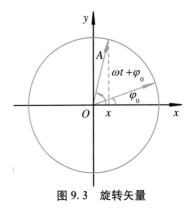

图9.3　旋转矢量

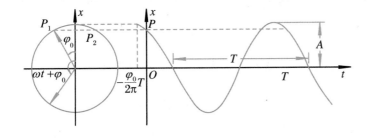

图9.4　简谐振动的旋转矢量描述

质点速度、加速度在 x 轴上的投影表达式也可以表示为

$$v_x = -\omega_0 A \sin(\omega_0 t + \varphi_0), \quad a_x = -\omega_0^2 A \cos(\omega_0 t + \varphi_0) \quad (9.1.11)$$

同样在 y 轴上,有

$$v_y = \omega_0 A \cos(\omega_0 t + \varphi_0), \quad a_y = -\omega_0^2 A \sin(\omega_0 t + \varphi_0)$$

利用从圆心指向质点的矢量 $\vec{A}$ 的均匀旋转(角速度为 ω_0)讨论简谐运动的方法称为旋转矢量法,又称几何描述。

2. 复数描述

前面我们已经看到,简谐运动可以用一个匀速旋转矢量的投影表示,而平面上的一个矢量又与一个复数相对应(图 9.5),所以简谐运动 $s(t) = A\cos(\omega t + \varphi_0)$ 也可用一个复数 $\tilde{s}(t) = A e^{i(\omega t + \varphi_0)}$ 的实部表示。$\tilde{s}(t) = A e^{i(\omega t + \varphi_0)}$ 又可写为 $(A e^{i\varphi_0}) e^{i\omega t} = \tilde{A} e^{i\omega t}$,其中 $\tilde{A} = A e^{i\varphi_0}$ 称为复振幅,它集振幅 A 和初相位 φ_0 于一身。于是,简谐运动的复数表示可写为

$$\tilde{s}(t) = \tilde{A} e^{i\omega t} \quad (9.1.12)$$

如果 $\tilde{s}(t)$ 代表位移,则速度和加速度分别为

$$\tilde{v} = \frac{d\tilde{s}}{dt} = i\omega\tilde{s}$$

$$\tilde{a} = \frac{d^2\tilde{s}}{dt^2} = (i\omega)^2\tilde{s} = -\omega^2\tilde{s}$$

$$(9.1.13)$$

显然,对 t 求导数相当于乘上一个因子 $i\omega$,运算起来十分方便;所以在研究振动问题时,人们普遍喜欢采用复数的形式。

9.1.4 简谐振动的能量

设弹簧振子在运动中没有摩擦力,则机械能守恒,动能和势能分别为

$$T = \frac{1}{2}m\dot{x}^2 = \frac{1}{2}m\omega_0^2 A^2 \sin^2(\omega_0 t + \varphi_0) \quad (9.1.14)$$

$$V = \frac{1}{2}kx^2 = \frac{1}{2}kA^2 \cos^2(\omega_0 t + \varphi_0)$$

$$= \frac{1}{2}m\omega_0^2 A^2 \cos^2(\omega_0 t + \varphi_0) \quad (9.1.15)$$

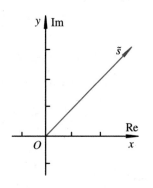

图 9.5 矢量与复数

因为 $\omega_0^2 = k/m$，所以 $k = m\omega_0^2$。于是总的机械能为

$$E = T + V = \frac{1}{2}m\omega_0^2 A^2 = \frac{1}{2}kA^2 \qquad (9.1.16)$$

此式表示弹簧振子的机械能与振幅的平方成正比，等于振幅最大时的最大势能，或平衡位置处的最大动能。当 $x = x_{\max} = A$，或 $x = x_{\min} = -A$ 时，$v = 0$，动能为零，势能达到最大值，等于总能量；相反，当 $x = 0$ 时，势能为零，动能达到最大值，也等于总能量。

进一步，由

$$\int \sin^2 x\, \mathrm{d}x = \frac{1}{2}x - \frac{1}{4}\sin 2x \quad \text{和} \quad \int \cos^2 x\, \mathrm{d}x = \frac{1}{2}x + \frac{1}{4}\sin 2x$$

可以算出一个周期内动能平均值和势能平均值都等于总机械能的一半，即

$$\overline{T} = \frac{1}{R}\int_0^R T\mathrm{d}t = \frac{1}{2R}m\omega_0^2 A^2 \int_0^R \sin^2(\omega_0 t + \varphi)\mathrm{d}t$$

$$= \frac{1}{4}m\omega_0^2 A^2 = \frac{1}{2}E \qquad (9.1.17)$$

$$\overline{V} = \frac{1}{R}\int_0^R V\mathrm{d}t = \frac{1}{2R}m\omega_0^2 A^2 \int_0^R \cos^2(\omega_0 t + \varphi)\mathrm{d}t$$

$$= \frac{1}{4}m\omega_0^2 A^2 = \frac{1}{2}E \qquad (9.1.18)$$

R 表示弹簧振子的周期，$R\omega_0 = 2\pi$。

9.1.5　几种常见的摆

1. 单摆

当单摆的振幅很小时，由式(9.1.2)，它的周期是

$$T = 2\pi\sqrt{\frac{m}{k}} = 2\pi\sqrt{\frac{m}{mg/l}} = 2\pi\sqrt{\frac{l}{g}} \qquad (9.1.19)$$

与悬挂的质点质量无关。

当单摆的振幅不很小时，单摆仍具有谐运动，但非简谐运动。可以证明，周期的一般表达式可以表示为

$$T = 2\pi\sqrt{\frac{l}{g}}\left(1 + \frac{1}{2^2}\sin^2\frac{\theta_{\mathrm{m}}}{2} + \frac{1}{2^2}\cdot\frac{3^2}{4^2}\sin^4\frac{\theta_{\mathrm{m}}}{2} + \cdots\right) \qquad (9.1.20)$$

式中 θ_m 为最大角位移,含有 θ_m 的各项逐项变得越来越小。只要在上述无穷级数中取足够多的项数就可以将周期计算到任何要求的精度。当 $\theta_m = 15°$ 时,实际周期与式(9.1.19)所给出的值相差不超过 0.5%。为了解决单摆摆幅越大周期越长的问题,惠更斯发明了"惠更斯摆"。其原理可以自己查找一下。

加速度不容易直接测量,单摆提供了测量重力加速度 g 的一种简便方法。我们不必做自由落体实验,仅仅通过测量 l 和 T 就可算出 g 值。

2. 扭摆

用一金属线悬挂着可以在水平面内转动的均匀圆盘就构成了一个扭摆。

将圆盘在水平面内转一个角度 θ,金属线就同时受到扭转。这根扭转了的金属线就在圆盘上施加一个力矩,以使圆盘回到初始位置。这个力矩是一种回复力矩,可以用 τ 表示。实验证明,对于很小的扭转角 θ,τ 与 θ 成正比,满足胡克定律,所以

$$\tau = -k\theta \tag{9.1.21}$$

其中 k 是与金属线的性质有关的常数,叫扭转常数;负号表示回复力矩 τ 的方向与角位移 θ 方向相反。这样一个系统的动力学方程是

$$\tau = I\frac{\mathrm{d}\dot{\theta}}{\mathrm{d}t} = I\frac{\mathrm{d}^2\theta}{\mathrm{d}t^2} \tag{9.1.22}$$

其中 I 为圆盘绕通过中心并垂直于盘面的轴的转动惯量。利用式(9.1.21),有

$$-k\theta = I\frac{\mathrm{d}^2\theta}{\mathrm{d}t^2}$$

即

$$\frac{\mathrm{d}^2\theta}{\mathrm{d}t^2} = -\left(\frac{k}{I}\right)\theta \tag{9.1.23}$$

与前面的线简谐振动方程在数学上是等同的。可以求得用角坐标 θ 表示的角简谐振动方程的解,即

$$\theta = \theta_m\cos(\omega t + \varphi_0) \tag{9.1.24}$$

其中 θ_m 为最大角位移,即角振动的振幅。扭摆的振动周期为

$$T = 2\pi\sqrt{\frac{I}{k}} \tag{9.1.25}$$

它也是惯性与作用强弱的综合体现。如果已知 k，并且测出了 T，则任何振动刚体绕转动轴的转动惯量 I 就可以得到。如果已知 I，并且测出了 T，则任何金属线样品的扭转常数 k 就可确定出来。

3. 复摆

如果一个刚体被安装得使它可以绕通过它的某一水平轴在竖直平面内摆动，这样的刚体就叫作复摆。这是单摆的一种推广。

设水平轴位于 P，刚体质心在 C 点，两者之间的距离为 d，物体绕水平轴的转动惯量为 I，刚体的质量为 m（图 9.6）。对于角位移 θ，回复力矩为 $\tau = -mgd\sin\theta$，是由重力的切向分量产生的。因为 τ 与 $\sin\theta$ 成正比，而不是与 θ 成正比，所以这里角简谐运动的条件一般不能成立。但是和以前一样，对于很小的角位移，$\sin\theta \approx \theta$ 这个关系是一个很好的近似，所以对于很小的振幅，$\tau = -mgd\theta$，可以写成 $\tau = -k\theta$，其中 $k = mgd$。

由 $\tau = I\mathrm{d}^2\theta/\mathrm{d}t^2$，其中 I 为转动惯量，有

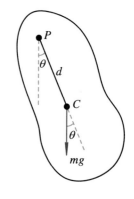

图 9.6　复摆

$$\frac{\mathrm{d}^2\theta}{\mathrm{d}t^2} = \frac{\tau}{I} = -\frac{k}{I}\theta \tag{9.1.26}$$

在小振幅情况下，可以解出复摆的振动周期

$$T = 2\pi\sqrt{\frac{I}{k}} = 2\pi\sqrt{\frac{I}{mgd}} \tag{9.1.27}$$

在振幅较大时，复摆仍具有谐运动，但非简谐运动。

9.1.6　复杂体系的振动

一个较复杂的体系，如晶体，在受到激发时会怎样响应，也就是说晶格会如何振动？在一般情况下，我们可以把这样的体系近似看作由多个弹簧振子耦合在一起组成的系统。受到激发时各振子可能有不同的固有频率。那么，整个系统将怎样运动？它们将按某个或某几个统一的频率振动，还是系统内各部分"自行其是"？如果该系统是孤立的，与外界没有牵连，则因为系统的总动量守恒，不按统一的频率振动是不可能的。那么，统一的频率由谁决定？下面我们通过一个比较简单的例子来说明。

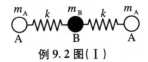

例 9.2 图(Ⅰ)

【例 9.2】(1) 图(Ⅰ)为一个线形三原子分子 A_2B 的模型。假定相邻原子之间的结合力是弹性力,它们正比于原子间距的变化,求分子可能的纵向运动形式和相应的振动角频率。

(2) CO_2 分子的两个纵向振动的频率分别是 3.998×10^{13} Hz 和 7.042×10^{13} Hz,试求 CO 键的等效弹性系数 k。(原子质量单位 $u = 1.660 \times 10^{-27}$ kg,碳的原子量为 12,氧的原子量为 16。)

【解】(1) 设从左到右三原子的相对坐标(相对于平衡位置发生的位移)依次为 x_1, x_2, x_3,则它们的动力学方程为

$$\begin{cases} m_A \dfrac{d^2 x_1}{dt^2} = -k(x_1 - x_2) \\ m_B \dfrac{d^2 x_2}{dt^2} = -k(x_2 - x_1) - k(x_2 - x_3) \\ m_A \dfrac{d^2 x_3}{dt^2} = -k(x_3 - x_2) \end{cases}$$

根据式(9.1.12),设解具有复数形式:$\tilde{x}_i = \tilde{A}_i e^{i\omega t}$($i = 1, 2, 3$)。代入以上方程,注意求导算符 d^2/dt^2 相当于乘上 $(i\omega)^2 = -\omega^2$,消去公共因子 $e^{i\omega t}$,经移项并整理,得 $\tilde{A}_i$ 的线性齐次代数方程组:

$$\begin{cases} \left(\omega^2 - \dfrac{k}{m_A}\right)\tilde{A}_1 + \dfrac{k}{m_A}\tilde{A}_2 = 0 \\ \dfrac{k}{m_B}\tilde{A}_1 + \left(\omega^2 - \dfrac{2k}{m_B}\right)\tilde{A}_2 + \dfrac{k}{m_B}\tilde{A}_3 = 0 \\ \dfrac{k}{m_A}\tilde{A}_2 + \left(\omega^2 - \dfrac{k}{m_A}\right)\tilde{A}_3 = 0 \end{cases}$$

显然,$\tilde{A}_1 = \tilde{A}_2 = \tilde{A}_3 = 0$ 是该方程的解;但它表示振动的幅度为零,没有实际意义。实际观测发现确实存在振动,所以上面的方程组一定存在非零解。这是客观事实,我们现在的任务是找到该体系存在非零解的条件。根据数学理论,此齐次方程组存在非零解的条件是其系数行列式为零,也就是

$$\begin{vmatrix} \omega^2 - \dfrac{k}{m_A} & \dfrac{k}{m_A} & 0 \\ \dfrac{k}{m_B} & \omega^2 - \dfrac{2k}{m_B} & \dfrac{k}{m_B} \\ 0 & \dfrac{k}{m_A} & \omega^2 - \dfrac{k}{m_A} \end{vmatrix} = 0$$

即

$$\left(\omega^2 - \dfrac{k}{m_A}\right)^2 \left(\omega^2 - \dfrac{2k}{m_B}\right) - 2\left(\omega^2 - \dfrac{k}{m_A}\right)\dfrac{k^2}{m_A m_B} = 0$$

作因式分解,得

$$\left(\omega^2 - \frac{k}{m_A}\right)\left[\omega^2 - \frac{k(2m_A + m_B)}{m_A m_B}\right]\omega^2 = 0$$

由此得 ω^2 的三个根:

$$\omega_1^2 = \frac{k}{m_A}, \quad \omega_2^2 = \frac{k(2m_A + m_B)}{m_A m_B}, \quad \omega_3^2 = 0$$

将 ω^2 的三个根分别代回联立方程组,得每个运动模式中原子振幅之间的比例关系:

$$\begin{cases} \omega_1 : \tilde{A}_1 = -\tilde{A}_3, \tilde{A}_2 = 0 \\ \omega_2 : \tilde{A}_1 = \tilde{A}_3 = -\dfrac{m_B}{2m_A}\tilde{A}_2 \\ \omega_3 : \tilde{A}_1 = \tilde{A}_2 = \tilde{A}_3 \end{cases}$$

可以看出,ω_3 代表整个分子的刚性平动[图(Ⅱ)(a)],不满足动量守恒,并非内部的振动模式,我们不感兴趣。ω_1 代表的振动模式如图(Ⅱ)(b)所示,中央原子 2 不动,两侧原子 1 和 3 相对运动;ω_2 代表的振动模式如图(Ⅱ)(c)所示,两侧原子 1 和 3 作为整体与中央原子做相向运动。ω_1 和 ω_2 便是这种 A_2B 线形分子两个可能的纵向振动模式(称为简正模)的固有频率。

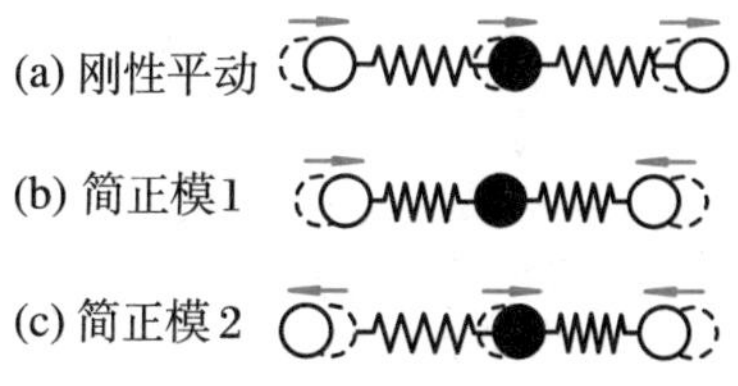

(2) 将 CO_2 分子的两个纵向振动频率数据分别代入 ω_1 和 ω_2 的表达式,各求得一个 k 的数值:

$$\begin{aligned} k_1 &= m_O\omega_1^2 = m_O(2\pi\nu_1)^2 \\ &= 16 \times 1.660 \times 10^{-27} \text{ kg} \times (2\pi \times 3.998 \times 10^{13} \text{ Hz})^2 \\ &= 1\,676 \text{ N} \cdot \text{m}^{-1} \end{aligned}$$

$$\begin{aligned} k_2 &= \frac{m_O m_C}{2m_O + m_C}\omega_2^2 = \frac{m_O m_C}{2m_O + m_C}(2\pi\nu_2)^2 \\ &= \frac{16 \times 12}{32 + 12} \times 1.660 \times 10^{-27} \text{ kg} \times (2\pi \times 7.042 \times 10^{13} \text{ Hz})^2 \\ &= 1\,418 \text{ N} \cdot \text{m}^{-1} \end{aligned}$$

如果我们的模型是正确的,算出的两个 k 应当相等。现在的结果表明,这个化学键的经典弹簧模型大体上能说明一些问题,但不够精确。

从上面的例子我们看到,一个多自由度的线性动力学系统将按一些简正模的频率(简正频率)振动。一般说来,简正模是系统中各自由度运动的某种特殊组合,是整个系统集体的运动方式,不是由其中个别振子的行为决定的。

一个系统的不同简正模彼此相互独立,可以线性叠加。如果初始运动状态符合某个简正模的模式,动力学系统将按此模式振动,其他模式不激发;如果初

(a) 刚性平动

(b) 简正模 1

(c) 简正模 2

例 9.2 图(Ⅱ)

始运动状态是任意的,动力学系统的运动状态将是各简正模按一定比例的叠加。对于一个微观系统,由于热运动引起的能量涨落,只要温度足够高,各简正模就会在一定程度上激发起来。在这种意义下,简正模是当今凝聚态物理学中重要概念"元激发"的萌芽。

通过前面的例子,我们又一次看到数学作为工具的重要性。利用数学中的复数方法,特别是对 t 求导数相当于乘上一个因子 $\mathrm{i}\omega$ 这一性质,我们可以很方便地求解比较复杂的振动方程。如果不用复数方法,例 9.2 的求解会相当麻烦。

9.2 阻尼振动

9.2.1 阻尼振动的一般描述

简谐振动只是一种理想情况;因为我们假定只受到弹性力(准弹性力)的作用,弹性力属于保守力,总机械能是保持不变的。但在实际情况中,物体还要受到阻力的影响,如摩擦力、空气阻力。因而,实际情况往往不是理想的简谐运动,振动系统的能量会由于阻力作用而不断减少。由于振动的能量和振幅平方成正比,所以能量随时间减少时,振幅也就随时间衰减。

能量或振幅随时间衰减的振动称为阻尼振动。

图 9.7 给出了阻尼振动过程中,位移 x 与时间 t 的典型关系。在阻尼振动过程中,振幅由大变小,最后变为零,即振动停止。

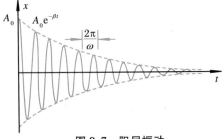

图 9.7 阻尼振动

9.2.2 Q 值

为了描写阻力的影响,我们需要引入新的物理量。

由于阻力的存在,质点每完成一周期的振动,总能量 E 中就有一部分消耗于克服阻力,用 $(\Delta E)_T$ 表示这个值。显然,如果每周期消耗的能量 $(\Delta E)_T$ 在总能量 E 中占的份额越小,则表示阻力越小,因而振动衰减越慢,越接近于理想简谐振动。因此,可以用总能量 E 与耗损能量 $(\Delta E)_T$ 的比值 $E/(\Delta E)_T$ 作为能量衰减的度量。通常,我们把比值 $E/(\Delta E)_T$ 的 2π 倍定义为振动系统的 Q 值,也叫品质因子,即

$$Q = 2\pi \frac{E}{(\Delta E)_T} \qquad (9.2.1)$$

Q 是无量纲量。Q 越大,表示系统的阻尼损耗越小,衰减越慢。当 $Q \to \infty$ 时,就是理想的简谐振动情况。

在阻尼振动过程中,E 是随时间变化的,$(\Delta E)_T$ 一般也随时间变化,故式 (9.2.1) 定义的 Q 可能是随时间变化的量。但是,实际上大部分阻尼振动过程一周期所耗损的能量 $(\Delta E)_T$ 与总能量 E 近似成正比,E 越大,$(\Delta E)_T$ 也越大。在这种情况下,Q 值近似与时间无关,是个常数。

9.2.3 阻尼振动的动力学方程及其求解

由于存在阻尼,振动系统将损耗所贮存的能量。如果 Q 值很高,由 Q 值的定义知,每周期振动系统的能量损失为

$$\left(\frac{\Delta E}{\Delta t}\right)T = (\Delta E)_T = 2\pi \frac{E}{Q}$$

大体上,下述方程成立:

$$\frac{\Delta E}{\Delta t} = -\frac{2\pi}{T}\frac{E}{Q} = -\omega\frac{E}{Q} \qquad (9.2.2)$$

式中负号表示系统的能量在损失,E/Q 表示每弧度损失的能量大小,单位时间转过的弧度数就是角速度 ω。因此式(9.2.2)右端表示单位时间内系统贮能 E 的损失,与左式相等。把等式最左端的 $\frac{\Delta E}{\Delta t}$ 改为微分形式 $\frac{\mathrm{d}E}{\mathrm{d}t}$,解方程得到

$$E = E_0 \mathrm{e}^{-\omega t/Q} \qquad (9.2.3)$$

已知能量与振幅的平方成正比。因此,可以预期阻尼振动的解将是振幅按 $\mathrm{e}^{-\omega t/(2Q)}$ 衰减的一个振动解:

$$x = A\mathrm{e}^{-\omega t/(2Q)}\cos\omega_0 t \qquad (9.2.4)$$

下面再用求解动力学微分方程的方法精确分析这个运动。

改写后的简谐振子动力学方程(9.1.5),在考虑阻尼的作用效果后可以写成

$$m\ddot{x} + m\gamma\dot{x} + m\omega_0^2 x = 0 \qquad (9.2.5)$$

其中增加的与振子速率 $\dot{x}$ 成正比的项 $m\gamma\dot{x}$ 即反映阻尼的作用,因为这时的摩擦

力可以看成与速率 $\dot{x}$ 成正比。

以 $x = A\mathrm{e}^{\mathrm{i}\alpha t}$ 为试探解,代入上式后得代数方程:

$$- \alpha^2 + \mathrm{i}\gamma\alpha + \omega_0^2 = 0 \tag{9.2.6}$$

解得

$$\alpha = \frac{\mathrm{i}\gamma}{2} \pm \sqrt{\omega_0^2 - \gamma^2/4} \tag{9.2.7}$$

假设 $\gamma \ll \omega_0$[Q 值足够大时成立,因为实际上有定义 $Q = \omega_0/\gamma$,由式(9.2.4)与式(9.2.10)的对比可知],令 $\sqrt{\omega_0^2 - \gamma^2/4} = \omega$,上述两个解可以改写为

$$\alpha_1 = \frac{\mathrm{i}\gamma}{2} + \omega, \quad \alpha_2 = \frac{\mathrm{i}\gamma}{2} - \omega \tag{9.2.8}$$

先考虑其中的一个解 α_1,有 x 的解

$$x_1 = A\mathrm{e}^{\mathrm{i}\alpha_1 t} = A\mathrm{e}^{(-\gamma/2 + \mathrm{i}\omega)t} = A\mathrm{e}^{-\gamma t/2}\mathrm{e}^{\mathrm{i}\omega t} \tag{9.2.9}$$

取实部,得解

$$x_1 = A\mathrm{e}^{-\gamma t/2}\cos\omega t \tag{9.2.10}$$

其中 A 为任意常数。此解告诉我们,它是一个振动,但频率是 ω,而不是 ω_0。但是在 Q 很大时,$\gamma \ll \omega_0$,可以认为 ω 近似等于 ω_0。其次,振动振幅按指数衰减。这个解与预测的解,即式(9.2.4)可以说是一样的。这说明前面对预测解的分析中概念正确,但并非完全正确;因为精确的求解告诉我们还有第二个解。第二个解为

$$x_2 = B\mathrm{e}^{-\gamma t/2}\mathrm{e}^{-\mathrm{i}\omega t} \tag{9.2.11}$$

根据线性齐次微分方程的性质知,$x_1 + x_2$ 也必是方程的解。所以,方程的通解为

$$x = \mathrm{e}^{-\gamma t/2}(A\mathrm{e}^{\mathrm{i}\omega t} + B\mathrm{e}^{-\mathrm{i}\omega t}) \tag{9.2.12}$$

物理世界中应有一个实数解!而与预测解如此令人满意地相符的 x_1 和 x_2 却是复数解。尽管由数学方程并不知道物理解必须是一个实数解,但是方程提供的复数共轭型的两个解为构成一个实数解提供了可能。只需要求式(9.2.12)中 $B = A^*$,则 x 为实数

$$x = \mathrm{e}^{-\gamma t/2}(A\mathrm{e}^{\mathrm{i}\omega t} + A^*\mathrm{e}^{-\mathrm{i}\omega t}) = A\mathrm{e}^{-\gamma t/2}\cos(\omega t + \varphi_0) \tag{9.2.13}$$

这个解不仅显示振幅的衰减,还给出了相位的移动。这是一个阻尼振动的正确解,其中 A, φ_0 由初始条件确定。

9.2.4　临界阻尼、过阻尼与最佳阻尼

应该说明,式(9.2.7)给出的 α 是普遍正确的,它不仅适用于小阻尼情况,还适用于其他情况。

当 $\omega_0 = \gamma/2$ 时(临界阻尼),α 只有一个解,即 $\alpha = \mathrm{i}\gamma/2$。利用线性常微分方程理论,直接得到通解为

$$x = (A + Bt)\mathrm{e}^{-\gamma t/2} \tag{9.2.14}$$

称为临界阻尼解。x 衰减的快慢取决于指数部分。

当 $\omega_0 < \gamma/2$ 时,即阻尼比较大时(称为过阻尼),得到的解为衰减解

$$x = A\mathrm{e}^{\mathrm{i}\alpha_1 t} + B\mathrm{e}^{\mathrm{i}\alpha_2 t}$$

$$= A\exp\left[-\left(\frac{\gamma}{2} - \sqrt{\frac{\gamma^2}{4} - \omega_0^2}\right)t\right] + B\exp\left[-\left(\frac{\gamma}{2} + \sqrt{\frac{\gamma^2}{4} - \omega_0^2}\right)t\right] \tag{9.2.15}$$

其中 A, B 由初始条件确定。

一般情况下,对于从偏离平衡位置开始回复到平衡位置所需的时间,临界阻尼将比过阻尼的短,这是因为式(9.2.15)右端的第一项随时间而趋于零的速度慢于式(9.2.14)中的指数函数。

为了使系统尽快回复到平衡位置,阻尼过大、过小都不行。最佳阻尼位于欠阻尼的范围之内,其解由式(9.2.13)给出。设系统的初始条件为 $x(0) = A$,$\dot{x}(0) = 0$,一开始系统处于最大偏差位置 A,初速为零。经过半个周期($T/2$),又到一个新的最远位置 A',如果 A' 只有 A 的 5%,就可以认为系统在 $T/2$ 之内消除了偏差(图9.8)。

根据

$$\mathrm{e}^{-(\gamma/2)(T/2)} = 5\% \approx \mathrm{e}^{-3}$$

由 $\omega = 2\pi/T$,可得 $T/2 = \pi/\omega$,从而有

$$3 = \frac{\gamma}{2}\frac{T}{2} = \frac{\gamma}{2}\frac{\pi}{\omega} = \frac{\gamma}{2}\frac{\pi}{\sqrt{\omega_0^2 - \gamma^2/4}}$$

从中可以解出

$$\gamma = 1.381\omega_0 \tag{9.2.16}$$

对于一个系统,一般 ω_0 是固定的,γ 可以调整。如果 $\gamma < 1.381\omega_0$,系统振

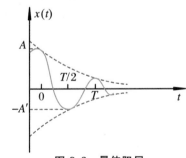

图9.8　最佳阻尼

幅在 $T/2$ 内不能降到5%之内；如果 γ 过大，系统在衰减过程中不能形成振荡，可能留下一些永久的偏差，或者到达平衡位置过慢而影响系统的正常工作。根据这些考虑，$\gamma = 1.381\omega_0$ 是对于系统比较合适的阻尼，称为系统的最佳阻尼。

9.3　受迫振动与共振

在有阻力的情况下，振子的振动是衰减的；因此，为了使有阻尼的振动系统做不衰减的振动，必须时时给它补充能量。例如，采用发条装置的机械钟或表。补充能量的一种方式就是用外力作用到振动系统上，这时发生的运动，称为受迫振动。

9.3.1　受迫振动方程的建立及其求解

对于受迫振子，除了弹性力 $-kx$ 外，它还受到外界的策动力 $F(t)$ 的作用。此时的动力学方程可写为

$$m\ddot{x} = -kx + F(t) \tag{9.3.1}$$

为明确起见且不失普遍性，令策动力的形式为

$$F(t) = F_0\cos(\omega t + \beta) \tag{9.3.2}$$

应该指出，这里的 ω 是策动力的频率，是可以人为控制的，不一定等于 ω_0。这样，方程(9.3.1)就变成 $m\ddot{x} + kx = F_0\cos(\omega t + \beta)$，即

$$\ddot{x} + \omega_0^2 x = \frac{F_0}{m}\cos(\omega t + \beta) \tag{9.3.3}$$

令其特解为 $x_1 = B\cos(\omega t + \beta)$，代入式(9.3.3)，可得

$$B = \frac{F_0}{m(\omega_0^2 - \omega^2)} \tag{9.3.4}$$

根据常微分方程理论，方程的通解等于对应齐次方程的通解与这个特解的和，直接写出：

$$x = A\cos(\omega_0 t + \varphi_0) + \frac{F_0}{m(\omega_0^2 - \omega^2)}\cos(\omega t + \beta) \tag{9.3.5}$$

由于实际上总有阻力存在,第一项(称"暂态解")的振幅将随时间衰减,并很快消失。我们通常关心的是第二项,它与初始条件无关,称为 $F(t)$ 的稳态响应(稳定解)。

振幅 B[式(9.3.4)]不仅与外加频率 ω 有关,而且还与振子的固有振动频率 ω_0 有关。就是说,假如 $\omega < \omega_0$,则 B 是正值;假如外加频率 $\omega > \omega_0$,则 B 是负值;假如外加频率 ω 很高,则分母变得很大,振幅反而不会太大。

9.3.2　共振

由式(9.3.4)知,当 ω 几乎与 ω_0 相等时,B 应趋于无穷大。这显然是不可能的;其原因是,在这种情况下,方程中不考虑摩擦阻力以及其他的力就有问题了,而且振幅过大弹簧也就断了。这时出现的情况就是共振。

在共振情况($\omega = \omega_0$)下,B 的分母为零,式(9.3.5)改写为

$$x = A'\cos(\omega_0 t + \varphi'_0) + \frac{F_0}{m(\omega_0^2 - \omega^2)}\left[\cos(\omega t + \beta) - \cos(\omega_0 t + \beta)\right]$$

$$(9.3.6)$$

增加的一项可通过调整第一项中的常数 A' 和 φ'_0 补偿,还是属于固有振动;相对于第二项,随着时间的发展第一项仍然可以不考虑。将其略去后再令 $\omega \to \omega_0$,这时第二项是"0/0"型不定式,利用洛必达法则(分子、分母分别微分后在 ω_0 处的值相除)可改写为

$$x = \frac{F_0}{2\omega_0 m} \cdot t\sin(\omega_0 t + \beta)\qquad(9.3.7)$$

即共振时的振幅随时间线性增加,直到被破坏。

位于美国华盛顿州普吉特(Puget)海峡的塔科马桥(Tacoma Narrows Bridge)于 1940 年 7 月 1 日建成并通车。刚好四个月后,一阵持续的大风使此桥发生了震动,直到把主桥弄坏,使主桥脱离铁索而坠毁于水下。这阵风产生了与桥结构固有频率共振的振荡性合力。该合力使振幅不断增大直到桥被破坏。后来的桥梁设计中都要考虑使其符合空气动力学的稳定要求,避免产生共振。不仅桥梁设计是这样,大城市中关于超高层建筑的规划与布局,也要考虑避免由空气流动产生的强风与建筑发生共振而造成破坏。

9.3.3　受迫振动方程的复数解

上述受迫振动还可以用复数方法求解,因为指数运算比三角运算容易。把外力 $F(t)$ 写成复数形式:

$$F = F_0 e^{i(\omega t + \beta)} = F_0 e^{i\beta} e^{i\omega t} = \hat{F} e^{i\omega t}, \quad \hat{F} = F_0 e^{i\beta} \tag{9.3.8}$$

这样定义的复数 F 不是真实的物理力;实际的力只有实部,没有虚部。我们用 $F_0 e^{i(\omega t + \beta)}$ 表示力,应理解为取其实部。为什么这样做是可能的呢?下面解方程

$$\ddot{x} + \omega_0^2 x = \frac{F}{m} \tag{9.3.9}$$

其中 F 是策动力,x 是位移。假定 F 和 x 是复数,F 和 x 各有一个虚部(注意:这仅仅是为了数学上的目的)。把 F 和 x 的复数形式代入,得到

$$\frac{d^2}{dt^2}(x_{Re} + i x_{Im}) + \omega_0^2 (x_{Re} + i x_{Im}) = \frac{F_{Re} + i F_{Im}}{m} \tag{9.3.10}$$

即

$$\frac{d^2}{dt^2} x_{Re} + \omega_0^2 x_{Re} + i\left(\frac{d^2}{dt^2} x_{Im} + \omega_0^2 x_{Im}\right) = \frac{F_{Re}}{m} + i\frac{F_{Im}}{m} \tag{9.3.11}$$

若两个复数相等,实部、虚部必分别相等。由上式看出 x 的实部满足只有力的实部的方程。因此,复数方法所得的结果取其实部就是问题的解。然而,必须强调指出,这种把实部、虚部分开的方法不是普遍正确的,只有在处理线性方程时才适用。

现在用复数法处理受迫振动。将前面方程中的力写成复数形式:

$$\ddot{x} + \omega_0^2 x = \frac{\hat{F} e^{i\omega t}}{m} \tag{9.3.12}$$

首先求其特解。令 $x = \hat{x} e^{i\omega t}$(与力具有相同的频率),代入方程,得

$$(i\omega)^2 \hat{x} + \omega_0^2 \hat{x} = \frac{\hat{F}}{m}$$

已经消去公因子 $e^{i\omega t}$。经简单运算,得解

$$\hat{x} = \frac{\hat{F}}{m(\omega_0^2 - \omega^2)} \tag{9.3.13}$$

当 $\omega_0 > \omega$ 时，$\hat{x}$，$\hat{F}$ 的辐角相同（相位相同）；当 $\omega_0 < \omega$ 时，辐角差 π（相位相反）。其物理解取实部，即

$$x = \frac{F_0}{m(\omega_0^2 - \omega^2)}\cos(\omega t + \beta) \tag{9.3.14}$$

这就是前面得到过的解。

9.3.4　有阻尼受迫振动

问题越复杂，复数法越能显示出其优越性。现在讨论存在摩擦等使响应受到限制的阻尼力的情况。在很多情况下，采用在方程(9.3.3)中加一摩擦项，且此摩擦力与物体的运动速度成正比（在低速运动时是很好的近似），即 $f = -c\dot{x}$，其中 c 为大于零的常数。则方程可写为

$$m\ddot{x} + c\dot{x} + kx = F \tag{9.3.15}$$

由式(9.2.5)，可令 $c = m\gamma$（$\gamma > 0$，为一常数），$k = m\omega_0^2$，方程(9.3.15)改写为

$$\ddot{x} + \gamma\dot{x} + \omega_0^2 x = \frac{F}{m} \tag{9.3.16}$$

如果按式(9.3.2)，策动力 $F = F_0\cos(\omega t + \beta)$，写成复数形式为 $F = \hat{F}_0 e^{i\omega t}$，其中 $\hat{F}_0 = F_0 e^{i\beta}$，再令 $x = \hat{x}e^{i\omega t}$，一起代入方程求解稳态响应（特解）。

由方程 $[(i\omega)^2\hat{x} + \gamma(i\omega)\hat{x} + \omega_0^2\hat{x}]e^{i\omega t} = (\hat{F}_0/m)e^{i\omega t}$，得

$$\hat{x} = \frac{\hat{F}_0}{m(\omega_0^2 - \omega^2 + i\gamma\omega)} = R\hat{F}_0 \tag{9.3.17}$$

其中

$$R = \frac{1}{m(\omega_0^2 - \omega^2 + i\gamma\omega)} = \rho e^{i\theta} \tag{9.3.18}$$

则

$$\hat{x} = \rho e^{i\theta} F_0 e^{i\beta} = \rho F_0 e^{i(\beta + \theta)} \tag{9.3.19}$$

式中 ρ 为 R 的辐值（模），称为放大因子。最后得特解

$$x = \mathrm{Re}(\hat{x}\mathrm{e}^{\mathrm{i}\omega t}) = \mathrm{Re}\big[\rho F_0 \mathrm{e}^{\mathrm{i}(\omega t + \beta + \theta)}\big]$$
$$= \rho F_0 \cos(\omega t + \beta + \theta) \tag{9.3.20}$$

此式说明:响应的振幅是力 F 的大小 F_0 与某个放大因子 ρ 的乘积;x 的振动与力不是同一位相,但频率相同。ρ 和 θ 分别表示响应的大小和相移,可由下式得出:

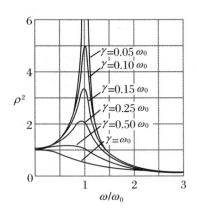

图 9.9　γ 取不同值时的功率谱

$$\rho^2 = \frac{1}{m^2(\omega_0^2 - \omega^2 + \mathrm{i}\gamma\omega)(\omega_0^2 - \omega^2 - \mathrm{i}\gamma\omega)}$$
$$= \frac{1}{m^2\big[(\omega_0^2 - \omega^2)^2 + \gamma^2\omega^2\big]} \tag{9.3.21}$$

$$\tan\theta = -\frac{\gamma\omega}{\omega_0^2 - \omega^2} \tag{9.3.22}$$

由于物体的惯性,对任意的 ω,相应的位移 x 总是落后于力 F,因此 θ 为负值。由于 ρ^2 在物理上比 ρ 更有用(因为 ρ^2 与振幅的平方即能量或功率的大小成正比),所以上面直接给出 ρ^2 的表达式(图 9.9)。当 $\gamma \ll \omega_0$ 时,与 ρ^2 的 1/2 对应的 $\omega = \omega_0 \pm \gamma/2$,所以 γ 又称半功率峰的宽度(图 9.10),可以证明 $Q = \omega_0/\gamma$。

把水平放置的弹簧振子改为竖直悬挂(图 9.11)。如果仍然把弹簧既不伸长也不缩短时的物体位置 O 取作原点,则弹性力仍应写为 $-kx$。又设阻力仍可写作 $-hv$。除了这些以外,现在还有重力 mg,它是恒定不变的力。于是,物体的动力学方程为

$$m\ddot{x} = -kx - hv + mg$$

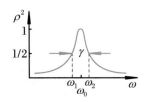

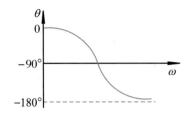

图 9.10　$\gamma \ll \omega_0$ 时的功率谱与相位谱

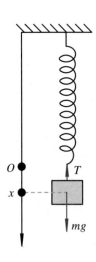

图 9.11　竖直振子

即

$$m\ddot{x} + h\dot{x} + kx = mg \qquad (9.3.23)$$

方程(9.3.23)很明显有一个特解 $x = mg/k$。为了消除这个特解的影响,令

$$x = m\frac{g}{k} + X, \quad 即 \quad X = x - m\frac{g}{k} \qquad (9.3.24)$$

把式(9.3.24)代入式(9.3.23),即得关于 X 的方程

$$m\ddot{X} + h\dot{X} + kX = 0$$

这正是阻尼振动的动力学方程。这样,只要按照式(9.3.24)用 X 代替 x,恒定不变的力就不再出现在动力学方程中。至于式(9.3.24)的意义也是很明白的,即改取点 O 下方 mg/k 的那一点作为新的原点。采用新的原点之后,本来坐标为 x 的点的新坐标 X 正是 $x - mg/k$。我们还要进一步指出,新的原点其实就是弹簧振子在重力作用下的平衡点,因为在动力学方程中令 $\dot{x} = 0$(静止)且 $\ddot{x} = 0$(保持静止),就得到 $x = mg/k$。

既然恒定不变的外力的作用仅仅在于改变振动系统的平衡点,取平衡点作为坐标原点,恒定不变的外力就不再出现在动力学方程中,因此我们将不再讨论这种恒定不变的外力。

这样,一般只要考虑随时间变化的驱动力,尤其着重考虑的是周期性变化的驱动力,这是因为在许多实际问题都有周期性的驱动力。特别是在电路问题里,驱动力的"化身"是电动势,交流电路的电动势当然是交变的即周期性变化的。

9.3.5 实例

在将要学习的电磁学中,要讨论由电阻 R、电容 C 和电感 L 与交流电源串联而成的电路。设电源的电动势为 $V(t)$,则有方程

$$L\frac{\mathrm{d}^2 q}{\mathrm{d}t^2} + R\frac{\mathrm{d}q}{\mathrm{d}t} + \frac{1}{C}q = V(t)$$

左边的三项分别为电感、电阻、电容上的电压降,它们的和等于外加电压 $V(t)$。这个方程与前面讨论的有阻尼受迫振动方程相似,其解也必相似。如果外加电动势是由一个纯余弦振荡发生器提供的,仿照式(9.3.15),电荷的时间函数可以利用复数法直接求解:

$$\left[L(i\omega)^2 + R(i\omega) + \frac{1}{C} \right] \hat{q} = \hat{V}$$

解得

$$\hat{q} = \frac{\hat{V}}{L(\omega_0^2 - \omega^2 + i\gamma\omega)}$$

其中 $\omega_0^2 = 1/(LC)$，$\gamma = R/L$。其解与力学情况完全相同，因而具有完全相同的共振性质。这种电路称为振荡电路。

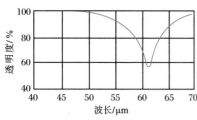

图 9.12　晶体吸收谱

图 9.12 是某种晶体的吸收谱。由于晶体晶格振荡的频率与光波中的某些频率相近，产生了共振，吸收了能量，使得透明度降低。应该指出，图中所提供的共振宽度并不是理论上应有的固有宽度 γ，而是稍宽于 γ。这是因为：① 晶体材料内部存在的应变及其不均匀性，导致其有不同的固有频率 ω_0，得到彼此靠近的不同的共振曲线，加宽了曲线的宽度；② 测量上的不精确性也导致曲线变宽（这是因为测定吸收曲线时，分光计的狭缝过宽，分辨率降低）。

微波炉加热食物应用的也是受迫振动的原理。国际上规定家用微波炉的微波波长为 122 mm，对应频率为 2 450 MHz。选择这个波长，主要是为了避免干扰电波通信。为什么微波炉产生的微波能快速加热食品呢？因为大多数食物中富含水分子，而水分子是极性分子，两端分别带有正电荷和负电荷，受电磁波交变电场的作用而不断转向，彼此碰撞，从而产生热量达到加热的目的。水分子在微波中做受迫振动每秒振荡 24.5 亿次，而且这种振荡几乎是在食物的各部分同时发生的，因此微波炉能够在很短的时间内把整份食物煮熟。陶瓷和玻璃容器不含水分，因而不会被微波加热，但变热的食物会通过热传导使它们变热。

需要说明的是，有些人在加热冷冻的牛排等食物时，为了节约电能，选择先将其部分化冻，然后再放入微波炉加热，这种做法其实不妥。部分化冻的牛排等食物，外层富含大量液态的水，而液态的水对微波的响应更显著，从而吸收了大量的能量。如此一来，能深入食物内部的微波能量就少了很多，而且结冰的水分子相对来讲对微波的响应也弱一些。最后的结果是，牛排外层已经熟透了，但内部还没化冻呢！如何解决这种问题呢？请您思考一下！

9.4 简谐振动的合成

9.4.1 傅里叶叠加

简谐振动只是振动或周期运动中的一种,是最简单的,也是最基本的振动。许多实际的周期运动并不是简谐的(如乐器的振动),但只要振动的幅度不是非常大,满足线性叠加原理,这些复杂振动就都可以看成由多个简谐振动叠加而成。法国数学家傅里叶(J. Fourier,1768 - 1830)曾证明,质点的任一周期运动都可以表示为简谐运动的合成;也就是说,对于任意一个振动函数 $x = f(t)$,不管这个函数是周期函数还是非周期函数,都可以分解成若干个简谐函数的线性叠加。这一方法称为傅里叶叠加,或傅里叶展开。正因为如此,我们不必按各种不同形式的振动分别建立振动理论,可以通过对振动的时间函数作傅里叶展开得到。展开式中各简谐函数前的系数,代表了这个振动中各简谐振动成分的多少。在声学中,这组系数决定了这个振动的音色。各系数间的不同比值决定了不同的音色。钢琴、小提琴的声音之所以优美动听,完全是由这组系数的特殊比例所决定的(图9.13)。

下面我们讨论几种简单的振动合成问题。

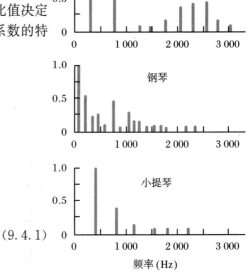

图 9.13 乐器振动的谱线

9.4.2 同方向、同频率简谐振动的合成

设一个质点同时参与两个振动,它们的方程分别为

$$x_1 = A_1\cos(\omega t + \varphi_1)$$
$$x_2 = A_2\cos(\omega t + \varphi_2)$$

(9.4.1)

这两个振动均沿 x 方向,并且有相同的角频率 ω。质点的合位移为

$$
\begin{aligned}
x &= x_1 + x_2 \\
&= A_1\cos(\omega t + \varphi_1) + A_2\cos(\omega t + \varphi_2) \\
&= (A_1\cos\varphi_1 + A_2\cos\varphi_2)\cos\omega t - (A_1\sin\varphi_1 + A_2\sin\varphi_2)\sin\omega t \\
&= A\cos(\omega t + \varphi)
\end{aligned}
$$

(9.4.2)

其中

$$A = \sqrt{A_1^2 + A_2^2 + 2A_1A_2\cos(\varphi_1 - \varphi_2)} \qquad (9.4.3)$$

$$\tan\varphi = \frac{A_1\sin\varphi_1 + A_2\sin\varphi_2}{A_1\cos\varphi_1 + A_2\cos\varphi_2} \qquad (9.4.4)$$

说明同时参与两同方向、同频率振动的质点仍做简谐振动,且频率与分振动频率相同,振幅和初相由式(9.4.3)和式(9.4.4)给出。合振幅 A 的大小随相位差 $(\varphi_1 - \varphi_2)$ 而变化,当 $\varphi_1 - \varphi_2 = 0$,即两振动同相位时,合振幅达最大值 $A = A_1 + A_2$;当 $\varphi_1 - \varphi_2 = \pi$,即两振动反相位时,合振幅达最小值 $A = |A_1 - A_2|$。

这个结论还可以由旋转矢量法给出的矢量图(图9.14)得到。由于 A_1,A_2 的旋转角速度均等于同一个角频率 ω,所以旋转过程中夹角保持不变。由此,φ 角为初始时定值,A 的大小也为不变的常量。A 的大小和初始 φ 角可以由几何关系得到:

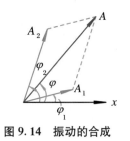

图 9.14　振动的合成

$$A\sin\varphi = A_1\sin\varphi_1 + A_2\sin\varphi_2 \qquad (9.4.5)$$

$$A\cos\varphi = A_1\cos\varphi_1 + A_2\cos\varphi_2 \qquad (9.4.6)$$

两式相除得式(9.4.4);两式左右两边平方相加再开平方得式(9.4.3)。

9.4.3　同方向、不同频率简谐振动的合成·拍

两个同方向、不同频率的简谐振动,合成后仍然是周期运动,但不再是简谐振动(图9.15)。我们这里讨论一种特例:两个简谐振动方向相同,振幅和初相位也相同,且两频率之差远小于这两振动各自的频率。

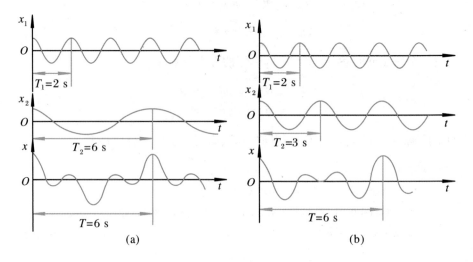

图 9.15　不同频率振动的合成

分别写出两个同为 x 方向的振动：

$$x_1 = A\cos(\omega_1 t + \varphi), \quad x_2 = A\cos(\omega_2 t + \varphi)$$

其中 $|\omega_1 - \omega_2| \ll \omega_1, \omega_2$。质点的合位移为

$$
\begin{aligned}
x &= x_1 + x_2 \\
&= A[\cos(\omega_1 t + \varphi) + \cos(\omega_2 t + \varphi)] \\
&= 2A\cos\left(\frac{\omega_1 - \omega_2}{2}t\right)\cos\left(\frac{\omega_1 + \omega_2}{2}t + \varphi\right) \\
&\approx 2A\cos\left(\frac{\omega_1 - \omega_2}{2}t\right)\cos(\omega_1 t + \varphi) \qquad (9.4.7)
\end{aligned}
$$

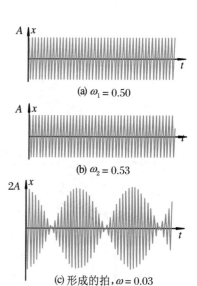

(a) $\omega_1 = 0.50$

(b) $\omega_2 = 0.53$

(c) 形成的拍，$\omega = 0.03$

图 9.16　振幅变化

由于 ω_1, ω_2 相近，这个结果表示的是一个振幅随时间缓慢变化的简谐振动，振动频率与原来的两个简谐振动的频率几乎相等。因振幅为正值，所以合振动的振幅随时间变化的周期等于函数 $\left|\cos\dfrac{\omega_1 - \omega_2}{2}t\right|$ 的周期，或函数 $\cos\dfrac{\omega_1 - \omega_2}{2}t$ 周期的一半，即等于

$$\frac{1}{2}\frac{2\pi}{\left|\dfrac{\omega_1 - \omega_2}{2}\right|} = \frac{2\pi}{|\omega_1 - \omega_2|}$$

振幅变化的频率为 $\nu = \left|\dfrac{\omega_1 - \omega_2}{2\pi}\right| = |\nu_1 - \nu_2|$（图 9.16）。

这种振幅具有周期性变化的现象称为拍。拍频 ν 等于两振动频率之差。

9.4.4　互相垂直的简谐振动的合成·李萨如图形

假设两个简谐振动的振动方向相互垂直（分别为 x, y 方向），振动频率相同，即

$$x = A_x\cos(\omega t + \varphi_x), \quad y = A_y\cos(\omega t + \varphi_y)$$

这是以时间 t 为参数的轨道方程，消去 t，得

$$\frac{x^2}{A_x^2} + \frac{y^2}{A_y^2} - \frac{2xy}{A_xA_y}\cos(\varphi_x - \varphi_y) = \sin^2(\varphi_x - \varphi_y) \qquad (9.4.8)$$

可以证明，当 $\varphi_x - \varphi_y = \pm\pi/2$ 时，振动的空间轨迹一般为一个正椭圆；特别在 $A_x = A_y$ 时，为一个圆；当 $\varphi_x - \varphi_y = k\pi \pm \pi/4 (k = 0, 1, 2, \cdots)$ 时，为一斜椭圆；当 $\varphi_x - \varphi_y = k\pi$ 时，为一直线（图 9.17）。

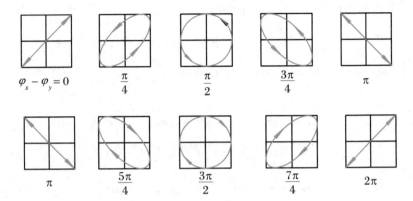

图 9.17　互相垂直的
简谐振动的合成

上述结论是在严格满足 $\omega_x = \omega_y = \omega$ 的条件下得到的。如果两个振动的频率(或周期)稍有差异,周期将不是定值,合振动轨道会依图 9.17 的顺序产生动态变化,并不断重复。

如果 ω_x 和 ω_y 之间有一个简单的整数比值关系,也可以得到稳定的封闭的合成运动轨道。这种曲线称为李萨如(Jules A. Lissajous,1822－1880)图形(图 9.18、图 9.19)。

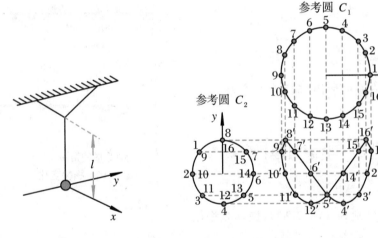

图 9.18　李萨如图形的形成

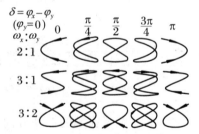

图 9.19　几种频率比的李萨如图形

上面讨论的是二维空间的振动。一个三维空间的振动,总可以看成三个互相垂直的振动的合成。每一个方向的振动又总可以分解成沿此直线的许多不同频率的简谐振动的合成。因此,简谐振动是研究复杂振动现象的基础。

9.5 波在介质中的传播

9.5.1 波传播及其一般描述

波动现象在物理学的许多领域中均有涉及。大家都熟悉水波。此外还有声波、光波(本质上是电磁波)和电磁波。不同的波动有着不同的机制,但描述方法是相似的。波动与振动系统密切相关,但波动不仅仅表现为在一处的振动,而且还把这种振动状态在空间中传播。

列奥纳多·达·芬奇(Leonardo da Vinci,1452 – 1519)曾说:常常是(水)波离开了它产生的地方,而那里的水并不离开;就像风吹过庄稼地形成波浪,在那里我们看到波动穿越田野而去,而庄稼仍在原地。

质点或质点系的运动传递能量和动量。波动则是另一种传递能量和动量的过程。

我们这里主要讨论机械波,也就是可变形介质(即弹性介质)中的波,如空气中或固体中传播的声波。

1. 波的形成

形成机械波有两个条件:首先应有波源,也就是扰动源;其次应有传播介质。传播介质是由无数质量元组成的,扰动通过质量元之间的相互作用(弹性)传播出去。任一质量元离开平衡位置时,都受到介质的弹性所产生的回复力的作用。离开平衡位置的质量元对回复力的反应如何则由介质的惯性决定。所有介质,如空气、水和钢铁,都具有弹性和惯性,因而它们都能够传播机械波。机械波通过介质的速度,由弹性和惯性两个因素共同决定,相互制约,以至速度取有限值。

由于质量元之间的相互作用使介质局部范围产生小的变形,因此这个作用力一般属于弹性力。由弹性力的带动所传播的波称为弹性波。在固体中有两类弹性波:一类是压缩波,或称纵波(P 波),介质中的质量元沿着波传播的方向来回振动,气体中的声波属于这一类;另一类是横波(S 波),介质中的质量元在垂直于波传播的方向上振动。地震波包含了这两类波。但要指出,在一些介质中若没有或几乎没有切向形变的回复力,它就不能传播横波,例如,气体、液体中不能传播横波就是这个原因。

2. 描述波动的几个物理量

如果波源的振动具有时间周期性,传播的波动则具有空间周期性。在由波源所激发的波的传播方向上，所有质量元的振动频率相同，越远的质量元振动相位越落后。

如果把波传播方向上的各个质量元的原始位置作为横坐标，每个质量元在同一时刻的位移作为纵坐标，则所画出的曲线，称为该时刻的波形曲线。如果这条波形曲线是一条周期性曲线，那么每个周期的长度称为波长，用 λ 表示。它也是波扰动在振动一个周期内传播的距离，或波传播方向上振动相位相差 2π 的两点之间的距离。

单位时间内一定的振动状态（一般称相位）所传播的距离称为波传播的速度，简称波速，记为 v。波速取决于传播介质的特性，对于弹性波，传播速度取决于介质的弹性和惯性，可以通过求解波动方程得出。相位决定振动状态，所以波速还可以说是振动相位传播的速度，又称相速度。应当指出，波传播过程中每个质量元只在其平衡位置附近振动，波动仅仅是振动状态的传播。

波传播一个波长所需的时间称为周期，它与每个质量元的振动周期相同，用 T 表示。周期的倒数称为频率 $\nu = 1/T$。波的频率等于单位时间内经过空间某点波所传播的波长的数目。波长 λ、波速 v、周期 T、频率 ν 之间有关系：$\lambda = vT, v = \nu\lambda$。

3. 波的几何描述

波从波源出发在介质中向各个方向传播，介质中相同振动状态的点构成的面（等相位面）称为波阵面，或称波面。最前面的波面称为波前。波阵面是平面的波称为平面波；波阵面是柱面的波称为柱面波；波阵面是球面的波称为球面波（图 9.20）。波的传播方向称为波线。在各向同性介质中，波线与波阵面垂直。

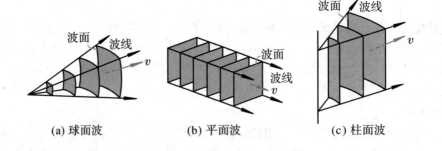

图 9.20　波阵面形态

(a) 球面波　　　(b) 平面波　　　(c) 柱面波

9.5.2　空气中声波方程的建立及求解

我们前面讨论过弹性体里传播的扭转波和胀缩波，这里要讨论的是波动概念的普遍性，可通过空气中声波的特例来完成。

我们现在要从牛顿力学的基本定律导出声波在传播中的特性,而且在重视结论的同时,还将强调推导过程本身。这是因为现在的工作是借助已知的方程寻找描述新现象的物理方程,它不同于仅仅利用已知方程去求出某种解答。麦克斯韦就是利用电磁学方程发现了电磁波存在的。

大家都知道,声音产生之后,人们所听到的声音的顺序与产生时的顺序完全相同。假如高频的声音传播得比低频的快,那么尖锐的噪声将会出现在柔和的乐声之前。又假设蓝光跑得比红光快,那么当白光一闪,人们将会先看到蓝色,接着是白色,最后是红色。但事实并非如此。声与光在空气中的传播速度几乎与频率无关。我们这里考虑波速与频率(波长)无关,即无色散的情形。

当离开波源足够远时,波阵面将十分接近于平面,可以作为一维平面波讨论。为了进一步推导,必须对事物本身作分析。假设一个物体在空气中某处运动,我们就发觉一种扰动在空气中传播,可以认为这种扰动就是压强的变化。不过,物体运动不能太慢,否则空气只是绕其边缘流过去,压强几乎没有变化。物体快速运动,使空气没有足够时间做如此流动;于是,物体的运动压缩空气,产生压强变化,推动周围气体,继而这部分气体又被压缩,又引起额外压强,如此反复不止,波就被传播出去了。

描述这个过程,必须先选定适当的物理变量,也就是建立合适的模型。在本问题中,空气发生移动,所以位移必定是其中一个变量,空气密度和压强也是必须考虑的变量。当然,空气还有速度、加速度,但是这两个量可以从位移得到。显然,由空气的位移、密度和压强不足以完全了解空气分子运动的详细情形。从分子运动论观点看,分子有自发地从密度较高处向密度较低处流动以消除压强差的趋势,因此为了使声波得以产生,密度与压强上有变化的区域必须远远大于分子的平均自由程,不然分子就会从压强的波峰跑向波谷,把波抹平。总之,我们在远大于分子平均自由程的尺度上描写气体的行为,而不用个别分子来描述。所谓位移,是指一小块气体(即我们分析的对象——微元)质心的位移,密度和压强指的也是该气体微元的密度和压强。这种描述是近似的,只有当各种物理量随距离变化不太快时才成立。我们记压强为 P,密度为 ρ,位移为 ξ,它们都是一维声波波线上 x 和时间 t 的函数。

为了导出波动方程,必须仔细分析位移、密度和压强三者的关系,以及如何推动空气运动。初步分析可知,气体的移动产生密度变化,密度的变化对应压强的变化,压强差推动气体运动。

设在某时刻,空气柱中一个以 x 标记的断面偏离了平衡位置,其偏离量为 $\xi(x,t)$,而这个断面所处的实际位置为 $S(x,t)$(图9.21)。气体断面移动的速度为

$$v = \frac{\partial S}{\partial t} = \frac{\partial \xi}{\partial t} \tag{9.5.1}$$

加速度为

图 9.21 声波方程的建立

$$a = \frac{\partial v}{\partial t} = \frac{\partial^2 \xi}{\partial t^2} \tag{9.5.2}$$

由于断面的加速度 a 是随 x 连续变化的,因此由 x 和 $x + \Delta x$ 标记的断面之间的薄片状气体单元的加速度可以近似地认为等于 a。这个单元的运动与作用在上面的压强差有关,可以用动力学方程表达:

$$\Delta m \frac{\partial^2 \xi}{\partial t^2} = [- P(x + \Delta x, t) + P(x, t)] A$$

而

$$\Delta m = \rho A \Delta x$$

$$\Delta P = P(x + \Delta x, t) - P(x, t) = \frac{\partial P}{\partial x} \Delta x$$

所以有

$$\rho \frac{\partial^2 \xi}{\partial t^2} = - \frac{\partial P}{\partial x} \tag{9.5.3}$$

上式给出了 ξ 与 P 的关系。现在必须再找一个 ξ 与 P 的关系,才能使得方程组可以对 ξ 与 P 闭合求解。假设这是一个等温过程,由等温条件下的气体状态方程,可以写出

$$PV = 常量$$

略去二阶小量后,可得

$$V = A[S(x + \Delta x) - S(x)] \approx A \Delta x \left(1 + \frac{\partial \xi}{\partial x}\right).$$

由此推出

$$P\left(1 + \frac{\partial \xi}{\partial x}\right) = 常量$$

对 x 求一次偏导,有

$$\frac{\partial P}{\partial x}\left(1 + \frac{\partial \xi}{\partial x}\right) + P \frac{\partial^2 \xi}{\partial x^2} = 0$$

略去高阶小量,得

$$\frac{\partial P}{\partial x} \approx - P \frac{\partial^2 \xi}{\partial x^2} \tag{9.5.4}$$

代入式(9.5.3)，有

$$\rho \frac{\partial^2 \xi}{\partial t^2} - P \frac{\partial^2 \xi}{\partial x^2} = 0 \qquad (9.5.5)$$

这是一个标准的波动方程，其一般解为达朗贝尔(d'Alembert, 1717 - 1783)解

$$\xi = f(x \pm vt) \qquad (9.5.6)$$

其中 $v = \sqrt{P/\rho}$，f 为关于 $x \pm vt$ 的任意函数，代入方程(9.5.5)验证，可知它确实是其解。不论 f 具体是什么函数形式，$x \pm vt$ 取确定值对应确定的振动状态。令

$$x \pm vt = 常量 \qquad (9.5.7)$$

即 $f(x \pm vt)$ 不变，表示确定的振动状态。对时间求导数，有

$$\frac{\mathrm{d}x}{\mathrm{d}t} \pm v = 0 \qquad (9.5.8)$$

即

$$\left| \frac{\mathrm{d}x}{\mathrm{d}t} \right| = v \qquad (9.5.9)$$

$x \pm vt$ 中的"$-$"表示波沿 x 轴正向传播，因为当时间 t 增加时，x 也要增大才能使 $f(x - vt)$ 保持不变，也就是相同的振动状态；相应地，"$+$"表示波沿 x 轴负向传播。$v = \sqrt{P/\rho}$ 即是波传播的相速度。

虽然波动方程(9.5.5)的一般解(9.5.6)中 f 可以是任意函数，但根据傅里叶分析，总可以将它看成一系列不同频率的简谐波的线性叠加。所以，我们只要对简谐波进行深入的研究分析，就不难得到对任意形式波传播的描述。因此，我们可以把波动方程(9.5.5)的解写成

$$\xi = A\cos k(x \pm vt) = A\cos(kx \pm \omega t) = A\cos\omega\left(t \pm \frac{x}{v}\right) \qquad (9.5.10)$$

的形式。其中 $\omega = 2\pi/T$ 为简谐波的角频率；$\omega/k = v$；$k = 2\pi/\lambda$ 称为简谐波的波数，与频率类似，反映的是单位长度上波长的数目。前面我们已经看到复数描述在处理振动问题中的重要作用。同样，我们也可以用复数描述简谐波，这时有

$$\xi = A\mathrm{e}^{\mathrm{i}(kx \pm \omega t)} = A\mathrm{e}^{\mathrm{i}\omega(t \pm x/v)} \qquad (9.5.11)$$

其作为描述工具给我们分析波传播问题带来的便利后面将会看到。

要说明的还有一点，声波在空气中传播的实际情况并不是等温过程而是绝

热过程,其原因是声波传播的速度很快,而空气的热传导率又不是很大,热量来不及传递;所以,前面通过 $v = \sqrt{P/\rho}$ 计算得到的速度与实际声速有一定偏差,这点在热学中会有分析。

我们这里分析机械波时主要讨论的是质点位移随着时间和空间的周期性变化。类似的描述方法也可以推广到其他参数。例如,电磁波描述的是电场和磁场强度随时间和空间的周期性变化;天文学中的"密度波",描述的则是恒星在绕中心天体旋转时,物质密度和绕转速度的波动变化;在量子理论中还会出现"物质波(又称德布罗意波)"的概念,它是一种概率波。

9.5.3　波动的能量和能流

1.波动的能量

波在介质中传播,所到之处发生振动,因而具有动能;同时该处介质发生形变,又具有势能。波传播由近及远,伴随着能量由近及远传播。波的传播过程也是能量的传播过程。

我们现在以粗金属棒中传播的声波为例进行分析。

在波线上任取一体积为 $\Delta V (= S\Delta x)$、质量为 $\Delta m (= \rho \cdot S\Delta x)$ 的微元,其中 ρ 为平衡时棒的质量密度,S 为棒的横截面积,Δx 为微元的长度。设声波为余弦波,即

$$\xi = A\cos\omega\left(t - \frac{x}{v}\right) \tag{9.5.12}$$

体积元的动能为

$$\begin{aligned}
W_k &= \frac{1}{2}\Delta m \cdot \dot{\xi}^2 \\
&= \frac{1}{2}(\rho S\Delta x) \cdot \omega^2 A^2 \sin^2\omega\left(t - \frac{x}{v}\right) \\
&= \frac{1}{2}\rho\,\Delta V \cdot \omega^2 A^2 \sin^2\omega\left(t - \frac{x}{v}\right)
\end{aligned} \tag{9.5.13}$$

体积元的势能为

$$W_p = \frac{1}{2}k\,(\Delta\xi)^2 \tag{9.5.14}$$

其中 k 为该微元等效的弹性系数,$\Delta\xi$ 为该微元长度的变化。微元端面的受力 f 与压强(应力)P 及 S 之间的关系为 $f = PS$。根据金属棒杨氏模量 Y 的定义,有

$$P = \frac{f}{S} = Y\frac{\Delta\xi}{\Delta x}$$

所以

$$f = \frac{SY}{\Delta x}\Delta\xi \tag{9.5.15}$$

与胡克定律的标准形式作对比,可以得到弹性系数

$$k = \frac{SY}{\Delta x} \tag{9.5.16}$$

代入式(9.5.14),得

$$W_p = \frac{1}{2}SY\Delta x\left(\frac{\Delta\xi}{\Delta x}\right)^2 = \frac{1}{2}Y\Delta V\left(\frac{\Delta\xi}{\Delta x}\right)^2 \tag{9.5.17}$$

与在空气中传播的声波类似,在金属棒中传播的弹性波的速度 $v = \sqrt{Y/\rho}$。所以有 $Y = \rho v^2$。代入式(9.5.17),得

$$\begin{aligned} W_p &= \frac{1}{2}\rho v^2\Delta V\left(\frac{\partial\xi}{\partial x}\right)^2 \\ &= \frac{1}{2}\rho v^2\Delta V\frac{\omega^2 A^2}{v^2}\sin^2\omega\left(t - \frac{x}{v}\right) \\ &= \frac{1}{2}\rho\omega^2 A^2\Delta V\sin^2\omega\left(t - \frac{x}{v}\right) \end{aligned} \tag{9.5.18}$$

体积微元 ΔV 的总机械能为

$$W = W_k + W_p = \rho\omega^2 A^2\Delta V\sin^2\omega\left(t - \frac{x}{v}\right) \tag{9.5.19}$$

以上结论说明:① 在波传播过程中,波线上任一体积元的动能和势能同相位,且大小相等。动能和势能同时达最大值,同时为零。这是因为动能最大处(即平衡位置处速度最大),形变也最大(图 9.22)。② 波动能量随时间变化,而振动系统机械能保持恒定。这说明波动传播能量,即不断从上游吸收并向下游释放能量;而振动系统不传播能量。

2. 能量密度和能流密度

能量密度即单位体积中的波动能量

$$w = \frac{W}{\Delta V} = \rho\omega^2 A^2\sin^2\omega\left(t - \frac{x}{v}\right) \tag{9.5.20}$$

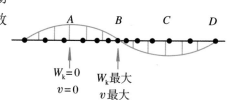

图 9.22 波动能量

因为能量密度是随时间、空间变化的,为直观起见,而且物理意义更明确,所以通常采用平均能量密度的概念,即取一个周期内的能量密度平均值

$$\bar{w} = \frac{1}{2}\rho\omega^2 A^2 \tag{9.5.21}$$

这些结论虽由特定的波动导出,但对一切简谐弹性波均适用。

因为波动是能量在流动,所以引入能流的概念。单位时间内,波通过与波线垂直的某一截面的能量称为通过此截面的能流。如果这个截面为单位面积,则称其为能流密度,或称波的强度。平均能流为 $\bar{w}\vec{v}\cdot\vec{S}$,能流密度用 $\vec{I}$ 表示,

$$\vec{I} = \bar{w}\vec{v} = \frac{1}{2}\rho\vec{v}\omega^2 A^2 \tag{9.5.22}$$

它与频率的平方、振幅的平方成正比,声学中称之为声强,在电磁学和电动力学中称之为坡印廷(John Henry Poynting,1852－1914)矢量。

在声学中测定声强级(IL)的特定单位为贝尔(Bel),是以电话的发明者贝尔(Alexander Graham Bell,1847－1922)的名字命名的。更常用的单位是分贝(dB),它与贝尔的关系为 10 dB＝1 Bel。任意声音的强度级用它的能流密度按以下方式定义:$IL = 10\lg(I/I_0)$(dB),其中 I_0 为参考强度,通常取人类可听到的最小平均强度(临界听觉),$I_0 = 1.0\times10^{-12}$ W·m^{-2}。例如,强度为 $I = 1.0\times10^{-10}$ W·m^{-2} 的声音的强度级为

$$IL = 10\lg\frac{1.0\times10^{-10}}{1.0\times10^{-12}} = 10\lg 100 = 20\,(\text{dB})$$

定义之所以采用对数标度,是因为人耳的灵敏度近似地按对数变化。在临界听觉,强度级为 0 dB;强度增加 10 倍,对应的强度级增加 10 dB;强度增加 100 倍,对应的强度级增加 20 dB。所以,一个 50 dB 声音的强度是 30 dB 声音强度的 100 倍。

【例 9.3】 在距喷气式飞机发动机 40 m 远处声音的强度级为 140 dB。问,在距发动机 400 m 远处,声音的强度级是多少分贝(不计地面反射)?

【解】 声音以球面波的形式在空间传播,所以单位面积上的能流按照距离平方反比的形式减小,400 m 处的能流密度是 40 m 处的 1/100,所以 400 m 处的声强级为 120 dB。

也可以利用声波的压强描述其强度,称"声压级",其定义为 $PL = 20\lg(P/P_{\text{参}})$dB,其中 P 为压强的有效振幅(相对于平衡压强),由式(9.5.15)

并参考式(9.5.18)，不难得出其大小为 $\rho v \omega A$，参考压强 $P_\text{参} = 2 \times 10^{-10}$ bar
($1\ \text{bar} = 10^5\ \text{N·m}^{-2}$)。假设 $P = 10^6 P_\text{参} = 2 \times 10^{-4}\ \text{bar}$($1\ \text{atm} = 1.013\ 3\ \text{bar}$)，与
之对应就是强度为 120 dB 的声音。人耳对此已有痛觉。由此看出，声波中的压强
相对于平衡值(约 1 atm)的变化极其微小，位移和密度变化也极微小(表 9.1)。

表 9.1　普通声音的强度等级

声　源	$P/P_\text{参}$	I/dB	说　明
	$10^0 = 1$	0	听觉阈值
正常呼吸	10^1	20	很难听到
图书馆	10^2	40	安静
会话	10^3	60	
工厂	10^4	80	
地铁列车	10^5	100	对听觉有危险
摇滚音乐会	10^6	120	痛阈
喷气式飞机起飞	10^7	140	

　　人耳听到的声音既有一定的强度范围(0~120 dB)，也有一定的频率范围
(20~20 000 Hz)，而且对所有能听到的频率也不是同样敏感的。我们对高频和
低频不像对中频那样敏感，不同频率的声音需要不同的强度听起来才具有同样
的音量感觉。图 9.23 中每条曲线代表的声音听起来有相同的音量，如一个大
约 100 Hz 的声音必须具有约 52 dB 的强度，听起来才能与只有 40 dB 的
1 000 Hz 的声音具有同样的音量；1 000 Hz 的声音刚好能被听到时的强度级为
5 dB，而 100 Hz 的声音强度级至少要 25 dB 才能被听到。

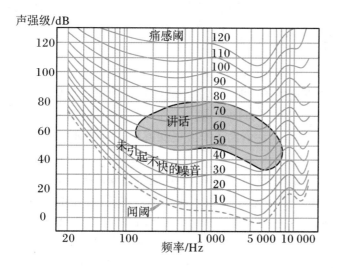

图 9.23　声波的音量与频率

9.6　波的叠加

对于许多种波来说,两个或两个以上的波可以互不相干地通过同一介质,每一个波都保持自己原有的振幅、频率、波长、振动方向、传播方向和传播速率等特性。这是一个经验事实。波的传播互不相干这个事实意味着,如果几个波在介质中某处相遇,则该处质点的合位移等于各个波在该处单独引起的分位移的矢量和。

我们把几个波的传播互不相干和它们所引起的质点合位移等于它们单独引起的质点分位移的矢量和这一事实,叫作波的叠加原理。但也有不适用的情况。例如,剧烈的爆炸产生的冲击波就不符合叠加原理;水面的波纹虽然能穿过小浪,但不能独立地穿过大浪,处理这些问题必须考虑"非线性"。

在物理学中,叠加原理的重要性在于,凡是在它适用的场合,我们都可以把复杂的波动当作简单的波的合成来分析。前面我们讨论过傅里叶分析,就是说,只需要有一些简谐波,就能构成最一般形式的波。

9.6.1　惠更斯原理

波在行进过程中遇到小孔、障碍物或两种介质的交界面时,会发生衍射、反射和折射等各种情况。在历史上,曾提出过多种理论解释这些现象,其中比较成功的是惠更斯原理。

惠更斯提出:在波的传播过程中,波前上的每一点均可看成一个子波源,在 t 时刻的波前上的这些子波源发出的子波,经 Δt 时间后形成半径为 $v\Delta t$(v 为波速)的球面,在波的前进方向上,这些子波的包迹就成为 $t + \Delta t$ 时刻的新波前,如图 9.24 所示。这种借助于子波概念解释波前如何推进的原理叫作惠更斯原理。

上述惠更斯原理,如果不加修饰,不仅能给出朝前推进的波前,而且能给出倒退的波前。因此,子波必须修饰为前后不对称的,在正前方最强,正后方为零,其他方位强度则在这两极端之间。经过修饰的惠更斯原理不仅能给出波前的推进,而且可以用来计算波强的分布。而比较严谨的理论是基尔霍夫(Gustav Robert Kirchhoff,1824－1887)公式。基尔霍夫公式已超出本书范围,将在后续课程中讲述。

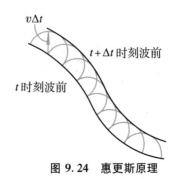

$v\Delta t$

$t + \Delta t$ 时刻波前

t 时刻波前

图 9.24　惠更斯原理

9.6.2　波的反射、折射与衍射

当平面波以入射角 θ（即入射波的波线与界面法线之间的夹角）倾斜地入射到两种介质的交界面 MN 时，如图 9.25 所示，波前 AB 上的各点将先后到达交界面。当 A 点到达交界面时，C、B 诸点均尚未到达，A 点先发射子波。入射波继续前进，于是 C、B 等诸点依次先后到达交界面 MN，并发射子波。当 B 点到达交界面上 B' 点时，A 点所发子波已到达了 A' 点，C_1 点所发的子波已到达了 C' 点，作出各子波的包络面 $A'B'$，这就是反射波的波前。反射波的波线叫反射线，反射线与交界面法线的夹角 θ' 叫反射角。

由图 9.25 可见，入射线、法线和反射线都在同一平面内。考察 $\triangle ABB'$ 与 $\triangle AA'B'$，由于是在同种介质中传播，$\overline{AA'} = \overline{BB'}$，且因为 AB 与 $A'B'$ 都是包络面，故这两个三角形都是直角三角形，于是可知 $\triangle ABB' \cong \triangle B'A'A$，即得

$$\theta = \theta' \tag{9.6.1}$$

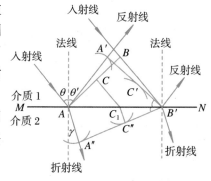

图 9.25　波的反射与折射

于是我们得到：反射波的波线在入射波波线与交界面法线所构成的平面（称为入射面）内，且反射角等于入射角。这称为波的反射定律。

由图 9.25 可见，在下部分介质中，子波的包络面 $A''B'$ 也是平面，透射波的传播方向沿 AA''，它也在入射面内，它与交界面法线的夹角为 γ（称为折射角）。若以 v_1，v_2 分别表示波在上部分介质和下部分介质中的相速度，由图不难看出，γ 满足

$$\frac{\sin\theta}{\sin\gamma} = \frac{\overline{BB'}}{\overline{AA''}} = \frac{v_1}{v_2} \tag{9.6.2}$$

即波的入射角正弦与折射角正弦之比等于波在这两种介质中的相速度之比，这称为波的折射定律。这时的透射波又叫折射波。例如，光从空气进入水中，实验测得折射率为

$$n = \frac{\sin\theta}{\sin\gamma} = \frac{v_1}{v_2} = 1.33$$

于是可知 $v_2 < v_1$，即光在水中的传播速度小于光在空气中的传播速度。

如平面波在行进中遇到开有小孔的障碍物，当波前到达孔面时，孔面上的各点成为子波源，它们所发出子波的包迹不再是平面，在边缘成为球面，使波线偏离原方向而向外延展，如图 9.26 所示。这就解释了波会绕过障碍物而转弯的衍射现象。实验表明，当孔的线度可与波长相比拟时，衍射现象明显；孔越小，衍射越严重。

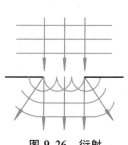

图 9.26　衍射

尽管惠更斯原理能定性地解释波的衍射、反射和折射现象,但它不能解释为什么孔越小衍射越严重以及衍射波的强度分布,也不能得出反射波和折射波相对于入射波的强度。在光学中将对这些问题作更深入的讨论。

9.6.3 波的干涉

1. 波在空间中的干涉

设两个位于不同地方以同一频率、同一方向振动且存在固定相位差的波源发出的两列波在空间相遇,有些地方合振动增强,有些地方合振动减弱,这种现象称为波的干涉。由于振动强弱呈空间分布,这种干涉又称空间干涉。能产生干涉现象的两列波称为相干波。

设空间两点 S_1 和 S_2 的振动方程分别为

$$y_{10} = A_{10}\cos(\omega t + \varphi_1), \quad y_{20} = A_{20}\cos(\omega t + \varphi_2) \tag{9.6.3}$$

考察空间任意选定的点 P 的振动(图 9.27)。S_1, S_2 发出的两列波在 P 点引起的振动分别为

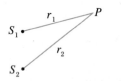

图 9.27 波的叠加

$$y_1 = A_1\cos(\omega t + \varphi_1 - kr_1), \quad y_2 = A_2\cos(\omega t + \varphi_2 - kr_2)$$

其中 $k = 2\pi/\lambda$。P 点的合振动为

$$\begin{aligned} y &= y_1 + y_2 \\ &= A_1\cos(\omega t + \varphi_1 - kr_1) + A_2\cos(\omega t + \varphi_2 - kr_2) \end{aligned}$$

这是同方向、同频率的振动合成。合振动振幅为

$$A = \sqrt{A_1^2 + A_2^2 + 2A_1A_2\cos[(\varphi_1 - kr_1) - (\varphi_2 - kr_2)]} \tag{9.6.4}$$

当两振动的相位差满足

$$\begin{aligned} \Delta &= (\varphi_1 - \varphi_2) + k(r_2 - r_1) \\ &= 2n\pi \quad (n = 0, \pm 1, \pm 2, \cdots) \end{aligned} \tag{9.6.5}$$

时,$A = A_1 + A_2$,振动加强,此时 P 点称为相干相长点。当两振动的相位差满足

$$\begin{aligned} \Delta &= (\varphi_1 - \varphi_2) + k(r_2 - r_1) \\ &= (2n + 1)\pi \quad (n = 0, \pm 1, \pm 2, \cdots) \end{aligned} \tag{9.6.6}$$

时,$A = |A_1 - A_2|$,振动减弱,此时 P 点称为相干相消点。当两振动的相位差

为其他值时,振幅介于上述两值之间。

当两同方向、同频率振动的初位相 φ_1 和 φ_2 一定时,空间每一点都有确定的 r_1 和 r_2,相差 Δ 也被确定。因此,空间相干的强度将有一个不随时间变化的稳定的空间分布,称为干涉现象(图9.28)。只有在频率相同、振动方向相同、两波源振动的相位差恒定时,才能产生稳定的干涉现象。

如果空间存在多个相干波源,也会产生干涉现象。光学中的多缝干涉就是一例。

2. 波在时间上的干涉·拍

波的空间相干性告诉我们,如果有两个波源振动方向相同,而且把各自相位调整到在到达 P 点时同相位,那么在 P 点振动最强;如果把两波源振动的相位调整到在到达 P 点时相位相反,那么 P 点的振动最小。如果其中一个波源的振动相位可以调节,使两波源相位差可以逐渐地由 0 变到 $\pi/8,\pi/4,3\pi/8,\cdots$ 再到 $\pi,\cdots,2\pi$,那么 P 点的振动将由最强逐渐变弱到最弱,再逐渐变强到最强。显然,当两个波源的振动频率略有差异时,在 P 点的振动强度就能做到缓慢的周期性变化,称作时间上的干涉。不难看出,这就是振动部分中所讨论的拍。

图9.28 干涉波

9.6.4 群速度与能量的传播

现在讨论波在空间和时间两方面的干涉。

设有两列在空间行进的波,它们均沿 x 方向传播。为了讨论方便,可设振幅相等,都为 1,并用复数描述为

$$\mathrm{e}^{\mathrm{i}(\omega_1 t - k_1 x)}, \quad \mathrm{e}^{\mathrm{i}(\omega_2 t - k_2 x)}, \quad \frac{\omega_1}{k_1} = \frac{\omega_2}{k_2} = v \qquad (9.6.7)$$

这两列波的频率不同,分别为 ω_1 和 ω_2,但假设传播速度(相位传播速度,即相速)相同,为 v,在传播过程中两列波叠加:

$$\mathrm{e}^{\mathrm{i}(\omega_1 t - k_1 x)} + \mathrm{e}^{\mathrm{i}(\omega_2 t - k_2 x)} = \mathrm{e}^{\mathrm{i}\omega_1(t - x/v)} + \mathrm{e}^{\mathrm{i}\omega_2(t - x/v)} = \mathrm{e}^{\mathrm{i}\omega_1 t'} + \mathrm{e}^{\mathrm{i}\omega_2 t'} \quad (9.6.8)$$

其中 $t' = t - x/v$。在 $x = 0$ 处,叠加为 $\mathrm{e}^{\mathrm{i}\omega_1 t} + \mathrm{e}^{\mathrm{i}\omega_2 t}$。这说明,这样两列波速相同、频率不同的波相加,波线上每一点在时间上的干涉相同,用无线电学中的术语,即得到相同的调制。而且在空间移动时,合成波与各分波以相同速率前进,调制也以此速率前进。这个速率等于每一个波的相速,即 $v_{相} = \omega/k$。

现在考虑较复杂的情况。当介质存在色散,即波传播的速度(相速)随频率不同而有所不同时,有

$$v_1 = \frac{\omega_1}{k_1}, \quad v_2 = \frac{\omega_2}{k_2} \quad (v_1 \neq v_2) \qquad (9.6.9)$$

不管是否存在色散,每一个确定频率的波的相速度表达式仍然相同,但波的频率 ω 与波数 k 之间的关系不再那样简单。例如,X 光在介质中的传播具有色散现象,其波数 k 与频率 ω 有关系:

$$k = \frac{\omega}{c} - \frac{a}{\omega c} \tag{9.6.10}$$

其中 c 为真空中的光速, a 为正的常数。这时按式 $v_{相} = \omega / k$ 计算得到的相速度 $c\omega^2 / (\omega^2 - a)$ 有两个特点:其一是算得的相速大于真空中的光速;其二,相速与频率 ω 有关。后者称为色散关系。

现在再作两列波的叠加:

$$e^{i(\omega_1 t - k_1 x)} + e^{i(\omega_2 t - k_2 x)}$$
$$= e^{\frac{1}{2}i[(\omega_1 + \omega_2)t - (k_1 + k_2)x]} \{ e^{\frac{1}{2}i[(\omega_1 - \omega_2)t - (k_1 - k_2)x]} + e^{-\frac{1}{2}i[(\omega_1 - \omega_2)t - (k_1 - k_2)x]} \}$$
$$\tag{9.6.11}$$

式中大括号外的项表示以平均频率与平均波数行进,但强度受到调制的波动,这个调制由括号内的和式决定,即取决于频率差和波数差。

当这两列波的频率相差很小($|\omega_1 - \omega_2| \ll \omega_1, \omega_2$)时,两波的频率几乎相等,于是 $(\omega_1 + \omega_2)/2$ 实际上可近似为 ω_1 或 ω_2 , $(k_1 + k_2)/2$ 可看成 k_1 或 k_2 。同时因方程右边大括号外的项决定波的行进,所以波前速度(或快速振动传播的速度)基本上仍等于 ω / k 。但是由于大括号内和式的存在,振幅受到调制,其传播速度并不等于 ω / k ,而是

$$v_{调} = \frac{x}{t} = \frac{\omega_1 - \omega_2}{k_1 - k_2} \tag{9.6.12}$$

这个调制速度称为群速度,记为 v_g 。当频率差无限小时,波数差也无限小,在此极限情况下,有

$$v_g = \frac{\mathrm{d}\omega}{\mathrm{d}k} \tag{9.6.13}$$

即对于比较慢的调制或振幅,其行进速率不等于波的相速度。

对这种相速度与群速度的区别可以大致作一些直观的解释。两列波在空间以略微不同的频率传播,由于相速稍有不同,所以产生了某种新的情况(图 9.29)。假设我们在其中一列波上观察另一列波,如果这两列波的速度相同,那么看到的另一列波是静止的。若处在一列波的波峰上,而另一列波也正好是波峰,两者重叠在一起,在静止参照系重叠处以原有的波速前进。这就是一开始分析的情况。现在,两列波的速度略有不同,若仍处在一列波的波峰上,你就会看到另一列波的波峰缓慢地向前(或向后)移动。这导致合成波的包络在两列波进行时会以不同的速度前进。这个反映调制信号的包络移动快慢的速度就是群速度。因为波动的能量与振幅的平方成正比,所以这一描述振幅在

空间传播的速度也就是能量传播速度。

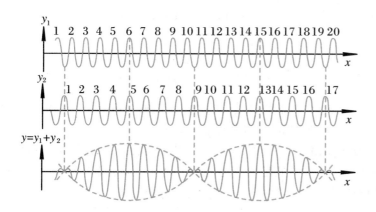

图 9.29　波的叠加
与群速度

　　根据群速度的定义,可以计算前面 X 光在色散介质中传播时,k 与 ω 所满足方程对应的群速度:

$$v_g = \frac{\mathrm{d}\omega}{\mathrm{d}k} = \frac{1}{\mathrm{d}k/\mathrm{d}\omega} = \frac{c}{1 + a/\omega^2}$$

可见,群速度也就是能量传播速度,小于真空中的光速。基于调制的能够传递信息的信号传播速度小于真空中的光速,符合相对论原理。

9.6.5　驻波与波模

　　本小节讨论当波动被约束在有限区域中,在界面之间来回反射时所产生的现象。为简单起见,主要讨论一维情况。

　　假设弦的一端固定,如系于坚实的墙上。由式(9.5.6),可知此弦中波动方程的通解为

$$y = f(x - vt) + g(x + vt) \tag{9.6.14}$$

因为单一函数无法满足在固定点位移为零的边条件。原则上,f 和 g 可以是任意函数。令墙所在位置 $x=0$,此处弦的位移 $y=0$,因为这点没有运动。这个边界条件可表示为

$$f(-vt) + g(vt) = 0 \tag{9.6.15}$$

所以

$$g(vt) = -f(-vt) \tag{9.6.16}$$

用于 $x \neq 0$ 的一般情况,即将 $g(vt)$ 中的 vt 代换成 $x + vt$,则有

$$g(x + vt) = -f(-x - vt) \tag{9.6.17}$$

代回原方程,得

$$y = f(x - vt) - f(-x - vt) \tag{9.6.18}$$

把 $x = 0$ 代入,得 $y = 0$,说明满足边界条件。此解中右端第一、第二两项分别表示向右、向左传播的两列波。其物理意义如下:

图 9.30 表示沿 x 正方向传播的一个波,以及另一个符号相反、沿 x 负方向传播的假想波。实际的波是墙左边的两波之和。反射波的传播方向与入射波相反。由图中可以看出,如果一个波到达弦的固定端,它将被反射,同时改变符号。可以把弦看成无限长的,每当有一个沿 x 正方向行进的波时,总伴随有另一个假想的符号相反、沿相反方向行进的波,在 $x = 0$ 处为零。这相当于在 $x = 0$ 处把弦固定住。

把这个一般性解的讨论应用到周期波的反射,例如 $f(x - vt)$ 为正弦波,在 $x = 0$ 处被反射。用复数形式描述:

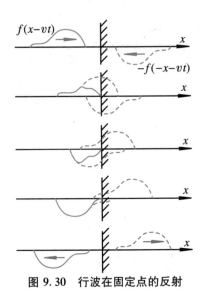

图 9.30　行波在固定点的反射

$$f(x - vt) = e^{-ik(x - vt)} = e^{+ik(vt - x)} = e^{i\omega(t - x/v)}$$

$$f(-x - vt) = e^{+ik(vt + x)} = e^{+i\omega(t + x/v)}$$

$$y = f(x - vt) - f(-x - vt)$$

$$= e^{i\omega t}(e^{-i\omega x/v} - e^{i\omega x/v}) = -2ie^{i\omega t}\sin(\omega x/v) \tag{9.6.19}$$

这个结果除了给出 $x = 0$ 处 $y = 0$ 恒成立外,同时还告诉我们:

① 在任何确定的 x 处,弦均以频率 ω 振动。x 可以不同,但质点振动的频率都相同。当 x 满足 $\sin(\omega x/v) = 0$ 时,位移 $y = 0$,即满足此条件的点没有振动。

② 在任何一个确定的时刻 t,可得到弦上各处位移随 x 变化的波形;在不同的时刻,得到不同的波形,但是这个正弦波在各处的最大位移只随弦上位置 x 变化,与时间 t 无关。

③ 对于确定的时刻 t,此合成正弦波一周的长度等于两个叠加波中任何一个波的波长:$\lambda = 2\pi/k = 2\pi v/\omega$。由满足 $y \equiv 0$ 的条件 $\sin(\omega x/v) = 0$ 所确定的点,称为波节(弦在运动中始终不动的点),解出波节位置:

$$x = n\frac{\pi v}{\omega} \tag{9.6.20}$$

相邻两波节间的距离 $\Delta x = \pi v/\omega = \lambda/2$。如果是一条无限长的弦,可取 $n = 0$,$\pm 1, \pm 2, \cdots$,在任何两个相邻波节之间,每一点均按正弦规律振动。这里得到的是一个不随时间移动的波,称为驻波(以别于不断传播的行波)。

④ 波节两侧的质点(离波节距离小于 Δx)振动相位相反,这是因为波节处 $\sin(\omega x/v)=0$,在波节两边该正弦值差一个负号。

一个空间分布的运动图样具有这样的特征,即在任何一点处物体完全按正弦规律振动,所有的点均以相同的频率振动(振幅随不同位置而异),那么这种运动图样称为波模。前面讨论的是一维弦情况的一种波模。

以上讨论的是弦的一端固定的情况,在固定边界处,反射波与入射波总具有 180°的相位差,因为固定点给弦的作用力始终与入射波的位移方向相反。我们说,当波在固定端反射时,其相位改变 180°(半波损失)。如果波在自由边界反射(如弦端用圆环套在光滑的杆上),入射波与反射波的干涉必定是相长干涉。因此在该点处反射波与入射波总是同相的,即当波在自由边界反射时,其相位不改变。

当弦上有驻波时,在固定端出现波节,而自由端则出现波腹(弦在运动中振幅最大的点)。

前面讨论的是弦的一端被固定的情况,如果弦的两端(如 $x=0$,$x=L$)同时被固定,将会发生什么情况?

首先,我们用波反射的概念进行分析。考虑弦上沿某一个方向行进一个脉冲,当达到弦上一个固定点时,脉冲将被反射,同时改变符号;然后向另一个固定点传播,并重复上述过程。我们感兴趣的问题是,能否得到一个稳定的正弦运动。设弦上传播一个正弦周期波,并向一个固定点传播,我们将得到与前面方程(9.6.19)相同的解。如果存在另一个固定点,那么它在该点会发生相同的情况。综合两次反射,必须要求两固定点都是 $y=0$(节点)。因此,对于周期的正弦运动,只有在正弦波正好适合弦的长度时,才有可能在某个频率上和谐地振动;否则,此正弦波的频率就不能使弦保持稳定的振动。

下面给出数学计算。方程(9.6.19)中波形部分可以写成 $\sin(\omega x/v) = \sin kx$。这个函数在 $x=0$ 处等于零,在 $x=L$ 处也必须等于零。所以要求 $kL = n\pi$($n=0,1,2,\cdots$),即

$$\omega = kv = n\pi v/L \tag{9.6.21}$$

$$\lambda = \frac{2\pi}{k} = \frac{2\pi}{\omega}v \tag{9.6.22}$$

它告诉我们,当弦具有正弦运动性质时,若一个端点固定,弦中频率 ω 可以是任意的;但当弦的两个端点均固定时,弦中频率 ω 只能取某些确定值。每个频率对应于一个波模,图 9.31 所示的是弦的前三种模式,它们的波长 λ 和频率 ω 分别为

$$\lambda_1 = 2L, \quad \lambda_2 = L, \quad \lambda_3 = 2L/3$$
$$\omega_1 = \frac{\pi v}{L}, \quad \omega_2 = \frac{2\pi v}{L}, \quad \omega_3 = \frac{3\pi v}{L} \tag{9.6.23}$$

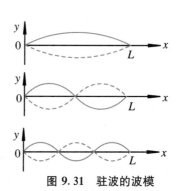

图 9.31 驻波的波模

弦的不同模式具有不同的频率,它们都是 $\omega_1 = \pi v/L$ 的整数倍。

最后讨论弦上发生的任何可能的一般运动。由于波动方程的线性特征,这种弦的一般运动,总可以认为是弦上同时激发的多个模式运动的线性叠加。我们以两个模式的叠加为例来说明。图 9.32 是 $n=1$ 和 $n=2$ 的两种模式,每种模式有各自的振幅,而且我们选择 $t=0$ 时第二种模式与第一种差 $\pi/2$ 相位。根据线性系统的性质,这两种模式的和也应该是系统的一个解。因此,图中合成波也应该是弦的一种可能的运动。图中合成波显示了在两端来回运动的"鼓包"。当然,如果有多个(甚至无穷多个)带有各自的振幅和相位的不同模式也可以叠加成弦的一种可能运动;反之,弦上任何一种运动,同样可以设想成各种具有适当振幅和相位的不同模式的运动的和。事实也是如此。

一维有限长的弦上会出现稳定的驻波;二维有限大小的面上也同样可以产生驻波,不过这时的波节表现为"节线"而不是一维时的"节点"(图 9.33);三维有限大小的体上也同样可以存在驻波,这时的波节就以"节面"的形式出现了。

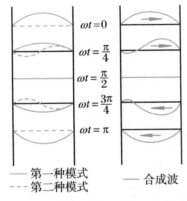

—— 第一种模式
--- 第二种模式

—— 合成波

图 9.32 两种模式组合成一个行波

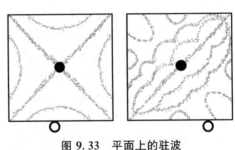

图 9.33 平面上的驻波

板上的驻波,锯末堆积处表示波节;
黑点为固定处,圈为弓弦摩擦处

9.6.6 实例:乐器的结构与音色

对于两端固定的弦,最低频率叫作基频,而其他的频率叫作泛音。一种乐器所奏出的特定音调(基频)的音色,取决于存在的泛音的数目和它们各自的强度。一般的乐器,都是通过弹拨、运弓、打击或吹奏,在有限长度的弦(如吉他、钢琴、提琴等)或有限大小的面积(如鼓、锣等)或体积(如钟、管乐器的空腔)上产生驻波。音调通常由最低的频率,即基频确定,它对应于有一个波腹、只在两端存在波节的驻波。弦上基频对应的波长为弦长的 2 倍。当用手指按在吉他或提琴的弦上时,弦的长度发生改变,对应的基频与音调也就变化了。

由式(9.6.21)可知,驻波的基频与弦长成反比,与弦中传播的弹性波速度成正比,而弦中的波速又与密度的平方根成反比;所以,钢琴的低音弦都较长较粗,而高音弦则较短较细。吉他或提琴的每一根弦的长度是一样的,但粗细不一样,对应的线密度也就不一样,低音的粗一些,高音的细一些,原因也是如此。又因为弦中的波速与弦上张力的平方根成正比,所以,调琴师在调琴时要使音调升高就要将弦拧得更紧一些,而要使音调降低则相应地将弦适当放松一些。

【例 9.4】 钢琴最高音的频率是最低音的 150 倍。若最高音的弦长为 5.0 cm,而最低音的弦线密度与最高音的一样,且弦上的张力也一样,请问最低音的弦长应为多少?

【解】 因为两根弦的线密度相同,张力也相同,所以在弦中传播的波速也是一样的,因此频率 ν 仅与弦的长度 L 有关,从而有 $L_L/L_H = \nu_H/\nu_L$,下标 L 和 H 分别表示最低和最高。由此可得

$$L_L = L_H \times \frac{\nu_H}{\nu_L} = 5.0 \times 150 = 750\,(\text{cm})$$

7.5 m 的弦显然是太长了,很难安装到常见的钢琴中去。所以,一般通过增加低音弦的线密度解决这个问题。

【例 9.5】 提琴的一根琴弦长度为 0.30 m,将其调到正好发出中音 C 以上的 A 音,频率为 440 Hz。问:

(1) 基频对应的驻波波长为多少?

(2) 产生的声波的频率和波长是多少?

【解】 (1) 基频对应的驻波波长为弦长的 2 倍,故 $\lambda = 2 \times 0.30 = 0.60\,(\text{m})$。

(2) 由于声波是由弦的振动激发的,所以具有同样的频率 440 Hz。又因为常温下空气中声波传播的速度为 344 m·s^{-1},所以波长 $\lambda = v/\nu = 344/440 = 0.78\,(\text{m})$。

声波的波长与弦上驻波的波长不同,因为声音在空气中传播的速度与波在弦上传播的速度 $[v = \nu \times \lambda = 440 \times 0.60 = 264\,(\text{m·s}^{-1})]$ 不同。

如果弦乐器只靠弦的振动发声,则因为弦太细不能压缩很多的空气,声音不可能很大,人们很难听到。所以,弦乐器一般都要安装共鸣板或共鸣腔,钢琴、吉他、提琴和二胡都是如此。当弦振动时,共鸣板或共鸣腔也随着振动,而它们与空气有更大的接触面积,可以推动更多的空气,从而可以发出较大的声音。

管乐器,如笛子、黑管和管风琴等,是通过在有限长的管子中空气振动产生驻波发声的。在任意形状的有限腔体中都可以产生驻波,但这时的振幅分布、频率一般都非常复杂,只有形状简单的腔体,像细长、狭窄的管子,其中的驻波形状与频率才比较单纯。在一些乐器中,是振动的簧片或演奏者的嘴唇作为源(单簧管、小号),在管子中引起了驻波形式的空气柱的振动。在另一些乐器中,是流动的空气在管子上的孔洞处产生涡流而引起空气柱的振动(笛子)。源发出的声波可能包含很多频率,但只有满足驻波产生条件的频率才能存在,因此每一个乐器都有自己独特的音色。

音色(音质)依赖于泛音的存在——它们的数量以及相对强弱。当乐器演奏时,泛音同基频是同时存在的。对于不同的乐器,各种泛音的相对大小是不一样的,这就是为什么每个乐器都有自己的音色。例如,一把小提琴拉出 440 Hz 的声音,双簧管也吹出 440 Hz 的声音,它们的音高一样,音强也可以一样,但是一听就能听出哪个是小提琴,哪个是双簧管,其原因就是它们各自的高频泛音成分不相同。即使同样是小提琴,音色也可能明显不同。描述一个乐器所产生的泛音的相对大小的图叫声谱(图 9.34)。通常,基频具有最大的振幅,

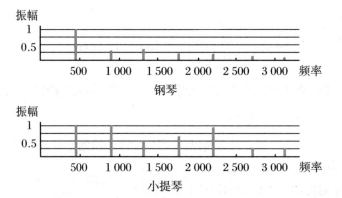

图 9.34　钢琴和小提琴的声谱
(基频都是 440 Hz)

它的频率就是"声调"。乐器的演奏方式也对音色有很大的影响。例如用琴弓拉小提琴和用琴弓弹拨琴弦,我们听到的声音差别就很大,因为其谐频的相对大小有很大的不同。

9.7 多普勒效应及其应用

9.7.1 多普勒效应

当观察者向着静止的声源运动时,听到的声音的音调(频率)要比他静止时听到的高。如果观察者远离这个静止的声源而运动,则他所听到的音调要比他静止时听到的低。当声源向着或远离静止的观察者而运动时,亦有同样的结果。

1842 年,奥地利人多普勒(Christian Johann Doppler,1803 – 1853)在一篇文章中提醒人们注意这样一个事实:发光体的颜色就像发声体的音调一样,必定由于该发光体和观察者的相对运动而发生变化。这个效应称为多普勒效应,适用于一般的波动。

现在,我们讨论多普勒效应对声波的应用,并且只讨论声源与观察者沿其连线运动的特殊情形。设观察者相对于介质的速度为 v,指向波源为正;波源相对于介质的速度为 u,指向观察者为正;介质中的波速为 V,为恒量。

(1) 波源静止、观察者运动的情况,即 $u=0$,$v\neq0$。在波源、观察者相对于介质均静止时,声音频率 $\nu=V/\lambda$ 表示观察者在单位时间内所接收到的波长的数目。现在观察者相对波源运动,速度为 v。如图 9.35 所示,在单位时间内观测者接收到的波长数为 $(V+v)/\lambda$,增加数为 v/λ。所以

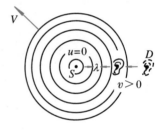

图 9.35 波源静止,观测者运动

$$\nu' = \nu + \frac{v}{\lambda} = \nu + \nu\,\frac{\lambda}{V}\,\frac{v}{\lambda} = \nu + \nu\,\frac{v}{V} = \nu\left(1 + \frac{v}{V}\right) \qquad (9.7.1)$$

可见,当 $v>0$ 时,$\nu'>\nu$。

(2) 波源运动、观察者静止的情况,即 $u\neq0$,$v=0$。在波源、观察者相对于介质均静止时,声音的频率为 $\nu=V/\lambda$。

如图 9.36 所示,设波动周期为 T,观察者接收到的波长为 $\lambda'=\lambda-uT$,因此,观察者接收到的频率为

$$\nu' = \frac{V}{\lambda'} = \frac{V}{\lambda - uT} = \frac{V}{\lambda - u\,\frac{\lambda}{V}} = \frac{1}{1 - \frac{u}{V}}\,\nu \qquad (9.7.2)$$

可见,当 $u>0$ 时,$\nu'>\nu$。

(3) 波源和观察者同时运动的情况,即 $u\neq0$,$v\neq0$。如果把波源运动导致

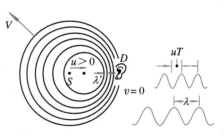

图 9.36 波源运动,观测者静止

接收频率的改变,看作除以一个压缩因子$(1-u/V)$,而观察者运动导致频率的改变,看作乘以一个扩张因子$(1+v/V)$,那么两者同时运动时,应该有表达式:

$$\nu' = \frac{1+v/V}{1-u/V}\nu \tag{9.7.3}$$

其中 $\nu=V/\lambda$ 为两者相对于介质均静止时波的频率。

如果运动速度不在两者的连线上,则只要考虑在连线方向的速度分量即可。

多普勒效应在光学中很重要。光的速度很快,以至只有天体光源或原子光源(这些光源的速度比地球上的宏观光源的速度大很多很多)才能表现出显著的多普勒效应。但是,对于光波和声波来说,它们的多普勒效应公式是有区别的。在声波中,决定频率变化的并不仅仅是声源与观察者的相对运动。事实上,由前面的公式可以看出,即使相对运动相同(两个公式中 u 和 v 相等),得到的定量结果也不一样,还要看声源与观察者究竟是哪一个在运动。这种差别的产生,一是因为 u 与 v 是相对于介质测得的;二是因为介质决定着声波的速率。但是,光的传播不需要介质,因而不论光源与观测者的相对运动如何,光相对于光源或观察者的速率总是同一个值。所以,对于光来说,只有光源与观察者的相对运动才引起物理上的变化,而不需要用作参考系的介质。

光的多普勒效应公式为

$$\nu' = \nu\,\frac{1+u/c}{\sqrt{1-(u/c)^2}} \tag{9.7.4}$$

其中 u 为光源和观察者相互接近的速度。

9.7.2　多普勒效应的应用

多普勒效应的应用十分广泛,从交通、航海到医学与气象、天文观测,都能找到它的影子。交通警察通过向行进中的车辆发射频率已知的电磁波同时测量反射波的频率,根据反射波频率变化的多少就能知道车辆的速度。装有多普勒测速仪的摄像头有时就装在路的上方,在测速的同时把车辆牌号拍摄下来,并把测得的速度自动打印在照片上。

【例 9.6】 测速雷达是根据所接收到汽车反射回来的电磁波频率相对于发射出电磁波频率的偏离计算汽车行进速度的。假设测速仪所使用的电磁波频率为10 GHz,汽车朝向测速仪以 200 km·h^{-1} 的速度运动,则测得的频率偏移为多少? 与发射频率形成的拍频是多少?

【解】 设测速雷达发射的电磁波频率为 ν_0,被以速度为 u 向其运动的车辆接收后,频率变为 ν'。根据式(9.7.4),有

$$\nu' = \nu_0 \frac{1 + u/c}{\sqrt{1 - (u/c)^2}} = \nu_0 \sqrt{\frac{c + u}{c - u}}$$

然后,电磁波从运动的汽车上以频率 ν' 被反射回去。监测器测得的反射波的频率为 ν。根据式(9.7.4),有

$$\nu = \nu' \frac{1 + u/c}{\sqrt{1 - (u/c)^2}} = \nu' \sqrt{\frac{c + u}{c - u}} = \nu_0 \frac{c + u}{c - u}$$

频率偏移为

$$\Delta \nu = \nu - \nu_0 = \nu_0 \left(\frac{c + u}{c - u} - 1 \right) = \nu_0 \frac{2u}{c - u} \approx \frac{2u\nu_0}{c}$$

将有关数据代入,得

$$\Delta \nu \approx \frac{2u\nu_0}{c} = \frac{2 \times 200 \times 10^3}{3\,600 \times 3 \times 10^8} \times 10 \times 10^9 = 3.7 \times 10^3 (\text{Hz})$$

根据式(9.4.7),测速仪接收到反射波频率与发射频率形成的拍频为 3.7×10^3 Hz。

要直接测出相对于 10 GHz 发生的 4 kHz 的频率变化,技术上难度比较大,所以利用两列波叠加产生拍的形式,大大降低了技术难度。

为了检查心脏、血管的健康状态,可以通过超声波了解血液流动的速度。由于血管内的血液是流动的物体,所以以超声波的波源与相对运动的血液间就产生多普勒效应。血液向着超声源运动时,反射波的波长变小,频率增大;血液背离波源运动时,反射波的波长变长,频率减小。反射波频率增加或减少的量与血液流动的速度有关。因此根据超声波的频移量,就可测定血液流动的速度和方向。D 型超声诊断和"彩超"利用的就是这一原理。

多普勒雷达是采用多普勒效应对风、雨、雪进行探测的一种新型雷达。根据雷达接收反射回来的无线电波的频率,就可以分析出风、雨、雪的运动情况。利用多普勒效应,可以确定风暴移动的方向,并且能判定速度的大小。利用多普勒效应设计的超声风速仪能够给出三维的风速(图 9.37),精度可以达到 0.01 m·s^{-1}。

图 9.37 三维超声风速仪

根据观测到的远处星体所发光线频率向低频的偏移(红移),利用多普勒效应理论,天文学家提出了宇宙膨胀学说。

9.7.3　激波与马赫数

当 u 或 v 大得可以和 V 相比时,前面的多普勒效应公式(9.7.1)～式(9.7.3)必须加以修正。这时波传播的速率不再是通常的相位速度,波的形状随时间而改变;因为波动的回复力与位移之间的线性关系不再成立。当声源与观察者具有上述高速度时,同两者连线垂直的运动分量对多普勒效应也有贡献。当 v 或 u 超过 V 时,多普勒公式不再适用。例如,如果 $u>V$,则声源跑在波的前头;如果 $v>V$,并且观察者离开声源而运动,则声波永远也追不上观察者。

有许多这样的实例,在这些例子中,源在介质中的运动速度比该介质中波的相速度大。在这种情况下,波阵面呈圆锥形状,且以运动物体为圆锥的顶点。例如,水上快速前进的汽艇所造成的弓形水波以及超音速飞机或子弹在空气中的高速运动所造成的"冲击波"(激波)。电磁学中的切伦科夫(Pavel Alekseyevich Cherenkov,1904－1990)辐射是由运动的带电粒子发出的光波所组成的,这些带电粒子在介质中的运动速度大于该介质中光的相速度。

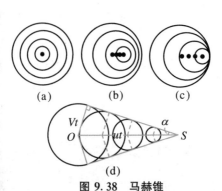

图 9.38　马赫锥

图 9.38 表示一些球面波波振面在同一时刻的位置,这些球形波振面是波源在运动期间自许多不同位置发出的。在这个时刻,各球面的半径是波的速度 V 与波从位于该球心的波源到此处所经过的时间 t 的乘积。这些波振面的包线是个圆锥,称为马赫锥,圆锥的表面与波源的运动方向成 α 角。由图可得 $\sin\alpha = V/u$。

对水波来说,该圆锥简化成一对相交的直线。在空气动力学中,u/V 这个比值叫作马赫数(Ma)。

激波的波前两边的压强变化剧烈,对环境有破坏作用,所以也叫冲击波。

第 10 章　狭义相对论基础

爱因斯坦与质能关系

在牛顿的体系中,理论上惯性系是由绝对时间和绝对空间确定的。牛顿认为,绝对时间和绝对空间是最基本的惯性系。他曾写道:"绝对的、纯粹的、数学的时间,就其本性来说,与任何外在的情况无关。""绝对空间,就其本性来说,与任何外在情况无关,始终保持着相似和不变。"这就是说,牛顿认为绝对空间是真正的、绝对的静止。按照这种理论定义,我们肯定要问,我们实际使用的每个惯性系相对于绝对空间的速度是多少?

根据牛顿的理论,在一个惯性系所能观察到的种种现象,在另一个惯性系中必定也能无任何差别地看到,也就是说,所有惯性系都是平权的、等价的。因此,我们不可能判断哪个惯性系是处于绝对静止状态,哪个是有绝对运动的。这就是伽利略相对性原理。不仅如此,所有做相对运动的惯性系中的观察者,在观察某一实验(或一场球赛)时,即使他们所测得的质点的速度、动量等的数值不相等,但质点的运动总遵从相同的有关力学定律(动量守恒原理等);并且他们观察到的实验结果(或球赛中谁胜谁负)也总是一致的。

伽利略相对性原理在惯性运动范围内否定了绝对空间观念。牛顿对伽利略的论断是十分了解的,他知道实际上无法测出绝对速度,即在各惯性系中,无法断定哪一个对应于绝对空间。所以,牛顿在讨论绝对空间时,也并未提出测量绝对速度,而只强调了测量绝对的加速度。

牛顿的绝对空间观念虽然不符合伽利略相对性原理,但牛顿力学规律却是与相对性原理相洽的。相对性原理要求,所有惯性系是平权的,那么在所有的惯性系中,动力学规律的形式是相同的。

但如果把相对性原理应用于光学现象,立即会得到不同于牛顿理论的结果。为此,我们回忆一下第 2 章中的一些结果。我们曾利用一个特制的雷达钟,根据光速不变的性质,推得了运动的钟变慢;并且说这种变慢现象与所用的钟无关,是普遍的,即用其他钟测量所得结果也一样。这个断言根据的就是相对性原理。如果时钟变慢只是雷达钟的结果,那么,我们就可以找到一个"好"钟,它在 K 中和 K' 中总是走得一样,没有变慢现象。这样,当"好"钟与雷达钟都在 K 中时,我们将看到它们走得一样快,即它们是同步的。而当它们在 K' 中时,就不一样了,因为"好"钟仍与 K 中的钟快慢一样,而雷达钟不同,所以两个钟必有偏差。由此,我们就可以用两个钟的偏差表明各惯性系不是平权的、等同的,而这是与相对性原理矛盾的。因此,相对性原理要求,只要有一种钟变慢,则其他钟必定也变慢。

这个例子已经使我们看到,从相对性原理及光速不变性,能得出多么重要的不同于牛顿经典力学的结论。爱因斯坦所发展的狭义相对论,就是以这两条为出发点,根本改造了牛顿理论的时空观。本章中,我们将比较系统地讨论狭义相对论的主要内容。

10.1   狭义相对论的提出

10.1.1   "光速"的含义

在狭义相对论提出以前,一个有争论的问题是:通过电磁学理论已经得到光速 c 为 2.988×10^8 m•s^{-1},是个常量,与光源运动的速度以及测量者是否运动都无关,没有涉及任何参考系的概念;那么,这个速度相对于什么参考系来测定呢? 是不是在不同的参考系会测得不同的值? 运动可不可以以超过光速的速度进行? 如果我们以超光速运动将会观测到什么物理现象? 对于空气中的声波来说,回答是很简单的:它是相对于声波通过的介质。但光通过真空传播,那么是否存在一种介质("以太"?),它对光所起的作用,正如空气对声波所起的作用一样? 如果存在"以太"这种介质,我们能否检测出来? 或者,是否应该相对于光源测定光速 c?

10.1.2   迈克耳孙-莫雷实验

为了解释光速、寻找"以太",人们进行了大量的尝试与探索。根据分析,"以太"应具有以下基本属性:

① 充满宇宙,透明而密度很小;

② 具有高弹性,能在平衡位置附近做振动,特别是电磁波为横波,"以太"应具有固体特性;

③ "以太"在牛顿绝对时空中静止不动,即在特殊参照系中静止。

在"以太"中物体的静止为绝对静止,相对"以太"物体的运动为绝对运动。引入"以太"后,人们认为电磁学中的麦克斯韦方程只对与"以太"固连的绝对参照系成立,那么可以通过实验确定一个惯性系相对"以太"的绝对速度。一般认为地球不是绝对参照系。可以假定"以太"与太阳固连,这样可以在地球上做实验确定地球本身相对于"以太"的绝对速度,即地球相对于太阳的速度。为此,人们设计了许多精确的实验(爱因斯坦也曾设计过这方面的实验),其中最著名、最有意义的是迈克耳孙-莫雷实验。

如果存在"以太",则当地球穿过"以太"绕太阳公转时,在地球运动的方向测量到的光速应该大于在与运动垂直方向测量到的光速。1887 年,迈克耳孙(Albert A. Michelson,1852－1931)和莫雷(Edward Morley,1838－1923)进行了非常精细的实验(图 10.1)。光源 S 发出的光被部分镀银的镜子 M 分为两束,分别沿着或垂直于地球公转方向,经过反射后分别回到 O,在观察窗上可观察到干涉条纹。当仪器转动 90°时,应该能观察到干涉条纹的移动。在他们的实验中,干涉仪臂长 11 m,光的波长 $\lambda = 5.5 \times 10^{-7}$ m,理论预期有 0.4 个条纹的移动,但实验结果发现至多有 0.01 个条纹的移动。考虑到实验误差,实验结果是,根本不存在干涉条纹的移动。实验的"零结果"否定了"以太"的存在,同时对绝对静止参考系是否存在也提出了怀疑。迈克耳孙－莫雷实验的结果,在当时的科学界引起了极大的震动。其后,在全世界不同国家的不同地点人们做了许多精确度更高的实验,都证实了迈克耳孙－莫雷实验的结果。迈克耳孙－莫雷实验的"零结果",给"以太"假说以沉重的打击,由此确定了光速不变原理,与狭义相对论基本原理吻合。它是建立相对论的前奏,尽管爱因斯坦在提出狭义相对论时并没有参考这个实验。迈克耳孙由于这项工作的贡献,荣获 1907 年诺贝尔物理学奖。

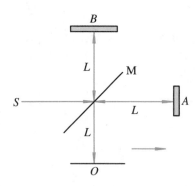

图 10.1　迈克耳孙－莫雷实验

10.1.3　狭义相对论的两个假设

我们先用爱因斯坦的原话表述一下狭义相对论的两条原理。1905 年,爱因斯坦在其狭义相对论的奠基性论文《论运动物体的电动力学》中写道:

下面的考虑是以相对性原理和光速不变原理为依据的,这两条原理我们规定如下:

① 物理体系的状态据以变化的定律,同描述这些状态变化时所参照的坐标系究竟是用两个在互相匀速移动着的坐标系中的哪一个并无关系;

② 任何光线在静止的坐标系中都是以确定的速度 c 运动着,不管这道光线是由静止的还是运动的物体发射出来的。

所以,爱因斯坦的理论基于两个假设,狭义相对论的所有结论都是从这两个假设导出的。

(1) 在所有惯性系中,物理定律具有相同的形式,没有哪一个惯性系比别的惯性系更优越。

从伽利略时代以来,人们都知道,在所有惯性系中,力学定律都具有相同的形式。爱因斯坦首先认识到相对性原理特别的重要性。他强调这是整个物理学都必须遵守的一条最基本的原则,也就是说,不仅力学规律,而且任何动力学规律,对不同惯性系应具有相同的形式。他大胆地将这个不变性原理推广到所有物理学科,不仅仅是力学,而且还特别要包括电磁学;不仅用力学现象,而且用任何现象都不能测出所谓的绝对速度。

(2) 在所有惯性系中真空里的光速都是相同的。

爱因斯坦的第二个假设完全不涉及"以太",也不需要"以太"。

应当说明,对于任何普遍性的原理,我们在原则上总是不能说实验证明了这个原理,因为普遍的原理总是涉及无限多的具体情况,而在有限的时间里,我们只能完成涉及有限具体情况的实验。因此,与其说用实验去证明某个原理,不如说用实验去验证从该原理所推得的种种具体结论。我们也将以这种态度对待狭义相对论的两条基本原理。所以,由这两条原理出发,我们将研究到底能得到哪些特别的结论。

10.2   洛伦兹变换

从第 2 章关于速度合成律的讨论中我们已经看到,光速不变原理与伽利略变换是矛盾的。为了满足光速不变原理的要求,惯性系之间应当有不同于伽利略变换式(2.5.21)的时空坐标变换关系。

现在设有两个坐标系 K 和 K',在某一时刻(取为 $t = t' = 0$),K 与 K' 的原点是重合的,并且在这一时刻位于原点的光源发出一个光信号。在 K 系中,光信号的波前是以 K 的原点为球心的球面,$x^2 + y^2 + z^2 - c^2 t^2 = 0$。

由于光速不变,在 K' 系中,这个信号的波前应是以 K' 的原点为球心的球面,$x'^2 + y'^2 + z'^2 - c^2 t'^2 = 0$。

只要要求 (x, y, z, t) 与 (x', y', z', t') 之间的变换关系满足

$$x^2 + y^2 + z^2 - c^2 t^2 = x'^2 + y'^2 + z'^2 - c^2 t'^2 \qquad (10.2.1)$$

就可以与光速不变原理相适应。

假定 K 与 K' 只在 x 方向上有相对运动,y, z 方向没有相对运动,由运动的独立性原理,关于 y, z 的变换应当是 $y' = y, z' = z$。

另外,还应要求坐标变换是线性的,这个要求来源于空间的均匀各向同性,即空间中各点的性质都是一样的,没有任何具有特别性质的点。这样,x, t 与 x', t' 之间的关系应有以下一般形式:

$$x' = \alpha x + \gamma t, \quad t' = \delta x + \eta t \qquad (10.2.2)$$

应当满足

$$x^2 - c^2 t^2 = x'^2 - c^2 t'^2 \qquad (10.2.3)$$

所以应具有形式:

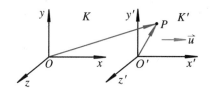

图 10.2   洛伦兹变换

$$x' = x\cosh\theta - ct\sinh\theta, \quad ct' = -x\sinh\theta + ct\cosh\theta \qquad (10.2.4)$$

其中 θ 为常量，$\sinh\theta = \dfrac{e^\theta - e^{-\theta}}{2}$，$\cosh\theta = \dfrac{e^\theta + e^{-\theta}}{2}$。可以验证一下：

$$\begin{aligned}
x'^2 - c^2 t'^2 &= (x\cosh\theta - ct\sinh\theta)^2 - (-x\sinh\theta + ct\cosh\theta)^2 \\
&= x^2(\cosh^2\theta - \sinh^2\theta) - c^2 t^2(\cosh^2\theta - \sinh^2\theta) \\
&= x^2 - c^2 t^2
\end{aligned}$$

引入新参数 $\beta = \tanh\theta = \dfrac{e^\theta - e^{-\theta}}{e^\theta + e^{-\theta}}$，即 $\sinh\theta = \dfrac{\beta}{\sqrt{1 - \beta^2}}$，$\cosh\theta = \dfrac{1}{\sqrt{1 - \beta^2}}$，$x'$ 和 t' 可以分别改写为

$$x' = \frac{x - \beta ct}{\sqrt{1 - \beta^2}}, \quad t' = \frac{t - \beta x / c}{\sqrt{1 - \beta^2}} \qquad (10.2.5)$$

或者解出 x, y, z, t，有

$$x = \frac{x' + \beta ct'}{\sqrt{1 - \beta^2}}, \quad y = y', \quad z = z', \quad t = \frac{t' + \beta x' / c}{\sqrt{1 - \beta^2}} \qquad (10.2.6)$$

现在确定系数 β。由于 K' 相对于 K 在 x 方向上以速度 v 运动，所以对于 K 中的观察者，K' 系原点的速度应是 $\dfrac{dx}{dt} = v, \dfrac{dy}{dt} = 0, \dfrac{dz}{dt} = 0$。由式(10.2.6)，并考虑到 $x' = y' = z' = 0$，可得 $dx = \dfrac{\beta c\,dt'}{\sqrt{1 - \beta^2}}, dy = 0, dz = 0, dt = \dfrac{dt'}{\sqrt{1 - \beta^2}}$。故 $\dfrac{dx}{dt} = \dfrac{\beta c\sqrt{1 - \beta^2}}{\sqrt{1 - \beta^2}} = \beta c, \dfrac{dy}{dt} = \dfrac{dz}{dt} = 0$，从而得到

$$\beta c = v, \quad 即 \quad \beta = \frac{v}{c} \qquad (10.2.7)$$

将式(10.2.7)代入式(10.2.5)和式(10.2.6)，得到惯性系 K 与 K' 之间的时空坐标变换关系：

$$\begin{cases} x' = \dfrac{x - vt}{\sqrt{1 - v^2/c^2}} \\ y' = y \\ z' = z \\ t' = \dfrac{t - (v/c^2)x}{\sqrt{1 - v^2/c^2}} \end{cases}, \quad \begin{cases} x = \dfrac{x' + vt'}{\sqrt{1 - v^2/c^2}} \\ y = y' \\ z = z' \\ t = \dfrac{t' + (v/c^2)x'}{\sqrt{1 - v^2/c^2}} \end{cases} \qquad (10.2.8)$$

式(10.2.8)称为洛伦兹变换。

当速度 $v \ll c$，即 $v^2/c^2 \ll 1$ 时，忽略 $\beta^2 = (v/c)^2$ 及以上的各阶小量，就过渡到伽利略变换了。在伽利略变换中，时间和空间是相互分开的，变换 $t' = t + t_0$ 中只含有 K 及 K' 中的时间坐标。但是在洛伦兹变换中，时间的变换不再与空间无关。

顺便说一下，为什么我们知道满足式 (10.2.3) 的 x, t 与 x', t' 之间的关系具有式 (10.2.4) 的形式呢？根据数学理论，球几何中关于圆的方程为 $a^2 + b^2 = 1$，其基本解是 $a = \cos\theta$, $b = \sin\theta$，并有变换律 $\begin{pmatrix} a & b \\ -b & a \end{pmatrix} = \begin{pmatrix} \cos\theta & \sin\theta \\ -\sin\theta & \cos\theta \end{pmatrix}$，满足

$$\begin{pmatrix} \cos\theta & \sin\theta \\ -\sin\theta & \cos\theta \end{pmatrix} \begin{pmatrix} 1 & \\ & 1 \end{pmatrix} \begin{pmatrix} \cos\theta & -\sin\theta \\ \sin\theta & \cos\theta \end{pmatrix} = \begin{pmatrix} 1 & \\ & 1 \end{pmatrix}$$

双曲几何中双曲线的方程为 $a^2 - b^2 = 1$，其基本解是 $a = \cosh\theta$, $b = \sinh\theta$，有变换律 $\begin{pmatrix} a & b \\ b & a \end{pmatrix} = \begin{pmatrix} \cosh\theta & \sinh\theta \\ \sinh\theta & \cosh\theta \end{pmatrix}$，满足

$$\begin{pmatrix} \cosh\theta & \sinh\theta \\ \sinh\theta & \cosh\theta \end{pmatrix} \begin{pmatrix} 1 & \\ & -1 \end{pmatrix} \begin{pmatrix} \cosh\theta & \sinh\theta \\ \sinh\theta & \cosh\theta \end{pmatrix} = \begin{pmatrix} 1 & \\ & -1 \end{pmatrix}$$

因为式 (10.2.3) 具有双曲线方程的形式，所以其基本解就是双曲函数。

在 19 世纪末 20 世纪初，有很多试图寻找绝对运动及 "以太" 的实验，如前面讲过的迈克耳孙－莫雷实验。出乎意料的是，全部以 "失败" 告终。有关结论说明已建立的物理方程有问题。不是麦克斯韦方程有问题，就是牛顿方程有问题。当时首先怀疑的是才建立 20 年的麦克斯韦方程组。这个方程组不满足伽利略变换下的不变性；为了使相对性原理在伽利略变换下能够得到满足，必须引入一些新的项。这种尝试由于无法用实验检验新的项所预言的新的电磁现象（这些新现象根本不存在！）而不得不放弃。后来人们逐渐相信，麦克斯韦方程组正确地描述了电动力学，因此必须另找原因。在此期间，洛伦兹奇怪地发现，如果引进变换

$$\begin{cases} x' = \dfrac{x - vt}{\sqrt{1 - v^2/c^2}} \\ y' = y \\ z' = z \\ t' = \dfrac{t - (v/c^2)x}{\sqrt{1 - v^2/c^2}} \end{cases} \tag{10.2.9}$$

麦克斯韦方程组形式将保持不变。所以这组变换被称为洛伦兹变换。爱因斯坦从两条基本原理出发，导出了洛伦兹变换，并进一步提出：所有的物理定律在洛伦兹变换下形式不变。这意味着，所有静止或匀速运动的封闭系统，利用一

切物理实验都无法确定其绝对运动或绝对运动速度。因此,应该予以改变的,不是麦克斯韦的电动力学定律,而是力学定律。

怎样改变力学定律,使其在洛伦兹变换下保持形式不变? 结果发现,唯一的要求就是把牛顿方程的质量 m 代之以方程 $m = m_0/\sqrt{1 - v^2/c^2}$ 的形式。这个改变使牛顿定律和麦克斯韦电动力学定律完全协调。

10.3 相对论的时空观

10.3.1 时间间隔的相对性

假定有两个物理事件,对于参考系 K' 发生于同一地点,但不同的时间: $A(x', y', z', t_1')$ 和 $B(x', y', z', t_2')$;对于 K 系,根据洛伦兹变换,两个事件分别发生在时刻

$$t_1 = \frac{t_1' + (v/c^2)x'}{\sqrt{1 - v^2/c^2}}, \quad t_2 = \frac{t_2' + (v/c^2)x'}{\sqrt{1 - v^2/c^2}}$$

从而有

$$t_2 - t_1 = \frac{t_2' - t_1'}{\sqrt{1 - v^2/c^2}} > t_2' - t_1' \tag{10.3.1}$$

也就是说,在 K 系看到的两个事件之间的时间间隔比 K' 系看到的要长;在 K 系看来,K' 系的时钟变慢了。

一个时间变慢的例子是关于 μ 介子的寿命。μ 介子是一个经过平均寿命 2.2×10^{-6} s 后会自行蜕变的粒子。那么,如果它以光速 $c \approx 3 \times 10^8$ m·s^{-1} 运动,也只能走过 600 多米。但是,了解到 μ 介子是在大气层顶部,即大约 10 km 高的地方产生,而在地面上实验室中仍能发现它们的事实,人们多少有些迷惑不解。以现在的观点就可以得到解释。这是因为不同的 μ 介子以不同的速度运动,其中有一些十分接近光速,地面上的观察者所看到的 μ 介子寿命应该乘上因子 $1/\sqrt{1 - v^2/c^2}$。寿命变长了,飞过的距离也必远大于 600 m,使得在地面上有可能探测到 μ 介子。

10.3.2　长度的相对性

　　假定有一直尺相对于 K' 系是静止的,并且放置在 x 方向上。如果直尺两端的坐标分别是 x'_1 及 x'_2,则对于 K' 系中的观察者,直尺的长度是 $L' = |x'_1 - x'_2|$。如果在 K 系中有一个观察者,在时刻 t 对该直尺进行测量,根据洛伦兹变换,得到直尺两端的坐标为 x_1 和 x_2,有

$$x'_1 = \frac{x_1 - vt}{\sqrt{1 - v^2/c^2}}, \quad x'_2 = \frac{x_2 - vt}{\sqrt{1 - v^2/c^2}}$$

所以对于 K 系,直尺的长度为

$$
\begin{aligned}
L &= |x_1 - x_2| \\
&= \sqrt{1 - \frac{v^2}{c^2}} \, |x'_1 - x'_2| = L' \sqrt{1 - \frac{v^2}{c^2}} < L'
\end{aligned}
\qquad (10.3.2)
$$

也就是说,在 K 系看来,K' 系的尺子变短了。

　　在使用洛伦兹变换时要注意,如果采用

$$x_1 = \frac{x'_1 + vt'}{\sqrt{1 - v^2/c^2}}, \quad x_2 = \frac{x'_2 + vt'}{\sqrt{1 - v^2/c^2}}$$

会出现 $|x_1 - x_2| = \dfrac{|x'_1 - x'_2|}{\sqrt{1 - v^2/c^2}}$ 的结果,为什么呢? 我们在 $2.5.5$ 小节中讨论长度的绝对性时曾经讲过,要注意"同时"测量待测物体两端的位置,现在在 K' 系同时(t'),在 K 系不是同时! 这就是"同时的相对性"。

　　要说明的是,尺缩效应给人的形象是物体上各点对观察者所在参考系在同一时刻的相对位置构成的"测量形象",而不是物体产生的"视觉形象"。相对论中的"观测者"指的就是这种"测量者"。而作为"观看者"看到的高速运动的物体,除了应考虑由相对论效应引起的在运动方向上的收缩,还应考虑到由光的传播引起的效应,看到的物体还要转过一个角度,称为特勒尔(James Torrell)旋转。具体来说,测量形象:测量运动杆长度必须同时测量其两端点坐标,才能由坐标差得出长度的测量值;视觉形象:是由物体上各点发出后"同时到达"眼睛或"照相机"的光线所组成的,这些光线不是同时从物体发出的。

10.3.3 同时的相对性

如果对于 K' 系,时刻 t' 在两个点 x'_1 和 x'_2 处同时发生了两个事件 A 和 B。按经典观点,在 K' 系中同时发生的两事件,在其他惯性系中看,也是同时发生的,即"同时"是绝对的概念。

但是,在相对论中却有完全不同的结论。根据洛伦兹变换,对于 K 系,事件 A 及 B 发生的时间应分别是

$$t_1 = \frac{t' + (v/c^2)x'_1}{\sqrt{1 - v^2/c^2}}, \quad t_2 = \frac{t' + (v/c^2)x'_2}{\sqrt{1 - v^2/c^2}}$$

两个事件相隔的时间为

$$\Delta t = t_2 - t_1 = \frac{v}{c^2} \cdot \frac{x'_2 - x'_1}{\sqrt{1 - v^2/c^2}} \tag{10.3.3}$$

两个事件不是同时发生的,Δt 可能为正的,也可能为负的,取决于 $x'_2 - x'_1$ 的符号。事件 A 可能发生于事件 B 之前,也可能发生在 B 之后,"同时"是相对的。

在同一参考系中如何确定在不同地点发生的事件是同时的呢? 这就是所谓的对钟问题。利用光速不变的原理! 在两点连线的中间位置发射光信号,两点接收到光信号的同时将钟校准,这样就能确定同一参考系中两点的同时性了。

【例 10.1】一列静止长度为 100 m 的火车在平直的轨道上以速度 $v = 0.6c$ 匀速行驶,穿过一个长度为 100 m 的隧道。

(1) 在火车的中点与隧道的中点重合时,在火车的前后两端同时向上垂直发射火箭。由于隧道相对于火车运动长度会缩短,所以火车司机说前后两支火箭都会发射到空中;但站在地面上的人说,由于运动的火车长度缩短,两支火箭都会打在隧道顶部。

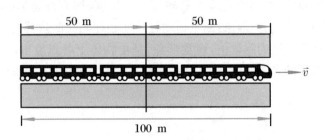

例 **10.1** 图(Ⅰ)

（2）在火车的中点与隧道的中点重合时，将隧道两端的大门同时关上。由于运动的火车长度缩短，可以将火车关在隧道内；但火车上的人说，由于隧道相对于火车运动长度会缩短，不能将火车关在隧道中。

请问，火箭能不能射向空中？门能不能将火车关在隧道内？如何解释？

【解】（1）当火车的中点与隧道的中点重合时，取中点处为坐标原点，向右为正方向。取火车为 K 系，地面为 K' 系，K' 系相对于 K 系以 $-\vec{v}$ 的速度向左运动[图（Ⅰ）]。在火车上看，前后两端同时向上发射火箭时隧道前后大门处坐标为

$$x = x' \times \sqrt{1 - \frac{v^2}{c^2}} = \pm 50 \times \sqrt{1 - 0.36} = \pm 50 \times 0.8 = \pm 40\,(\text{m})$$

由于相对运动，在火车上看，隧道的长度只有 80 m，所以火箭可以射到空中。那么在地面上看是怎样的呢？事实上，在运动的火车上同时发生的事在地面上看不是同时发生的！因为 $t=0$，有

$$t' = \frac{t - \frac{v}{c^2}x}{\sqrt{1-v^2/c^2}} = \frac{t - \frac{-0.6c}{c^2}x}{\sqrt{1-(0.6c)^2/c^2}} = \pm\frac{0.6}{0.8c}\times 50 = \pm\frac{75}{2c}$$

火车后端发射火箭在两者中点重合之前，前端发射火箭在两者中点重合之后。因为 $75/(2c)\times0.6c=22.5\,(\text{m})$，$40+22.5-50=12.5\,(\text{m})$，后端发射火箭时火车还在隧道外 12.5 m 处，前端发射火箭时火车已经开出隧道到大门外 12.5 m 处，故火箭能射向空中。

（2）现在换个角度。取地面为 K 系，火车为 K' 系，K' 系相对于 K 系以速度 $\vec{v}$ 向右运动。在地面上看，隧道前后大门同时关闭时火车前后两端的坐标为

$$x = x' \times \sqrt{1 - \frac{v^2}{c^2}} = \pm 50 \times \sqrt{1 - 0.36}$$
$$= \pm 50 \times 0.8 = \pm 40(\text{m})$$

由于相对运动，在地面上看，火车的长度只有 80 m，所以可以将火车关在隧道内。那么在火车上看是怎样的呢？事实上，在地面上同时发生的事在运动的火车上看不是同时发生的！因为 $t=0$，有

$$t' = \frac{t - (v/c^2)x}{\sqrt{1-v^2/c^2}} = \mp\frac{0.6}{0.8c}\times 50 = \mp\frac{75}{2c}$$

在火车上看,前方隧道门关闭是在两者中点重合之前,后方隧道门关闭是在两者中点重合之后。由 $75/(2c) \times 0.6c = 22.5(\mathrm{m})$,$40 + 22.5 - 50 = 12.5(\mathrm{m})$,可知火车前方隧道门关闭时,火车前端距隧道门还有 12.5 m,火车后方隧道门关闭时,火车已经开进隧道离开后方大门 12.5 m,故可以将火车关在隧道内。

下面我们换一种解法。为了说明事件的先后次序,用时空图的方法最清楚、最直观。

(1) 取火车为 K 系,地面为 K' 系,K' 系相对于 K 系以速度 $v = 0.6c$ 向 $-x$ 方向运动。根据洛伦兹变换,有

$$x' = \frac{x - vt}{\sqrt{1 - v^2/c^2}}, \quad t' = \frac{t - (v/c^2)x}{\sqrt{1 - v^2/c^2}}$$

我们先要绘出时空图的时间轴和空间轴。根据数学理论,t' 轴应为 $x' = 0$ 对应的直线,也就是 $x - vt = 0$ 对应的直线,即过原点、斜率为 $\Delta x/\Delta t = -3/5$ 的直线[图(Ⅱ)]。同理可求得 x' 轴是过原点、斜率为 $\Delta x/\Delta t = -5/3$ 的直线。如图(Ⅱ)所示,图中 $\tan\theta = -3/5$。为了使时空图更直观,我们将速度用光速 c 的倍数表示。

从时空图[图(Ⅱ)]很容易看清楚,虽然 K 系的司机及 K' 系的人都确认,火箭是在隧道外发射的,但各自认定的事件顺序却不同。司机认为,事件的顺序是 E,"B, A, C"同时,D,两支火箭是在隧道之外同时发射的。地面上的人却认为,事件的顺序是 B, D, A, E, C,一个火箭发射得较早($t'_B < t'_D$),而另一个则发射得较迟($t'_C > t'_E$),虽然火车比隧道短,但火箭却都是在隧道外发射的。

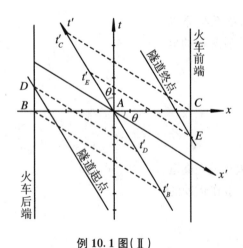

例 10.1 图(Ⅱ)

A.火车中点与隧道中点重合;B.火车后端火箭发射;C.火车前端火箭发射;D.火车后端进入隧道;E.火车前端从隧道出来

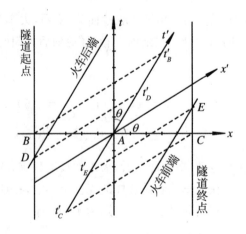

例 10.1 图(Ⅲ)

A.火车中点与隧道中点重合;B.隧道起始处门关上;C.隧道终点处门关上;D.火车后端进入隧道;E.火车前端撞上铁门

（2）取隧道为 K 系，火车为 K' 系，K' 系相对于 K 系以速度 $v = 0.6c$ 向 x 轴正向运动。按上面同样的方法作出在地面上观测的时空图，见图（Ⅲ），$\tan\theta = 3/5$。

地面上的人认为，事件的顺序是 D，"B, A, C"同时，E，火车后端是在两门关上之前进入隧道的，火车前端是在两门关上之后试图冲出去的，所以火车变短与车撞大门没有矛盾。司机认为，事件的顺序是 C, E, A, D, B。他认为前方大门关得较早（$t'_C < t'_E$），发生了碰撞，而车的后端继续行驶，在关得较迟的后方大门关上之前进入隧道（$t'_B > t'_D$）。

10.3.4 时序与因果关系

不仅同时是相对的，而且事件发生的时间次序也是相对的。设事件 A 及 B 对 K' 系来说，发生的地点与时间分别是（x'_1, t'_1）及（x'_2, t'_2）；对于 K 系，A 及 B 发生的时间分别是

$$t_1 = \frac{t'_1 + (v/c^2)x'_1}{\sqrt{1 - v^2/c^2}}, \quad t_2 = \frac{t'_2 + (v/c^2)x'_2}{\sqrt{1 - v^2/c^2}}$$

故

$$t_1 - t_2 = \frac{t'_1 - t'_2 + (v/c^2)(x'_1 - x'_2)}{\sqrt{1 - v^2/c^2}} \tag{10.3.4}$$

假定对于 K' 系，事件的时序是 A 先 B 后，即 $t'_1 - t'_2 < 0$；那么当（v/c^2）·（$x'_1 - x'_2$）足够大，以至 $t'_1 - t'_2 + (v/c^2)(x'_1 - x'_2) > 0$ 或者 $\left|\dfrac{x'_1 - x'_2}{t'_1 - t'_2}\right| > c^2/v$ 时，事件的时序在 K 系中就颠倒过来了，是 B 先 A 后，即 $t_1 - t_2 > 0$，时序是相对的。

乍一看，时序的相对性与因果关系是矛盾的。洛伦兹变换可能使时序改变，即可能因果倒置。怎样才能把因果关系的绝对性与时序的相对性统一起来呢？

先分析一下事件之间因果关系的必要条件。如果事件 A 与 B 之间有因果联系，就应当有某种作用（或携带能量的信号）从 x'_1 出发经过时间间隔 $t'_2 - t'_1$ 到达了 x'_2。这种作用使原因 A 得以产生结果 B，即因果事件之间相互作用的传递速度 $\dot{x}'_i$ 至少应当为 $v'_i = \left|\dfrac{x'_2 - x'_1}{t'_2 - t'_1}\right|$。代入式（10.3.4），得到 $v'_i v > c^2$，说明只有当 v'_i 和 v 之一大于 c 时，才会出现因果倒置的情况。也就是说，只在下列两

种情况之一成立时,才会观察到先果后因的现象:

① 因果作用的传递速度 v_i' 超过真空中光速;

② 事件对于观察者的运动速度超过真空中光速。

在实际情形中,永远不可能把原来以低于真空中光速的速度运动的物体加速到超过真空中光速,所以上述两种情况是不会发生的。

总之,可能有因果联系的两个事件 $\left(\left|\dfrac{x_1'-x_2'}{t_1'-t_2'}\right|<c\right)$ 的时序不会经洛伦兹变换而改变;没有因果联系的两个事件 $\left(\left|\dfrac{x_1'-x_2'}{t_1'-t_2'}\right|>c\right)$ 的时序是可以改变的,但不违反因果关系。

将一块石头扔进水塘,水面的涟漪向四周散开,以圆周的形式越变越大,这个二维的水面加上一维的时间,扩大的水圈与时间就能画出一个圆锥,顶点是石头击中水面的地点和时间。类似地,从一个事件出发的光在二维的空间-时间里形成了一个三维的圆锥,这个圆锥称为事件的光锥(图 10.3)。

光锥可以定义为一个事件的因果未来和因果过去的边界,并包含了这个时空中的因果结构信息。光锥内部的所有点都可以通过小于真空中光速的速度与当前事件建立因果联系,它们与当前事件的间隔称作类时间隔。光锥表面的所有点都可以通过光速与当前事件建立因果联系,它们与当前事件的间隔称作类光或零性间隔。光锥外部的所有点都无法与当前事件建立因果联系,它们与当前事件的间隔称作类空间隔。由于光锥本身具有洛伦兹不变性,事件之间的间隔属于类时还是类空,也与观察者所在的参考系无关。其中对于类空间隔的事件,由于两者没有因果联系,不能认为它们也具有经典力学中描述的所谓同时性,即无法认为任何类空间隔的两个事件是同时的。

"2005 世界物理年"的徽标构图就像一个光锥(图 10.4)。它的红底代表过去;在物理学中,光谱发生红移是物体远离我们运动的光谱特征;红色又有底部或基础的含义。它的蓝顶表示未来;天空是蓝色的,蓝移是向我们运动物体的光谱特征。黄和绿连接着过去与未来,体现出在过去的基础上建立未来的信心。其中,绿色又代表"绿灯可走",即进步;黄色代表和平、合作。因此,这个徽标主要表达的意义是:技术进步和国际合作共建光明的未来。只要我们大家,特别是物理工作者向这个目标努力,就能够作出有益于社会的新发现。

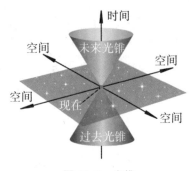

图 10.3 光锥

图 10.4 世界物理年徽标

10.3.5 时空间隔的绝对性与物理规律协变的 四维形式

在洛伦兹变换下,两个事件 (x_1,y_1,z_1,t_1),(x_2,y_2,z_2,t_2) 的时间间隔及空间间隔都是相对的,而它们的时空间隔是绝对的。时空间隔定义为

$$s = \sqrt{c^2(t_1 - t_2)^2 - (x_1 - x_2)^2 - (y_1 - y_2)^2 - (z_1 - z_2)^2}$$

$$(10.3.5)$$

利用洛伦兹变换,容易证明:

$$\sqrt{c^2(t_1 - t_2)^2 - (x_1 - x_2)^2 - (y_1 - y_2)^2 - (z_1 - z_2)^2}$$
$$= \sqrt{c^2(t_1' - t_2')^2 - (x_1' - x_2')^2 - (y_1' - y_2')^2 - (z_1' - z_2')^2}$$

即 $s = s'$。这表明,对 s 的测量结果不依赖于参照系的选择。

对于在时空上无限邻近的两个事件,其时空间隔可以写成微分形式:

$$ds = \sqrt{c^2(dt)^2 - (dx)^2 - (dy)^2 - (dz)^2} \qquad (10.3.6)$$

还常常利用如下定义的量:

$$\tau = \frac{1}{c}s \quad 或 \quad d\tau = \frac{1}{c}ds \qquad (10.3.7)$$

这称为原时间隔。由于真空中光速是个绝对量,故原时间隔也是个绝对量。一个质点的运动可以看成一系列连续出现的物理事件,这时,两个无限邻近的运动状态的原时间隔是

$$d\tau = \frac{1}{c}\sqrt{c^2(dt)^2 - (dx)^2 - (dy)^2 - (dz)^2}$$
$$= dt\sqrt{1 - \frac{1}{c^2}\left[\left(\frac{dx}{dt}\right)^2 + \left(\frac{dy}{dt}\right)^2 + \left(\frac{dz}{dt}\right)^2\right]}$$
$$= dt\sqrt{1 - \frac{v^2}{c^2}}$$

其中 v 为质点相对于 K 系的速度。

$d\tau$ 的绝对性表明,若质点相对于 K' 系的速度为 v',则有

$$d\tau = dt\sqrt{1 - \frac{v^2}{c^2}} = dt'\sqrt{1 - \frac{v'^2}{c^2}} \qquad (10.3.8)$$

对于前面例子中在火车两端同时发射火箭的问题,从火车上 K 系看同时发生了两个事件 A 和 B,分别为在火车前方和后方发射火箭,时间和空间坐标分别为

$$t_A = 0, \quad x_A = 50(\mathrm{m})$$
$$t_B = 0, \quad x_B = -50(\mathrm{m})$$

在地面上 K' 系看,事件 A 和 B 发生的时间和空间坐标分别为

$$t'_A = \frac{75}{2c}, \quad x'_A = 62.5(\text{m})$$

$$t'_B = -\frac{75}{2c}, \quad x'_B = -62.5(\text{m})$$

K 系中事件 A 和 B 的时空间隔为 $s = \sqrt{c^2(\Delta t)^2 - (\Delta x)^2} = 100\text{i}(\text{m})$。$K'$ 系中事件 A 和 B 的时空间隔为

$$s' = \sqrt{c^2(\Delta t')^2 - (\Delta x')^2} = \sqrt{75^2 - 125^2} = 100\text{i}(\text{m}) = s$$

虚数表示两个事件属于类空间隔,不会有因果关系。对于前例中隧道两端同时关门问题,从地面上 K 系看同时发生了两个事件 A 和 B,分别为在火车前方和后方关闭隧道门,时间和空间坐标分别为

$$t_A = 0, \quad x_A = 50(\text{m})$$
$$t_B = 0, \quad x_B = -50(\text{m})$$

在火车上 K' 系看,事件 A 和 B 发生的时间和空间坐标分别为

$$t'_A = -\frac{75}{2c}, \quad x'_A = 62.5(\text{m})$$

$$t'_B = \frac{75}{2c}, \quad x'_B = -62.5(\text{m})$$

K 系中事件 A 和 B 的时空间隔为 $s = \sqrt{c^2(\Delta t)^2 - (\Delta x)^2} = 100\text{i}(\text{m})$。$K'$ 系中事件 A 和 B 的时空间隔为

$$s' = \sqrt{c^2(\Delta t')^2 - (\Delta x')^2} = \sqrt{75^2 - 125^2} = 100\text{i}(\text{m}) = s$$

通过前面的分析与讨论,我们发现现在时间和空间是耦合在一起的,不再是相互独立的了。狭义相对论的第一个假设说,在所有惯性系中物理定律具有相同的形式。那么不同惯性系的时空坐标之间必须满足什么关系才能使物理规律,包括力学、电磁学定律,保持不变呢? 爱因斯坦利用闵柯夫斯基(Hermann Minkowski,1864 - 1909)提出的四维张量方法,引入时空"四维坐标"以及能量和动量构成的"四维动量"的概念(我们在第 5 章中曾提到的广义坐标与广义动量),为相对论提供了一种高雅、便捷、行之有效的数学方法,保证了在不同惯性系中物理定律具有相同的形式,也就是物理规律的四维协变。更深入的内容将在"电动力学"课程中讨论。

10.3.6 爱因斯坦速度合成律

为了求出相对论的速度合成公式,先把洛伦兹变换写成微分形式:

$$\begin{cases} dx = \dfrac{dx' + vdt'}{\sqrt{1 - v^2/c^2}} \\ dy = dy' \\ dz = dz' \\ dt = \dfrac{dt' + (v/c^2)dx'}{\sqrt{1 - v^2/c^2}} \end{cases} \tag{10.3.9}$$

设对于 K 系,质点的速度分量是 $u_x = dx/dt$, $u_y = dy/dt$, $u_z = dz/dt$;而对于 K' 系,质点的速度分量是 $u'_x = dx'/dt'$, $u'_y = dy'/dt'$, $u'_z = dz'/dt'$。考虑到时间微分表达式 $dt = \dfrac{dt' + (v/c^2)dx'}{\sqrt{1 - v^2/c^2}}$,可以得到

$$\begin{cases} u_x = \dfrac{u'_x + v}{1 + u'_x(v/c^2)} \\ u_y = \dfrac{u'_y \sqrt{1 - v^2/c^2}}{1 + u'_x(v/c^2)} \\ u_z = \dfrac{u'_z \sqrt{1 - v^2/c^2}}{1 + u'_x(v/c^2)} \end{cases} \tag{10.3.10}$$

这称为爱因斯坦速度合成律。在低速情况($v \ll c$)下,略掉其中含 v/c 的项,式 (10.3.10)就变成 $u_x \approx u'_x + v$, $u_y \approx u'_y$, $u_z \approx u'_z$。这就是牛顿力学中的速度合成律。

爱因斯坦速度合成律的一个有趣性质是,两个小于或等于 c 的速度之和,永远不能超过 c。假设一个运动光源发出的光相对于光源的速度为 c,光源相对于地面的速度为 $0.5c$,且两者的速度皆在 x 方向。这时,$v = 0.5c$, $u'_x = c$, $u'_y = u'_z = 0$,根据爱因斯坦速度合成,$u_x = \dfrac{c + 0.5c}{1 + 0.5c^2/c^2} = c$, $u_y = u_z = 0$,即光相对于地面的速度仍为 c。

这个速度合成公式表明了,不可能把一个原以小于真空中光速的速度运动的质点加速到真空中光速以上。真空中光速 c 是这种加速所能达到的极限。

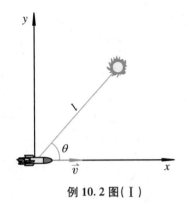

例 10.2 图（Ⅰ）

【例 10.2】（光行差问题——相对论的"海市蜃楼"）不仅时间的"先后"会变化,空间的"前后"也会变化。有时候为了表示"绝对不可能"这种意思,我们常说:谁能看见自己脑后头的东西! 的确,人眼的视角只比 180°稍大一点。所以,要想看到脑后的东西,似乎是绝对办不到的。

根据相对论,则不尽然!

设想有一艘宇宙飞船,飞船前端有一个半球形的观察室。此飞船沿 x 正方向飞行,接收到一颗恒星发出的光信号。在恒星为静止的参考系 K 中,星在 xy 平面中,信号来的方向与飞船前进的方向成 θ 角。根据洛伦兹变换,在飞船为静止的参考系 K' 中,信号来的方向角为 θ',所有 $\theta' < \pi/2$ 的恒星在观察室里都可以看见[图（Ⅰ）]。

根据式(10.2.4),取 $c = 1$,有

$$x' = x\cosh\varphi - t\sinh\varphi, \quad y' = y, \quad z' = z$$
$$t' = t\cosh\varphi - x\sinh\varphi$$

还有 $\text{artanh}\, v = \varphi$。

现在设恒星与飞船的距离为 l。因为已将光速 c 取为 1,则相对于 K 系,在 $x = l\cos\theta, y = l\sin\theta$ 处,$t = -l$ 时刻发出的光,在 $x = 0, y = 0$ 处,$t = 0$ 时刻被接收到。所以,相对于 K' 系,在 $x' = 0, y' = 0, t' = 0$ 接收到的光,是在

$$x' = (l\cos\theta) \cdot \cosh\varphi - (-l)\sinh\varphi$$
$$y' = l\sin\theta$$
$$t' = (-l)\cosh\varphi - (l\cos\theta)\sinh\varphi$$

处发射的。由此求得

$$\tan\theta' = \frac{y'}{x'} = \frac{l\sin\theta}{l\cos\theta\cosh\varphi + l\sinh\varphi}$$

所有 $\theta' < \pi/2$ 的恒星都观察得到,也就是要求 $\tan\theta' < \infty$,或 $l\cos\theta\cosh\varphi + l\sinh\varphi > 0$,即 $\cos\theta > -\tanh\varphi$。当 $v = 1$(即 $v = c$)时,$\tanh\varphi = 1$,有 $\cos\theta > -1$,即 $\theta < 180°$。此时在飞船观察室里可以看见全部星空。

具体地说,如果飞船的航向指向北极星,当它的速度很小时,观察室内宇航员眼前的星空景象同生活在地面上的人面向北极星时所看到的是一样的。这时,北极星在中央,北斗、仙后、武仙等星座环绕在它周围[图（Ⅱ）中(a)],南天的星不在视野之内。

飞船加快速度,当达到光速的一半时,展现在宇航员眼前的星空景象大大变化了。他看到原来在北极星周围的星都向中央聚拢,挤到虚线圆所表示的范围之中,虚线圆外面的天狼和天蝎,原来都是在"后"面的,现在开始进入到前面[图（Ⅱ）中(b)]。

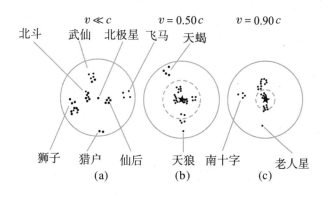

例 10.2 图（Ⅱ）

随着速度的继续增大，将有越来越多原来在"脑后"的星进入视野。当速度达到光速的 90% 时，南天的十字座和老人星也都能看到［图（Ⅱ）中（c）］。如果飞船速度接近光速，则原来整个天空中的所有恒星和星系，都无例外地"挤"到前面来了。

因此，只要运动速度足够接近光速，那么，即使原来在脑后的东西，我们也是能看到的。这就出现一种奇怪的景象，当宇航员以接近光的速度逃离地球时，他将看到地球就在他航向的前方；当宇航员以接近光的速度逃离太阳时，太阳也就在他航向的前方。无论他向什么方向逃，他要离开的地方总是在他的前方。其实，他看到的只不过是相对论的"海市蜃楼"。

10.3.7　加速度变换公式

在经典力学中，对于伽利略变换，加速度是不变量，即质点运动的加速度相对于一切惯性参考系都相等，这就导致了伽利略的相对性原理。但是经过洛伦兹变换后加速度会发生改变，即在狭义相对论中加速度不是不变量。

对前面的爱因斯坦速度合成律微分，得

$$
\begin{cases}
\mathrm{d}u_x = \dfrac{\mathrm{d}u'_x}{1 + u'_x \dfrac{v}{c^2}} - \dfrac{u'_x + v}{\left(1 + u'_x \dfrac{v}{c^2}\right)^2} \dfrac{v\mathrm{d}u'_x}{c^2} = \dfrac{1 - v^2/c^2}{\left(1 + u'_x \dfrac{v}{c^2}\right)^2} \mathrm{d}u'_x \\[3mm]
\mathrm{d}u_y = \dfrac{\mathrm{d}u'_y \sqrt{1 - v^2/c^2}}{1 + u'_x \dfrac{v}{c^2}} - \dfrac{u'_y \sqrt{1 - v^2/c^2}}{\left(1 + u'_x \dfrac{v}{c^2}\right)^2} \dfrac{v\mathrm{d}u'_x}{c^2} \\[3mm]
\mathrm{d}u_z = \dfrac{\mathrm{d}u'_z \sqrt{1 - v^2/c^2}}{1 + u'_x \dfrac{v}{c^2}} - \dfrac{u'_z \sqrt{1 - v^2/c^2}}{\left(1 + u'_x \dfrac{v}{c^2}\right)^2} \dfrac{v\mathrm{d}u'_x}{c^2}
\end{cases}
\tag{10.3.11}
$$

再考虑时间关系,有

$$dt = \frac{dt' + (v/c^2)dx'}{\sqrt{1 - v^2/c^2}} = \frac{1 + (v/c^2)u'_x}{\sqrt{1 - v^2/c^2}}dt' \tag{10.3.12}$$

由于

$$a_x = \frac{du_x}{dt}, \quad a_y = \frac{du_y}{dt}, \quad a_z = \frac{du_z}{dt}$$

$$a'_x = \frac{du'_x}{dt'}, \quad a'_y = \frac{du_y'}{dt'}, \quad a'_z = \frac{du'_z}{dt'}$$

所以

$$\begin{cases} a_x = \dfrac{(1 - v^2/c^2)^{3/2}}{\left(1 + \dfrac{vu'_x}{c^2}\right)^3} a'_x \\[6mm] a_y = \dfrac{1 - v^2/c^2}{\left(1 + \dfrac{vu'_x}{c^2}\right)^2} a'_y - \dfrac{\dfrac{vu'_y}{c^2}(1 - v^2/c^2)}{\left(1 + \dfrac{vu'_x}{c^2}\right)^3} a'_x \\[6mm] a_z = \dfrac{1 - v^2/c^2}{\left(1 + \dfrac{vu'_x}{c^2}\right)^2} a'_z - \dfrac{\dfrac{vu'_z}{c^2}(1 - v^2/c^2)}{\left(1 + \dfrac{vu'_x}{c^2}\right)^3} a'_x \end{cases} \tag{10.3.13}$$

这时,加速度不再是不变量,其变换公式相当复杂,且各分量的变换式也很不一样。加速度在牛顿经典力学中所具有的那种特殊地位,在相对论中不再存在。

10.3.8 双生子佯谬的狭义相对论解释

在相对论中,有一个非常经典的佯谬叫"双生子佯谬",大意是:有孪生兄弟两人,哥哥乘宇宙飞船进行太空旅行,弟弟留在地球上。当一段时间过去,进行太空旅行的哥哥回到地球,兄弟二人重逢。相对于弟弟所在的参考系,哥哥经历过高速运动,应该年轻一些;但反过来,相对于哥哥所在的参考系,弟弟经历过高速运动,应该年轻一些。究竟谁更年轻?如何解释呢?我们通过一个例子加以说明。

【例 10.3】 宇航员乘宇宙飞船以 $0.8c$ 的速度飞向一个 8 光年远的天体，然后立即以同样速度返回地球。以地球为 K 系，去时的飞船为 K' 系，返回时的飞船为 K'' 系。在地球和天体上各有一个 K 钟，彼此是对准了的。起飞时地球上的 K 钟和飞船上的 K' 钟的指示 $t = t' = 0$。

（1）求在宇航员看来，起飞、到达天体和返回地球这三个时刻所有钟的读数。

（2）假定飞船是 2020 年元旦起飞的。此后每年元旦宇航员和地面上的孪生兄弟互拍贺年电报。求以各自的钟为准他们收到每封电报的时刻。

【解】（1）由 $\beta = 0.8$，得 $\gamma^{-1} = \sqrt{1 - \beta^2} = 0.6$。由于相对论效应，在 K 系中同时发生的地球和天体上钟指零的事件在 K' 系中的宇航员看来并不是同时发生的，天体上 K 钟指零的事件发生得要早一些（与前面例子中火车穿过隧道，隧道前端关门类似）。由洛伦兹变换，相对于 K' 系，天体上 K 钟指零的事件发生时刻为

$$t'_{\text{天}} = \gamma(t - \beta x/c) = -\gamma\beta x/c = -\frac{0.8 \times 8 \text{光年}/c}{0.6} = -\frac{32}{3} \text{年}$$

其中 $t = 0$，$x = 8$ 光年；即在宇航员看来，天体上 K 钟指零的事件发生在飞船与地球对齐前 32/3 年。考虑到地球和天体所在的 K 系相对于飞船所在的 K' 系运动速度为 $0.8c$，相对于宇航员，K 系的时钟变慢；所以在宇航员看来，K' 系时间间隔 $\Delta t'$ 为 32/3 年的两个事件在 K 系中对应的时间间隔应该是

$$\Delta t = \Delta t' \times \sqrt{1 - \beta^2} = \frac{32 \text{年}}{3} \times 0.6 = 6.4 \text{年}$$

也就是说，在宇航员看来，起飞时天体上的 K 钟并未与地球上的 K 钟对准，而是早走了 6.4 年[图（Ⅰ）中（a）]。

由于洛伦兹收缩，宇航员观测到自己的旅程长度为 $x' = x/\gamma = 8$ 光年 $\times 0.6 = 4.8$ 光年，单程所需时间为 $t' = 4.8$ 光年 $/(0.8c) = 6$ 年，即当他到达天体时 K' 钟指示为 6 年。在此期间，由于时间延缓，K 钟只走了

$$t = t' \times \sqrt{1 - \beta^2} = 6 \text{年} \times 0.6 = 3.6 \text{年}$$

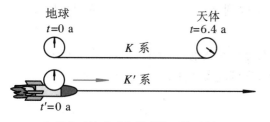

(a) 飞船离开地球时各钟所指示的时刻

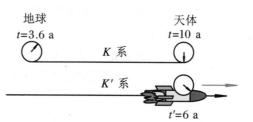

(b) 飞船到达天体时各钟所指示的时刻

例 **10.3** 图（Ⅰ）

即对于 K' 系,此刻地球和天体上的 K 钟读数分别为 3.6 年和 10(= 6.4 + 3.6)年[图(Ⅰ)中(b)]。

到达天体时宇航员立即迅速调头,相当于换乘 K'' 系的飞船以同样的速度返航,这时飞船上的 K'' 钟仍然指示 $t'' = 6$ 年。对于 K'' 系,此刻地球上 K 钟的读数 $t_{地}$ 比当地 K 钟的读数 $t_{天} = 10$ 年超前了 6.4 年(理由同前),即 $t_{地} = 16.4(= 10 + 6.4)$年[图(Ⅱ)中(a)]。也就是说,在宇航员从 K' 系换到 K'' 系时,地球上的 K 钟从 3.6 年跳到 16.4 年,突然增加了 12.8 年。

作与离去时同样的分析,可知在返程中 K'' 钟走过 6 年,K'' 系观测到 K 钟走过 3.6 年。即当他返回地球时,$t'' = 12(= 6 + 6)$年,$t_{天} = 13.6(= 10 + 3.6)$年,$t_{地} = 20(= 16.4 + 3.6)$年[图(Ⅱ)中(b)]。回到地球时,宇航员发现孪生兄弟比自己老了 8 年。

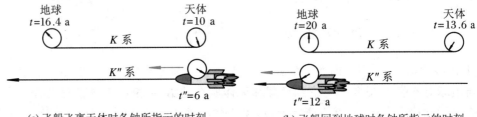

例 10.3 图(Ⅱ)   (a) 飞船飞离天体时各钟所指示的时刻   (b) 飞船回到地球时各钟所指示的时刻

(2) 宇宙飞船中的宇航员并不能即时地看到 K 钟的读数,他只能通过接收来自地球的无线电信号间接地推算人间光阴的流逝。起初,当飞船离地球而去时,收到贺年电报的周期拉得很长。这一方面是因为对于飞船来说 K 钟走得慢,另一方面是由于信号源在退行。对于 K 系,相继发出两封电报的时间间隔 $\Delta t = 1$ 年。对于 K' 系,$\Delta t' = \gamma \Delta t$,在此期间飞船又走远了 $\beta \Delta t'$ 光年。把两个效果合起来,宇航员收报的间隔是 $(1 + \beta)\Delta t' = (1 + \beta)\gamma \Delta t = (1 + 0.8)$年$/0.6 = 3$ 年。按此计算,宇航员驶向天体的 6 年内只收到 2021 年、2022 年两封元旦贺电。

同样,宇航员在回程中收报的间隔是 $(1 - \beta)\Delta t'' = (1 - \beta)\gamma \Delta t = (1 - 0.8)$年$/0.6 = 1/3$ 年,6 年内收到 2023~2040 年发出的 18 封元旦贺电。

我们把宇航员和地面上收到对方新年贺电的时刻列在表 10.1 和表 10.2 中;而对地面收报情况的具体分析,您可以参考前面的讨论自己进行。

表 10.1 地球上的发报时间 t 和飞船上的收报时间 t' 或 t''

t/a	0	1	2	3	4	5	6	7	8	9	10
t'/a	0	3	6								
t''/a			6	$6\frac{1}{3}$	$6\frac{2}{3}$	7	$7\frac{1}{3}$	$7\frac{2}{3}$	8	$8\frac{1}{3}$	$8\frac{2}{3}$

t/a	11	12	13	14	15	16	17	18	19	20
t'/a										
t''/a	9	$9\frac{1}{3}$	$9\frac{2}{3}$	10	$10\frac{10}{3}$	$10\frac{2}{3}$	11	$11\frac{11}{3}$	$11\frac{2}{3}$	12

表 10.2 飞船上的发报时间 t' 或 t'' 和地球上的收报时间 t

t'/a	0	1	2	3	4	5	6						
t''/a							6	7	8	9	10	11	12
t/a	0	3	6	9	12	15	18	$18\frac{1}{3}$	$18\frac{2}{3}$	19	$19\frac{1}{3}$	$19\frac{2}{3}$	20

要让两位孪生兄弟重逢,乘宇宙飞船旅行的哥哥必须经历加速、减速等过程,不可能一直是惯性系;实际上,即使留在地球上的弟弟所在的也不是严格的惯性系,因为地球一直在自转、公转。狭义相对论中的洛伦兹变换要求涉及的参考系都是惯性系,所以我们这里只是基于狭义相对论进行简单的分析,对双生子佯谬的严格解释要用到广义相对论的内容。

10.4 相对论力学

10.4.1 相对论质量

现在讨论经典力学规律与新的时空观的关系。牛顿动力学方程与相对论时空观是有矛盾的,因此,牛顿动力学方程必须加以修正。修正的原则是相对性原理。

在低速范围洛伦兹变换过渡到伽利略变换,所以相对论力学规律在低速范围应能过渡为牛顿动力学方程。因此仍考虑将相对论中的力学规律写成

$$\frac{\mathrm{d}}{\mathrm{d}t}(mv_x) = F_x, \quad \frac{\mathrm{d}}{\mathrm{d}t}(mv_y) = F_y, \quad \frac{\mathrm{d}}{\mathrm{d}t}(mv_z) = F_z$$

$$(10.4.1)$$

但是,不同于牛顿力学的情况,现在质量 m 及力 $\vec{F}$ 不再是绝对量,即相对于不同的坐标系,其数值是不同的。下面讨论若式(10.4.1)遵从狭义相对论,质量 m 应怎样变换。为了区别,以后称牛顿力学中所用的质量为静止质量。

考虑两个质点,相对于 K 系,它们的质量分别为 m_1 及 m_2,速度都在 x 方向,分别为 u_1 和 u_2,并且两质点的动量和为零,

$$P = m_1 u_1 + m_2 u_2 = 0 \tag{10.4.2}$$

即 K 系为质心系。两质点所构成的体系的总质量为 $M = m_1 + m_2$。整个体系对 K 系的速度,按定义为 $V = P/M = 0$,即静止。

再从 K' 系分析这两个质点。根据相对性原理,如果力学规律具有式(10.4.1)的形式,则两质点对 K' 系的动量仍具有式(10.4.2)的形式,即

$$P' = m_1' u_1' + m_2' u_2' \tag{10.4.3}$$

所有带撇号的量均表示对 K' 系而言。这时体系的总质量为 $M' = m_1' + m_2'$。由于 K' 系相对于 K 系以速度 v 运动,所以相对于 K 系为静止的体系,相对于 K' 系有速度 $-v$。这样,两质点所构成的整个体系对 K' 的速度应为 $-v$。所以动量 P' 又可写成

$$P' = -M'v \tag{10.4.4}$$

利用式(10.4.2),得到

$$\frac{m_1}{m_2} = -\frac{u_2}{u_1} \tag{10.4.5}$$

另一方面,由式(10.4.3)及式(10.4.4),可得

$$m_1' u_1' + m_2' u_2' = -(m_1' + m_2')v \tag{10.4.6}$$

即

$$\frac{m_1'}{m_2'} = -\frac{u_2' + v}{u_1' + v} \tag{10.4.7}$$

再由相对论速度合成公式,有

$$u_1 = \frac{u_1' + v}{1 + (v/c^2)u_1'}, \quad u_2 = \frac{u_2' + v}{1 + (v/c^2)u_2'}$$

代入式(10.4.7),得

$$\frac{m'_1}{m'_2} = -\frac{1 + (v/c^2)u'_2}{1 + (v/c^2)u'_1} \cdot \frac{u_2}{u_1}$$

再用式(10.4.5),得

$$\frac{m'_1}{m'_2} = \frac{1 + (v/c^2)u'_2}{1 + (v/c^2)u'_1} \cdot \frac{m_1}{m_2}$$

即

$$\frac{m'_1/m_1}{m'_2/m_2} = \frac{1 + (v/c^2)u'_2}{1 + (v/c^2)u'_1} \tag{10.4.8}$$

注意公式

$$\sqrt{1 - \frac{u_1^2}{c^2}} = \sqrt{1 - \frac{(u'_1 + v)^2}{c^2[1 + (v/c^2)u'_1]^2}} = \frac{\sqrt{1 - v^2/c^2} \cdot \sqrt{1 - u_1'^2/c^2}}{1 + (v/c^2)u'_1}$$

即

$$1 + \frac{vu'_1}{c^2} = \frac{\sqrt{1 - u_1'^2/c^2}}{\sqrt{1 - u_1^2/c^2}} \cdot \sqrt{1 - \frac{v^2}{c^2}} \tag{10.4.9}$$

类似地,有

$$1 + \frac{vu'_2}{c^2} = \frac{\sqrt{1 - u_2'^2/c^2}}{\sqrt{1 - u_2^2/c^2}} \cdot \sqrt{1 - \frac{v^2}{c^2}} \tag{10.4.10}$$

将式(10.4.9)和式(10.4.10)代入式(10.4.8),得

$$\frac{m'_1/m_1}{m'_2/m_2} = \frac{\sqrt{1 - u_1^2/c^2} / \sqrt{1 - u_1'^2/c^2}}{\sqrt{1 - u_2^2/c^2} / \sqrt{1 - u_2'^2/c^2}} \tag{10.4.11}$$

这就是利用相对性原理导出的、任意两个质点相对于 K 系及 K' 系的质量及速度之间必须保持的关系。式中含下标 1 或 2 的各量,以及带上撇和不带上撇的各量的对称位置是很明显的,只要我们取质点的质量与其速度间有如下关系,就可满足式(10.4.11):

$$m = \frac{a}{\sqrt{1 - u^2/c^2}}$$

其中 a 为常数。当速度 u 较小时,m 应当趋于牛顿力学中所用的质量,即静止质量 m_0;所以应有 $a = m_0$,从而有

$$m = \frac{m_0}{\sqrt{1 - u^2/c^2}} \tag{10.4.12}$$

这是相对论力学的重要结论之一。即质点的质量并不是不变的,而是与质点的运动状态有关;质点速度越大,它的质量越大。严格说只有当速度为零时,质量才等于静止质量。实际上,只要 $u \ll c$,就有 $m \approx m_0$,这就是牛顿动力学方程中把质量看作常量的根据。

10.4.2 相对论动量与动能

为了在狭义相对论中保留动量守恒原理,具有静止质量 m_0 和速度 v 的质点的动量必须重新定义为

$$p = mv = \frac{m_0 v}{\sqrt{1 - v^2/c^2}} \tag{10.4.13}$$

考虑质量随速率的变化,在狭义相对论中,质点的动能不再是 $m_0 v^2/2$,而是 $T = mc^2 - m_0 c^2 = m_0 c^2 (1/\sqrt{1 - v^2/c^2} - 1)$。当 $v \ll c$ 时,由泰勒展开 $\left(1 - \frac{v^2}{c^2}\right)^{-1/2} \approx 1 + \frac{1}{2}\frac{v^2}{c^2}$,有

$$T = mc^2 - m_0 c^2 \approx m_0 c^2 \times \frac{1}{2}\frac{v^2}{c^2} = \frac{1}{2}m_0 v^2$$

又回到了牛顿经典力学中的动能形式。

10.4.3 质能关系

仍从相对论的质点动力学方程(10.4.1)出发,注意其中质量是速度的函数,我们有

$$\vec{F} = \frac{\mathrm{d}}{\mathrm{d}t}(m\vec{u}) = m\frac{\mathrm{d}\vec{u}}{\mathrm{d}t} + \vec{u}\frac{\mathrm{d}m}{\mathrm{d}t} \tag{10.4.14}$$

其中 $\vec{u}$ 为质点的速度矢量。外力 $\vec{F}$ 做的功仍应等于质点能量的增加,即

$$\Delta E = \int_1^2 \vec{F} \cdot \mathrm{d}\vec{s} = \int_1^2 m\frac{\mathrm{d}\vec{u}}{\mathrm{d}t} \cdot \mathrm{d}\vec{s} + \int_1^2 \frac{\mathrm{d}m}{\mathrm{d}t}\vec{u} \cdot \mathrm{d}\vec{s}$$

$$= \int_1^2 m\vec{u} \cdot \mathrm{d}\vec{u} + \int_1^2 \vec{u} \cdot \vec{u}\mathrm{d}m = \frac{1}{2}\int_1^2 m\mathrm{d}u^2 + \int_1^2 u^2\mathrm{d}m \tag{10.4.15}$$

其中 1 及 2 分别表示起始及终了状态。根据质量表达式(10.4.12),有

$$u^2 = c^2\left(1 - \frac{m_0^2}{m^2}\right) \tag{10.4.16}$$

对上式微分,可得

$$\frac{\mathrm{d}u^2}{\mathrm{d}m} = \frac{2m_0^2 c^2}{m^3}$$

即

$$\mathrm{d}u^2 = \frac{2m_0^2 c^2}{m^3}\mathrm{d}m \tag{10.4.17}$$

将式(10.4.16)和式(10.4.17)代入式(10.4.15),得

$$\Delta E = \int_1^2 m\,\frac{m_0^2 c^2}{m^3}\mathrm{d}m + \int_1^2 c^2\left(1 - \frac{m_0^2}{m^2}\right)\mathrm{d}m = \int_1^2 c^2 \mathrm{d}m$$

即

$$\Delta E = c^2 \Delta m \tag{10.4.18}$$

此式表明,能量的变化与质量的变化之间有简单的比例关系。它意味着能量与质量本身之间存在着简单的比例关系,即

$$E = mc^2 \tag{10.4.19}$$

这称为质能关系。当然,如果在式(10.4.19)中附加任何常数,仍能导出式(10.4.18)。写成式(10.4.19)的形式,即相当于取积分常数为零。我们更关心的是能量的变化。

式(10.4.19)还可以写成

$$E = \frac{m_0 c^2}{\sqrt{1 - u^2/c^2}} \tag{10.4.20}$$

的形式。如果把上式展开为 u^2/c^2 的幂级数,则有

$$E = m_0 c^2\left(1 + \frac{1}{2}\frac{u^2}{c^2} + \frac{3}{8}\frac{u^4}{c^4} + \cdots\right) \tag{10.4.21}$$

当 u 较小时,忽略掉所有较高阶的项,只保留前两项,得到

$$E \approx m_0 c^2 + \frac{1}{2}m_0 u^2 \tag{10.4.22}$$

式中第一项是常数,第二项是质点动能项。特别注意,当质点速度为零时,它的能量并不为零,而是

$$E = m_0 c^2 \qquad (10.4.23)$$

也就是说,即使质点没有运动,只要其静止质量不为零,它就已经具有能量。这个能量与静止质量成正比。上节中的动能表达式 $T = mc^2 - m_0 c^2$ 即源于此。

根据质能关系,$1\ kg$ 水从 $0\ ℃$ 加热到 $100\ ℃$ 时,质量增加 $4.7 \times 10^{-12}\ kg$。火箭的静止质量为 $10\ t$,加速到 $8\ km \cdot s^{-1}$ 时,质量增加 $3.5 \times 10^{-6}\ kg$。每秒钟太阳由于辐射而失去的质量为 $4.4 \times 10^9\ kg$。人类有文明记录以来 $5\ 000$ 年内,太阳由于辐射所减少的质量大约为 $7 \times 10^{18}\ kg$,约为太阳质量 $2 \times 10^{30}\ kg$ 的三百亿分之一。

质能关系将物理学中原来不相干的质量守恒和能量守恒统一了起来。在通常的物理或化学、生物等过程中,系统释放出能量,系统内部的质量便减小,但减小的量微乎其微,与其静质量相比小得无法观测。但在核反应中,这一减小量则明显地表现出来。在裂变和聚变反应中,系统的静质量发生可观的改变,释放出巨大的能量。所以,质能关系是核能应用的理论基础。

10.4.4　动能量与静能量、动量的关系

考虑相对论效应以后,运动粒子的能量与动质量和速度相关,而动质量又与静质量及运动速度相关。相比之下,动量的基本表述方式变化不大。根据动量的定义 $\vec{p} = m\vec{v}$,可以得到 $p^2 = \vec{p} \cdot \vec{p} = \dfrac{m_0^2 v^2}{1 - v^2/c^2}$。简单变换后两边同时乘上 c^2,有

$$p^2 c^2 = \frac{m_0^2 v^2 c^4}{c^2 - v^2}$$

进一步可得

$$p^2 c^2 + m_0^2 c^4 = \frac{m_0^2 v^2 c^4}{c^2 - v^2} + m_0^2 c^4 = \frac{m_0^2 c^6}{c^2 - v^2}$$

$$= \left(\frac{m_0}{\sqrt{1 - v^2/c^2}} \right)^2 \cdot c^4 = m^2 c^4 = E^2$$

$E = mc^2$ 为粒子的动能量,$E_0 = m_0 c^2$ 为粒子的静能量,p 为粒子的动量,从而有

$$E^2 = p^2 c^2 + m_0^2 c^4 = p^2 c^2 + E_0^2$$

【例 10.4】 一静质量为 m_0 的静止粒子,发出一能量为 E 的光子。求发出光子后的新粒子的速度 v 和静质量 m_0'。

【解】 静质量为 m_0 的静止粒子具有能量 $m_0 c^2$。设新粒子的动质量为 m',具有能量 $m' c^2$。根据能量守恒,有

$$m_0 c^2 = E + m' c^2 \tag{1}$$

简单变化一下,得

$$m' c^2 = m_0 c^2 - E \tag{2}$$

原来静止的粒子发出光子后受到光子的反冲作用具有速度 v。而根据光子能量、动量的定义,其动量为 E/c,根据动量守恒,有

$$m' v = E/c \tag{3}$$

根据前面导出的动能量、静能量、动量关系,对新粒子,有

$$(m' c^2)^2 = (m' v)^2 c^2 + m_0'^2 c^4 \tag{4}$$

将式(2)中的 m' 代入式(3),可得

$$v = \frac{Ec}{m_0 c^2 - E}$$

将式(2)中的 $m' c^2$、式(3)中的 $m' v$ 代入(4)式,可以得

$$m_0' = m_0 \sqrt{1 - \frac{2E}{m_0 c^2}}$$

10.5 物质、引力与时空

10.5.1 相对性与绝对时空

在第3章中讨论惯性力时,我们强调惯性力是"虚拟力",即它并不是物体之间的相互作用,而是由所选择的参考系造成的。这个性质使我们可以用实验方法区分哪个参考系是惯性的,哪个是非惯性的。这种区分方法是牛顿提出来的。

至少对于水桶转动,我们可以利用桶内水面变凹或变平区分哪些转动是绝对的,哪些不是(图 10.5)。只有当水面变凹时,才表明它相对于绝对空间有转动;反之,当水面平坦时,它就没有绝对的转动。这就是牛顿给绝对空间所规定的实验判别法。狭义相对论的时空观虽然与牛顿的时空观有许多根本性的不同,但在加速度具有绝对性这一点上,两种体系是相同的。

牛顿的水桶判别法受到反对绝对时空的人的批评。最有力的批评是马赫给出的。马赫在《发展中的力学》一书中写道:

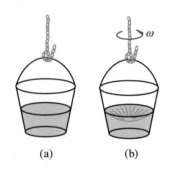

(a)   (b)

图 10.5 牛顿的水桶实验

如果我们说一个物体 K 只能由于另一物体 K' 的作用而改变它的方向和速度。那么,当我们用以判断物体 K 的运动的其他物体 $A, B, C, \cdots$ 都不存在的时候,我们就根本得不到这样的认识。因此,我们实际上只认识到物体同 A, B, C 的一种关系。如果我们现在突然想忽略 $A, B, C, \cdots$ 而要谈物体 K 在绝对空间中的行为,那么我们就要犯双重错误。首先,在 $A, B, C, \cdots$ 不存在的情况下,我们就不能知道物体 K 将怎样行动;其次,我们因此也就没有任何方法可以用以判断物体 K 的行为,并用以验证我们的论断。这样的论断因而也就没有任何自然科学的意义。

根据这种观点,马赫认为牛顿的水桶实验并不表明绝对空间的存在,因为,牛顿的实验谈不上是相对于绝对时空做的,牛顿水桶的周围宇宙空间里存在着许许多多的物体;原则上说,只有把这些物体全部拿走,才有可能谈得上是牛顿的绝对空间。这样,水面的形状,并不反映水桶是否相对于绝对空间有转动,而是反映水桶相对于地球和其他天体是否有转动。水面变凹,并不是由于绝对转动所引起的,而是由于宇宙间各种物质对相对于它们转动的水桶的作用结果。无论是水桶相对于宇宙间物质进行转动,或者是宇宙间物质相对于水桶在转动,两者的结果是一样的,水面都会同样地变凹。因此,水面变凹仅仅能证明水桶与宇宙间其他物质（A，B，C，…）间有相对转动，而不能证明绝对空间的存在。

　　我们可以再利用下面的例子简单地表述牛顿和马赫两种观念的差别。夜间，站在星斗之下，我们看到满天的繁星是静止的。这时，我们的两臂自然下垂。当突然转动身体时，我们看到两件事同时发生了：一是星星开始旋转，二是我们的两臂被甩向外边。牛顿认为这两件事是没有直接关系的，而是由于存在第三者——绝对空间；相对于绝对空间的转动引起惯性离心力，是绝对空间的存在决定了两臂被甩开。相反，马赫认为不存在这个想象中的第三者，关键是上述同时看到的两种现象之间有直接的关系，是转动的星的体系决定了两臂的甩开。马赫主张建立一种更正确的动力学，它应当能说明转动星体如何作用到手臂上产生了牛顿体系中的"惯性力"。

　　总之，在马赫的观念中，所谓惯性力并不是来自时空几何度量参照系的"虚拟力"，而同样是宇宙间物体之间的相互作用。水面变凹，手臂被甩开，是旋转着的宇宙天体对水和手臂作用的结果。

　　到此，两种观点有了很大的分歧，但还没有多大实质上的差别；因为两种观点计算水面变凹的程度是一样的，只是解释不同。马赫的观点认为，惯性力并不是源于抽象的绝对时空，而是有物质性的，它是物质间真实的作用力，但究竟是什么样的真实力却不清楚。将此问题更推进一步的是爱因斯坦。他把问题倒过来，看到有些真实力在某种意义上很像牛顿意义下虚拟的惯性力。有这种性质的真实的力就是引力。

10.5.2　引力作用与局部惯性系

　　惯性力的基本特点是与质点的质量成正比。引力 $F = mGM/r^2$ 也有这种特点。其他的基本作用力，如电磁力等，则没有这种特点。因此，在某种意义上就无法区别引力和惯性力。最简单的例子是地球的重力场。

　　在第 4 章讨论牛顿的引力理论时，我们曾提到引力的几何性。引力的几何性在引力理论建立后就发现了，但其原因无法说明。爱因斯坦把伽利略大船的"绝对速度不可测"发展到"绝对加速度不可测"。正是由于这一点，引力相当于某种惯性力，或者说，引力具有惯性力的性质。惯性力在牛顿体系中是一种完全由时空决定的力，即具有几何性。引力也具有几何性。爱因斯坦从这种观点出发，导出新的引力理论——广义相对论。它预言了牛顿引力理论中所没有的一些新现象。事实证明，爱因斯坦的引力理论是正确的，而牛顿的引力理论则存在一些缺陷。

马赫由"物理概念要求可测"的基本观点出发,对牛顿的绝对时空基本参考系进行批评,进而由爱因斯坦提出了广义相对论。在物理学上,这是物理概念要求有观测基础的一个出色例证。

当时,马赫批评牛顿的绝对时空,曾被很多人反对。因为人们日常生活的直观感觉的确认为时空是绝对的。牛顿对绝对时空的描述是人的粗浅感觉的总结;但这种总结是不正确的。我们必须用严格的物理方法审查它,即这样一种绝对时空到底能不能被测量。历史证明马赫的这个批评是正确的。

在第4章中讨论等效原理时,我们一再使用"局部范围"一词。这是因为,实际的引力不可能是处处均匀的。例如,地球附近的引力都指向地心,在地球表面,不同点的引力方向是不相同的(图10.6)。引力的大小也随着与地心距离的变化而变化。对于一个刚性的自由下落实验室来说,只有在它的质心那一点才处于自由下落状态。如图10.6所示,在地面附近自由下落的实验室中,有两个质点 A 与 B,它们的引力加速度都指向地球中心,所以两者不平行,相互之间有相对加速度。这样的相对加速度,是不能通过坐标变换消除的。因此,原则上说,只有在一个点状的自由下落体系中才能完全消除引力。这就是必须强调"局部范围"的原因。

在牛顿力学中,用惯性定律判断一个参考系是不是惯性系,即在没有外力的环境中,质点应保持惯性运动。但是,由于引力是不可屏蔽的,它无处不在。所谓"没有外力的环境"实质上是一个不存在的环境。因此,将惯性系建立在这种条件上,原则上是缺乏根据的(尽管可以选择一些"实用"惯性系,近似满足这个条件)。但在局部惯性系中,我们才真正能找到"没有外力的环境",并且在这个环境中的确仍满足惯性定律。因此,局部惯性系更加接近惯性系的本来要求。

局部惯性系比牛顿体系中的惯性系概念更明确也更基本。首先,局部惯性系概念说明,由于引力的存在,只有在局部范围内才能使用惯性系的概念,牛顿体系中所假定的大范围的甚至全空间统一的惯性系,在原则上是不存在的。

其次,在牛顿体系中我们不清楚为什么惯性系特别"优越"和"独特",牛顿用绝对空间解释这一点;而绝对空间本身却是更不清楚的。现在我们看到,局部惯性系之所以特别,是因为在这种参考系中引力没有了,所以,对物体运动的描写大大简化。

第三,在牛顿体系中,惯性系是取决于绝对空间的,但它本身却不受物质运动的影响。即绝对空间是一个物理实在,因为它会影响物体的动力学性质,决定动力学方程的形式,所以是很大的影响。但是,物质运动却不能对绝对空间有任何影响。这种没有反作用的单向关系,与一般物理规律的特征相当不协调。在局部惯性系体系中,一个做自由落体运动的实验室才是一个惯性系,显

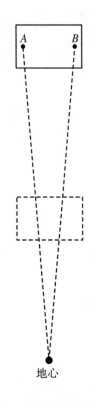

地心

图 10.6 引力的非均匀性

然,它是取决于物质的分布及运动的。现在我们既不要求局部惯性系相对于某个绝对空间是无加速度的,也不要求各个不同的局部范围内的惯性系之间是无加速度的。例如,围绕地球运行的人造卫星、飞向金星的飞船,它们都是局部惯性系,因为它们都是在纯引力的作用下自由地飞行,尽管它们之间可能是有加速度的。

总之,引力的作用使大范围的惯性系不再存在,只能有局部的惯性系。引力的作用就在于决定各个局部惯性系之间的联系。在任何一个局部惯性系中,我们是看不到引力作用的,只能在各个局部惯性系的相互关系中才能看到引力的作用。

总结经典力学的发展,在牛顿体系中,工作程序总是这样的:取定一个参考系用以度量有关的物理量,然后给出力的性质,写出动力学方程。在这个过程中,时空的几何性质(由所取的参考系决定)是不受有关的物理过程影响的。

但是,爱因斯坦的理论表明,引力一方面要影响物体的运动,另一方面又要影响各局部惯性系之间的关系。所以,我们不可能先行规定时空的几何性质,或先行规定参考系。这种先行规定的东西可能并不存在,时空的几何性质本身就是有待确定的东西。这种新的力学,不仅讨论物体之间的相互作用,而且讨论物质运动与时空几何之间的关系,时空本身也成了一种动力学的量。这种力学,就是爱因斯坦所发展的广义相对论。在广义相对论中,空间、时间和物质运动是相互作用着的。这里不但摆脱了牛顿意义下与物质运动无关的绝对时空,也超出了狭义相对论的框架。爱因斯坦曾说:"空间-时间未必能被看作是一种可以离开物理实在的实际客体而独立存在的东西。物理客体不是在空间之中,而是这些客体有着空间的广延。因此,空虚的空间,这个概念就失去了它的意义。"

10.5.3   广义相对论简介

1916 年,爱因斯坦发表了用几何语言描述引力理论的广义相对论。这一理论具有深远的意义,特别是在宇宙尺度上。许多物理学家认为它是有史以来最为精彩的智慧结晶。

广义相对论保留了狭义相对论的两个假设和基本原则,与此同时引入了等效原理和广义相对论原理,特别是对引力的新的分析。爱因斯坦意识到,无法区分引力效应与加速效应之间的差别,于是他放弃了引力是一种力的思想,代之以四维时空的概念,三维空间加上时间共同组成所谓的时空连续体。为了说明加速与引力本质上具有相同的效应,爱因斯坦引入了前面我们讨论过的等效原理,并利用这一原理写出一组二阶非线性偏微分方程(引力场方程),其中引力不再是一种力,而是一种四维时空的几何属性(弯曲)。质量引起空间和时间的变形就导致了所谓的引力,引力的"力"并不真正是物体质量直接产生的,而是来自空间形状本身。行星围绕恒星运动是恒星质量改变了四维时空曲率的结果(图10.7)。

根据广义相对论,爱因斯坦曾作出三个与经典牛顿引力理论矛盾的预言,并已得到实验验证:

① 行星轨道的近日点会有进动;

② 光在逆着引力离开发光星体时,受到强引力的作用会产生红移("引力红移");

③ 光被引力场偏转的角度比根据牛顿理论预言的大得多。

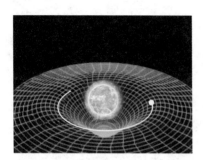

图 10.7 行星运动与弯曲的时空

有人认为基础研究的结果未必有实用价值,爱因斯坦的相对论似乎离我们的日常生活很遥远。其实不然,与质能关系带来了核能一样,广义相对论也有实用价值。一个著名的例子是全球定位系统(GPS)。在十几年前,GPS还是高尖端的东西,现在它已经进入了平常百姓家,只要花几百元钱给车辆装一个GPS导航仪,或花一两千元钱买一个带GPS的手机,就可以随时知道自己在地球上的准确位置。

GPS是靠美国空军发射的24颗GPS卫星定位的(此外还有几颗备用卫星),每颗卫星上都携带着原子钟,它们计时极为准确,误差不超过十万亿分之一,即每天的误差不超过10 ns(1 ns = 10^{-9} s),并不停地发射无线电信号报告时间和轨道位置。这些GPS卫星在空中的位置是精心安排好的,任何时候在地球上的任何地点至少都能见到其中的4颗。GPS导航仪通过比较从4颗GPS卫星发射来的时间信号的差异,计算出相应的位置。

GPS卫星以14 000 km·h^{-1}的速度绕地球飞行。根据狭义相对论,当物体运动时,时间会变慢,运动速度越快,时间就越慢。因此在地球上看GPS卫星,它们携带的时钟会走得比较慢,用狭义相对论的公式可以计算出,每天大约慢7 μs。

GPS卫星位于距离地面大约20 000 km的太空中。根据广义相对论,物质质量的存在会造成时空的弯曲;质量越大,距离越近,弯曲得越厉害,时间则会越慢。受地球质量的影响,在地球表面的时空要比GPS卫星所在的时空更加弯曲。这样,从地球上看,GPS卫星上的时钟就会走得比较快,利用广义相对论的公式可以计算出,每天快大约45 μs。

在同时考虑了狭义相对论和广义相对论后,GPS卫星上的时钟每天大约快38 μs。这似乎微不足道,但是如果考虑到GPS系统必须达到的时间精度是纳秒级的,这个误差就非常可观了(38 μs = 38 000 ns)。如果不加以校正,GPS系统每天将会积累大约 10 km 的定位误差,就没有实用价值了。为此,在 GPS 卫星发射前,要先把其时钟的走动频率调慢 4.465×10^{-10},把 10.23 MHz 调为 10.229 999 995 43 MHz。此外,GPS 卫星的运行轨道并不是完美的圆形,与地面的距离和运行速度会有所变化,如果轨道偏心率为 0.02,时间就会有 46 ns 的误差。由于地球的自转,GPS 导航仪在地球表面上的位移也会产生误差。例如,当 GPS 导航仪在赤道上,而 GPS 卫星在地平线上时,由于位移产生的误差将会达到 133 ns。GPS 导航仪在定位时还必须根据相对论进行计算以纠正这些误差。

可见 GPS 的使用既离不开狭义相对论,也离不开广义相对论。GPS 的使用是从 1993 年开始的,但是早在 1955 年就有物理学家提出可以利用在卫星上放置原子钟来验证广义相对论了。GPS 实现了这一设想,并让普通人也能亲身体验到相对论的威力。

迄今为止,广义相对论的预言已经通过了所有观测和实验的验证。虽说广义相对论并非当今描述引力的唯一理论,它却是能够与实验数据相符合的最简洁的理论。不过,仍然有一些问题至今未能解决,最典型的即是如何将广义相对论和量子物理的定律统一起来,从而建立一个完备且自洽的量子引力理论。爱因斯坦的广义相对论在天体物理学中有着非常重要的应用:它直接推导出某些大质量恒星会终结为一个黑洞——时空中的某些区域发生极度的扭曲以至于连光都无法逸出。有证据表明,恒星质量黑洞以及超大质量黑洞是某些天体(例如微类星体和活动星系核)发射高强度辐射的直接成因。光线在引力场中的偏折会形成引力透镜现象,这使得人们能够观察到处于遥远位置的同一个天体的多个成像。广义相对论还预言了引力波的存在。引力波已经被间接观测证实;为了直接观测引力波,国际上建立了像激光干涉引力波天文台(LIGO)这样的引力波观测计划。此外,广义相对论还是现代宇宙学中宇宙膨胀模型的理论基础。

习　　题

（部分题目中提供的数据可能超出解题所需,也有可能需要另外查找一些数据,或合理地估计。题目难度大致可分为三级,题后没有标记的为一般,标"○"的为中等,标"☆"的为稍难,请选择使用。）

第 1 章　时间、空间与测量

1-1　描述你对空间和时间概念的理解。各列举五种可以用来测量时间和空间长度的方法。○

1-2　有人在分析"芝诺佯谬"时说:"芝诺根本就是错的。他把每次阿基里斯到达乌龟前一次的出发点作为重复性事件进行时间的测量,但这一事件并不是真正周期性的,不能作为测量时间的工具,所以不存在佯谬。"就此,请你谈谈自己的理解。☆

1-3　(1) 1 AU 有多少秒差距? (2) 1 秒差距有多少米? (3) 1 光年有多少米? (4) 1 秒差距有多少光年? ○

1-4　对"在比普朗克时间还要小的范围内,时间的概念可能就不再适用了。在比普朗克长度更小的范围内,长度概念可能已经不存在了",你是怎么理解的? ☆

1-5　假设你是一位宇航员,在月球上做物理实验。你对从静止下落的物体下落距离 y 与所用时间 t 之间的关系很感兴趣。你对下落的硬币做了一些记录如下:

y/m	10	20	30	40	50
t/s	3.5	5.2	6.0	7.3	7.9

你猜想距离 y 和时间 t 满足一般关系式 $y = Bt^n$,其中 B 和 n 是由实验确定的常数。(1) 为了完成这一关系式,作出 $\ln y$ - $\ln t$ 关系图,其中 $\ln y$ 是纵坐标,$\ln t$ 是横坐标。(2) 证明:如果你对一般关系式 $y = Bt^n$ 两边取对数,你能得到 $\ln y = \ln B + n\ln t$。(3) 对比关系图和(2)中的关系式,请估算 B 和 n 的值。(4) 请问在月球上,物体的加速

度是多少?

1-6　下面的表格描述了四个卫星围绕一个致密小行星公转的周期和半径。(1) 这些数据能用公式 $T = Cr^n$ 来拟合,请给出常数 C 和 n 的值。(2) 第五颗卫星的公转周期为 6.20 年,请利用(1)中的公式给出该卫星的公转半径。○

周期 T/y	0.44	1.61	3.88	7.89
半径 r/Gm	0.088	0.208	0.374	0.600

1-7　数字 0.000 513 0 有( )位有效数字。(a) 1;(b) 3;(c) 4;(d) 7;(e) 8。

1-8　估测一张 CD 的厚度,保留合适的有效数字,并给出相对测量精度。○

1-9　请将下列质量以 g 为单位用科学计数法表示: (1) 1.00 μg;(2) 0.001 ng;(3) 100.0 mg;(4) 10 000 μg; (5) 10.000 kg。

1-10　12.4 m 和 2 m 的乘积应该表达为( )。(a) 24.8 m; (b) 24.8 m^2;(c) 25 m^2;(d) 0.2×10^2 m^2。

1-11　房间恰好被一张长为 12.71 m、宽为 3.46 m 的地毯铺满。请给出该房间的面积。

1-12　请用合适的有效数字表达下面计算式的值:1.80 m + 142.5 cm + 5.34 ×10^5 mm。

1-13　以 s 为单位估算你的年龄,并保留合适的有效数字。

1-14　要在一个薄板上切割出一个半径为 8.470×10^{-1} cm 的圆形小孔。其容差为 1.0×10^{-3} cm,即实际孔径大小不能偏离要求的半径超过该容差。如果实际的孔径比要求的孔径大了这么多,请问圆孔的实际面积比要求面积大多少?

1-15　试估算人类平均一生呼吸的次数。

1-16　一个汽车公司用 12.25 kg 的铁做了一个汽车模型。现在为了庆祝公司成立 100 周年,计划用黄金制作一个完全相同的模型,请问需要多少黄金?

1-17 在你的婚礼上,你的结婚戒指重 3.80 g。50 年之后,这个戒指只剩 3.35 g,请问在这 50 年中平均每秒损耗多少金原子?(金的原子量为 197 u,1 u ≈ 1.660 538 86 ×10⁻²⁷ kg。)

1-18 月球的直径为 3 480 km,请计算月球的表面积,并估算地球表面积为月球表面积的多少倍。

1-19 试估算汽车行驶 1 km 轮胎上的橡胶胎面会磨损掉多厚。☆

1-20 假设你因为在上课时睡觉而受到惩罚。你的老师说,如果你能估算出附近某海水浴场沙滩上有多少粒沙子,就可以免除惩罚。请你尽力试一下。○

1-21 试说出一个普通鸡蛋的体积大约为多少,并给出具体方法。○

1-22 大约公元前 235 年,亚历山大图书馆馆长埃拉托色尼(Eratosthenes,公元前 275 - 前 193)估算出了地球的大小。他是如何做的?○

1-23 假设你生活在海边,非常熟悉船的各种特征尺度以及船所在位置到岸边的距离,你能否估计出地球的大小?试作说明。○

1-24 请给出一种估算月球大小及其与地球间距离的方法。○

1-25 请给出一种估算地球与太阳间距离及太阳大小的方法。○

1-26 如图所示,从地球上某一点看,月球的直径所对应的角度为 0.524°。试估算月球的半径,已知月球离地球大约 3.84×10⁸ m。

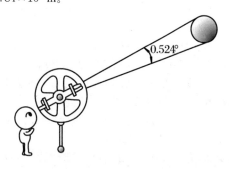

(题 1-26 图)

1-27 假设人体主要是由水组成的,水分子的质量为 29.9 ×10⁻²⁷ kg。如果一个人的质量为 60 kg,请估算这个人体内大约有多少水分子。

1-28 环保方面有一个关于使用传统尿布还是使用可降解尿片的争议。(1) 若假设一个婴幼儿从出生到 2.5 岁,每天用 3 个尿片,请估算每年在中国需要使用多少尿片。(2) 请估算这些尿片所需的垃圾填埋场体积,假设每 1 000 kg

废尿片大约 1 m³。(3) 如果用平均深度为 10 m 的垃圾填埋场来处理这些尿片,那么每年需多大的这种垃圾填埋场?

1-29 2010 年全国汽车汽油消耗大约 7 118 万吨(1 吨 = 7.35 桶,1 桶 = 159 升)。(1) 请计算 2010 年在中国汽车消耗多少升的汽油及其总价值(1 升汽油的价值约为 6.9 元)。(2) 如果 1 桶原油能提炼 1 升汽油,请估算每年中国需要多少桶原油来满足汽车的需求,每天需要多少?

1-30 兆字节(MB)是计算机的存储单位。一个 CD 的存储空间为 700 MB,能存储大约 70 min 高质量音乐。(1) 如果一支歌曲长约 5 min,请问平均每支歌需要多少兆字节的存储空间?(2) 如果一页印刷文本占 5 KB,请估算一张 CD 能存多少页的小说,大约多少本?

1-31 将空气吹进一个球形气球,当它的半径为 6.50 cm 时,其半径增加速率为 0.900 cm·s⁻¹。(1) 给出此时气球体积的增加速率。(2) 如果空气流入的体积速率是恒定的,那么当气球半径为 13.0 cm 时,它的半径增加速率为多大?(3) 如果(2)中的答案不同于 0.90 cm·s⁻¹,请从物理的角度解释为什么这个速率会大于或小于 0.90 cm·s⁻¹。

1-32 如果宇宙的平均密度大于 6×10⁻²⁷ kg·m⁻³,那么最终宇宙会停止扩张开始收缩。(1) 每立方米有多少电子时能产生这一临界密度?(2) 每立方米有多少质子时能产生这一临界密度?(m_e = 9.11 × 10⁻³¹ kg, m_p = 1.67 ×10⁻²⁷ kg。)

1-33 一个铁原子核半径为 5.4 × 10⁻¹⁵ m,质量为 9.3 ×10⁻²⁶ kg。(1) 求它的密度(单位为 kg·m⁻³)。(2) 如果地球有相同的密度,那么地球的半径为多大?(地球的质量为 5.98×10²⁴ kg。)

1-34 词头 giga(吉)代表( )。(a) 10³;(b) 10⁶;(c) 10⁹;(d) 10¹²;(e) 10¹⁵。

1-35 词头 mega(兆)代表( )。(a) 10⁻⁹;(b) 10⁻⁶;(c) 10⁻³;(d) 10⁶;(e) 10⁹。

1-36 请用搜索引擎找出尽可能多的时间和长度的单位,并列出其中三个和 SI 单位之间的换算。

1-37 假设 SI 中的三个基本单位是长度、密度和时间,而不是长度、质量和时间。在这一系统中,用水的密度来定义标准密度,那么需要考虑水的什么条件来精确定义标准密度?

1-38 1 英尺长为 30.48 cm,请问 1 英里是多少厘米?

1-39 请计算从英里每小时转换为千米每小时的转换系数。

1-40 在 1960~1980 年的阿波罗计划中,飞船从离开地球轨道到登月需要 3 天。请分别使用单位(1) km·h⁻¹;(2) mi·h⁻¹;(3) m·s⁻¹,估算飞船的速度。

1-41 一次暴雨总计有 3 cm 的降雨。请问一亩地上有多少降雨？请分别用以下单位表示计算结果：（1）立方厘米；（2）立方寸；（3）立方米；（4）千克。

1-42 如果 x 的单位为 m，t 的单位为 s，速度 u 的单位为 m·s^{-1}，加速度 a 的单位为 m·s^{-2}。请给出以下各式的国际单位：（1）u^2/x；（2）$\vec{r} = (1.5\,\mathrm{m} + 12\,\mathrm{m\cdot s^{-1}} \times t)\vec{e}_x + (16\,\mathrm{m\cdot s^{-1}} \times t - 4.9\,\mathrm{m\cdot s^{-2}} \times t^2)\vec{e}_y$；（3）$\frac{1}{2}at^2$。

1-43 如果取力、长度、时间为基本量，则质量的量纲是什么？

1-44 力的量纲为质量量纲乘以加速度量纲，加速度的量纲为速度量纲除以时间量纲。压强被定义为力除以面积。请问压强的量纲是什么？请用国际单位制中的基本单位千克、米和秒表示压强的单位。

1-45 流动流体中的压强 p 取决于流体的密度 ρ 和流速 u。请用简单合适的密度、流速组合给出正确的压强量纲。

1-46 下图为一个圆台。请用量纲分析法分析出下列表达式分别表示哪一个物理量：（a）周长；（b）体积；（c）表面积。
（1）$\pi(r_1 + r_2)\sqrt{h^2 + (r_1 - r_2)^2}$；
（2）$2\pi(r_1 + r_2)$；
（3）$\pi h(r_1^2 + r_1 r_2 + r_2^2)$。

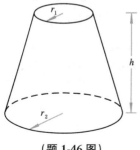

（题 1-46 图）

1-47 在下列等式中，距离 x 的单位为米，时间 t 的单位为秒，速度 v 的单位为米每秒。请问 C_1 和 C_2 的量纲和 SI 单位是什么？（1）$x = C_1 + C_2 t$；（2）$x = 0.5C_1 t^2$；（3）$v^2 = 2C_1$；（4）$x = C_1\cos C_2 t$；（5）$v^2 = 2C_1 v - (C_2 x)^2$。如果 x 的单位为英尺，t 的单位为毫秒，v 的单位为英尺/秒，请问以上各等式中的 C_1 和 C_2 的单位是什么？量纲是什么？

1-48 力的国际单位千克米每二次方秒（kg·m·s^{-2}）称为牛顿（N）。请给出牛顿万有引力定律 $F = Gm_1m_2/r^2$ 中 G 的量纲和国际单位。

1-49 物体的动量是其速度和质量的乘积。证明：动量的量纲为力的量纲和时间量纲的乘积。请问力和哪个物理量的组合具有功率的量纲？

1-50 当物体在空气中下落时，受到的阻力取决于该物体的横截面面积 A 和下落速度 u 的平方的乘积，即 $F_{空气} = CAu^2$，其中 C 是一常数。请给出 C 的量纲。

1-51 质点在均匀加速度下的位移可以表达为 $x = ka^m t^n$（x 为位移，a 为加速度，t 为时间，k 为无量纲常数）。（1）请用量纲分析法证明，当 $m = 1$，$n = 2$ 时，表达式成立。（2）量纲分析法是否可以给出 k 的值？

1-52 假设我们已知一个以速率 v 沿半径为 r 的圆做匀速圆周运动的物体的加速度正比于 r 和 v 的某次方，即 r^n 和 v^m。（1）试给出 n 和 m 的值；（2）给出加速度最简单的表达式。

1-53 开普勒第三定律将行星的周期和它的轨道半径 r、牛顿万有引力定律（$F = Gm_1m_2/r^2$）中的常数 G，以及太阳质量 M_S 联系在一起。请问如何组合这些量可以得到行星周期的正确量纲？

1-54 单摆的周期取决于单摆的长度 L 和当地的重力加速度 g（量纲为 L·T^{-2}）。（1）请给出 L 和 g 的简单组合，使其与时间的量纲相同。（2）利用两个长度 L 不同的单摆，通过实验检测周期 T 与单摆长度 L 的关系。（3）正确的 T 与 L，g 关系式中还要乘上一个和 π 有关的常数，但无法利用（1）的量纲分析方法得到。如果 g 已知，那么该常数能通过类似于（2）的实验测量得到。已知 $g = 9.8\,\mathrm{m\cdot s^{-2}}$，请利用（2）中你测得的实验结果，推出 T 的表达式。○

第2章 质点运动学

2-1 一个矢量有一个正的 x 分量和一个负的 y 分量，它的方向从 x 轴正向逆时针测量，应（　）。（a）在 $0°\sim90°$ 范围；（b）在 $90°\sim180°$ 范围；（c）大于 $180°$。

2-2 一个矢量 $\vec{A}$ 指向 $+x$ 方向。请作图显示矢量 $\vec{B}$ 至少有三种选择能使 $\vec{B} + \vec{A}$ 指向 $+y$ 方向。

2-3 两个大小不相同的矢量的和可能为零吗？三个大小不相同的矢量呢？如果可能，在什么样的条件下矢量和为零？

2-4 请问三个大小相等的矢量相加能不能为零？如果可以，请作图表示；如果不行，请解释。

2-5 有矢量：$\vec{A} = 3.4\vec{e}_x + 4.7\vec{e}_y$，$\vec{B} = -7.7\vec{e}_x + 3.2\vec{e}_y$，$\vec{C} = 5.4\vec{e}_x - 9.1\vec{e}_y$。（1）求 $\vec{D}$，使其满足 $\vec{D} + 2\vec{A} - 3\vec{C} + 4\vec{B} = \vec{0}$。（2）用大小和方位角的形式表示 $\vec{D}$。

2-6 三个矢量如图所示，矢量的大小在图中已标出。求这三个矢量的和。用两种方式表达：（1）x，y 分量；（2）矢量和的大小及它和 x 轴之间的夹角。

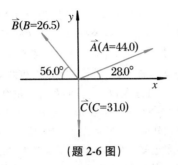

(题 2-6 图)

2-7 请结合日心说和地心说之争,讨论一下在物理模型中参照系的重要性,谈谈你的理解。○

2-8 "飞矢不动"佯谬的关键是什么? 你是如何理解的?

2-9 一盏明亮的小灯悬挂在大厅的房顶上,离地面高 H,一个人(假设他的身高为 h)以恒定的速度穿过大厅,在 $t=0$ 时刚好在灯的下方。当他继续前行时,他的影子扫过他的前方。请写出这个人的影子顶端的速度表达式。○

2-10 一个保龄球匀速滚过 16.5 m 长的球道击中球道末端的球瓶。保龄球手在扔出球 2.5 s 之后听到了球撞击球瓶的声音,求保龄球滚动的速率。

2-11 一只兔子和一只乌龟进行 1.00 km 的长跑比赛。乌龟以它的最大速率0.200 m·s^{-1}恒定地沿直线向终点爬行。兔子先以其最大速率 8.00 m·s^{-1} 朝终点跑了0.800 km之后,停下来休息并嘲笑乌龟。请问当乌龟离终点多远时,兔子继续比赛且以最大速率奔跑,仍能保证取胜?

2-12 两列相隔 60 km 远的火车在平行轨道上相向而行,速率都为 15 km·h^{-1}。一只小鸟以 20 km·h^{-1} 的速率在两列火车之间往返飞行直到两火车相遇。请问小鸟共往返了多少次? 飞行了多少距离? ○

2-13 猎豹最快的奔跑速度为 113 km·h^{-1},鹤最快的飞行速度为 161 km·h^{-1},旗鱼最快的游动速度为 105 km·h^{-1}。它们三个以其最快速度并相隔距离 L 进行接力跑。请问它们的平均速度为多少? 比较该值和这三个最快速度数值的平均值。请解释为什么这两个值不相等。

2-14 潜水艇利用声呐确定它与其他物体的距离。根据声音脉冲从发出到被接收所用的时间可以计算此距离。或者,可以测量连续接收的回声之间的时间间隔,比较其与声音发出的时间间隔来确定潜水艇的速度。假设你是水下潜水艇中的声呐操作员,声音在水中的传播速度为 1 522 m·s^{-1}。如果你每隔 2.00 s 发出一个声音脉冲,仪器每隔 1.98 s 接收到从海底悬崖反射的回声,请问你所

在的潜水艇的航行速度为多少? ○

2-15 离地球距离 r 的星系的退行速率为 $v=Hr$,其中 $H=1.58\times10^{-18}$ s^{-1}。请算出以下星系的退行速率:(1) 离地球 5.00×10^{22} m 远的星系;(2) 离地球 2.00×10^{25} m 远的星系。(3) 如果星系以它们的退行速率运动到这么远,请问多久之前它们与我们在一起?

2-16 下图给出了一个物体的加速度-时间关系。(1) 阴影部分的方格面积多大(以 m·s^{-1} 为单位)? (2) 在 $t=0$ 时,物体由静止开始运动。请利用曲线下面的方格数来估算该物体在 $t=1.0$ s,2.0 s,3.0 s 时的速度。(3) 利用(2)的结果作图表示 u_x-t 曲线,并估算 $t=0.0$ s 到 $t=3.0$ s 之间物体的位移。○

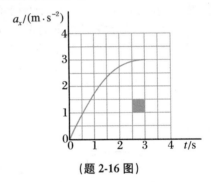

(题 2-16 图)

2-17 在 0.0 s 到 10.0 s 之间,一个物体沿直线运动的加速度满足 $a_x=(0.20$ m·s$^{-3})t$,向右为 x 正向。物体初始速度为 9.5 m·s^{-1},向右;初始位置在原点左侧 5.0 m。(1) 请给出在这个过程中速度随时间变化的函数关系;(2) 给出位置随时间的变化;(3) 给出 $t=0.0$ s 到 $t=10.0$ s 这个时间段内的平均速度,并与起始和结束时刻瞬时速度的平均值相比较。这两个值相等吗? 请解释原因。

2-18 下图描述了一个物体沿直线运动的 v_x-t 关系。该物体在时刻 $t=0$ 的位置为 $x_0=5.0$ m。(1) 利用方格来计算

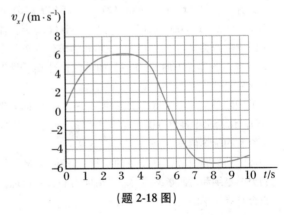

(题 2-18 图)

物体在不同时刻 t 的位置,作出 x-t 关系图。(2)作出 a_x-t 关系图。(3)试计算时刻 $t=3.0$ s 到 $t=7.0$ s 之间该物体运动了多远? ○

2-19　一架轻型飞机需要达到 33 m·s^{-1} 的速度才可以起飞。如果飞机的加速度恒定,为 3.0 m·s^{-2},那么这架飞机起飞至少需要多长的跑道?

2-20　一个运动物体有可能在加速度减小的情况下速率仍然增加吗? 如果可能,请举一个例子;如果不可能,请解释原因。

2-21　一物体沿 x 轴运动,其速度表达式为 $v_x=(40-5t^2)$ m·s^{-1},其中 t 的单位为秒。(1)给出在 $t=0$ s 到 $t=2.0$ s 之间的平均加速度。(2)计算在 $t=2.0$ s 时的加速度。

2-22　假设一个沿 x 轴运动物体的加速度是 x 的函数,$a(x)=(2.0\text{ s}^{-2})x$。(1)如果当 $x=1.0$ m 时,速度为 0,那么当 $x=3.0$ m 时,速率为多大? (2)物体从 $x=1.0$ m 运动到 $x=3.0$ m 用了多长时间? ☆

2-23　图(a)中哪一条位置-时间曲线能最好地描述以下物体的运动:(1)物体有正的加速度;(2)物体有正的恒定速度;(3)物体始终静止;(4)物体有负的加速度? 图(b)中哪一条速度-时间曲线能最好地描述以下物体的运动:(5)物体有正的恒定加速度;(6)物体有正的随时间减小的加速度;(7)物体有正的随时间增加的加速度;(8)物体无加速度?(每个问题可能有多解)。

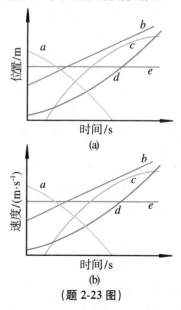

(题 2-23 图)

2-24　一个物体沿直线运动。它的位置与时间的关系如图所示。请问在哪个或哪些时间:(1)它的速率最小;(2)加速度为正;(3)速度为负?

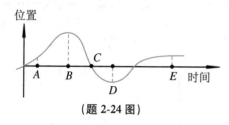

(题 2-24 图)

2-25　如果你驾驶一辆保时捷,均匀地从 $t=0.00$ s 时的 80.5 km·h^{-1} 提速到 $t=9.00$ s 时的 113 km·h^{-1}。(1)哪个图能最好地描述你开车的速度? (2)请作图描述在这 9 s 内你的车的位置,假设在时间 $t=0$ 时,位置 x 为 0。

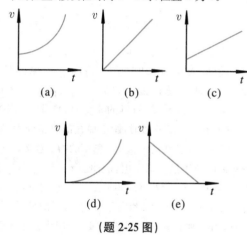

(题 2-25 图)

2-26　在一条笔直的高速公路的平行车道中有两辆车,它们的位置随时间的变化如图所示,取 x 向右为正。请定性地分析以下问题:(1)这两辆车有可能并排行驶吗? 如果可以,请在坐标轴上标出这些时刻。(2)这两辆车总是同一个方向行驶吗? 有没有某些时刻它们相向行驶? (3)它们有速度相同的时候吗? 如果有,请问是什么时候? (4)什么时候这两辆车相距最远? (5)请作图表示这两辆车的速度-时间关系(不需要具体数据)。○

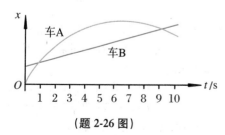

(题 2-26 图)

2-27 下图是两辆自行车 A 和 B 的位置随时间变化的曲线。有没有一个瞬间，这两辆自行车的速度相同？哪一辆自行车有着较大的加速度？在哪一个（或几个）瞬间一辆自行车超过另一辆？哪一辆自行车有最大的瞬时速度？哪一辆自行车有较大的平均速度？

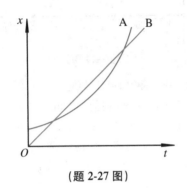

（题 2-27 图）

2-28 一物体沿垂直方向以 $y(t) = 10.0 \text{ m} - gt^2/2$ 的形式移动，g 值的大小为 9.81。（1）请问 g 的单位是什么？（2）$t = 0$ 时，物体在哪里？（3）什么时候 $y = 0$？（4）画一张从 $t = 0$ 到 $t = 2.00$ 秒的速度 $u(t) - t$ 图。（5）请问在 $t = 0$ 和 $t = 1.00$ 秒时，图上曲线的斜率分别是多少？（6）讨论一下曲线的形状及其斜率的物理意义。○

2-29 一物体的位置沿 x 轴随时间变化，$x = 3t^2$。（1）请估计在 $t = 3.00 \text{ s}$ 时和 $t = (3.00 + \Delta t)\text{s}$ 时它的位置。（2）请计算当 $t = 3.00 \text{ s}$，Δt 趋向于 0 时，$\Delta x/\Delta t$ 即速度的值。（3）请作一张位移 - 时间图。（4）用切线方法计算 $x(t)$ 曲线上某处的瞬时速度。（5）请作瞬时速度 - 时间图，并确定该物体的平均加速度。（6）计算物体的初始速度。

2-30 一被垂直向上扔出的物体，在忽略空气阻力的情况下，当掉落回扔出的初始点时，它的速率和扔出时的速率相同。在必须考虑空气阻力的情况下，这个结果会如何改变？

2-31 为了模仿伽利略，一教授不顾下面行人的安危，从大厦顶部丢下一保龄球。1 s 后，他又丢下第二个保龄球。当两球下落时，它们之间的距离（　）。（a）随时间而增加；（b）随时间而减小；（c）不随时间变化。（忽略空气阻力。）

2-32 两块石头从 60 m 高的悬崖顶部自由落下，第二块比第一块迟 1.6 s。请问在两块石头间隔 36 m 时，第二块离悬崖顶部有多远？

2-33 一个小重物从静止下落，在时间 T 内下落距离 D。在它下落 $2T$ 时，试求：（1）它离初始点的距离；（2）它的速度；（3）它的加速度。（忽略空气阻力。）

2-34 一个物体从 120 m 的高处由静止开始自由下落，请给出它在空中最后 1 s 内下落的距离。

2-35 一块石头从 200 m 高的悬崖顶垂直下抛。在空中的最后半秒内，石头下落 45 m。请求出石头的初始速度。

2-36 一自由落体用了 1.50 s 完成在着地之前最后 30.0 m 的路程。请问它是从离地面多高的地方开始下落的？

2-37 假设你站在许愿井前，希望知道水面有多深。你许了个愿，并拿出一枚硬币投入井中。3 s 后，你听见硬币掉进水中的声音。如果声速为 343 m·s^{-1}，那么水面有多深？（忽略空气阻力。）

2-38 自井口将一块处于静止的岩石丢入井中。（1）松手让岩石开始自由下落 2.40 s 后，听到水花的声音。请问水面离井口有多远？［声音在空气中（室温下）的传播速度为 336 m·s^{-1}］（2）如果可以忽略声音的传播时间，那么会给计算水面的深度带来多大的不确定度？

2-39 一块石头从海边的悬崖上落下，3.2 s 之后听到它撞击海面的声音。求悬崖的高度。

2-40 一个棒球以 13 m·s^{-1} 的速率垂直向上经过离地面 28 m 的窗户，如果这个棒球是从地面扔出的，求它（1）扔出时的初始速率；（2）可以到达的最大高度。如果以经过这个窗户的那一刻为时间零点，求它（3）扔出时的时间和（4）掉落回地面的时间。

2-41 竖直上抛一个球，忽略空气阻力。（1）球在最高点的速度为多大？（2）在最高点的加速度为多大？（3）如果球猛烈撞击水平天花板并返回，请问在最高点的速度和加速度会有什么不同？

2-42 有时，当人坠落到比较软的地面上时，即使下落的距离比较大，也仍然能存活下来。某登山运动员在攀爬雪山时岩锚脱落，暴跌 150 m，落入雪地。神奇的是，他仅仅受到一点擦伤以及肩膀脱臼。假设他的冲击在雪地上造成了一个 1.2 m 深的坑，请估算他从刚接触雪面到完全静止的平均加速度。

2-43 一个从胸部高度释放的硬橡胶球，落在地面并反弹到几乎一样的高度。当球与地面接触时，球的下部受压变形。假设变形的最大幅度为 1 cm，试估算球与地面接触时球的加速度的数量级。说明你的假设、你估算的物理量以及它们的数值。☆

2-44 叩甲（一种甲虫）利用其 0.60 cm 的长腿能以 400g 的加速度（远远超过人类能承受的极限）垂直弹跳。（1）请问叩甲能跳多高？（2）叩甲能在空中停留多长时间？（假设叩甲与地面接触时的加速度恒定，并忽略空气阻力。）○

2-45　球 A 从高为 h 的建筑物顶部自由落下,同时球 B 从地面垂直上抛。(1) 当两球相撞时,两球的运动方向相反,而且球 A 的速率是球 B 的 2 倍。请问两球在哪个高度上相撞?(2) 如果两球相撞时,两球的运动方向相同,而且球 A 的速率是球 B 的 4 倍,那么两球会在哪个高度上相撞? ○

2-46　一块石头从一栋大楼楼顶自由落下,2 s 之后另一块石头以 25 m·s^{-1} 的初始速率从同一个楼顶被垂直向下扔出。两块石头同时到达地面。求:(1) 第一块石头掉落到地面所用的时间;(2) 该大楼的高度;(3) 这两块石头到达地面时的速率。

2-47　一个物理教授背着火箭背包,以初速度零离开位于575 m 高空的直升机。前 8.0 s 内,他自由下落。在 8.0 s 这一时刻,他点燃火箭以 15 m·s^{-2} 的加速度减速到 5.0 m·s^{-1}。之后,他一直维持这个速度直到落在地面上。(1) 画出加速度–时间和速度–时间的关系图(取向上为正值)。(2) 在 8.0 s 时,他的速率为多少?(3) 请问他用了多长时间减速?(4) 减速过程中他下落了多长距离?(5) 整个从直升机到地面的过程用了多长时间?(6) 整个过程的平均速度为多少?(忽略空气阻力。)

2-48　一个火箭从地面以 3.2 m·s^{-2} 的恒定加速度向上升起直到它到达 1 200 m 高处时耗尽了所有的燃料,之后它只受到重力的作用。(1) 当火箭耗尽燃料时,它的速率是多少?(2) 该火箭最高可以到达什么高度?(3) 它总共需要多长时间到达最大高度?(4) 当它掉落回地面时,速率为多少?(5) 它在空中停留的总时间是多少?

2-49　月球上的重力加速度为地球上的六分之一。在月球上垂直向上扔出一个物体,它所能到达的最大高度是在地球上以同样速率向上扔出所能达到的最大高度的几倍?

2-50　一块岩石在水中下沉时,其加速度不断减小。假设初始时速度为 0,垂直向下为 y 的正向,加速度是速度的函数,并满足关系式:$a_y = g - bv_y$,其中 b 为一正常数。(1) b 的国际单位是什么?(2) 请用数学方法证明:如果岩石在 $t = 0$ 时从水面处静止下落,那么其加速度将是 t 的指数函数,即 $a_y(t) = g e^{-bt}$。(3) 用 g 和 b 表达该岩石的最终速度。(4) 如果 b 为正常数,并取决于岩石的大小和水的物理性质。请给出速度和位置以 t 为自变量的函数表达式。 ○

2-51　证明子弹从地面垂直发射时的速率和它落回地面时的速率相等。

2-52　在理想情况下,一颗子弹以 300 m·s^{-1} 的速率垂直向上射出,它的速率恒定减慢,在 30.6 s 时子弹上升到 4 588 m 高处停住。之后,子弹垂直下落(忽略摩擦),30.6 s 后以 300 m·s^{-1} 的速率到达枪口。(1) 请计算子弹在上升过程和全程中的平均速率。(2) 画出速度–时间的示意图。(3) 请问 $t = 0, 30.6, 61.2$ s 的速度分别是多少?

2-53　有一根 3 m 长的绳子,上面等距离地固定着 10 个螺丝钉。让这根绳垂直地从一个演讲大厅屋顶上落下,掉落到一个金属盘中。大厅中的人可以清晰地听到每一根螺丝钉撞击金属盘的声音。这些撞击声之间的时间间隔并不是均匀的。为什么?越靠近长绳的尾端,撞击声之间的时间间隔变得越短还是越长?10 个螺丝钉在长绳上的位置应该如何,才能使撞击声之间的时间间隔均等? ☆

2-54　你由于沉思于力学老师的精彩讲课,不小心朝着一面墙而不是教室的门直直地走去。请估算当你急停时需要的平均加速度的大小。

2-55　当司机看到一棵树挡在路上时,他猛地刹车,车以恒定的加速度 -5.60 m·s^{-2} 减速 4.20 s,在撞到树之前,留下了 62.4 m 长的打滑印迹。那么车撞到树的瞬间速率为多大?

2-56　一个物体的一维运动如图所示。(1) 在 AB,BC,CE 各段的平均加速度各为多少?(2) 10 s 后,物体离初始位置有多远?(3) 作出位移–时间关系图,并在图上对应的位置标注时刻 A, B, C, D, E。(4) 在哪个时刻,该物体的速度最慢?

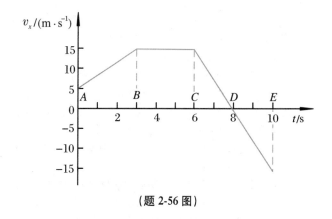

(题 2-56 图)

2-57　一辆汽车在急刹车时以加速度 7.0 m·s^{-2} 减速,通常刹车前的反应时间约为 0.50 s。某地在校区设置速度限制,要求所有的车都能在 4 m 内完全停下来。(1)请问该地校区内的最大车速为多少?(2)4 m 中有多大比例是在反应时间内行驶的?

2-58 爱超速的某人以 30.0 m·s⁻¹ 的速率驾车进入一隧道。这时,他看到一辆速率为 5.00 m·s⁻¹ 的面包车在前方 155 m 处缓慢行驶。他立即刹车减速,但是由于路面湿滑,加速度只能达到 -2.00 m·s⁻²。请问,会发生撞车吗?请解释你的答案。如果会,请问在进入隧道多远和多久,撞车事件会发生?如果不会,计算该人驾驶的车和面包车之间的最短间距。○

2-59 你以 40 km·h⁻¹ 的速度开车,在离十字路口 50 m 远的地方发现交通灯变黄。你知道在这个路口,交通灯会在变为红灯之前维持黄灯 3 s。你想了 1 s 之后,开始以一恒定加速度加速,试图让长为 4.5 m 的车能在灯变红之前完全通过 15 m 宽的路口,避免因为闯红灯而被开罚单。当你一通过路口,脚就离开加速器。然而,你仍然因超过 60 km·h⁻¹ 的限速而被警车拦住停在路边。你认为你是在离开路口时车速太快而被开罚单。请给出这一速率并决定你是否需要为此辩解,并解释原因。○

2-60 公路上,你驾驶的轿车以 25 m·s⁻¹ 的速度跟在一辆卡车后面行驶。你想寻找机会超车。轿车可以达到 1.0 m·s⁻² 的加速度。卡车车身长 20 m,轿车和卡车尾端保持 10 m 的安全距离,如果超车到卡车前方,也需要和卡车头部保持 10 m 的安全距离。在你要借用超车的对向车道上,另一辆汽车正从前方 400 m 距离处以 25 m·s⁻¹ 的速度向你开来。你现在可以超车吗?请详细解释原因。○

2-61 玛姬和朱迪在一次非常激烈的 100 m 赛跑中,以 10.2 s 的成绩同时越过终点线,创下新的纪录。她们均为加速,玛姬用了 2.00 s,朱迪用了 3.00 s,达到她们各自的最大速率,并保持此速率跑完余下的距离。(1)求每人的加速度。(2)她们各自的最大速率为多大?(3)谁在 6.00 s 时跑在前面,领先多少距离?

2-62 子弹发射后沿枪膛向枪口运动,它的速率为 $v = -5.00 \times 10^7 t^2 + 3.00 \times 10^5 t$,其中 v 的单位为 m·s⁻¹,t 的单位为 s。子弹离开枪膛瞬间的加速度为 0。(1)试给出子弹在枪膛内的加速度和位置随时间变化的函数表达式。(2)求子弹被加速的时长。(3)求子弹离开枪膛时的速率。(4)求枪膛的长度。

2-63 在奥林匹克运动会中,有哪些运动项目类似于加速运动、平抛运动、自由落体运动或圆周运动?请分别举出例子。

2-64 请判断对错:(a)如果物体的速率恒定,那么它的加速度必然为 0。(b)如果物体的加速度为 0,那么它的速率必然恒定。(c)如果物体的加速度为 0,那么它的速度必然

为 0。(d)如果物体的速率为恒定,那么它的速度必然恒定。(e)如果物体的速度为恒定,那么它的速率必然恒定。

2-65 一架 10.0 m 长的梯子,斜靠在一面直立的墙上,梯子的上端在墙上的高度是 y m,下端在地面上距墙 x m 远。现在梯子下端以一个恒定速率 v_x 被拉离墙。(1)请写出梯子上端沿墙面下滑的速率表达式。(2)当梯子下端离墙 1.5 m 远、速率为 1.0 m·s⁻¹ 时,求梯子上端的下滑速率。(3)请描述梯子上端速率随时间的变化。☆

2-66 请给出运动中速度和加速度的方向:(1)相反;(2)相同;(3)互相垂直的实例。

2-67 质点的运动方程为 $x = x(t)$,$y = y(t)$,在计算质点的速度和加速度时,有人先求出 $r = \sqrt{x^2 + y^2}$,然后根据 $v = dr/dt$ 和 $a = d^2r/dt^2$ 求得 v 和 a 的值。也有人先计算出速度和加速度的分量,再合成求得 v 和 a 的值,即 $v = \sqrt{\left(\dfrac{dx}{dt}\right)^2 + \left(\dfrac{dy}{dt}\right)^2}$ 和 $a = \sqrt{\left(\dfrac{d^2x}{dt^2}\right)^2 + \left(\dfrac{d^2y}{dt^2}\right)^2}$。这两种方法哪一种正确?差别何在?○

2-68 杆以角速度 ω 绕通过其一端且与其垂直的轴在水平面内匀速转动。杆上穿有一小圆环。在 $t = 0$ 时刻,小圆环自杆与转轴的交点 O 处从静止开始沿杆做匀加速运动,相对于杆的加速度为 a。请给出在静止参考系中小圆环运动速度、加速度随时间的变化。○

2-69 一被掷出的垒球位置用下式表示:
$$\vec{r} = [1.5\,\text{m} + (12\,\text{m}\cdot\text{s}^{-1})t]\vec{e}_x + [(16\,\text{m}\cdot\text{s}^{-1})t \\ - (4.9\,\text{m}\cdot\text{s}^{-2})t^2]\vec{e}_y$$
试给出速度、加速度随时间变化的表达式。

2-70 在 0 时刻,一个物体位于 $x = 4.0$ m,$y = 3.0$ m 处,速度为 $\vec{v} = (2.0\,\text{m}\cdot\text{s}^{-1})\vec{e}_x + (-9.0\,\text{m}\cdot\text{s}^{-1})\vec{e}_y$,加速度恒定为 $\vec{a} = (4.0\,\text{m}\cdot\text{s}^{-2})\vec{e}_x + (3.0\,\text{m}\cdot\text{s}^{-2})\vec{e}_y$。(1)试求 $t = 2.0$ s 时的速度。(2)用 $\vec{e}_x$,$\vec{e}_y$ 的矢量和表示时刻 $t = 4.0$ s 时物体的位置,同时也请给出该位置矢量的大小和方向。

2-71 由光滑钢丝弯成竖直平面内一条曲线,质点穿在此钢丝上,可沿着它滑动。已知其切向加速度为 $-g\sin\theta$,其中 θ

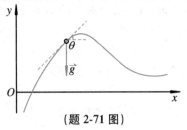

(题 2-71 图)

是曲线切向与水平方向的夹角。试求质点在各处的速率。☆

2-72　一物体的位置矢量 $\vec{r} = 30t\,\vec{e}_x + (40t - 5t^2)\,\vec{e}_y$，其中 r 的单位为 m，t 的单位为 s。请给出瞬时速度和瞬时加速度随时间 t 变化的表达式。

2-73　一艘在静水中速率为 v 的船在水流速率为 u 的河流中做往返运动。假设往返全程距离为 D，求船做下面两种运动所需要的时间：(1) 先向上游方向，再向下游方向的往返运动；(2) 垂直于水流方向的往返运动。我们必须假设 $u < v$，为什么？

2-74　甲、乙两名游泳者从一条很宽的水流速率为 v 的河岸边的同一点开始游泳。他们相对于水的游泳速率都为 c（$c > v$）。甲向下游游了距离 L，然后向上游游了相同距离。乙的实际运动方向与水流的方向垂直。他先游了距离 L，然后又往回游了相同距离。这样，两名游泳者都回到了起点。问：哪名游泳者首先回到起点？

2-75　一艘在静水中速率为 $1.70\ \mathrm{m \cdot s^{-1}}$ 的船，需要横穿 260 m 宽的河流，到达对岸上游 110 m 处（如图所示）。为了到达目的地，船必须保持偏向上游方向 45° 的角度，求水流速度。

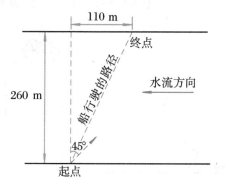

（题 2-75 图）

2-76　一名游泳者以相对于水 $1.6\ \mathrm{m \cdot s^{-1}}$ 的速率径直朝对岸游过去。河宽 80 m，游泳者到达对岸下游 40 m 处。(1) 水流速率为多大？(2) 游泳者相对于河岸的速率为多大？(3) 游泳者应该朝什么方向游动，才能到达正对岸？

2-77　在汛期，河水的速率达到 $48\ \mathrm{km \cdot h^{-1}}$。假设你乘坐在静水中速率为 $48\ \mathrm{km \cdot h^{-1}}$ 的小船想垂直穿过该河，这可能吗？请解释。如果水流速率为 $32\ \mathrm{km \cdot h^{-1}}$，(1) 请问船需要以什么角度行驶，才能直接垂直驶到河对岸？(2) 相对于河岸，你的速率是多少？

2-78　一架小飞机从某地出发，要飞到正北方向 520 km 远处的机场。飞机飞行速率为 $240\ \mathrm{km \cdot h^{-1}}$，风为恒定 $50\ \mathrm{km \cdot h^{-1}}$ 的东南风。请计算合适的飞行方向和飞行时间。

2-79　一飞机带足油料，在无风的情况下以速率 v 飞行，可飞行的路程为 R。现在要在有风的情况下，向北偏东 φ 方向飞行执行任务并返回基地。如果风向为北偏东 θ，风速为 u，问该飞机最远能飞往多远处执行任务并安全返回基地？☆

2-80　一辆车向东开，速度为 $60\ \mathrm{km \cdot h^{-1}}$。它在 5.0 s 内按圆弧转了个弯，然后向北开，速度仍为 $60\ \mathrm{km \cdot h^{-1}}$。试求该车的平均加速度。

2-81　在一次无线航模比赛中，每架飞机要求必须从一个半径为 1.0 km 的圆中心飞到圆上任意一点再返回圆心。赢的条件是飞行时间最短。竞赛者可以采用任意飞行路线，只要满足从圆心飞到圆上一点再返回圆心。在某一天的比赛中，风速恒定为 $5.0\ \mathrm{m \cdot s^{-1}}$，方向向北。你的飞机飞行速度为 $15\ \mathrm{m \cdot s^{-1}}$。你打算让飞机先逆风再顺风，还是横穿风向，先向东再向西？请用你学到的矢量和相对速度的知识最优化你的飞行方式。☆

2-82　在射箭运动中，箭是否应该直接瞄准目标？瞄准的角度同和目标的距离之间存在什么样的关系？

2-83　请判断对错：(a) 物体不能沿圆形轨迹运动，除非有指向圆心的向心加速度。(b) 物体不能沿圆形轨迹运动，除非有切向的加速度。(c) 物体沿圆形轨迹运动，那么它不能有变化的速率。(d) 物体沿圆形轨迹运动，那么它不能有恒定的速度。

2-84　假设垂直向上投掷飞镖使其插入屋顶。当飞镖离开你的手上升时，它稳定地减速直到插入屋顶。(1) 作图，显示在时刻 t_1 和 t_2 飞镖的速度矢量，其中 t_1 和 t_2 发生在离手之后到达屋顶之前，且 $t_1 - t_2$ 很小。从你的图上找出速度矢量变化的方向，即加速度的方向。(2) 当飞镖插入屋顶几秒后，它掉下来落到地上。在下落过程中，它一直加速直到落在地上。按照 (1) 作图，并给出飞镖下落时加速度的方向。(3) 现假设沿水平方向掷飞镖，则飞镖离开手到落地前的加速度方向如何？○

2-85　从 24 m 高的塔上平抛一块石头，落在离塔 18 m 远的地面上。(1) 给出石头被扔出的初始速率。(2) 给出石头落在地面前瞬间的速率。（忽略空气阻力。）

2-86　一个小铁球从一个长楼梯顶端水平抛出。球的初始速率为 $3.0\ \mathrm{m \cdot s^{-1}}$。每节楼梯高 0.18 m，宽 0.30 m。问小球最先落在哪级楼梯上？○

2-87　打雪仗有一个技巧，即先以一个比较高的角度投射一个雪球，当你的对手看第一个雪球时，以低角度投射第二个雪球，并使第二个雪球在第一个雪球之前或同时到达对手。假设两个雪球的投射速率都是 $25.0\ \mathrm{m \cdot s^{-1}}$，第一个雪球以相对于水平面 70° 的角度投射。(1) 第二个雪球的投射角度应为多少才能使它和第一个雪球到达同一点?
(2) 第二个雪球要在第一个雪球投射之后多久投射,才能使得两个球能同时到达对手? ○

2-88 两个抛射物以相同的速率抛出,一个抛射角度为 θ,一个为 $\pi/2 - \theta$。两个抛射物都落到离出发点相同距离的位置。问两个抛射物在空中飞行的时间是否相同?

2-89 以什么样的角度发射炮弹可以使炮弹达到最大的水平距离?

2-90 如果你按照下列方式投球,请估算能投多远:(1) 站在水平地面上水平方向投掷;(2) 站在水平地面上,沿水平向上 45° 方向投球;(3) 从 12 m 高的楼顶沿水平方向投掷;(4) 从 12 m 高的楼顶沿水平向上 45° 方向投球。(忽略空气阻力。)

2-91 一跳远运动员以与水平面成 20.0° 的角度和 11.0 m·s^{-1} 的速率跳离地面。(1) 在水平方向上他能跳多远?(2) 他的最大高度为多少?

2-92 一架救援飞机要将救援物资扔给与飞机垂直高度差为 235 m 的山峰上的遇险者。设飞机以 250 km·h^{-1} 的水平速度飞行。(1) 飞机必须在离遇险者水平距离为多少的地方就提前扔下救援物资,以保证物资落在遇险者的附近?(2) 如果飞机在离遇险者 425 m 处就提前扔下救援物资,那么必须给物资多大的垂直速度(向下或向上),才能保证物资落在遇险者的附近?(3) 在(2)的情况中,物资落地时速度为多少?

2-93 一架直升机向被洪水困在湖中木筏上的灾民投放救济物品。当包裹被投出时,直升机在木筏的正上方 100 m 高空,速度为 25.0 m·s^{-1},并与水平面向上成 $\theta = 36.9°$ 的夹角。(1) 包裹在空中停留时间为多长?(2) 包裹落地时离木筏有多远?(3) 如果直升机一直以恒定速度飞行,当包裹落地时,飞机在哪里?(忽略空气阻力。)

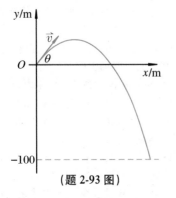

(题 2-93 图)

2-94 一架俯冲轰炸机的运动速度大小为 280 m·s^{-1},且和水平方向向下成 θ 角。当飞机高度为 2.15 km 时,它投放一枚炸弹,击中地面上的一个目标。从炸弹投放点到目标的直线距离为 3.25 km。求角度 θ。

2-95 一警察在屋顶上追捕一个珠宝大盗。他们跑近建筑物之间一个长为 4.00 m,高度差为 3.00 m 的间断。大盗学过物理,以与水平面向上成 45° 角和速率 5.00 m·s^{-1} 起跳,很容易地跳过了这个间断。假设警察没有学过物理,他认为只要沿水平方向速度最大就行了,所以他沿水平方向起跳,速率也为 5.00 m·s^{-1}(如图所示)。(1) 他能安全跨过去吗?(2) 大盗超过这个间断多远?

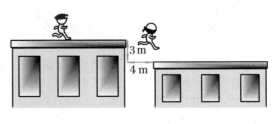

(题 2-95 图)

2-96 如图所示,两门大炮互相对准对方。发射炮弹后,炮弹将沿着图中抛物线轨道运动,图中点 P 为两条轨迹相交的地方。如果我们希望两个炮弹相撞,那么哪门大炮先发射,或者同时发射?(忽略空气阻力。)○

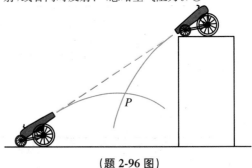

(题 2-96 图)

2-97 在一列沿水平轨道行驶的火车上,一个变戏法的人以 4.90 m·s^{-1} 的速率相对于火车向上抛一个小球。火车速率为 20.0 m·s^{-1}。相对于这个变戏法的人,(1) 球在空中的飞行时间为多少?(2) 小球在上升过程中的位移为多少?相对于站在地面的观察者,(3) 小球的初始速率为多少?(4) 小球起抛的角度为多大?(5) 小球在上升过程中的位移为多少? ○

2-98 一个人站在半球形的岩石上以水平速度 $\vec{v}_i$ 踢一个原来静止在岩石顶部的球,如图所示。(1) 如果球被踢出之后不再碰到岩石,求它的最小初始速率。(2) 以这个最小速率踢球,球落到地面时离岩石的底部有多远?

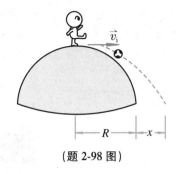

（题 2-98 图）

2-99 一位跳台滑雪运动员以 25.0 m·s⁻¹ 的速率沿水平方向离开滑道。下面着陆斜坡的倾角为 35.0°。他在斜坡何处着陆？据说跳台滑雪运动员达到最大射程的发射角 θ 满足 $\theta = 45° - \phi/2$，其中 ϕ 为着陆斜坡的倾角。试证明这个说法。假设除了跳台是弧形的，使得运动员在滑道以一定角度 θ 向上跳出，其他一切都是相同的。这一设计能使跳的距离增大吗？○

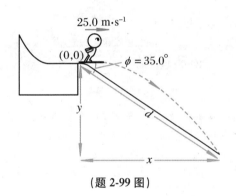

（题 2-99 图）

2-100 如图所示，要能在猴子落到地面之前打到猴子，求子弹最小的初始速率。设 $x = 50$ m，$h = 10$ m，地面位于猴子初始位置下方 11.2 m 处。（忽略空气阻力的影响。）

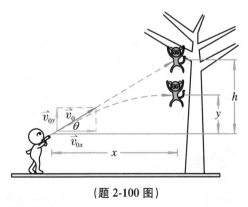

（题 2-100 图）

2-101 在子弹最大高度的一半位置时，子弹的速率为初始速率

的 3/4。求其发射角度。（忽略空气阻力。）

2-102 从水平地面向前上方抛出一块石头，它达到的最大高度等于它的水平方向上的位移大小。（1）以什么角度抛出这块石头？（2）如果你在不同的星球上，那么你的答案还和（1）的答案相同吗？请解释原因。（3）如果石头被抛出的速率相同，那么以最佳角度投掷它所能获得的最大水平距离为多大？

2-103 一个球从水平地面以与水平方向成向上 55°角的方向和 22 m·s⁻¹ 的初始速率抛出。它撞击在坚硬的水平地面上后弹起，达到第一个弧线高度的 75%处。（1）它的第一个弧线的最高点的高度为多少？（2）第一次落到地面时离发射点的水平距离为多少？（3）第二次落到地面时离发射点的水平距离为多少？（假设小球与地面碰撞时速度的水平分量不变，忽略空气阻力。）

2-104 落到和发射点同一高度上的子弹经过的水平距离 $R = (v_0^2 \sin 2\theta_0)/g$。一个高尔夫球从架高的开球点以 45.0 m·s⁻¹ 的速率和 35.0° 的角度被击出，落在离开球点 200.0 m 处的草地上（如图所示）。（1）试证明：尽管开球点被架高，仍可用 $R = (v_0^2 \sin 2\theta_0)/g$ 计算球落地的距离。（2）证明：在更普遍的情况下，球的距离

$$R = \left(1 + \sqrt{1 - \frac{2gy}{v_0^2 \sin^2 \theta_0}}\right)\frac{v_0^2 \sin 2\theta_0}{2g}$$

其中 y 为草地相对开球点的高度，即 $y = -h$。（3）用该式计算球飞出的距离。如果忽略草地的高度，会带来百分之多少的误差？（忽略空气阻力。）○

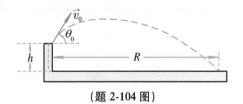

（题 2-104 图）

2-105 落到和发射点同一高度上的子弹经过的水平距离为 $r = (v_0^2 \sin 2\theta_0)/g$。（1）证明：在相同发射角度和自由落体加速度的情况下，发射速率的微小改变产生的距离上的微小改变为 $\Delta r/r = 2\Delta v_0/v_0$。（2）假设子弹经过的水平距离为 200 m，利用（1）中的公式估算如果发射速率增加 20.0%时，距离的增加量。（忽略空气阻力。）（3）比较（2）中的计算结果和直接利用 $r = (v_0^2 \sin 2\theta_0)/g$ 得到的距离变化值。如果两个结果不同，那么估算是大了，还是小了？为什么？

2-106 一颗子弹以仰角 θ 从地面发射。一位观测者站在发射点看着子弹到达最高点，并测得此时的角度 φ（如图所

示）。证明 $\tan\varphi = (\tan\theta)/2$。（忽略空气阻力。）

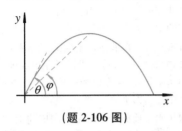

（题 2-106 图）

2-107 一玩具大炮置于坡道上，坡道斜率为 φ。如果炮弹以与水平方向成角度 θ_0 向山上发射（如图所示），且离开炮口的速率为 v_0，试证明：炮弹经过的距离（沿坡道方向）为

$$R = \frac{2v_0^2\cos^2\theta_0(\tan\theta_0 - \tan\varphi)}{g\cos\varphi}。$$（忽略空气阻力。）

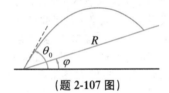

（题 2-107 图）

2-108 当棒球运动员从外场向内场扔球时，他们常常让球在到达内场之前弹跳一次，这样球能到达得早一些。假设球弹跳的角度等于球在外场被扔出的角度，但弹跳后球的速率是弹跳之前的一半，如图所示。（1）假设球被扔出的初始速率总是一样的，那么棒球运动员要以什么角度扔球，才能使得球在有一次弹跳时的飞行距离 D 和以 $45.0°$ 角向上斜抛且无弹跳时的飞行距离相等？（2）计算有一次弹跳所用总时间与无弹跳所用时间的比值。

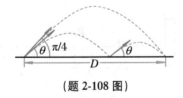

（题 2-108 图）

2-109 运动员朝 4 m 远处的竖直墙面扔一个球。球离开她的手时离地面 2.0 m 高，初始速度为 14 m·s^{-1}，仰角为 $45°$。当球打在墙上后，它的水平速度分量反向，垂直分量不变。（1）球落在地上何处？（2）在打到墙上之前，球飞行多久？（3）球打在墙上何处？（4）打到墙之后，球飞行多久？（忽略空气阻力。）

2-110 几千年前发明的投石机在历史上被用来发射各种物体。在一次战役中，士兵用投石车发射巨大的炮弹，投向敌方高为 8.50 m 的城墙。如图所示，投石车将炮弹从地面上 4.00 m 的高处投掷向 38.0 m 远处的城墙，投掷方向与水平面成 $60.0°$ 角。如果炮弹落到城墙上，那么，（1）至少需要多大的投掷速率？（2）炮弹在空中飞行多久？（3）炮弹打中城墙时的速率为多大？（忽略空气阻力。）

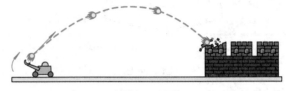

（题 2-110 图）

2-111 如图所示，敌舰位于一座有山的岛屿西侧，能够以 250 m·s^{-1} 的速率发射炮弹越过 2 500 m 远处 1 800 m 高的峰顶。如果岛东侧的海岸线离峰顶的水平距离为 300 m，那么我方舰船停放在离岛东边海岸线多远处才会安全而不被敌舰轰炸到？○

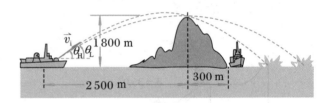

（题 2-111 图）

2-112 如果一颗子弹从距地面 1.7 m 高处的枪口射出，速率为 250 m·s^{-1}，打向 100 m 远处与枪口同一水平高度的气球，枪口必须对准气球上方的某一点。（1）这一点在气球上方多远？（2）子弹会落在气球后面多远的地面上？（忽略空气阻力。）

2-113 假设你站在水平地面上，投球的最大水平距离为 L。如果你站在高为 h 的楼顶上，以仰角（1）$0°$；（2）$30°$；（3）$45°$投球，分别能投多远？（忽略空气阻力。）

2-114 马戏团的一名特技摩托车骑手，在演出中从倾角为 θ 的斜坡上出发，跨越宽为 L 的间断，到达另一侧更高（相对高度为 h）的斜坡上（如图所示）。（1）给定 h，为了保证演出成功，所需的起跳速率 v 最少为多大？（2）当 $L = 8.0$ m，$\theta = 30°$，$h = 4.0$ m 时，求 v。（3）证明：无论她的起跳速率为多大，平台的最大高度必须满足 $h < L\tan\theta$。请用物理知识解释这一结果。（忽略空气阻力，把骑手

（题 2-114 图）

和车看成一体。)

2-115 崔莺莺绣楼窗口距地面的高度是 1 丈。书生张君瑞站在距绣楼 6 尺远的路边,想把包着小石块的写有情诗的手帕从绣楼的窗口扔进去。为了保证手帕在进入窗口时只有水平方向的速度,他应该怎么扔? 这时手帕的水平速度是多少? ○

2-116 伽利略认为,如果忽略空气阻力,当抛射角度比 45° 大或小相同角度时,被抛射物的水平距离会相等。请证明伽利略的这一结论。

2-117 地球自转是否为圆周运动? 赤道上一个相对地面静止的物体是否在做圆周运动? 请解释原因。○

2-118 试证明:匀速圆周运动的加速度是指向圆心的。○

2-119 地球绕自转轴每 24 h 转一圈,所以地球表面的物体也绕该轴每 24 h 匀速转一周。考虑这一旋转作用于地表上的一个人,忽略地球绕太阳公转的影响。(1) 如果这个人站在赤道上,他的速率和加速度的大小为多少(用 g 的百分比表示加速度的大小)? (2) 加速度矢量的方向如何? (3) 如果一个人站在北纬 32°,那么他的速率和加速度的大小为多少? (4) 如果站在北纬 32° 的人和站在赤道上的人处于同一条经线上,请问他俩加速度方向的夹角为多大? ○

2-120 求地球绕太阳公转的向心加速度。

2-121 根据地球和月球的平均距离和轨道周期,确定月球相对于地球的加速度。(假设轨道为圆形;用 g 的分数形式表达加速度。)

2-122 脉冲星是中子星的一种,我们可以通过在地球上接收脉冲星发出的脉冲辐射的时间间隔得到它的旋转周期。某些脉冲星的旋转周期可以小到 1 ms! 蟹状星云脉冲星位于猎户星座的蟹状星云中,目前其周期为 33.085 ms。它的赤道半径大约为 15 km,也就是中子星的平均半径。(1) 脉冲星表面赤道处物体的向心加速度为多大? (2) 许多脉冲星被观测到随着时间推移它们的周期拉长,这一现象称为"降速"。蟹状星云脉冲星每秒变慢 3.5×10^{-13} s,即如果这一变慢速率是恒定的,那么蟹状星云脉冲星会在 9.5×10^{10} s(大概距今 3 000 年)后停止旋转。在这个中子星表面赤道位置的物体,切向加速度为多少?

2-123 一物体在以原点为圆心的圆周上运动,其位置矢量 $\vec{r}$ 的大小恒定。(1) 对 $\vec{r} \cdot \vec{r} = r^2$ 进行时间求导,证明 $\vec{v} \perp \vec{r}$。(2) 对 $\vec{v} \cdot \vec{r}$ 进行时间求导,证明 $a_r = -v^2/r$。(3) 对 $\vec{v} \cdot \vec{v} = v^2$ 进行时间求导,证明 $a_\tau = \mathrm{d}v/\mathrm{d}t$。○

2-124 一辆车以恒定加速度 $0.300~\mathrm{m \cdot s^{-2}}$ 沿道路行驶。车经过一段坡道,坡道的形状像一个半径为 500 m 的圆弧。当

车到达坡顶的时候,它的速度矢量沿水平方向,大小为 $6.00~\mathrm{m \cdot s^{-1}}$。请确定在这一时刻车的加速度矢量的大小和方向。

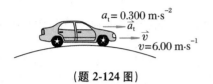

$a_t = 0.300~\mathrm{m \cdot s^{-2}}$
$\vec{a}_t$
$\vec{v}$
$v = 6.00~\mathrm{m \cdot s^{-1}}$

(题 2-124 图)

2-125 人类的血液中有血浆、血小板和血球。为了把血浆和其他成分分开,可以使用离心机给血液提供 2 000g(g 为标准重力加速度)或以上的加速度。在这种情况下,假设血液盛满在 15 cm 长的试管中。如图所示,试管在离心机中与水平方向成 45° 角。(1) 离心机转速为 3 500 r/min,那么要使血液受到 2 000g 的加速度,需要血液样品距离心机的转轴多远? (2) 如果试管中心位置的血液位于(1)中要求的位置,试求试管两端血液受到的加速度(用 g 的倍数表示)。

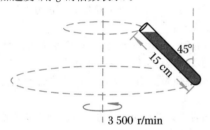

45°
15 cm
3 500 r/min

(题 2-125 图)

2-126 一质点的运动轨道为对数螺旋线,$r = be^{k\varphi}$,$\mathrm{d}r/\mathrm{d}t = c$,其中 b, k, c 均为正常数。$t = 0$ 时,质点位于 $r = b$,$\varphi = 0$ 处,请给出质点速度和加速度的大小及轨道曲率半径随时间的变化值。○

2-127 三维空间运动在什么情况下会退化成二维运动?

2-128 在 $t = 0$ 时刻,从空中一点以同样的速率 v 各个方向抛出小球。试证明:在任一时刻 t,所有小球都位于一个球面上,球面的中心按照自由落体的方式下落,球面的半径为 vt。

2-129 一个垂直向上射出的烟花弹在它的最大高度 h 处爆开,向各个方向散出燃烧的碎片,所有碎片的速率都为 v。凝结为固体小球的金属碎片不受空气阻力影响落到地面上。试给出碎片的最终速度与水平方向所成夹角的最小值。

2-130 时间膨胀效应有时候可以表述为"运动的钟变慢"。实际上,在这个效应中,运动并不影响钟的功能,那么这个效应到底影响的是什么? 时间膨胀效应是运动中时间

确实流逝得更慢,还是时间只是"看起来"更慢? ○

2-131 谈谈你对光速不变的两个结论(运动的钟变慢,运动的尺变短)的理解。如何用通俗易懂的语言向一般人解释说明? ☆

2-132 假设光速为无穷大,那么相对论中的长度收缩和时间膨胀效应会如何变化?

2-133 你驾驶宇宙飞船以 $0.5c$ 的速度向远处的恒星进发,恒星发出的光经过你身边时,其速度是多少?

2-134 一个星球距地球 10.6 光年。一艘宇宙飞船以 $0.96c$ 的速度从地球向该星球驶去。(1) 从地球上看,该飞船多长时间之后到达该星球? (2) 从该飞船上看,它多长时间后到达该星球? (3) 从该飞船上看,它行驶了多远的距离? (4) 从该飞船上看,它的行驶速度是多少? ○

第3章 牛顿动力学

3-1 牛顿第一定律的重要意义是什么? 它与牛顿第二定律是什么关系?

3-2 试谈谈你对"质量"的理解,并评论通常所作的以下陈述: 物体的质量是它所包含"物质的量"。

3-3 为什么说质量具有可加性与物体内部复杂的运动状态无关?

3-4 一钓鱼者想以 2.5 m·s^{-2} 的加速度垂直于水面钓起一条鱼。他的鱼线非常轻,能承受的最大张力为 25 N。可惜由于鱼线断了,他失去了这条鱼。请问这条鱼的质量至少为多少?

3-5 大小相同的两个水平方向上的力 $\vec{F}$ 在给定时间 Δt 内分别作用于两个静止在平滑表面、质量分别为 m_1 和 $m_2(m_1 > m_2)$ 的物体上。(1) 用 F, m_1, m_2 表示它们的加速度之比。(2) 给出在给定 Δt 之后的瞬间,它们的速率 v_1 和 v_2 之比。(3) 在给定 Δt 之后的瞬间,它们之间的距离为多大? 哪个在前?

3-6 宇航员在太空站停留期间需要非常仔细地控制他们的身体质量,因为大幅度的质量减少会导致很严重的生理问题。请设计一种用来在空间站测量处于失重状态的宇航员身体质量的设备。○

3-7 一个质量为 10 kg 的物块及附带的滑轮沿一无摩擦的窗台滑动。它又通过一质量不计的细线按图示方式与一块质量为 3.0 kg 的物块相连接。请给出每个物块的加速度和细绳上的张力。

3-8 一细绳的一端固定在天花板的 A 点,另一端跨过一个定滑轮悬挂着一质量为 M_1 的物体,又在 A 点和定滑轮之间的

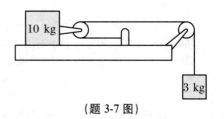

(题 3-7 图)

绳子上穿着一动滑轮,动滑轮下悬挂着一物体,质量为 M_2,且 $M_1 = M_2$,在定滑轮和动滑轮之间的绳子上有一重物,质量为 M_3,如图所示。假设滑轮和绳子的质量以及滑轮轴上的摩擦力均可忽略,绳子长度不变。求当系统保持静止状态时 M_3 的大小。

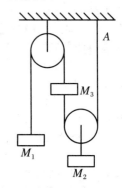

(题 3-8 图)

3-9 黄蓉和郭靖在爬山练习中使用长度一样的安全绳。(1) 黄蓉家庭富裕,使用的安全绳具有一定的弹性,如果自由跌落 2.00 m,能保证在 1.00 m 范围内止住下落。假设力是恒定的,请问黄蓉受到的力多大? (2) 郭靖家境贫寒,使用的安全绳在相同情况下只能伸长 0.30 m,请问绳索对郭靖的拉力是郭靖体重的多少倍? (3) 谁更容易受伤?

3-10 估算足球守门员抱住对方球员射来的点球时,他手套上受到的力的大小。

3-11 一辆打滑失控的赛车试图在正面撞上砖墙之前将速率降到 80 km·h^{-1}。幸运的是,赛车手系着安全带。请用合适的数据表示赛车手的质量和刹车距离等,估算安全带对赛车手的平均作用力的大小和方向。(忽略座位对赛车手的摩擦力。)○

3-12 一颗质量为 1.60×10^{-3} kg 的子弹以 600 m·s^{-1} 的速率射向一个树墩,在树墩内穿行了 6.00 cm 后停止。(1) 假设子弹的加速度恒定,求树墩对子弹作用力的大小和方向。(2) 如果树墩作用于子弹的力不变,且子弹打到树墩的瞬间速率相同,但子弹的质量减半,那么子弹能在树墩内穿行多远?

3-13　一垂直绳子下端悬挂着一个质量为 50.0 kg 的物体。绳子和物体从静止开始加速向上运动,在 0.900 s 内达到速率 3.60 m·s^{-1}。(1) 作物体受力分析图,用矢量的相对长短来表示力的相对大小。(2) 由受力分析图和牛顿定律计算绳子上的张力。

3-14　质量为 65.0 kg 的油漆工站在质量为 30 kg 的活动平台上。平台上系一绳子,通过一个滑轮,可以使得油漆工能够自由升降(如图所示)。(1) 他需要多大的力使自己获得 0.50 m·s^{-2} 的向上加速度? (2) 当他的速率为 0.75 m·s^{-1} 时,他改变拉力使自己匀速上升。此时拉力有多大?(忽略绳子的质量。)

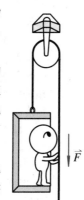

(题 3-14 图)

3-15　质量为 60 kg 的你站在一台固定在电梯地板上的台秤上。求以下情况中台秤的读数:(1) 电梯以加速度 a 上升;(2) 电梯以加速度 a' 下降;(3) 电梯以速率 10 m·s^{-1} 上升,且速率以 5.0 m·s^{-2} 的加速度减小。

3-16　假设氢原子中电子以 2.2×10^6 m·s^{-1} 的速率绕核做匀速圆周运动,试估计维持这一运动所需的向心力为多少。建议与电子和氢核之间的库仑力作一比较。

3-17　用一条质量为 M、长度为 L 的均匀绳子垂直上提一质量为 m 的物块。绳子顶端受到向上的力,绳子和物块以大小为 a 的加速度向上运动。证明:绳子上距离物块 x($x < L$)处张力的大小为 $(a+g)[m+(x/L)M]$。

3-18　两个力 $\vec{F}_1 = -6\vec{e}_x - 4\vec{e}_y$ 和 $\vec{F}_2 = -3\vec{e}_x + 7\vec{e}_y$ 作用在质量为 2.00 kg,初始静止在 $(-2.00\,m, +4.00\,m)$ 处的一个质点上。当 $t = 10.0$ s 时,求:(1) 质点运动的速率;(2) 质点运动的方向;(3) 质点运动经过的距离;(4) 质点所处的位置。

3-19　一女孩手拿一块石头,向上向下移动或者保持静止。请判断对错:(1) 她的手对石头的作用力大小始终等于石头受到的重力。(2) 她的手对石头的作用力是石头受到的重力的反作用力。(3) 她的手对石头的作用力大小始终等于石头对她的手的作用力大小,且方向始终相反。(4) 如果女孩以恒定速率向上移动她的手,那么她作用在石头上的力比石头受到的重力小。(5) 如果女孩向下移动她的手,并使得石头减速到静止状态,那么石头在静止前对她的手的作用力大小等于石头受到的重力。

3-20　如图所示,三块互相接触的木块放在无摩擦的水平面上。一水平方向的力 $\vec{F}$ 作用在 m_1 上。如果 $m_1 = 2.00$ kg, $m_2 = 3.00$ kg, $m_3 = 4.00$ kg, $F = 20.0$ N,画出每个木块的受力图,并求:(1) 木块的加速度;(2) 每个木块所受的力;(3) 木块之间的相互作用力的大小。

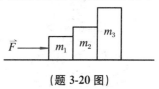

(题 3-20 图)

3-21　如图所示,一块质量为 m_1 的物块 1 放置在另一块质量为 m_2 的物块 2 上,同时静止在桌面上。给出下面各力的名称和分类(接触力或非接触力):(1) 物块 1 对物块 2 的力;(2) 物块 2 作用于物块 1 上的力;(3) 物块 2 对桌子的力;(4) 桌子对物块 2 的力;(5) 地球对物块 2 的作用力。哪些力可以看成牛顿第三定律中的一对作用力和反作用力?

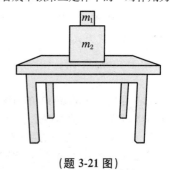

(题 3-21 图)

3-22　根据牛顿第三定律,拔河比赛中的每个队以大小相等的力拉对方的队伍。那请问是什么决定了哪个队能获胜? ○

3-23　你的朋友搞恶作剧,在你睡觉时把你绑架到湖中的冰面上。当你醒来时,你离最近的湖岸也有 25.0 m 远。冰很滑,你无法移动。你意识到你可以利用牛顿第三定律,就将身上最重的东西——一只质量为 1.50 kg 的靴子扔出以使自己移动。假设你的质量为 60 kg。(1) 你应该把靴子朝什么方向扔,能使自己最快到达岸边? (2) 如果你用平均大小为 450 N 的力,在 0.500 s 内将靴子扔出,问靴子对你的作用力大小为多少?(假设加速度恒定。)(3) 你需要多久才能到达岸边(包括扔靴子的时间)?

3-24　如图所示,弹性系数为 k,质量可忽略的弹簧竖立在台秤上,顶端放置一个质量可忽略的杯子。将一质量为 m 的小球轻轻放入杯中并使它静止在杯底处于平衡状态。(1) 画出球和弹簧各自的受力分析图。(2) 证明:在这种情况下,弹簧被压缩 $d = mg/k$。(3) 这时台秤的读数为多少?

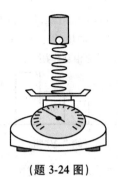

（题 3-24 图）

3-25 设轮胎与路面的静摩擦系数为 0.81。请问车能停在多陡的山路上？

3-26 为了确定一木块在水平桌面上的动摩擦系数，你推动木块给它一个沿桌面运动的初始速度，用跑表计时，测量在推动木块到木块完全静止之间所用时间 Δt 和所滑动的总位移 Δx。（1）用牛顿定律和物块的受力分析图，来证明动摩擦系数的表达式为 $\mu_k = \dfrac{2\Delta x}{g(\Delta t)^2}$。（2）如果物块在 1.00 s 内滑动 1.40 m，求 μ_k。（3）物块的初始速率为多少？

3-27 一辆汽车在水平路面上以 33 m·s^{-1} 的速率行驶。路面和轮胎之间的静摩擦系数和动摩擦系数分别为 $\mu_s = 0.52$ 和 $\mu_k = 0.38$。以下情况中，在完全停止前，汽车能行驶多远？（1）有防抱死制动系统（ABS）。（2）无防抱死制动系统，使劲刹车时车打滑。（提示：打滑会使轮胎升温，温度会改变摩擦系数。但在此处温度影响忽略不计。）

3-28 汽车轮胎和水平路面的静摩擦系数为 0.58。（1）刹车时，汽车的最大加速度为多少？（2）如果在刹车前汽车行驶速率为 33 m·s^{-1}，那么汽车完全停止前所行驶的最短距离为多少？（忽略空气阻力和滚动摩擦。）

3-29 一辆后轮驱动的汽车 45% 的重量落在驱动轮上，汽车与水平路面之间的静摩擦系数为 0.69。（1）给出汽车的最大加速度。（2）汽车加速到 100 km·h^{-1} 所需的最短时间为多少？（假设引擎可以提供的动力没有限制。）

3-30 你用 300 N 的力沿水平方向以恒定速度拉地上一块质量为 80.0 kg 的木块。（1）作图分析木块的受力情况。（2）用牛顿定律确定木块受到的摩擦力大小。（3）地面对木块的正压力多大？（4）假设摩擦力不变，需要施加多大的水平方向上的力使得木块的加速度为 1.50 m·s^{-2}？在这一情况下，画图分析木块的受力情况。

3-31 一本硬壳书静止在桌面上，封面向上。将一枚硬币放在封面上，慢慢地打开书，直到硬币开始下滑。角度 θ_{max}（称为休止角）是硬币刚开始下滑瞬间封面与水平方向的夹角。请用 θ_{max} 表示书封面与硬币之间的静摩擦系数。

3-32 一学生试图在胳膊下夹住一本物理课本。课本的质量为 2.5 kg，学生胳膊下方和课本之间的静摩擦系数为 0.330，书和学生衬衣之间的静摩擦系数为 0.150。（1）学生最少需要对课本施加多大的水平方向上的力，才能使课本不会掉下来？（2）如果学生只能用 35 N 的力，课本从胳膊下下滑的加速度为多少？（学生胳膊下方和课本之间的动摩擦系数为 0.180，书和学生衬衣之间的动摩擦系数为 0.080。）

3-33 三块质量均为 m 的相同物块叠放在水平桌面上，各接触面的摩擦系数均为 μ。有一水平方向从 0 不断增大的力作用在最下面的物块上。问该力达到多大时，最下面的物块会产生相对于上面两个物块的运动？

3-34 一质量为 m_1 的物块 A 放在水平桌子上。一轻质细绳穿过桌子边缘的定滑轮，一端系在该物块上，另一端系在质量为 2.5 kg 的物块 B 上。物块 B 悬在离地面 1.5 m 高处（如图所示）。假设定滑轮无摩擦且质量可忽略。在 $t = 0$ 时刻，该系统由静止释放，$t = 0.82$ s 时，物块 B 落到地面上。再把系统重置回初始状态，一块 1.2 kg 的物块被放在物块 A 上，从静止释放。这一次 B 物块在 1.3 s 后落到地面上。计算物块 A 和桌子之间的动摩擦系数。

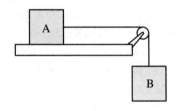

（题 3-34 图）

3-35 一质量为 10 kg 的雪橇受到静摩擦力，静止在倾角为 15° 的斜面上。雪橇和斜面之间的静摩擦系数为 0.40。（1）求雪橇受到的正压力。（2）求雪橇受到的静摩擦力。（3）一学生沿斜面向上以恒定速率拉动雪橇。他的质量为 50 kg，对绳子的拉力为 50 N。绳子与斜面成 30° 角且质量可忽略不计。求雪橇受到的动摩擦力大小。（4）求雪橇和斜面之间的动摩擦系数。（5）求斜面对该学生作用力的大小。

3-36 一纸箱放在与水平面成 20.0° 角的斜面上，两者之间的动摩擦系数为 0.15。（1）请问纸箱下滑的加速度为多大？（2）如果纸箱从离斜面底部 10.0 m 远的地方下滑，请问当纸箱到达斜面底部时的速度为多大？（3）如果纸箱从斜面底部以 3.6 m·s^{-1} 的初速度沿斜面上滑，请问能滑多高？（4）如果忽略摩擦力，请问在（3）的条件下纸箱需要多久才能回到出发点？

3-37 质量为 m 的木块以初始速度 v_0 沿一倾角为 θ 的斜面向

上滑动距离 d 之后静止。请给出木块与斜面之间的动摩擦系数的表达式。你能确定两者之间静摩擦系数的大小吗？

3-38　一物块以初速率 $1.5\ \text{m}\cdot\text{s}^{-1}$ 沿与水平面成 $30°$ 角的斜面向上运动，摩擦系数为 $\sqrt{3}/12$。请确定 $0.5\ \text{s}$ 后物块距初位置的距离。

3-39　如图所示，一质量为 $50\ \text{kg}$ 的物块置于一斜面上，并通过一根细线与另一个质量为 m 的物块相连。物块和斜面之间的静摩擦系数和动摩擦系数分别为 $\mu_s = 0.38$ 和 $\mu_k = 0.21$，斜面与水平面成 $20°$ 角。（1）给出能使 $50\ \text{kg}$ 的物块保持静止，但当受到扰动会沿斜面下滑的 m 的取值范围。（2）给出能使 $50\ \text{kg}$ 的物块保持静止，但当受到扰动会沿斜面上滑的 m 的取值范围。○

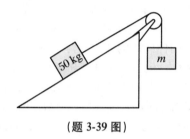

（题 3-39 图）

3-40　如图所示，在一个 $20°$ 的斜面上，一个质量为 $10\ \text{kg}$ 的物块在另一个质量为 $5.0\ \text{kg}$ 的物块上下滑。所有表面都是光滑的，滑轮质量和摩擦也可以忽略。（1）给出每个物块的加速度；（2）给出连接物块的细绳上的张力。

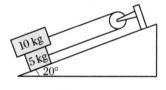

（题 3-40 图）

3-41　如图所示，一质量为 $5.0\ \text{kg}$ 的物块静止在质量为 $3.0\ \text{kg}$ 的托架上。托架静止在光滑表面上。物块和托架之间的静摩擦系数和动摩擦系数分别为 $\mu_s = 0.38$ 和 $\mu_k = 0.28$。（1）要使物块在托架上不打滑，最大施力 F 为多大？（2）对应的托架的加速度为多少？

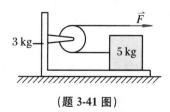

（题 3-41 图）

3-42　在结冰的冬日，汽车车胎和路面之间的摩擦系数降低为干燥时的 $1/4$。结果，汽车能安全沿半径为 R 的弯道行驶的最大速率应为干燥时的（　）。(a) 1 倍；(b) 0.71；(c) 0.50；(d) 0.25；(e) 取决于汽车的质量。

3-43　在工程实习中，你被要求设计公路中的一段弯道，需要满足下列条件：当路上有冰时，路面和橡胶之间的静摩擦系数 0.080，行驶速率低于 $60\ \text{km}\cdot\text{h}^{-1}$ 的汽车不会打滑到弯曲路面之外，静止的汽车不会滑到沟里。忽略空气阻力和滚动摩擦，请问弯道对应的最小半径为多大？路面倾角最大为多少？

3-44　一名跳伞员的质量为 $64.0\ \text{kg}$，当手脚伸展开时他的终极下降速率为 $180\ \text{km}\cdot\text{h}^{-1}$。（1）试求跳伞员受到的向上拖曳力 F？（2）如果 $F = bv^2$，其中 v 为下降速率，那么 b 为何值？

3-45　在(1) $n = 1$，或者(2) $n = 2$ 的情况下，用量纲分析，推断下落物体受到的空气阻力 bv^n 中 b 的单位和量纲，v 为物体速度。（3）牛顿证明横截面为圆形的下落物体受到的空气阻力大致为 $\rho\pi r^2 v^2/2$，ρ 为空气的密度，r 为圆的半径。证明：这一结果和(2)的量纲分析结果是一致的。（4）试求一名质量为 $60.0\ \text{kg}$ 的跳伞员的终极速率；他的横截面积大致相当于一个半径为 $0.32\ \text{m}$ 的圆盘。地球表面的空气密度约为 $1.20\ \text{kg}\cdot\text{m}^{-3}$。（5）大气密度随高度增加而减小。在 $8.0\ \text{km}$ 处，密度仅为 $0.514\ \text{kg}\cdot\text{m}^{-3}$。求在这个高度上下落物体的终极速率。

3-46　一质量为 $9.00\ \text{kg}$ 的物体在黏滞介质中从静止开始下落，受到的阻力为 $\vec{F} = -b\vec{v}$，其中 $\vec{v}$ 是物体的速度。物体在 $5.00\ \text{s}$ 时达到其终极速率的一半。（1）计算终极速率。（2）在什么时间，物体的速率为终极速率的 $3/4$？（3）物体在最初 $5.00\ \text{s}$ 内运动了多远？☆

3-47　表达式 $F = arv + br^2v^2$ 给出了流速为 v（单位：$\text{m}\cdot\text{s}^{-1}$）的气流提供的阻力（单位：N）大小，其中 a 和 b 是具有合适的 SI 单位的常数，数值分别为 $a = 3.08 \times 10^{-4}$，$b = 0.850$。利用这个表达式，求水滴在空气中受到自身的重力而下落的终极速率。水滴半径分别为：(1) $1.00\ \text{mm}$；(2) $100\ \mu\text{m}$；(3) $10.0\ \mu\text{m}$。在(1)和(3)中，考虑空气阻力的两部分中哪个是主要的，可以忽略另一个次要的，这样不用解二次方程就能得到正确解。请试一下。

3-48　竖直上抛一小球，初速度大小为 v_0。若空气阻力与速率的平方成正比，试证明：小球回到初始位置时的速率为 $v_0 v_f / \sqrt{v_0^2 + v_f^2}$，其中 v_f 是终极速率。☆

3-49　如图所示，质量为 $1.0\ \text{kg}$ 的物块静止在质量为 $4.0\ \text{kg}$ 的楔状物的斜面上。楔状物受到水平拉力 $\vec{F}$ 沿无摩擦的表面滑动。（1）如果楔状物和物块之间的静摩擦系数 $\mu_s = 0.72$，楔状物斜面与水平方向成 30° 角，那么能保证物块不会相对于楔状物移动的拉力的最大值和最小值分别为多少？（2）当 $\mu_s = 0.36$ 时，重求（1）。

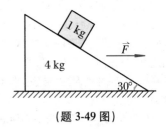

（题 3-49 图）

3-50　一个质量为 1.0 kg 的物块放置在无摩擦的木楔上，木楔的倾角为 60°，加速度为 $\vec{a}$，方向向右，物块相对于木楔静止（如图所示）。（1）作物块的受力分析图，并计算加速度大小。（2）如果木楔的加速度大于这个值，会发生什么情况？如果小于这个值，又会如何？

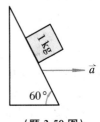

（题 3-50 图）

3-51　一质量为 M 的光滑斜面放在光滑水平面上，斜面的顶端装一滑轮，一条细绳跨过滑轮拴着两个质量分别为 m_1 和 m_2 的物体 A 和 B，如图所示。设绳子和滑轮的质量以及滑轮轴承处的摩擦力均可略去不计，绳子的长度不变。在 A 下滑过程中欲使质量为 M 的斜面不动，作用在其上的水平方向的力 $\vec{F}$ 需要多大？

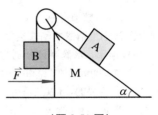

（题 3-51 图）

3-52　质量为 m_1 的物块被系在一端固定长度为 L_1 的细线上。物块在无摩擦桌面上做水平圆周运动。质量为 m_2 的物块被长为 L_2 的细线连接在第一个物块上，并在同一无摩擦桌面上沿圆周运动，如图所示。如果运动的周期为 T，

试给出每段细线上的张力。

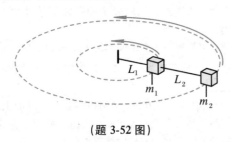

（题 3-52 图）

3-53　有一顶角为 $2\theta(\theta > 45°)$ 的圆锥面，顶点朝下以恒定角速度 ω 绕对称轴转动。在其内表面上距转轴 r 处有一质点，质点与圆锥面间的摩擦系数为 μ。要使该质点相对圆锥面静止，ω 应具有什么值？☆

3-54　圆杆上套一质量为 m 的小圆环，圆杆绕通过底端的固定竖直轴以恒定角速度旋转，圆杆与竖直轴的夹角为 θ，小圆环与圆杆之间的摩擦系数为 μ，请以小圆环到圆杆固定端距离 x 为变量写出小圆环的运动微分方程。☆

3-55　铅锤静止悬挂时并不完全指向地球的中心。在北纬 32.0°处，铅锤偏离径向线多少？（假设地球是球形的。）☆

3-56　如果地球自转速度快到可以使赤道上的物体处于失重状态，那么地球上的一天有多长？

3-57　列举你所知道的不同类型的参照系，并举例说明它们分别适用于哪些物理问题。○

3-58　对于在太空站中长期生活的宇航员，长期失重会对健康造成不利影响。因此太空站可以制造成圆筒状，通过绕圆筒中轴的转动，产生类似重力的效果。圆筒的内壁就成了"地板"。请通过对在这样一个太空站中物体下落、人步行以及你能想到的其他重力效应与真实重力效应的比较，来阐述为什么可以通过旋转来模拟重力。

3-59　一列火车以均匀速率沿一半径为 250 m 的圆周行驶。车内天花板上悬挂着一盏吊灯，灯绳和垂直方向成 18.0°角。请给出火车的行驶速度。

3-60　水平转盘由静止开始启动，角加速度为 $0.04\pi\ \text{s}^{-2}$。一学生坐在转盘上距转轴 6 m 远的座位上，手里握着一个质量为 1.0 kg 的球。试求在转盘启动后 5 s 时，学生为握住球必须施加在球上的力的大小和方向。○

3-61　试导出平面情况下科里奥利力的表达式 $\vec{F} = -2m\vec{\omega} \times \vec{v}$。☆

3-62　质量为 m 的小圆环套在一光滑圆杆上，圆杆绕垂直轴在水平面内以角速度 ω 转动，小圆环以速度 v_0 自转轴处沿圆杆向外运动。试求小圆环到达距转轴 r 处时的速度大

小 v 以及这时圆杆对小圆环的作用力。☆

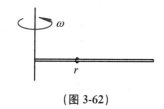

（图 3-62）

3-63 一溜冰者在冰面上以 $v_0 = 6\ \mathrm{m \cdot s^{-1}}$ 的速率沿半径 $R = 10\ \mathrm{m}$ 的圆周溜冰，某时刻他平抛出一小球，为了使小球能击中冰面上圆心处，他应以多大的相对于他的速度抛球？并求出该速度的方向（用和他溜冰速度之间的夹角表示）。已知人抛球时手的高度 $h = 1.6\ \mathrm{m}$。○

3-64 一物体自北纬 $32°$ 处的 $100\ \mathrm{m}$ 高楼上自由下落，请给出由科里奥利力引起的落地点横向偏移的大小。☆

3-65 在北纬 λ 处，竖直上抛一质量为 m 的物体，最高点高度为 H。请确定其落地点的位置。☆

3-66 试确定由于地球自转引起的下列偏离的大小和方向：（1）从北纬 θ、高 H 的楼顶悬挂的长 H 的单摆；（2）从楼顶自由下落的物体的落地点。☆

3-67 在北纬 λ 处，河面宽 a，河水自北向南流动的速率为 v。试证明：西岸的水面比东岸高 $(2av\omega\sin\lambda)/g$，其中 ω 为地球自转角速度，g 为当地的重力加速度。☆

3-68 卫星遥感发现在某处海洋表面附近有一环流做逆时针旋转，周期约为 $14\ \mathrm{h}$。请问该环流应该是在南半球还是在北半球？大概处于什么纬度？☆

3-69 为什么说在经典力学中"空间"是均匀的和各向同性的？

3-70 （1）一物块沿一斜面下滑。斜面和物块之间的动摩擦系数为 μ_k。作图证明：$a_x/\cos\theta$ 和 $\tan\theta$（其中 a_x 为沿斜面下滑的加速度，θ 为斜面与水平方向的夹角）之间的关系为线性关系，且斜率为 g，与轴的交点为 $-\mu_k g$。（2）下面的数据表显示了物块沿斜面下滑的加速度是斜面与水平方向夹角 θ 的函数。使用电子表格软件，在图中表示这些数据点并用直线拟合，给出 μ_k 和 g。你得到的 g 和通常的 $9.81\ \mathrm{m \cdot s^{-2}}$ 相差百分之多少？○

$\theta/°$	25.0	27.0	29.0	31.0	33.0	35.0	37.0	39.0	41.0	43.0	45.0
$a_x/\ \mathrm{m \cdot s^{-2}}$	1.69	2.10	2.41	2.89	3.18	3.49	3.78	4.15	4.33	4.72	5.11

3-71 一质量为 m 的均匀绳圈套在一表面光滑、顶角为 θ、底面水平的正圆锥上并保持静止，且绳圈所在平面水平。试求绳圈中的张力大小。○

3-72 一质量可以忽略的细绳绕水平放置的细圆棒 $5/4$ 周后，一端垂直向下悬挂一质量为 m 的物体，另一端用大小为 F 的力沿水平方向拉住，绳子与圆棒之间的摩擦系数为 μ。要使物体保持静止，拉力 F 应该为多少？○

3-73 如图所示，两组各有五个垫圈，每个垫圈的质量为 m，通过一根细绳悬挂在定滑轮的两侧。绳上的张力为 T_0。如果从左侧取走一个垫圈，剩下的垫圈会加速，而且细绳上张力降低 $0.300\ \mathrm{N}$。（1）给出 m。（2）当从左侧取走第二个垫圈时，请给出新的张力和每个垫圈组的新的加速度。（3）当 N 个垫圈从左侧移动到右侧，右侧在 $0.40\ \mathrm{s}$ 内下落 $47.1\ \mathrm{cm}$，求 N。○

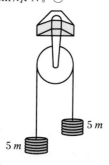

（题 3-73 图）

3-74 如图所示，一架理想阿特伍德机的滑轮系统以大小为 a 的加速度向上运动。请给出每块物体的加速度和细绳上的张力。

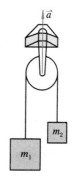

（题 3-74 图）

3-75 质量分别为 M 和 $M + m$ 的两位学生，各自拉着跨过定滑轮的不可伸长的绳子两端从静止向上爬，开始时两人到定滑轮的距离都是 h。如果绳子的质量、定滑轮的摩擦力都可忽略，试证明：若质量较轻的学生在 $t\ \mathrm{s}$ 内爬到定滑轮处，这时质量较大的学生与定滑轮之间的距离为 $\dfrac{m}{M+m}\left(h + \dfrac{1}{2}gt^2\right)$。○

3-76 如图所示,质量为 m_2 的楔状物静止在一个台秤上。质量为 m_1 的小物块沿着楔状物的斜面无摩擦下滑。楔状物与秤之间不打滑。求当物块下滑时秤的读数。

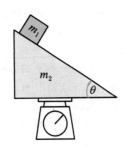

(题 3-76 图)

3-77 质量为 m 的物体受到力 $\vec{F} = -k\vec{r}$(k 为正常数,$\vec{r}$ 为物体的位置矢量)的作用。(1) 证明:物体在一平面内运动。(2) 设在 $t=0$ 时,$x=1$,$y=0$,$\mathrm{d}x/\mathrm{d}t=0$,$\mathrm{d}y/\mathrm{d}t=v_0$,求 $x(t)$ 和 $y(t)$。(3) 证明:物体的运动轨道是一椭圆。(4) 确定轨道周期。☆

3-78 质量为 M 的小圆环被穿在一根沿水平方向拉直的光滑金属丝上,另一个质量为 m 的小球通过一长度为 l、质量可忽略的细绳连在小圆环上。先握住小圆环,将细绳沿金属丝方向拉直,然后突然释放,求此后细绳上的张力与细绳和垂直线夹角 θ 之间的关系。☆

第 4 章　万　有　引　力

4-1 在北半球的哪个季节里,地球绕太阳公转的速率最大? 哪个季节里速率最小?

4-2 请利用开普勒定律和月球数据,计算一颗沿很低的轨道围绕地球运转的人造卫星的周期。

4-3 如何解释木星和土星的周期远大于 1 年。

4-4 哈雷彗星差不多每 76 年绕太阳运转一周。它的近日点离太阳表面很近。试求哈雷彗星远日点到太阳的距离。请问此时它还在太阳系里吗? ○

4-5 对于小行星带内的柯克伍德(Kirkwood)空隙,其轨道半径使得其旋转周期是木星周期的一半。存在这一空隙的原因是木星对其施加周期性的拉力。像木星这样重复性的拖曳会最终改变小行星的轨道,使得位于该空隙附近的小行星被清理干净。请问这个特殊的柯克伍德空隙离太阳有多远?(自己查找木星的相关数据。)○

4-6 行星 A 绕中心天体 O 按圆周轨道运动,周期为 T。求一个物体从此轨道由静止自由落向中心天体所需的时间。☆

4-7 双心星系的两个恒星绕共同质心旋转。如果每个恒星的质量加倍,为了维持原有引力的大小不变,它们之间的距离如何改变?(　)。(a) 保持不变;(b) 加倍;(c) 变为 4 倍;(d) 减半;(e) 由上面的条件无法判断。

4-8 直到发现冥王星的一颗卫星之后,冥王星的质量才被估算出来。请问为什么这一卫星的发现能帮助估算冥王星的质量。○

4-9 天王星和海王星的公转周期分别为 84.0 a 和 164.8 a。为了看一下海王星对天王星运行的影响,请计算当天王星和海王星相距最近且与太阳在同一直线上时,天王星和海王星之间的引力与天王星和太阳之间引力的比值。(太阳、天王星和海王星的质量分别为地球质量的 333 000,14.5 和 17.1 倍。)

4-10 研究认为太阳位于银河系的边缘,距离银河系中心大约 30 000 光年。太阳围绕银河系中心运行的速率大约为 250 km·s^{-1}。(1) 请问太阳的运转周期为多少?(2) 银河系质量的数量级为多少? 请给出分析过程。(3) 如果银河系是由和太阳差不多的恒星构成的,请问银河系大约有多少个这种恒星?

4-11 开普勒从观测数据推得太阳系中的各种距离。例如,他用下面的方法得到太阳和金星的相对距离。因为金星的轨道比地球轨道更靠近太阳,只有在清晨和傍晚才能看见。我们假设金星轨道是圆形的,考虑当从地球上看金星在空中离太阳最远时,金星、地球和太阳的相对方位(如图所示)。(1) 在这种情况下,证明图中的 $\angle b$ 为 90°。(2) 如果金星-太阳边的对角 $\angle a$ 最大为 47°,那么金星和太阳间的距离为多少? 用 AU 作单位。(3) 用这一结果估算金星的一年有多长。

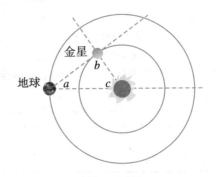

(题 4-11 图)

4-12 火星围绕太阳公转的平均轨道半径为 228 Gm,轨道周期为 687 d。地球围绕太阳的平均轨道半径为 149.6 Gm。

（1）在地球上的一年内，火星、太阳连线扫过多少度？

（2）从地球上看，每隔多久太阳和火星在完全相反的方向上？

4-13 "引力质量"概念是如何引入的？为什么物体"引力质量"和"惯性质量"的大小是一样的？"引力质量"与"惯性质量"的大小是否可以不同？为什么？

4-14 请比较在月球上举起 10 kg 物体和在地球上举起同一物体所需要的力的大小。请比较以一定初始速度在月球和地球上平抛同一 0.5 kg 物体所需要的力的大小。

4-15 如果黄金价格是以重量为标准的，那么你更愿意在海南还是漠河购买黄金？为什么？

4-16 为了让宇航员适应在月球上（重力加速度为地球上的 1/6）的工作，通常把宇航员置于水中进行训练。如果一名宇航员携带一个背包、一个空调系统、一个供氧系统和其他设备，总质量为 300 kg。请问：（1）他在地球上的总重量（包括背包等）多大？（2）他在月球上的总重量多大？（3）在地球上适应月球环境的训练中，水需要提供多大的浮力？

4-17 已知地球绕太阳运动的周期为 3.156×10^7 s，地球和太阳之间的距离为 1.496×10^{11} m。求太阳的质量。

4-18 国际空间站沿绕地球的圆形轨道运动。如果它的轨道高度为 385 km。问两次看到它的时间间隔为多长？

4-19 在地月之间的某个特殊的位置飞船完全失重（只考虑月球、地球和飞船之间的引力，忽略其他引力作用）。解释这一现象并说明该位置离月球近还是离地球近，还是在地月中点位置。你能给出该点的具体位置吗？

4-20 太阳和日球层探测器（SOHO）的飞行轨道很特殊。它同时受到地球和太阳的引力作用，始终位于这两个天体的连线上，轨道周期为 1 年。请证明它和地球之间的距离在 1.49×10^9 m 和 1.48×10^9 m 之间。○

4-21 据新闻报道，北京时间 2011 年 8 月 25 日 23 时 27 分，经过 77 天的飞行，我国自主研制的"嫦娥二号"在世界上首次实现从月球轨道出发，受控准确定位于第二拉格朗日点（L_2 点）。根据定义，第二拉格朗日点处于太阳、地球连线上地球的外侧，位于该处的质点与地球具有同样的公转周期。类似地，第一拉格朗日点（L_1 点）处于太阳、地球连线上地球的内侧，位于该处的质点也与地球具有同样的公转周期。请问，第二拉格朗日点和第一拉格朗日点距地球大概分别为多远？假定所有的公转轨道都是圆形。

4-22 均匀球体以角速度 ω 绕对称轴转动。（1）如果是自身的万有引力使得它没有因离心作用而分崩离析，该物体必须具有多大的最小密度？（2）根据（1）估算巨蟹座中一颗转速 30 $r \cdot s^{-1}$ 的脉冲星的密度最小应为多少？（3）如果它的质量等于太阳质量，它的半径最大可能为多大？（4）如果它的密度与原子核相当，它的半径多大？

4-23 在太阳完全燃烧之后，它最终会坍塌成白矮星。在这种状态下，它大概具有与太阳相等的质量、与地球相同的体积。请计算：（1）白矮星的平均密度；（2）表面自由落体的加速度；（3）1 kg 物体在其表面所具有的重力。

4-24 两个距离很远的实心球 Q_1 和 Q_2，半径均为 R，质量均为 M。球 Q_1 是均匀的，而球 Q_2 的密度 $\rho(r) = C/r$，其中 r 是离球心的距离。如果在球 Q_1 表面的重力场强度为 g_1，那么在球 Q_2 表面的重力场强度为多少？

4-25 你从一把椅子上跳下。（1）在你落到地板上之前的这段时间内，地球向你运动过来的加速度的数量级为多大？给出你的推理思路。（2）地球向你运动的距离的数量级为多少？

4-26 飞船的轨道距离地球表面 400 km，在这个高度上自由落体的加速度为多大？

4-27 一个质量为 300 kg 的卫星在离地球表面 5.00×10^7 m 的高度上绕地球旋转。请确定。（1）卫星受到的重力；（2）卫星的速率；（3）卫星的周期。

4-28 有一个半径为 R、质量为 M 的实心球，质量呈球对称分布。它的密度 ρ 正比于离球心的距离 r，即 $\rho = Cr$，其中 C 为常数。（1）给出 C。（2）给出 $\vec{g}(r)$（$r \leq R$）。（3）给出 $r = R/2$ 时的 $\vec{g}$。

4-29 假设一个行星上的逃逸速度仅略大于地球上的逃逸速度，但这个行星比地球大很多。那么，它的平均密度和地球的平均密度相比较：（　）。（a）比地球的密度大；（b）比地球的密度小；（c）一样大；（d）由上面的条件无法判断。

4-30 地球的半径为 6370 km，月球的半径为 1738 km。月球表面的重力加速度为 1.62 $m \cdot s^{-2}$。求月球平均密度与地球平均密度的比值。

4-31 利用已知的地球半径和地表重力加速度 $g = 9.80$ $m \cdot s^{-2}$，求地球的平均密度。如果你被告知地表花岗岩的一般密度为 2.75×10^3 $kg \cdot m^{-3}$，你会对地球内部物质的密度得出什么结论？

4-32 已知从地球看太阳的张角 $\theta \approx 0.5°$，地球表面纬度 1° 对应

的子午线长度 l 约为 100 km,地球公转周期 $t = 1\,a \approx 3 \times 10^7\,s$,地球表面的重力加速度 g 约为 $10\,m \cdot s^{-2}$。试估算地球和太阳平均密度的比值。

4-33 电梯在赤道上一竖直矿井中以恒定速率下降,你站在里面一个弹簧秤上。假设地球是一均匀球体。(1)证明地球对你的引力正比于你离地球球心的距离。(2)假设地球的自转不能忽略,证明弹簧秤上的读数正比于你到地球球心的距离。

4-34 一个半径为 R、中心在原点的均匀实心球的密度为 ρ_0,在位置 $x = R/2$ 处有一个半径为 $r = R/2$ 的球形孔洞,如图所示。给出在 x 轴上 $|x| > R$ 处的引力场。

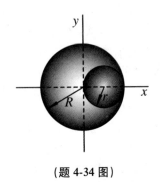

(题 4-34 图)

4-35 一个半径为 R 的均匀实心铅球的质量为 M。现在里面挖了两个相同的球形孔洞。孔洞与球表面相切,中心在 $R/2$ 处,如图所示。请计算该球对距离球心 d 处的质量为 m 的质点的引力。

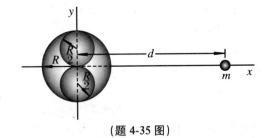

(题 4-35 图)

4-36 你作为一个宇航员,在一颗小行星上着陆,出舱沿着直线向前走。在走了 30.0 km 之后,你发现自己从反方向回到了飞船的位置。你从 1.50 m 的高度同时释放一个锤子和一根羽毛,发现它们在 32.5 s 后同时落到地面上。试求该行星的质量。〇

4-37 xy 平面内有一块厚度为 τ、密度为 ρ 的无限大平板,如图所示。在 z 轴上离 xy 平面距离为 z_0($z_0 \gg \tau$)处有一个质量为 m_0 的质点。请写出在(1)平面直角坐标系中;(2)柱坐标系中,质点所受到的平板的引力作用表达式。(不用计算出积分,只要写出积分表达式即可。)

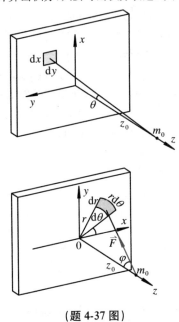

(题 4-37 图)

4-38 如图所示,两个薄且均匀的同心球壳的质量分别为 m_1 和 m_2,在它们共同的球心处有一个质量为 m_3 的小球。请写出一个质量为 m 的质点在位置 A,B,C 处分别受到的引力。(设 A,B,C 位置距离球心的距离分别为 r_A,r_B,r_C。)

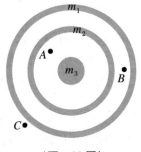

(题 4-38 图)

4-39 请画出一个质量为 m 的物体受到的地球引力随着它距离地表高度从 0 km 到 700 km 变化的曲线图。

4-40 有一薄圆盘,厚度 τ 从圆盘中心向外线性增加,即 $\tau = Kx$(K 为常数),密度为 ρ,半径为 R,如图所示。试计算圆盘中轴线上距圆盘 x($x \gg \tau$),质量为 M 的点所受的引力(写出积分式即可)。

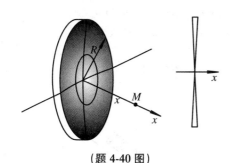

(题 4-40 图)

4-41 超导重力仪可以测量重力的变化,其最大精度为 $\Delta g/g = 1.00 \times 10^{-11}$。(1)你拿着仪器藏在树后,你一个质量为 60 kg 的朋友从另一侧接近这棵树。要多近仪器才能测得由于你朋友的存在而产生的重力变化?(2)你在一个热气球上利用重力仪测量上升速率。能引起在重力仪上可读出的重力变化的最小高度变化是多少?

4-42 2002 年 3 月,美国国家航空航天局(NASA)与德国航空中心合作发射了用于观测地球重力场变化的 GRACE 卫星。GRACE 卫星包含两个完全相同的卫星,使用相同的距离地面 500 km 的轨道,前后相距 220 km。卫星的微波遥测设备能够精确测量两颗卫星之间的距离,进而探测出重力场的变化。请问当卫星靠近质量增加的区域时,卫星间的距离如何变化? ○

4-43 作为矿产公司的地质学家,你正在研发一种探测地下矿藏可能位置的新技术。如果地壳的厚度为 35.0 km,密度为 3 200 kg·m^{-3},假设一种重金属矿为球形,密度为 8 100 kg·m^{-3},半径为 1 100 m,位于地下 1 800 m 处。你计划通过研究它对局部地表重力加速度 g 的影响探测到这个矿体。请给出在该矿体正上方的地表测得的 $\Delta g/g$,其中 Δg 为矿体引起的重力场的变化。

4-44 用 Δg_M 表示月球在地球表面离月球最近点和最远点处产生的引力的差。请计算 $\Delta g_M/g$,其中 g 是地球表面的重力加速度。

4-45 太阳和月球对地球表面海洋的引力作用引起潮汐。(1)证明,地球表面一质点受到太阳和月球的引力的比值为 $\dfrac{M_S r_M^2}{M_M r_S^2}$,其中 M_S 和 M_M 分别为太阳和月球的质量,r_S 和 r_M 分别为地球表面物体到太阳和月球的距离。请给出比值的大小。(2)尽管太阳对海洋的引力大于月球的引力,但是月球对潮汐的影响更大,因为对潮汐来说,对地球一侧和另一侧的引力差是决定因素。可对 $F = Gm_1m_2/r^2$ 求导,计算由 r 的微小变化而引起的 F 的变化。证明 $\mathrm{d}F/F = -2\mathrm{d}r/r$。(3)海洋潮汐是在地球两侧的海水受

到的引力差引起的。证明:对于与平均距离相比很小的距离变化而言,太阳对地球上海洋的引力差与月球对地球上海洋的引力差的比值为 $\dfrac{\Delta F_S}{\Delta F_M} \approx \dfrac{M_S r_M^3}{M_M r_S^3}$。计算这一比值。你得到什么结论?哪个(太阳或月球)是潮汐现象的主要原因? ○

月球

地球

(题 4-45 图)

第 5 章 守 恒 定 律

5-1 判断对错:(a)如果两个矢量方向完全相反,那么它们的矢量积一定为 0。(b)当两个矢量互相垂直时,它们的矢量积的大小达到最小值。(c)如果知道两个非零矢量的矢量积的大小和每个矢量的大小,那么它们之间的夹角一定能唯一确定。

5-2 在物理学中,为什么大家都很关注不变量?力学中经常见到的不变量有哪些?

5-3 能量与做功是什么关系?

5-4 如图所示,力 $\vec{F} = F_x \vec{e}_x$ 随 x 变化。试求物体在该力作用下从位置 $x = 0$ m 移到 $x = 6.0$ m 处时该力所做的功。

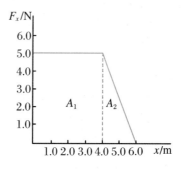

(题 5-4 图)

5-5 一质量为 4.0 kg 的木块放在无摩擦的光滑水平桌面上,一端连接着弹性系数 $k = 400$ N·m^{-1} 的水平弹簧。如图所示,弹簧最初被压缩 5.0 cm。求:(1)木块从 $x = x_1 = -5.0$ cm 移动到它的平衡位置 $x = x_2 = 0$ cm 处,弹簧对木块所做的功。(2)在 $x_2 = 0$ cm 处,木块的速率。

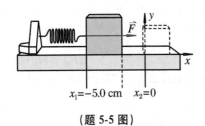

(题 5-5 图)

5-6 从枪膛长为 0.500 m 的步枪中发射出一质量为 100 g 的子弹。取子弹刚开始移动的位置为原点。膨胀气体作用在子弹上的力(单位:N)为 $15\,000 + 10\,000x - 25\,000x^2$,其中 x 的单位为米。(1) 计算子弹在枪膛移动过程中,气体对子弹所做的功。(2) 如果枪膛的长为 1.00 m,那么这个功为多大? 这个值与(1)中得到的值相比如何?

5-7 一个质量为 m 的小物体放置在无摩擦的半圆柱体(半径为 R)上,同时被一根细绳牵引滑过圆柱体的顶部,如图所示。用积分法计算,把该物体以恒定速率从圆柱体底部移动到顶部所做的功的大小。○

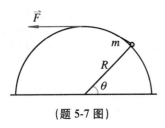

(题 5-7 图)

5-8 一质量为 1 200 kg 的汽车,以 80 km·h⁻¹ 的速率沿水平直路运动。为了避免一起车祸,该车的司机以最大的力量踩下刹车。防抱死制动系统失灵,车轮锁死,轮胎打滑。如果路面和轮胎之间的动摩擦系数为 0.75,那么该车在停止前滑动的距离有多远?

5-9 你开着一辆车在水平道路上从静止开始加速。用功与平动动能之间的关系和隔离体受力图来解释哪一个(或几个)力直接造成你和车的平动动能的增加。○

5-10 汽车加速过程中,驱动轮与地面的接触部分是相对静止的,地面与轮胎之间的摩擦力对驱动轮做功吗? 汽车动能的增加是怎么产生的? ○

5-11 一位学习物理的学生问:"如果只在外力的作用下,系统的质心才能获得加速度,那么汽车是如何被加速的? 难道不是发动机提供力使车加速的吗?"解释是什么外界物质/因素产生力使汽车加速的,并说明发动机是如何使外界物质/因素来加速汽车的。○

5-12 如图所示,一质量为 m 的物块静止在与水平面成 θ 角的斜面上。一根弹性系数为 k 的弹簧连接在物块上。物块与斜面之间的静摩擦系数为 μ_s。将弹簧沿斜面非常缓慢地向上拉。(1) 给出物块刚开始移动时弹簧的张力。(2) 当弹簧收缩,变形回到 0 时,物块刚好停止。请用 μ_s 和 θ 表示动摩擦系数 μ_k。○

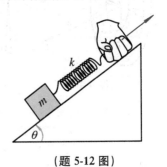

(题 5-12 图)

5-13 航天飞机的质量约为 8×10^4 kg,沿离地表约 400 km 的轨道运行,周期为 90 min。试估算航天飞机的动能以及从发射到进入轨道过程中重力对其所做的功。

5-14 一个力 $\vec{F} = (F_0/r)(y\vec{e}_x - x\vec{e}_y)$ 作用在 xy 平面内 (x, y) 处的一个物体上,其中 F_0 是一正常数,r 是物体离原点的距离。(1) 证明:力的大小为 F_0,方向垂直于 $\vec{r} = x\vec{e}_x + y\vec{e}_y$。(2) 若物体在该作用下绕半径为 10.0 m、圆心在原点上的圆旋转一周,求该力所做的功。○

5-15 势函数或位函数与力是什么关系? 请证明:对于保守力可以引入势函数描述该力场。○

5-16 判断以下各力是否是保守力,如果是保守力,请给出相应的势函数:(1) $\vec{F} = k\vec{r}$(k 为常数);(2) $\vec{F} = \vec{a} \times \vec{r}$($\vec{a}$ 为常矢量);(3) $\vec{F} = \vec{a}(\vec{a} \cdot \vec{r})$($\vec{a}$ 为常矢量);(4) $\vec{F} = (ax + by^2)\vec{e}_x + (az + 2bxy)\vec{e}_y + (ay + bz^2)\vec{e}_z$($a, b$ 为常量)。☆

5-17 试定性画出地球-月球系统周围空间的引力势能在平面上的二维分布曲线。○

5-18 在 $-a < x < a$ 区域内,作用在物体上的力满足势函数 $U = -b\left(\dfrac{1}{a+x} + \dfrac{1}{a-x}\right)$,其中 a 和 b 是正常数。(1) 在 $-a < x < a$ 区域内,求 F_x。(2) x 取何值时,力为 0? (3) 力为 0 处是稳定平衡还是不稳定平衡? ○

5-19 (1) 举例说明物体可以保持恒定的动能且同时能加速。(2) 如果不加速,物体能够具有变化的动能吗? 如果可以,请举例。○

5-20 你和你的朋友赛跑。最初,你们有相同的动能,但是她比你跑得快。当你的速率增加 25% 时,你和她的速率相同。如果你的质量为 65 kg,那么她的质量为多少?

5-21 功率的量纲为(　)。(a) $M \cdot L^2 \cdot T^2$;(b) $M \cdot L^2 \cdot T^{-1}$;

(c) $M \cdot L^2 \cdot T^{-2}$；(d) $M \cdot L^2 \cdot T^{-3}$。

5-22　激光器的输出功率可以高于 1.0 GW。一个典型的现代大型发电站的输出功率也是 1.0 GW。这是否意味着激光器能输出大量能量？请解释。○

5-23　你负责在学生餐厅安装一台小型升降机。如图所示，升降机通过一滑轮系统连接在电动机上。电动机驱动升降机上下。升降机的质量为 50 kg。在工作时，升降机以速率 0.25 m·s^{-1}匀速上升（除了在刚启动的一个极短的时间内有加速，这段时间可以忽略）。电动机的效率为 70%。请问应选用最小额定功率为多大的电动机？（忽略滑轮摩擦。）

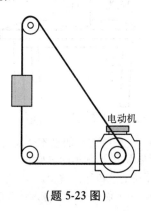

（题 5-23 图）

5-24　你现在要检测一辆汽车的实际操作性能。该车引擎的额定功率，即最大输出功率为 150 马力（1 马力≈735.5 W）。车的质量（包括测量仪器和驾驶员）为 1 400 kg。当以 80 km·h^{-1}的速率匀速行驶时，仪器测得引擎输出 14.2 马力。通过以前的滑行实验测得滚动摩擦系数为 0.015 0。假设作用在车上的空气阻力和车速的平方成正比，即 $F = Cv^2$。（1）试确定 C 的大小。（2）请估计该车的最大车速（精确到 1 km·h^{-1}）。（可以用公式推导，也可以用电子表格。）○

5-25　为了测量运动中汽车受到的总摩擦力（包括滚动摩擦和空气阻力），一汽车工程团队关掉引擎让汽车沿已知坡度的斜面下滑。该团队收集了以下信息：(a) 沿与水平面成 3.0°角的斜面，汽车以 22 m·s^{-1}的速率匀速下滑；(b) 沿与水平面成 6.0°角的斜面，汽车以 33 m·s^{-1}的速率匀速下滑。车的总质量为 1 200 kg。试确定：（1）在车速为 22 m·s^{-1}和 33 m·s^{-1}时，总摩擦力的大小；（2）在水平路面上，当车速为 22 m·s^{-1}和 33 m·s^{-1}时，引擎的输出功率；（3）若引擎的最大功率为 55 kW，该汽车能以 22 m·s^{-1}的速率匀速爬上斜面的最大倾角。（4）假设不论车速多大，引擎消耗每升汽油所产生的有效功是相同的，当该车以 22 m·s^{-1}的速率在水平路面上行驶时，每消

耗 1 L 汽油可行驶 13.5 km，当它以 33 m·s^{-1}的速率在水平路面上行驶时，每消耗 1 L 汽油可以行驶多远？

5-26　一质量为 6.0 kg 的物块初始时静止在一水平面上，被一个恒定为 12 N 的水平方向右方拉。（1）如果接触面的动摩擦系数为 0.15，求物块移动 3.0 m 之后的速率。（2）假设拉力以与水平向右偏上 θ 角的方向施加在物体上，问角度 θ 为多大，才能使物块向右移动 3.0 m 时达到最大的可能速率？

5-27　一弹性系数为 k 的轻质弹簧一端固定在天花板上，另一端系在一个质量为 m 的物体上。弹簧最初垂直且无拉伸。首先你慢慢托着物体移动到它的平衡位置，即在其初始位置下方距离 h 处；然后重复这一实验，不过，这回让物体自由下落，在它完全停止的瞬间，物体下落到距离其初始位置下方 H 处。（1）证明 $h = mg/k$。（2）证明 $H = 2h$。请自己试一下这个实验。

5-28　如图所示，一质量为 m 的木块放在一个无摩擦的桌面上，并连接到固定在天花板、弹性系数为 k 的弹簧上。木块顶部到天花板的垂直距离为 y_0，水平位置为 x。当木块在 $x = 0$ 位置时，弹簧完全不变形。（1）写出力在 x 方向上的分量 F_x 以 x 为自变量的函数表达式。（2）证明：当 $|x|$ 足够小时，F_x 正比于 x^3。（3）如果在 $x = x_0$ 时从静止状态释放木块，而且 $|x_0| \ll y_0$，求当木块到达 $x = 0$ 时的速率。○

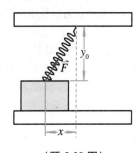

（题 5-28 图）

5-29　一个质量为 m 的摆锤同时连着一根长度为 L 的轻线和一根弹性常数为 k 的弹簧。当摆锤位置如图所示时，弹簧处于不受力状态。如果将摆锤拉到一边，使得细线与垂直方向成一很小的角度 θ 后释放，当摆锤经过平衡位

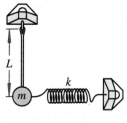

（题 5-29 图）

置时,其速率多大?(提示:以弧度为单位,当$|\theta|\ll1$时,有$\sin\theta\approx\tan\theta\approx\theta$和$\cos\theta\approx1-\theta^2/2$。)

5-30 一个单摆吊在天花板下,并连接一根弹簧,该弹簧固定在单摆支架正下方的地板上(如图所示)。摆锤的质量为m,单摆的长度为L,弹簧的弹性系数为k。弹簧不受力时的长度为$L/2$,天花板到地板间的距离为$1.5L$。单摆被拉到一侧,使得摆线与垂直方向成θ角,然后从静止状态释放。请给出摆锤在支架正下方时的速率。

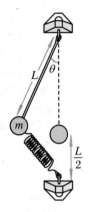

5-31 燃烧1 L汽油释放的化学能约为3.4×10^4 kJ。请估算我国所有的车辆一年内消耗的总能量以及它占我国一年内消耗的总能量(目前大约为5×10^{20} J)的百分比。

(题 5-30 图)

5-32 目前的太阳能面板把太阳能转换成电能的最大效率为12%。中国西部太阳能的年总辐射约为170 kcal·cm^{-2}。计算需要多大面积的太阳能面板才能满足中国一年的能量需求(大约为5×10^{20} J),并与我国的陆地面积比较。

5-33 一位90 kg的篮球运动员、一个篮球筐和地球组成一个系统。当运动员站在地板上,篮球筐边缘水平时,该系统的势能为0。当运动员挂在篮球筐边缘时,篮球筐的边缘下移12 cm,求该系统的总势能。假设当运动员站在地板上时,质心离地板0.90 m,当他悬挂在篮球筐上时,其质心离地板1.4 m。篮球架的质量忽略不计。

5-34 质量为60 kg的你从高1.20 m的台子上跳下,落地时忘记弯曲膝盖,使得减速的距离只有1 cm。请问落地时作用在你腿上的力有多大? ○

5-35 蹦极时你从距离河面150 m高的平台上跳下。当你下落45 m后,系在你脚踝上的弹性绳开始被拉伸。在到最低点前,你又下落了75 m。假设你的质量为60 kg,弹性绳满足胡克定律,并且质量忽略不计。请确定你在最低点时的加速度。(忽略空气阻力。)

5-36 一大峡谷上的桥面距河水300 m。一位60 kg的蹦极爱好者用一根不受力时长度为45 m的弹性绳索系在自己的脚上。假设弹性绳索相当于理想弹簧,质量可忽略,回复力和拉伸量成正比。蹦极者跳下,在最低点他几乎能摸到水面。在无数次的上升和下落之后,他静止在水面以上高h处。假设蹦极者为一个质点,忽略空气阻力。(1)给出h。(2)给出蹦极者的最大速率。

5-37 某人计划从60.0 m高的热气球上玩蹦极。在初步测试中,他静止悬挂在一根5.00 m长的弹性绳下,绳拉长了

1.50 m。他打算由静止状态从热气球上跳下,在离地面5.00 m处停止下落。把他的身体看成质点,绳索的质量忽略不计且遵循胡克定律。(1)他应该用多长的弹性绳?(2)他的最大加速度为多少?

5-38 如图所示,一个3.0 kg的盒子静止放在水平桌面上。你用15 N的力沿桌面推动盒子移动2.0 m。盒子和桌面的动摩擦系数为0.32。求:(1)外力对盒子-桌子系统所做的功;(2)由于摩擦损失的能量;(3)盒子最终的动能;(4)盒子最终的速度。

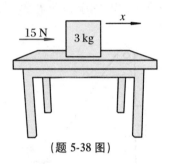

(题 5-38 图)

5-39 判断对错:(a)系统的总能量不会改变。(b)当你跳起时,地板对你做功,增加你的机械能。(c)摩擦力所做的功总是使系统的总机械能减少。(d)把弹簧从不受力状态压缩5.0 cm所做的功大于将该弹簧拉伸5.0 cm所做的功。

5-40 判断对错:(a)只有保守力能做功。(b)如果物体仅受保守力作用,那么它的动能不会变化。(c)保守力做的功等于它相应的势能的改变量。(d)对位于x轴上的一个物体来说,如果作用于它的保守力方向向左,而物体的运动方向向右,则相应的势能减小。(e)对位于x轴上的一个物体来说,如果作用于它的保守力方向向右,而物体的运动方向向左,则相应的势能增加。

5-41 力F_x对应的势能为$U=C/x$,其中C是正常数。(1)求F_x以x为自变量的函数表达式。(2)在区间$x>0$,这个力是指向原点方向还是相反?在$x<0$的区间呢?(3)在区间$x>0$,x增加时,U增加还是减小?(4)如果C是负常数,那么(2)和(3)的结果会如何?

5-42 假设你的最大代谢速率(身体消耗化学能的最大速率)为1 500 W。如果化学能转化成机械能的效率为40%,请估算:(1)你爬上4层每层高为3.8 m的楼层所用的最短时间;(2)用(1)的结果,估算你爬上110层楼用的最短时间。评价你实现该结果的可行性。

5-43 证明:沿圆形轨道绕地球运动的卫星的总能量是势能的一半。

5-44 一星球在赤道处自转的线速度大小为v,而自由落体加速

5-45 请解释为何宇宙飞船从地球到月球比从月球到地球需要更多的燃料。

5-46 一个系在一端固定的细绳上的球在竖直平面内做圆周运动,它的机械能始终为 E。请问球在圆周的顶部和底部时受到细绳的拉力差为多大? ○

5-47 一单摆由一个质量为 m 的小摆锤和长为 L 的摆线组成。摆锤被拉到一侧,使得摆线水平(如图所示)。然后摆锤从静止释放。在摆动的最低点,摆线被一个离最低点距离 R 处的小挂钩挡住。证明:R 必须小于 $2L/5$,才能保证摆锤在绕挂钩转一圈的过程中,摆线始终被拉紧。

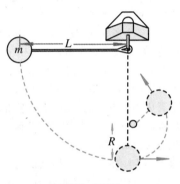

(题 5-47 图)

5-48 一质量为 2.0 kg 的盒子沿与水平面成 30°角的斜面向上滑,初始速率为 3.5 m·s⁻¹。盒子和斜面之间的动摩擦系数为 0.32。(1)盒子在停止前能在斜坡上移动多远?(2)当它在(1)中结果的一半位置时,速率为多大?

5-49 一块长度为 L 的均匀板沿一光滑水平面滑动。后来板滑过边界到了一块粗糙水平面上。板和粗糙水平面之间的动摩擦系数为 μ_k。(1)给出板的前端超出边界距离 x 时,板的加速度。(2)当板的后端到达边界时,板停下。计算板的初始速率。○

5-50 一根长度为 7.80 m 的均匀链条,初始时伸展开放置在水平桌面上。(1)假设链条和桌子之间的静摩擦系数为 0.640,请问当链条悬在桌子边缘外至少多长时,链条开始在桌面上滑动?(2)假设链条和桌子之间的动摩擦系数为 0.380,请计算当链条最后一段脱离桌子时的速率。☆

5-51 一个限制在 x 轴上的物体的势能满足 $U(x)=9x^2-2x^4$,其中 U 的单位为 J,x 的单位为 m。(1)给出与该势能相关的力 F_x 的表达式。(2)假设没有其他力作用在这个物体上,该物体的平衡位置在哪里?(3)哪些平衡位置是稳定的?哪些是不稳定的?

5-52 一质量为 1.20 kg 的物体被两个相同的弹簧连接并放置在无摩擦的水平台面上。两个弹簧的弹性系数都为 k,而且初始时不受力。(1)如图所示,如果沿着垂直于弹簧的初始方向拉动物体移动距离 x。证明:物体受弹簧的拉力为 $\vec{F}=-2kx\left(1-\dfrac{L}{\sqrt{x^2+L^2}}\right)\vec{e}_x$。(2)证明:这一系统的势能为 $U(x)=kx^2+2kL(L-\sqrt{x^2+L^2})$。(3)假设 $L=1.18$ m,$k=41.0$ N·m⁻¹,请作图表示 $U(x)$ 与 x 的关系,并确定所有的平衡点。(4)如果物体被向右拉开 0.480 m,然后释放,请问当它到达平衡点 $x=0$ 时的速率为多大? ○

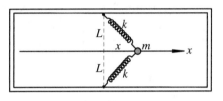

(题 5-52 图)

5-53 你设计了一种新式挂钟(如图所示),但是你担心该钟处于不稳定的平衡状态而不适合投入市场。你打算利用你知道的势能、平衡条件来分析这一情况。钟(质量为 m)被两根轻质缆线通过两个无摩擦、大小可忽略的滑轮悬挂着,缆线均连着质量为 M 的重物来平衡钟受到的重力。(1)给出以距离 y 为自变量的势能函数表达式。(2)势能最小时,y 多大?(3)如果势能最小,那么钟处于平衡。利用牛顿第二定律,证明:当 y 取(2)中的结果时,钟处于平衡状态。(4)最后,决定你的产品能否投放市场,即该状态是稳定平衡的还是不稳定平衡的。○

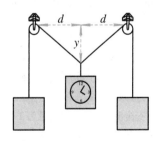

(题 5-53 图)

5-54 在修复哈勃太空望远镜时,宇航员更换了一块损坏的太阳能板。当把拆下的太阳能板推开时,宇航员被反向推动。他的质量为 60 kg,电池板的质量为 80 kg。宇航员和面板最初相对于望远镜是静止的。电池板被推动后,以相对于望远镜 0.30 m·s⁻¹ 的速度移动。那么,宇航员相对于望远镜的速度为多少?

5-55 你垂直向上抛出一个质量为 100 g 的球到 30.0 m 高处。(1) 给出一个合理值表示球在你手中时的位移,并据此估算你抛球时球在你手中的时间。(2) 计算当你抛球时,你的手对球的平均作用力。(3) 在扔球过程中,可以忽略重力对球的作用吗?

5-56 空手道运动员用手击断了一块混凝土砖。假设其手的质量为 0.65 kg,打击到砖块上时的速率为 5.2 m·s^{-1},接触后在 5.8 mm 内完全静止。(1) 砖块对他的手的冲量为多大?(2) 估算砖块对他的手作用的大致时间和平均作用力。

5-57 已知高尔夫球的质量 $m = 45$ g,半径 $r = 2.0$ cm。通常一击之下,球飞出的距离 R 大约为 190 m。假设球离开地面时与水平面成 13° 角,如图所示。请合理估算以下值:(1) 冲量;(2) 碰撞时间;(3) 平均作用力。

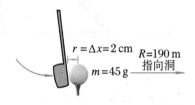

$r = \Delta x = 2$ cm $\quad R = 190$ m 指向洞

$m = 45$ g

(题 5-57 图)

5-58 大家都知道滴水穿石。(1) 如果每个水滴的体积为 0.030 mL,从 10.0 m 高处落下,平均每分钟落 15 滴。请问一分钟内水滴对地面作用力的平均值多大?(假设水滴没有在地表积聚。)(2) 比较这个力和一个水滴所受的重力。

5-59 消防队员必须对水管施加 500 N 的力,才能稳住以 3 400 L·min^{-1} 的速率喷出水的水管。请估计水离开喷嘴时的流速。

5-60 铲雪车在水平路面上以 15 km·h^{-1} 的速率前进,每分钟把质量为 25 t 的雪抛到路边,雪被抛出时相对于雪铲的速度为 12 m·s^{-1},并沿 45° 角方向。试确定路面与车轮之间的横向摩擦力,以及铲雪车的牵引力。○

5-61 在一个汽车安全测试中,一辆质量为 1400 kg 的车撞向一面墙。车的最初和最终速率分别为 $v_1 = 20.0$ m·s^{-1} 和 $v_2 = -3.20$ m·s^{-1}。如果碰撞过程持续 0.200 s,给出碰撞产生的冲量和对车的平均作用力。如果车子没有反弹,上述结果又会是什么?假设车的最终速度为 0,碰撞过程仍为 0.200 s,墙对车的作用力是变大还是变小?

5-62 水从 4.0 m 高以 50 kg·min^{-1} 的速率注入静止在地面上质量为 5.0 kg 的桶中。试求水注入 1 min 时桶受到地面的作用力。

5-63 水流以 0.300 L·s^{-1} 的速率从 2.50 m 高处落入台秤上一个质量为 0.800 kg 的桶里。如果桶原先是空的,那么从水开始在桶中积累到 5.00 s 时,台秤的读数为多少?

5-64 一条质量为 M、长度为 L 的均匀绳子,一端被抓住悬在空中,另一端刚好接触到台秤的秤盘表面。绳子从该位置被放开开始下落。请计算当绳子中点到达秤盘时台秤的读数。☆

5-65 质心定理与动量守恒是什么关系?○

5-66 动量守恒、动量矩守恒与牛顿第三定律有什么关系?○

5-67 判断对错:(a) 系统在机械能不守恒的情况下,动量可能是守恒的。(b) 在系统动量守恒的情况下,一定没有外力作用于这个系统。(c) 只有在有净外力作用于系统上时,系统质心的速度才会改变。

5-68 有两个球体,一个质量为 M、半径为 R,另一个质量为 $2M$、半径为 $3R$,静止在球心间距为 $12R$ 的位置上。假设两个球只受到彼此之间的作用力,释放后相互接近。当它们碰撞时,每个球的速率为多大?

5-69 在火箭上天成为常事之前,人们都普遍错误地认为火箭必须向后推某种非真空的物质才能获得反作用力。请解释这个想法为什么是错误的。○

5-70 阿波罗登月计划中的土星 5 号火箭的初始质量 M_0 为 2.85×10^6 kg,其中 73.0% 为燃料质量,燃料消耗速率为 13.84×10^3 kg·s^{-1},推力 F 为 34.0×10^6 N。请计算:(1) 排出的废气相对于火箭的速率;(2) 燃烧时间 t;(3) 点火时的加速度;(4) 在燃料完全耗尽那一刻的瞬时加速度;(5) 火箭的最终速度。○

5-71 火箭由静止垂直向上发射,靠向后喷射质量前进。相对于火箭的喷射速度 u 不变,质量变化率为常量,重力加速度的变化可以忽略。试给出:(1) 火箭加速度随时间的变化关系;(2) 火箭上升高度与时间的关系(给出积分表示即可,不必求出积分)。○

5-72 计算能使火箭从地表发射逃离太阳系的相对于地球的最小发射速度。结果取决于发射方向。解释选择什么方向能使这个发射速度最小。(忽略地球自转和空气阻力。)

5-73 从一质量为 M、半径为 R 的星球表面垂直向上发射一质量为 m 的物体。试证明:如果该物体上升达到的最大高度为 r(物体到星球中心的位置),则发射的最小速度表达式为 $v = \sqrt{2GM(1/R - 1/r)}$。根据此公式,推算地球表面垂直发射的物体要完全逃离地球引力场所需的最小速度(地球的逃逸速度)。

5-74 大部分卫星在离地表最大高度为 1 000 km 或更低的高度

上绕地球运行；而同步卫星的轨道在地表上方35 790 km处。要发射一个800 kg的卫星到同步轨道需要比发射同样的卫星到1 000 km轨道多耗多少能量？

5-75 在大型绕地卫星的寿命即将结束的时候，它被操控进入地球大气后完全燃烧掉。这些操控必须非常仔细，以保证大的碎片不会掉到人口密集的地区。假设你负责这个项目。如果一个卫星带有火箭推进装置，你会让火箭朝哪个方向喷气一小段时间，才能让卫星开始螺旋式下降？推进装置关闭后，当卫星离地球越来越近时，它的动能、势能和总机械能会如何变化？☆

5-76 设星体的质量具有球对称分布，总质量为 M，试估算它刚好成为黑洞时的半径为多少。

5-77 质量为 m 的行星环绕质量为 M 的太阳运动，假定有密度为 ρ 的尘埃遍布在太阳和行星周围的空间。忽略摩擦，试证明尘埃的影响是增加了一个有心力 F'，给出 F' 的表达式以及此时行星所受到的作用力和相应的位函数。对这种情况下的第三宇宙速度应如何理解？☆

5-78 为了证明即使是聪明的人也会犯错，请考虑一个常见的问题："在无风的情况下，一艘帆船停在水面上。为了让帆船向前运动，一个船员在船尾安装了一台风扇，对着船帆吹。解释为什么帆船不会动。"该题的初衷是风吹动船帆的力和风推动风扇的力会互相抵消，因而船不动。然而，一名学生向老师指出：帆船实际上是往前动的。你怎么看？

5-79 两位宇航员面对面静止在太空中。一位质量为 m_1 的宇航员向另一位质量为 m_2 的宇航员投掷一个质量为 m 的球。第二位宇航员接到球后再投回给第一位。每一次投掷，球相对于投球者的速率都为 v。在每个宇航员都投了一次球又接了一次球之后，（1）宇航员的速度为何？（2）宇航员系统的动能变化多大，其能量从何而来？

5-80 如图所示，一连串质量为 0.50 g 的小玻璃球以每秒 100 个的速度从一个水平管中喷出，下落 0.5 m 后落在天平左侧的托盘中并反弹回原来的高度，应该在天平右侧托盘中放置质量为多少的物体才能使天平保持平衡？

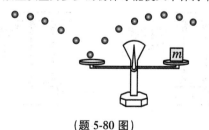

（题 5-80 图）

5-81 一块质量为 M 的木楔放在水平无摩擦的桌面上，一个质

量为 m 的木块放在无摩擦的木楔表面（如图所示）。当木块从其初始位置滑到桌面上时，它的质心位置下降了 h。（1）给出当木块与木楔分离时，它们各自的速率。（2）请检查在极限情况 $M \gg m$ 时，你计算的结果是否正确。

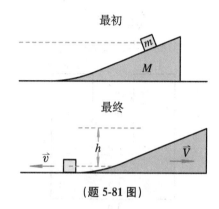

（题 5-81 图）

5-82 当你站立时，你的质心位于你的体内。然而，当你弯腰捡起一个钱包时，质心位置发生变化。请大致给出你弯腰 $90°$ 时质心的位置，说明身体发生什么变化会造成质心位置的变化，解释你的结果。

5-83 如图所示，阿特伍德机中细绳通过一个质量为 m_c 的固定圆柱体。圆柱体不会转动。细线能在其表面无摩擦滑动。（1）给出两个物块 - 圆柱体 - 细绳系统的质心加速度。（2）利用牛顿第二定律给出支撑点提供的力 F。（3）给出连接物块的细线上的张力 T，是否有关系 $F = m_c g + 2T$？○

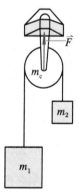

（题 5-83 图）

5-84 如图所示，两个完全相同的物块由质量不计的细线通过滑轮连接起来。开始时细线的中点处位于滑轮上，物块 1 静止在无摩擦的表面上，物块 2 从细线拉紧且水平的位置开始释放。物块 1 会在物块 2 撞到墙上之前还是之后碰到滑轮？☆

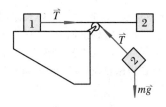

(题 5-84 图)

5-85 求如图所示的形状均匀复合板的质心位置。

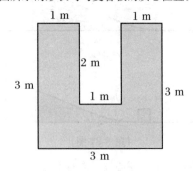

(题 5-85 图)

5-86 两个完全相同、长度均为 L 的细棒的底端被粘在一起且成 90°。(1) 给出该组合的质心位置(用 L 表示),取连接点为原点位置。(2) 如果 $\theta \neq 90°$,请给出结果。它在 θ 为 90° 时是否与(1)中的结果相同?在 θ 取 0° 或 180° 时,你的结果合理吗?

5-87 如图所示,从一块半径为 R 的圆盘上剪出一个半径为 $R/2$ 的圆孔。请给出剪掉圆孔之后圆盘的质心位置。

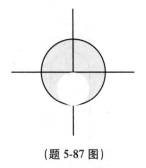

(题 5-87 图)

5-88 请确定一个内、外半径分别为 a 和 b 的均匀半球壳质心的位置。○

5-89 如果太阳的质量不能当作无限大,开普勒行星运动三定律是否需要修正?若不需要,请详细说明原因;若需要,请说明如何修正以及为什么这么修正。○

5-90 两个物体做弹性对心碰撞前后相对速度有什么关系?试证明。

5-91 质量分别为 m_1 和 m_2 的两个小球悬挂在长度分别为 l_1

和 l_2 的不可伸长轻质细绳的下端,且正好可以发生对心碰撞。在两线所在的平面内把第一个小球拉到与铅垂线成 α 角的位置,自静止状态放开,摆下后与静止的第二个小球发生弹性碰撞。试求第一次碰撞后两球偏离铅垂线的最大角度 α_1 和 α_2。

5-92 一质量为 m、电荷为 q、初速为 v 的粒子,和另一个静止的全同粒子发生正碰。求两个粒子最接近时的距离、最接近时两个粒子的速度和两个粒子的末速度。

5-93 父亲瞄准放在儿子头上的苹果射箭。质量为 150 g 的箭射中苹果前那一刻的速度大小为 24.0 m·s^{-1},方向水平。如果箭嵌入苹果中,并与苹果一起落在儿子身后 7.80 m 远的地上,求苹果的质量。(假设儿子的身高为 1.75 m。)○

5-94 如图所示,一质量为 M 的薄木板被一张薄纸托着水平静止在空中,一颗质量为 m 的子弹从下方垂直向上射穿薄木板。薄木板在回落之前升高 H。子弹继续上升,到达的最大高度是纸面上方 h 处。(1) 用 h 和 H 表示在子弹刚穿透板之后,子弹和板的垂直向上的速度。(2) 求子弹的初始速率。(3) 给出在这个非弹性碰撞之前和之后系统的机械能。(4) 在碰撞中,多少机械能损耗掉了?○

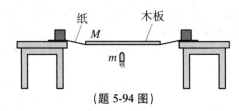

(题 5-94 图)

5-95 将一颗子弹打入悬挂在空中的一个木块中(称作冲击摆)。子弹嵌入木块之后,木块带着子弹一起向上摆动。通过记录摆动最高点的高度,就能得到子弹的速度。(1) 如图(a)所示,请计算子弹打到木块前的速率。(2) 用一个空盒子取代实心木块,重复上面的过程。子弹打到盒子并完全穿过盒子。一个激光测速装置测得子弹穿出的速率为穿入前的一半。由这些信息,如图(b)所示,请计算摆能到达的最大高度。○

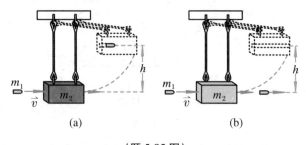

(题 5-95 图)

5-96　以 120 m·s⁻¹ 的初始速率和 30.0° 的仰角发射一质量为 3.00 kg 的炮弹。在其弹道最高处,炮弹炸裂成两块,分别是 1.00 kg 和 2.00 kg。爆炸 3.60 s 后,2.00 kg 的碎块落在爆炸点正下方的地面上。请计算:(1)爆炸后的瞬间 1.00 kg 碎块的速度;(2)从发射点到 1.00 kg 碎块落地点之间的距离;(3)爆炸释放的能量。○

5-97　垂直向上发射一炮弹。它达到最高点时炸裂为质量相等的三块。现在观察到其中一块碎片经过时间 t_1 垂直落到地面,其他两块经过时间 t_2 同时落到地面。请确定炸裂时的高度。○

5-98　一个运动的小球与另一个完全相同但静止的小球发生弹性碰撞(未必对心)。碰撞后两个小球的运动速度有什么关系?

5-99　一质量为 5.0 kg 的冰球以 2.0 m·s⁻¹ 的速率接近另一个静止在无摩擦冰面上完全相同的冰球。碰撞之后,第一个冰球以速率 v_1 沿与原来运动方向成 30° 的方向弹出;第二个冰球速率为 v_2,角度为 60°,如图所示。(1)计算 v_1 和 v_2。(2)碰撞是弹性的吗?

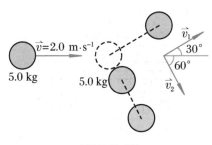

(题 5-99 图)

5-100　一个质量为 3.0 kg 的物块沿 −x 方向运动,速率为 5.0 m·s⁻¹,另一个质量为 1.0 kg 的物块以 3.0 m·s⁻¹ 的速率沿 +x 方向运动。(1)求两个物体组成的系统的质心速度 v_c。(2)求质心系中这两个物块的速度。(3)求正面弹性碰撞后,质心系中每个物块的速度。(4)求实验室系中,每个物块的速度。(5)通过计算在实验室系中物块的初始和最终的总动能检查你的结果,并比较一下。(6)若第二个物块质量为 5.0 kg,以速率 3.0 m·s⁻¹ 向 +x 方向运动,请重新解答以上问题。○

5-101　你应邀分析下面的事故:一位粗心司机撞到前面一辆停在停车标牌前的车的尾部。就在碰撞前,司机猛踩刹车,车轮锁死。被撞车的司机也踩牢刹车,锁住车轮。被撞车的质量为 900 kg,运动的车为 1 200 kg。在碰撞时,两车的保险杠被撞坏。警察根据痕迹认为两车在碰后一起移动了 0.76 m。测试认为,轮胎和路面的动摩擦系数为 0.92。撞车的司机声称当他接近路口时,时速低

于 15 km。他说的是真话吗?

5-102　无聊的你将一个玻璃弹子球丢到下楼的楼梯上,弹起的玻璃球在每一级台阶上都落在相同位置,都弹起相同高度。楼梯每一级台阶的宽度和高度都为 L,每次碰撞的恢复系数都为 e,求玻璃弹子球的水平速度和每次弹起的高度。○

5-103　有一流行但可能危险的课堂演示:将一个篮球举在空中,离坚实地面一段距离;将一个棒球举在篮球正上方约 3.00 cm 处;同时释放两球。在篮球刚被地面弹回的瞬间两球相撞。碰撞后的那一刻,棒球向天花板冲去,篮球在空中静止。(1)假设篮球与地面是弹性碰撞,在两球碰撞之前,它们的速度有什么关系?(2)假设两球的碰撞是弹性的,那么利用(1)的结果和动量守恒、能量守恒,证明:如果篮球质量为棒球的 3 倍,碰撞后篮球的速率为 0。(这接近真实情况,也是这一演示很神奇的原因。)(3)如果碰前棒球的速率为 v,碰后速率为多少?(4)如果我们在棒球和篮球之上放置第三个球,同样同时释放三个球,使得碰撞后棒球、篮球都能停在空中,那么这个球与其他两球的质量比为多少?(5)如果碰前第三个球的速率为 v,那么碰后速率为多少? ☆

5-104　如图所示,一质量 $m = 1.00$ kg 的物块和另一质量为 M 的物块初始时静止在一个无摩擦的斜面上。后者停放在一个弹性系数为 11.0 kN·m⁻¹ 的弹簧上。沿斜面两个物块之间的距离为 4.00 m。释放 1.00 kg 的物块,让其下滑与质量为 M 的物块弹性碰撞。碰撞后 1.00 kg 的物块被沿斜面弹回 2.56 m。质量为 M 的物块速度又为 0 的瞬间离初始位置 4.00 cm。请给出 M。○

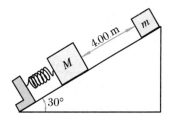

(题 5-104 图)

5-105　"力平台"是一种用于分析运动员表现的装置,它可以测量运动员施加于地面的垂直方向上的力随时间变化的函数关系。一质量为 65.0 kg 的运动员从 0.600 m 的高处由静止向下跳到平台上。在时间间隔 t s(0<t<0.800)内,她与平台接触,她作用于平台上的力可以用函数 $F = (9\,200\,\text{N·s}^{-1})t - (11\,500\,\text{N·s}^{-2})t^2$ 描述。(1)运动员从平台获得多少冲量?(2)她到达平台时的速率为多少?(3)她离开平台时的速率为多少?(4)她

离开平台后能跳多高?

5-106 两个完全相同的密封玻璃杯,一个装满水,一个是空的,从相同高度自由落向地面,相同的部位着地。问哪一个更容易破? 为什么? ☆

5-107 左右手各拿一个几乎完全相同的生鸡蛋,一个静止,用另一个快速向上撞(撞击的部位相同),问哪一个破的可能性较大? ☆

5-108 质量为 m 的两个小球 A 和 B,用一长为 l 的轻质细杆连接,一开始竖立放在光滑的桌面上,后受扰动而倾倒。试描述这一系统的运动,并求 A 球将要接触桌面的瞬间两个小球的速度。☆

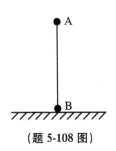

(题 5-108 图)

5-109 如图所示,沙子以 $6.00\ \mathrm{kg \cdot s^{-1}}$ 的速率从料斗落到传送带上。传送带由无摩擦的滚筒支撑。电动机对传送带施加恒定的水平方向上的外力 $\vec{F}$,使得传送带以恒定的速率 $0.500\ \mathrm{m \cdot s^{-1}}$ 运转。求:(1)沙子在水平方向上的动量变化率;(2)传送带对沙子施加的摩擦力;(3)外力 $\vec{F}$ 的大小;(4)1 s 内外力 $\vec{F}$ 所做的功;(5)由于水平运动的变化,每秒钟沙子所增加的动能。(6)为什么(4)和(5)的答案不同? ○

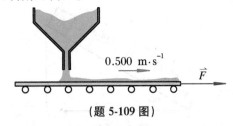

(题 5-109 图)

5-110 一条长为 $2l$、质量为 m 的柔软细绳,挂在一光滑的水平轴钉(粗细可忽略)上。当两边的绳长均为 l 时,细绳处于平衡状态。若给其一端加一个竖直方向的微小扰动,则细绳就从轴钉上滑落。试求:(1)当细绳刚脱离轴钉时细绳的速度;(2)当较长的一边细绳的长度为 x 时轴钉上所受的力。☆

5-111 哑铃由两个质量为 m 的球和一个质量可忽略的 0.30 m 长的棒连接组成,静止在无摩擦的地板上并靠在无摩擦的墙上,一个球在另一个球的正上方。两球质心之间的间距为 0.30 m。如图所示,哑铃开始沿墙下滑。问在两球速率相同的瞬间,它们的速率为多大?

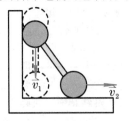

(题 5-111 图)

5-112 体系的动量矩守恒时,动量是否一定守恒? 动量守恒时,动量矩是否一定守恒? 试举例分析说明。

5-113 在一无摩擦的桌面上,质量为 m 的物体以速率 v_0 绕一半径为 r_0 的圆周运动,物体被一根穿过桌子上一个小孔的细线拴着,如图所示。将细线缓慢地向下拉,直到物体离孔距离为 r_1,之后,物体沿半径为 r_1 的圆周运动。(1)用 r_0,v_0 和 r_1 表示最终速率。(2)用 m,r 和动量矩 $\vec{l}$ 表示物体沿半径为 r 的圆周运动时绳上的张力。(3)计算在此过程中张力所做的功。○

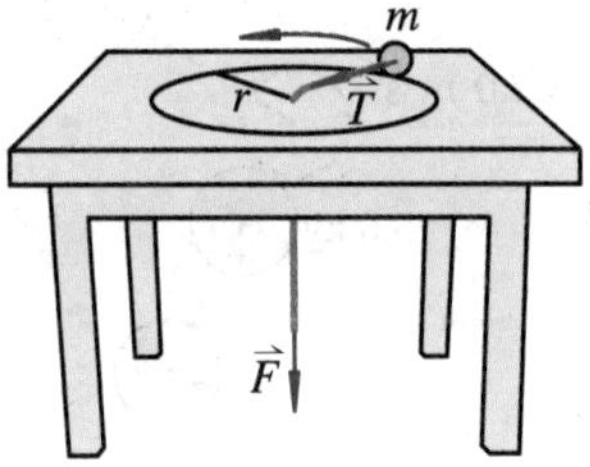

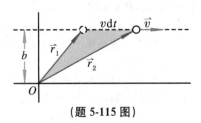

(题 5-113 图)

5-114 一长为 L、质量为 M 的细棒绕通过其中心的轴以角速度 ω 转动,细棒方向与转轴之间的夹角为 θ,试确定其动量矩 $\vec{L}$。

5-115 如图所示,一质量为 m 的物体以速度 $\vec{v}$ 沿与原点 O 的距离为 b 的直线运动。用 $\mathrm{d}A$ 表示从原点 O 指向物体的位置矢量在时间 $\mathrm{d}t$ 内所扫过的面积,证明:$\mathrm{d}A/\mathrm{d}t$ 是一常数,并等于 $l/(2m)$,其中 l 为物体绕原点的动量矩。

(题 5-115 图)

5-116 行星绕中心天体以圆周轨道运动时机械能与动量矩应满足确定的关系,请导出这一关系。☆

5-117 一质量为 0.20 kg 的质点被连在橡皮带的一端并在无摩擦的水平面上运动,带子的另一端固定在点 P。橡皮带施力大小为 $F = bx$,其中 x 为带的长度,b 为一未知常数;力指向点 P。质点沿图中虚线运动。当它通过点 A 时,速度为 $4.0\ \mathrm{m \cdot s^{-1}}$,方向如图所示。$AP$,$CP$ 均为 $0.60\ \mathrm{m}$,BP 为 $1.0\ \mathrm{m}$。(1) 给出质点在点 B 和 C 处的速度。(2) 试确定 b 的大小。○

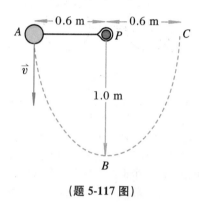

（题 5-117 图）

5-118 一质量为 1.0 kg 的小球通过 1.0 m 长的细线悬挂在一个支点上,线与竖直方向成 30° 角。从上方看,该小球在水平面内沿圆周做逆时针运动。(1) 求小球相对于支点的动量矩 $\vec{l}$ 的水平分量和垂直分量。(2) 计算 $\mathrm{d}\vec{l}/\mathrm{d}t$ 的大小,并证明它等于重力施加在支点上的力矩。○

5-119 质量为 1.6×10^3 kg 的陨石在距地表 4.2×10^3 km 的圆形轨道上绕地球运行,突然与另一颗轻得多的陨石发生正碰撞而损失了 2.0% 的动能。(1) 碰撞后大陨石的运动符合什么物理定律?(2) 描述其运动轨道。(3) 给出其最接近地球时的距离。☆

5-120 潮汐的摩擦作用使得地球的自转速度变慢,因而动量矩减小。(1) 太阳和月球对地球上潮汐的形成都有作用,试估计太阳与月球对地球上潮汐的形成,哪一个的作用大。(2) 由于潮汐摩擦,地球自转的动量矩每百年约减少 $9 \times 10^{25}\ \mathrm{kg \cdot m^2 \cdot s^{-1}}$,地球-月球系统的动量矩守恒是如何使这一损失的动量矩转移到月球围绕地球的公转的?会带来什么结果?请作详细分析讨论。☆

5-121 以与地面成 θ 的夹角、v 的初速率向上倾斜发射一个质量为 m 的飞行器,该飞行器能达到的最大高度为多少?其轨道是不是椭圆的一部分?如果是,导出其轨道的半长轴;如果不是,说明其轨道是什么。☆

5-122 "旅行者"太空飞船借助了土星的引力作用被加速到逃逸太阳的速度。这是怎么实现的?增加的能量从何而来?

5-123 如图所示,星球 A 和 B 绕中心天体公转的周期分别为 T 和 $2T$。计划从星球 A 发射一个飞行器飞往星球 B,请问应该在什么时间发射飞行器?如何设计其飞行轨道?给出有关的关键参数。☆

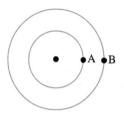

（题 5-123 图）

5-124 假设你负责登月设计,需要让登月舱在月球背向地球的一面着陆;但为安全起见,要登月舱与轨道舱分离的动作在朝着地球的一面完成。登月舱的质量为 m,轨道舱的质量为 M,分离前轨道舱在前、登月舱在后对接在一起沿半径为 R 的圆轨道绕月飞行。分离时,使登月舱相对于轨道舱以速率 v 向后运动,两者脱离,登月舱开始下降。已知月球的质量为 M_M,半径为 R_M。为使登月舱与轨道舱分离后,转过 180° 后刚好抵达月球表面,你需要确定:(1) 登月舱和轨道舱分离时的相对速度;(2) 从分离到登月舱着陆的时间。☆

5-125 对称与守恒有什么关系?试作分析。○

第 6 章 刚 体

6-1 为什么用六个自由度就可以描述刚体的运动?与之相对应的动力学方程是什么?○

6-2 一种判断鸡蛋生熟的方法是把鸡蛋放在坚硬的桌面上旋转。熟鸡蛋很容易转动,生鸡蛋不容易转动。请分析原因。○

6-3 判断对错:(a) 角速率和线速率具有相同的维度。(b) 一个绕固定轴旋转的车轮上各个部分的角速度一定都相同。(c) 一个绕固定轴旋转的车轮上各个部分的角加速度一定都相同。(d) 一个绕固定轴旋转的车轮上各个部分的向心加速度一定都相同。

6-4 无论是在光盘中心还是边缘,一个代表一条信息的"1"或"0"字符串在光盘任何一处长度都是相同的。因此在镜头位置处光盘切向速度必须是恒定的,所以在激光镜头系统沿光盘径向移动时,光盘的角速度也必须变化。在典型的 CD 播放器里,在激光镜头所在位置,光盘切向的恒定速率为 $1.3\ \mathrm{m \cdot s^{-1}}$。(1) 确定信息在最内层轨道($r = 23$ mm)和最外层轨道（$r = 58$ mm）处被读取时，光盘的角速率。(2) 普通 CD 的最长播放时间为 74 min 33 s。在这段时间内，光盘转了多少圈？(3) 在 74 min 33 s 的时间内，光盘的平均角加速度为多大？

6-5　在前一题的(2)中，光盘可被看成一个有恒定角加速度的刚体，计算在播放时间内转过的总角度。现实中，光盘的角加速度不是恒定的。现在我们探讨一下角加速度随时间变化的真实情况。(1) 假设光盘上的轨道是螺旋形的，这样相邻的轨道间隔一个小距离 h。证明一段给定轨道的半径 $r = r_0 + h\theta/(2\pi)$，其中 r_0 是这段轨道最内侧部分的半径，θ 是到达半径为 r 的轨道位置所需转过的角度。(2) 证明角度变化率 $\dfrac{\mathrm{d}\theta}{\mathrm{d}t} = \dfrac{v}{r_0 + h\theta/(2\pi)}$，其中 v 是光盘经过激光镜头时的恒定速率。(3) 用(2)的结果，积分得到角度 θ 随时间变化的函数。(4) 用(3)的结果，求出光盘角加速度随时间变化的关系。○

6-6　在下列情况下，计算相对于原点的角动量：(1) 一质量为 1 400 kg 的汽车以速率 16 m·s^{-1} 绕半径为 24 m 的圆周运动。圆周在 xy 平面内，圆心在原点上。从 $+z$ 轴上的一点看，汽车逆时针转动。(2) 同样的汽车在 xy 平面内以速度 $\vec{v} = (-16 \text{ m·s}^{-1})\vec{e}_x$ 沿平行于 x 轴、$y = 24$ m 的直线运动。(3) 一质量为 1 400 kg、半径为 24 m 的均匀圆盘绕通过盘心且与盘面垂直的轴转动，转速为 0.67 rad·s^{-1}，从 $+z$ 轴上的一点看，圆盘逆时针转动。

6-7　高为 h、顶角为 2α 的正圆锥在一水平面上绕顶点做纯滚动。若已知其几何对称轴以恒定的角速度 Ω 绕竖直轴转动，求某时刻圆锥底面上最高点的速度和加速度。☆

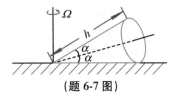

(题 6-7 图)

6-8　计算长度为 L、质量为 M 的均匀刚性细棒，绕通过其质心且垂直于此棒的转轴的转动惯量。

6-9　给出质量为 M、长度为 L 的均匀细棒的转动惯量，转轴通过棒的一端并垂直于细棒。

6-10　一均匀实心圆柱体的半径为 R，质量为 M，长度为 L。请计算它绕其中轴的转动惯量。

6-11　考虑下列情况下，你相对于通过身体中心的垂直转轴的转动惯量：(1) 手臂垂放于身体的两侧；(2) 手臂平举伸向两侧。(3) 估算一下这两个转动惯量之比。

6-12　四个体积不大的物体放置在边长为 1.0 m 的正方形的四个顶点上，由质量可忽略的细棒连接（如图所示）。物体的质量 $m_1 = m_3 = 1.0$ kg，$m_2 = m_4 = 1.5$ kg。请给出该系统以 z 轴为转轴的转动惯量。

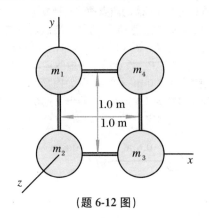

(题 6-12 图)

6-13　某模型假设地球的密度随离地球中心的距离 r 变化，$\rho = C(1.23 - r/R)$，其中 R 是地球的半径，C 是一常数。(1) 用地球的质量 M 和半径 R 给出 C 的表达式。(2) 根据这一模型，计算地球绕通过其中心的转轴的转动惯量。

6-14　如果在过去的一个世纪中发生了全球变暖现象，两极的冰川会发生部分融化，融化出的水随着洋流移动到靠近赤道的位置。这样的变化会对地球的转动惯量产生什么样的影响？地球上一天的长度会变短还是变长？

6-15　请确定底面半径为 r、高为 h、质量为 m 的均匀正圆锥体绕其中心轴的转动惯量。

6-16　一个均匀实心圆柱体和一个均匀实心球体具有相同的质量。它们都在水平表面上无滑动地滚动。如果它们的动能相同，那么（　　）。(a) 圆柱体的平动速率大于球体的；(b) 圆柱体的平动速率小于球体的；(c) 圆柱体的平动速率等于球体的；(d) 以上都可能对，取决于它们的半径大小。

6-17　在某种汽车发动机里，飞轮的直径必须小于 20.0 cm，厚度不能超过 9.00 cm。当飞轮的角速率从 800 rev·min^{-1} 降到 600 rev·min^{-1} 时，它必须释放 66.0 J 的能量。请设计一个坚固的钢制飞轮，用最小的质量满足上述要求。给出飞轮的形状和质量。○

6-18　很多机器中都要用到凸轮。如图所示，凸轮是一个绕不经过其中心的轴旋转的圆盘。在制作过程中，先制作一个底面半径为 R 的均匀实心圆柱体。再沿平行于圆柱体中轴的方向钻一个半径为 $R/2$ 的圆孔，孔的圆心位于离圆柱体圆心 $R/2$ 处。然后把质量为 M 的凸轮套到转轴上并焊接固定。试求凸轮以 ω 的角速率绕转轴旋转时的动能。

6-19　如图所示，质量为 M、长度为 L 的圆管两端密封，相对于

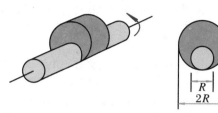

（题 6-18 图）

通过中心并与之垂直的转轴的转动惯量为 $ML^2/10$。管中有两个厚度可以忽略的圆盘，质量均为 m，半径均为 r，两圆盘相距 l 并被一根细线系在中央转轴上。整个系统可以绕中央转轴转动。当系统旋转角速度达到一定值时，细线断裂，两圆盘开始向管子两端运动直到它们到达管子末端和两端的管壁发生完全非弹性碰撞。细线断裂的那一刻起，整个系统的动力被切断。(1) 如果管壁和圆盘之间有摩擦，且摩擦力没有大到能够阻止圆盘到达管子末端。在不知道管壁和圆盘之间摩擦系数的情况下，能不能求出系统的总动能？(2) 管内壁无摩擦，$l = 0.5$ m，$L = 1.8$ m，$M = 0.6$ kg，$m = 0.3$ kg，当系统的角速度达到临界值 ω，细线中的张力到达 88 N 时，细线断裂。圆盘和管底发生完全非弹性碰撞，试求：① 临界角速度；② 碰撞后系统的角速度；③ 达到临界角速度时的动能和碰撞后的动能。〇

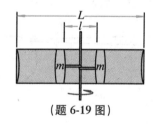

（题 6-19 图）

6-20 一根质量为 M、长度为 L 的均匀细棒放置在 x 轴上（如图所示），且一端位于原点。利用平行轴定理，计算其关于 y' 轴的转动惯量，设 y' 轴平行于 y 轴并通过细棒中心。

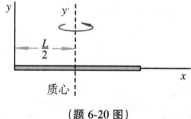

（题 6-20 图）

6-21 判断对错：如果作用在转动物体上的净力矩为 0，那么物体的角速度不改变。如果你觉得这一表述是错误的，请举例说明。

6-22 某人钓鱼时，鱼竿和水平方向成 20.0°角，如图所示。那么鱼相对于垂直纸面穿过钓鱼者手部的转轴产生了多大的力矩？

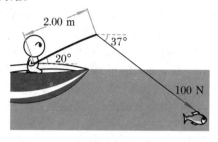

（题 6-22 图）

6-23 一对大小相等、方向相反的力称为力偶，其产生的力矩大小 $\tau = FD$，其中 F 为力偶中每个力的大小，D 为力矢量之间的距离。如图所示，两个 80 N 的力施加在一个长方形平板的对角上。(1) 求出这对力提供的力矩。(2) 证明(1)的结果等于你取过左下角并与平板垂直的直线为转轴得到的力矩。

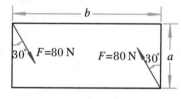

（题 6-23 图）

6-24 为了不出门就能锻炼，你把自行车架在支架上让后轮悬空。当你踩脚踏板时，车链对后链轮施 16 N 的力，到后链轮转轴距离 $r = 7.2$ cm。假设后车轮是一个半径 $R = 40$ cm，质量 $M = 2.8$ kg 的圆环。求 5.0 s 后车轮的角速度。☆

6-25 有三个密度均匀的物体：一个实心球、一个圆柱体和一个圆筒，被放在一个斜面的顶部。它们从同一高度由静止释放，无滑动地滚下。哪个物体最先达到斜面底部？哪个最后？自己尝试做一下这个实验。结果与物体的质量和半径有关吗？〇

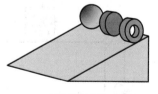

（题 6-25 图）

6-26 如果你在为汽车滑行比赛设计赛车。这种比赛中的车辆没有发动机，它们只是简单地从坡道上滑行下来（车轮和

坡道之间无滑动）。为了使车辆的速度更快,你应该用大轮胎还是小轮胎? 实心圆盘一样的车轮还是环形的车轮? 重车轮还是轻车轮? ○

6-27 一圆柱体放在高度为 h 的斜面顶端,开始无滑动地滚落。请证明它滚到斜面底部时的速率 $v = 2\sqrt{gh/3}$。

6-28 一个金属易拉罐重 218 g,高 10.8 cm,底面直径为 6.38 cm。沿一高 3.00 m、倾角为 25.0° 的斜面自顶端由静止滚下。假设能量守恒,易拉罐用了 2.50 s 到达斜面底端,试确定它的转动惯量。题中哪个条件对解题来说是不需要的? ○

6-29 一半径为 R、质量为 m 的均匀实心圆柱放置在一与水平面成 θ 角的斜面上,圆柱的轴线与水平面平行。令 a 为圆柱轴线沿着斜面的加速度,圆柱与斜面之间的净摩擦系数为 μ,在 θ 小于某一临界角 θ_c 时圆柱将沿斜面无滑动地滚下。(1) 临界角 θ_c 为多少? (2) 当 $\theta < \theta_c$ 时,加速度 a 是多少?

6-30 太空舱在与太空垃圾碰撞后绕自己的中轴线以 28 rev·min^{-1} 的转速旋转。舱内的宇航员可以通过两个位于离中轴线距离 2.8 m 处、喷嘴沿切线方向的小型火箭发动机对太空舱进行调控。这两个发动机可以各以 12 g·s^{-1} 的速率喷出相对速率为 750 m·s^{-1} 的气体。太空舱相对于自身中轴线的转动惯量为 3 800 kg·m^2。请确定,为了使太空舱停止旋转,两台发动机必须运转的时间。☆

6-31 一质量为 m 的均匀细杆下端放在光滑的水平桌面上,从与铅垂线夹角 θ 的位置由静止释放,求释放的瞬间桌面对杆的作用力。☆

6-32 一均匀细棒的长度为 L,质量为 M。细棒可绕其一端的支点转动。开始时,细棒处于水平位置,然后释放。忽略摩擦力和空气阻力。计算:(1) 释放的瞬间,细棒的角加速度;(2) 释放的瞬间,支点对细棒作用力的大小。☆

6-33 如图所示,一质量为 m_1 的小球和一个质量为 m_2 的木块之间用一条轻质细绳相连,细绳绕过一个滑轮。滑轮的

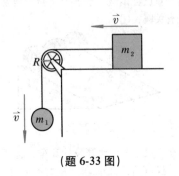

(题 6-33 图)

半径为 R,狭窄的圆周边缘的质量为 M,滑轮上辐条的质量可忽略。木块在光滑水平面上滑动。请给出两个物体加速度的表达式。

6-34 两物块由一根细绳相连,细绳跨过一个半径为 R、转动惯量为 I 的滑轮。质量为 m_1 的物块沿无摩擦的水平表面滑动,质量为 m_2 的物块由绳悬挂着(如图所示)。求物块的加速度和绳上的张力 T_1,T_2。(绳子在滑轮上不打滑。)

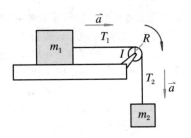

(题 6-34 图)

6-35 一阿伍德机上有两个物块,质量分别为 m_1 和 m_2 ($m_1 > m_2$),两物块由一根轻质细线跨过一个摩擦可忽略的滑轮连接。滑轮为一质量为 M、半径为 R 的均匀圆盘。细线在滑轮上不打滑。试确定滑轮的角加速度和物块的加速度。

6-36 一半径为 R 的桌球被球杆沿水平方向击打在球心上方距离 d 处。若桌球开始无滑动地滚动,那么 d 多大? ○

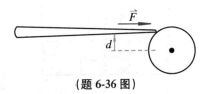

(题 6-36 图)

6-37 半径为 r 的乒乓球在获得初始向前的质心速度 v_0 和初始角速度 ω_0 后,由于乒乓球与桌面之间的摩擦力作用,最后具有相反方向的质心速度。问 ω_0 和 v_0 应有什么关系? ☆

6-38 一个线轴可以绕固定轴自由转动。拉动缠绕在线轴轴芯上的细线可使线轴逆时针旋转(如图所示)。但如果线轴放在水平桌面上,桌子和线轴之间的摩擦力足够大,那么线轴会顺时针旋转,滚向右侧。请给出解释。☆

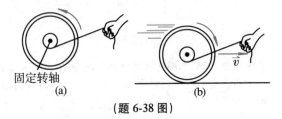

固定转轴   (a)   (b)

(题 6-38 图)

6-39 半径为 r 的均匀球以速率 v 在水平面上纯滚动时遇到一高度为 $h(h<r)$ 的台阶。若碰撞是完全非弹性的,在碰撞点无滑动,请确定球跃上台阶需要的速率 v。☆

6-40 如图(a)所示,一边长为 $2a$、质量为 M 的立方体以恒定速度 $\vec{v}$ 在光滑水平桌面上滑动,撞到桌子边缘的障碍物后倾倒,如图(b)所示。求能使立方体从桌子边缘翻倒掉落的最小 v 值。(注意:立方体和桌子边缘障碍物之间的碰撞是非弹性碰撞。)☆

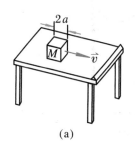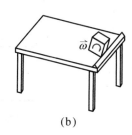

(题 6-40 图)

6-41 长为 l 的均匀细棒一端通过铰链挂在天花板上,棒自水平状态无初速度地开始下落。当细棒通过铅垂位置时,铰链脱开。(1)请描述此后细棒的运动;(2)试确定从脱开到细棒质心又下降 h 高度时它转过的圈数。☆

6-42 质量为 m 的均匀细棒两端用两条平行的细线悬挂着,棒处于水平状态。突然其中一条细线断了,请确定这一瞬间另一条细线中的张力。☆

6-43 面包片从桌子上掉下的时候,为什么总是有果酱的一面朝下?这个问题听起来很傻,但它曾经是一个严肃的科学问题。要严格分析的话会比较复杂。有人做了一个简单的实验。如图所示,一块面包片被缓慢地推到桌子边缘并开始倾斜,当它从桌子上刚开始落下的瞬间,通常与水平面成 $30°$ 的角,角速率 $\omega = 0.956\sqrt{g/l}$,其中 l 为面包片的边长。假设面包片是方形的,上表面涂有果酱,$l = 10.0$ cm,忽略空气阻力。(1)如果它从 0.50 m 高的桌

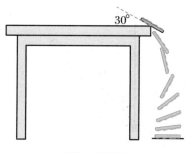

(题 6-43 图)

子上落下,哪一面将接触地面?(2)如果从 1.00 m 高的桌子上落下呢?☆

6-44 一质量为 M、长度为 L 的均匀细杆一端固定在墙上,按下图悬挂着,可以绕固定点无摩擦地自由转动。在离固定点距离 x 处沿水平方向猛击细杆。(1)证明:细杆被击后的瞬间,质心速率 $v = \dfrac{3Fx\Delta t}{2ML}$,其中 F 和 Δt 分别是平均受力和碰撞时间。(2)给出支点对细杆的作用力的水平分量。如果 $x = 2L/3$,那么这一分量是多少?○

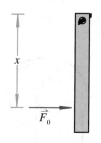

(题 6-44 图)

6-45 如图所示,一质量为 2.0 kg 的物块静止在光滑的水平台面上,通过一条跨过滑轮的细绳连接着悬空的质量为 1.0 kg 的物块。滑轮为一半径为 6.0 cm、质量为 0.40 kg 的均匀圆盘。(1)给出每个物块的加速度和绳上的张力。(2)如果 1.0 kg 的物块由静止状态释放,在该物块下落 2.0 m 的瞬间,它的速率和滑轮的角速率分别为多少?(3)如果水平台面可倾斜,那么台面与水平面成多少度角时,系统能保持匀速运动?○

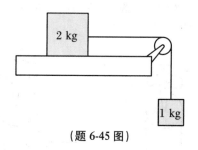

(题 6-45 图)

6-46 如图所示,两个物体被绳子连接在共轴的两个滑轮上,滑轮的半径分别为 $R_1 = 1.0$ m 和 $R_2 = 0.35$ m。两个滑轮被粘在一起构成一个整体,转动惯量为 36 kg·m²。(1)如果 $m_1 = 20$ kg,求使滑轮没有角加速度的 m_2。(2)如果现在 $m_1 = 30$ kg,求滑轮的角加速度和两段绳子的张力。

6-47 若滑轮的转动惯量不能忽略,悬挂在滑轮两侧的绳子上受到的张力一般不相等。张力差是由绳子和滑轮之间的静

摩擦力产生的。考虑一根质量可忽略的绳子,它跨过一个滑轮,绕过的角度是 $\Delta\theta$。可以证明:当滑轮一侧的张力为 T、另一侧的为 $T'(T'>T)$ 时,绳子不打滑的情况下,T' 的最大值为 $Te^{\mu_s\Delta\theta}$,其中 μ_s 为静摩擦系数。如图所示,滑轮的半径为 $R=0.10$ m,转动惯量为 $I=0.25$ kg·m²,滑轮和绳子之间的静摩擦系数为 $\mu_s=0.28$。(1) 如果滑轮一侧的张力为 15 N,则另一侧的张力最大为多少时绳子才不会在滑轮上打滑? (2) 在(1)的情况下,物块的加速度为多大? (3) 如果悬挂的一个物块的质量为1.0 kg,那么在物块被松开后,要使滑轮不打滑地转动,另一个物块的质量应为多大?

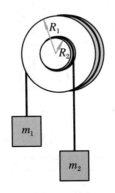

(题 6-46 图)

6-48 质量分别为 m_1 和 m_2 的两个物体,由一根细线连接,经过一个滑轮。滑轮的半径为 R,绕转轴的转动惯量为 I。细线在滑轮上不打滑。整个系统从静止开始释放。当质量为 m_2 的物体下落距离 h 时,两个物体的速率为多少? 滑轮的角速率为多少?

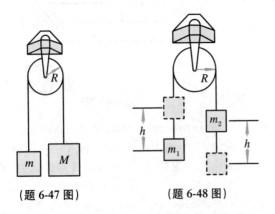

(题 6-47 图)　　(题 6-48 图)

6-49 如图所示,滑轮是周长为 1.2 m、质量为 2.2 kg 的均匀圆盘。一根长 8.0 m、质量为 4.8 kg 的均匀绳子跨过滑轮。在图示情况下,系统静止,两端绳子高度差为 0.60 m。假

设滑轮和绳子之间不打滑。(1) 当绳子两端的高度差为 7.2 m 时,滑轮的角速率为多大? (2) 在绳子两端都低于滑轮中心的情况下,试给出系统角动量的表达式。○

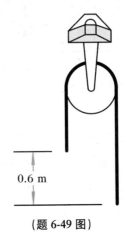

(题 6-49 图)

6-50 一个很大的均匀圆柱体的半径为 R(如图所示)。一根绳子缠绕在固定于圆柱体端面、半径为 r 的同轴小圆盘上,系统的质量为 m,受到绳子拉力 $\vec{T}$ 而加速。假设静摩擦系数足够大,能保证圆柱体滚动而不打滑。(1) 计算摩擦力。(2) 计算圆柱体中心的加速度 a。(3) 证明:可以选择 r,使得 $a>T/m$。(4) 求(3)中摩擦力的方向。○

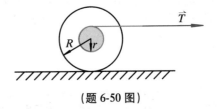

(题 6-50 图)

6-51 一根长度为 L、质量为 M 的均匀细杆可绕通过其一端的水平轴自由转动,如图所示。细杆从 $\theta=\theta_0$ 静止释放。证明:转轴对细杆的作用力平行于细杆的分量 $F_平=Mg(3\cos\theta_0-5\cos\theta)/2$,垂直于细杆的分量 $F_垂=(Mg\sin\theta)/4$。○

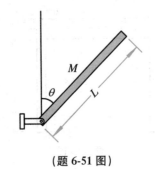

(题 6-51 图)

6-52　你想用在岩石上击打的方式把一根细长的均匀木棍折断,同时希望自己的手受到的作用力最小。假设你握住细杆一端的手做无位移的转动,细杆的哪个位置打在岩石上比较好?（不考虑重力。）〇

6-53　你希望于用球棒击打垒球时握球棒的手不受到冲击力。假设球棒的质量为 m,质心到手握处的距离为 d,相对手握处的转动惯量为 I,应该用这球棒的何处击球? 〇

6-54　需要靠快速的奔跑来躲避天敌的哺乳动物,如羚羊,往往腿的下半部分十分苗条,肌肉集中在腿的高处,接近身体的位置。请根据转动力学,解释为何这样的质量分布具有优势。〇

6-55　一汽车发动机在转速为 $4\,500\ \mathrm{rad \cdot min^{-1}}$ 时输出最大力矩 $678\ \mathrm{N \cdot m}$。请给出它在这种情况下的输出功率。〇

6-56　一个完全刚性的球体沿一个完全刚性的水平面无滑动地滚动。证明:球上受到的摩擦力一定为 0。〇

6-57　一半径为 11 cm、质量为 7.2 kg 的保龄球在水平球道上以 $2.4\ \mathrm{m \cdot s^{-1}}$ 的速度无滑动地滚动,然后无滑动地滚上一个斜坡,到达高度为 h 的最高点,然后又从斜坡上滚下来。假设保龄球是一均匀球体,求 h。

6-58　试证:明纯滚动过程中摩擦力不做功。〇

6-59　一均匀实心圆盘以角速度 ω_0 绕通过其圆心并与盘面垂直的水平轴旋转。保持圆盘的转速不变,使圆盘接触水平桌面后释放。试确定:(1) 当圆盘开始纯滚动时的角速率;(2) 圆盘从释放到开始纯滚动的过程中由于摩擦而损耗的机械能(假设圆盘和桌面之间的摩擦系数为 μ)。(3) 请证明:圆盘从释放到开始纯滚动的时间间隔为 $R\omega_0/(3\mu g)$。(4) 请证明:圆盘从释放到开始纯滚动过程中运动的距离为 $R^2 \omega_0^2/(18\mu g)$。☆

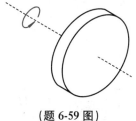

（题 6-59 图）

6-60　把具有相同质量 m 和半径 R 的一个薄球壳和一个实心球放置在弧形坡面上相同高度 H 处,由静止释放,它们无滑动地滚下。当离开坡面时,它们开始做平抛运动。球壳接触地面时的平抛距离为 L,实心球接触地面时的平抛距离为 L'。求比值 L'/L。〇

6-61　一根长为 L 的均匀长棒,竖直立在粗糙平面上,受到一个微小扰动开始倾倒。由于摩擦力作用,长棒和平面接触的一端相对于平面无滑动。证明:当长棒倾倒到与垂直

方向成 θ 角时,角速度 $\omega = \sqrt{(3g/L)(1-\cos\theta)}$。☆

6-62　一质量为 m 的子弹以速度 $\vec{v}$ 射向一个质量为 M、半径为 R 能绕轴在竖直面内自由转动的静止圆盘,转轴通过圆盘中心且与盘面垂直。在碰撞前,子弹沿转轴下方距离 b 处的直线运动。子弹打到圆盘并附着在 B 点。(1) 在碰撞前,圆盘-子弹系统的总动量矩为多少? (2) 在碰撞后的瞬间,圆盘-子弹这一系统的角速率为多少? (3) 在碰撞后,该系统的动能为多少? (4) 有多少机械能在碰撞中损失掉了?

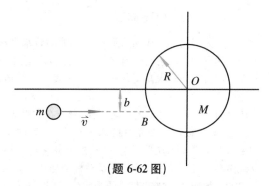

（题 6-62 图）

6-63　一根质量为 M、长度为 d 的细杆一端挂在支点上,竖直下垂。一块质量为 m 的泥巴以速率 v 打在距离支点 x 处的细杆上并粘在上面。请计算泥巴-细杆这一系统在碰撞前后动能的比值。

6-64　如图所示,一根长度为 L、质量为 M 的均匀细棒和一个质量为 m 的小油灰团放置在光滑的水平桌面上。油灰团以速度 $\vec{v}$ 向右运动,打在距细棒中心 d 处,然后粘在与细棒接触的地方。请给出碰撞后系统质心的速度和角速度。

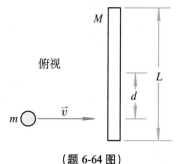

（题 6-64 图）

6-65　如图所示,一个质量为 2.0 kg 的圆盘以 $3.0\ \mathrm{m \cdot s^{-1}}$ 的速度撞上平放在光滑冰面上的一个重 1.0 kg、长 4.0 m 的细棒（图为俯视图）。(1) 假设碰撞为弹性碰撞,碰撞后圆盘没有偏离它初始时的运动路径,求碰撞后圆盘和细棒的平动速率以及细棒的角速率。(2) 如果这个碰撞是完全非

弹性碰撞,结果会如何变化?

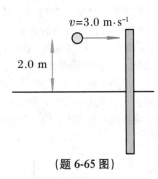

（题 6-65 图）

6-66　一个均匀薄圆筒和一个实心圆柱体无滑动地水平滚动。圆筒的速率为 v。它们碰到一斜面,无滑动地滚上斜面。如果它们爬上的最大高度是一样的,求实心圆柱体的初始速率。

6-67　一质量为 M、半径为 R 的均匀圆柱,静止在质量为 m 的平板上,该平板静止在光滑的水平桌面上（如图所示）。如果力 $\vec{F}$ 水平作用在平板上,平板加速并使得圆柱无滑动地滚动。（1）用 M,m,F 表示平板的加速度。（2）求圆柱的角加速度,并判断转动方向。（3）求圆柱体质心相对于桌子的加速度。（4）求圆柱体质心相对于平板的加速度。（5）如果平板在力 $\vec{F}$ 作用下运动的距离为 d,请分别给出平板和圆柱体的动能,并证明平板 - 圆柱系统的总动能等于该力所做的功。○

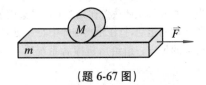

（题 6-67 图）

6-68　作为玩具设计师,你负责设计一个玩具,如图所示。一个质量为 m、半径为 r 的小球从距离桌面 h 高处由静止无滑动地滚下一个倾斜轨道,然后沿一个半径为 R 的环形轨道内壁无滑动地滚动。试确定能使小球在整个过程中始终保持和环形轨道内壁接触的最小高度 h（用 R 和 r 表示）。

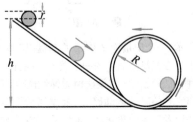

（题 6-68 图）

6-69　一质量为 0.16 kg、半径为 3.0 cm 的台球被球杆击中。球杆施加的力是水平方向的且通过球的中心。被击中后的瞬间,球的速率为 3.8 m·s⁻¹。球和球桌之间的摩擦系数为 0.56。（1）在台球无滑动地滚动之前,它滑动了多久?（2）它滑动了多远?（3）当台球刚刚开始无滑动地滚动的瞬间,它的速率为多大?

6-70　一个质量为 m、端面圆盘半径为 R 的线轴芯静止在水平桌面上,线轴芯和桌面之间有摩擦。将一根细线缠绕在半径为 r 的线轴上,用大小为 F 的恒定水平力向右拉。结果线轴芯在桌面上无滑动地移动了距离 L。请确定:（1）线轴芯质心的最终平移速率;（2）摩擦力 f 的大小和方向。

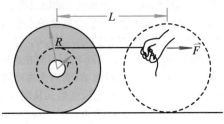

（题 6-70 图）

6-71　一根细绳缠绕在质量为 m、半径为 r 的滑轮上。细绳的自由端连接一个质量为 M 的重物。重物沿着一个与水平方向成 θ 角的斜面由静止开始下滑。重物和斜面之间的动摩擦系数为 μ。（1）用能量方法证明该重物的速率为 $v=\sqrt{\dfrac{4gdM(\sin\theta-\mu\cos\theta)}{2M+m}}$,其中 d 为沿斜面向下滑的距离。（2）用 m,M,g,μ 和 θ 表示重物加速度的大小。

6-72　如图所示,在半径为 R 的半球形碗内有一个半径为 r 的均匀实心球（$r<R$）。小球从与垂直方向成 θ 角的位置由静止释放,沿碗内壁无滑动地滚动。求当它到达碗底部时的角速率。

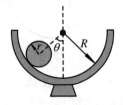

（题 6-72 图）

6-73　如图所示,一质量 $M=5.00$ kg 的平板放在两根一模一样的实心圆柱体滚轴上,滚轴的底面半径 $R=4.00$ cm,质量 $m=1.50$ kg。一恒定力 $F=5.00$ N 作用于平板的一端,力的方向沿水平方向且与滚轴的中轴线垂直。滚轴滚动过程中和平板及底面之间均无滑动。（1）求平板和滚轴的加速度。（2）有哪些摩擦力起作用？

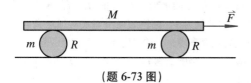

（题 6-73 图）

6-74　卡车地板上静止有一质量为 m、半径为 r 的均匀球。现在卡车以恒定加速度 $\vec{a}$ 启动，假定球在地板上无滑动滚动，试确定它相对于卡车的加速度。

6-75　一线轴芯的轴是半径为 R_1 的圆柱体，两端圆盘的半径为 R_2，如图所示。线轴芯和线的总质量为 m，相对于中轴的转动惯量为 I。线轴放置在粗糙水平桌面上，力 $\vec{F}$ 向右拉动线使线轴无滑动地滚动。试证明：桌面作用于线轴上的摩擦力的大小 $f = \dfrac{I + mR_1R_2}{I + mR_2^2}F$，并给出摩擦力的方向。

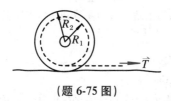

（题 6-75 图）

6-76　卷成圆柱形的一大卷卷纸开始时端面的半径为 R，放置在一个足够长的水平平面上，纸的外端被钉在平面上。卷纸被轻推一下后开始展开（$v_0 \approx 0$）。假设卷纸具有均匀的密度且在整个过程中机械能守恒。试求：（1）当卷纸的半径减小到 r 时，卷纸质心的运动速率；（2）当 $r = 10.0$ mm 时，质心速率的值（假设 $R = 1.00$ m）。（3）如果卷纸完全展开，系统的能量会怎么样？☆

6-77　有一质量 M 为 0.80 kg、长度为 L_1 的均匀棒，一端被连接在质量可忽略的铰链上，可以在垂直平面内自由转动（如图所示）。棒从水平位置由静止状态释放。一质量 m 为 0.52 kg 的物体被长为 L_2 的绳悬挂在铰链上。（1）在碰撞后，该物体粘在棒上。比值 L_2/L_1 为多大时，能使

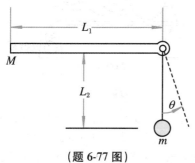

（题 6-77 图）

碰撞后 θ 达到的最大角度为 60°？（2）如果 $L_1 = 1.0$ m，$M = 1.6$ kg，$L_2 = 0.72$ m，碰撞后 θ 的最大值为 35°，求 m 的值，并计算碰撞中损失了多少能量。

6-78　如图所示，一质量为 80.0 g、半径为 4.00 cm 的球以 1.50 m·s^{-1} 的速率运动，同另一个初始时静止、质量为 120 g、半径为 6.00 cm 的球发生擦边碰撞（两个球的边缘刚好接触到）。碰撞后它们粘在一起转动。请确定这个系统相对于其质心的角动量。

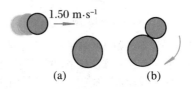

（题 6-78 图）

6-79　如图所示，一长为 1.60 m、质量为 0.60 kg、半径为 0.18 m 的圆筒能自由地绕通过其中心且与圆筒垂直的竖直转轴转动。圆筒内有两块质量均为 0.15 kg 的物体，各由一根弹性系数为 k 的弹簧连接在一起。弹簧不受力时长度为 0.36 m。圆筒的内表面光滑。（1）当圆筒转速达到 21 rad·s^{-1} 时，物体离圆筒中心 0.66 m，求弹性系数 k。（2）使得系统从静止到角速度为 21 rad·s^{-1} 需要做多少功？（3）如果每根弹簧的弹性系数为 55 N·m^{-1}，系统从静止开始缓慢加速到物体离圆筒中心距离 0.66 m 这一过程中做了多少功？

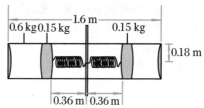

（题 6-79 图）

6-80　伦敦大本钟的时针长 2.70 m，质量为 60.0 kg；分针长 4.50 m，质量为 100 kg。把时针、分针当作均匀长杆。（1）求在下列时刻，由于时针、分针的重量形成的相对于钟转轴的力矩：(a) 3:00；(b) 5:15；(c) 6:00；(d) 8:20；(e) 9:45。（2）请列出所有可以使相对于转轴的力矩为零的时刻。

6-81　如图所示，一个质量为 M、半径为 R 的圆柱，与另一个质量为 m、半径为 r 的圆柱同轴地固定在一起。大圆柱静止在水平桌面上，与桌面之间的静摩擦系数为 μ_s。一条绳子缠绕在小圆柱体上。如果用一个不大的力沿竖直方向拉绳子，圆柱体开始向左滚动；如果沿水平方向向右拉

绳子,则圆柱体向右滚动。请问,当绳子和水平方向成多少度夹角时,圆柱体能在该力作用下保持静止不动? ○

(题 6-81 图)

6-82 你想确定任意不规则形状扁平物体重心的位置,就从物体边缘选择一点将其悬挂起来,并在物体上画下一条通过该点的铅垂线;然后,你选另一个点做相同的步骤。那么重心就位于两条线的交点上。请解释这个方法所用的原理。○

6-83 你手臂向两侧平伸,每只手中有一重物,站在转速为 1.5 rev·s^{-1} 的光滑平台上。你、重物和平台的总转动惯量为 6.1 kg·m^2。当你双手下垂把重物放到身侧时,转动惯量降低到 1.6 kg·m^2。请问:(1) 平台最后的角速率为多大? (2) 系统的动能变化为多大? (3) 这一能量变化从何而来?

6-84 一位溜冰运动员正在进行旋转表演,当她手臂完全张开时转速为 1.6 rev·s^{-1}。试估算当她的手臂完全贴着身体时的转速。 ☆

6-85 你和你的三位同学想同另一位不愿选修物理课的同学甲开个玩笑。你们的计划是:附近的公园有一个直径为 3.2 m,转动惯量为 13.6 kg·m^2,水平放置的旋转圆盘。开始时,你设法让所有五个人都站在圆盘的边缘,这时圆盘的转速不快,为 18 rev·min^{-1}。当发出暗号后,你和你的三位同学迅速跑到转盘的中心,只留下同学甲仍站在转盘边缘。这时转盘会加速,可能把他甩出抛到旁边的泥水里。那位同学身手敏捷也很强壮,要把他从转盘边缘甩开,向心加速度至少要达到 3.8g。假设每个人的质量为 60 kg,请问这个计划能成功吗?

6-86 一质量为 300 g,长度为 50.0 cm 的均匀细棒在水平面内绕垂直穿过其中心的固定轴无摩擦地旋转。两个质量均为 m 的金属小环套在细棒上,可以沿细棒无摩擦地滑动。开始时,两个小环被挡片固定在细棒中点的两侧,与中点的距离均为 10.0 cm,系统以 36.0 rad·s^{-1} 的角速度旋转。同时撤去挡片,小环沿着细棒向外滑动。(1) 当小环滑动到刚刚脱离细棒时,系统的角速度 ω 多大? (2) ω 可能的最大值和最小值以及它们相对应的质量 m 为多

少? 描述 ω 随 m 变化的曲线的大致形状。 ☆

6-87 一高度为 h、底面半径为 R 的正圆锥绕其竖立的中心轴转动,转动惯量为 I。圆锥表面沿母线从顶点到底面有一条很窄的光滑直槽。开始时圆锥以角速度 ω 转动,在直槽的顶端释放一个质量为 m 的小球,在重力作用下滑下。假设小球只在槽内运动,试确定:(1) 小球到达底部时圆锥的角速度;(2) 小球离开圆锥时相对于地面的速率。 ☆

6-88 如果我国的交通规则由原来的右侧通行改为左侧通行,那么一天的长度是增加、减少还是不变? 如果有变化,我们能观测到吗? 请给出你的分析。 ☆

6-89 给你两台体重计、一块长木板,如何测量你自己重心的位置?

6-90 试估算你做俯卧撑时,手部和脚部受的力。

6-91 一块长 L = 3.00 m、质量 M = 35 kg 的板由离板两端距离 d = 0.50 m 的两个台秤支撑(如图所示)。(1) 当质量为 45 kg 的女生站在板的左端时,两个台秤的读数为多少? (2) 一名男生站到板的左端,此时,支撑板右端的台秤读数为 0,求男生的质量。

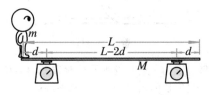

(题 6-91 图)

6-92 利用重力平板可以很方便地确定人体重心的位置,即把一块平板的一端置于支点上,另一端置于台秤上,板保持水平。在课堂上演示这个方法时,老师要你按照图示平躺在板上,并把头置于支点的正上方。支点离台秤 2.00 m 远。在实验前,你准确地测量了体重,为 70.0 kg。当你静止在板上时,台秤的读数比只有平板时的读数多了 250 N。请根据这些数据,确定你的重心离脚有多远。

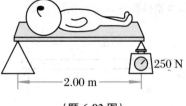

(题 6-92 图)

6-93 生物实验室正在研究人的质心位置与体重的函数关系,你打算当一名志愿者。如图所示,你平躺在一块由两个台秤支撑的均匀平板(质量为 15.00 kg,长度为 2.00 m)

上。如果你的身高为 178 cm,左边台秤的读数为 445 N,右边台秤的读数为 400 N,那么你的质心位置离脚多远?假设两个台秤离板的两端距离相等,台秤相距 170 cm。

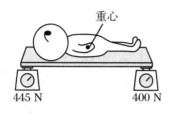

重心

445 N　　400 N

（题 6-93 图）

6-94 图中为一台标准塔式起重机 K-10000。伸在塔前后的部分称为悬臂。塔宽 12 m,前悬臂长 80 m,质量 $m_1 = 80$ t。平衡悬臂长 44 m,质量 $m_2 = 31$ t,固定的平衡物质量 $m_3 = 100$ t,外侧移动平衡物质量 $m_4 = 40$ t,内侧移动平衡物质量 $m_5 = 83$ t,塔架质量 $m_6 = 100$ t。一个质量 $m = 100$ t 的载荷悬挂在前悬臂的中点位置。请问该起重机是否平衡? 如果不平衡,你需要如何移动载荷使得该起重机处于平衡状态?

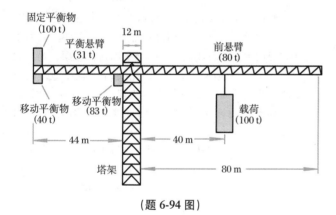

固定平衡物(100 t)
平衡悬臂(31 t)　12 m　前悬臂(80 t)
移动平衡物(40 t)　移动平衡物(83 t)　载荷(100 t)
44 m　40 m
塔架　80 m

（题 6-94 图）

6-95 考虑一坚硬的 2.5 m 长的横梁,其中心被固定在高 1.25 m 的柱子顶端的光滑轴上,可以自由转动(如图所

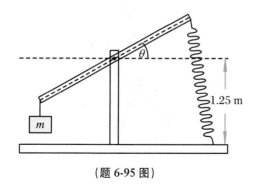

m　θ　1.25 m

（题 6-95 图）

示)。横梁的一端由一根弹性系数 $k = 1\,250$ N·m^{-1} 的弹簧系在地板上,当横梁水平时弹簧正好竖直且未变形。另一端悬挂一个物体,使横梁与水平方向成 17.5° 角,处于平衡状态。请问悬挂物体的质量为多少?

6-96 帆船高 12 m,重量为 800 N 的桅杆被用钢丝支索相隔 10 m 拴在船头和船尾,垂直立于甲板上(如图所示)。桅杆位于距离前支索连接点 3.60 m 处。前支索上的张力为 500 N。请给出后支索上的张力和桅杆对甲板的作用力。

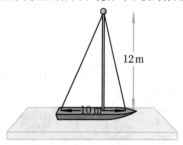

12 m　10 m

（题 6-96 图）

6-97 质量为 M、长度为 L 的均匀细棒放置在无摩擦槽中,位置如图所示。(1) 证明:当细棒平衡时,它的重心一定位于 O 点的正上方。(2) 求平衡时的角度 θ。○

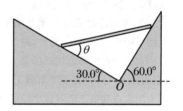

θ　30.0°　60.0°　O

（题 6-97 图）

6-98 如图所示,一质量为 m 的物体用三根绳子悬挂着。其中两根绳子和水平方向分别成 θ_1, θ_2 角。如果该系统达到平衡状态,试求左边绳子上的张力。

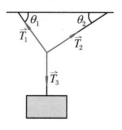

θ_1　θ_2　$\vec{T}_1$　$\vec{T}_2$　$\vec{T}_3$

（题 6-98 图）

6-99 一根重量为 40.0 N 的链子挂在同一高度上的两个钩子上。在每个钩子处,链子的切线方向与水平方向所成的角 $\theta = 42.0°$。求:(1) 每个钩子施加在链子上的力的大

小;(2) 链子中点处的张力。

6-100 一个风铃是由一根悬挂着四个质量均为 m 的金属蝴蝶且长度为 L 的细绳构成的。如图所示,相邻两个悬挂点之间的间隔均为 l。细绳的两个末端与天花板成 θ_1 角。细绳的中间部分是水平的。(1) 用 θ_1,m 和 g 表示每段细绳上的张力。(2) 用 θ_1 表示角度 θ_2,θ_2 为外侧蝴蝶和内侧蝴蝶之间的细绳与水平方向之间的夹角。(3) 证明:细绳两端之间的距离 $D = \dfrac{L}{5}\left[2\cos\theta_1 + 2\cos\arctan\left(\dfrac{1}{2}\tan\theta_1\right) + 1\right]$。

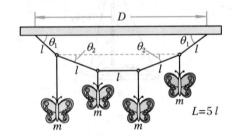

（题 6-100 图）

6-101 气球拱门是把充满氢气的气球拴在两端固定在地面的绳子上,气球提供的浮力使得该系统成拱门形状。如图所示,N 个气球间距地系在质量忽略不计、长度为 L 的绳子上,绳子的两端固定在地上,每个气球提供大小为 F 的向上拉力。绳上固定气球的每一点的水平和垂直坐标分别为 x_i 和 y_i,T_i 是第 i 节绳子上的张力。(注意,第 0 段为固定点和第 1 个气球之间的那段绳子,第 1 段为第 1 个气球和第 2 个气球之间的那段绳子……第 N 段为另一个固定点与第 N 个气球之间的那段绳子。) (1) 图(b)给出了第 i 个气球的受力分析。证明:每段绳子上 T_i 的水平分量(称为 T_H)都相等。(2) 考虑垂直分量,并根据牛顿定律推导第 i 段和第 $i-1$ 段张力之间的关系式:$T_{i-1}\sin\theta_{i-1} - T_i\sin\theta_i = F$。(3) 证明:$\tan\theta_0 = \tan\theta_{N+1} = \dfrac{NF}{2T_H}$。(4) 由图和上面两个关系式,证明:

$$\tan\theta_i = \frac{(N-2i)F}{2T_H} \text{ 和 } x_i = \frac{L}{N+1}\sum_{j=0}^{i-1}\cos\theta_j,\ y_i = \frac{L}{N+1}\sum_{j=0}^{i-1}\sin\theta_j。$$

(5) 考虑数值解,尝试用 Excel 程序作气球拱门的形状图。参数如下:10 个气球,每个提供拉力 $F = 1.0$ N,气球系在长度 $L = 11$ m 的绳子上,张力的水平分量 $T_H = 10$ N。问:两端固定点间隔多远?拱门最高点的高度为多少?(6) 我们没有先给出两端固定点的间距,该值由其他参数决定。在保持其他参数不变的同时改变 T_H,直到拱门两端固定点的间距达到 8.0 m,此时 T_H 为多大?当你增加 T_H 时,拱门会变扁平和扩大。你的 Excel 模型证实了这一点吗? ○

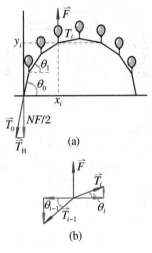

（题 6-101 图）

6-102 在参观一个大理石工厂时,你发现一张 100 元的钞票被压在质量为 m、高为 H、底面为边长 $L(L<H)$ 的正方形的大理石石块之下。你想拿到这张钞票。为了取出它,你在离地板 h 高处用力沿水平方向推大理石石块。假设地面摩擦力足够大,大理石石块不会打滑,你必须至少用多大的力才能使石块微微翘起而拿出钞票?

6-103 图中是一把正在从水平木板上拔钉子的锤子。如果加在锤柄上沿水平方向的力 F 为 150 N,求:(1) 锤子作用于钉子的力;(2) 接触点处木板对锤子的作用力。(假设

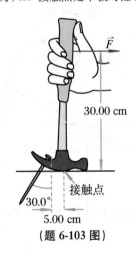

（题 6-103 图）

锤子作用于钉子的力沿着与钉子平行的方向。）○

6-104 一辆卡车装载一块长方体大理石,大理石的质量为 M,高为 H,底面为边长 $L(L<H)$ 的正方形。求能保证竖直放置的大理石不会翻倒的卡车的最大加速度。（假设大理石块在翻倒之前不会打滑。）

6-105 一架长 5.0 m、重 60 N 的均匀梯子靠在光滑的竖直墙上。梯子底端离墙 3.0 m 远。要使梯子不打滑,梯子和地面之间的静摩擦系数最小应为多大?

6-106 粗糙地面上有一均匀木梯靠在同样粗糙的墙上静止不动,木梯与地面和墙壁之间的静摩擦系数均为 μ,请确定木梯与地面之间的夹角。

6-107 一个梯子斜靠在墙上。一种情况是地面无摩擦,墙面粗糙有摩擦;另一种情况是地面粗糙有摩擦,墙面无摩擦。哪一种情况爬上梯子更安全? 请解释原因。

6-108 一个长度为 L、质量忽略不计的梯子与水平地板成 θ 角斜靠在光滑的墙上。梯子和地板之间的静摩擦系数为 μ。一个人沿梯子向上爬。他在梯子滑倒之前能爬多高?

6-109 如图所示,一个质量为 20.0 kg 的梯子斜靠在无摩擦的墙上,且静止在光滑的水平地面上。为了防止梯子滑倒,梯子底部由一根细线固定在墙上。梯子上无人时,细线上的张力为 29.4 N。如果张力超过 200 N,细线会断。（1）如果一个质量为 80.0 kg 的人爬到梯子一半的位置,求此时梯子对墙的压力。（2）这个 80.0 kg 的人能爬到离梯子底端多远处?

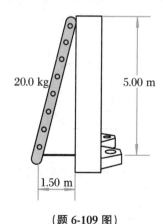

（题 6-109 图）

6-110 如图所示,一长度为 l、质量为 m 的均匀梯子斜靠在无摩擦的垂直墙面上。梯子与地面之间的静摩擦系数为 0.40。求能使梯子不滑落的最小角度 θ。

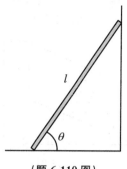

（题 6-110 图）

6-111 一个重量可忽略的梯子按下图摆放。一质量为 70.0 kg 的油漆工站在离底端 3 m 处的梯上。假设地面光滑无摩擦,请确定:（1）将梯子两边连接起来的水平杆中的张力;（2）图中 A 点和 B 点处的压力;（3）C 点处,左半边梯子对右半边梯子施加的力。

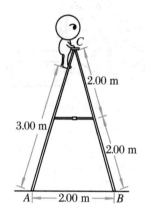

（题 6-111 图）

6-112 一个立方体斜靠在无摩擦的墙上,且与地板成 θ 角,如图所示。求能保证立方体在地板上不打滑的立方体和地板之间静摩擦系数的最小值。

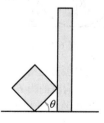

（题 6-112 图）

6-113 如图所示,一长条形均匀块体立在斜面上。一根线系在块体顶部防止它从斜面上滑下。求能使块体和斜面之

间无滑动的最大 θ 值。假设块体的高宽比为 $b/a = 4.0$，与斜面之间的静摩擦系数为 0.80。

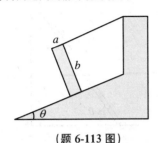

（题 6-113 图）

6-114 静止在水平面上的一个质量为 M、半径为 R 的车轮靠在高 $h(h<R)$ 的台阶上。车轮被一个作用在车轴上的水平力 $\vec{F}$ 拉动翻过台阶，如图所示。求 $\vec{F}$ 大小的最小值。

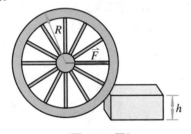

（题 6-114 图）

6-115 如图所示，质量为 M、半径为 R 的圆柱体靠在高 $h(h<R)$ 的台阶边上。一个大小为 F 的水平方向力施加在圆柱体的顶部，圆柱保持静止。请确定：(1) 地面对圆柱体的正压力；(2) 台阶边缘对圆柱体施加的力的水平分量；(3) 台阶边缘对圆柱体施加的力的垂直分量。

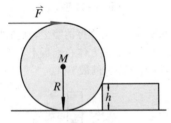

（题 6-115 图）

6-116 如图所示，(1) 估算要使轮椅滚上人行道的道边，人必须施加在轮椅主轮上向前的力 $\vec{F}$ 的大小。与道边接触的主轮半径为 r，道边的高度为 h。(2) 求点 A 处道边施加在主轮上的力。(3) 如果一个人握住点 B 处将轮子向上抬起来越过道边，是不是比推动轮子滚上道边容易？

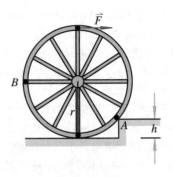

（题 6-116 图）

6-117 如图所示，一质量 $M = 3.0\,\text{kg}$、半径 $R = 20\,\text{cm}$ 的均匀球体被一根细绳沿水平方向固定在倾角 $\theta = 30°$ 的斜面上。(1) 细绳上的张力为多大？(2) 斜面对球体的正压力为多大？(3) 作用在球体上的摩擦力为多大？

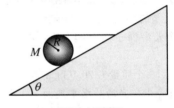

（题 6-117 图）

6-118 如图所示，一个沿垂直方向的力作用在一个质量为 M 的均匀圆柱体上。圆柱体和所有面之间的静摩擦系数均为 0.500。求不会使圆柱体产生转动的最大的力 $\vec{F}$。请解释为什么当圆柱体处于要开始滑动的边缘时，两个面上的摩擦力均达到最大值。○

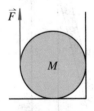

（题 6-118 图）

6-119 两个半径为 r 的光滑实心球体放置在一个半径为 R 的圆筒内，如图所示。每个球的质量为 m。试求：(1) 圆筒底部对下面那个球体的作用力；(2) 圆筒的柱面对每个球的作用力；(3) 两球之间的作用力。（分别用 m，R 和 r 表示。）

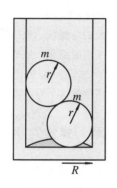

（题 6-119 图）

6-120 在一个直径为 d 的圆柱体柱面上放一个边长为 a 的立方体,如图所示。如果 $d \ll a$,那么立方体处于不稳定平衡状态;如果 $d \gg a$,那么立方体处于稳定平衡状态。立方体在圆柱体上不打滑。试求使立方体处于稳定平衡状态的最小 d/a 值。〇

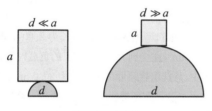

（题 6-120 图）

6-121 有大量长度为 L、完全一样的均匀砖块。如图所示,把一块摆在另一块上,能保证上面的砖块静止在下面的砖块上的最大的偏移量为 $L/2$。(1) 证明:如果这样放置的两块砖被放置在第三块砖上面,那么第二块砖相对于第三块砖的最大偏移量为 $L/4$。(2) 证明:在通常情况下,一摞 N 块叠放的砖,第 $n-1$ 块砖(从上面往下数)相对于第 n 块砖的最大偏移量为 L/n。(3) 取 $L = 20$ cm, $N = 5, 10$,或 100,用电子表格软件计算一摞 N 块砖的总偏移量。(4) 当 $N \to \infty$ 时,总偏移量是不是接近一个有限的值? 如果是,请确定该值。〇

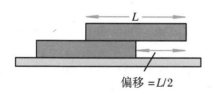

（题 6-121 图）

6-122 一圆筒形玻璃杯装满冰时质量为空杯的 6 倍。如果空杯的质心与底面距离为杯高的 1/4,请问将冰装到什么高度时杯子最不容易翻倒? 〇

6-123 如图所示,你手拿一块 $m = 1.0$ kg 的重物,前臂与上臂成 $90°$。你的二头肌提供向上的力 $\vec{F}$,作用于离支点 O(胳膊肘)距离 d 为 3.4 cm 的地方。把前臂和手看成一条长 L 为 30 cm、质量为 1.0 kg 的均匀细棒。(1) 当重物离支点(胳膊肘)距离 30 cm 时,给出 $\vec{F}$ 的大小。(2) 给出上臂对胳膊肘的作用力的大小和方向。

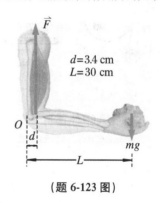

（题 6-123 图）

6-124 一个标准的保龄球重 16 磅(1 磅 = 0.454 kg)。你希望能举起一个保龄球,且前臂与大臂成 $90°$。假设你连接前臂的二头肌离胳膊肘 2.4 cm,竖直向上拉,即与前臂成 $90°$;被举起的球离胳膊肘 38 cm;前臂的质量为 3.0 kg,质心离胳膊肘 18 cm。请问,你的二头肌必须提供多大的力才能保证保龄球按要求的角度举起来?

6-125 如图所示,一根肌腱施加了 80 N 的力在小腿骨上。假设该肌腱所施加力的位置距离膝盖转动支点 0.06 m。画出该系统的简化受力图。计算该肌腱相对于膝盖转动支点的力矩。

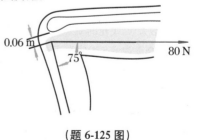

（题 6-125 图）

6-126 如图(a)所示,弯腰用背部的力量而不是用膝盖的力量去提杠铃,可能会因为肌肉和脊椎受力过大而受伤。转动的支点大约在第五腰椎的位置。为了研究该动作中

所用到的力的大小以及为什么那么多人背部有问题,考虑如图(b)中的模型:一个人弯腰去举 200 N 重的杠铃。他的脊椎和上半身可以看成重量为 350 N 的均匀水平杆,以脊椎底端为支点发生转动。背部肌肉连接在脊椎上离底端大约 2/3 的位置,提供拉力以保持背部水平的姿势。脊椎和肌肉之间的夹角为 12.0°。请确定背部肌肉中的张力和脊椎所受到的压力。

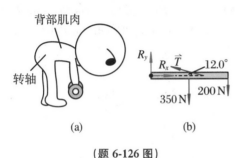

(题 6-126 图)

6-127 你的同学和你开玩笑,给你一个手提箱让你帮忙拎着。手提箱里暗藏了一个快速转动的飞轮,其转轴固定在手提箱的前后两端,角速度指向手提箱前端。你现在要从朝北走转成向东走,那么手提箱的前端会( )。(a)抵制改变方向,保持原有的朝向;(b)抵制转向,并向西偏转;(c)向上抬升;(d)向下降;(e)无影响。○

6-128 一架单引擎飞机螺旋桨的角动量指向前方。(1)刚起飞的瞬间,机头向上翘起,并向一侧倾斜。请问飞机往哪一侧倾斜?请解释原因。(2)如果飞机水平方向飞行,突然转向右侧,请问飞机头会朝上翘还是往下偏?为什么?○

6-129 为了避免汽车高速转弯时的侧倾现象,有一种想法是在汽车上安装一个高速自旋的飞轮。(1)飞轮轴应在什么方向?飞轮应沿什么方向转动?(2)设汽车的质量为 M,行驶速率为 v,飞轮的质量为 m,半径为 R,汽车质心距地面的高度为 h。为使汽车在转弯时,两边车轮的负荷保持均等,试确定飞轮的转速。(3)讨论这一技术方案的可行性。○

6-130 一个半径为 26 cm 的车轮装在 60 cm 长的转轴中间。车胎和轮圈的重量为 28 N。车轮以 16 rev·s^{-1} 的转速旋转。转轴开始时水平放置,一端固定在一支点上。试确定:(1)车轮转动的动量矩;(2)转轴进动的角速度;(3)转轴绕支点转一周需要的时间;(4)该系统质心的动量矩。

6-131 在枪管和炮管的内表面为什么要刻上螺旋线?

6-132 地球是一个巨大的陀螺仪。地球转轴的进动是太阳和月球引力力矩作用的结果。地球转轴方向与轨道平面法线的夹角为 22.5°。如果地球转动惯量为 8.03×10^{37} kg·m^2,试估算这个力矩的大小。

第 7 章 弹性力学初步

7-1 一弹性系数为 k 的弹簧被从中央位置截成两段,两段弹簧的弹性系数分别是多少?

7-2 具有相同的长度 L 和横截面直径 D 的一根铝线和一根钢线连接在一起,形成一根长度为 $2L$ 的线。该线一端固定在屋顶,另一端悬挂着一块质量为 M 的物体。忽略线的质量,下列表述中哪个是正确的?(a)铝线部分的伸长长度等于钢线部分的伸长长度;(b)铝线部分和钢线部分的张力相同;(c)铝线部分的张力大于钢线部分的张力;(d)以上都不对。

7-3 实验室中一根新型电梯缆线样品长为 2.00 m,横截面面积为 0.200 mm^2,在受到大于 1 000 N 的负载时会断裂。在实际使用中,悬挂电梯轿厢的缆线长为 20.0 m,横截面面积为 1.20 mm^2。这种新型缆线能安全支持 20 000 N 的负载吗?

7-4 电梯包括自重的最大负载为 1 000 kg,由一根完全伸展时长度为 300 m、横截面半径为 3.0 cm 的钢缆吊着。如果钢缆被拉伸超过 3.0 cm,就会有安全隐患。请确定当整个系统的最大加速度为 1.5 m·s^{-2} 时,电梯是否安全。钢的杨氏模量为 2.1×10^{11} N·m^{-2}。

7-5 一条铝线长 0.850 m,横截面是直径为 0.780 mm 的圆形。一端固定,另一端拴一个 1.20 kg 的物体在水平面内做圆周运动。请问多大的角速度能使铝线有 1.00 ×10^{-3} m 的应变?○

7-6 一种砖的密度为 2×10^3 kg·m^3,最大可承受 40 MPa 的应力。那么用这种砖一层层砌起高塔,能保持最底层的砖不破裂的塔的最大高度为多少?

7-7 大理石在 110 MPa 的应力下才碎裂,它在破裂之前经历的最大应变有多大?

7-8 考虑关于杨氏模量的微观模型。假设大量的原子被排列成立方阵列,每个原子位于阵列中的一个节点,离最近的六个原子距离均为 a。假设每个原子被弹性系数为 k 的小弹簧连接在相邻的六个原子上。(1)证明:如果这种物质受到拉张,则它的杨氏模量为 $Y = k/a$。(2)利用表中不同材料的

杨氏模量 Y,并假设 $a \approx 1.0$ nm,估算在金属中原子间弹簧弹性系数 k 的典型数值。☆

材料	$Y/(\text{GN} \cdot \text{m}^{-2})$
铝	70
铜	110
铁	190
铅	16
钢	200

7-9　一根钢缆的横截面面积为 3.00 cm²,线密度为 2.40 kg·m⁻¹。如果在悬崖上垂直悬挂 500 m 长的这种钢缆,它会被自身的重力拉长多少?(已知 $Y = 2.10 \times 10^{11}$ N·m⁻²。)○

7-10　质量为 4.00 kg 的重物悬挂在一根长 60.0 cm、直径为 0.710 mm 的金属线的下端,挂上重物之后金属线被拉伸了 0.060 cm。求金属线中的应变和它的杨氏模量。○

7-11　大小相等、方向相反的力 $\vec{F}$ 作用在长度为 L、横截面面积为 A 的细线两端。证明:如果细线被看成弹簧,那么弹性系数 $k = AY/L$,线内的势能为 $U = F\Delta L/2$,其中 Y 为杨氏模量,ΔL 为细线的伸长量。○

7-12　绞盘缆线的横截面面积为 1.6 cm²,长度为 2.6 m。缆线的杨氏模量为160 GN·m⁻²。一质量为 1 000 kg 的物体悬挂在缆线下。(1)缆线会伸长多少?(2)如果把缆线看成一简单的弹簧,那么缆线下端块体的纵向振动频率为多少?

7-13　如图所示,当一个跑步者的脚踩在地面上向后蹬时,地表厚度为 8 mm 的一薄层土壤受到剪切应力作用。如果在 15 cm² 的面积上受到 25 N 的剪切力,求该层土壤形变的角度 θ。土壤的剪切模量为 2.0×10^5 N·m⁻²。

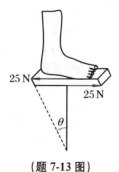

(题 7-13 图)

7-14　纯天然橡胶可承受的最大张应力为 21 MPa。如果在橡胶中加入碳粒子,可以使其承受的最大张应力达到 31 MPa。如果一根天然橡胶棒最大可以承受在其下悬挂 1 000 N

的重物,那么同样尺寸的含碳橡胶棒最大可以承受多重的重物?

7-15　当一个高大的烟囱倒下时,通常在碰到地面之前先从长度方向中间某处断开。为什么?☆

7-16　一个实心铅球放置在高压舱中,其单位面积上承受的压力可达到几百大气压。问多大的压强可以使该铅球的密度增加 1%?

7-17　请自己调研一下弹性性质的各向异性,并举例说明。

7-18　(1)证明:沿一根弹性系数为 k 的弹簧传播的纵波速率为 $v = \sqrt{kL/\rho}$,其中 L 是弹簧未形变时的长度,ρ 是弹簧的线密度。(2)一根弹簧的质量为0.360 kg,未形变时长度为 2.40 m,弹性系数为 120 N·m⁻¹。用(1)的结果计算纵波沿该弹簧传播的速率。○

7-19　请给出在地球内部传播的地震波波速与介质弹性性质的关系式,并解释为什么地球外核不能传播横波。

第 8 章　流体力学初步

8-1　什么是"干水"?○

8-2　沙漠里的沙丘可以"流动",这些沙丘称为流动沙丘。那么,沙漠里的沙是流体还是固体?○

8-3　一个 300 mL 的烧瓶装满 4 ℃的水。当烧瓶被加热到 80.0 ℃时,有 9.0 g 的水溢出。假设烧瓶的热膨胀可以忽略不计。试求 80.0 ℃时水的密度。

8-4　考虑一间大小为 4.0 m×5.0 m×3.0 m 的房间。在地球表面正常大气压的环境下,房间内的空气质量为多少?

8-5　地球的半径为 6.37×10^6 m,地表大气压强为 1.013×10^5 N·m⁻²,请估算地球大气的质量。

8-6　假设有五个完全相同的烧杯(如图所示)。每个烧杯中的水位都到达溢出点。一个玩具小船浮在烧杯 A 的水面上。第二个玩具小船,翻倒沉到烧杯 B 的底部。一块冰块浮在烧杯 C 的水面上。一块木块浸入烧杯 D 中,由一条线和强力胶固定在烧杯底部。烧杯 E 中除了水没别的东西。两只小船、冰块、木块,它们的质量相等。小船的密度是水的 2 倍,木块密度是水的一半。每个烧杯都放在一个台秤

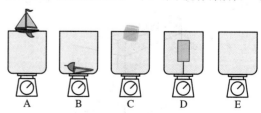

(题 8-6 图)

上,请按照台秤上的读数从大到小排序。☆

8-7 为什么在静止流体中的一点,各个方向的压强都是相同的? ○

8-8 1 大气压大约为 10^5 N·m^{-2},人胸部的面积大约是 0.13 m^2,因而人胸部受到的压力大约为 13 000 N。请问为什么在这么大的压力下,人的身体没有被压垮?

8-9 试估算当你在一个深 5.0 m 的游泳池底部潜泳时,你耳内鼓膜受到的水的压力。

8-10 大家应该听说过马德堡半球实验。如图所示,请证明把内部抽气并密闭的两个半球拉开需要的力 $F = \pi R^2(P_0 - P)$,其中 R 为球的半径,P_0 为外部气压,P 为球内气压。如果 $P = 0.100P_0$,$R = 0.300$ m,试求 F 的大小。

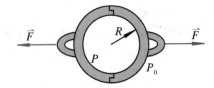

（题 8-10 图）

8-11 帕斯卡曾演示过力与流体压强成正比的实验。如图所示,他将一个很长的细管(半径 $r = 0.30$ cm)垂直插入一个圆桶(半径 $R = 21$ cm)。他发现当桶装满水,细管中水柱超过 12 m 时,桶会炸开。请计算:(1) 细管中水的质量;(2) 在桶刚炸前水对桶顶部的压力。

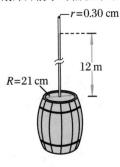

（题 8-11 图）

8-12 如图所示,宽度为 L 的水坝蓄水深度为 H。求水对大坝的作用力。如果不用积分,应如何求这个力的大小?

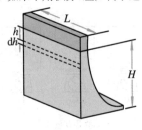

（题 8-12 图）

8-13 一个宽 40 m 的长方形水坝支撑 35 m 深的水。求水和空气压强产生的对大坝水平方向的压力。

8-14 当物体的密度等于它浸入的液体的密度时,它会悬浮在液体中。如果质量为 75 kg 的潜水员的平均密度为 0.96 kg·L^{-1},需要增加多少铅才能使潜水员悬浮在水中?

8-15 一个质量为 m_b 的量杯盛有质量为 m_0、密度为 ρ_0 的油静止在台秤上,如图所示。一块质量为 m_1 的铁块用弹簧秤悬挂并完全浸没在油里。请计算平衡时两个秤的读数。

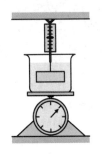

（题 8-15 图）

8-16 氦气球一直上升到周围大气的密度与它的密度相同的高度才会停止。如果潜水艇下潜,它会一直沉到海底,还是会停在水与它密度相同的深度上?

8-17 请根据你游泳时的感觉或体会估计你的体积。

8-18 一艘船从相对密度为 1.025 的海水驶进河水,因而吃水略微增加。当 600 000 kg 的负载被卸下后,吃水又恢复到开始位置。假设在水面之下,船体两侧是竖直的,请给出卸载前船的质量。

8-19 热气球靠内部充满的热空气升空。如果空的气球、篮子和乘客的总质量为 1 000 kg,当气球充满热气时直径为 22.0 m,请估算热空气的密度应该为多少。(忽略篮子和乘客受到的空气浮力。)

8-20 需要在气球中充入多少氦气才能将你拉离地面?

8-21 一物体在空气中重 5.00 N,在水中重 4.55 N。(1) 求该物体的密度。(2) 该物体大概是用什么做成的?

8-22 你的朋友担心在旅游时买的金戒指有假。她想知道这个戒指是纯金的还是有别的金属掺杂在里边。你决定用你学到的物理知识来帮助她。你称了一下戒指,得知戒指重 0.158 N。你用一根细线系在戒指上,把戒指浸入水中,再一次称得重 0.150 N。请问戒指是纯金的吗?

8-23 一艘潜水艇包括船员和设备总质量为 2.40×10^6 kg,体积为 2.40×10^3 m^3,其中压载水舱的体积为 4.00×10^2 m^3。在海面上巡逻时,压载水舱装满压强为大气压的空气;为潜入水下,水舱必须注入海水。(1) 当水舱内充满空气时,潜水艇有多大比例的体积浮在水面上?(2)要使潜水艇悬浮在海水中,需要注入多少海水?(忽略水舱内空气的质量,设海水的相对密度为1.025。)

8-24 很多鱼都有鳔。鱼把鳔充满由腮收集的氧气时上浮,把鳔清空时下沉。当鳔内空的时候,一条淡水鱼的平均密度为1.05 kg·L^{-1}。假设鱼的质量为0.850 kg,在标准温度和压强下,氧气在鳔中的密度等于大气密度,如果鱼要悬浮在水中,鳔中需要充入多少体积的氧气?

8-25 你打算参加一项健身计划,先测量了你的脂肪占体重的百分比。脂肪百分比是通过测量你身体的平均密度来估算的,过程中要测量当你浸在水里肺部的空气完全排除时的表观体重。实际上,残留在肺部的空气可以估算并做矫正。脂肪比骨头和肌肉要轻。假设脂肪的平均密度为0.90×10^3 kg·m^{-3},除了脂肪之外的其他组织平均密度为1.1×10^3 kg·m^{-3}。如果你浸在水里的表观体重为你体重的5%,那么你身体中有百分之多少的质量是脂肪?

8-26 电影中,间谍长时间躲在水下逃避追捕,通过一根中空的竖直长芦苇来呼吸。如果水很清澈,为了安全,间谍必须躲在12 m的水下。作为电影导演的科技顾问,你告诉他,这个情节不真实,有常识的观众看到时会大笑。请解释你的考虑。

8-27 把质量为1.00 kg的水从1.00 L压缩到0.90 L,需要增加多大压强?如果海洋的最大深度为11 km,那么这个压强能在海里实现吗?请解释。○

8-28 一块未上油漆的多孔木块,一部分浸没在装有水的容器里。如果将容器密封加压,使压强高于1 atm,请问木块会上升、下降,还是维持同一高度?☆

8-29 图中显示了一个称为"笛卡儿潜水器"的装置:一个底部有一气泡的小试管倒置在一个装有部分水的塑料大瓶中。小试管平常是漂浮的,但是当塑料大瓶被压缩很厉害时,它会下沉。(1)请解释为什么会这样。(2)为什么潜水艇能通过往靠近龙骨的空仓内注水而"安静"地竖直下沉?(3)为什么漂浮在水面上的人呼气、吸气时会上下浮动?☆

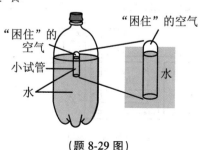

(题 8-29 图)

8-30 假设高度的一个极微小的变化 dh(即空气的密度近似不变)造成的大气压减小为 dp = -ρgdh,且空气的密度和气压成正比。试证明:大气压随高度变化的规律为 $p = p_0 e^{-ah}$,其中 $a = \rho_0 g/p_0$,p_0 是参照点 $h = 0$ 处的大气压,ρ_0 是此高度处的大气密度。

8-31 请调研描述流体运动的拉格朗日法和欧拉法,分析一下两种方法的优缺点。

8-32 一根水平放置的水管直径从10.0 cm逐渐过渡到5.00 cm。若压强也从8.00×10^4 Pa变为6.00×10^4 Pa,请问水流的速度为多少?

8-33 在半径为9.0 mm的大动脉中,血液的流速为30 cm·s^{-1}。(1)计算体积流速(以L·min^{-1}为单位)。(2)尽管毛细血管的横截面积比大动脉的小很多,但是毛细血管的总数很多,所以总横截面积更大。如果从大动脉流出的所有血液都流入毛细血管,而且毛细血管中的流速为1.0 mm·s^{-1},求毛细血管横截面的总面积。(假设为非黏性稳态层流。)

8-34 地震或山体滑坡可以在短时间内造成带有巨大能量的海浪,即海啸。当海啸的波长相对于海水深度 h 来说比较大时,它的传播速率可以近似地表示为 $v = \sqrt{gh}$。(1)解释为什么当波浪接近海岸时,浪高会加大。考虑其中任何一个波峰的运动,你认为什么物理量是保持不变的?(2)假设沿着南北向板块边界发生一次地震,产生的海啸波向西传播。如果当该波的传播速率为200 m·s^{-1}时,它的浪高为1.60 m,那么当水深为10.00 m时,该波的浪高为多大?(3)请解释为什么海岸边浪高要比用你的模型预测的大。☆

8-35 一几乎装满水的直立水杯沿水平面向右加速。请问是什么力对杯子中心处的一体积元的水加速?请对该体积微元作受力分析,作图说明。☆

8-36 一桶水绕其竖直对称轴以恒定角速度 ω 旋转,试确定稳定后水面的形状。☆

8-37 请判断下列的流动是否定常、是否有旋:(1)$v_x = -\dfrac{2xyz}{(x^2+y^2)^2}$,$v_y = \dfrac{(x^2-y^2)z}{(x^2+y^2)^2}$,$v_z = \dfrac{y}{x^2+y^2}$;(2)$v_r = (n+1)ar^n e^{-k(n+1)\varphi}$,$v_\varphi = -k(n+1)ar^n e^{-k(n+1)\varphi}$,$v_z = 0$。○

8-38 试通过能量守恒导出伯努利定理。○

8-39 下图为土拨鼠洞穴的剖面图。隧道有两个出口,出口1被土丘环绕,出口2的周围是平地。请解释为什么土拨

鼠的洞穴能保证空气流通,并指出隧道中空气流动的方向。○

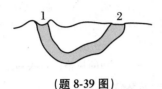

(题 8-39 图)

8-40 请解释发生龙卷风时,屋顶为什么容易被掀掉。

8-41 高为 H、横截面面积为 A_1 的大桶装满生啤。顶部开口与大气相通。在桶的底部开一小口,面积为 A_2,远小于 A_1。(1) 证明:当生啤的高度为 h 时,生啤离开小口的流速大约为 $\sqrt{2gh}$。(2) 证明:如果 $A_1 \gg A_2$,那么生啤的高度变化速率为 $\dfrac{\mathrm{d}h}{\mathrm{d}t} = \dfrac{A_2}{A_1}\sqrt{2gh}$。(3) 在 $t = 0$ 时,$h = H$,给出 h 随时间变化的函数表达式。(4) 如果 $H = 2.40\ \mathrm{m}$,$A_1 = 0.860\ \mathrm{m}^2$,$A_2 = 1.00 \times 10^{-4} A_1$,请确定桶内生啤流完需要的时间。(假设是非黏性层流。)☆

8-42 一个有盖子的水罐内盛有密度为 ρ 的液体,如图所示,在罐侧离底部 y 处有个洞,洞的直径相对于罐的直径很小。罐内液面上的压强保持为 p。假设为无黏滞的稳定流动,请确定当液面高度到小洞距离为 h 时,液体流出小洞的流速。

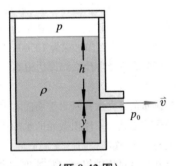

(题 8-42 图)

8-43 黄石公园的老实泉大概每小时喷发一次,水柱高达 40.0 m。(1) 假设上升的水柱由一系列独立的水珠组成,请用一滴水珠上抛运动的方法分析水离开地面的速度。(2) 把上升的水柱看成理想流体,请用伯努利公式计算水离开地面时的速度。○

8-44 可以用虹吸现象从水罐中取水,如图所示。假设管的直径不变,流动稳定无阻力。(1) 如果 $h = 1.00\ \mathrm{m}$,请问管末端水流的速度多大?(2) 请问管离水面的极限高度 y 应多大?○

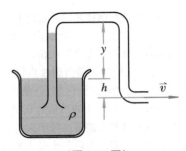

(题 8-44 图)

8-45 某水手想用木板抵住船舱中一个正在向内喷水的孔洞,但力气不够,水总是把木板冲开。后来在另一水手的帮助下,两人共同把木板紧压住漏水的孔以后,他一个人就可以抵住木板了。试解释为什么两种情况下需要的力不同。○

8-46 将一 S 形弯管在水平面内放置,在中心与水平面垂直的方向另有一管与其连通,整个系统可以以垂直的那个管子为轴在水平面内自由转动。当有液体沿垂直的那个管子注入,从 S 形的管子两端喷出时,系统会在水平面内逆时针转动。如果将整个系统放入水中,并从中间垂直的管子往外抽水,系统,主要是弯成 S 形的管子,将会有什么反应? ☆

(题 8-46 图)

8-47 文丘里流量计用于测量不可压缩无黏滞流体的流速,如图所示。密度为 ρ 的流体通过横截面面积为 A_1 的管子,管子另一端面积收缩为 A_2。管子的两部分用 U 形压力计连接,压力计内有部分密度为 ρ_0 的液体。通过测量 U 形管两侧的水位差 Δh 可以得到压力差。请用测量到的 Δh 和已知的量 ρ, ρ_0, A_1, A_2 表示速度 v_1。

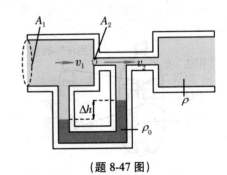

(题 8-47 图)

8-48 图中为皮托静态管，一种用于测量气体流速的装置。内管面对流入的气体，外管上的一圈孔平行于气体流动方向。证明：气体的速率为 $v = \sqrt{2gh\dfrac{\rho' - \rho}{\rho}}$，其中 ρ' 为压力计中液体的密度，ρ 为气体密度。○

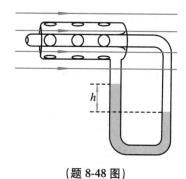

（题 8-48 图）

8-49 一个两端开口的 U 形管内注入一部分水，接着又从右端注入一段长 5.00 cm、密度为 750 kg·m⁻³ 的油，如图所示。(1) 计算两端液面的高度差。(2) 若右端开口屏蔽而无空气流动，左端的气流使得两端液面一样高，计算左端空气流动的速度。（空气的密度为 1.29 kg·m⁻³。）○

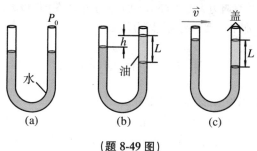

（题 8-49 图）

8-50 一大型水罐中水深 5 m，假设在罐侧距地面 h 处打一小孔，求下面两种情况下高度 h 为何值时流出水流喷射的水平距离最远：(1) 水罐顶部是开口的；(2) 水罐顶部密封，水面上气压为 1.1 atm。

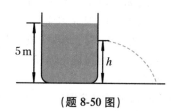

（题 8-50 图）

8-51 一个塑料高杯装满水。在靠近底端的两侧各戳一个圆孔，水开始往外流。如果这时让杯子自由下落，请问水还继续往外流吗？请给出解释。

8-52 一桶的底部有一孔，水面距桶底 30 cm，当桶以 1.2 m·s⁻² 的加速度上升时，水自孔中漏出的速度为多大？

8-53 请根据伯努利原理计算飞机机翼受到的净上升力。已知机翼的表面积为 78 m²，空气在机翼上方和下方的速率分别为 260 m·s⁻¹ 和 150 m·s⁻¹。

8-54 夜晚，暴风沿水平方向吹过一个大型购物中心，风速为 50 m·s⁻¹。购物中心的房顶为水平的平顶结构，面积为 220 m²。试估算该房顶的受力。（假设因有暴风，夜晚购物中心的所有门窗都紧闭，空气的密度为 1.1 kg·m⁻³。）○

8-55 吹风机竖直向上吹的气流能使放在其中的乒乓球悬浮在空中。请解释为什么。☆

8-56 血液从大动脉流向主动脉、小动脉、毛细血管、静脉，最后流到右心房。在整个流动过程中，压强从 100 torr（托，1 torr = 1 mmHg，约 133.32 Pa）降到 0。如果体积流速为 800 mL·s⁻¹，给出循环系统的总阻抗。（提示：参考直流电路中电压、电流和电阻的关系）。

8-57 如果胆固醇导致动脉直径减小 15%，请问对血流量的影响有多大？

8-58 计算在半径为 1.0 cm 的大动脉中流速为 30 cm·s⁻¹ 的血液的雷诺数。（假设血液黏度为 4.0 mPa·s，密度为 1 060 kg·m⁻³。）

8-59 流体力学中的相似法则是建立在什么基础之上的？○

8-60 密度为 ρ、黏滞系数为 η 的不可压缩流体，在重力作用下沿倾角为 θ 的固定斜面以定常层流的方式流下，流体在斜面上层厚为 h。(1) 请确定单位宽度的流量。(2) 在自由表面下深度 d 为何值处流体的流速等于流动的平均速度？☆

8-61 超级油轮和超级豪华邮轮在准备停靠码头时，为什么在距离港口二三十千米的地方就要切断动力？

8-62 在流体中缓慢移动的小球状物体会受到由斯托克斯定理给出的拉曳力 $F = 6\pi\eta rv$，其中 r 为球状物体的半径，v 是它的速率，η 是流体的黏滞系数。假设空气静止，η 为 1.80×10^{-5} N·s·m⁻²。(1) 估算在大气中下落的一个半径为 1.00×10^{-5} m、密度为 2 000 kg·m⁻³ 的球状污染物的终极速率。(2) 估算该物体下落 100 m 所需的时间。☆

8-63 在环境化学实习中，你负责对空气取样。空气受到上题中的球状污染物的污染。你用长 8.0 cm 的试管盛放样品，并把试管置于离心机中，使得试管中心距离心机转轴 12 cm 远。离心机设置为每分钟 800 转。(1) 估算你需要多久能使几乎所有的球状污染物达到试管的底端。

(2) 计算当污染物受到重力和上题中的拉曳力的作用而下落 8.0 cm 所需的时间,并与(1)的时间相比较。☆

8-64 你负责检测一种油的黏滞系数,方法是测量特性已知的弹簧振子浸入油中后振荡的衰减时间。假设你的仪器由一根弹性系数为 320 N·cm^{-1} 的弹簧和一个悬挂在弹簧下半径为 4.00 cm 的纯金球组成。只要弹簧振子的速率不大,就不会有湍流,油对球体的拖曳力 $F = 6\pi a\eta v$,其中 v 是小球相对于流体的速率,η 为流体黏滞系数,a 为小球的半径。(1) 如果该系统的衰减时间(系统能量减小到初始能量的 1/e 所需要的时间)为 4.80 s,那么你检测的油的黏滞系数多大?(2) 该系统的 Q 因子多大?☆

8-65 在雷诺数很低时,流体作用在运动球体上的拖曳力 $F = 6\pi\eta av$,其中 η 为流体的黏滞系数,a 为球体的半径。(1) 请估算苏打饮料(密度 $\rho = 1.1$ kg·L^{-1},黏度 $\eta = 1.8$ mPa·s)中一个直径为 1.0 mm 的二氧化碳球状气泡上升的终极速率。(2) 该气泡上升 20 cm(饮料杯的高度)需要多长时间?和你平时观察到的时间一致吗?☆

8-66 不知道同学们有没有看见过高尔夫球,高尔夫球上布满了圆圆的凹坑,为什么要这样?☆

8-67 有人认为,当自右向左运动的乒乓球逆时针方向旋转时,球上部质点相对地球的速度快,因黏滞作用而带动上面空气运动的速度也大;而下部质点相对地面的速度小,带动下面空气运动的速度也小,根据伯努利方程,球下面的空气压强比上面的大,所以球应受到空气升力的作用。这一分析对吗?请给出你的分析。☆

8-68 请自己导出泊肃叶方程。○

8-69 用长为 1.0 m、半径为 1.0 mm 的管道连接两个水罐。已知在 20 °C 时水的黏滞系数为 1.00×10^{-3} N·s·m^{-2},请确定,当两个水罐中水面高度差为 50 cm 时,管道中心线处的流速和流量。○

8-70 对于圆管中的定常层流,离中心线多远处流体速度等于平均速度?☆

8-71 血液通过人体循环系统中 1.00 mm 长的毛细血管需要 1.00 s。若毛细血管的直径为 7.00 μm,压强差为 2.60 kPa,假设是层流,请给出血液的黏滞系数。○

8-72 一个非常大的容器盛有深度为 250 cm、密度为 860 kg·m^{-3}、黏度为 180 mPa·s 的油。如果容器壁厚 5.00 cm,底部钻了一个半径为 0.750 cm 的圆孔,请问刚开始时油从孔中流出的体积流速为多大?

8-73 常温下,原油的黏度大约为 0.800 Pa·s。假设你负责建造一条 50.0 km 长的水平输油管。输油管在终点输出油的速率为 500 L·s^{-1},管内油的流动为层流。如果原油的密度为 700 kg·m^{-3},试估算输油管的直径。假设两端压强差为 1 atm。○

8-74 假设加油软管的半径为 1.00 cm,油的相对密度为 0.875,黏度为 200 mPa·s。请问,如果软管内维持层流,那么最短需要多长时间才能灌满 80 L 的油箱?

8-75 一个悬挂在 1.70 m 高处的瓶里盛放有某动物的血液,血液通过输液软管末端一根长 3.8 cm、内直径为 0.40 mm 的针管向外流,流速为 4.1 cm^3·min^{-1}。请问该血液的黏度为多大?

8-76 密度为 0.93 g·cm^{-3}、黏滞系数为 1.48×10^{-1} Pa·s 的原油沿半径为 1.27 cm 的竖直圆管做定常层流,相距 15 m 的上、下两个压力计读数分别为 1.72×10^5 Pa 和 4.13×10^5 Pa。请确定:(1) 原油流动方向;(2) 原油流量。

8-77 在设计汽车时需要进行风洞实验,以确定其在公路上行驶时受到的空气阻力。假设汽车高 1.5 m,最大速度为 220 km·h^{-1}。(1) 假定风洞实验气流的温度与公路上气流的温度相同,风洞中气流的速度为 85 m·s^{-1},请确定所用汽车模型的高度。(2) 在此条件下若测得模型所受空气阻力为 1 000 N,求实物汽车在公路上以最大速度行驶时,所受到的空气阻力。

第 9 章   振 动 和 波

9-1 简谐振动形成的条件是什么?○

9-2 一个球从 3.00 m 高处落下,同地面发生弹性碰撞。忽略空气阻力的影响。(1) 证明:接下去的运动是周期性的。(2) 求运动的周期。(3) 该运动是简谐振动吗?给出你的理由。

9-3 在平静的水槽中放入一个质量为 m、边长为 l 的立方体木块,木块漂浮在水面上。现在用手指将该木块向水中压入一部分,然后将手放开,木块会做简谐运动吗?如果不会,请说明理由;如果会,其周期是多少?○

9-4 一弹簧的自由长度为 l_0,其端挂一质量为 m 的物体,长度变为 $l_0 + h$。当整个系统静止时,有一个质量也为 m 的物体从相对高度 h 处自由下落至第一个物体上,并发生完全非弹性碰撞,这时系统发生运动。试证明它是简谐运动,并求出运动的周期和振幅。○

9-5 弹簧振子的位置由 $x = 6.00\cos(9.80t)$ 确定,x 的单位为 cm,t 的单位为 s。(1) 物体的最大速率为多少?(2) 在 $t = 0$ 之后,什么时刻第一次达到这个最大速率?(3) 物体的最大加速度为多少?(4) 在 $t=0$ 之后,什么时刻第一次达到这个最大加速度?

9-6 幼儿园老师给孩子演示如何用折纸弹簧装饰晚会。在折纸弹簧下悬挂一张彩纸时,折纸弹簧伸长 6 cm。如果想让这个装饰品以 1.0 s 的周期振荡,需要悬挂多少张彩纸?

(题 9-6 图)

9-7 一物体悬挂在竖直弹簧的下端,在弹簧不受力的情况下由静止释放。如果当物体第一次速度又回到 0 时,下落了 3.50 cm,请给出此系统的振动周期。

9-8 一质量为 1200 kg 的车体用四根弹簧支撑。每根弹簧的弹性系数为 21 000 N·m^{-1}。车上载有两个体重之和为 120 kg 的人。求当该车驶过路上的一个小凹坑之后,它的振动频率。○

9-9 一质量为 m 的物体悬挂在一根弹性系数为 1 600 N·m^{-1} 的竖直弹簧下。当物体被垂直向下拉离平衡位置3.00 cm 后由静止释放,它会以 4.80 Hz 的频率振动。(1) 确定 m。(2) 当物体处于平衡位置时,弹簧比不受力时伸长了多少?(3) 分别给出位移 x、速度 v 和加速度 a 随时间 t 变化的函数表达式。

9-10 单摆 A 的摆长为 L_A,摆锤的质量为 m_A;单摆 B 的摆长为 L_B,摆锤的质量为 m_B。如果 A 的频率是 B 的 1/3,那么( )。(a) $L_A = 3L_B, m_A = 3m_B$;(b) $L_A = 9L_B, m_A = m_B$;(c) 无论 m_A/m_B 为多少,$L_A = 9L_B$;(d) 无论 m_A/m_B 为多少,都有 $L_A = \sqrt{3}L_B$。

9-11 (1) 近似证明:重力加速度的微小变化 Δg 会使单摆的周期产生很小的变化 ΔT,且 $\frac{\Delta T}{T} \approx -\frac{1}{2}\frac{\Delta g}{g}$。(2) 重力加速度要变化多大才能使摆钟每天慢 60 s?

9-12 一物体系在一根弹簧上,做振幅为 5.0 cm 的简谐振动。当物体距离平衡位置2.5 cm 时,它的总机械能中有多少比例为势能?( )。(a) 1/4;(b) 1/3;(c) 1/2;(d) 2/3;(e) 3/4。

9-13 证明:一个摆长为 l,振幅 φ 很小的单摆所具有的能量为

$E = mgl\varphi^2/2$。(提示:对小角度 φ,可以把 $\cos\varphi$ 近似为 $1-\varphi^2/2$。)

9-14 一质量为 2.5 kg 的物体系在一根弹簧上,并在光滑水平桌面上以 9.0 cm 的振幅振动。它的最大加速度为 3.6 m·s^{-2}。求总机械能。

9-15 光滑水平桌面上有两个系统,每个系统都由一端系在一物块上、另一端固定在墙上的弹簧组成。弹簧完全相同,水平放置。物块以相同的振幅做简谐振动,但物块 A 的质量是物块 B 的 4 倍,则它们的最大速率有关系:( )。(a) $v_A = v_B$;(b) $v_A = 2v_B$;(c) $v_A = v_B/2$;(d) 由上面的数据无法得到。

9-16 军事规范通常要求电子设备能承受 $10g$ 的加速度。可以使用一种可调节频率和振幅的振动平台确定公司的产品能否满足这一要求。如果一个产品被放置在以 2.0 cm 振幅振动的平台上,你需要把频率调到多少来测试该产品能否承受 $10g$ 的加速度?

9-17 一物体静止在一水平板上,此板沿水平方向做简谐振动,频率为 2.0 s^{-1},物体与板面的静摩擦系数为 0.50。请问:(1) 要使物体在板上不发生滑动,能允许振幅的最大值是多少?(2) 若此板沿竖直方向做简谐振动,振幅为 5.0 cm,要使物体不离开板,最大频率是多少?

9-18 一质量为 0.100 kg 的物块悬挂在弹簧下。把一块质量为 25 g 的小石头放在物块上,弹簧又伸长了 4.0 cm。在这种情况下,物块振动的振幅为 10 cm。(1) 求振动频率。(2) 物块从最低点到最高点需要多长时间?(3) 在向上位移最大处,小石头受到的净作用力为多大?(4) 求能维持振动过程中小石头始终与块体接触的最大振幅。

9-19 一摆长为 L 的单摆的摆锤自角度 φ_0 处静止释放。(1) 单摆的振动角度很小,请给出摆锤通过 $\varphi=0$ 时的速率。(2) 用能量守恒,给出对任意角度(不仅仅限于小角度)振动中,摆锤通过 $\varphi=0$ 时的速率。(3) 证明:当 φ_0 很小时,你得到的(2)的结果与(1)中的近似解是一致的。(4) 若 $\varphi_0 = 0.20$ rad,$L = 1.0$ m,计算近似解和精确解之间的差异。(5) 若 $\varphi_0 = 1.20$ rad,$L = 1.0$ m,试计算近似解和精确解之间的差异。○

9-20 在普通物理教学中,通常把弹簧振子中弹簧的质量忽略,因为弹簧的质量与相连物体的质量相比很小。但实际情况并不总是这样。如果弹簧的质量不能忽略而你却忽略了,你计算得到的系统周期、频率和总能量与真实值相比会如何?请解释说明。

9-21 如果水平放置在光滑平面上的弹簧振子系统中弹簧的质量不可忽略,试证明:这时的振动周期 $T = 2\pi\sqrt{(M+m/3)/k}$,其中 m 为弹簧的质量,M 为连在

弹簧上物块的质量,k 为弹簧的弹性系数。○

9-22 光滑水平面上有一质量 $m_1 = 8.00$ kg 的物体连接在一个弹性系数 $k = 100$ N·m^{-1} 的轻质弹簧上,弹簧的另一端固定在墙上,物体处于平衡状态。把另一个质量 $m_2 = 7.00$ kg 的物体缓慢地向 m_1 推挤,直到弹簧被压缩 0.240 m,然后释放,两个物体开始反向运动。(1) 当 m_1 到达它的平衡位置时,m_2 和 m_1 脱离接触,以速率 v 运动。求 v 的值。(2) 当弹簧第一次被完全拉伸时两个物体相距多远?○

9-23 如图所示,一物块牢固地连在一个弹簧上,沿竖直方向以 3.00 Hz 的频率和 8.00 cm 的振幅上下振动。在物块到达最低点时,你把一颗小珠子放在物块顶部。假设珠子的质量很小,它对物块振动的影响可以忽略,问在离平衡位置多远的地方,珠子脱离物块?

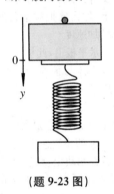

(题 9-23 图)

9-24 一平台在竖直方向做简谐振动,振幅为 5.0 cm,频率为 3.2 Hz。在平台到达最低点时,将一质量远小于平台的木块轻轻地放到平台上。请问:(1) 木块在什么位置离开平台?(2) 木块到达的最高点比平台到达的最高点高多少?

9-25 一个质量为 m_1 的物块被连接在弹性系数为 k 的水平弹簧的一端,放在光滑的桌面上,振幅为 A。当弹簧处于最大伸长状态且物块静止时,把质量为 m_2 的物块放置在 m_1 上。(1) 求保证第二个物块不打滑的最小静摩擦系数 μ_s。(2) 假设摩擦系数足够大,没有打滑现象。总机械能 E、振幅 A、角频率 ω 和系统周期 T 会受到什么影响?

9-26 如图所示,挖一条笔直的隧道穿过地球,假设隧道壁无摩擦。(1) 证明:当质量为 m 的物体在离隧道中点 x 远处,它受到的作用力大小为 $F = -\dfrac{GMm}{R^3}x$,且它的运动为简谐振动,其中 M 为地球的质量,R 为地球的半径。(2) 证明:该运动的周期与隧道的长度无关。(3) 以分钟为单位给出该运动的周期。○

(题 9-26 图)

9-27 如图所示,挖一条笔直的隧道穿过地球,假设隧道壁无摩擦,试确定一个人在重力作用下从 A 点(初速度为 0)经过隧道到达 B 点需要多长时间。考虑两种情况:(1) 隧道穿过地心;(2) 隧道不经过地心。(3) 如果想使时间减少一半,他应该具有多大的初速度?(地球的质量为 M,半径为 R,自转速度为 ω。)○

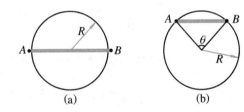

(a)　　　　(b)

(题 9-27 图)

9-28 一个长度为 L 的单摆,悬挂在一辆很大的小车上。小车沿与水平面成 θ 角的斜面无摩擦下滑,如图所示。请给出单摆微扰时的摆动周期。○

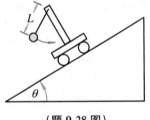

(题 9-28 图)

9-29 一质量为 1.0 kg、半径为 15 cm 的均匀薄形圆盘,能够绕水平方向固定且垂直于圆盘的转轴自由地转动,转轴通过圆盘的边缘。圆盘从略微偏离平衡位置的地方由静止释放。试给出简谐振动的周期。☆

9-30 你有一直尺,在尺上打一个小孔,使得直尺绕通过该小孔的水平转轴振动的周期最小。你应该在什么位置上打孔?

9-31 在一平面物体上有两点 P_1 和 P_2,与质心的距离分别为

h_1 和 h_2。当物体分别绕通过点 P_1 和 P_2 且垂直于该物体平面的转轴自由振动时,振动周期都为 T。证明:$h_1 + h_2 = gT^2/(4\pi^2)$,$h_1 \neq h_2$。☆

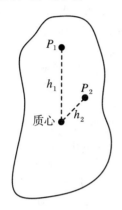

(题 9-31 图)

9-32 如图所示,一个半径为 r、质量为 m 的小圆盘牢固地粘连在另一个半径为 R、质量为 M 的大圆盘的盘面上。小圆盘的圆心位于大圆盘的边缘。大圆盘安装在通过其圆心的光滑轴上。将这个组合体偏离平衡位置一个小角度 θ,然后释放。(1)证明:当系统经过平衡位置时,小圆盘质心的运动速率为

$$v = 2\sqrt{\frac{Rg(1-\cos\theta)}{M/m + (r/R)^2 + 2}}$$。(2)证明:该运动的周期为

$$T = 2\pi\sqrt{\frac{(M+2m)R^2 + mr^2}{2mgR}}$$。☆

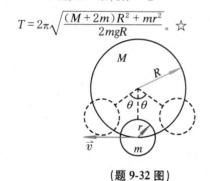

(题 9-32 图)

9-33 如图所示,一复摆由一个质量为 m、半径为 r 的球状摆锤悬挂在一根质量忽略不计的硬棒下组成。摆锤中心到支点的距离为 L。当 $r \ll L$ 时,这样的复摆常常看成长度为 L 的单摆。(1)证明:对于小振动,振动周期为 $T = T_0\sqrt{1 + 2r^2/(5L^2)}$,其中 $T_0 = 2\pi\sqrt{L/g}$ 是单摆的振动周期。(2)证明:当 $r \ll L$ 时,振动周期为 $T \approx T_0\left(1 + \dfrac{r^2}{5L^2}\right)$。(3)如果 $L = 1.00$ m,$r = 2.00$ cm,计算

$T = T_0$ 带来的误差。(4)摆锤的半径多大时,误差为 1.00%?○

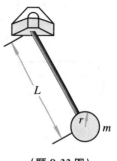

(题 9-33 图)

9-34 摆钟的均匀钟摆长为 $L = 2.00$ m,质量为 0.800 kg。连接在钟摆上的是一块质量 $M = 1.20$ kg、半径 $r = 0.150$ m 的均匀圆盘。当钟摆的摆动周期为 2.50 s 时,摆钟能给出正确的时间。(1)距离 d 多大时,钟摆的摆动周期为 2.50 s?(2)假设摆钟每天慢 5.00 min,你需要把圆盘沿什么方向移动多远距离才能使得摆钟正确走时?

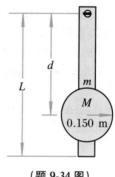

(题 9-34 图)

9-35 一个精确校准的摆钟的摆锤摆幅为 10.0°。当摆幅降到很小的值时,钟变慢还是变快了?如果摆幅一直很小,钟在一天里会慢或快多少?○

9-36 一个摆钟在地表很准。在下面哪种情况下,误差更大?(a)钟被置于深度为 h 的矿井中;(b)钟被放到高度为 h 的地方。其中 h 远小于地球的半径。论证你的结论。

9-37 一段质量为 M、长度为 L 的均匀细棒,能在竖直面内自由地绕垂直于细棒的水平转轴摆动,细棒的中心与转轴的距离为 x。请给出细棒摆动很小角度时的摆动周期。

9-38 你认为如果把腿看成一个复摆,我们可以推测最舒适地走路的节奏。但老师怀疑这一点,要你证明一下。你的观点是正确的吗?☆

9-39 (1)估算你手上没有东西时行走过程中胳膊自然摆动的

周期。(2) 若你手提一个重物行走,估算胳膊摆动的周期。(3) 观察别人走路时的周期。你的估算合理吗? ○

9-40 如图所示,一质量为 M、半径为 R 的均匀半圆柱体静止在水平面上。如果将其一端微微压下再释放,这个半圆柱体会绕其平衡点振荡。请给出该振荡的周期。○

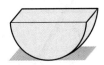
(题 9-40 图)

9-41 证明:一个有阻尼的弹簧振子的机械能随时间的变化率为 $\mathrm{d}E/\mathrm{d}t = -bv^2$,而且始终为负值。○

9-42 钢琴上的中央 C(频率为 262 Hz)键被敲击,3.60 s 后它的能量损失一半。试求:(1) 它的衰减时间,即 $E = E_0 \mathrm{e}^{-t/\tau}$ 中的 τ;(2) 该琴弦的 Q 因子;(3) 每个周期能量损失的百分比?

9-43 地震学家和地球物理学家认为地球的自由振荡的周期为 54 min,Q 因子大约为 400。在一次大地震之后,地球竟然可以"鸣响"(继续振荡)两个月。(1) 问由于阻尼作用,在每个循环周期中,损失多大比例的能量?(2) 证明:在 n 个周期之后振荡能量为 $E_n = 0.984^n E_0$,其中 E_0 为初始能量。(3) 如果某次自由振荡的初始能量为 E_0,那么两天之后能量为多少?

9-44 对于一个振动系统,是在过阻尼时衰减快,还是在临界阻尼时衰减快?为什么? ○

9-45 什么是最佳阻尼?为什么最佳阻尼要位于欠阻尼的范围之内? ○

9-46 汽车的簧上质量为弹簧支撑的质量(不包括车轮、车轴等的质量)。一辆轿车的簧上质量为 1 200 kg。如果把减震器卸掉,轿车受扰动后会以 1.0 Hz 的频率在弹簧上上下振动。要求带有减震器的汽车经过减速带后以最快的速度回复到平衡位置(不经过平衡位置),请确定减震器的阻尼系数。

9-47 两个有阻尼的受迫弹簧振子系统具有相同的质量、驱动力和阻尼系数。但系统 A 中的弹簧弹性系数 k_A 为 B 中 k_B 的 4 倍。假设它们都非常缓慢地衰减,其振动频率相比如何?( )。(a) $\omega_A = \omega_B$;(b) $\omega_A = 2\omega_B$;(c) $\omega_A = 0.5\omega_B$;(d) $\omega_A = 0.25\omega_B$;(e) 由上述信息无法比较。○

9-48 在描述有阻尼的振动时经常使用半功率峰的宽度。半功率峰的宽度与有阻尼振荡系统的什么参数有关?为什么可以用它来描述有阻尼的振荡?请根据正文中建立的数

学表达式给出分析。○

9-49 一个阻尼振荡器每个循环损失 2.50% 的能量。(1) 多少个循环之后,它损失掉一半的能量?(2) Q 因子为多大?(3) 如果固有频率为 100 Hz,那么该振荡器受一正弦力驱动时,共振曲线的半功率峰宽度为多少?

9-50 一质量为 1.0 kg 的物体连在一根弹性系数为 400 N·m^{-1} 的弹簧上,在每个周期里损失 5.0% 的能量。试求:(1) 该系统的 Q 因子;(2) 共振频率;(3) 共振曲线半功率峰的宽度 $\Delta\omega$。(4) 现在该系统被一个振幅 $F_0 = 1.00$ N 的正弦力驱动,产生共振时的振幅为多大?(5) 如果驱动频率 $\omega = 19.5$ rad·s^{-1},那么振幅为多大?

9-51 有两个沿同一直线、频率相同的简谐振动,其合振动的振幅为 10.0 cm,相位超前第一个振动 $\pi/6$。第一个振动的振幅为 8.0 cm,求第二个振动的振幅以及它与第一个振动的相位差。

9-52 画出在相互垂直两个方向振动的合成运动的轨迹,并标明运动方向:(1) $x = A\sin\omega t$,$y = B\sin(\omega t - \pi/3)$;(2) $x = A\sin\omega t$,$y = B\sin(2\omega t + 1.25\pi)$。○

9-53 一个沿 x 轴向右传播的脉冲波可以用函数 $y(x,t) = \dfrac{6}{(x - 2.0t)^2 + 3}$ 表示,其中 x 和 y 的单位为 cm,t 的单位为 s。求当 $t = 0$ s,$t = 1.0$ s 和 $t = 2.0$ s 时,波的形态。如果波函数是 $y(x,t) = \dfrac{3}{(x + 2.0t)^2 + 5}$,结果如何?这种变化是如何造成的?

9-54 一线密度为 0.020 kg·m^{-1} 的均匀长弦线,被 50 N 的力拉紧。弦线的一端在 $x = 0$ 处做简谐振动,振幅为 0.02 m,周期为 1 s,$t = 0$ 时,位移 y 为 0.01 m,$\partial y/\partial t < 0$。请写出沿 x 正向传播的简谐波的表达式。

9-55 海面上的波浪是由重力引起的,因而也称为重力波。如果水的深度小于波长的一半,那么重力波也称为浅层波。重力波的波速取决于水深,即 $v = \sqrt{gh}$,其中 h 为水深。在水深 5.0 km 的海洋中,重力波的波长为 100 km。那么,其波速为多大?该波为浅层波吗?

9-56 点 A 和点 B 位于地球表面同一经度但不同纬度处,相隔 60.0°。假设点 A 处发生地震产生的 P 波以恒定速率 7.80 km·s^{-1} 沿直线穿过地球内部到达点 B。地震也产生了以 4.50 km·s^{-1} 的速率沿地表传播的瑞利波。(1) 这两种波哪一个先到达点 B?(2) 它们到达点 B 的时间差为多少?

9-57 鲸用海水中传播的声波互相交流。一头鲸发出 55.0 Hz 的声波是为了告诉任性的幼仔赶上来。声波在水中的传

播速度为 $1\,520\ \mathrm{m\cdot s^{-1}}$。(1) 如果幼仔在 1.4 km 之外,声波多长时间之后到达幼仔的位置?(2) 该声波在水中的波长是多长?(3) 如果这头鲸靠近水面,一部分声波的能量会折射入空气中,该声波在空气中的频率和波长为多少?

9-58　一个固有频率为 f 的音叉在时间 $t=0$ 时开始振动,经过一段时间 Δt 后停止。图中所示的是其声波的波形,为距离 x 的函数。N 是这段波形包含的周期数。(1) 如果 Δx 是这段波形在空间中的长度,那么这段波形中波数的范围 Δk 为多少?(2) 用 N 和 Δx 估算这段波的平均波长 λ。(3) 用 N 和 Δx 估算这段波的平均波数 k。(4) 如果这段波通过空间中的某一点需要的时间为 Δt,那么这段波的频率范围 $\Delta\omega$ 是多少?(5) 用 N 和 Δt 表达 f。(6) N 的误差范围为 ±1,根据波形图解释原因。(7) 证明:由 N 的误差造成的波数的误差范围是 $2\pi/\Delta x$。○

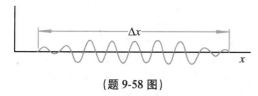

(题 9-58 图)

9-59　波动方程的通解具有什么形式?为什么一般都把它写成余弦函数的形式?

9-60　请导出在绷紧的小提琴琴弦中传播的弹性波的速度公式。在调音时,要使音调变高的话应该怎么做?为什么?☆

9-61　一根绳子垂直悬挂在天花板下,一个横波脉冲沿绳子上传。当脉冲接近天花板时,它的速度是变快、变慢还是不变?请给出解释。☆

9-62　某个乐器上的一根弦固定在点 $x=0$ 和点 $x=L$ 之间,受到张力 T 的作用。弦上绕着金属丝,使得弦的线密度 $\rho(x)$ 从 $x=0$ 处的 ρ_0 均匀增加到 $x=L$ 处的 ρ_L。(1) 求在 $0\leqslant x\leqslant L$ 范围内,$\rho(x)$ 随 x 变化的函数表达式。(2) 证明:一个横波脉冲从弦的一端传播到另一端所需要的时间为 $\tau=\dfrac{2L(\rho_0+\rho_L+\sqrt{\rho_0\rho_L})}{3\sqrt{T}(\sqrt{\rho_0}+\sqrt{\rho_L})}$。☆

9-63　一根线密度为 $0.060\ \mathrm{kg\cdot m^{-1}}$ 的细线受到 70 N 的张力,细线上简谐波的振幅为 3.0 cm,每一点都以 12 Hz 的频率做简谐振动。请问沿这条细线传播的波能量有多大?

9-64　一根线密度为 $6.00\times10^{-2}\ \mathrm{kg\cdot m^{-1}}$ 的绷紧的弦所受的张力为 96.0 N。为了在弦上产生频率为 50.0 Hz、振幅为 6.00 cm 的正弦波,需要向弦提供多少功率的能量?如果

其他参数保持不变,弦以 800 W 的功率传播能量,波的振幅为多少?

9-65　一根拉紧的水平弦上可传播最大功率为 P_0 的简谐波并不断裂。为了提高这个最大功率,你将弦对折,用这个"双弦"作为波传播的介质。求双弦上能传播的最大功率。假设双弦两股上的张力和等于前面单弦上的张力。○

9-66　一扩音器的振动膜的直径为 40 cm,以 1.2 kHz 的频率和 0.020 mm 的振幅振动。假设附近的空气分子具有相同的振动,请给出:(1) 紧靠振动膜处的压强;(2) 紧靠振动膜处声音的强度;(3) 辐射的声音功率。(4) 如果声音均匀地向前方半球传播,求出距离扩音器 6.0 m 处的声音强度。○

9-67　狗叫的功率大约为 1.0 mW。(1) 若该声音向各个方向均匀传播,那么 8.0 m 远处听到的声音强度为多大?(2) 若有两只狗距离你都是 3.0 m,同时狂吠,发出声音的功率都为 1.0 mW,那么你听到它们的声音强度为多大?

9-68　在给定位置上,两个声波具有一样的位移振幅,但是声波 A 的频率是声波 B 的 2 倍。它们的能量密度相比如何?( )。(a) A 的平均能量密度是 B 的 2 倍;(b) A 的平均能量密度是 B 的 4 倍;(c) A 的平均能量密度是 B 的 16 倍;(d) 从上面的数据无法比较。

9-69　判断对错:60 dB 的声音强度是 30 dB 声音强度的 2 倍。

9-70　在一个空教室内,某处的噪声强度为 38 dB。如果有 80 个学生在这个教室内自习,该处的噪声强度增加到 58 dB。假设每个学生发出的声音对该处噪声强度的贡献都相同。那么 40 个学生离开之后,教室里该处的噪声强度为多少?

9-71　声波强度分别为 1.00×10^{-10} 和 $1.00\times10^{-2}\ \mathrm{W\cdot m^{-2}}$。如果用分贝来表示,强度分别为多少?

9-72　空气的密度为 $1.29\ \mathrm{kg\cdot m^{-3}}$。(1) 当声波的频率为 100 Hz,压强的振幅为 1.00×10^{-4} atm 时,求该声波的位移振幅。(2) 当声波的频率为 300 Hz,位移的振幅为 1.00×10^{-7} m 时,求该声波的压强振幅。

9-73　一直径为 30.0 cm 的扬声器以 800 Hz 的频率和 0.0250 mm 的振幅振动。假设该扬声器附近的空气分子振动的振幅与之相同,求:(1) 该扬声器前方的压强振幅;(2) 从该扬声器发出的声音强度;(3) 该扬声器向前发出的声波能量。

9-74　音乐会上的扬声器发出频率为 1.00 kHz 的声波,在 25.0 m 远处声波的强度为 $1.00\times10^{-2}\ \mathrm{W\cdot m^{-2}}$。假设这个扬声器将声波能量沿各个方向均匀传播出去。(1) 求

该扬声器的总能量输出。(2) 在什么距离上,声波强度达到耳朵的疼痛阈值 $1.00\ \mathrm{W \cdot m^{-2}}$?(3) 在 $50.0\ \mathrm{m}$ 远处,声波强度为多少?

9-75 试利用惠更斯原理推出波的反射定律和折射定律。

9-76 空气中的声波通过一个敞开的 $1.0\ \mathrm{m}$ 宽的门进入教室。多大频率的声波不太可能被所有位置的学生都听清楚?(   )。(a) 800 Hz;(b) 200 Hz;(c) 100 Hz;(d) 所有频率的声波都能被教室内所有位置的学生等同地听到;(e) 散射取决于波长而不是频率,所以从上述数据无法给出答案。

9-77 物理演示实验把一个充满二氧化碳的气球放在你和一个声源之间,你发现声音会变大。为什么?○

9-78 水中声波的传播速率大于空气中的。如图所示,水面下一定深度的一次爆炸被悬停在水面上方的直升机记录下来。请问声波沿哪条路线(A,B 或 C)传播到直升机?解释你为什么选择这条路线。○

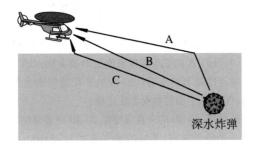

深水炸弹

(题 9-78 图)

9-79 当一个频率为 440 Hz(A 调)的音叉和一个有些走音的吉他上的 A 弦同时奏响时,形成的拍频为 3 Hz。如果将吉他弦稍微收紧后,听到的拍频增大了,那该吉他弦收紧之前的频率是多少?

9-80 用同一个音频振荡器驱动两个完全相同的扬声器。在距其中一个扬声器 $5.00\ \mathrm{m}$,距另一个扬声器 $5.17\ \mathrm{m}$ 处,从两个扬声器发出的声波振幅均为 P_0。在声波频率为 (1) 500 Hz;(2) 1000 Hz;(3) 2000 Hz 的情况下,该点处合成声波的振幅分别为多少?(假设声速为 340 $\mathrm{m \cdot s^{-1}}$。)

9-81 声源 A 位于 $x = 0$,$y = 0$ 处,声源 B 位于 $x = 0\ \mathrm{m}$,$y = 2.4\ \mathrm{m}$ 处。两个声源发出频率、相位完全相同的声波。一个观察者位于 $x = 15\ \mathrm{m}$,$y = 0\ \mathrm{m}$ 处,如果他向 $+y$ 或 $-y$ 方向走几步,他听到的声波强度都会减弱。求可以满足这一观测结果的最低声波频率和次低声波频率。

9-82 有两个声源,一个位于 $y = 1.00\ \mathrm{m}$ 处,另一个位于 $y = -1.00\ \mathrm{m}$ 处,发出同频率、同相位、同振幅的声波。在远

离 y 轴,与 x 轴成 $\theta_0 = 0.000\ \mathrm{rad}$,$\theta_1 = 0.140\ \mathrm{rad}$,$\theta_2 = 0.283\ \mathrm{rad}$ 处,可以观察到相长干涉,在这些角度之间没有相长干涉。(1) 求声源发出的声波波长。(2) 求声源的频率。(3) 还可在什么角度处观察到相长干涉?(4) 求可以观察到相消干涉的最小角度位置。(5) 如果两个声源发出的波同频率、同振幅,但相位相差 90°,在什么角度处观察到相长干涉,什么角度处观察到相消干涉?☆

9-83 据说大脑根据声波到达两侧耳朵鼓膜的相位差判断声源的方向。一个远处的声源发出 660 Hz 的声波。当人面对声源方向时,声波到达双耳无相位差。估算当人面向和声源方向成 90°角的方向时,声波到达两耳的相位差。

9-84 什么是相速度?什么是群速度?

9-85 有两列波在介质中传播:$y_1 = A\sin(5x - 10t)$,$y_2 = A\sin(4x - 9t)$,其中 x,y 的单位为 m,t 的单位为 s。(1) 写出合成波的表达式。(2) 给出群速度。(3) 给出合成波中振幅为 0 的两相邻点间的距离。(4) 此介质是否为色散介质?说明理由。

9-86 为什么在某些介质中传播的 X 光速度可以超过真空中的光速?如何解释它与相对论的假定并不相违背?如果提问者强调他用的是单色波,你怎么解释?☆

9-87 山中有一条长 2.40 km 的隧道。(1) 什么样的频率会使隧道中的空气产生共振?(2) 解释是否需要制定一条规则禁止在隧道中鸣笛。

9-88 你用频率可调的声波振荡器测量一口井水面的深度,听到两个相邻的共振频率,分别为 51.5 Hz 和 60.0 Hz。你会得到什么结果?解释测量结果的精度。

9-89 一根线密度为 ρ 的细绳中有一频率为 ν,振幅为 A 的简谐横波,以速率 v 自左向右传播,遇到墙壁上的固定点发生反射。请分析墙壁上固定点的受力情况。☆

9-90 在两个相距 0.600 m 的支架之间拉一根弦,通过调整弦上的张力使它的基频达到 440 Hz(A 调)。该弦上横波传播的速度是多大?

9-91 假设你在一家乐器店勤工俭学。店主让你测试一根新金属线是否适合用作钢琴弦。这根 3.00 m 长的金属线的线密度为 0.002 50 $\mathrm{kg \cdot m^{-1}}$,店主已经发现它有两个相邻的谐频分别为 252 Hz 和 336 Hz。他希望你求出该金属线的基频,并判断它是否适合用作钢琴弦。(如果金属线上的张力大于 700 N,就会不安全。)

9-92 (1) 当一根吉他弦以基频振动时,它在空气中形成的声波的波长和弦上驻波的波长相等吗?试解释原因。(2) 当一个管风琴以任一驻波形式振动时,它产生的声波长和该驻波的波长相等吗?解释原因。

9-93　两根完全一样的钢琴弦长均为 0.760 m,且都被调音到 440 Hz。然后,其中一根弦中的张力增加了 1.0%。如果同时奏响这两根弦,它们的基频产生的拍频是多少?

9-94　给小提琴调音,需要先将 A 弦调至 440 Hz。然后,同时拨动 A 弦和另一根需要调音的弦,听产生的拍。E 弦需要调至 660 Hz。当同时拨动 A 弦和 E 弦时,听到的拍频为 3.00 Hz,而且当 E 弦上的张力增大时,拍频也增大。(1) 当这两根弦被同时拨动时,为什么会产生拍?(2) 当拍频为 3.00 Hz 时,E 弦的频率为多少?

9-95　一个小提琴上的几根弦分别被调到 G,D,A 和 E 调,它们之间的频率关系:$f(A) = 1.5f(D) = 440$ Hz,$f(D) = 1.5f(G)$,$f(E) = 1.5f(A)$。小提琴上弦桥之间的距离是 33.0 cm,E 弦上的张力为 98.0 N。(1) 求 E 弦的线密度。(2) 为了防止乐器随着时间的流逝产生变形,必须要保证每根弦上的张力都相等,求其他弦的线密度。

9-96　将频率为 500 Hz 的音叉放置在一个足够长的直立等径圆柱形管子开口上方,管中注有水,水面高度可调。当管中的水面距管口的距离为 16.0 cm、50.5 cm、85.0 cm 和 119.5 cm 时,会产生共振。(1) 请给出空气中的声速。(2) 波腹位置并不位于管口处,求它和管口之间的距离。○

9-97　有一足够长的直立等径圆柱形管子,下端封闭,上端开口,可以往里面注水。当管中的水面到管口距离分别为 15.95 cm、48.45 cm 和 80.95 cm 时,在管口外相继观察到一个频率为 512 Hz 的音叉产生共振。(1) 试求出空气中的声速,并对这种测量空气中声速的方法作一评价。(2) 试确定波腹相对于管口的位置。○

9-98　一根两端开口的管风琴的基频为 400 Hz。如果该管的一端被封住,它的基频变为( )。(a) 200 Hz;(b) 400 Hz;(c) 546 Hz;(d) 800 Hz。☆

9-99　一根管风琴的三个连续的谐频分别为 1 310 Hz、1 834 Hz 和 2 358 Hz。(1) 该管风琴管是一端开口的还是两端开口的?(2) 求该管的基频。(3) 求该管的有效长度。○

9-100　空气中的声速与绝对温度 T 的平方根成正比($v = \sqrt{\gamma RT/M}$,其中 M 为摩尔质量,γ 约为 1.4)。(1) 证明:当温度改变很小时,$\dfrac{\Delta f}{f} \approx \dfrac{1}{2}\dfrac{\Delta T}{T}$ 成立,其中 f 是热力学温度为 T 时的声波频率,Δf 是温度改变 ΔT 时声波频率的变化量,忽略温度变化造成的管长变化。(2) 假设一根一端封口的风琴管在 20.00 ℃ 时的基频为 200.0 Hz,用(1)中的近似公式计算它在温度为 30.00 ℃ 时的基频。(3) 比较(2)的结果和用精确公式得出的结

果(忽略温度变化造成的管长变化)。○

9-101　一根风琴管在 16.00 ℃ 时的基频为 440.0 Hz,求它在温度为 32.00 ℃ 时的基频(假设管长不变)。用会随着温度升高而膨胀的材料,还是用不会随温度变化的材料做风琴管会比较好?○

9-102　分析如何用一个管风琴的谐频估算管中空气的温度。○

9-103　一音叉发出的声音为中音 C(261.63 Hz),它从高楼顶端由静止开始自由下落。请问音叉下落多远后,在楼下地面上的人听起来音叉的频率变为中音 D(293.66 Hz)?(假设楼房足够高。)

9-104　潜艇 A 以 8.10 m·s⁻¹ 的速率在水下行驶,声呐发出频率为 1 200 Hz 的声波。声波在水中的传播速率是 1 500 m·s⁻¹。潜艇 B 以 8.90 m·s⁻¹ 的速度和潜艇 A 相向行驶。(1) 当它们相互接近时,潜艇 B 接收到的声波频率是多少?(2) 当两潜艇擦身而过,相互远离时,潜艇 B 接收到的声波频率是多少?(3) 当它们互相接近时,潜艇 A 发出的声波有一部分被潜艇 B 反射回来又被潜艇 A 接收到。潜艇 A 接收到的反射波频率是多少?○

9-105　一艘静止驱逐舰上的声呐发射出频率为 40 MHz 的声波,85 ms 之后该声呐接收到从正下方的潜艇反射回来的声波,反射波频率为 39.96 MHz。如果海水中的声速为 1.53 km·s⁻¹,求:(1) 该潜艇的深度;(2) 该潜艇的垂直运动速率。

9-106　利用多普勒效应可以检测人体内的血流状况。假定超声波在人体组织中的传播速度为 1 500 m·s⁻¹,且以几乎与血管平行的角度入射。如果频率为 1.5×10^6 Hz 的超声波被流动的血液反射回来,反射波与入射波之间的频率移动为 1 000 Hz,试确定血液流动的速度。

9-107　一运动探测器利用的是多普勒效应。探测器发出 50 kHz 的声波信号并接收回声,如果回声中的多普勒频移大于 100 Hz,就将该运动记录下来。设空气中的声速为 330 m·s⁻¹,要触发该探测器,运动物体需要以多大的速率接近或离开它?

9-108　双星围绕它们的共同质心旋转。如果其中的一颗为黑洞,看不见,为什么可以通过测量另一颗可见恒星发出的光的频移推断黑洞的存在?☆

9-109　静止的雷达测速仪发出频率为 2.00 GHz 的微波被一辆沿直线远离测速仪的车辆反射回来。测得的反射波与发射波之间的频率差 293 Hz。请确定这辆车的速度。

9-110　测速雷达是根据所接收到汽车反射回来电磁波频率相对于所发射出电磁波频率的偏离计算汽车行进速度的。

假设测速仪所使用的电磁波频率为 10 GHz,汽车朝向测速仪以 200 km·h^{-1} 的速度运动,则测得的频率偏移为多少? 与原发射频率形成的拍频是多少?

9-111 静止的雷达测速仪发出频率为 5.00 GHz 的微波。当测速仪瞄准某辆车时,由于反射波和发射波的频率不同,就会产生拍。(1)证明:车速和拍频成正比关系。(2)如果车以 120.0 km·h^{-1} 的速率沿着车和警察之间连线的方向行驶,求此时的拍频。(3)汽车的速率每增加 1 km·h^{-1},拍频增加多少?

9-112 多普勒效应常用于测量风暴的速度。作为一个气象站的负责人,你用频率为 625 MHz 的多普勒雷达进行探测,发现 50 km 之外风暴的雨滴反射回来的雷达信号频率增加了 325 Hz。假设该风暴向你运动,那么其速度是多大?

9-113 日本神冈的超级中微子探测仪是一个 14 层楼高的大水罐。当中微子和水中的电子碰撞时,它们会把绝大部分能量传递给电子,这些电子就会以接近光速的速度飞出。当电子在水中以超过水中光速的速度运动时,会产生激波,称为切伦科夫辐射。通过探测切伦科夫辐射,就可以得到中微子的数量。如果切伦科夫辐射激波锥的顶角为 48.75°,那么光在水中传播的速率为多大? ☆

第 10 章 狭义相对论基础

10-1 光在水中的速度为 2.3×10^8 m·s^{-1},电子在水中移动的速度可以达到 2.5×10^8 m·s^{-1}。这违背相对论原理吗? 为什么?

10-2 类星体是距离地球超过 50 亿光年的物质。它们正以光速的一半或更大的速度远离地球。请问我们从这些类星体上接收到的光速度多大? 请给出解释。

10-3 洛伦兹变换与伽利略变换不同的原因是什么? 根本不同在什么地方? ○

10-4 运动中的物体长度变短,请问这会使该物体的密度变大吗? 请给予解释。○

10-5 一个介子(亚原子物质)的平均寿命为 2.6×10^{-8} s。在实验室里,一束介子流的速率为 $0.85c$。在相对于介子静止的参考系中,实验室在 2.6×10^{-8} s 内,移动了多远?

10-6 一艘静止长度为 300 m 的宇宙飞船用时 0.75 μs 通过地球上静止的观察者,请问观察者看到的宇宙飞船的速度为多少?

10-7 在地球表面能够发现介子,测得它的速率为 $0.99995c$。你的同学认为被发现的介子可能是从太阳发射出来的。介子的平均寿命为 2.20 μs。请证明他的观点是错误的。

10-8 静止时 μ 子的平均寿命为 2.197×10^{-6} s,在宇宙射线中 μ 子的速度可达 $0.99c$。在地球上的观察者看来,这种高速运动的 μ 子平均能走多远?

10-9 宇宙介子射线以速率 $0.99c$ 垂直射到地面。(1)在相对于介子静止的参考系中,珠穆朗玛峰有多高? (2)在相对于介子静止的参考系中,介子需要多久能从山顶到达山脚? (3)在地球参考系中,介子需要多久从山顶到达山脚?

10-10 惯性系 K' 相对于惯性系 K 以速率 v 沿 $+x$ 轴运动。在 $t = t' = 0$ 时,x 与 x',y 与 y',z 与 z' 轴分别重合。一质点在 K' 系中做匀速圆周运动,轨道方程为 $x'^2 + y'^2 = r^2, z' = 0$。请证明:在惯性系 K 中得到的轨道为一椭圆,椭圆的中心以速率 v 运动。○

10-11 在参照系 S 中,一根长度为 L 的杆与 x 轴成 θ 角。参照系 S' 沿 $+x$ 轴以速率 v 相对于参照系 S 运动。试证明:参照系 S' 中该杆与 x' 轴成的 θ' 角可以用公式 $\tan \theta' = \gamma \tan \theta$ 计算,$\gamma = (1 - v^2/c^2)^{-1/2}$,杆在参照系 S' 中的长度 $L' = L \sqrt{\gamma^{-2} \cos^2 \theta + \sin^2 \theta}$。○

10-12 一长度为 1 m 的直尺相对于 S' 系静止,与 x' 轴的夹角为 30°。设 S' 系相对于 S 系沿 x 轴(与 S' 系的 x' 轴平行)方向运动,在 S 系中测得直尺与 x' 轴的夹角为 45°。问: (1)S 系中测得直尺的长度是多少? (2)S' 系相对于 S 系的速度是多少? ○

10-13 已知 K' 系以速度 v 沿 x 轴相对于 K 系运动。在 K' 系中,一光束沿与 x' 轴成 θ_0 角的方向射出。求在 K 系中光束与 x 轴所成的角 θ。○

10-14 你身边有一时钟 A,在距离你 L 处有一同样的时钟 B。怎样将这两个钟对准? ○

10-15 在以 90 min 的轨道周期绕地球运动的人造卫星上装有一个时钟。一年之后,该时钟和地面上的一个完全相同的时钟之间的读数差为多少? (只考虑狭义相对论,不考虑广义相对论。)

10-16 两个完全一样的钟被调到同步。一个被放置在绕地球旋转的空间轨道上,一个放置在地球上。(1)请问哪个钟走得慢? 给出你的解释。(2)当空间轨道的钟回到地球上,请问它和地球上那个钟的时间相比,是快了、慢了,还是相同? 请给出解释。

10-17 一个原子钟以 1 000 km·h^{-1} 的速度相对于地球上完全相同的钟运动了 1 h。请问这个运动的钟比地球上静止的钟慢了多少?

10-18 1975 年,为了验证"运动的钟变慢",一架飞机运载一个原子钟在低空以速率 140 m·s^{-1} 来回飞了 15 h。飞机上原子钟的时间与地面上相同原子钟的时间相比较,时间差为多少?（忽略任何飞机加速对原子钟的影响,并假设飞机速率恒定。）

10-19 1963年,宇航员库珀绕地球飞行了22圈。新闻报道说,每圈他比待在地球上年轻百万分之二秒。假设他在地球上空160 km高处的圆形轨道上,请计算地球上的人和轨道上绕地球转22圈的宇航员之间的年龄差。请问新闻报道中的年龄差异是正确的吗?请解释。

10-20 一艘相对于地球速度为 $v=0.600c$ 的飞船上的宇航员暂停了和地面控制中心的通信去休息了一个小时,然后重新呼叫地面控制中心。从地球上看,他休息了多长时间?

10-21 如果在某个参考系中,事件 A 和事件 B 发生在不同的地点,那么是否存在一个参考系使得事件 A 和事件 B 发生在同一地点?如果存在,请举例;如果不存在,请解释原因。

10-22 如果两个事件在某一参考系中是同时同地发生的,那么它们是否在所有参考系中都是同时发生的?

10-23 判断对错:（a）光速相对于任何参照系都是相同的。（b）两个事件之间的时间间隔永远不会比它们之间的固有时间间隔短。（c）根据“运动的尺变短”可以确定绝对运动。（d）光年是长度单位。（e）同时事件一定发生在同一地点。（f）如果两个事件在某一参照系里不是同时发生的,它们在任何一个参照系中都不会是同时发生的。（g）一个系统由两个靠彼此之间的引力紧密连接在一起的质点组成,该系统的质量比这两个质点在彼此分开的情况下的质量之和小。○

10-24 一个烟花在 x 轴上 $x_1=480$ m 处爆炸,第二个烟花于 5.00 μs 后在 $x_2=1200$ m 处爆炸。一列火车以速率 v 沿 x 轴运动,在相对于火车静止的参考系中,两次爆炸发生于 x 轴上同一地点。请问:在火车参考系中,两次爆炸的时间间隔为多大?

10-25 一根杆以 $0.8c$ 的速度相对于一照相机自左向右运动。（1）当杆的左端经过相机时,杆与静止且有刻度的米尺一起被拍摄在一张照片上。照片显示,杆的左端与米尺上的0标记重合;杆的右端与米尺的0.9 m刻度重合。问杆的实际长度为多少?（2）如果杆长1 m,中点经过相机的瞬间拍照,杆连同有刻度的米尺一起被拍下照片,从照片上看杆的长度是多少?○

10-26 两艘静止长度都是100 m的宇宙飞船相向运动,相对于地球的运动速率都是 $0.85c$。（1）从地球上看,这两艘飞船的长度是多少?（2）在相对于其中一艘飞船静止的观察者看来,另一艘飞船的速率为多少?（3）在相对于其中一艘飞船静止的观察者看来,另一艘飞船的长度为多少?（4）在地球时间 $t=0$ 时,两艘飞船的船头恰好相

会,从彼此旁边经过,求当地球时间为多少时,两艘飞船的船尾彼此经过。○

10-27 如图所示,爱丽丝在她的飞船上放置了两个钟 A 和 B,相距100光瞬（瞬为一个假定的很小的时间单位）,在 A 和 B 之间的中点放置一个灯泡。鲍勃在另一艘飞船上工作,站在他飞船上的时钟 C 旁边。当灯泡的光到达某个时钟时,该时钟显示的时间立刻被设置为零。爱丽丝的飞船以 $0.6c$ 的速度相对于鲍勃的飞船向左运动。当灯泡从时钟 C 的正上方经过的瞬间,灯泡点亮,时钟 C 的时间在同一时刻被置为零。请问:对于鲍勃来说,（1）灯泡和时钟 A 相距多远?（2）光从灯泡发出到达时钟 A 走了多远?（3）光从灯泡发出到达时钟 A 的过程中,时钟 A 走了多远?（4）光从灯泡发出到达时钟 A 用了多长时间?此时时钟 C 的读数为多少?（5）光到达时钟 B 时,时钟 C 的读数为多少?（6）光到达时钟 B 时,时钟 A 的读数是多少?☆

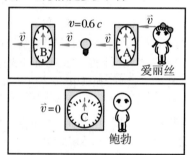

（题 10-27 图）

10-28 参照系 S 和 S' 沿着互相重合的 x 轴和 x' 轴发生相对运动。当两个参照系的原点相互重合时,两个参照系均将时间设置为 $t=0$。在参照系 S 中,事件1发生在 $x_1=1.0$ 光年,$t_1=1.00$ 年;事件2发生在 $x_2=2.0$ 光年,$t_2=0.50$ 年。在参照系 S' 中,这两事件同时发生。（1）求参照系 S' 相对于参照系 S 运动速度的大小和方向。（2）在参照系 S' 中,两事件是在什么时间发生的?

10-29 假设太阳即将爆炸,为了逃出去,我们的飞船以速度 $v=0.800c$ 向12.0光年之外的鲸鱼座 T 星驶去。当我们到达这个航程的中点时,我们看见太阳爆炸了。不幸的是,同一个时刻我们看到鲸鱼座 T 星也爆炸了。（1）在飞船参照系中,我们能否认为这两个爆炸是同时发生的?如果不是,哪一个先发生?（2）在相对于太阳和鲸鱼座 T 星静止的参照系中,它们是同时爆炸的吗?如果不是,哪一个先爆炸?

10-30 在惯性系 S 中,事件 B 发生在事件 A 之后 2.00 μs,并且离事件 A 有1.50 km远。请问当观测者沿这两个事件的

连线运动,其速率为多少时,在相对于观测者静止的参考系中,这两个事件同时发生?如果观测者速率足够大,能使事件 B 发生在事件 A 之前吗?

10-31 飞船相对于地球的速率为 $0.8c$,O' 和 O 分别是飞船和地球上的观测者,$x = x' = 0$ 时,$t = t' = 0$。(1) O 用望远镜看 O' 时,他自己的钟读数为 30 s,问他看到的 O' 的钟读数是多少?(2) 当 O' 通过望远镜看到 O 的时钟读数为 30 s 时,他自己的钟读数为多少? ○

10-32 在参考系 S 中,事件 1 和事件 2 的空间距离为 $D = x_2 - x_1$,时间间隔为 $T = t_2 - t_1$。(1) 用洛伦兹变换证明:相对于参照系 S'(S' 为相对于参照系 S、沿 x 轴以速率 v 运动的参照系),两事件之间的时间间隔为 $t'_2 - t'_1 = \gamma(T - vD/c^2)$,$\gamma = (1 - v^2/c^2)^{-1/2}$。(2) 证明:只有当 $D > cT$ 时,两事件在参照系 S' 中才可以同时发生。(3) 如果其中一个事件是另一个事件的原因,那么距离 D 一定小于 cT。证明:如果 $D < cT$,则在所有参照系中 $t'_2 > t'_1$。(4) 假设一个信号可以以 $c' > c$ 的速度传播,且在参照系 S 中,"因"发生在"果"之前,时间间隔 $T = D/c'$。证明:存在一个相对于 S 以小于光速的速率 v 运动的参照系,在这个参照系中"果"发生在"因"之前。☆

10-33 一艘飞船以 $2.7 \times 10^8 \ \text{m·s}^{-1}$ 的速率向一颗 35 光年之外的星球驶去。分别从(1) 地球上看和(2) 飞船上的乘客看,飞船要用多长时间到达该星球?

10-34 你计划乘坐以恒定速度 $v = \sqrt{0.9999}c$ 飞行的宇宙飞船前往距地球 4 光年的半人马星座并返回,你应该携带够用多长时间的食物及装备?

10-35 你的朋友飞往 4.0 光年外的半人马座阿尔法星并立即返回。据他说整个旅行用了 6.0 年。他的速率为多大?忽略你朋友所乘坐飞船的加速过程,假设飞船在整个飞行中速率恒定。

10-36 一个还能活 60 年的人计划访问距离地球 80 000 光年的星系。他乘坐的飞船的恒定速度必须多大?

10-37 正文讨论孪生子佯谬的例 10.3 在求解第(1)问时说,对于 K' 系,宇航员起飞行天体上的钟早走了 6.4 年。有同学认为,根据洛伦兹变换式 $t' = \dfrac{t - (v/c^2)x}{\sqrt{1 - v^2/c^2}}$,因为 x 是正的,$t = 0$,所以 t' 应是负的;也就是说,在飞船和地球上的钟都为 0 时,天体上钟的读数为负,实际上应是慢了。问题出在哪? ☆

10-38 你的朋友乘坐速度为 v 的宇宙飞船进行太空旅行,临行前和送行的你对好了钟,他的时间 t' 和你的时间 t 都置

为 0。你一直在同时观察两个钟,只不过 t 可以直接观察,而 t' 需要通过望远镜观察。请问:当看到 t' 读数为 1 h 时,t 的读数是多少?

10-39 一艘静止长度 $L = 400$ m 的飞船以 $0.760c$ 的速率从一个无线电波发射站旁经过。一个时钟安装在飞船的船头,另一个时钟安装在发射站。当飞船的船头经过发射站的那一刻,这两个时钟都设置为零。当飞船的船尾经过发射站的那一刻,发射站发出一个信号,该信号被飞船船头上的接收器接收到。(1) 根据飞船船头的时钟,这个信号是何时发出的?(2) 根据飞船船头的时钟,该信号是何时被接收到的?(3) 根据发射站的时钟,该信号是何时被飞船接收到的?(4) 对发射站的工作人员来说,当该信号被接收到时,飞船船头距离发射站多远? ○

10-40 一飞船以 $0.8c$ 的速度飞经地球,相遇时就把时钟调整到 0 点。(1) 飞船上时钟 0 点半时飞经另一相对于地球静止、时钟与地球上同步的空间站,此时空间站中时钟的读数为多少?(2) 从地球上看,空间站距地球多远?(3) 飞船经过空间站时向地球发一光信号,地球上的人何时收到这个信号?(4) 地球上的人收到信号后立即发回光信号,飞船上的人何时收到该信号? ○

10-41 一个静止长度为 700 m 的火箭以速率 $0.900c$ 向右运动。火箭上有两个时钟,一个安装在头部,另一个安装在尾部。这两个时钟在相对于火箭静止的参照系中是同步的。地面上也有一个时钟,当火箭头部时钟经过地面上时钟的那一刻,这两个时钟的读数都是 0。(1) 当地面上的时钟读数为 0 时,从站在地面上的人来看,火箭尾部的时钟读数为多少?(2) 当火箭尾部的时钟经过地面上时钟的那一刻,从站在地面上的人来看,火箭尾部的时钟读数为多少?(3) 从站在地面上的人来看,火箭头部的时钟读数为多少?(4) 从火箭上的人来看,火箭头部的时钟读数为多少?(5) 当火箭头部的时钟读数为 1 h 的时候,一个光信号从火箭头部向站在地面上时钟旁边的观察者发射过去,当观察者接收到这个光信号时,地面上的时钟读数为多少?(6) 地面上的观察者接收到这个光信号后,立刻发射回一个光信号。当这个光信号被火箭头部接收到时,火箭头部的时钟读数为多少? ☆

10-42 坐标系 S' 相对于坐标系 S 以速度 v 运动。在两个坐标系的原点重合时,放在各自原点处的时钟都置为 0,即

$t = t' = 0$。请问：两个坐标系中以后仍满足 $t = t'$ 的点 (x, y, z) 和 (x', y', z') 将分别随 t 和 t' 如何变化？☆

10-43　一根与 x 轴平行的长杆受到沿 $-y$ 轴方向、大小为 g 的加速度的作用，从静止开始做自由落体运动。一艘飞船以速度 v 沿着和 x 轴平行的方向从旁经过。试证明：从飞船上的观察者看来该长棒弯曲成抛物线形状，并说明该抛物线是向上弯曲还是向下弯曲。☆

10-44　如果真空中的光速仅仅为 $50\ \mathrm{m \cdot s^{-1}}$，那么我们的日常生活会发生什么变化？请给出三个例子。○

10-45　飞船以速度 $0.71c$ 离开地球，一艘小飞船以相对于第一艘飞船 $0.87c$ 的速度离开第一艘飞船，求以下两种情况下，小飞船相对于地球的速度：(1) 小飞船的运动方向和第一艘飞船相同；(2) 小飞船的运动方向和第一艘飞船相反。

10-46　火箭 A 相对于地球以 $0.8c$ 的速度向 $+y$ 方向飞行，火箭 B 以 $0.6c$ 的速度向 $-x$ 方向飞行。问：由火箭 B 测得的火箭 A 的速度是多少？

10-47　在某一参考系中，飞船 A 和飞船 B 分别以 $0.6c$ 和 $0.8c$ 的速率相向而行。(1) 请找出一个参考系，使两艘飞船在其中以相同的速率相向而行。(2) 这时飞船的速率多大？

10-48　证明光的多普勒效应公式：(1) 当光源与观测者以速率 v 相互接近时，观测者测得的频率 $\nu = \nu_0 \sqrt{\dfrac{1+\beta}{1-\beta}}$，其中 ν_0 为光源固有频率，$\beta = v/c$。(2) 当光源与观测者以速率 v 相互远离时，观测者测得的频率 $\nu = \nu_0 \sqrt{\dfrac{1-\beta}{1+\beta}}$。

(3) 当光源与观测者之间的相对运动不在两者的连线上时，观测者测得的频率 $\nu = \nu_0 \sqrt{1-\beta^2}\,\dfrac{c}{c - v\cos\theta}$，其中 θ 为光源相对于观测者速度与两者连线的夹角。○

10-49　雷达测速的原理如下：向车发射出已知精确频率的微波，移动的车辆会反射回带有多普勒频移的微波。反射波被接收后和衰减过的发射波相混合，产生拍，测量拍频。(1) 对于一个被以速率 v 靠近的镜面反射回波源的电磁波，证明反射波的频率为 $\nu = \nu_0 \dfrac{c+v}{c-v}$，其中 ν_0 为波源的频率。(2) 如果 $v \ll c$，拍频远远小于发射波的频率。在这种情况下，可以认为 $\nu + \nu_0 \approx 2\nu_0$，请证明拍频可表示为 $\nu_b = 2v/\lambda$。(3) 如果发射波的频率为 $10.0\ \mathrm{GHz}$，车速为 $30.0\ \mathrm{m \cdot s^{-1}}$，测得的拍频是多少？

(4) 如果拍频测量的精度范围为 $\pm 5\ \mathrm{Hz}$，那么车速测量的精度是多少？

10-50　光源以小于光速的速度 v 远离观测者。(1) 证明：测得的波长改变量可以近似表达为 $\Delta\lambda/\lambda = v/c$。这种现象称作红移，因为可见光的频率向红色端移动。(2) 对来自大熊座一个星系的波长 $\lambda = 397\ \mathrm{nm}$ 的光的光谱测量显示出 $20.0\ \mathrm{nm}$ 的红移。求该星系远离我们的速率。

10-51　哈勃望远镜所能观测到的最远星系正在离我们远去，它的红移参数 $z = 5$。[红移参数定义为 $(\nu - \nu')/\nu'$，其中 ν 是相对于发射体静止的参照系中测得的频率，ν' 是相对于接收者静止的参照系中测得的频率。](1) 求这个星系相对于我们的速率（用光速的倍数表示）。(2) 假如哈勃常量 $H = 75\ \mathrm{km \cdot s^{-1} \cdot Mpc^{-1}}$，其中 $1\ \mathrm{pc} = 3.26$ 光年，试由哈勃定律估算该星系与我们之间的距离。

10-52　假定人眼能够看到的光的最大波长为 $6\,500\ \text{Å}$（$1\ \text{Å} = 10^{-10}\ \mathrm{m}$），要使火箭上发出的波长为 $5\,000\ \text{Å}$ 的绿光对于地球上的人成为不可见的，该火箭相对于地球必须以多大的速度运动？

10-53　质量为 m 的粒子在恒力 F 的作用下沿着 $+x$ 方向自静止开始运动。试写出在考虑狭义相对论效应后，在速率为 v 时的加速度 a 的表达式，以及速率 v 随时间 t 的变化关系。○

10-54　试给出相对论粒子纵向质量、横向质量与静止质量及运动速度的关系。纵向质量是作用力与运动方向平行时力与粒子的加速度之比；横向质量是力与运动方向垂直时力与加速度之比。○

10-55　恒力 $\vec{F}$ 将一个静止质量为 m_0 的粒子从静止状态加速，试分别在牛顿经典力学和考虑狭义相对论效应两种情况下，写出粒子的速率 v 和动能 E_k 随时间 t 的变化。○

10-56　许多原子的核都是不稳定的，例如碳的同位素 $^{14}\mathrm{C}$，其半衰期为 $5\,700$ 年。这些不稳定的核衰变成几种产物，每次衰变都产生巨大的能量。以下哪个叙述是正确的？(a) 不稳定核的质量大于衰变产物的总质量。(b) 不稳定核的质量小于衰变产物的总质量。(c) 不稳定核的质量等于衰变产物的总质量。请解释你选择的理由。

10-57　把质量为 m 的物质从静止加速到 (1) $0.500c$；(2) $0.900c$；(3) $0.990c$，分别需要多少能量？（用静止能量 mc^2 的倍数表示。）

10-58　当速率为 (1) $0.10c$；(2) $0.90c$ 时，用 $m_0 v^2 / 2$ 表示物体的动能会产生百分之多少的偏差？

10-59 请任意选一质量,作图显示相对论动能和经典动能与速率的关系。分别在多大速率时,经典动能值比实际值低 1%,5% 和 50%?

10-60 当一个质子的速率从 $0.45c$ 增加到 $0.90c$ 时,它的动量变化了百分之多少?

10-61 铜的比热为 $93\ \mathrm{cal \cdot kg^{-1} \cdot K^{-1}}$。若加热 100 kg 的铜使其温度升高 100 ℃,它的质量会增加多少?

10-62 对于质量等于太阳质量的星体,其半径和密度取什么值时光才不能从它的表面逃逸?

10-63 参考系 K' 与参考系 K 的三个坐标轴分别平行,并沿着 K 系的 x 轴方向以接近真空中光速的速度 v 运动。一在 K 系中沿 x 轴运动的粒子具有动量 $\vec{p} = p_x \vec{e}_x$,试确定该粒子在 K' 系中的动量与能量。

10-64 用二项式展开和公式 $E^2 = p^2 c^2 + m_0^2 c^4$,证明:当 $pc \ll m_0 c^2$ 时,总能量 $E \approx m_0 c^2 + p^2/(2m_0)$。

10-65 参照系 S' 相对于参照系 S 沿 x 轴以速率 v 运动。一个粒子在参照系 S 中以速率 u 沿 y 轴运动。证明:该粒子在参照系 S' 中的动量和能量与它在参照系 S 中的动量和能量之间的关系为 $p'_x = \gamma(p_x - vE/c^2)$,$p'_y = p_y$,$p'_z = p_z$,$E' = \gamma(E - vp_x)$。比较这些公式和洛伦兹变换中 x',y',z' 及 t' 的公式。

10-66 爱因斯坦用一个简单的理想实验,证明电磁波辐射是有质量的。考虑一个长度为 L、质量为 M 的盒子静止在一个无摩擦的平面上。盒子左侧内壁上安装有一个光源,发射出能量为 E 的辐射脉冲,该脉冲可以被盒子右侧内壁完全吸收。根据经典电磁理论,该脉冲的动量大小为 $p = E/c$。当光源发射出这个脉冲时,盒子会产生反冲。(1) 求脉冲发出时,盒子反冲的速度。(因为 p 值很小,M 值很大,可以用经典理论。)(2) 当这个辐射脉冲被盒子右侧内壁完全吸收时,盒子停止运动,系统的总动量保持为零。如果忽略盒子移动的速度,辐射脉冲穿过盒子所用的时间为 $\Delta t = L/c$。求这段时间内,盒子移动的距离。(3) 证明:如果系统的质心位置保持不变,该辐射脉冲的质量为 $m = E/c^2$。○

10-67 一静止在实验室中,质量为 M 的粒子裂变为静止质量分别为 m_1 和 m_2 的两部分。试确定这两部分的相对论动能 T_1 和 T_2。

10-68 一个不稳定的物质在静止时分裂成质量不等的两块碎块。其中一块的静止质量为 2.5×10^{-28} kg,另一块的为 1.67×10^{-28} kg。如果轻的那块速率为 $0.893c$,请问重的那块速率为多少?

10-69 质量为 1.00×10^6 kg 的火箭另外携带有 1.00×10^3 kg 的燃料。火箭在太空中发动引擎从静止开始加速,把燃料消耗完。燃烧废弃物在极短的时间内以相对于参照系 S(相对于开始时的火箭静止的参照系)$0.500c$ 的速率喷射出去。(1) 计算火箭-燃料系统的质量变化。(2) 计算火箭最终相对于参照系 S 的速率。(3) 用牛顿经典力学公式计算火箭最终相对于参照系 S 的速率。○

10-70 为什么说通过选择坐标系可以将引力消除?其他的力为什么不可以?☆

10-71 为什么说引力的作用使大范围的惯性系不再存在,只能有局部的惯性系?☆

10-72 如图所示,两门火炮分别指向对方。开火之后,炮弹飞行的轨迹如图所示。点 P 为两个弹道相交的点。忽略空气阻力。用等效原理证明:如果两门火炮同时开火(在相对于火炮静止的参照系中),炮弹会在点 P 处相碰。☆

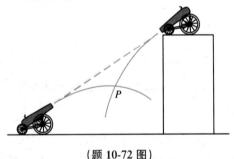

(题 10-72 图)

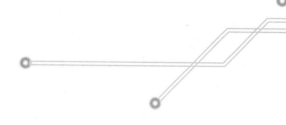

部分习题参考答案

（因为具体所用模型和方法不同，所以有些问题的答案可能会有所不同；这里给出的答案仅作参考。关于问题的详细讨论，可以参阅与本书配套的习题分析与解答。）

第1章

1-3 (1) 4.848×10^{-6} 秒差距; (2) 3.086×10^{16} m;
(3) 9.461×10^{15} m; (4) 3.262 光年。

1-5 (1) $B \approx 1, n = 1.85 \approx 2$; (4) $g_{月} = 2B \approx 2$ m·s^{-2}。

1-6 (1) $C = 17.0, n = 1.50$; (2) 0.510 Gm。

1-7 (c)。

1-9 (1) 1.00×10^{6} g; (2) 1×10^{-12} g; (3) 1.000×10^{-1} g;
(4) 1×10^{-2} g; (5) 1.0000×10^{4} g。

1-11 44.0 m^2。

1-12 537 m。

1-14 5.3×10^{-3} cm^2。

1-16 29.87 kg。

1-17 8.73×10^{14} 个。

1-18 13.5 倍。

1-19 约 1.0×10^{-3} mm。

1-20 约 1×10^{14} 个。

1-21 约 50 cm^3。

1-26 1.76×10^{6} m。

1-27 1.4×10^{27} 个。

1-28 (1) 约 438 亿个尿片; (2) 约 219 万 m^3;
(3) 约 21.9 万 m^2。

1-29 (1) 8.3×10^{10} 升, 5.7×10^{11} 元; (2) 8.3×10^{10} 桶, 2.3×10^{8} 桶。

1-30 (1) 50 MB; (2) 143 360 页, 360 本 400 页小说。

1-31 (1) $\dfrac{\mathrm{d}V}{\mathrm{d}t} = 478$ cm^3·s^{-1}; (2) 0.225 cm·s^{-1}。

1-32 (1) 7×10^{3} 个; (2) 4 个。

1-33 (1) 1.4×10^{17} kg·m^{-3}; (2) 216 m。

1-34 (c)。

1-35 (d)。

1-38 160 900 cm。

1-39 1.61。

1-40 (1) 5×10^{3} km·h^{-1}; (2) 3×10^{3} mi·h^{-1}; (3) 1×10^{3} m·s^{-1}。

1-41 (1) 2×10^{7} cm^3; (2) 5.4×10^{5} 立方寸; (3) 2×10 m^3;
(4) 2×10^{4} kg。

1-42 (1) m·s^{-2}; (2) m; (3) m。

1-43 $[M] = \mathrm{F \cdot L^{-1} \cdot T^2}$。

1-44 $[P] = \mathrm{ML^{-1}T^{-2}}$, kg·m^{-1}·s^{-2}。

1-45 $[P] = [\rho][u]^2$。

1-46 (1) 2; (2) 3; (3) 1。

1-47 (1) $[C_1] = L, [C_2] = \mathrm{LT^{-1}}$, SI 单位分别为 m, m·s^{-1};
(2) $[C_1] = \mathrm{LT^{-2}}$, SI 单位为 m·s^{-2}; (3) $[C_1] = \mathrm{L^2T^{-2}}$,
SI 单位为 m^2·s^{-2}; (4) $[C_1] = L, [C_2] = \mathrm{T^{-1}}$, SI 单位分别为 m, s^{-1}; (5) $[C_1] = \mathrm{LT^{-1}}, [C_2] = \mathrm{T^{-1}}$, SI 单位分别为 m·s^{-1}, s^{-1}。

1-48 $[G] = \mathrm{L^3 M^{-1} T^{-2}}$, m^3·kg^{-1}·s^{-2}。

1-50 $[C] = \mathrm{ML^{-3}}$。

1-51 (2) 不能。

1-52 (1) $m = 2, n = -1$; (2) $a = c\dfrac{v^2}{r}$。

1-53 $[T] = [r]^{3/2}[G]^{-1/2}[M_S]^{-1/2}$。

第 2 章

2-1　(c)。

2-3　不可能;可能;当三个矢量首尾相接可构成三角形时和为零。

2-4　能,只要三个矢量首尾相接构成等边三角形。

2-5　(1) $\vec{D} = 40\vec{e}_x - 50\vec{e}_y$;(2) $D = 64, \theta = 309°$。

2-6　(1) $x = 24.0, y = 11.6$;(2) 大小为 26.7,夹角为 25.8°。

2-9　$v = \dfrac{H}{H-h}v_0$。

2-10　6.7 m·s^{-1}。

2-11　5 m。

2-12　∞,40 km。

2-13　122 km·h^{-1},比三个最快速度的数值平均值 126 km·h^{-1}小。

2-15　(1) 7.90×10^4 m·s^{-1};(2) 3.16×10^7 m·s^{-1};(3) 3.31×10^{19} s,3.69×10^{19} s。

2-16　(1) 0.25 m·s^{-1};(2) $t = 1$ s 时,速度为 0.875 m·s^{-1},$t = 2$ s 时,速度为 3.125 m·s^{-1},$t = 3$ s 时,速度为 6.1 m·s^{-1};(3) 约为 7.5 m。

2-17　(1) $v_x = 0.10t^2 + 9.5$;(2) $x = \dfrac{1}{30}t^3 + 9.5t - 5.0$;

(3) 平均速度 $\bar{v} = \dfrac{x_2 - x_1}{t_2 - t_1} = 12.8$ m·s^{-1},起始和结束时刻瞬时速度的平均值 $\bar{v}' = \dfrac{v_2 + v_1}{2} = 14.5$ m·s^{-1}。

2-19　0.18 km。

2-20　可能。

2-21　(1) -10 m·s^{-2};(2) -20 m·s^{-2}。

2-22　(1) 4.0 m·s^{-1};(2) $t = 1.25$ s。

2-23　(1) d;(2) b;(3) e;(4) a, c;(5) b;(6) c;(7) d;(8) e。

2-24　(1) B, D, E;(2) A, C, D;(3) C。

2-26　(1) $t = 1.0$ s,$t = 9.0$ s;(2) 从 $t = 6.5$ s 后,车 A 变向,与车 B 相向行驶;(3) 有,在 $t = 4.5$ s;(4) 两车速度相同的时刻为它们之间距离最大的时刻。

2-28　(1) m·s^{-2};(2) 10.0 m 处;(3) $t = 1.43$ s;(5) -9.81;(6) 曲线形状是一个抛物线,其斜率代表加速度。

2-29　(1) 27.0 m,$27.0 + 18.0\Delta t + 3.00(\Delta t)^2$(m);

2-30　速率变小。

2-31　(a)。

2-32　10.5 m 或者 24 m。

2-33　(1) $4D$;(2) $\dfrac{4D}{T}$,方向向下;(3) $\dfrac{2D}{T^2}$,方向向下。

2-34　44 m。

2-35　$v_0 = 68$ m·s^{-1}。

2-36　38.1 m。

2-37　40.7 m。

2-38　(1) 26.4 m;(2) 7%。

2-39　46 m。

2-40　(1) 27 m·s^{-1};(2) 37 m;(3) -1.4 s;(4) 4.1 s。

2-41　(1) 0 m·s^{-1};(2) g;(3) 在最高点的速度同样为 0,加速度大于 g。

2-43　10^3 m·s^{-2}。

2-44　(1) 2.4 m;(2) 1.4 s。

2-45　(1) $\dfrac{2}{3}h$;(2) $\dfrac{h}{3}$。

2-46　(1) 5.6 s;(2) 155 m;(3) 55 m·s^{-1},61 m·s^{-1}。

2-47　(2) 78 m·s^{-1};(3) 4.9 s;(4) 204 m;(5) 24 s;(6) 24 m·s^{-1}。

2-48　(1) 88 m·s^{-1};(2) 1.6×10^3 m;(3) 36 s;(4) 177 m·s^{-1};(5) 54 s。

2-49　6 倍。

2-50　(1) s^{-1};(3) $v_y = g/b$;(4) $y = \dfrac{g}{b}\left(t + \dfrac{1}{b}e^{-bt} - \dfrac{1}{b}\right)$。

2-52　(1) 150 m·s^{-1},150 m·s^{-1};(2) 斜率(加速度)为 -9.8 m·s^{-2},在 y 轴上的截距为 300 m·s^{-1};(3) 300 m·s^{-1},0.00 m·s^{-1},-300 m·s^{-1}。

2-55　3.10 m·s^{-1}。

2-57　(1) 4.8 m·s^{-1};(2) 60%。

2-58　会;212 m,11.4 s。

2-59　32.3 m·s^{-1},超速。

2-60　无法完成超车。

2-61　(1) 玛姬的加速度为 5.43 m·s^{-2},朱迪的加速度为 3.83 m·s^{-2};(2) 玛姬的最大速率为 10.9 m·s^{-1},朱迪的最大速率为 11.5 m·s^{-1};(3) 6.00 s 时两人都匀速跑动,玛姬在前面,领先距离为 2.60 m。

(2) 18.0 m·s^{-1};(5) 平均加速度为 6.00 m·s^{-2};(6) 0.00 m·s^{-1}。

2-62　(1) $a = -1.00 \times 10^8 t + 3.00 \times 10^5 (\text{m·s}^{-2})$, $x = -\dfrac{1}{3}$

$\times 5.00 \times 10^7 t^3 + 1.50 \times 10^5 t^2 (\text{m})$；(2) 3.00×10^{-3} s；

(3) 450 m·s^{-1}；(4) 0.900 m。

2-64　(a)错；(b)对；(c)错；(d)错；(e)对。

2-65　(1) $v_y = -\dfrac{x}{y} v_x$；(2) 0.15 m·s^{-1}；(3) $v_y =$

$\dfrac{(x_0 + v_x t) v_x}{\sqrt{100 - (x + v_x t)^2}}$，$v_y$ 随 t 的增大而增大，当梯子与

地面的夹角接近 $0°$ 时，v_y 接近于无穷大。

2-67　第一种不正确，第二种正确。

2-68　$\vec{v} = at\vec{e_r} + \dfrac{1}{2} a\omega t^2 \vec{e_\varphi}$，$\vec{a} = \left(a - \dfrac{1}{2} a\omega^2 t^2\right)\vec{e_r} + 2a\omega t \vec{e_\varphi}$。

2-69　$\vec{v} = 12$ m·s^{-1} $\vec{e_x} + (16$ m·s$^{-1} - 9.8$ m·s^{-2} $t)\vec{e_y}$，$\vec{a} = -9.8$ m·s^{-2} $\vec{e_y}$。

2-70　(1) 10 m·s^{-1} $\vec{e_x} - 3.0$ m·s^{-1} $\vec{e_y}$；(2) 44 m $\vec{e_x} - 9.0$ m·$\vec{e_y}$，45 m，在 x 轴下方成 $12°$ 角。

2-71　$v = \sqrt{2g(y_0 - y)}$。

2-72　$\vec{v} = 30\vec{e_x} + (40 - 10t)\vec{e_y}$，$\vec{a} = -10\vec{e_y}$。

2-73　(1) $t_1 = \dfrac{vD}{v^2 - u^2}$；(2) $t_2 = D/[v\sin\arccos(u/v)]$；若不

假设 $u < v$，则(1)中无法逆流而上，(2)也无法沿垂直

水流方向流动。

2-74　乙先回到起点。

2-75　0.69 m·s^{-1}。

2-76　(1) 水流速率 $v = 0.8$ m·s^{-1}；(2) 相对速率 $v = 1.8$ m·s^{-1}；(3) 与河岸成 $60°$ 角，指向上游。

2-77　(1) 不可能垂直过河；(2) 与左侧河岸的夹角为 $\theta = \arccos(2/3)$，35.8 km·h^{-1}。

2-78　北偏东 $8.47°$，$t = 1.91$ h。

2-79　$l = \dfrac{(v^2 - u^2)R}{2v\sqrt{u^2\cos^2(\varphi - \theta) + v^2 - u^2}}$。

2-80　4.7 m·s^{-2}。

2-81　先向东，再向西飞行返航。

2-82　瞄准时应该向上倾斜；$s = v_0^2\sin2\theta/g$。

2-85　(1) 8.1 m·s^{-1}；(2) 23 m·s^{-1}。

2-86　小球最先落在第 4 级台阶上。

2-87　(1) $20°$；(2) 3.05 s。

2-88　不相同。

2-89　$45°$ 角向上。

2-90　(1) 6.39 m；(2) 11.9 m；(3) 16.9 m；(4) 18.1 m。

2-91　(1) 7.94 m；(2) 0.72 m。

2-92　(1) 481 m；(2) 8.41 m·s^{-1}；(3) 97.5 m·s^{-1}。

2-93　(1) 6.30 s；(2) 126 m；(3) 飞机在木筏前方 126 m 处，高度为 194.6 m。

2-94　$33.5°$。

2-95　(1) 不能；(2) 0.32 m。

2-96　同时发射才能相撞。

2-98　(1) $\sqrt{gR}$；(2) $(\sqrt{2} - 1)R$。

2-101　$\arctan\sqrt{7} \approx 69.3°$。

2-102　(1) 仰角 $63.4°$ 抛出；(2) 答案相同；(3) $45°$。

2-103　(1) 16.6 m；(2) 46.4 m；(3) 40.2 m。

2-104　(3) 0.03%。

2-105　(2) 80.0 m；(3) 距离增加 88.0 m，估算小了。

2-109　(1) 球的落点离墙面 18 m；(2) 0.40 s；(3) 5.2 m；(4) 1.8 s。

2-110　(1) 21.5 m·s^{-1}；(2) 3.54 s；(3) 19.3 m·s^{-1}。

2-112　(1) 0.79 m；(2) 105 m。

2-114　(1) $v \geqslant \dfrac{L}{\cos\theta}\sqrt{\dfrac{g}{2(L\tan\theta - h)}}$；(2) 26 m·s^{-1}。

2-115　以 6.6 m·s^{-1} 速度、$58°$ 角斜向上抛出，手帕水平速度为 3.5 m·s^{-1}。

2-119　(1) 465 m·s^{-1}，3.45×10^{-3} g；(2) 指向地心；(3) 395 m·s^{-1}，2.94×10^{-3} g；(4) $0°$。

2-120　5.95×10^{-3} m·s^{-2}。

2-121　2.2×10^{-3} m·s^{-2}。

2-122　(1) 5.4×10^8 m·s^{-2}；(2) 3.0×10^{-5} m·s^{-2}。

2-124　0.31 m·s^{-2}，与水平方向的夹角为 0.236 rad。

2-129　$\arctan\dfrac{\sqrt{2gh}}{v}$。

2-133　c。

2-134　(1) 11 a；(2) 3.4 a；(3) 2.97 光年；(4) $0.96c$。

第 3 章

3-4　2.0 kg。

3-5　(1) $a_1 : a_2 = m_2 : m_1$；(2) $v_1 : v_2 = m_2 : m_1$；(3) 质量

为 m_2 的运动在前面，距离为 $\dfrac{1}{2} F\left(\dfrac{1}{m_2} - \dfrac{1}{m_1}\right)(\Delta t)^2$。

3-7　$2.7\ \mathrm{m\cdot s^{-2}}$，$5.3\ \mathrm{m\cdot s^{-2}}$，$13\ \mathrm{N}$。

3-8　$M_3 = M_1 - \dfrac{M_2}{2}$。

3-9　(1) 黄蓉受到的力为她体重的 3 倍；(2) 郭靖受到的力为他体重的 7.7 倍；(3) 郭靖更容易受伤。

3-12　(1) $4.80\times10^3\ \mathrm{N}$，受力方向与子弹运动方向相反；
(2) 子弹在树墩内运动的距离为 $3.00\ \mathrm{cm}$。

3-14　(1) $489\ \mathrm{N}$；(2) $466\ \mathrm{N}$。

3-15　(1) $m(a+g)/g$；(2) $m(g-a')/g$；(3) $29\ \mathrm{kg}$。

3-16　向心力为 $5.6\times10^{-8}\ \mathrm{N}$，库仑力为 $3.7\times10^{-8}\ \mathrm{N}$，两者大小在同一量级。

3-18　(1) $|\vec{v}| = 47.4\ \mathrm{m\cdot s^{-1}}$；(2) 方向为 $(-3,1)$ 方向；
(3) $237\ \mathrm{m}$；(4) 坐标 $(-227,79)$ 处。

3-19　(1) 错；(2) 错；(3) 对；(4) 错；(5) 错。

3-20　(1) $2.22\ \mathrm{m\cdot s^{-2}}$；(2) $4.44\ \mathrm{N}$，$6.67\ \mathrm{N}$，$8.89\ \mathrm{N}$；
(3) $15.6\ \mathrm{N}$，$8.89\ \mathrm{N}$。

3-23　(1) 将鞋子朝着离自己最近岸边的反方向扔；
(2) $450\ \mathrm{N}$；(3) $6.92\ \mathrm{s}$。

3-25　$\theta \leqslant \arctan\mu = 39°$。

3-26　(2) 0.286；(3) $2.80\ \mathrm{m\cdot s^{-1}}$。

3-27　(1) $107\ \mathrm{m}$；(2) $146\ \mathrm{m}$。

3-28　(1) $5.7\ \mathrm{m\cdot s^{-1}}$；(2) $96\ \mathrm{m}$。

3-29　(1) $3.04\ \mathrm{m\cdot s^{-2}}$；(2) $9.13\ \mathrm{s}$。

3-30　(2) $300\ \mathrm{N}$；(3) $784\ \mathrm{N}$；(4) $420\ \mathrm{N}$。

3-31　$\mu = \tan\theta_{\max}$。

3-32　(1) $51\ \mathrm{N}$；(2) $6.2\ \mathrm{m\cdot s^{-2}}$。

3-36　(1) $2.0\ \mathrm{m\cdot s^{-2}}$；(2) $6.3\ \mathrm{m\cdot s^{-1}}$；(3) $0.47\ \mathrm{m}$；(4) $2.1\ \mathrm{s}$。

3-37　动摩擦力为 $\mu = \dfrac{v_0^2 - 2gd\sin\theta}{2gd\cos\theta}$，无法确定静摩擦力系数。

3-38　$0.06\ \mathrm{m}$。

3-40　(1) $1.1\ \mathrm{m\cdot s^{-2}}$；(2) $22\ \mathrm{N}$。

3-41　(1) $11\ \mathrm{N}$；(2) $1.4\ \mathrm{m\cdot s^{-2}}$。

3-42　(c)。

3-43　$176\ \mathrm{m}$，$4.6°$。

3-44　(1) $627\ \mathrm{N}$；(2) $b = 0.251\ \mathrm{kg\cdot m^{-1}}$。

3-45　(1) $\mathrm{kg\cdot s^{-1}}$，$\mathrm{MT^{-1}}$；(2) $\mathrm{kg\cdot m^{-1}}$，$\mathrm{L^{-1}M}$；
(4) $55.2\ \mathrm{m\cdot s^{-1}}$；(5) $84.3\ \mathrm{m\cdot s^{-1}}$。

3-46　(1) $70.7\ \mathrm{m\cdot s^{-1}}$；(2) $10\ \mathrm{s}$ 时；(3) $98.5\ \mathrm{s}$。

3-47　(1) $6.95\ \mathrm{m\cdot s^{-1}}$；(2) $1.04\ \mathrm{m\cdot s^{-1}}$；
(3) $1.33\times10^{-2}\ \mathrm{m\cdot s^{-1}}$。

3-49　(1) $-4.9\ \mathrm{N} \leqslant F \leqslant 109\ \mathrm{N}$；(2) $8.8\ \mathrm{N} \leqslant F \leqslant 58\ \mathrm{N}$。

3-50　(1) $\sqrt{3}g$。

3-51　$F = \dfrac{m_1 g\cos\alpha(m_1\sin\alpha - m_2)}{m_1 + m_2}$。

3-52　L_2 中的张力 $T_2 = \left(\dfrac{2\pi}{T}\right)^2 (L_1 + L_2)m_2$，$L_1$ 中的张力
$T_1 = \left(\dfrac{2\pi}{T}\right)^2 (L_1 + L_2)m_2 + \left(\dfrac{2\pi}{T}\right)^2 L_1 m_1$。

3-53　当 $\mu < \cot\theta$ 时，$\sqrt{\dfrac{g}{r}\dfrac{\cos\theta - \mu\sin\theta}{\sin\theta + \mu\cos\theta}} \leqslant \omega \leqslant \sqrt{\dfrac{g}{r}\dfrac{\cos\theta + \mu\sin\theta}{\sin\theta - \mu\cos\theta}}$；
当 $\mu \geqslant \cot\theta$ 时（必然有 $\mu < \tan\theta$），$0 \leqslant \omega \leqslant \sqrt{\dfrac{g}{r}\dfrac{\cos\theta + \mu\sin\theta}{\sin\theta - \mu\cos\theta}}$。

3-54　$m\ddot{x} = \begin{cases} -mg\cos\alpha - \mu N + m\omega^2 x\sin^2\alpha & (\dot{x} > 0) \\ -mg\cos\alpha + \mu N + m\omega^2 x\sin^2\alpha & (\dot{x} < 0) \end{cases}$，
$N_1 = mg\sin\alpha + m\omega^2 x\sin\alpha\cos\alpha$，
$N_2 = 2m\omega\dot{x}\sin\alpha$，$N = \sqrt{N_1^2 + N_2^2}$。

3-55　$0.089°$。

3-56　$5.07\times10^3\ \mathrm{s}$。

3-59　$28.2\ \mathrm{m\cdot s^{-1}}$。

3-60　$\vec{f} = -2.37\vec{e}_x + 0.75\vec{e}_y + 9.8\vec{e}_z\ (\mathrm{N})$。

3-62　$\sqrt{v_0^2 + \omega^2 r^2}$，$\sqrt{m^2 g^2 + 4m^2\omega^2(v_0^2 + \omega^2 r^2)}$。

3-63　$2\times10^1\ \mathrm{m\cdot s^{-1}}$，方向与径向夹角成 $19°$，指向斜后方。

3-64　$0.019\ \mathrm{m}$。

3-65　落地点在抛出点西边 $\dfrac{8\sqrt{2}\omega h^{3/2}\cos\lambda}{3\sqrt{g}}$。

3-66　(1) 摆锤向南偏离 $\dfrac{L\omega^2 R\sin2\lambda}{2(g_0 - R\omega^2\cos^2\lambda)}$；(2) 落地点东偏距离 $\dfrac{2}{3}\omega L\sqrt{\dfrac{2L}{g}}\cos\lambda$。

3-68　南半球 $59°$。

3-70　(2) $\mu_k = 0.256$，$g = 10.0\ \mathrm{m\cdot s^{-2}}$，相差 21%。

3-71　$\dfrac{Mg}{2\pi}\cot\dfrac{\alpha}{2}$。

3-72　$mg\mathrm{e}^{-5\pi\mu/2} < F < mg\mathrm{e}^{5\pi\mu/2}$。

3-73　(1) $55.0\ \mathrm{g}$；(2) $2.025\ \mathrm{N}$，$2.45\ \mathrm{m\cdot s^{-2}}$；(3) $N = 3$。

3-74　质量为 m_1 的加速度为 $\dfrac{(m_2 - m_1)g + 2m_2 a}{m_2 + m_1}$，质量为 m_2 的加速度为 $\dfrac{(m_1 - m_2)g + 2m_1 a}{m_2 + m_1}$，$T = \dfrac{2m_1 m_2(g + a)}{m_1 + m_2}$。

3-75 $\dfrac{M}{M+m}\left(\dfrac{1}{2}gt^2+h\right)$。

3-76 $(m_1\cos^2\theta+m_2)g$。

3-77 (2) $x(t)=\cos\left(\sqrt{\dfrac{m}{k}}t\right)$，$y(t)=\sqrt{\dfrac{m}{k}}v_0\sin\left(\sqrt{\dfrac{m}{k}}t\right)$；

   (4) $2\pi\sqrt{\dfrac{m}{k}}$。

3-78 $T=\dfrac{Mmg(3M+2m+m\sin^2\theta)\cos\theta}{(M+m\sin^2\theta)^2}$。

第 4 章

4-2 5.05×10^3 s。

4-4 5.4×10^9 km。

4-5 4.90×10^{11} m。

4-6 $\dfrac{\sqrt{2}}{8}T$。

4-7   (b)。

4-9 2×10^{-4}。

4-10 (1) $T=\sqrt{\dfrac{4\pi^2r^3}{GM_{\text{galaxy}}}}$；(2) 10^{41}；(3) 1.08×10^{11}。

4-11 (2) 0.73 AU；(3) 0.63 年。

4-12 (1) $\theta=191.3°$；(2) 2.13 年。

4-14 用力相等。

4-15 海南。

4-16 (1) 2 940 N；(2) 490 N；(3) 2 450 N。

4-17 1.990×10^{30} kg。

4-18 5 528 s。

4-19 飞船到地球的距离为 345 960 km。

4-21 约为 150 万 km。

4-22 (1) $\dfrac{3\omega^2}{4\pi G}$；(2) 1.3×10^{14} kg·m^{-3}；(3) 1.55×10^5 m；

   (4) 1.7×10^4 m。

4-23 (1) 白矮星的平均密度 $\rho\approx1.8\times10^9$ kg·m^{-3}；

   (2) 3.3×10^6 m·s^{-2}；(3) 3.3×10^6 N。

4-24 g_1。

4-25 (1) 1×10^{-22} m·s^{-2}；(2) 1×10^{-24} m。

4-26 8.70 m·s^{-2}。

4-27 (1) 3.0×10^3 N；(2) 7.9×10^3 m·s^{-1}；(3) 5 059 s。

4-28 (1) $\dfrac{M}{\pi R^4}$；(2) $\dfrac{GMr^2}{R^4}$；(3) $\dfrac{GM}{4R^2}$，方向指向球心。

4-29 (b)。

4-30 0.605。

4-32 3.3。

4-34 $g(x)=G\left(\dfrac{4\pi\rho_0R^3}{3}\right)\left[\dfrac{1}{x^2}-\dfrac{1}{8(x-R/2)^2}\right]$。

4-35 $\vec{F}=-\dfrac{GMm}{d^2}\vec{e}_x+\dfrac{GMmd}{4(d^2+R^2/4)^{3/2}}\vec{e}_y$。

4-36 9.71×10^{14} kg。

4-37 (1) $\displaystyle\iint\dfrac{G\tau\rho m_0z_0\mathrm{d}x\mathrm{d}y}{(x^2+y^2+z_0^2)^{3/2}}$，指向平板；

   (2) $\displaystyle\iint\dfrac{G\rho m_0z_0\tau r}{(r^2+z_0^2)^{3/2}}\mathrm{d}\theta\mathrm{d}r$，指向平板。

4-38 $F_A=\dfrac{Gm_3m}{r_A^2}$，$F_B=\dfrac{G(m_3+m_2)m}{r_B^2}$，

   $F_C=\dfrac{G(m_3+m_2+m_1)m}{r_B^2}$。

4-39 $\dfrac{GMm}{(R+r)^2}$。

4-40 $-2\pi kGM\rho x\displaystyle\int_0^R\dfrac{r^2}{(x^2+r^2)^{3/2}}\mathrm{d}r$。

4-41 (1) 6.38 m；(2) 31.9 μm。

4-42 增加。

4-43 6×10^{-5}。

4-44 $\dfrac{\Delta g_{\text{m}}}{g}=\dfrac{4m_{月}}{m_{地}}\dfrac{R^3}{r^3}\approx2\times10^{-7}$。

4-45 (3) 太阳对地球的潮汐力仅为月球的一半。

第 5 章

5-1   (a) 对；(b) 错；(c) 对。

5-4   25 J。

5-5   (1) 0.5 J；(2) 0.5 m·s^{-1}。

5-6   (1) 7 708 N；(2) 11 667 J。

5-7 mgR。

5-8   34 m。

5-12 (1) $F=mg\sin\theta+mg\mu_s\cos\theta$；(2) $\mu_k=(\mu_s-\tan\theta)/2$。

5-13 2.5×10^{12} J。

5-14 (2) $W=20.0F_0\pi r(\text{J})$（力和速度同方向）；

   $W=-20.0F_0\pi r(\text{J})$（力和速度反方向）。

5-18 (1) $F=b\left[\dfrac{1}{(a+x)^2}-\dfrac{1}{(a-x)^2}\right]$；(2) 当 $x=0$ 时，$F=0$；(3) 稳定平衡。

5-19　(1) 匀速圆周运动；(2) 可以，变质量物体的运动。

5-20　42 kg。

5-21　(d)。

5-23　175 W。

5-24　(1) 0.54；(2) 56.7 m·s^{-1}。

5-25　(1) $f_1 = 615$ N, $f_2 = 1\,229$ N；(2) $P_1 = 13.5$ kW, $P_2 = 40.6$ kW；(3) $\theta_{max} \approx 9.2°$；(4) 6.8 km。

5-26　(1) $v = 1.8$ m·s^{-1}；(2) $\theta \approx 8.5°$。

5-28　(1) $k\left(\sqrt{x^2+y_0^2}-y_0\right)\cdot\dfrac{x}{\sqrt{x^2+y_0^2}}$；(3) $\dfrac{x_0^2}{2y_0}\sqrt{\dfrac{k}{m}}$。

5-29　θ　$\sqrt{gL+kL^2/m}$。

5-30　$\sqrt{\dfrac{k}{m}\left(\dfrac{7}{2}-3\cos\theta-\sqrt{\dfrac{13}{4}-3\cos\theta}\right)L^2+2gL(1-\cos\theta)}$。

5-32　5.9×10^{11} m^2。

5-33　4.9×10^2 J。

5-34　7.06×10^4 N。

5-35　22 m·s^{-2}。

5-36　(1) 146.1 m；(2) 44.1 m·s^{-1}。

5-37　(1) 25.8 m；(2) 27.4 m·s^{-2}。

5-38　(1) 30 J；(2) 19 J；(3) 11 J；(4) 2.7 m·s^{-1}。

5-39　(a) 错；(b) 错；(c) 错；(d) 错。

5-40　(a) 错；(b) 错；(c) 对；(d) 错；(e) 对。

5-42　(1) 17.4 s；(2) 478 s。

5-44　$V = 2v$。

5-46　6 mg。

5-48　(1) 0.80 m；(2) 2.5 m·s^{-1}。

5-49　(1) $\dfrac{x}{L}\mu g$；(2) $\sqrt{\mu gL}$。

5-50　(1) 3.04 m；(2) 7.35 m·s^{-1}。

5-51　(1) $F_x = -18x+8x^3$；(2) $x=0,3/2,-3/2$；(3) $x=0$ 为稳定平衡，另外两个为不稳平衡。

5-52　(4) 0.78 m·s^{-1}。

5-53　(1) $E_p = -mgy+2Mg\left(\sqrt{y^2+d^2}-d\right)$；(2) $y=\dfrac{md}{\sqrt{4M^2-m^2}}$；(4) 稳定平衡。

5-54　-0.40 m·s^{-1}。

5-55　(1) 人的小臂长约为 30 cm，抛球时主要靠小臂的摆动，所以估测小球在人手中位移为 20 cm, $t=0.016$ s；(2) $F=147$ N；(3) $mg=1$ N $\ll F$，所以可以忽略重力对球的作用。

5-56　(1) 3.38 kg·m·s^{-1}；(2) 2.2×10^{-3} s, 1.5×10^3 N。

5-57　(1) 2.93 kg·m·s^{-1}；(2) 6.13×10^{-4} s；(3) 4.78×10^3 N。

5-58　(1) 3.99×10^{-4} N；(2) 3.0×10^{-4} N。

5-59　8.8 m·s^{-1}。

5-60　横向摩擦力为 3.5×10^3 N，铲雪车的牵引力为 5.3×10^3 N。

5-61　汽车反弹：3.25×10^4 kg·m·s^{-1}，1.62×10^5 N；汽车不反弹：2.8×10^4 kg·m·s^{-1}，1.4×10^5 N；最终速度为 0，墙对车的作用力变小。

5-62　546.4 N。

5-63　24.64 N。

5-64　$3Mg/2$。

5-67　(a) 对；(b) 错；(c) 对。

5-68　$\dfrac{2}{3}\sqrt{\dfrac{GM}{R}}$, $\dfrac{1}{3}\sqrt{\dfrac{GM}{R}}$。

5-70　(1) 2.46×10^3 m·s^{-1}；(2) 150 s；(3) 2.1 m·s^{-2}；(4) 34.4 m·s^{-2}；(5) 1.74×10^3 m·s^{-1}。

5-71　(1) $\dfrac{ku}{m_0-kt}-g$；(2) $\displaystyle\int_0^t\int_0^t\left(\dfrac{ku}{m_0-k\tau}-g\right)\mathrm{d}\tau\mathrm{d}t$。

5-73　$\sqrt{2GM/R}$。

5-74　1.793×10^{10} J。

5-76　$R=2GM/c^2$。

5-79　(1) $V_1 = -\dfrac{m_2m(2m_1+m)}{(m_1+m)^2(m_2+m)}v$,

$V_2 = -\dfrac{2m_1m+m^2}{(m_1+m)(m_2+m)}v$；

(2) $\dfrac{1}{2}(m+m_1)V_1^2+\dfrac{1}{2}m_2V_2^2$，动能的增加来自于宇航员的化学能转化为系统的动能。

5-80　0.03 kg。

5-81　(1) $v=\sqrt{\dfrac{2Mgh}{M+m}}$, $V=\sqrt{\dfrac{2m^2gh}{M(M+m)}}$。

5-83　(1) $\dfrac{(m_1-m_2)^2}{(m_1+m_2)(m_1+m_2+m_c)}g$；

(2) $\left(m_c+\dfrac{4m_1m_2}{m_1+m_2}\right)g$；

(3) $T=\dfrac{2m_1m_2}{m_1+m_2}g$。

5-87　$(0,R/6)$。

5-88   质心在对称轴上，距离底面 $\dfrac{3}{8}\dfrac{b^4-a^4}{b^3-a^3}$。

5-91 $\alpha_1 = \arccos\left[1-\left(\dfrac{m_1-m_2}{m_1+m_2}\right)^2(1-\cos\alpha)\right]$,

        $\alpha_2 = \arccos\left[1-\dfrac{l_1}{l_2}\left(\dfrac{2m_1}{m_1+m_2}\right)^2(1-\cos\alpha)\right]$。

5-92 $r = \dfrac{q}{v}\sqrt{\dfrac{1}{\pi\varepsilon_0 m}}$，末态：第一个粒子静止，第二个速率为 v。

5-93   126 g。

5-94   (1) 板的速度 $V=\sqrt{2gH}$，子弹的速度 $v=\sqrt{2gh}$；

        (2) $v_0 = \dfrac{M}{m}\sqrt{2gH}+\sqrt{2gh}$；

        (3) 之前，$E_1 = \dfrac{M^2}{m}gH+mgh+2Mg\sqrt{Hh}$，之后，$E_2 = mgh + MgH$；(4) $\Delta E = E_2 - E_1$。

5-95   (1) $\dfrac{m_1+m_2}{m_1}\sqrt{2gh}$；(2) $\dfrac{(m_1+m_2)^2}{4m_2^2}h$。

5-96   (1) $v=318.3$ m·s^{-1}，与水平方向成 $11.4°$角，斜向上；(2) 5.35×10^3 m；(3) 3.55×10^4 J。

5-97 $h = \dfrac{1}{2}gt_1t_2\dfrac{t_1+2t_2}{2t_1+t_2}$。

5-98   对心碰撞：交换速度；斜碰：碰撞后两球速度互相垂直。

5-99   (1) $v_1=1.7$ m·s^{-1}，$v_2=1.0$ m·s^{-1}；(2) 碰撞是弹性的。

5-100   (1) -3 m·s^{-1}；(2) 相对质心速度 $v_1'=-2$ m·s^{-1}，$v_2'=6$ m·s^{-1}；(3) 在质心系中，两者相碰后速度与原速度方向相反，大小相等，而质心速度是不变的；(4) 实验室中，速度 $v_1''=-1$ m·s^{-1}，$v_2''=-9$ m·s^{-1}；(5)总动能是相等的；(6) $v_c=0$ m·s^{-1}。相撞后各自反向，速度大小不变，而且相对实验室的速度就是相对质心的速度。

5-101 $v=6.5$ m·s$^{-1}=23.4$ km·h$^{-1}>15$ km·h^{-1}，因此可以判断他说谎。

5-102 $v_x = \sqrt{\dfrac{(1-e)gL}{2(1+e)}}$，$h = \dfrac{e^2}{1-e^2}L$。

5-103   (1) 在两球相碰前，两球速率相同，速度方向相反；(3) $v_1=2v$；(4) $m_{篮球}:m_{棒球}:m_{第三个球}=6:2:1$；(5) $v_2=3v$。

5-105   (1) 981 kg·m·s^{-2}；(2) 3.4 m·s^{-1}；(3) 3.8 m·s^{-1}；(4) 0.74 m。

5-108 $V_B=0$，$V_A=V_{Ay}=\sqrt{2gl}$。

5-109   (1) 3.00 kg·m·s^{-2}；(2) 3 N，方向向右；(3) 3 N；(4) 1.50 J；(5) 0.75 J。

5-110   (1) $\sqrt{gl}$；(2) $\dfrac{mg}{l^2}(2xl-x^2)$。

5-111   0.93 m·s^{-1}。

5-113   (1) $v_1 = \dfrac{v_0r_0}{r_1}$；(2) $T = \dfrac{l^2}{mr^3}$；(3) $W = \dfrac{mv_0^2}{2}\left(\dfrac{r_0^2}{r_1^2}-1\right)$。

5-114   动量矩 $\vec{L}$ 的大小为 $\dfrac{1}{12}\omega ML^2\sin^2\theta$，方向与细棒垂直。

5-116 $L^2 + 2mr^2\cdot E = 0$。

5-117   (1) $v_B=2.4$ m·s^{-1}，$v_C=4.0$ m·s^{-1}；(2) $b=3.2$ N·m^{-1}。

5-118   (1) 水平分量为 1.5 kg·m^2·s^{-1}，竖直分量为 0.8 kg·m^2·s^{-1}；(2) $|d\vec{l}/dt|=mgr/2$，方向与 $\vec{v}$ 相同。

5-119   (3) $r=3.8\times10^6$ m。

5-123   A 需要在 B 领先其 $47.7°$时发射飞行器，转移轨道为椭圆，半长轴 $r_c=1.29\,r_A$。

第 6 章

6-6   (1) 537 600 kg·m^2·s^{-1}；(2) 537 600 kg·m^2·s^{-1}；(3) 270 144 kg·m^2·s^{-1}。

6-8 $ML^2/12$。

6-9 $ML^2/3$。

6-10 $MR^2/2$。

6-12   5 kg·m^2。

6-13   (1) $C=25M/(16R^3)$；(2) $0.33MR^2$。

6-15 $0.3mr^2$。

6-16   (b)。

6-17   飞轮形状是一直径为 20 cm、厚度为 3.5 cm、质量为 8.6 kg 的圆盘。

6-18   转动动能为 $23MR^2\omega^2/48$。

6-19   (1) 能；(2) 34.3 rad·s^{-1}；(3) 11.7 rad·s^{-1}；(4) 136.4 J，46.6 J。

6-20 $ML^2/12$。

6-22   力矩的方向垂直纸面向里，大小为 168 N·m。

6-23   (1) 两力提供的力矩为 $-40a+40\sqrt{3}b$。

6-24   角速度约为 12.9 rad·s^{-1}。

6-29   (1) 临界角为 $\arctan(1/3)$；(2) 加速度为 $2g\sin\theta/3$。

6-30　221 s。

6-31　$\dfrac{mg}{1+3\sin^2\theta}$。

6-32　(1) $3g/(2L)$；(2) 垂直于细棒方向,其大小为 $mg/4$。

6-33　$\dfrac{m_1 g}{m_1+m_2+M}$。

6-34　$a_1=a_2=\dfrac{m_2 g}{m_1+m_2+I/R^2}$；$T_1=\dfrac{m_1 m_2 g}{m_1+m_2+I/R^2}$；

　　　$T_2=\dfrac{m_2 g(m_1+I/R^2)}{m_1+m_2+I/R^2}$。

6-35　$a_1=a_2=\dfrac{m_1-m_2}{m_1+m_2+M/2}g$；$\beta=\dfrac{m_1-m_2}{R(m_1+m_2+M/2)}g$。

6-36　$2R/5$。

6-37　$v_0\leqslant 2\omega_0 r/3$。

6-39　$\dfrac{r}{7r-5h}\sqrt{70gh}$。

6-40　$\sqrt{3g(\sqrt{2}-1)/2}$。

6-41　(1) $\sqrt{3g/L}$；(2) $\dfrac{1}{2\pi}\sqrt{\dfrac{6h}{L}}$。

6-42　$mg/4$。

6-43　(1) 上表面朝下落地；(2) 下表面竖直落地。

6-46　(1) 57.1 kg。(2) 角加速度为 2.72 s^{-2},绳子张力分别为 676 N 和 380 N。

6-47　(1) 36.15 N；(2) 加速度为 0.846 m·s^{-2}；(3) 质量在 0.40 kg 和 2.72 kg 之间,且不能等于 1 kg。

6-48　$v_1=v_2=\sqrt{\dfrac{2(m_2-m_1)gh}{m_1+m_2+I/R^2}}$；

　　　$\omega=\sqrt{\dfrac{2(m_2-m_1)gh}{(m_1+m_2)R^2+I}}$。

6-50　$a=\dfrac{T}{m}\times\dfrac{2(R+r)}{3R}$；$f=\dfrac{T(R-2r)}{3R}$。

6-53　$I/(md)$。

6-55　50 850 W。

6-57　$h=0.41$ m。

6-59　(1) $\omega_0/3$；(2) $mR^2\omega_0^2/6$。

6-60　$L'/L=5/\sqrt{21}$。

6-62　(1) 系统碰前的总动量矩为 mvb；(2) 角速率为 $\omega=\dfrac{2mvb}{(M+2m)R^2}$；(3) 系统的动能为 $\dfrac{m^2v^2b^2}{(M+2m)R^2}$；(4) 系统损失的机械能为 $\dfrac{mv^2(MR^2+2mR^2-2mb^2)}{2(M+2m)R^2}$。

6-63　$1+\dfrac{Md^2}{3mx^2}$。

6-65　(1) 7/3 m·s^{-1},4/3 m·s^{-1},2 s^{-1}；
　　　(2) 8/3 m·s^{-1},2/3 m·s^{-1},1 s^{-1}。

6-66　$2\sqrt{3}v/3$。

6-68　$h=(27R-17r)/10$。

6-69　(1) 0.20 s；(2) 0.64 m,2.71 m·s^{-1}。

6-70　(1) $\sqrt{\dfrac{4FL(R+r)}{3mR}}$。(2) $f=\dfrac{F(R-2r)}{3R}$,当 $r<R/2$ 时,摩擦力水平向左；当 $r=R/2$ 时,摩擦力为零；当 $r>R/2$时,摩擦力水平向右。

6-71　$\dfrac{2Mg(\sin\theta-\mu\cos\theta)}{2M+m}$。

6-72　$\dfrac{1}{r}\sqrt{\dfrac{10g(R-r)(1-\cos\theta)}{7}}$。

6-74　$-5\vec{a}/7$。

6-78　7.2×10^{-3} kg·m^2·s^{-1}。

6-79　(1) 150 N·m^{-1}；(2) 66 J；(3) 25 J。

6-80　(a) 793.8 N·m；(b) 2 508.8 N·m；(c) 0 N·m；
　　　(d) 1 163.7 N·m；(e) -2 938.4 N·m。

6-83　(1) 35.9 s^{-1}；(2) 762.4 J。

6-85　能成功。

6-91　(1) 73.75 kg,6.25 kg；(2) 70 kg。

6-92　0.73 m。

6-95　49 kg。

6-96　305.3 N；1 548.3 N。

6-97　(2) 60°。

6-98　$\dfrac{mg}{\sin\theta_1+\cos\theta_1\tan\theta_2}$。

6-99　(1) 29.9 N；(2) 22.2 N。

6-103　(1) 718 N；(2) $-19.5°$。

6-105　0.375。

6-106　如果 $\mu=\tan\varphi$,则 $\theta=90°-2\varphi$。

6-108　$\mu L\sin\theta\tan\theta$。

6-110　$\theta>51.3°$。

6-112　$\dfrac{\cos\theta-\sin\theta}{2\sin\theta}$。

6-113　arctan1.6。

6-114　$\dfrac{Mg\sqrt{2Rh-h^2}}{R-h}$。

6-115　(1) $Mg - \dfrac{F(2R-h)}{\sqrt{2Rh-h^2}}$;(2) F;

　　　　(3) $\dfrac{F(2R-h)}{\sqrt{2Rh-h^2}}$。

6-116　(1) $\dfrac{mg\sqrt{2rh-h^2}}{2r-h}$;(2) $\dfrac{mg\sqrt{4r^2-2rh}}{2r-h}$。

6-119　(1) $2mg$;(2) $\dfrac{mg(R-r)}{\sqrt{2rR-R^2}}$;(3) $\dfrac{mgr}{\sqrt{2rR-R^2}}$。

6-120　1。

6-121　(4) 不是。

6-122　0.174h。

6-123　(1) 129.7 N;(2) 110.1 N,方向竖直向下。

6-124　1 300 N。

6-125　4.64 N·m,方向垂直纸面向外。

6-126　(1) 2 705 N;(2) 脊柱所受压力在水平和垂直方向的
　　　　力分别为 2 646 N 和 12.5 N。

6-127　(d)。

6-132　1.7×10^{22} N·m。

第 7 章

7-1　$2k$。

7-2　(b)。

7-3　不能。

7-4　不会断。

7-5　6.21 rad·s^{-1}。

7-6　2 000 m。

7-7　2×10^{-3}。

7-9　0.047 m。

7-10　1.00×10^{-3},1.02×10^{11} Pa。

7-12　(1) 9.95×10^{-4} m;(2) 16 s^{-1}。

7-13　5°。

7-14　1.48×10^{3} N。

7-16　4.56×10^{8} N·m^{-2}。

7-18　(2) 43.8 m·s^{-1}。

第 8 章

8-3　0.970 g·cm^{-3}。

8-4　10^{2} kg。

8-5　5.27×10^{18} kg。

8-6　读数 $W_B > W_A = W_C = W_E > W_D$。

8-9　12 N。

8-10　2.5×10^{4} N。

8-11　(1) 0.34 kg;(2) 3×10^{4} N。

8-13　2.4×10^{8} N。

8-15　$N_1 = m_i g - \rho_0 gV = m_i g - m_i g\rho_0/\rho_i$;
　　　　$N_2 = m_b g + m_0 g + m_i g\rho_0/\rho_i$。

8-18　2.46×10^{7} kg。

8-19　1.11 kg·m^{-3}。

8-20　8.73 kg。

8-21　(1) 1.11×10^{4} kg·m^{-3};(2) 铅。

8-22　纯金。

8-23　(1) 2.5%;(2) 60 m^{3}。

8-24　0.04 L。

8-25　21%。

8-27　不可能。

8-28　木块会上升。

8-33　(1) 4.58 L·min^{-1};(2) 0.076 m^{2}。

8-36　液面为旋转抛物面。

8-37　(1) 无旋场;(2) 无旋场。

8-41　(3) $h = \left(\sqrt{H} - \dfrac{A_2}{A_1}\sqrt{\dfrac{g}{2}}\,t\right)^2$;(4) 7.0×10^{3} s。

8-42　$\sqrt{\dfrac{2(P+\rho gh-P_0)}{\rho}}$。

8-43　(2) 28 m·s^{-1}。

8-44　(1) 4.4 m·s^{-1};(2) 10.3 m。

8-47　$\sqrt{\dfrac{2(\rho_0-\rho)g\Delta h}{\rho(r^2-1)}}$,$r = A_1/A_2$。

8-49　(1) 1.25 cm;(2) 13.8 m·s^{-1}。

8-50　(1) 2.5 m;(2) 3.0 m。

8-51　水不能继续往外流。

8-52　2.57 m·s^{-1}。

8-53　1.9×10^{6} N。

8-54　3.0×10^{5} N,方向垂直向上。

8-56　16.6 kPa·s·m^{-3}。

8-57　48%。

8-58　1 590。

8-60　(1) $-\dfrac{\rho g}{2\eta}\sin\theta(z^2-2hz)$;(2) $d=\sqrt{3}h/3$。

8-62　(1) 2.4×10^{-2} m·s^{-1};(2) $t=4\,132$ s。

8-63　(1) 0.039 s;(2) 长 86 倍。

8-69　1.23 m·s^{-1},1.92×10^{-6} m^3·s^{-1}。

8-70　用 R 表示管的内半径,$r=\sqrt{3}R/3$。

8-71　3.98×10^{-3} Pa·s。

8-72　2.91×10^{-3} m^3·s^{-1}。

8-74　27.8 s。

8-75　4.03×10^{-3} kg·m^{-1}·s^{-1}。

8-76　(1) 由下向上;(2) 4.46 kg·s^{-1}。

8-77　(1) 1.074 m;(2) 1 000 N。

第 9 章

9-2　(2) 1.56 s;(3) 不是简谐运动。

9-3　做简谐振动,$T=2\pi\sqrt{\dfrac{m}{\rho_0 l^2 g}}$($y_0<l-h$,$y_0<h$)。

9-5　(1) 0.588 m·s^{-1};(2) 0.160 s;(3) 5.76 m·s^{-2};
　　(4) 0.32 s

9-6　需要悬挂 4 张彩纸。

9-7　0.27 s。

9-8　0.787 s。

9-9　(1) 1.76 kg;(2) 1.09 cm;(3) $x=3\cos(30.16t)$ cm,$v=$
　　$-0.90\sin(30.16t)$ m·s^{-1},$a=-27.29\cos(30.16t)$ m·s^{-2}。

9-10　(c)。

9-11　(2) 0.013 6 m·s^{-2}。

9-12　(a)。

9-14　0.41 J。

9-15　(c)。

9-16　11.1 Hz。

9-17　(1) $A\leqslant0.03$ m;(2) $v\leqslant2.2$ s^{-1}。

9-18　(1) 1.1 s^{-1};(2) 0.45 s;(3) 0.12 N;(4) 0.20 m。

9-19　(1) $\varphi_0\sqrt{gL}$;(2) $v=\sqrt{2gL(1-\cos\varphi_0)}$;
　　(4) $\Delta v\leqslant0.001$ m·s^{-1};(5) $\Delta v=0.22$ m·s^{-1}。

9-22　(1) 0.62 m·s^{-1};(2) 0.100 m。

9-23　离平衡位置 0.027 m 处,珠子脱离。

9-24　(1) 平衡位置上方 2.42 cm 处;(2) $\Delta h=1.3$ cm。

9-25　(1) $kA/[(m_1+m_2)g]$。

9-26　(3) $T=84.49$ min。

9-27　(1) $\dfrac{2\pi}{\sqrt{GM/R^3-\omega^2}}$;(2) $\dfrac{2\pi}{\sqrt{GM/R^3-\omega^2}}$。

9-28　$2\pi\sqrt{\dfrac{L}{g\cos\theta}}$。

9-29　$2\pi\sqrt{\dfrac{3R}{2g}}$。

9-30　$x\approx0.29l$。

9-35　钟变快,变快 164 s。

9-36　(b)。

9-37　$2\pi\sqrt{\dfrac{mx^2+mL^2/12}{mgx}}$。

9-40　$\pi\sqrt{\dfrac{9\pi-16}{2}\dfrac{R}{g}}$。

9-42　(1) 5.19 s;(2) 8 490;(3) 0.074%。

9-43　(1) 1.6%;(3) $E_n=0.43E_0$。

9-46　2.76π。

9-49　(1) 27;(2) 251;(3) 2.5。

9-50　(1) 130;(2) 3.2 Hz;(3) 0.16 rad·s^{-1};
　　(4) 0.025 t;(5) 0.051 m。

9-54　$y=0.02\sin\left(2\pi t-\dfrac{\pi}{25}x+\dfrac{5\pi}{6}\right)$。

9-55　221 m·s^{-1};该波是浅层波。

9-56　P 波先到达,时间相差 666 s。

9-57　(1) 0.92 s;(2) 27.64 m;(3) 频率不变,波长为6.18 m。

9-58　(1) $\Delta k=\dfrac{2\pi(N-1)}{\Delta x}$;(2) $\lambda\approx\dfrac{\Delta x}{N}$;(3) $k=\dfrac{2\pi N}{\Delta x}$;
　　(4) $\Delta\omega=2\pi\dfrac{N-1}{\Delta t}$;(5) $f=\dfrac{N}{\Delta t}$;(6) ±1。

9-60　$v=\sqrt{T/\lambda}$。

9-62　(1) $\rho(x)=\rho_0+(\rho_L-\rho_0)x/L$。

9-64　426 W,8.2 cm。

9-65　$\sqrt{2}P_0$。

9-66　(1) 66.67 Pa;(2) 5.03 W·m^{-2};(3) 0.632 W;
　　(4) 0.002 8 W·m^{-2}。

9-67　(1) 61 dB;(2) 72 dB。

9-68　(b)。

9-69　错。

9-70　55 dB。

9-71　20 dB,100 dB。

9-72　(1) $3.6×10^{-5}$ m;(2) $8.3×10^{-7}$ atm。

9-73　(1) 55.1 Pa;(2) 125 dB;(3) 0.247 W。

9-74　(1) 78.5 W;(2) 2.5 m;(3) $2.5×10^{-3}$ W·m^{-2}。

9-76　(a)。

9-78　C。

9-79　443 Hz。

9-80　(1) $\sqrt{2}P_0$;(2) 0;(3) $2P_0$。

9-81　1 789 Hz,3 579 Hz。

9-83　2.4 rad。

9-85　(1) $y=A\sin\dfrac{9x-19t}{2}\cos\dfrac{x-t}{2}$;(2) 1 m·s^{-1};(3) 2π;

　　　(4) 是色散介质,因为两列波的相速度不同。

9-87　(1) 当 $f=0.07n$(n 为自然数)时,会发生共振。

9-88　20 m,2.5%。

9-90　528 m·s^{-1}。

9-91　84 Hz,该金属线适合做钢琴线。

9-93　2.19 Hz。

9-94　443 Hz。

9-95　(1) $5.16×10^{-4}$ kg·m^{-1};(2) $\rho_A=1.16×10^{-3}$ kg·m^{-1},
　　　$\rho_D=2.61×10^{-3}$ kg·m^{-1},$\rho_G=5.88×10^{-3}$ kg·m^{-1}。

9-96　(1) 345 m·s^{-1};(2) 0.013 m。

9-97　(1) 332.8 m·s^{-1};(2) 0.3 cm。

9-98　(a)。

9-99　(1) 一端开口;(2) 262 Hz;(3) 0.32 m。

9-100　(2) 203.41 Hz;(3) 误差为 0.03 Hz。

9-101　452.2 Hz。

9-103　70.2 m。

9-104　(1) 1 214 Hz;(2) 1 186 Hz;(3) 1 228 Hz。

9-105　(1) 65.0 m;(2) 0.77 m·s^{-1},方向向下。

9-106　0.5 m·s^{-1}。

9-107　0.33 m·s^{-1}。

9-109　22.0 m·s^{-1}。

9-110　3 700 Hz,3 700 Hz。

9-111　(2) $1.11×10^3$ Hz;(3) 9.26 Hz。

9-112　78 m·s^{-1}。

9-113　$2.26×10^8$ m·s^{-1}。

第 10 章

10-1　不违背。

10-2　c。

10-4　密度增大。

10-5　6.63 m。

10-6　$2.4×10^8$ m·s^{-1}。

10-7　该介子不可能来源于太阳。

10-8　4 625 m。

10-9　(1) 1 247.66 m;(2) $4.20×10^{-6}$ s;(3) $2.98×10^{-5}$ s。

10-12　(1) $\sqrt{L_x^2+L_y^2}=\sqrt{2}/2$ m;(2) $v=\sqrt{6}c/3$。

10-13　$\tan\theta=\dfrac{\sin\theta_0}{\cos\theta_0-\beta}\sqrt{1-\beta^2}$。

10-15　0.01 s。

10-17　$1.54×10^{-9}$ s。

10-18　$5.9×10^{-9}$ s。

10-19　正确。

10-20　1.25 h。

10-21　存在。

10-22　是的。

10-25　(1) 1.62 m;(2) 2.778 m。

10-26　(1) 52.68 m;(2) 速率为 $-0.986\,9c$;(3) 16.11 m;
　　　(4) $2.066×10^{-7}$ s。

10-27　(1) 40 光分;(2) 25 光分;(3) 15 光分;(4) 25 分钟,
　　　25 分钟;(5) 100 分钟;(6) 60 分钟。

10-28　$-0.50c,\sqrt{3}$年。

10-30　$0.4c=1.2×10^8$ m·s^{-1}。能。

10-31　(1) 10 s;(2) 90 s。

10-33　(1) 38.89 年;(2) 16.96 年。

10-34　30 天。

10-35　$0.8c$。

10-38　1 h$\times\sqrt{\dfrac{1+\beta}{1-\beta}}$。

10-39　(1) $1.75×10^{-6}$ s;(2) $3.09×10^{-6}$ s;
　　　(3) $4.75×10^{-6}$ s;(4) 1 083 m。

10-41　(1) $-4.8×10^{-6}$ s;(2) $1.1×10^{-6}$ s;(3) $5.9×10^{-6}$ s;
　　　(4) $2.6×10^{-6}$ s;(5) 4.4 h;(6)19 h。

10-42　$x=\dfrac{c^2t}{v}\left[1-\sqrt{1-(v/c)^2}\right]$;

　　　$x'=\dfrac{c^2t'}{v}\left[\sqrt{1-(v/c)^2}-1\right]$。

10-44　(1) 任何交通工具的速度都小于 50 m·s^{-1}。(2) 运动
　　　速度不同的人所戴手表快慢不一样。(3) 以不同速度

运动的相同静止尺子在静坐标系中的长度不一样。

10-45　(1) $v_x = 0.977c$；(2) $v_x = -0.419c$。

10-46　速度大小和角度分别为 $v' = \sqrt{(v_x')^2 + (v_y')^2} = 0.88c$，$\theta = \arctan \dfrac{v_y'}{v_x'} = 46.8°$。

10-47　参考系 S' 以速度 $v = 0.2c$，相对于 S 系的 x 负方向运动。飞船在 S' 系中的速度为 $0.714c$。

10-49　(3) 2 000 Hz；(4) 3/40 m·s^{-1}。

10-50　1.5×10^7 m·s^{-1}。

10-51　(1) $35c/37$；(2) 3.78×10^3 Mpc。

10-52　$0.256\,5c$。

10-53　$a = \dfrac{\mathrm{d}v}{\mathrm{d}t} = \dfrac{F(\sqrt{1-v^2/c^2})^3}{m_0}$。

10-54　$\dfrac{m_0}{(\sqrt{1-v^2/c^2})^3}$，$\dfrac{m_0}{\sqrt{1-v^2/c^2}}$。

10-55　$v = \dfrac{Ft}{\sqrt{m_0^2 + F^2 t^2/c^2}}$；

$E_k = mc^2 - m_0 c^2 = c^2 \sqrt{m_0^2 + F^2 t^2/c^2} - m_0 c^2$。

10-56　(b)。

10-57　以静止能量为单位。(1) 0.155；(2) 1.294；(3) 6.088。

10-58　(1) 0.76%；(2) 2.195。

10-59　$0.115c$，$0.257c$，$0.786c$。

10-60　310%。

10-61　4.3×10^{-11} kg。

10-66　(1) $v = E/(Mc)$；(2) $EL/(Mc^2)$。

10-67　$T_1 = \dfrac{1}{2M}[(M - m_1)^2 - m_2^2]c^2$；

$T_2 = \dfrac{1}{2M}[(M - m_2)^2 - m_1^2]c^2$。

10-68　$-0.798c$。

10-69　(1) 1.73×10^5 m·s^{-1}；(2) 155 kg；(3) 1.5×10^5 m·s^{-1}。

参 考 书 目

[1] 程稼夫. 力学 [M]. 合肥:中国科学技术大学出版社,2002.

[2] 费曼 R. 物理定律的本性 [M]. 关洪,译. 长沙:湖南科学技术出版社,2006.

[3] 伽莫夫. 从一到无穷大 [M]. 暴永宁,译. 北京:科学出版社,2007.

[4] 伽莫夫. 物理世界奇遇记 [M]. 吴伯泽,译. 北京:科学出版社,2008.

[5] 郭奕玲,沈慧君. 物理学史 [M]. 北京:清华大学出版社,2005.

[6] 科恩 I. 新物理学的诞生 [M]. 张卜天,译. 北京:商务印书馆,2015.

[7] 雷·斯潘根贝格,戴安娜·莫泽. 科学的旅程 [M]. 郭奕玲,等译. 北京:北京大学出版社,2008.

[8] 梁昆淼. 力学:上册 [M]. 北京:高等教育出版社,2010.

[9] 卢德馨. 大学物理学 [M]. 北京:高等教育出版社,1998.

[10] 陆果. 基础物理学 [M]. 北京:高等教育出版社,1997.

[11] 伦纳德·史莱因. 艺术与物理学 [M]. 吴伯泽,暴永宁,译. 长春:吉林人民出版社,2001.

[12] 倪光炯,王炎森. 物理与文化:物理思想与人文精神的融合 [M]. 北京:高等教育出版社,2009.

[13] 潘永祥,王绵光,金尚年,等. 物理学简史 [M]. 武汉:湖北教育出版社,1990.

[14] 漆安慎,杜婵英. 力学 [M]. 北京:高等教育出版社,2005.

[15] 强元榮,程稼夫. 物理学大题典:力学 1,2 [M]. 北京:科学出版社,2005.

[16] 瑞斯尼克 R,哈里德 D. 物理学:第一卷:第一、二册 [M]. 郑永令,等译. 北京:科学出版社,1979.

[17] 舒幼生. 力学 [M]. 北京:北京大学出版社,2005.

[18] 孙宗扬,汪克林. 力学 [M]. 北京:高等教育出版社,1995.

[19] 吴泳华,霍剑青,浦其荣. 大学物理实验:第一册 [M]. 北京:高等教育出版社,2005.

[20] 希伯勒 R. 动力学 [M]. 李俊峰,袁长清,吕敬,译. 北京:机械工业出版社,2015.

[21] 希伯勒 R. 静力学 [M]. 李俊峰,吕敬,袁长清,译. 北京:机械工业出版社,2013.

[22] 谢行恕,康士秀,霍剑青. 大学物理实验:第二册 [M]. 北京:高等教育出版社,2005.

[23] 亚历山大·柯瓦雷. 伽利略研究 [M]. 刘胜利,译. 北京:北京大学出版社,2008.

[24] 亚历山大·柯瓦雷. 牛顿研究 [M]. 张卜天,译. 北京:商务印书馆,2016.

[25] 杨维纮. 力学 [M]. 合肥:中国科学技术大学出版社,2004.

[26] 杨维纮. 力学与理论力学:上册 [M]. 北京:科学出版社,2008.

[27] 张汉壮,王文全. 力学 [M]. 北京:高等教育出版社,2009.

[28] 张三慧. 大学物理学:力学、电磁学 [M]. 北京:清华大学出版社,2009.

[29] 赵凯华. 定性与半定量物理学 [M]. 北京:高等教育出版社,2008.

[30] 赵凯华,罗蔚茵. 力学 [M]. 北京:高等教育出版社,2004.

[31] 郑永令,贾起民. 力学［M］.上海：复旦大学出版社,2005.

[32] Crawford F,Jr. Berkeley Physics Course(In SI Units)：Waves［M］.北京：机械工业出版社,2014.

[33] Feynman R，Leighton R，Sands M. The Feynman Lectures on Physics［M］. 北京：世界图书出版公司,2004.

[34] Feynman R，Leighton R，Sands M. 费曼物理学讲义［M］. 郑永令,等译.上海：上海科学技术出版社,2005.

[35] Giambattista A，Richardson B，Richardson R. Physics［M］. New York：McGraw-Hill Education, 2015.

[36] Giancoli D. Physics for Scientists and Engineers with Modern Physics［M］.滕小瑛,改编.北京：高等教育出版社,2005.

[37] Giancoli D. Physics：Principles with Applications［M］. New Jersey：Pearson Education, 2005.

[38] Griffith W,Brosing J. Physics of Everyday Phenomena［M］. New York：McGraw-Hill Education, 2014.

[39] Halliday D,Resenick R,Walker J. Fundamentals of Physics［M］.李学潜,等改编. 北京：高等教育出版社,2008.

[40] Hecht E. Physics：Calculus［M］.北京：清华大学出版社,2005.

[41] Hewitt P. Conceptual Physics［M］. New Jersey：Pearson Education, 2007.

[42] Hewitt P. Conceptual Physics［M］.北京：机械工业出版社,2012.

[43] Hewitt P,Suchocki JA,Hewitt L A. Conceptual Physical Science［M］. London：Pearson Education Limited, 2016.

[44] Hibbeler R.Engineering Mechanics：Statics & Dynamics［M］. London：Pearson Education Limited, 2015.

[45] Katz D. Physics for Scientists and Engineers：Foundations and Connections（Advance Edition）［M］. Cengage Learning, 2015.

[46] Kittel C，Helmholz A. Berkeley Physics Course(In SI Units)：Mechanics［M］.北京：机械工业出版社,2014.

[47] Mansfield M，O'Sullivan C. Understanding Physics［M］. New Jersey：Wiley-Blackwell,2010.

[48] Morin D. Introduction to Classical Mechanics［M］. Cambridge：Cambridge University Press, 2014.

[49] Olenick R，Apostol T，Goodstein D. The Mechanical Universe［M］. Cambridge：Cambridge University Press, 1985.

[50] Olenick R，Apostol T，Goodstein D.力学世界：力学和热学导论［M］. 李椿,等译. 北京：北京大学出版社,2002.

[51] Ostdiek V，Bord D J. Inquiry into Physics［M］. Cengage Learning, 2012.

[52] Resenick R，Halliday D. Physics：Part I［M］. New York：John Wiley & Sons, 1977.

[53] Serway R，Jewett J. Physics for Scientists and Engineers with Modern Physics［M］. Belmont：Thomson Higher Education, 2008.

[54] Serway R，Jewett J. Principles of Physics［M］. 北京：清华大学出版社,2004.

[55] Tipler P，Mosca G. Physics for Scientists and Engineers［M］. New York：W. H. Freeman, 2007.

[56] Wolfson R. Essential University Physics（Global Edition）［M］. London：Pearson Education Limited,2016.

[57] Young H，Freedman R. University Physics with Modern Physics（Global Edition）［M］. London：Pearson Education Limited, 2016.

[58] Young H，Freedman R. University Physics with Modern Physics［M］. Boston：Addison-Wesley, 2011.

[59] Young H，Freedman R. University Physics with Modern Physics［M］. London：Pearson Education Limited, 2015.

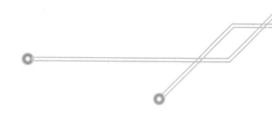

附录 A　力学中的常用物理量

万有引力常量　$G = 6.674\,2 \times 10^{-11}\ \text{N·m}^2\text{·kg}^{-2}$

地表重力加速度　$g = 9.81\ \text{m·s}^{-2}$

真空中的光速　$c = 2.997\,92\,458 \times 10^8\ \text{m·s}^{-1}$

地球平均半径　$R_{地} = 6.37 \times 10^6\ \text{m}$

地球质量　$M_{地} = 5.97 \times 10^{24}\ \text{kg}$

太阳平均半径　$R_{日} = 6.96 \times 10^8\ \text{m}$

太阳质量　$M_{日} = 1.99 \times 10^{30}\ \text{kg}$

月球平均半径　$R_{月} = 1.74 \times 10^6\ \text{m}$

月球质量　$M_{月} = 7.35 \times 10^{22}\ \text{kg}$

日地平均距离　$1.496 \times 10^{11}\ \text{m}$

地月平均距离　$3.844 \times 10^8\ \text{m}$

地表标准大气压　$1.01 \times 10^5\ \text{Pa}$

空气中的声速(20 ℃,1 atm)　$343\ \text{m·s}^{-1}$

附录 B 矢量概述

B.1 矢量与标量

质点的位置变化叫作质点的位移。设一质点从位置 A 运动到位置 B，我们可从 A 到 B 画一条线段代表该质点位移的大小，并在 B 点处画一箭头表示位移的方向是从 A 到 B。质点的运动路径不一定是从 A 到 B 的直线，这一有向线段只代表运动的净效果，不代表实际的运动。位移是用长度和方向表示的。

所有像位移这样的量都叫作矢量(vector)。在拉丁文中，"vector"一词的意思为"搬运人"，含有"位移"的意思。矢量是既有大小又有方向，并且是按照一定的加法法则相加的量。在几何上，矢量用箭头表示，箭头的长度对应于矢量的大小，而箭头的方向对应于矢量的方向。尽管矢量具有大小和方向，但它在空间并没有固定的位置。您可以取一个矢量，像在图 B.1 中表示的那样，使它平移到任何地方，但它仍是同一

图 B.1 矢量的平移

个矢量。具有同样大小和方向的两个矢量被认为是相等的。就是因为矢量没有确定的位置，它们不依赖于任何坐标系而存在，所以，它们在力学中是有用的。为什么？在哥白尼之前，只有一种可想象的坐标系，其原点定在地球的中心。哥白尼革命的精华是把描述整个物理学的坐标系的原点从地球的中心移到太阳的中心。随后，在创造新的力学的过程中，伽利

略通过惯性定律发现并没有更优越的参考系，没有什么特别的参考系比其他的更好。因此坐标系(参考系)可以在空间的任何地方，指向任何方向。同样，矢量也能在空间的任何地方。矢量不依赖于具体参考系，因此是描述物理量的自然手段。有许多物理定律可用矢量表示成简洁的形式；如果用矢量表示，这些定律的推导往往大大简化，并且与坐标系的选取无关。

因为矢量具有大小和方向，它不只是单纯的数，所以它就不能借助我们用于表示纯数的同类符号表示。矢量需要一类专门的符号，物理学家经常把矢量写作上面有个箭头的字母，如 $\vec{A}$，还有一些人则用黑体，或在字母下加波纹或短划线表示矢量。您可以使用您想要的无论哪种记号，但我们主要用上面有个箭头的字母来表示。矢量 $\vec{A}$ 的大小或长度用 $|\vec{A}|$ 表示，或简单地用 A(白体)表示。

为了强调矢量与普通数之间的差别，哈密顿创造了单词"标量"(scalar，来自拉丁文"梯级"或"尺度")。有些物理量只用一个数和一个单位就能完全表明，因而只具有数值大小，这样的量叫作标量。所有的标量都可用普通的代数法则处理。

由于矢量是新的对象，必须定义包含矢量的代数运算。我们将定义矢量加法、减法以及三种乘法。

B.2 矢量加法(几何方法)

按几何方法，加法遵循的规则如下：先按比例画出矢量 $\vec{a}$，再画出矢量 $\vec{b}$，让 $\vec{b}$ 的起点位于 $\vec{a}$ 的终点，然后从 $\vec{a}$ 的起点到 $\vec{b}$ 的终点画一直线以构成矢量和 $\vec{r}$ (图 B.2)。

上述步骤可以推广到求任意数目的矢量之和。

可以证明矢量加法的两个重要性质：

$$\vec{a} + \vec{b} = \vec{b} + \vec{a} \quad (交换律)$$

$$\vec{d} + (\vec{e} + \vec{f}) = (\vec{d} + \vec{e}) + \vec{f} \quad (结合律)$$

注意,和 $\vec{a} + \vec{b}$ 是由 $\vec{a}$ 和 $\vec{b}$ 所确定的平行四边形的对角线,由于这个原因,矢量加法有时叫作加法的平行四边形法则。由矢量加法的结合律,我们可以将和写作 $\vec{d} + \vec{e} + \vec{f}$ 而不需指明按什么方式将它们组合在一起。

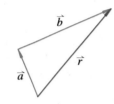

图 B.2　矢量的加法

矢量加法的作图技术不仅对处于平面内的矢量成立,而且对空间中的矢量也成立。图 B.3 说明了空间中三个矢量的加法。矢量 $\vec{a}$,$\vec{b}$,$\vec{c}$ 沿房间的各边。矢量和 $\vec{a} + \vec{b} + \vec{c}$ 是从地面的一角到天花板上斜对角的矢量。

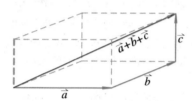

图 B.3　空间矢量的加法

知道了如何把矢量相加以后,相减就很容易理解了(图 B.4),因为我们总能把相减作为与负矢量相加来处理。将矢量的负值规定为等值反向的另一个矢量,就可以将矢量减法包括在矢量加法之中,即

$$\vec{a} - \vec{b} = \vec{a} + (-\vec{b})$$

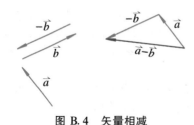

图 B.4　矢量相减

B.3　矢量的分解与合成（分析方法）

对于三维空间中的矢量,矢量合成的几何方法不是很有用;甚至对于二维情况,这一方法也往往不方便。矢量相加的另一种方法是,将矢量对特定坐标系分解成分量的分析法(图 B.5)。

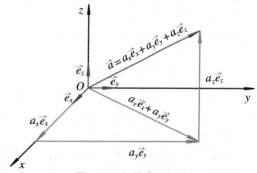

图 B.5　矢量的分析法

根据所选坐标系的不同,一个矢量可以有许多组分量。只有当我们确定了所采用的坐标系后,一个矢量的分量才能唯一地确定。一个矢量的每个分量,其行为像标量,因为在任一特定坐标系中,为确定这些分量,只需要一个数和一个正负号就行了。

一个矢量一经分解成分量,就可以用这些分量(所有分量)表示该矢量。

矢量合成的分析规则如下:在给定的坐标系中,把每个矢量分解成它的分量;沿某一坐标轴的各分量的代数和就等于合矢量沿该坐标轴的分量;而知道了合矢量的分量,就可求出该合矢量。这种矢量合成的方法可以推广到许多矢量的情况。

假设有两个矢量

$$\vec{a} = a_x \vec{e}_x + a_y \vec{e}_y + a_z \vec{e}_z, \quad \vec{b} = b_x \vec{e}_x + b_y \vec{e}_y + b_z \vec{e}_z.$$

则

$$\vec{a} + \vec{b} = (a_x + b_x)\vec{e}_x + (a_y + b_y)\vec{e}_y + (a_z + b_z)\vec{e}_z$$

合矢量 $\vec{c} = \vec{a} + \vec{b}$ 的分量是将 $\vec{a}$ 和 $\vec{b}$ 相应的分量相加而得到的(图 B.6):

$$c_x = a_x + b_x$$
$$c_y = a_y + b_y$$
$$c_z = a_z + b_z$$

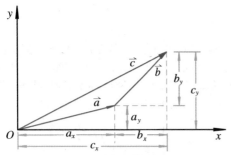

图 B.6　矢量相加的分析法

我们不利用一般的三角关系将几个矢量直接相加,而是先把几个矢量分解成分量,然后再合成,这样做的好处在于只同直角三角形打交道,因而使得计算大为简化。

用分析法合成矢量时,要选择适当的坐标轴以简化运算过程。在一般情况下,适当选择坐标轴可以使矢量分解成分量的工作大大简化。选不好,就麻烦。

B.4　矢量的乘法

在前面的讨论中,我们假设相加的矢量是同类的,即位移矢量与位移矢量相加,或者速度矢量与速度矢量相加。正如把不同类的标量(例如质量与温度)加在一起没有意义一样,把不同类的矢量加在一起也是没有意义的。

然而,也像标量一样,不同类的矢量可以相乘而产生具有新量纲的量。因为矢量既有大小又有方向,所以矢量乘法所遵从的法则和标量乘法所遵从的代数法则不可能完全一样。对于矢量,必须建立新的乘法法则。

我们发现定义以下三类矢量乘法运算会很有用:① 矢量乘以标量;② 两矢量相乘产生一标量;③ 两矢量相乘产生另一矢量。这些运算(包括前面的加法),数学上一般称为"操作"。

(1) 矢量乘以标量是最简单的矢量乘法操作。矢量乘以标量具有以下简单意义:标量 k 与矢量 $\vec{a}$ 的乘积(写成 $k\vec{a}$)定义为一个新的矢量,它的大小等于 $\vec{a}$ 的大小的 k 倍。如果 k 是正的,则新矢量与 $\vec{a}$ 的方向相同;如果 k 是负的,则方向相反。矢量除以标量,只要将该矢量乘以该标量的倒数就行。

矢量与标量相乘简单地应用于匀速直线运动。如果物体以恒定的速率 v 沿固定的方向运动,矢量 $\vec{v}$ 是在那个方向上大小为 v 的速度。它是常矢量,因为它的大小和方向两者都不改变。在时间 t 内,物体经历的位移为 $\vec{S} = t\vec{v}$。因而,对于以恒定速度运动的物体,位移是速度矢量乘以标量的结果。在这个例子中,标量为时间。

用分量表示写出矢量乘以标量:假设 c 是任一标量,则有 $c\vec{a} = ca_x\vec{e}_x + ca_y\vec{e}_y + ca_z\vec{e}_z$。$c\vec{a}$ 的分量是将 $\vec{a}$ 的各个分量乘以标量 c 而得到的。

正像零是数中的例外,零矢量也是矢量中的例外。零矢量是任意矢量乘以标量零的结果。它具有零的大小,但没有方向,或者说是任意方向。在矢量方程中我们将零矢量简单地写作 0 或 $\vec{0}$。

我们前面已经定义了矢量的加法和减法以及矢量与标量的乘法。你可能想知道两个矢量是否能相乘和相除。如果能,该如何做?哈密顿经过长时间的奋斗,想出两种矢量乘法的方案,其中一种生成标量的结果,另一种为矢量。所以矢量乘矢量时,必须区别标积(即点乘)与矢积(即叉乘)。

(2) 两个矢量 $\vec{a}$ 与 $\vec{b}$ 的标积(点乘)写作 $\vec{a} \cdot \vec{b}$,在矢量之间加个点,定义为 $\vec{a} \cdot \vec{b} = ab\cos\theta$,式中 a 为矢量 $\vec{a}$ 的大小,b 为矢量 $\vec{b}$ 的大小,θ 为两矢量间的夹角,在 $[0,\pi]$ 内取值。换句话说,为了计算两个矢量的标积,只需将它们的大小与它们之间角度的余弦相乘。

因为 a 和 b 都是标量,而 $\cos\theta$ 是一个纯数,所以两个矢量的标积是一个标量。两个矢量的标积,可以看作一个矢量的大小和另一个矢量在第一个矢量方向上分量的乘积。标量值 $b' = |\vec{b}|\cos\theta$ 叫作 $\vec{b}$ 沿 $\vec{a}$ 的分量,点积 $\vec{a} \cdot \vec{b} = ab\cos\theta = ab'$ 是将 a 和 $\vec{b}$ 沿 $\vec{a}$ 的分量相乘而得到的,它也等于 b 和 $\vec{a}$ 沿 $\vec{b}$ 的分量的乘积。换句话说,标量积是可对易的,即 $\vec{a} \cdot \vec{b} = \vec{b} \cdot \vec{a}$。因为记号 $\vec{a} \cdot \vec{b}$ 又叫作 $\vec{a}$ 与 $\vec{b}$ 的点积,所以它读作" $\vec{a}$ 点乘 $\vec{b}$ "。

从数学上讲,我们也可将 $\vec{a} \cdot \vec{b}$ 规定为其他任意一种运算,例如规定为 $a^{1/3} b^{1/3} \tan(\theta/2)$,但结果证明这样的规定在物理学中毫无用处。而如果采用我们前面的定义,许多重要的物理量就可用两个矢量的标积表示出来,功、引力势能等就是一些例子。

在图 B.7 中,b' 和 c' 分别是 $\vec{b}$ 和 $\vec{c}$ 沿 $\vec{a}$ 的分量。显然 $b' + c'$ 是 $\vec{b} + \vec{c}$ 沿 $\vec{a}$ 的分量。又 $a(b' + c') = ab' + ac'$,说明点积是可分配的。

点积的分配律:

$$\vec{a} \cdot (\vec{b} + \vec{c}) = \vec{a} \cdot \vec{b} + \vec{a} \cdot \vec{c}$$

如果 $\vec{a}$ 和 $\vec{b}$ 垂直,$\cos\theta = 0$,则 $\vec{a} \cdot \vec{b} = 0$。反过来,如果标量

积是零,那么或者至少有一个矢量是零,或者两个矢量相互垂直。如果 $\vec{a}$ 和 $\vec{b}$ 具有相同的方向,$\cos\theta = 1$,则 $\vec{a}\cdot\vec{b}$ 仅仅是两个矢量大小的乘积。

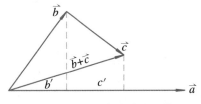

图 B.7　矢量点乘的分配律

对于用分量给出的两个矢量 $\vec{a} = a_x\vec{e}_x + a_y\vec{e}_y + a_z\vec{e}_z$ 和 $\vec{b} = b_x\vec{e}_x + b_y\vec{e}_y + b_z\vec{e}_z$,点积

$$\vec{a}\cdot\vec{b} = (a_x\vec{e}_x + a_y\vec{e}_y + a_z\vec{e}_z)\cdot(b_x\vec{e}_x + b_y\vec{e}_y + b_z\vec{e}_z)$$

利用分配律,有

$$\begin{aligned}\vec{a}\cdot\vec{b} = {} & a_xb_x\vec{e}_x\cdot\vec{e}_x + a_xb_y\vec{e}_x\cdot\vec{e}_y + a_xb_z\vec{e}_x\cdot\vec{e}_z \\ & + a_yb_x\vec{e}_y\cdot\vec{e}_x + a_yb_y\vec{e}_y\cdot\vec{e}_y + a_yb_z\vec{e}_y\cdot\vec{e}_z \\ & + a_zb_x\vec{e}_z\cdot\vec{e}_x + a_zb_y\vec{e}_z\cdot\vec{e}_y + a_zb_z\vec{e}_z\cdot\vec{e}_z\end{aligned}$$

其实并不像它看起来那样难,因为所包含的不同单位矢量点积的项都是零,只有含有 $\vec{e}_x\cdot\vec{e}_x$,$\vec{e}_y\cdot\vec{e}_y$ 和 $\vec{e}_z\cdot\vec{e}_z$ 的三项继续存在。所以有 $\vec{a}\cdot\vec{b} = a_xb_x + a_yb_y + a_zb_z$。换句话说,要计算点积,只要简单地将对应分量的积相加。

当我们取矢量与它自身的点积时,$\vec{a}\cdot\vec{a} = a_x^2 + a_y^2 + a_z^2$,表明 $\vec{a}$ 的长度的平方是其分量平方的和。对于在 xy 平面内的矢量,这正好是勾股定理,所以我们得到了勾股定理在三维空间的推广。

(3) 两矢量 $\vec{a}$ 与 $\vec{b}$ 的矢积(叉乘)$\vec{a}\times\vec{b}$ 定义为另一个矢量 $\vec{c}$,即 $\vec{c} = \vec{a}\times\vec{b}$,$\vec{c}$ 的大小为 $c = ab\sin\varphi$,φ 为 $\vec{a}$ 与 $\vec{b}$ 之间较小的夹角,$\vec{c}$ 的方向规定为垂直于 $\vec{a}$ 与 $\vec{b}$ 所构成的平面,且和 $\vec{a}$ 与 $\vec{b}$ 构成右手系(图 B.8)。

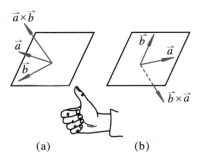

图 B.8　矢量的叉乘

由于记号 $\vec{a}\times\vec{b}$ 又叫作 $\vec{a}$ 与 $\vec{b}$ 的叉积,所以它读为"$\vec{a}$ 叉乘 $\vec{b}$"。

必须注意,$\vec{b}\times\vec{a}$ 与 $\vec{a}\times\vec{b}$ 是两个不同的矢量,所以在矢量的叉乘中,次序是重要的。对于点乘来说,并不如此,因为次序不影响最后的乘积。实际上,$\vec{a}\times\vec{b} = -(\vec{b}\times\vec{a})$(图 B.8)。

在几何学上,$|\vec{a}\times\vec{b}|$ 是图 B.9 中所示的平行四边形的面积。

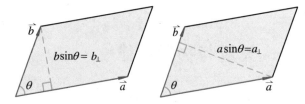

(a) $|\vec{a}\times\vec{b}| = ab_\perp = a(b\sin\theta)$　　(b) $|\vec{a}\times\vec{b}| = a_\perp b = (a\sin\theta)b$

图 B.9　矢量叉乘与平行四边形的面积

利用叉积的定义式,我们能看出两个平行矢量的叉积是零。对于单位矢量 $\vec{e}_x$,$\vec{e}_y$,$\vec{e}_z$,我们求得 $\vec{e}_x\times\vec{e}_x = \vec{e}_y\times\vec{e}_y = \vec{e}_z\times\vec{e}_z = \vec{0}$。而根据右手定则,$\vec{e}_x\times\vec{e}_y = \vec{e}_z$,$\vec{e}_y\times\vec{e}_z = \vec{e}_x$,$\vec{e}_z\times\vec{e}_x = \vec{e}_y$。

对于用分量形式表示的两个矢量 $\vec{a} = a_x\vec{e}_x + a_y\vec{e}_y + a_z\vec{e}_z$,$\vec{b} = b_x\vec{e}_x + b_y\vec{e}_y + b_z\vec{e}_z$,其叉积是

$$\vec{a}\times\vec{b} = (a_x\vec{e}_x + a_y\vec{e}_y + a_z\vec{e}_z)\times(b_x\vec{e}_x + b_y\vec{e}_y + b_z\vec{e}_z)$$

乘出这些项并利用单位矢量之间叉乘的性质,得

$$\begin{aligned}\vec{a}\times\vec{b} = {} & (a_yb_z - a_zb_y)\vec{e}_x + (a_zb_x - a_xb_z)\vec{e}_y \\ & + (a_xb_y - a_yb_x)\vec{e}_z\end{aligned}$$

当分量已知时,该式提供了计算两个矢量叉积的方法。

矢量叉乘的计算也可以通过将分量行列式按第一行展开来实现,即

$$\begin{aligned}\vec{a}\times\vec{b} &= \begin{vmatrix} \vec{e}_x & \vec{e}_y & \vec{e}_z \\ a_x & a_y & a_z \\ b_x & b_y & b_z \end{vmatrix} \\ &= (a_yb_z - a_zb_y)\vec{e}_x + (a_zb_x - a_xb_z)\vec{e}_y \\ & \quad + (a_xb_y - a_yb_x)\vec{e}_z\end{aligned}$$

我们之所以这样定义矢积,是因为已经证明它在物理学中有用。通常,我们遇到的许多物理量是矢量,它们的矢积(就像上面所定义的)也是具有重要物理意义的矢量。用两矢量的矢积表示的物理量有力矩、角动量(动量矩)等。

标积是两矢量的最简单乘积,相乘的次序不影响结果。矢积是稍微复杂的情况,相乘的次序不影响乘积的大小,但相差一个负的因子,表示方向倒转过来。还有其他的矢量乘积,也很有用,但比较复杂。例如,可用一个矢量的三个分量中的每一个,分别乘以另一个矢量的三个分量来产生一个张量。因此,在三维空间坐标下,一个(二阶)张量(又称并矢)有 9 个分量,一个矢量(一阶张量)有 3 个分量,而一个标量(零阶张量)仅有 1 个数。三阶张量有 27 个分量,四阶张量有 81 个分量。用张量表示的物理量有应力、应变、转动惯量等。

B.5 矢量与物理定律

矢量在物理学中很有用,这里我们作一略微深入的说明。

在哥白尼以前,人们认为地球的中心就是宇宙的中心。它在亚里士多德的世界中是描述某个物体位置的出发点。关于地点的任何其他想法都是没有意义的。然后哥白尼出现了,他在不同的坐标系中描述行星的运动,并且永久地改变了世界。虽然是非常有意义的,但有点误导。他认为科学中真正重要的事情是要有正确的坐标系。然而事实恰好相反。我们最终了解到的是一切坐标系,只要它们能用,就都同样地好。哥白尼说原点在太阳中心,确定遇险船只位置的搜救队把原点定在一个基地,他们都是对的。并且作为一种陈述,甚至它的意义更加深远。它意味着物理学的定律在宇宙中任何地方都是相同的。牛顿给予我们的定律在巨蟹座星云中运行得像在合肥这个地区一样好。因为我们相信它们是正确的,所以我们需要数学工具来表达这些定律,使它们在所有的坐标系中都是相同的。

这个工具就是矢量。矢量的想法使人有些困惑,因为它具有大小和方向,但没有位置,除非我们为了方便而去给它一个。

正因为如此,它成为了一种完善的工具,用于表达在任何地方都同样适用的定律,这正是牛顿定律所做的。这就是为什么我们要研究对我们理解世界来说处于核心地位的矢量方程。

假定有 $\vec{a}$, $\vec{b}$ 和 $\vec{r}$ 三个矢量,在某一坐标系 xyz 中,分别具有分量 a_x, a_y, a_z; b_x, b_y, b_z 和 r_x, r_y, r_z。再假定这三个矢量有关系 $\vec{r} = \vec{a} + \vec{b}$,即 $r_x = a_x + b_x, r_y = a_y + b_y, r_z = a_z + b_z$。现在设想有另一坐标系 $x'y'z'$,它有下面一些性质:① 它的原点与第一个坐标系(即 xyz 坐标系)的原点不重合;② 它的三个轴与第一个坐标系的三个对应的轴不平行。换句话说,第二个坐标系相对于第一个坐标系既移动过又转动过。

可以证明,在新坐标系中,矢量 $\vec{a}$, $\vec{b}$, $\vec{r}$ 的分量一般都改变了。我们分别用 $a_{x'}, a_{y'}, a_{z'}$; $b_{x'}, b_{y'}, b_{z'}$ 和 $r_{x'}, r_{y'}, r_{z'}$ 表示它们。但我们会发现这些新的分量仍有关系: $r_{x'} = a_{x'} + b_{x'}, r_{y'} = a_{y'} + b_{y'}$ 与 $r_{z'} = a_{z'} + b_{z'}$。这就是说,在新坐标系中,我们又得到关系式: $\vec{r} = \vec{a} + \vec{b}$。

上述事实可用文字叙述如下:经过坐标系的移动和转动后,矢量间的关系保持不变。现在,这已是一个经验事实,即当我们移动和转动坐标系时,物理定律所赖以建立的各种实验,包括物理定律本身,在形式上都保持不变。因此,矢量语言是表述物理定律的一种理想语言。如果我们能用矢量形式表述一个定律,那么矢量的这一纯几何性质就保证了该定律对坐标系的移动和转动的不变性。

大约在 1956 年以前,人们一直认为经过不同类型的坐标系间的变换,即用左手坐标系代替右手系,所有的物理定律都保持不变。但在 1956 年,吴健雄等研究了包含某些基本粒子衰变的一些实验,结果表明,实验的结果有赖于用以表述该结果的坐标系的“左右旋性质”。换句话说,实验及其在平面镜中的像将会产生不同的结果! 1957 年,杨振宁和李政道因在理论上预言了这一点而获得了诺贝尔物理学奖。

附录 C　微积分简介

C.1　变化率、切线与微商

假设我们有像图 C.1 中曲线所表示的函数。如果曲线代表山坡，你可能对了解山坡的斜率感兴趣，特别是你在攀登（或滑下）它时。我们知道怎样计算直线的斜率，但在这里没有直线。那么斜率有什么意义？我们怎么计算它呢？答案是通过给定两个点之间的直线去近似它。

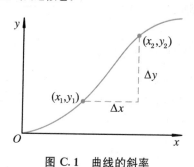

图 C.1　曲线的斜率

我们把两点之间的竖直距离称为 Δy，而水平距离称为 Δx。两点之间直线（正式名称为弦）的斜率由下式给定：

$$平均斜率 = \frac{\Delta y}{\Delta x} = \frac{y_2 - y_1}{x_2 - x_1}$$

现在你可能会说我们求得的并不是斜率。你是对的，我们求得的是平均斜率。它告诉我们山（或函数）在两点之间平均来说陡的程度。但我们实际上想要知道的是斜率，不是平均斜率；而且是在一点上的，不是两点之间的。那么一点上的斜率如何求？

我们知道自由落体的 x-t 曲线是一条抛物线，写出曲线的表达式：$x = 4.9t^2$。现在我们将它一般性地写成 $y = x^2$ 的形式，以强调 y 是 x 的函数（图 C.2）。我们的目标是要得到曲线在任意点 (x, y) 的斜率。

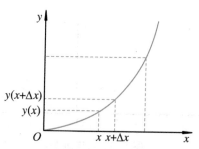

图 C.2　自由落体的抛物线

从点 (x, y) 开始并选择附近的点 $(x + \Delta x, y(x + \Delta x))$，其中 Δx 是某个小数（正或负，但不为零），相应的纵坐标具有值 $y(x) = x^2$ 和 $y(x + \Delta x) = (x + \Delta x)^2$。连接这些点的弦的斜率是

$$
\begin{aligned}
平均斜率 = \frac{\Delta y}{\Delta x} &= \frac{y(x + \Delta x) - y(x)}{(x + \Delta x) - x} \\
&= \frac{(x + \Delta x)^2 - x^2}{\Delta x} = \frac{2\Delta x x + \Delta x^2}{\Delta x} \\
&= 2x + \Delta x
\end{aligned}
$$

现在我们能看到当 Δx 变得越来越小时平均斜率出现的情况。当 $\Delta x \to 0$ 时，平均斜率 $2x + \Delta x$ 趋近于 $2x$。因此有理由说曲线在点 (x, y) 的斜率是 $2x$。所以，在 (x, y) 点处，

$$
\begin{aligned}
斜率 &= \lim_{\Delta x \to 0} \frac{y(x + \Delta x) - y(x)}{(x + \Delta x) - x} \\
&= \lim_{\Delta x \to 0} \frac{\Delta y}{\Delta x} = 2x
\end{aligned}
$$

由于我们能随意选择 x，这样就已求出在我们想要的任一点处的斜率。

前面这个结果可能看上去很熟悉，确实如此。我们刚才就是计算了函数 $y(x) = x^2$ 关于 x 的微商。这里我们从 $y(x) = x^2$ 开始而得到 $y'(x) = 2x$。

我们还可以通过图示对上面求微商的过程进行几何解释。图 C.3 展示了当 Δx 取越来越小的值时弦的位置和形态是怎样改变的。点 $(x + \Delta x, y(x + \Delta x))$ 沿曲线移向点 (x, y)，弦就越来越接近于过 (x, y) 点、具有斜率 $2x$ 的直线。这条直线叫作在 (x, y) 点的切线。

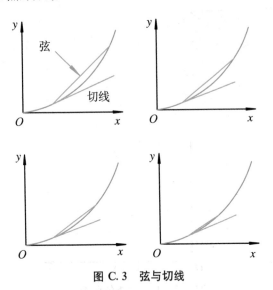

图 C.3　弦与切线

换句话说，根据定义，过 (x, y) 点、具有斜率 $2x$ 的直线是曲线在 (x, y) 点的切线。于是在几何学上，微分给出在曲线上每一点处切线的斜率。

代替 $y'(x)$ 表示微商的另一种方式是 $\mathrm{d}y/\mathrm{d}x$。这是莱布尼茨创造的记号，而这里我们看到了它的出处：微商 $\mathrm{d}y/\mathrm{d}x$ 是当 $\Delta x \to 0$ 时 $\Delta y/\Delta x$ 变成的，而 Δx 和 Δy 分别是 x 和 y 的微元，

$$\frac{\mathrm{d}y}{\mathrm{d}x} = \lim_{\Delta x \to 0} \frac{\Delta y}{\Delta x} = \lim_{\Delta x \to 0} \frac{y(x + \Delta x) - y(x)}{(x + \Delta x) - x}$$

换句话说，$\mathrm{d}y/\mathrm{d}x$ 是当 Δx（因而 Δy）趋于零时 $\Delta y/\Delta x$ 取极限时的情况。上式就是微商的定义，并且可用于分析计算我们在物理学中遇到的各种函数的微商。

莱布尼茨把微商 $\mathrm{d}y/\mathrm{d}x$ 考虑成为"无穷小"量 $\mathrm{d}y$ 和 $\mathrm{d}x$ 的商，他认为 $\mathrm{d}y$ 和 $\mathrm{d}x$ 是小到不能想象的小，但仍不完全精确地等于零。这个概念在微积分发展的最初几十年间曾引起相当多的哲学争论，因为无论是莱布尼茨还是他的追随者都不能给出无穷小的满意的定义；最后由于引入了极限理论才解决了争论。该理论把 $\mathrm{d}y/\mathrm{d}x$ 作为单纯的符号而不是无穷小量的比值来对待。然而，莱布尼茨把 $\mathrm{d}y/\mathrm{d}x$ 处理为分数即 $\mathrm{d}y$ 除以 $\mathrm{d}x$ 的想法今天仍很流行，因为它往往能迅速地导出正确的结果；而若不用无穷小量，这些结果则需用更大的努力才能得到。在实际物理问题的分析求解中，微元的概念十分重要！

有时牛顿的记号 $y'(x)$ 比莱布尼茨的记号 $\mathrm{d}y/\mathrm{d}x$ 更可取，因为它精确地指明需要在哪里微商。例如，如果 $y(x) = x^2$，则 $y'(4) = 8$。用莱布尼茨记号，前面的式子将被写作较不方便的形式 $\dfrac{\mathrm{d}y}{\mathrm{d}x}\bigg|_{x=4} = 8$。

例 C.1　确定曲线 $y(x) = x^2 + 3$ 在 $x = 2$ 处的斜率。

解　利用点 $2 + \Delta x$ 和 2 之间直线的斜率，有

$$\begin{aligned}
平均斜率 &= \frac{y(2 + \Delta x) - y(2)}{(2 + \Delta x) - 2} \\
&= \frac{[(2 + \Delta x)^2 + 3] - (2^2 + 3)}{\Delta x} \\
&= \frac{4\Delta x + \Delta x^2}{\Delta x} = 4 + \Delta x
\end{aligned}$$

现在让 Δx 趋于零而得到极限情况下，曲线在 $x = 2$ 处的斜率

$$y'(2) = \frac{\mathrm{d}y}{\mathrm{d}x}\bigg|_{x=2} = 4$$

注意，在 $x = 2$ 处这个函数曲线的斜率等同于 $y(x) = x^2$ 的斜率；添加常数并不改变函数微商的值。

例 C.2　根据微商的定义，计算常数函数 $y(x) = C$ 的微商。

解　根据定义，$y'(x) = \lim\limits_{\Delta x \to 0} \dfrac{y(x + \Delta x) - y(x)}{\Delta x}$，有

$$y'(2) = \lim_{\Delta x \to 0} \frac{C - C}{\Delta x} = \lim_{\Delta x \to 0} \frac{0}{\Delta x} = 0$$

最后一步是理解微分的关键。分数的分子为零，而分母变得越来越小。我们不去问关于在分母变成真正的零时发生什么的哲学问题；而要问，在这个过程中该分式的行为如何？它要往哪里去？答案是，在 Δx 减小的整个过程中，分式 $0/\Delta x$ 平稳地、不可改变地等于零。因此常数函数的微商为零。这个结果与图像为水平线的常数函数曲线的斜率一致，因为它必须如此！

根据微分的含义，可以得到在 Δx 很小时用 x_0 处的值表示 $f(x_0 + \Delta x)$ 近似值的方法：$f(x_0 + \Delta x) \approx f(x_0) + f'(x_0)\Delta x$。进而可以得出泰勒（Brook Taylor，1685–1731）展开，如：x 很小时，$(1 + x)^{-2} \approx 1 - 2x$，$(1 - x)^{-1} \approx 1 + x$，$(1 - x^2)^{-1/2} \approx 1 + \dfrac{1}{2}x^2$。

C.2　微分的基本法则

在前面的例 C.1 中，我们遇到的函数实际上是两个函数的

和：$y(x) = x^2 + 3$。下面我们探讨一下处理两个函数之和的微商的通用法则。假设有两个函数 $y(x)$ 和 $z(x)$，我们想要知道的是 $\dfrac{\mathrm{d}}{\mathrm{d}x}[y(x) + z(x)]$ 的结果是什么。

直觉告诉我们 $[y(x) + z(x)]'$ 应该是每个函数各自微商的和，即 $y'(x) + z'(x)$。但是我们能证明这点吗？最直接的证明方式是对和数应用微商定义，有

$$\frac{\mathrm{d}}{\mathrm{d}x}[y(x) + z(x)]$$
$$= \lim_{\Delta x \to 0} \frac{\big[y(x + \Delta x) + z(x + \Delta x)\big] - \big[y(x) + z(x)\big]}{\Delta x}$$

重新整理后得

$$\frac{\mathrm{d}}{\mathrm{d}x}[y(x) + z(x)]$$
$$= \lim_{\Delta x \to 0} \frac{\big[y(x + \Delta x) - y(x)\big] + \big[z(x + \Delta x) - z(x)\big]}{\Delta x}$$

因为和的极限等于极限的和，故可以将上式分解成两部分，得

$$\frac{\mathrm{d}}{\mathrm{d}x}[y(x) + z(x)]$$
$$= \lim_{\Delta x \to 0} \frac{y(x + \Delta x) - y(x)}{\Delta x} + \lim_{\Delta x \to 0} \frac{z(x + \Delta x) - z(x)}{\Delta x}$$

最后的结果是两个微商的和。换句话说，函数和的微商是它们各自微商的和：

$$\frac{\mathrm{d}}{\mathrm{d}x}[y(x) + z(x)] = \frac{\mathrm{d}y}{\mathrm{d}x} + \frac{\mathrm{d}z}{\mathrm{d}x}$$

当然，这条法则对任何数目的函数都成立。

第二条法则涉及两个函数积的微商。假设 $y(x)$ 和 $z(x)$ 各自依赖于 x。那么 $y(x) \cdot z(x)$ 的微商 $\dfrac{\mathrm{d}}{\mathrm{d}x}[y(x) \cdot z(x)]$ 是什么？

找出这个问题的答案是使微分学成为具有实际价值的工具的关键之一。牛顿利用他的几何直觉，通过认真的分析，求出了它。

牛顿指出，假设有一个边长为 y 和 z 的矩形，则面积是 yz，如图 C.4(a) 所示。现在如图 C.4(b) 中说明的，进一步假设 y 增长一个小量 Δy，而 z 增长一个小量 Δz，新的面积多大？通过分析可知，有如图 C.5 所示的三个增加的部分。

换句话说，乘积 yz 的改变量是 y 乘以 z 的改变量加上 z 乘以 y 的改变量（每一个改变量都比矩形本身小）以及比这些改变的每一个都小得多的另一小部分 $\Delta y \Delta z$。

牛顿据此给出了他的解决方案：面积 yz 的变化率是 y 乘以 z 的变化率加上 z 乘以 y 的变化率。用符号表示，即为

$$\frac{\mathrm{d}}{\mathrm{d}x}[y(x) \cdot z(x)] = y\frac{\mathrm{d}z}{\mathrm{d}x} + z\frac{\mathrm{d}y}{\mathrm{d}x}$$

(a) 边长为 y 和 z 且面积为 yz 的矩形

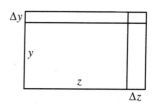

(b) 矩形的边及面积的增大

图 C.4　矩形面积的变化

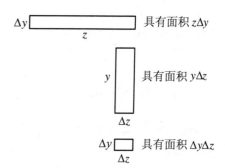

图 C.5　矩形面积的增量

角落上的小块怎么样了呢？牛顿选择忽略它。他知道这样处理是正确的，但他未提供任何证明。极限理论证明了这是为什么。假设 y 和 z 具有正常微商 $\mathrm{d}y/\mathrm{d}x$ 和 $\mathrm{d}z/\mathrm{d}x$。因为当 x 增加 Δx，y 增加 Δy 而 z 增加 Δz 时，有

$$\frac{\Delta(yz)}{\Delta x} = \frac{(y + \Delta y)(z + \Delta z) - yz}{\Delta x}$$

这个分数分子中的第一项是增加后的矩形面积，展开有

$$(y + \Delta y)(z + \Delta z) = yz + y\Delta z + z\Delta y + \Delta y\Delta z$$

减掉 yz 项后，有

$$\frac{\Delta(yz)}{\Delta x} = \frac{y\Delta z}{\Delta x} + \frac{z\Delta y}{\Delta x} + \frac{\Delta y\Delta z}{\Delta x}$$

现在当我们在 $\Delta x \to 0$ 的情况下取极限时，Δy 和 Δz 当然也将变成零。于是得到

$$\lim_{\Delta x \to 0} y \frac{\Delta z}{\Delta x} = y \frac{dz}{dx}, \quad \lim_{\Delta x \to 0} z \frac{\Delta y}{\Delta x} = z \frac{dy}{dx}$$

但是 $\Delta y \Delta z / \Delta x$ 出现了什么情况？我们可以以将它写成 $(\Delta y / \Delta x) \cdot \Delta z$ 或 $(\Delta z / \Delta x) \cdot \Delta y$，即它趋于一个微商乘以一个逐渐消失的东西，所以最后它肯定变成零。这是牛顿正确地忽略矩形角落的原因。

例 C.3 计算 x^3 的微商。

解 把 x^3 看作两个函数 $y(x) = x^2$ 和 $z(x) = x$ 的乘积。根据乘法法则，有

$$\frac{d}{dx}(x^3) = y \frac{dz}{dx} + z \frac{dy}{dx}$$

我们已经知道 $dy/dx = 2x$ 和 $dz/dx = 1$，因此有

$$\frac{d}{dx}(x^3) = x^2 \cdot 1 + x \cdot 2x = x^2 + 2x^2 = 3x^2$$

例 C.4 试求 $y(x) = x^3 - 2x$ 的微商。

解 这是两个函数的和，其中之一是常数与 x 的乘积。首先，应用加法法则，得

$$\frac{dy}{dx} = \frac{d}{dx}(x^3) + \frac{d}{dx}(-2x)$$

对于上式右边的第一项，利用前例的结果写成 $\frac{d}{dx}(x^3) = 3x^2$。如果把第二项看作常数函数 -2 和 x 的乘积，则由乘法法则，有

$$\frac{d}{dx}(-2x) = -2 \frac{dx}{dx} + x \frac{d}{dx}(-2)$$

x 相对于 x 的微商是 1，常数的微商是 0。因此有

$$\frac{d}{dx}(-2x) = -2$$

将各部分组合在一起，最后有

$$\frac{d}{dx}(x^3 - 2x) = 3x^2 - 2$$

牛顿和莱布尼茨两人都曾应用乘法法则求出一个非常基本的函数，即幂函数 $y(x) = x^n$（n 为整数）的微商。他们做的是对于 $n = 0, 1, 2, \cdots$ 计算幂函数的微商，并且在这样做的过程中得出了被他们推广成称为指数法则的一种形式：

$$y'(x) = \frac{dy}{dx} = \frac{dx^n}{dx} = nx^{n-1}$$

借助巧妙的推理，牛顿通过证明这个法则对 n 的负值同样成立而得以把它推广。实际上，它对 n 的一切值，正的或负的，

整数或非整数，都成立。他是这样对负整数处理这条法则的：

写出 $x^n \cdot x^{-n} = 1$，应用乘积法则对方程两边求微商，得到

$$x^n \frac{d}{dx}(x^{-n}) + x^{-n} \frac{d}{dx}(x^n) = 0$$

$$x^n \frac{d}{dx}(x^{-n}) + x^{-n} n x^{n-1} = 0$$

解 x^{-n} 的微商，牛顿得到 $\frac{d}{dx}(x^{-n}) = -nx^{-n-1}$。

用同样的方法可以给出求函数倒数微商的普遍公式：如果 $z(x) = 1/y(x)$，则

$$\frac{dz}{dx} = -\frac{1}{y^2} \frac{dy}{dx}$$

微分的另一条法则涉及函数的微商，而该函数本身又是另一个函数的函数。换句话说，也就是 $\frac{dy}{dx} \frac{dx}{dt} = \frac{dy}{dt}$，称为链式法则。

例 C.5 假设 $y = 3x^2$ 且 $x = 6t$，dy/dt 是什么？

解 计算得

$$\frac{dy}{dx} = 6x, \quad \frac{dx}{dt} = 6$$

$$\frac{dy}{dt} = \frac{dy}{dx} \cdot \frac{dx}{dt} = 36x = 36 \times 6t = 216t$$

我们要求的是 dy/dt，所以应该用 t 而不是用 x 来表示。我们能直接验证这个结果：用 $6t$ 代替 x，代入后有

$$y = 3 \times (6t)^2 = 108t^2, \quad \frac{dy}{dt} = 216t$$

该法则成立的原因在于 dy/dx 是当 Δx 变小时 $\Delta y / \Delta x$ 的极限，而 dx/dt 是当 Δt 变小时 $\Delta x / \Delta t$ 的极限。在 Δt 进而 Δx 变成零之前，我们可以组成完全是普通分数的乘积：

$$\frac{\Delta y}{\Delta x} \cdot \frac{\Delta x}{\Delta t} = \frac{\Delta y}{\Delta t}$$

不论 Δt（进而 Δx）变得怎样小，只要它们不为零，这个式子就保持正确，所以它在极限情况下仍保持正确，由此给出

$$\frac{dy}{dt} = \frac{dy}{dx} \cdot \frac{dx}{dt}$$

我们又一次看到了微元概念的重要性。另外还有一个例子就是

$$\frac{dx}{dy} = \frac{1}{dy/dx}$$

例 C.6 试计算 $y(x) = x/(x+1)$ 的微商。

解 这里涉及的函数是另外两个函数的商，但我们能把它

写成乘积形式：$x(x+1)^{-1}$。按这种形式应用乘积法则，有

$$\frac{dy}{dx} = x\frac{d}{dx}(x+1)^{-1} + (x+1)^{-1}\frac{d}{dx}(x)$$

这里仅有的难点是 $(x+1)^{-1}$ 的微商，对此我们援引关于倒数的法则：$\frac{d}{dx}\left(\frac{1}{z}\right) = \frac{-1}{z^2}\frac{dz}{dx}$，其中 $z = 1 + x$。从而有

$$\frac{d}{dx}\left(\frac{1}{x+1}\right) = \frac{-1}{(x+1)^2}\frac{d}{dx}(x+1) = -(x+1)^{-2}$$

返回代入乘积法则，得到

$$\frac{dy}{dx} = -x(x+1)^{-2} + (x+1)^{-1}$$

例 C.7 假设以 $250\ cm^3 \cdot s^{-1}$ 的速率把气体注入气球使气体积增大。当半径为 10 cm 时，气球的半径变化多快？

解 第一步是分析所有给定的信息。球的体积 $V = (4/3)\pi r^3$。已知体积随时间的变化率 dV/dt 是 $250\ cm^3 \cdot s^{-1}$。我们想要知道的是半径随时间的改变 dr/dt。这里体积是半径的函数，而半径是时间的函数。它们的微商通过链式法则联系起来：

$$\frac{dV}{dt} = \frac{dV}{dr} \cdot \frac{dr}{dt}$$

虽然这里未明确给出 dr/dt，但一旦我们知道了 dV/dr，就能用代数法解出它。那么 dV/dr 是什么呢？由指数法则，有

$$\frac{dV}{dr} = \frac{d}{dr}\left(\frac{4}{3}\pi r^3\right) = 4\pi r^2$$

代入链式法则，得到

$$\frac{dV}{dt} = 4\pi r^2 \cdot \frac{dr}{dt}$$

由此得到半径随时间的改变

$$\frac{dr}{dt} = \frac{dV/dt}{4\pi r^2}$$

为了求出当半径等于 10 cm 时的值，只要代入所有的数值即可，所以

$$\frac{dr}{dt} = \frac{250\ cm^3 \cdot s^{-1}}{4\pi(10\ cm)^2} = 0.2\ cm \cdot s^{-1}$$

注意，解这个问题并不必将 r 表示为时间的函数。这是链式法则的一个优点。

现在我们已经讨论了微分的三个通用的法则：加法、乘法及链式法则；还有乘法法则的两个特殊的结论：指数法则和倒数法则。通过精心运用这些法则，我们能很容易地对很多函数进行微分。你不必记住每个函数的微商，但你必须会计算你所需要的。

C.3 几个最常用的基本初等函数的微商

如前，有了微分法则，我们就能求出甚至最复杂的函数的微商，只要它是由幂函数组成的。循环的或重复运动的现象能用周期函数，即正弦、余弦函数及它们的组合（傅里叶展开）方便地描述。因此我们应该了解它们的微商。

正弦函数的微商可以用微商的定义计算，但我们现在采用另一种方法，即几何的方法求其微商。我们的做法是估计正弦曲线在某个 θ 处的切线，测定切线的斜率，然后利用该斜率值，描绘它随 θ 变化的曲线。对许多点重复这个步骤，我们就能绘制作为 θ 函数的微商的粗略曲线，即 $d(\sin\theta)/d\theta$。

可以通过图 C.6 说明这个过程，其中使用了九个编号的点。对于点 3 和 7，很容易看出切线的斜率是零（水平线）。对于其他点，我们利用平均斜率简单地估计直线的斜率。

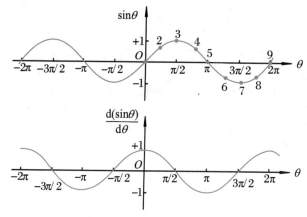

图 C.6 $\sin\theta$ 微商的几何求法

当微商函数的各点像在图 C.6 中那样连接起来后，令人惊奇的结果出现了：微商后的曲线是原曲线向左平移了 $\pi/2$。它是余弦函数！在数学上我们将这总结为

$$\frac{d(\sin\theta)}{d\theta} = \cos\theta$$

如果正弦的微商是余弦，你可能会推测余弦的微商与正弦函数相关。但如何相关？重复我们的做法，可以发现

$$\frac{d(\cos\theta)}{d\theta} = -\sin\theta$$

例 C. 8 试求 $\sin\theta^2$ 的微商。

解 这里的函数指的是 $\sin(\theta\times\theta)$，而不是 $\sin\theta\times\sin\theta=\sin^2\theta$。应用链式法则，令 $y(\theta)=\theta^2$，而 $z(y)=\sin y$。于是有

$$\frac{\mathrm{d}y}{\mathrm{d}\theta}=2\theta,\quad \frac{\mathrm{d}z}{\mathrm{d}y}=\cos y$$

由链式法则，得

$$\frac{\mathrm{d}z}{\mathrm{d}\theta}=\frac{\mathrm{d}z}{\mathrm{d}y}\frac{\mathrm{d}y}{\mathrm{d}\theta}\quad 或 \quad \frac{\mathrm{d}z}{\mathrm{d}\theta}=2\theta\cos\theta^2$$

还有一个被称为欧拉数的特殊数。第一个意识到其重要性的是欧拉，他将它命名为 e，

$$e=\lim_{h\to 0}(1+h)^{1/h}=2.718\,281\,828\,5\cdots$$

对于以 e 为底的指数函数 $y(x)=e^x$，其微商是其自身：

$$\frac{\mathrm{d}}{\mathrm{d}x}e^x=e^x$$

例 C. 9 试求 $z(x)=e^{-3x^2}$ 的微商。

解 现在要求函数的微商，而该函数又是另一个函数的函数。为了方便求解，令 $y(x)=-3x^2$，则 $z=e^y$。由链式法则，得

$$\frac{\mathrm{d}z}{\mathrm{d}x}=\frac{\mathrm{d}z}{\mathrm{d}y}\frac{\mathrm{d}y}{\mathrm{d}x}=e^y(-6x)=-6xe^{-3x^2}$$

在前面对函数及微商的讨论中，我们已不言而喻地假设用于描述自然现象和过程的函数没有突变，是平滑的。数学家称这些函数为"连续的"。我们还假设了函数确有微商，即数学上是"可微的"。有些函数不具有这些性质，图 C.7 给出了两个例子：第一个函数有突变或不连续；第二个函数在顶点不具有唯一的斜率，在那一点上微商的概念没有意义。

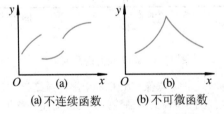

(a) 不连续函数　　(b) 不可微函数

图 C. 7　不连续函数与不可微函数

一方面，物理学家认为真正的不连续和不可微函数很少在自然界中出现。另一方面，数学家了解物理学家的理论并不是自然界本身，而是自然界的理想化或模型，自然界中确实有不连续、奇点和无穷大的情形。数学家是思想的清晰度和精确性的维护者。对于数学家来说，每条定理必然按绝对准确的方式表达，不允许有任何例外，不管它是如何奇妙和异常的现象。物理学家倾向于忽略掉奇点和异常，因为这是罕见的；但有些时候却不能这么做。

C. 4　微分的逆运算——积分

已知某函数的微商求原函数的过程叫作逆微分，也称积分。它也可以用于表示面积的计算这个完全不同的概念。

我们知道，在地表附近竖直上抛的物体，加速度 $a=-g$，速率 $v=v_0-gt$，位移 $z=z_0+v_0t-gt^2/2$。

为了获得这些方程，我们从 $a=-g$ 开始，这是我们已经了解到的关于自由落体的基本事实；随后使用我们的附加知识 $a=\mathrm{d}v/\mathrm{d}t$。因此求出 v 仅仅是 $\mathrm{d}v/\mathrm{d}t$ 的逆运算，或换句话说，求出函数 v，它的微商等于恒量 $-g$。

我们可以找到几个这种函数，比如 $v=-gt$，$v=3-gt$，以及 $v=-5-gt$。如果取任一常数 C，构成 $v=C-gt$，则 $\mathrm{d}v/\mathrm{d}t=-g$。我们看到有许多这样的函数，对应每个 C 值都有一个函数。

这是典型的逆微分过程。函数不由其微商唯一地确定，因为有许多具有相同微商的函数。但是容易看出它们中的任何两个的差别只能是常数。实际上，如果两个函数 $g(t)$ 和 $f(t)$ 具有相同的微商，则它们的差 $g(t)-f(t)$ 的微商为 0，表示该差为常量，所以 $g(t)-f(t)=C$，其中 C 是常数。因而 $g(t)=f(t)+C$。换句话说，如果 $f(t)$ 是 $f'(t)$ 的一个逆微商，则所有的逆微商是 $f(t)+C$，其中 C 是任意常数。

在我们的速度问题中，常数 C 具有特定的物理意义。它表示当 $t=0$ 时的速度，即初始速度 v_0。因而，在具有微商 $-g$ 的所有可能的函数 $v(t)=C-gt$ 中，我们选择 $C=v_0$ 的那个而得到 $v=v_0-gt$。

现在我们重复该过程。知道了 $v=v_0-gt$，并且 $v=\mathrm{d}z/\mathrm{d}t$，我们想要求出 z，即 v 的一个逆微商。再一次，我们知道（或可推测）一个这样的逆微商，即 $z=v_0t-gt^2/2$，因为它的微商是 v_0-gt。并且我们还知道所有的逆微商应该等于它加上某个常数，所以 $z=C+v_0t-gt^2/2$。这时，常数表示初始的竖直位移 z_0，因此我们得到所需的位置函数 $z=z_0+v_0t-gt^2/2$。

有时也有人使用"原函数"来替代逆微商。因而我们说，若 $P'(x)=f(x)$，则 $P(x)$ 是 $f(x)$ 的原函数。假使 $P(x)$ 是 $f(x)$ 的一个原函数，则所有的原函数为 $P(x)+C$，其中 C 是任意常数。

例 C. 10 试确定函数 $f(x)=3x^2+\cos 2x$ 的所有原函数。

解 两个函数之和的微商是它们的各自微商之和，对原函数同样是正确的。函数 x^3 是 $3x^2$ 的原函数而函数 $(1/2)\sin 2x$ 是 $\cos 2x$ 的原函数，所以 $x^3+(1/2)\sin 2x$ 是 $f(x)$ 的一个原函数。

因而所有的原函数是

$$P(x) = x^3 + \frac{1}{2}\sin 2x + C$$

该结果很容易通过求微商来检验：

$$\frac{\mathrm{d}}{\mathrm{d}x}\left(x^3 + \frac{1}{2}\sin 2x + C\right) = 3x^2 + \cos 2x$$

C.5   积分与求面积

曾向世界上最好的头脑提出挑战的一个问题是求面积的问题，也是来自 2000 多年前的课题：对给定的一个具有弯曲边界的区域，找到一个具有相同面积的正方形（"化圆为方"）。在数学史上最重要的事件之一是，牛顿和莱布尼茨发现古代的求面积问题能借助于逆微分来解决。

求面积和微商计算之间的关联并不明显。求面积涉及长度相乘，而微商涉及变化率。通过考察一些简单的例子，我们可以发现两者之间的关系。

图 C.8 为落体的恒定加速度曲线：$a = g$。让我们计算在这条曲线与时间轴之间区域的面积。当然，该面积取决于我们从哪里开始和到哪里停止。假定我们从时刻 0 开始，到时刻 t 停止。于是该区域就是图中带阴影的矩形，而它的面积就是 gt，即底乘高的积。

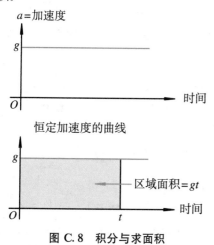

图 C.8   积分与求面积

如果我们想象 t 不是固定的数值而是变量，则面积 gt 是 t 的函数，我们可以称它为面积函数。这个函数具有微商 g，所以这是常数函数 g 的一个原函数。加速度的一个原函数是速率，

因而在这里面积函数等于物体从静止下落的速率 $v(t) = gt$。

现在画出速率函数的曲线，如图 C.9 所示，是一条斜率为 g 的直线，然后计算在曲线下从时刻 0 到任一时刻 t 的区域面积。在图 C.9 中，带阴影的这个区域是底为 t、高为 gt 的三角形，所以其面积为 $gt^2/2$，是 t 的函数。

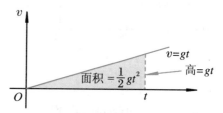

图 C.9   从静止下落物体的速率曲线

我们再次看到曲线下的这个面积是我们从 0 开始的曲线 $v = gt$ 的一个原函数。面积为 $gt^2/2$，等于在时刻 t 落体下落的距离。

这两个例子显示出面积与逆微分之间的关系不是偶然的。它是牛顿和莱布尼茨令人震惊的发现背后的根本想法，即"效果的累加"。

为了进一步探索这个想法，我们尝试计算图 C.10 所示曲线下的面积。该曲线是抛物线 $y = x^2$ 的一部分，我们想要求出曲线与 x 轴，从 $x = 0$ 到 $x = t$ 之间区域的面积。这个区域（图中阴影部分）为底边是 t、高度是 t^2 的抛物线段下的部分。首先，我们很明显地可以看到抛物线段下的面积小于具有相同底边和相同高度的三角形面积。这个三角形具有面积 $t(t^2)/2 = t^3/2$，所以抛物线段下的面积小于 $t^3/2$。但是它小多少呢？通过巧妙的几何论证，阿基米德证明该面积正好是 $t^3/3$。他是第一个解决求抛物线段下面积问题的人。我们现在通过逆微分求解同一问题。

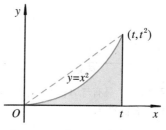

图 C.10   底边为 t、高为 t^2 的抛物线段下的面积

用 $A(t)$ 表示抛物线段下的面积（图 C.11），这是我们试图通过逆微分确定的函数。我们尝试求出其微商 $\mathrm{d}A/\mathrm{d}t$。根据定义，微商 $\mathrm{d}A/\mathrm{d}t$ 是当 Δt 趋于 0 时 $\dfrac{A(t+\Delta t)-A(t)}{\Delta t}$ 的极限，其

分子是两块面积,底边为 $t+\Delta t$ 的抛物线段下的面积与底边为 t 的抛物线段下的面积之差[图 C.11(c)]。

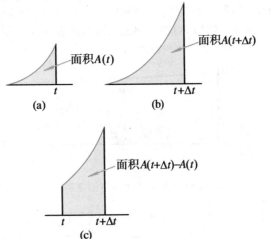

图 C.11 $A(t+\Delta t)-A(t)$ 是两个抛物线段下的面积之差

在图 C.12 中,我们绘制出与图 C.11(c)中区域面积相同的矩形。它具有底边 Δt 和高 x^2,x 是在 t 与 $t+\Delta t$ 之间的某个值。矩形的面积是 $x^2\Delta t$,因而我们有

$$A(t+\Delta t)-A(t)=\Delta t x^2$$

除以 Δt,有

$$\frac{A(t+\Delta t)-A(t)}{\Delta t}=x^2$$

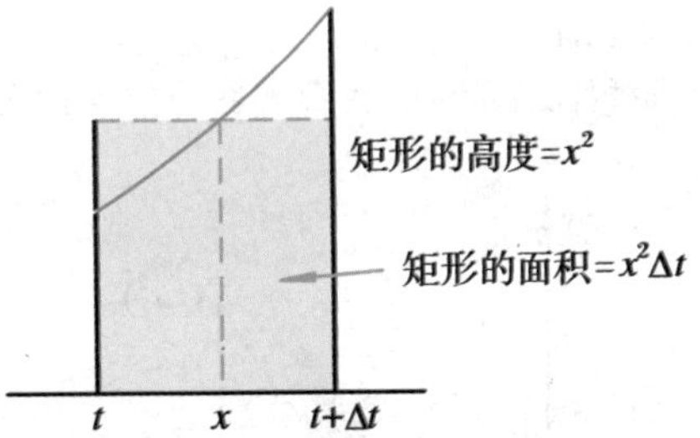

矩形的高度$=x^2$

矩形的面积$=x^2 t$

图 C.12 具有与 $A(t+\Delta t)-A(t)$ 相同面积的矩形

x 在 t 与 $t+\Delta t$ 之间。现在让 Δt 趋于 0,来观察这个方程发生什么情况。左边变为 $\mathrm{d}A/\mathrm{d}t$,而 x^2 变成 t^2。换句话说,我们已经证明 $\mathrm{d}A/\mathrm{d}t=t^2$。$A(t)$ 的微商是 t^2。因此 $A(t)$ 一定是 t^2 的一个原函数。但是我们知道 t^2 的全部原函数具有 $t^3/3+C$ 的形式,其中 C 是常数,所以

$$A(t)=\frac{1}{3}t^3+C$$

当 $t=0$ 时面积是 0,因而 $C=0$,于是求得

$$A(t)=\frac{1}{3}t^3$$

我们利用逆微分得到了阿基米德求面积的公式!

这个发现之所以重要,原因并不在于牛顿和莱布尼茨解决了求抛物线段下面积的问题,毕竟阿基米德在 2 000 年前已经完成了。他们的发现的重要性在于当抛物线被任意光滑曲线替代时也可以用同样的方法。利用与我们刚才求抛物线段下面积相似的方法,可以得到任意光滑曲线下的面积。当曲线不光滑、不连续时,可以采用分段的方法来求。

取函数 $f(t)$,如图 C.13 所示,处于 x 轴的上方。设 $A(t)$ 表示从 $x=a$ 到 $x=t$ 的阴影区域的面积,于是 $A(t)$ 通过方程 $\mathrm{d}A/\mathrm{d}t=f(t)$ 与 $f(t)$ 相关联。所以,若 $P(t)$ 是 $f(t)$ 的一个原函数,则 $A(t)=P(t)+C$(C 是某个常数)。由于当 $t=a$ 时面积 $A(t)$ 是零,故 $C=-P(a)$,从而得到 $A(t)=P(t)-P(a)$。

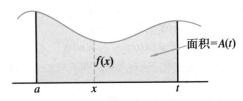

图 C.13 任意曲线下面积的计算

这个公式给我们提供了直截了当地求面积的方法。如果你要求出曲线 $y=f(x)$ 下从 $x=a$ 到 $x=t$ 的区域面积,可先求出该函数的一个原函数,即其微商是 $f(x)$ 的任一函数 $P(x)$。于是所求的面积就是 $P(t)$ 减去 $P(a)$。

例 C.11 试计算曲线 $y=\sin x$ 的第一个弓形下的区域面积。

解 设 $A(t)$ 表示从 $x=0$ 到 $x=t$ 的面积,我们想要求 $A(\pi)$,但不用费力就能求出关于 t 在 0 与 π 之间全部的 $A(t)$。我们所需要的是 $\sin x$ 的一个原函数。函数 $P(x)=-\cos x$ 是一个原函数,因为 $P'(x)=\sin x$。因此有

$$A(t)=P(t)-P(0)=-\cos t+\cos 0=1-\cos t$$

当 $t=\pi$ 时,有

$$A(\pi)=1-\cos\pi=1-(-1)=2$$

莱布尼茨引入特殊的符号用于表示函数 $f(x)$ 的曲线下由 $x=a$ 到 $x=t$ 的区域面积,他用符号把这个面积表示为

$$A(t)=\int_a^t f(x)\mathrm{d}x$$

读作"$A(t)$ 是 $f(x)\mathrm{d}x$ 从 a 到 t 的积分"。符号 $\int$（被拉长的 S）叫作积分号，莱布尼茨于 1675 年把它引入数学。在积分号后面的函数 $f(x)$ 叫作被积函数，从 a 到 t 的间隔叫作积分区间，数字 a 和 t 称为积分限。我们在前面得到的涉及面积函数 $A(t)$ 的全部结果现在都能用莱布尼茨的符号表示出来。例如，求抛物线段下面积的公式为 $\int_0^t x^2\mathrm{d}x = \dfrac{1}{3}t^3$。

C.6　数值积分

莱布尼茨关于积分的符号被早期的数学家们欣然接受，因为他们愿意把曲线下面的区域想象为由许多个高为 $f(x)$、底边为 $\mathrm{d}x$ 的窄矩形组成，如图 C.14 所示。符号 $\int_a^t f(x)\mathrm{d}x$ 表示所有这些窄条矩形的面积和。早期这种模式只是为了方便对积分的理解，现在随着计算机技术的发展，这种求积分的方法已经被广泛使用，特别是在物理学等领域，称为"数值积分"。

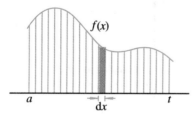

图 C.14　积分与数值积分

C.7　微积分的基本定理

对面积函数 $A(t)$ 求微商结果就是被积函数 $f(t)$，即

$$\frac{\mathrm{d}}{\mathrm{d}t}\int_0^t f(x)\mathrm{d}x = f(t)$$

这个结果把微商和积分联系起来，叫作微积分第一基本定理。它表明积分 $\int_a^t f(x)\mathrm{d}x$ 对于上限的微商等于被积函数在 t 处的值。

第一个注意到微商与积分之间这种联系的是巴罗（Isaac

Barrow，1630 – 1677），他是牛顿的老师，后来辞去他受人尊敬的职位让给了牛顿。巴罗从未认识到这个发现的重要性，但牛顿和莱布尼茨两人都理解到该结果的意义，并利用它去解决用逆微分求面积的问题。

利用积分符号，可以得到如下表述：如果 $P(x)$ 是 $f(x)$ 的任意一个原函数，则

$$\int_a^t f(x)\mathrm{d}x = P(t) - P(a)$$

这叫作微积分第二基本定理。由于 $P'(x) = f(x)$，上式说明 $\int_a^t P'(x)\mathrm{d}x = P(t) - P(a)$。换句话说，如果从 $x = a$ 到 $x = t$ 对某个函数 $P(x)$ 的微商 $P'(x)$ 积分，积分的值是 $P(t) - P(a)$，即端点处函数值的差。

有时用特殊符号 $P(x)\Big|_a^t$ 表示首先对 $x = t$ 然后对 $x = a$ 求 $P(x)$ 值再相减的运算。借助这个符号，第二基本定理可以写成

$$\int_a^t P'(x)\mathrm{d}x = P(x)\Big|_a^t = P(t) - P(a)$$

注意积分的值 $P(t) - P(a)$ 仅依赖于端点 a 和 t，而不依赖于从 a 到 t 变化的变量 x。因为结果不依赖于 x，所以我们称 x 为虚变量。

在选择虚变量时最好避免已用于其他用途的字母。因而写成 $\int_a^t f(t)\mathrm{d}t$ 不好，因为积分号上的 t 已被认定表示区间的端点，而虚变量 t 则是要取这个区间中所有的值的。

莱布尼茨还引入 $\int f(x)\mathrm{d}x$，积分号上没有任何积分限，用这种形式表示 $f(x)$ 的任意逆微商。按这种符号，像 $\int f(x)\mathrm{d}x = P(x) + C$ 这样的方程仅仅表示 $P'(x) = f(x)$。例如，$\int \cos x\mathrm{d}x = \sin x + C$（$C$ 为任意常数）。

由于长期的历史习惯，符号 $\int f(x)\mathrm{d}x$ 往往叫作不定积分而不是逆微商。$\int_a^t f(x)\mathrm{d}x$ 叫作定积分。数学手册中的不定积分表实际上是逆微商表。我们计算积分的技巧依赖于求逆微商的能力，所以这些表非常有用。

在用面积定义积分的过程中，我们假定被积函数 $f(x)$ 是非负的，所以其曲线从来不处在 x 轴的下方。架设 $f(x)$ 既可以取正值又可以取负值，如图 C.15 所示，我们定义该积分为轴上方的区域面积之和减去轴下方的区域面积之和。在这个推广了的定义中，第二基本定理仍然有效。

关于积分的定义还有一点要说。在写出 $\int_a^t f(x)\mathrm{d}x$ 时，我们

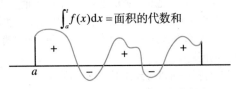

图 C.15 积分与正负面积的代数和

总是已经假定下限 a 小于上限 t。如果 $a < t$,我们还定义

$$\int_t^a f(x)\mathrm{d}x = -\int_a^t f(x)\mathrm{d}x$$

换句话说,互换积分限就改变了积分的正负号。最后,如果 $a = t$,我们定义 $\int_a^a f(x)\mathrm{d}x = 0$。

利用微积分的第二基本定理,$P(t) = P(a) + \int_a^t P'(x)\mathrm{d}x$。由加速度函数 $a(\tau)$,可以给出物体在任意时刻的速度 $v(t) = v(0) + \int_0^t a(\tau)\mathrm{d}\tau$,其中 $v(0)$ 为初始速度。这种方法的威力在于 $a(\tau)$ 能够是任何加速度函数。如果我们知道加速度函数并能求出其积分,也就知道了物体在任一时刻的速度。任一时刻 t 的速度等于初始速度加上加速度从初始时刻到该时刻 t 的积分。

用稍微不同的方式改写,可帮助我们说明莱布尼茨的符号为什么如此流行。由于 $a(\tau) = \mathrm{d}v(\tau)/\mathrm{d}\tau$,我们可以用 $\mathrm{d}v(\tau)/\mathrm{d}\tau$ 替代前式中的 $a(\tau)$,得到

$$v(t) = v(0) + \int_0^t \frac{\mathrm{d}v(\tau)}{\mathrm{d}\tau}\mathrm{d}\tau = v(0) + \int_0^t \mathrm{d}v = v(0) + \Delta v$$

类似地,距离函数 $s(t)$ 能通过求积分由速率函数得到:$s(t) = s(0) + \int_0^t v(\tau)\mathrm{d}\tau$。如果我们知道速率函数,我们就能求出从初始时刻到任意时刻 t 物体走过的距离。初始距离用 $s(0)$ 表示。

C.8 偏微分与全微分

前面关于微分、积分的讨论都是针对单变量函数的,物理学中遇到的很多问题是由多个变量共同作用的结果,最简单的例子是山的高度 h 随水平位置 (x,y) 变化。这就需要将前面关于单变量函数求微分、积分的讨论推广到多变量函数。

以二元函数 $z = f(x,y)$ 为例。函数 z 随自变量 x 和 y 的变化而变化。在讨论 z 随 x 和 y 变化的程度时,由于有两个自变

量,问题就变得复杂起来了。为了能继续使用前面我们关于单变量函数的有关讨论,在分析时可以暂时假定 y 不变,仅讨论 z 随 x 的变化;或者暂时假定 x 不变,只讨论 z 随 y 的变化(图 C.16)。y 固定、z 随 x 的变化率用 $f_x(x,y)$ 表示;x 固定、z 随 y 的变化率用 $f_y(x,y)$ 表示。由一元微分中函数增量与微分的关系,有

$$f_x(x,y) \approx \frac{f(x+\Delta x, y) - f(x,y)}{\Delta x}$$

$$f_y(x,y) \approx \frac{f(x, y+\Delta y) - f(x,y)}{\Delta y}$$

如果

$$\lim_{\Delta x \to 0} \frac{f(x+\Delta x, y) - f(x,y)}{\Delta x} = A$$

$$\lim_{\Delta y \to 0} \frac{f(x, y+\Delta y) - f(x,y)}{\Delta y} = B$$

称 A 为函数 z 在 (x,y) 处对 x 的偏导数,用 $\partial z/\partial x$ 表示;称 B 为函数 z 在 (x,y) 处对 y 的偏导数,用 $\partial z/\partial y$ 表示;A 和 B 又分别称为函数 $z = f(x,y)$ 对 x 和 y 的偏微分。

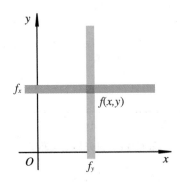

图 C.16 二元函数的偏微分

$\Delta z = f(x+\Delta x, y+\Delta y) - f(x,y)$ 为函数 $z = f(x,y)$ 在点 (x,y) 处的全增量,可以表示为 $\Delta z = A\Delta x + B\Delta y + o(\rho)$,其中 $o(\rho)$ 为高阶小量,在 Δx 和 Δy 趋向于零时可以略去,ρ 为离开点 (x,y) 的距离。在略去 $o(\rho)$ 后,$\Delta x \to \mathrm{d}x$,$\Delta y \to \mathrm{d}y$,$A\mathrm{d}x + B\mathrm{d}y$ 称为函数 $z = f(x,y)$ 在点 (x,y) 处的全微分,记为 $\mathrm{d}z$,即

$$\mathrm{d}z = A\mathrm{d}x + B\mathrm{d}y = \frac{\partial z}{\partial x}\mathrm{d}x + \frac{\partial z}{\partial y}\mathrm{d}y$$

同样,这种分析也适用于二元以上函数的情形。如果三元函数 $u = f(x,y,z)$ 可微分,那么函数 $u = f(x,y,z)$ 在点 (x,y,z) 处的全微分

$$du = \frac{\partial u}{\partial x}dx + \frac{\partial u}{\partial y}dy + \frac{\partial u}{\partial z}dz$$

C.9　梯度、散度与旋度

对于标量函数 $u = f(x,y,z)$，其梯度是一个矢量，用 ∇u 表示：

$$\nabla u = \frac{\partial u}{\partial x}\vec{e}_x + \frac{\partial u}{\partial y}\vec{e}_y + \frac{\partial u}{\partial z}\vec{e}_z$$

物理量随着空间位置不同而变化，例如，一座山的高度 h 在不同的 (x,y) 处有不同的大小，在任一点其高度 h 随着 x，y 沿着不同方向的变化量可能都不一样，变化最剧烈、变化率最大的方向便是高度函数 $h(x,y)$ 梯度矢量的方向，即与等值线（面）相垂直的方向，它指向函数增加的方向。变化率最大的数值也就是梯度矢量的大小。因此，梯度矢量是某标量函数在空间某一点变化率最大的方向与数值大小。在力学中，有时我们用标量的"势"或"位"描述矢量的"力"。对"势"或"位"求梯度就可得到矢量的"力"，如重力位与重力、引力位与引力。

对于矢量函数 $\vec{A}(x,y,z) = A_x\vec{e}_x + A_y\vec{e}_y + A_z\vec{e}_z$，其散度是一个标量，用"$\nabla \cdot \vec{A}$"或"$\mathrm{div}\vec{A}$"表示：

$$\nabla \cdot \vec{A} = \mathrm{div}\vec{A} = \frac{\partial A_x}{\partial x} + \frac{\partial A_y}{\partial y} + \frac{\partial A_z}{\partial z}$$

为了说明散度的物理意义，先介绍一个称为"通量"的概念。

定义矢量 $\vec{A}$ 对某一有向曲面 $\vec{S}$ 的面积分为 $\vec{A}$ 通过 $\vec{S}$ 的通量（图 C.17），即 $\iint_S \vec{A} \cdot d\vec{S}$，$d\vec{S}$ 为有向曲面上的面元，其方向为闭合面的外法线方向。

在矢量场 $\vec{A}$ 中，围绕 $P(x,y,z)$ 点作一闭合面，所围体积为 $\Delta\tau$。若穿过闭合面的通量与 $\Delta\tau$ 之比的极限存在，则该极限称为矢量场 $\vec{A}$ 在 $P(x,y,z)$ 点的散度，即

$$\nabla \cdot \vec{A} = \lim_{\Delta\tau \to 0}\frac{1}{\Delta\tau}\oint_S \vec{A} \cdot d\vec{S}$$

其物理意义是：矢量的散度是通过包围单位体积闭合面的通量。散度为正值，即通量为正的，表示净流出的效果，闭合面所围体积内有"源"；散度为负值，即通量为负的，表示净流入的效果，闭合面所围体积内有"汇"；散度为零，即通量为零，表示流入、流出

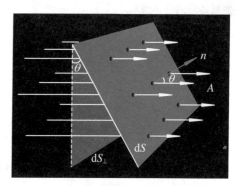

图 C.17　通量

的量相同，闭合面所围体积内既没有"源"也没有"汇"。

由散度的定义不难得出高斯公式：矢量场散度的体积分等于该矢量穿过包围该体积的闭合曲面的总通量

$$\int_V (\nabla \cdot \vec{A})dV = \oint_S \vec{A} \cdot d\vec{S}$$

对于矢量函数 $\vec{A}(x,y,z) = A_x\vec{e}_x + A_y\vec{e}_y + A_z\vec{e}_z$，其旋度仍是矢量，用 $\nabla \times \vec{A}$ 或 $\mathrm{rot}\vec{A}$ 表示：

$$\begin{aligned}
\nabla \times \vec{A} &= \mathrm{rot}\vec{A} \\
&= \left(\frac{\partial A_z}{\partial y} - \frac{\partial A_y}{\partial z}\right)\vec{e}_x + \left(\frac{\partial A_x}{\partial z} - \frac{\partial A_z}{\partial x}\right)\vec{e}_y + \left(\frac{\partial A_y}{\partial x} - \frac{\partial A_x}{\partial y}\right)\vec{e}_z \\
&= \begin{vmatrix} \vec{e}_x & \vec{e}_y & \vec{e}_z \\ \dfrac{\partial}{\partial x} & \dfrac{\partial}{\partial y} & \dfrac{\partial}{\partial z} \\ A_x & A_y & A_z \end{vmatrix}
\end{aligned}$$

旋度为零，说明是无旋场；旋度不为零，则说明是有旋场。可以用一个放在流水中的能够旋转的叶片的转动来形象地理解，旋度矢量的方向就是叶片转动角速度矢量的方向。不难得出，梯度的旋度为零，即

$$\nabla \times (\nabla\varphi) = 0$$

旋度的散度为零，即

$$\nabla \cdot (\nabla \times \vec{A}) = 0$$

与前类似，为了说明旋度的物理意义，先介绍环量的概念。

定义矢量 $\vec{A}$ 沿闭合路径 C 的环路线积分为 $\vec{A}$ 沿 C 的环量，即 $\oint_S \vec{A} \cdot d\vec{l}$。由定义稍加分析可以看出，环量可以表示某个场的旋涡特性，它代表的是闭合曲线包围的总旋涡的强度。若矢量场的环量为零，则该矢量场无涡旋流动；反之，存在涡旋运动。所以

环量反映矢量场旋涡分布情况。

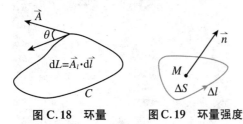

图 C.18　环量　　　图 C.19　环量强度

当闭合路径 C 及所包围的面元 ΔS（其方向 $\vec{n}$ 与环路积分方向成右手系）向内部的 M 点收缩时，若

$$\lim_{\Delta S \to M} \frac{\oint_{\Delta l} \vec{A} \cdot \mathrm{d}\vec{l}}{\Delta S}$$

存在，则称为矢量场 $\vec{A}$ 在点 M 处沿方向 $\vec{n}$ 的环量面密度，又称为环量强度。由于面元是有方向的，因此在给定点处，上述极限值对于不同方向的面元是不同的。为此，引入如下定义（称为旋度）：

$$\operatorname{curl} \vec{A} = \operatorname{rot} \vec{A} = \nabla \times \vec{A} = \lim_{\Delta S \to 0} \frac{\oint_{\Delta l} \vec{A} \cdot \mathrm{d}\vec{l}}{\Delta S}$$

由该定义不难得出斯托克斯公式：矢量场的旋度对某一开放面的面积分等于该矢量沿包围该面积的封闭曲线的积分

$$\int_S (\nabla \times \vec{A}) \cdot \mathrm{d}\vec{S} = \oint_C \vec{A} \cdot \mathrm{d}\vec{l}$$

C.10　常用微分方程的解

1. 振动方程的解

描述简谐振动的微分方程为

$$\frac{\mathrm{d}^2 x}{\mathrm{d}t^2} + \omega_0^2 x = 0$$

它的解是 $x = A\cos(\omega_0 t + \varphi_0)$，其中 A, φ_0 是两个任意常数，只能由初始条件确定。可以简单验证一下：

$$\frac{\mathrm{d}^2 x}{\mathrm{d}t^2} = \frac{\mathrm{d}^2 [A\cos(\omega_0 t + \varphi_0)]}{\mathrm{d}t^2}$$

$$= \frac{\mathrm{d}}{\mathrm{d}t}\left[\frac{\mathrm{d}[A\cos(\omega_0 t + \varphi_0)]}{\mathrm{d}t}\right]$$

$$= \frac{\mathrm{d}}{\mathrm{d}t}[-A\omega_0 \sin(\omega_0 t + \varphi_0)]$$

$$= -A\omega_0^2 \cos(\omega_0 t + \varphi_0) = -\omega_0^2 x$$

振动方程的解也可以是 $x = A\sin(\omega_0 t + \varphi_0)$。

2. 波动方程的达朗贝尔（D'Alembert）解

描述波传播的微分方程为

$$\frac{\partial^2 \xi}{\partial t^2} - v^2 \frac{\partial^2 \xi}{\partial x^2} = 0$$

它的解是 $\xi = f(x \pm vt)$，f 为关于 $x \pm vt$ 的任意函数。同样可以简单验证：

$$\frac{\partial^2 \xi}{\partial x^2} = \frac{\partial^2 [f(x \pm vt)]}{\partial x^2} = \frac{\partial}{\partial x}\left[\frac{\partial [f(x \pm vt)]}{\partial x}\right]$$

$$= \frac{\partial}{\partial x}[f'(x \pm vt)] = f''(x \pm vt)$$

$$\frac{\partial^2 \xi}{\partial t^2} = \frac{\partial^2 [f(x \pm vt)]}{\partial t^2} = \frac{\partial}{\partial t}\left[\frac{\partial [f(x \pm vt)]}{\partial t}\right]$$

$$= \frac{\partial}{\partial x}[\pm v f'(x \pm vt)] = v^2 f''(x \pm vt) = v^2 \frac{\partial^2 \xi}{\partial x^2}$$

3. 非齐次方程的解

非齐次微分方程的解为对应的齐次方程的通解加上与非齐次项对应的特解。当振子做受迫振动时，除了受弹性力 $-kx$ 外，还受到外界的驱动力 $F(t)$ 的作用，方程写为 $m\ddot{x} = -kx + F(t)$。为明确起见，驱动力写为 $F(t) = F_0 \cos(\omega t + \beta)$。方程改写为

$$m\ddot{x} + kx = F_0 \cos(\omega t + \beta)$$

即

$$\ddot{x} + \omega_0^2 x = \frac{F_0}{m}\cos(\omega t + \beta)$$

令其特解为 $x_1 = B\cos(\omega t + \beta)$，代入得

$$B = \frac{F_0}{m(\omega_0^2 - \omega^2)}$$

方程的通解等于对应齐次方程的通解与这个特解之和，直接写出

$$x = A\cos(\omega_0 t + \varphi_0) + \frac{F_0}{m(\omega_0^2 - \omega^2)}\cos(\omega t + \beta)$$

附录 D　复变函数初步

D.1　虚数的引入与复数

如果一个数的平方为负数,则这个数就是"虚数"。在英语中,"虚数"是"imaginary number",字面意思是"假想的数"或"虚构的数"。平方等于-1的虚数 $\sqrt{-1}$ 用专门的符号 i 表示。就像"虚构的数"这个名称所暗示的,虚数与我们生活的现实世界毫无关系。真实世界中绝不会有"i 个苹果"或"i 米距离"这样的事情。那么,我们为什么要研究这种并不存在的数呢?

虚数产生于 16 世纪。当时面临的情况是,如果没有这种"虚构的数",数学就不会继续发展。为了求解二次方程,必须要有"平方等于负数的数",否则二次方程就会"无解";而如果有了这种奇怪的数,任何二次方程就都能求解了。18 世纪的大科学家欧拉以他杰出的计算能力揭示了虚数所具有的重要性质,并最先用符号 i 代表"-1 的平方根",即" $\sqrt{-1}$ ",一直沿用至今。

那么,虚数又该用什么样的图形表示呢? 实数中是没有"负数的平方根"的,因此数轴上不可能有代表虚数的点。出生于挪威而在丹麦发展的数学和测量学家维塞尔(Caspar Wessel,1745 - 1818)尝试在数轴上添加一条与之垂直的直线,得到了一个有两条坐标轴的平面,此平面上的水平轴就是原来的数轴,代表实数;另一条通过原点与之垂直的轴代表虚数。利用这种方法,包含有虚数的计算就可以也通过作图法来进行了。高斯(Carl Gauss, 1777 - 1855)也想到了这种方法,并给这种平面上每一点所代表的数取了一个专门的名称——复数(complex number)。复数实际上是一个新概念的数,把实数和虚数都包括在内,一般写成 $z = x + iy$ 的形式, x 和 y 分别称为"实部"和"虚部"。因而高斯等发明的这种作图平面就称作"复平面"。而且,在平面上,由一对数(一个对应实数,一个对应虚数)组成的一个复数又可以与一个矢量相对应,所以有时我们也可以把二维空间的矢量用复数形式来表示。

D.2　复数的基本运算

既然复数可以与平面上的矢量等效,那么与矢量一样,复数相加可以看作分量相加,也就是实部与实部相加,虚部与虚部相加。复数相减也类似。同样,求复数的"模"也就是找出它对应的矢量的长度;而求复数的"辐角"就是找出它对应的矢量的辐角。

实部相同但虚部绝对值相等、符号相反的两个复数,称为共轭复数。复数 $z = x + iy$ 的共轭复数就是 $z = x - iy$。对复数求共轭的运算就是寻找它的共轭复数。

复数相乘完全可以仿照多项式相乘写出,如 $z_1 = x_1 + iy_1, z_2 = x_2 + iy_2$,则

$$z_1 \times z_2 = (x_1 + iy_1) \times (x_2 + iy_2)$$
$$= (x_1 x_2 - y_1 y_2) + i(x_2 y_1 + x_1 y_2)$$

复数相除的运算则要稍微复杂一些,需要用到共轭运算。前面的 z_1 和 z_2 相除,有 $\dfrac{z_1}{z_2} = \dfrac{x_1 + iy_1}{x_2 + iy_2}$。分子、分母都乘上分母的共轭复数,则有

$$\frac{z_1}{z_2} = \frac{(x_1 + iy_1) \times (x_2 - iy_2)}{(x_2 + iy_2) \times (x_2 - iy_2)}$$
$$= \frac{(x_1 x_2 + y_1 y_2) + i(x_2 y_1 - x_1 y_2)}{x_2^2 + y_2^2}$$
$$= \frac{x_1 x_2 + y_1 y_2}{x_2^2 + y_2^2} + i\frac{x_2 y_1 - x_1 y_2}{x_2^2 + y_2^2}$$

D.3　欧拉公式

欧拉还发现,指数函数 e^x、正弦函数 $\sin x$、余弦函数 $\cos x$ 都可以写成无穷级数之和的形式:

$$e^x = 1 + \frac{x}{1!} + \frac{x^2}{2!} + \frac{x^3}{3!} + \frac{x^4}{4!} + \cdots$$

$$\sin x = \frac{x}{1!} - \frac{x^3}{3!} + \frac{x^5}{5!} - \frac{x^7}{7!} + \cdots$$

$$\cos x = 1 - \frac{x^2}{2!} + \frac{x^4}{4!} - \frac{x^6}{6!} + \frac{x^8}{8!} \cdots$$

仅把这三个函数放在一起,仍然无法看清它们之间的关系。天才的欧拉采用了一种类似魔法的方法,终于把这三个函数紧紧地联系在了一起。他将原来的指数函数 e^x 中的 x 改为虚数,即"ix",改成 e 的虚数次方指数函数。一个数的虚数次方是什么意思呢? 欧拉不管,径直计算下去:

$$e^{ix} = 1 + \frac{ix}{1!} + \frac{(ix)^2}{2!} + \frac{(ix)^3}{3!} + \frac{(ix)^4}{4!} + \frac{(ix)^5}{5!} + \cdots$$

$$= 1 + \frac{ix}{1!} - \frac{x^2}{2!} - \frac{ix^3}{3!} + \frac{x^4}{4!} + \frac{ix^5}{5!} + \cdots$$

$$= \left(1 - \frac{x^2}{2!} + \frac{x^4}{4!} - \cdots\right) + i\left(\frac{x}{1!} - \frac{x^3}{3!} + \frac{x^5}{5!} - \cdots\right)$$

于是得到公式

$$e^{ix} = \cos x + i \sin x$$

这个公式称为欧拉公式。有了这个公式,就可以用三角函数 $\cos x$ 和 $\sin x$ 表示虚数的指数函数 e^{ix} 了。在实数世界没有关系的指数函数和三角函数在包含虚数的复数世界里被这个公式紧密地结合在了一起。

有了欧拉公式以后,虚数的乘法及幂运算也变得非常简单。利用欧拉公式,可以将复数改写为指数形式,这样就可以将复杂的复数乘法变为简单的指数加法。例如:

$$(\sqrt{3} + i)^5 = (2 \times e^{i30°})^5 = 2^5 \times e^{i150°}$$

$$= 32 \times (\cos 150° + i \sin 150°)$$

$$= -16\sqrt{3} + 16i$$

D.4　复数的微分与积分

函数 e^x 的微分是它本身,当然 e^x 的原函数也就为它本身。根据欧拉公式,总可以把任一复数写成 e 的指数的形式,因而其微分和积分运算也就变得非常简单了。例如,$e^{i\omega t}$ 对 t 求导数的结果为 $i\omega e^{i\omega t}$,相当于乘上一个因子 $i\omega$;对 $e^{i\omega t}$ 求关于 t 的积分,当然就很容易地可以得到

$$\int e^{i\omega t} dt = \frac{e^{i\omega t}}{i\omega} + C = -i\frac{1}{\omega}e^{i\omega t} + C$$

这就将求微分与求积分变成了简单地乘以或除以某个因子,方便了很多。

D.5　振动方程的复数解

描述简谐振动的微分方程为

$$\frac{d^2 x}{dt^2} + \omega_0^2 x = 0$$

其复数解是 $\hat{x} = A e^{i(\omega_0 t + \varphi_0)}$,其中 A,φ_0 是两个常数,由初始条件确定。可以验证一下:

$$\frac{d^2\hat{x}}{dt^2} = \frac{d^2\left[A e^{i(\omega_0 t + \varphi_0)}\right]}{dt^2} = \frac{d}{dt}\left[\frac{d\left[A e^{i(\omega_0 t + \varphi_0)}\right]}{dt}\right]$$

$$= \frac{d}{dt}\left[i\omega_0 A e^{i(\omega_0 t + \varphi_0)}\right] = (i\omega_0)(i\omega_0) A e^{i(\omega_0 t + \varphi_0)}$$

$$= -A\omega_0^2 e^{i(\omega_0 t + \varphi_0)} = -\omega_0^2 \hat{x}$$

取复数解的实部就得 $x = A\cos(\omega_0 t + \varphi_0)$。

附录 E　建议学时与习题安排[①]

方案（Ⅰ）			方案（Ⅱ）		
章　节	学时	可以做的习题	章　节	学时	可以做的习题
绪论	2		绪论	3	
0.1～0.3	1		0.1～0.2	1	
0.4～0.6	1		0.3～0.4	1	
			0.5～0.6	1	
时间、空间与测量	2		时间、空间与测量	3	
1.1～1.2	1	1-1～1-2	1.1～1.2	1	1-1～1-2
1.3～1.5	1	1-3～1-54	1.3～1.4	1	1-3～1-26
			1.5	1	1-27～1-54
质点运动学	8		质点运动学	10	
2.1～2.2	2	2-1～2-62	2.1～2.2	2	2-1～2-62
2.3	2	2-63～2-126	2.3	3	2-63～2-126
2.4	2	2-127～2-129	2.4	3	2-127～2-129
2.5	2	2-130～2-134	2.5	2	2-130～2-134
牛顿动力学	6		牛顿动力学	7	
3.1～3.3	2	3-1～3-15, 3-17～3-23	3.1～3.3	2	3-1～3-15, 3-17～3-23
3.4～3.5	2	3-16,3-24～3-54	3.4～3.5	3	3-16,3-24～3-54
3.6～3.8	2	3-55～3-78	3.6～3.8	2	3-55～3-78
万有引力	4		万有引力	5	
4.1～4.2	2	4-1～4-13	4.1～4.2	2	4-1～4-13
4.3～4.5	2	4-14～4-45	4.3～4.5	3	4-14～4-45
守恒定律	9		守恒定律	12	
5.1	1	5-1～5-4	5.1	1	5-1～5-4
5.2	2	5-5～5-53	5.2	2	5-5～5-53
5.3	2	5-54～5-71, 5-78～5-111	5.3	3	5-54～5-71, 5-78～5-111

[①]　教师可以根据实际授课需要选择方案（Ⅰ）或方案（Ⅱ），具体可参阅本书前的"给使用本教材的教师和同学的些许建议"。

方案（Ⅰ）			方案（Ⅱ）		
章节	学时	可以做的习题	章节	学时	可以做的习题
5.4	2	5-112～5-120	5.4	2	5-112～5-120
5.5～5.6	2	5-72～5-77，5-121～5-124	5.5	3	5-72～5-77，5-121～5-124
			5.6	1	125
刚体	4		刚体	6	
6.1～6.2	2	6-1～6-7	6.1	1	6-1
6.3～6.6	2	6-8～6-132	6.2	1	6-2～6-7
			6.3	2	6-8～6-24，6-52～6-54
			6.4～6.6	2	6-25～6-51，6-55～6-132
弹性力学初步	2		弹性力学初步	4	
7.1～7.2	1	7-1～7-17	7.1～7.2	2	7-1～7-17
7.3～7.4	1	7-18～7-19	7.3～7.4	2	7-18～7-19
流体力学初步	4		流体力学初步	6	
8.1～8.2	2	8-1～8-30	8.1～8.2	2	8-1～8-30
8.3～8.5	2	8-31～8-76	8.3～8.4	2	8-31～8-56，8-61
			8.5	2	8-57～8-60，8-62～8-76
振动和波	8		振动和波	10	
9.1	2	9-1～9-40	9.1	2	9-1～9-40
9.2～9.3	1	9-41～9-50	9.2	2	9-41～9-46
9.4	1	9-51～9-53	9.3	2	9-47～9-50
9.5	2	9-54～9-67，9-69～9-74	9.4	1	9-51～9-53
9.6～9.7	2	9-68，9-75～9-113	9.5	1	9-54～9-67，9-69～9-74
			9.6～9.7	2	9-68，9-75～9-113
狭义相对论基础	5		狭义相对论基础	6	
10.1～10.2	2	10-1～10-3	10.1～10.2	2	10-1～10-3
10.3	2	10-4～10-22，10-24～10-53	10.3	2	10-4～10-22，10-24～10-53
10.4～10.5	1	10-23，10-54～10-72	10.4～10.5	2	10-23，10-54～10-72
交流研讨	4		交流研讨	6	
考试	2		考试	2	
总学时	60		总学时	80	

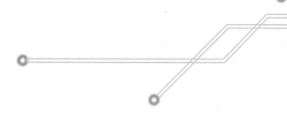

常用概念中英文索引